地质导向与旋转导向技术应用及发展

（第二版）

中国石油勘探与生产公司
斯伦贝谢中国公司 编

石油工业出版社

内 容 提 要

本书以近年来斯伦贝谢公司钻井与测量技术在中国石油的应用成果为主，内容涵盖了斯伦贝谢钻井与测量技术的最新进展，包括水平井地质导向技术、旋转导向与定向钻井技术、随钻测量与测井测试技术三大部分，从技术发展背景、技术原理、最新进展、典型应用实例等方面进行了详细的阐述和总结分析，对促进国内钻井技术发展和满足复杂油气藏勘探开发具有重要意义。第二版比第一版增加了2012—2020年期间斯伦贝谢新推出的地质导向、旋转导向和随钻测井技术，以及这些技术在中国石油复杂油气藏的应用实例。

本书适合从事钻井、测井、油藏地质的技术人员、管理人员、科研人员以及高等院校相关专业师生参考。

图书在版编目(CIP)数据

地质导向与旋转导向技术应用及发展/中国石油勘探与生产公司，斯伦贝谢中国公司编. —2版. —北京:石油工业出版社，2021.11

ISBN 978-7-5183-5011-7

Ⅰ.①地… Ⅱ.①中… ②斯… Ⅲ.①导向钻井-研究 Ⅳ.①TE242

中国版本图书馆CIP数据核字(2021)第229041号

出版发行:石油工业出版社
(北京安定门外安华里2区1号　100011)
网　址:www.petropub.com
编辑部:(010)64523537　图书营销中心:(010)64523620
经　销:全国新华书店
印　刷:北京中石油彩色印刷有限责任公司

2021年11月第2版　2021年11月第1次印刷
787×1092毫米　开本:1/16　印张:28.5
字数:710千字

定价:160.00元
(如出现印装质量问题，我社图书营销中心负责调换)

《地质导向与旋转导向技术应用及发展(第二版)》

编　委　会

主　编: 郑新权　赵　刚

副主编: 乐　宏　张艾谦　胥志雄　Lee Tow Koon

臧传贞　李维佳　郑有成　欧蓉娜

毛蕴才　汪海阁　Chin Jer Huh

编　委: 叶新群　张　磊　刘国强　王　飞

窦修荣　黄　南　陈建林　徐　斌

陈力力　万明庆　巩永丰　张　军

陈志勇　杨　琨　董　仁　李　彬

马　勇　Shim Yen Han　周　欣

王　勇　刘延梅　常波涛　王雄飞

张红永　高济稷　司马明　刘国渝

序

近年来，中国石油油气勘探开发对象日趋复杂，由简单构造油气藏转向复杂类型油气藏、由中浅层转向深层和超深层、由常规油气藏转向非常规油气藏，复杂的地质条件、低成本效益开发给工程技术提出了严峻的挑战，能否更好地应对这些挑战已经成为制约勘探进程和效益开发的关键。

《地质导向与旋转导向技术应用及发展》第一版出版后，受到各油气田、各钻探公司的广大地质和工程技术人员广泛欢迎。特别是近年来，斯伦贝谢各项技术不断升级，垂直钻井技术除在塔里木油田广泛应用以外，逐渐发展到新疆、青海、西南等油气田，有效解决了深井和超深井防斜打快的问题。旋转导向技术在川渝页岩气开发中应用水平不断提升，单趟进尺不断增加，连续创造了提速提效的新纪录，为页岩气藏效益开发发挥了重要作用。地质导向技术在新疆玛湖致密油藏、吉木萨尔页岩油藏等复杂油气藏得到了规模推广，提高了水平井储层钻遇率，优化了井眼轨迹在储层中的位置，提高了单井产量和采收率。地层前视技术IriSphere首次在库车山前盐底卡层中取得突破，有效降低了盐底卡层不准带来的钻井风险。通过以上先进技术的应用，较好地满足了复杂勘探开发对象的技术需求，提高了勘探开发整体效益。

实践表明，坚持开放合作，注重跟踪引进消化吸收国外先进技术，仍然是行之有效的技术发展模式之一。中国石油通过与斯伦贝谢等国际知名服务公司的合作，较好地跟踪到了国际先进技术的发展趋势，同时较好地解决了复杂地质对象提出的挑战，也有力地促进了国内相关技术的发展，发挥了技术窗口作用。

本书第二版编写的目的在于归纳汇编斯伦贝谢钻井与测量技术的最新发展，总结近几年斯伦贝谢相关技术在中国石油的应用，指导广大地质和工程技术人员更好地了解和掌握国际上先进技术的发展，坚持走技术发展之路，推进科技创新，更好地解决中国石油勘探开发遇到的各种难题。

中国石油天然气股份有限公司副总裁

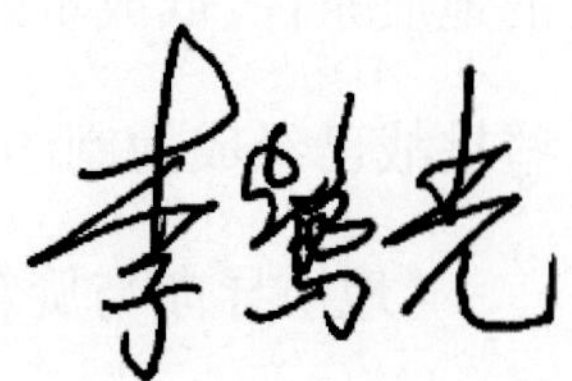

Preface

The collaboration between PetroChina and Schlumberger in China has lasted more than 40 years since the 1980s. Over those years, in order to meet the domestic energy demand, the footprint of reservoir exploration and development from PetroChina has extended from conventional to unconventional, from shallow formation to extra deep formation, from normal structure to complex structure. Along with those footprints, PetroChina faces considerable challenges, including extra deep vertical well drilling in high dip structure, continuous drilling performance improvement in shale gas and oil development, geosteering in complex reservoir with horizontal wells, etc.

To provide fit-for-basin technologies is the long-term strategy for Schlumberger. A set of new technologies have been developed to conquer those challenges from PetroChina and other global operators, especially the technologies from Well Construction division related including rotary steerable system (RSS) and logging while drilling (LWD). In the process of solving existing challenges, PetroChina engineers acquired and accepted our new technology concepts and applications. On the other hand, the best practices in such fields have also helped Schlumberger engineers accumulate operation experience and revise future technology innovations. Both sides are beneficial from the practices, and the value is growing over time.

This book elaborates the classification and theoretical fundamentals of technologies and archives the practical operation knowledge from real applications in PetroChina. Besides that, it also demonstrates the evolution of technologies, such as the advancement of steerable system, including push-the-bit, point-the-bit, hybrid, and at-bit steerable system. For the part of geosteering, the comprehensive workflow by using different RSS and LWD technologies (boundary detection, lateral image log, reservoir mapping) has been described to maximize reservoir exposure. As a result of all those applications, new operation records in PetroChina have been made from time to time which set milestones continuously. It can help the junior engineers to pick up the learning curve and become a reference for the senior engineers.

After the outbreak of COVID-19 and the extreme weather affecting northern hemisphere in 2021, the oil and gas industry is now embracing a new change. While exploration and development of reservoir is still essential, it is also crucial to digitize the operation and reduce carbon footprint along with operations, gradually transit to clean energy operation. PetroChina has the same vision, as does Schlumberger. Schlumberger Well Construction is developing new technologies, including live remote operation and autonomous drilling to meet those new challenges over the industry. At this point, Schlumberger would like to work together with PetroChina in all these new areas as before to build a new energy future for China.

Appreciate all the support from PetroChina to Schlumberger Well Construction in the past. Wish the collaboration between PetroChina and Schlumberger enters a new and bright chapter!

President of Schlumberger Well Construction

Jesus Lamas

前言

中国石油随着勘探开发的持续深入，深井、水平井大幅度增加，有力地推进了深层、非常规油气藏的有效开发。斯伦贝谢公司垂直钻井、水平井地质导向等技术在中国石油各油气田均得到了有效应用，克服了复杂地质条件下勘探开发所遇到的技术难题，提高了勘探开发整体效益。特别是近年来，斯伦贝谢公司不断推陈出新，水平井地质导向技术、旋转导向技术和随钻测量在原有基础上实现了大幅的技术升级，契合了中国石油高质量发展的技术要求，充分发挥了技术窗口的作用，也有力地促进了中国石油相关技术的发展。实践证明，引进国外先进技术并加以消化吸收，是非常有效的技术发展模式。

为了更好地总结、消化、吸收经过实践检验的先进技术，为使地质和工程管理与技术人员更好地了解和掌握先进适用技术，特再版了本书，对相关内容做了丰富和更新。本书共分为水平井地质导向技术、旋转导向与定向钻井技术、随钻测量与测井测试技术 3 篇共 14 章。

地质导向技术是水平井技术规模应用和发展的技术保障，1992 年斯伦贝谢公司首次提出地质导向概念，1993 年商业化第一种专用于水平井地质导向的随钻测井仪器 GST，在提高水平井储层钻遇率上发生了根本性变革。本书第一篇结合仪器原理以及应用实例详细介绍了地质导向的概念、工作流程和实现方法、相关仪器和各个油田应用实例。模型拟合地质导向技术采用 GST 近钻头测量仪器和 ImPulse 仪器，能够有效提供近钻头电阻率、自然伽马和井斜测量数据，实现了对井眼轨迹的实时有效调整。成像地质导向技术采用近钻头自然伽马成像仪器、geoVISION 侧向电阻率成像仪器、MicroScope HD 高清侧向电阻率成像仪器、

adnVISION 密度成像仪器、EcoScope 多参数成像仪器和 TerraSphere 声电双成像仪器，能够展现井眼轨迹和地层之间的相对运动关系，并提供实时地层倾角拾取，指导实时井眼轨迹调整。除了用于地质导向作业之外，成像数据也可用于地层评价，比如声波成像用于检测井壁形态，密度、光电吸收截面指数成像用于孔隙度计算和流体特征刻画，电成像用于裂缝性储层的精细刻画等。地层边界探测地质导向技术采用 PeriScope 和 PeriScope HD 仪器，是一项具有突破性的地质导向技术，具有更深的探测深度和更明确的储层与非储层指向性，能够估算出工具到地层边界的距离和地层边界的延伸方向。PeriScope 仪器在储层电阻率和非储层电阻率差异足够大的情况下能够识别出工具上下 4 ~5m 范围内的电阻率和电导率变化边界，在大庆油田致密油藏以及新疆油田薄层边底水油藏水平井开发中取得较好效果。PeriScope HD 仪器通过分辨率更高、探测深度更远的多边界反演，能够刻画多套地层，实现复杂地层中的地质导向，在新疆油田环玛湖地区以及大港油田取得了良好的应用效果。超深油藏描绘地质导向技术采用 GeoSphere 和 GeoSphere HD 仪器，可以利用实时自动多层反演刻画最远井周 30.5m 范围内地层边界和流体界面，降低复杂储层内水平井着陆风险，提高随钻储层追踪效率。该技术在大港油田埕海地区的水平井导向过程中，准确预测了储层的变化，节省了导眼井的实施，提高了单井经济效益。钻头前视探测地质导向技术采用 IriSphere 仪器，通过区分反演工具周围的信号和钻头前方的信号来反演和预测钻头前方的地层界面，可以预测复杂盐层底部边界和异常高压层顶部边界等，在库车山前地区盐底卡层过程中起到了重要作用。

旋转导向系统是定向技术的一次革命，旋转导向钻井钻出的井眼轨迹光滑、井眼质量好，有利于后续的作业施工和降低作业风险。斯伦贝谢公司继 1999 年推出了第一代推靠式旋转导向系统之后，还陆续研发了指向式旋转导向系统、复合式高造斜率旋转导向系统，并于 2019 年推出了全新的钻头导向系统。该系列系统在提高复杂深井、非常规油气藏水平井钻井速度、大位移井延伸能力等方面发挥了重要作用。推靠式旋转导向系统通过外置推靠块推靠井壁来改变工具的定向方向，从而对井眼轨迹进行控制，该技术成熟度高，涵盖尺寸广，但因为直接作用于井壁，其造斜能力在一定程度上受地层软硬度的影响。而指向式旋转导向系统则类似于螺杆的三点式定向，其定向模块和弯角均内置于本体，可以在各种软硬度的地层中进行定向作业。垂直钻井系统是一种垂直作业模式，斯伦贝谢所有旋转导向系统均可用于该模式，该系统通过自带的测斜传感器测量井斜，一旦发现轨迹偏离垂直方向即会自动调整工具姿态，从而实现了全程自动化垂直钻井。垂直钻井系统在高陡构造地层实现防斜打快、提高井眼质量上发挥了重要作用。复合式旋转导向系统兼具推靠式和指向式的特点，它将外置推靠块改为内置，同时保留指向式的指向机构，通过这两种方式的组合，其造斜能力较单纯的推靠式或指向式旋转导向大为提高，最高可达 15°/30m（8.5in 井眼）或 18°/30m（6in 井眼），在川渝页岩气等需要高造斜率的井段得到了充分验证，并显著提高了机械钻速，缩短了建井周期。最新一代的钻头导向系统将推靠式旋转导向系统和钻头相结合，在保留推靠式系统高可靠性的基础上，进一步缩短了钻头至推靠块的距离，从而达到高造斜能力，真正实现了用一套系统完成直井段、造斜段、水平段（稳斜段），从而提高整体时效。

随钻测量技术可实时测量井斜、方位等井眼轨迹数据，以及井下压力、温度和钻压等作业参数，作为科学钻井的重要组成，在越来越多的定向钻井作业、大位移井作业、水平井作业中发挥了重要作用。随钻测井技术作为钻井过程中地层评价的重要手段，经过近 30 年的发展，测井系列已经包括自然伽马、电磁波电阻率、密度中子、侧向电阻率、高清声电成像、井径、声波、核磁、测压取样和井眼地震，测量精度也在不断提高。本书第三篇从随钻测量测井技术的发展历程，到测量测井技术的工作原理，到测量测井技术的实际应用实例，理论结合实践阐述了随钻测量测井数据如何为及时调整轨迹、实时工程作业优化和实施地层评价等提供依据，从而满足了不同的工程和地质应用需求。在川渝页岩气的勘探开发过程中，随钻测井技术在实时寻找甜点区、井身轨迹优化和压裂完井作业优化方面发挥了重要作用。在哈拉哈塘地区碳酸盐岩缝洞型储集层的开发过程中，随钻地震测井技术在实时确定碳酸盐岩溶洞准确位置的过程中发挥了重要作用。

总之，本书技术涵盖面较广，阐述较深入，从技术发展背景、技术原理、工作原理、作业方式、使用条件、应用范围、实际应用效果等方面进行了详细的阐述，数据翔实，图文并茂，易于理解。

本书由中国石油勘探与生产公司与斯伦贝谢中国公司联合编写。前言由郑新权、毛蕴才编校；第一篇由王飞、王勇、常波涛、杨琨、赵佐安、闫荣辉、叶新群编写，汪海阁、巩永丰、陈志勇、欧蓉娜、高纯良、王瑞校稿；第二篇由黄南、叶新群、徐斌、王雄飞、张红永、李彬、董仁、王炜彬、高济稷、司马明编写，汪海阁、窦修荣、Chin Jer Huh、张军、杨成新校稿；第三篇由 Shim Yen Han、张磊、周欣、刘延梅、石建刚编写，刘国强、赵治国、刘颖彪、朱军校稿。全书由郑新权、毛蕴才、叶新群、张磊统稿和审核。

本书在编写过程中，得到了中国石油天然气股份有限公司副总裁李鹭光、斯伦贝谢公司北亚区总裁赵刚先生的大力支持，得到了相关油田领导和工程技术部门的大力配合，中国石油勘探与生产公司和斯伦贝谢中国公司做了大量具体的组织和技术指导工作。值此本书正式出版之际，谨向他们表示衷心的感谢！

由于作者水平有限，本书难免有差错与不足，敬请读者批评指正。

编　者

2021 年 7 月

目　　录

第一篇　水平井地质导向技术应用及发展

第二篇　旋转导向与定向钻井技术应用及发展

第三篇 随钻测量与测井测试技术应用及发展

第一篇
水平井地质导向技术应用及发展

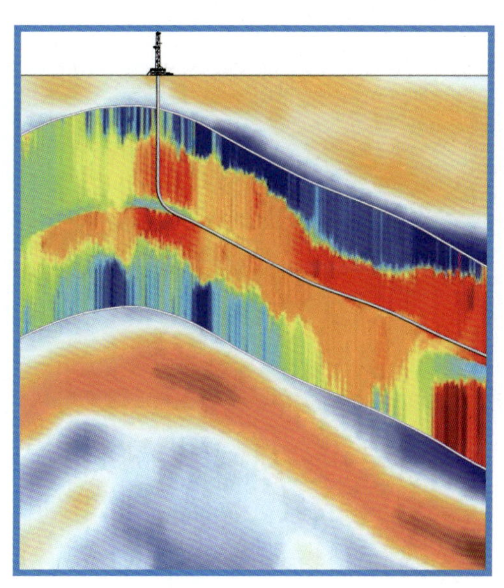

第一章　水平井地质导向技术概况

第一节　水平井地质导向技术的发展历程和应用概况

20 世纪以来，伴随着油气能源的大量开采，整装油气藏逐渐减少，复杂、难动用油气藏逐渐增加。20 世纪 80 年代初，随着定向井技术的成熟和新的井下工具、仪器的应用，水平井钻井技术进入了一个蓬勃发展期。大位移水平井、分支水平井、鱼骨井等特殊工艺井技术大大增加了井眼轨迹在储层中的有效长度，扩大了泄油面积，使常规钻井技术无法动用的边际油气藏得到了有效地开发，并提高了油气藏的采收率。但对于复杂油气藏，由于储层精细结构无法预知，常规水平井钻井技术仅能将井眼轨迹控制在钻井设计的几何靶区内，经常导致储层钻遇率低而无法实现预期的开发目标。即使对于油藏情况认识比较清楚的地区，也会因为产层的变化而导致水平井的钻进效果不理想。随钻测井和随钻测量技术的突破，实现了实时水平井的地质导向，即根据井下地质测井结果而非三维几何空间目标将井眼轨迹保持在储层内的一种轨迹控制技术。与早期以三维空间几何体为目标的控制方式相比，水平井地质导向控制方式是以井眼是否钻达设计储层中的特定位置为评判标准，是一种更高级的井眼轨迹控制方式。

水平井地质导向技术的发展经历了多个阶段。1992 年，斯伦贝谢公司正式提出水平井地质导向概念，发布了地质导向软件，并将随钻测井数据首次应用于实时水平井地质导向作业。随后哈里伯顿、贝克休斯的英特克公司和挪威国家石油公司等也相继研制出了各自的水平井地质导向系统。至今，水平井地质导向经历了近 30 年的发展，其发展历程大致如下：

1992 年，斯伦贝谢公司正式提出水平井地质导向的概念，随钻测井仪器 CDR 提供的深浅电阻率和自然伽马测量首次用于指导实时水平井地质导向作业。

1993 年，斯伦贝谢公司商业化第一支专用于水平井地质导向的随钻测井仪器 GST，能提供近钻头方位电阻率和方位自然伽马测量。

1996 年，adnVISION 方向性测量数据和密度成像数据成功运用于实时水平井地质导向作业中。同年底，斯伦贝谢公司的地质导向仪器在欧洲和非洲应用超过 50 口井，总进尺超过 32000m。

1999 年，geoVISION 侧向电阻率成像仪器商业化，该成像技术展现了清晰的轨迹形态，并提供实时地层倾角提取，标志着水平井地质导向技术的又一次革命，具有里程碑意义。

2005 年，PeriScope 675 地层边界探测仪器商业化，该仪器实现了水平井地质导向过程中地层边界的可视化，探测深度也更深。

2006—2007 年，斯伦贝谢 Scope 系列仪器不断推出，如多功能随钻测井仪器 EcoScope、随钻测压仪器 StethoScope 和随钻测量仪器 TeleScope 等，为水平井地质导向提供了更丰富的随钻测井、测量信息，以及更快速、稳定的实时数据传输。

2008 年,PeriScope 475 小井眼地层边界探测仪器的成功开发,拓展了三维水平井地质导向技术的应用范围。斯伦贝谢公司全球水平井地质导向作业井数及 PeriScope 作业井数(2000—2009 年)快速上升,见图 1-1-1。

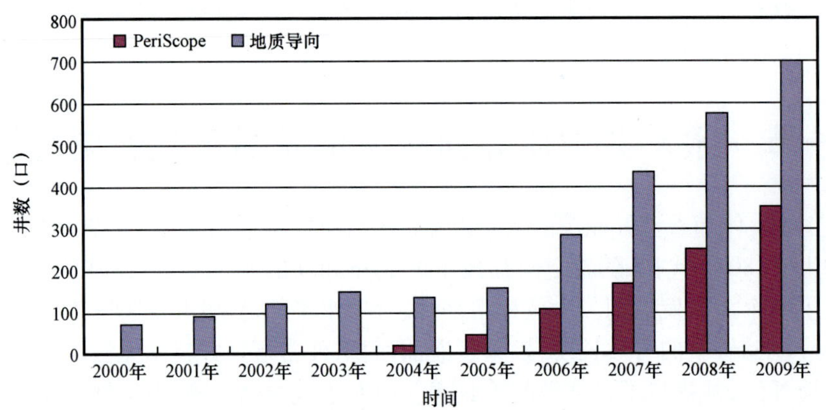

图 1-1-1 斯伦贝谢全球水平井地质导向服务及 PeriScope 作业统计(2000—2009 年)

2010 年,MicroScope 475 小井眼侧向电阻率成像仪器的运用以及三维水平井地质导向软件技术的发展,推动了水平井地质导向技术的再次飞跃。

2013 年,PeriScope HD 高清多地层边界探测仪器商业化,优化了三维水平井地质导向的可视化和精确度。同年推出 MicroScopeHD 475 小井眼高清侧向电阻率成像仪器,进一步提高了地层倾角提取精度。

2014 年,GeoSphere 超深油藏描绘仪器商业化,该仪器可提供探测距离超过 100ft 的超深多地层边界识别服务,对于降低复杂储层的着陆风险、提高油藏形态识别能力和储层追踪效率的效果明显。

2017 年,MicroScope HD 675 高清侧向电阻率成像仪器的成功推出拓展了高清侧向电阻率成像技术的应用范围。

2018 年,通过升级 GeoSphere 仪器的硬件和反演算法,推出了 GeoSphere HD 高清超深油藏描绘仪器,使超深油藏描绘的分辨率和探测范围(超过 250ft)均得以强化,为油藏的准确评价提供了更多依据。

2019 年,率先推出了 IriSphere 钻头前视探测仪器,该仪器可预测钻头前方地层的构造、物性和流体特征,可用于不同压力系统地层的地质停钻,盐顶或盐底卡层,优化钻井取芯作业等,前视探测深度可达 100ft,因此可提前采取措施来降低钻头前方地层的地质和工程的不确定性,减少对油气藏勘探开发的影响。

近年来,中国石油的水平井钻井数量快速增长,其中基于 MWD + LWD 测量的水平井地质导向技术在生产中得到了普遍应用,满足了大部分水平井地质导向的要求。2004 年,斯伦贝谢公司和中国石油塔里木油田公司合作钻探了国内第一口利用成像测井数据完成地质导向作业的水平井,此后水平井地质导向技术逐渐在各个油田推广。至 2020 年,在各种复杂、难动用油气藏中,例如,稠油热采油藏、稀油薄层底水油藏、煤层气藏、致密气藏、页岩油、页岩气等,应用水平井地质导向技术的井数超 1000 口,平均储层钻遇率达到 90% 以上,累计水平段进尺超过660km(图1－1－2)。通过使用水平井地质导向技术,许多复杂、难以动用的油气藏得到高效开发。

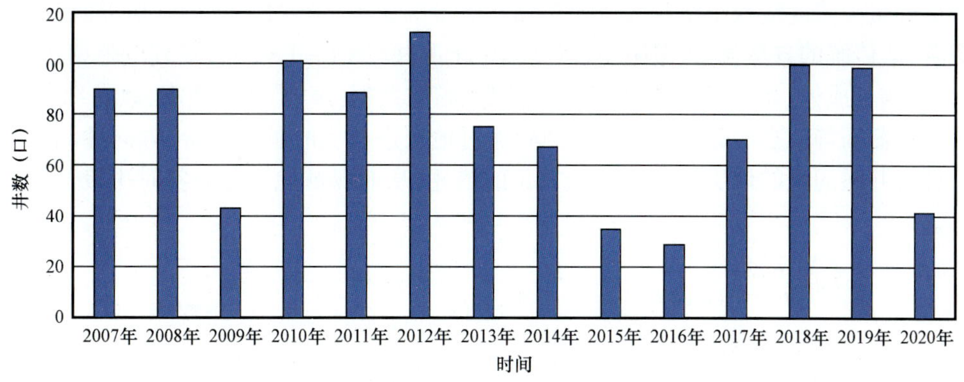

图1－1－2　斯伦贝谢公司在中国石油的水平井地质导向服务统计(2007—2020年)

第二节　水平井地质导向的定义和组成

一、水平井地质导向技术的定义

斯伦贝谢公司将水平井地质导向定义为:在钻井过程中,将先进的随钻测量和测井技术、工程应用软件与人员等紧密结合,给客户提供轨迹调整建议的实时互动式作业服务。其目标是优化水平井井眼轨迹在储层中的位置,实现单井产量和投资收益的最大化。

二、水平井地质导向技术的组成

水平井地质导向技术的发展主要基于:定向钻井工具(马达和旋转导向钻井系统)、随钻测井和测量仪器、水平井地质导向软件、具有专业技能的地质导向团队等。从目前国内外水平井地质导向技术的发展来看,定向钻井工具、随钻测量和测井技术是最核心的内容,为地质导向提供了硬件基础;地质导向软件和数据传输技术为其提供了软环境;地质导向工程师、钻井工程师、定向井工程师、地质工程师、油藏工程师和地球物理工程师等则是地质导向作业的共同决策和执行者。

1. 定向钻井工具

在复杂的水平井施工过程中,地质导向对定向钻井工具的性能有较高要求。不仅要保障井下安全,提高钻井时效,而且要满足随钻测井和精确井眼轨迹控制要求,在复杂的地质条件下实现地质导向目标。

马达和旋转导向钻井系统是目前应用最多的定向钻井工具。使用马达在滑动钻井时无法获取随钻测井成像和方向性测量数据,给地质导向带来一定的困难。旋转导向钻井系统可以在旋转钻进过程中实施定向,全过程都能获得成像和其他方向性数据,同时与近钻头井斜和近钻头自然伽马测井相结合,为地质导向工程师制定精确井眼轨迹控制方案提供了有力帮助。

2. 随钻测井和随钻测量

相对于电缆测井技术,随钻测井技术的主要优势体现在它提供数据的实时性以及在钻进过程中能够最大限度地减小钻井液侵入对测井质量的影响。经过多年的发展,随钻测井技术不断完善,从传统的自然伽马、电阻率、密度和中子测井(图1-1-3)发展到电阻率成像、密度成像、自然伽马成像、光电指数成像、超声波成像、核磁共振、声波、随钻地震、地层元素谱分析、热中子俘获截面等。多参数测井可以更准确地对地层进行实时解释评价,方向性测井和成像可以保证对井眼周围的地层做出360°全方位的描述,从而保证地质导向实时决策的及时性和准确性。

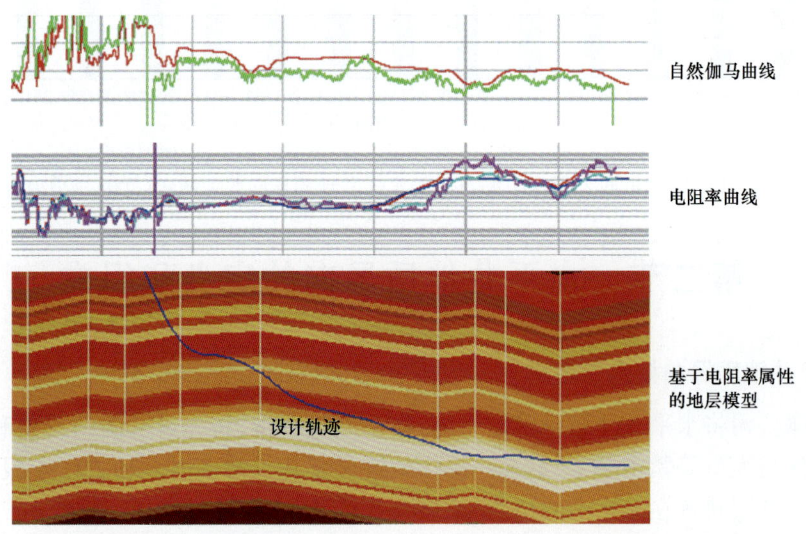

图1-1-3 随钻测井技术在水平井地质导向作业中的首次应用

斯伦贝谢公司提供的随钻测量仪器主要有 TeleScope,DigiScope,PowerPulse,ImPulse 和 SlimPulse。随钻测量仪器主要承载下列四项功能:

(1)为定向钻进提供实时井斜方位和仪器面测量数据:井眼轨迹上每一个点的三维空间位置是通过井深、井斜和方位确定的。随钻测量仪器可通过加速度计和磁力计实现井斜和方位的测量。同时,通过这些传感器,随钻测量仪器可确定井下仪器的姿态,包括重力工具面和磁力工具面。

(2)为井下工具串供电:通过钻井液驱动涡轮发电,为随钻测量和测井仪器提供电力,避免单趟钻进时间因电池寿命而受到限制。

(3)井下测量和测井数据的传输:随钻测量仪器采用调制钻井液脉冲信号,通过钻井液脉冲波将大量的井下测量和测井数据传输到地面,为地质导向过程提供实时数据。

(4)井下工程参数测量:能够实时测量井下钻压、扭矩、温度、振动、当量循环密度等参数,为井下安全控制提供依据。

3. 水平井地质导向软件

水平井地质导向软件需要快速准确地处理大量随钻测量和测井数据,并直观地展示给地质导向人员,辅助地质导向决策。目前斯伦贝谢公司常用的软件有 Drilling Office(DOX)、Petrel、eXpandBG 和 GeoSteering&Reservoir Mapping(GRM)。

Drilling Office 是钻井工程师用来设计井眼轨迹，计算井下水动力参数，钻具组合及摩阻扭矩模拟等的工程软件。地质导向师也可用其来优化设计轨迹，指导轨迹调整。

Petrel 是一个大的数据平台，除了能够导入邻井数据以及区块信息用于钻前分析外，eXpandBG 和 GRM 软件也都集成在 Petrel 这个平台上。

GRM 软件用于建立地质导向模型以及实时跟踪。图 1－1－4 是斯伦贝谢公司水平井地质导向软件 GRM 中的地层剖面帷幕，它显示的是地层沿设计轨迹的垂直剖面。地质导向模型包含地层物性信息，并用深浅颜色标示。帷幕之上的曲线是实测随钻数据和正演数据，通过调整地层的倾角和断层，使两套数据能够完全吻合，说明模型反映了地层构造的真实情况，为轨迹调整提供了依据。另外，该软件还允许前端轨迹设计，通过对前方地层的预测实现前瞻性的地质导向。

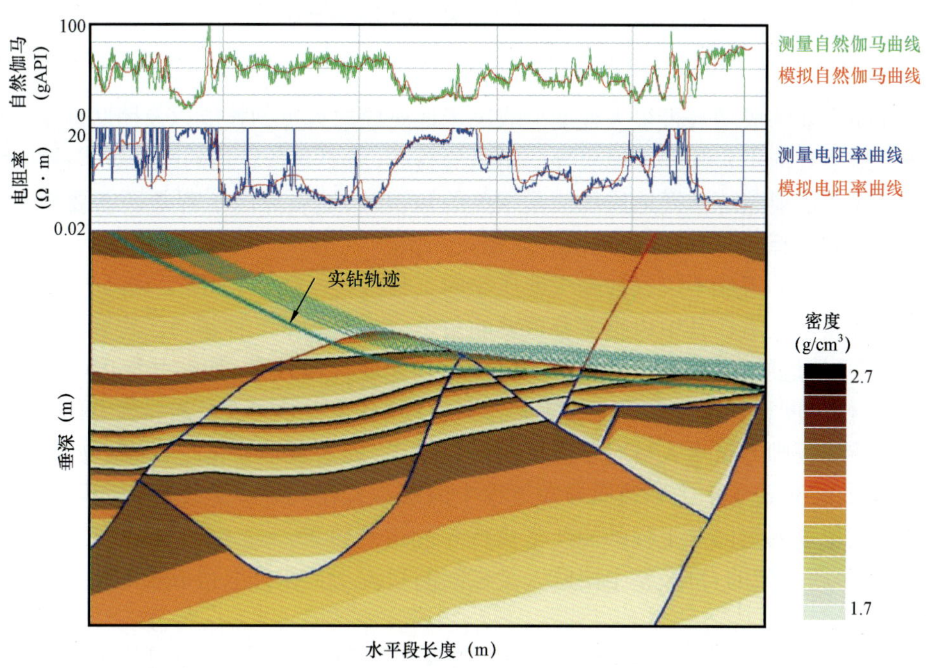

图 1－1－4　GRM 软件中的地层剖面帷幕

eXpandBG 可以通过用深浅颜色标定方向性数值的方法直观地显示二维和三维的成像数据，并且可以实现地层倾角数据的实时获取，为地质导向人员及时提供准确的地层构造信息。结合 eXpandBG 成像数据以及井眼轨迹数据，地质导向人员便可实现地质导向。

地层边界探测法以及其他更高级的地质导向方法所用的方向性数据是与 PeriScope、PeriScope HD、GeoSphere、GeoSphere HD 和 IriSphere 等仪器设计密切相关的创新型数据，并非业界通用数据，因此应用此方法需要指定的数据处理模块(已集成在 GRM 软件之中)。GRM 的反演视图能够用颜色标示地层电阻率，并显示每个反演边界点与轨迹的相对位置，如图 1－1－5 所示。地质导向人员可以自由选择方向性曲线与电阻率曲线的组合进行实时反演，对比不同的反演结果，确定最合适的反演模型。

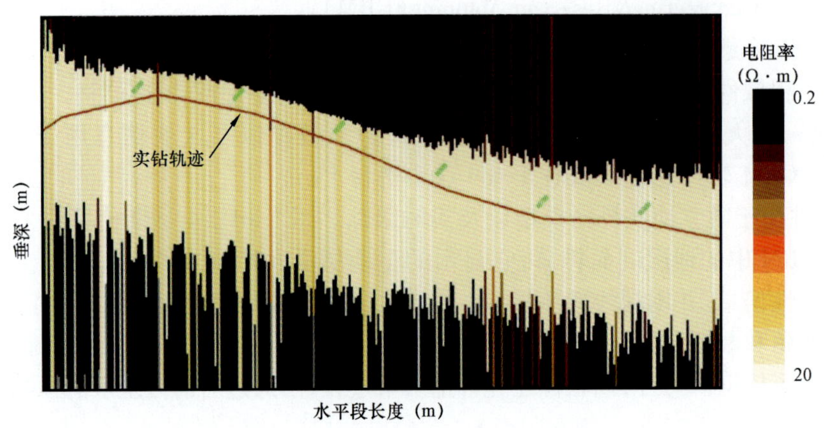

图 1-1-5　GRM 软件中的反演视图

4. 人员

地质导向作业的成功与否很大程度上取决于地质导向人员的技能以及团队成员之间的交流与合作。地质导向工程师作为地质导向团队的核心,需要具备较强的综合技术能力和沟通、协调能力。除了需要熟练掌握地质和油藏相关的知识外,地质导向工程师还需要熟悉对随钻测井仪器响应的解释、定向钻井等地质导向相关知识。

地质导向团队的组成不仅仅局限于地质导向工程师,油田公司地质工程师、油藏工程师和钻井工程师等技术人员在其中也扮演着重要的角色。这些技术工种参与区块和单井的地质和钻井设计方案,从地质、油藏和工程实施的角度明确地质导向任务,如钻井深度、水平段长度、着陆位置、油柱高度和中靶要求等。在实时作业过程中,地质导向人员需要参考的很多关键信息来源于地质工程师等技术人员对本区块的研究成果,如宏观地质构造、储层物性、流体性质等,这些可能直接决定了水平井地质导向过程中的宏观控制问题。地质导向团队制定的实时轨迹控制方案也需要定向井工程师的严格执行才能达到效果。总之,地质导向工作涉及多学科、多部门甚至跨区域的合作,整个团队人员之间的交流与合作是取得成功的重要前提。

第三节　水平井地质导向的工作流程和实现方法

一、水平井地质导向的工作流程

经过多年的实践与发展,水平井地质导向已经建立起完整的工作流程,包括项目规划、钻前准备、实时地质导向和钻后评估四个部分(图 1-1-6)。

(1)项目规划:该阶段主要任务是建立区块的地质模型以及挑选合适的人员。

(2)钻前准备:该阶段主要任务是确认水平井地质导向目标,根据目标和地质情况建立地质导向钻前模型,该模型主要用于模拟测井曲线的响应特征,进行地质导向可行性分析,推荐合适的随钻测井仪器,确定工具组合,并进行钻前井眼轨迹优化。

(3)实时地质导向:该阶段主要任务是实时数据解释和更新地质导向模型,制定相应的井眼轨迹调整方案并确保其得到有效地实施。

(4)钻后评估:该阶段主要任务是应用完钻后的内存数据更新地质导向模型以及提交相关资料。这些资料主要提供给相关技术人员用于地层评价和地质模型的更新,为相同区块的后续地质导向作业提供参考。

地质导向工程师的工作主要集中在钻前准备和实时地质导向这两部分,涉及第四部分中地质导向资料的提交。

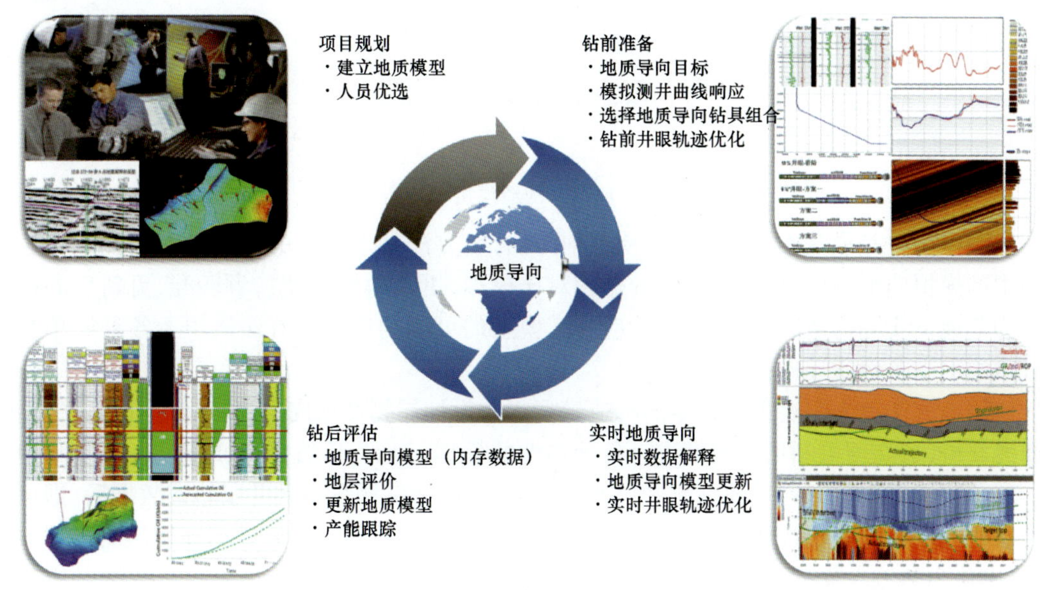

图1-1-6　水平井地质导向的工作流程图

二、水平井地质导向的实现方法

水平井地质导向服务常用的方法包括模型拟合法、成像法、地层边界探测法,以及超深油藏描绘法和钻头前视探测法。这五种方法也是在随钻测井技术发展的基础上逐步发展而来的,在作业中需要根据油藏的测井响应特征和水平井地质导向目标进行针对性地选择。下面详细介绍这五种方法。

1. 模型拟合法

早期的水平井钻井主要根据钻井地质设计,将井眼轨迹控制在设计的靶区为目标。制定靶区的依据是通过地震数据解释和邻井对比得到的储层构造模型。然而,受地震数据精度和井控程度的制约,构造模型往往与地层真实情况有不同程度的出入。如图1-1-7所示,地层的真实情况可能存在一些微断裂,如果只是简单地按设计轨迹(蓝线)中靶,可能无法实现水平井地质目标。此外,根据实钻井眼轨迹误差分析理论,井眼轨迹上某一点真实的三维空间位置应该在以该点为中心,以一个确定的长短轴为半径的误差椭球范围内。由于各种误差引起的这种轨迹位置的偏差也可能会导致水平井错失靶点。为了最大限度地减少地质模型和实钻轨迹误差的不确定性,就需要分析随钻测井和钻井等资料,建立地质导向模型进行水平井实时地质导向。

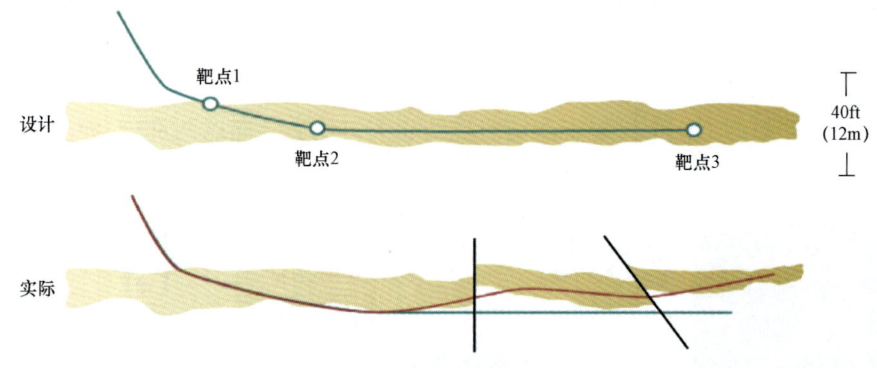

图1-1-7　构造模型示意图

模型拟合法是最基本的水平井地质导向方法,该方法基于建立的地层模型和井眼轨迹在模型中的模拟曲线响应,通过与实钻数据的对比模拟,更新模型以使二者匹配,更新后的模型被认为是地下实际构造的表征,曲线响应为其模型的可能响应。该方法适用于各种简单整装油气藏的水平井地质导向作业。

应用该方法首先需要创建地层的构造模型。假设地层物性横向上比较稳定且可以通过邻井曲线获得,那么便可利用该模型进行各种物性的模拟,例如,自然伽马、电阻率、密度和中子等。这些物性数据也可通过随钻测井仪器实时获得,在随钻测量得到井眼轨迹数据后,即可根据地层构造模型计算轨迹所处的地层位置的物性。如果计算得到的物性与随钻实测物性数据吻合,则认为轨迹在模型中的位置与在真实地层中的位置相同,否则必须调整模型以使二者吻合。

1)建立二维水平井地质导向模型

二维水平井地质导向模型包括目的层的构造和属性信息。建立这种模型首先需要从重点邻井测井资料中获取目的层位的属性信息。图1-1-8显示了如何对邻井测井曲线分层并将相应物性赋值到地质模型的过程。图中,深色表示物性高值,浅色代表低值。通过这种方法可以将地层属性值显示在地层二维截面中。自然伽马曲线是用来定义地层边界的不错的选择,因为在使用最多的测井服务中,相对于其他测井曲线,自然伽马测井有着较高的垂向分辨率。经由自然伽马曲线定义的地层边界被应用于各个测井曲线(如电阻率、密度、中子、光电指数等)上对曲线进行分层,各曲线测量值都将被赋值到地质模型中的每一个小层。模拟随钻测井仪器在这种属性的地层中的响应可以验证分层的正确性,如果模拟数值与原始邻井测井曲线有偏差,则需要对分层属性参数进行调整。

曲线分层结果中一些重要的边界(黑线)被选作标志线,因为它们可能代表一个地层序列的顶底位置,如图1-1-8所示。这种标志线在地层构造模型中体现为界面(蓝线),由曲线向地层构造模型进行属性赋值,两个标志线间的数值被赋予对应模型的相邻两个界面间,界面之外属性的垂向变化体现了纵向上的沉积特征变化(图1-1-9)。斯伦贝谢公司水平井地质导向模型中的赋值方法包括等比例赋值、平行顶面赋值和平行底面赋值三种,其中等比例赋值法是最常用的方法。

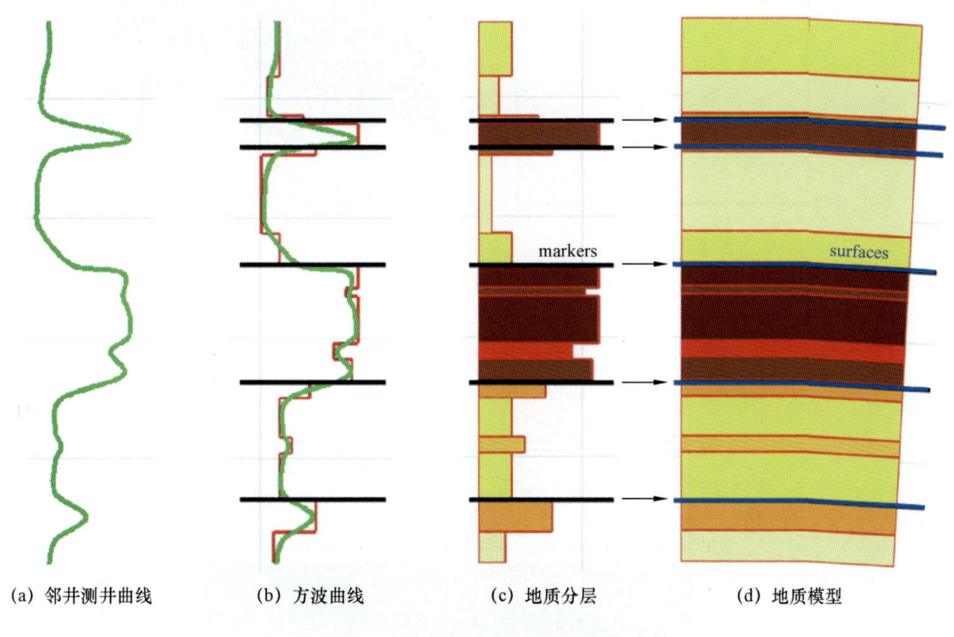

(a) 邻井测井曲线　(b) 方波曲线　(c) 地质分层　(d) 地质模型

图 1－1－8　模型粗化示意图

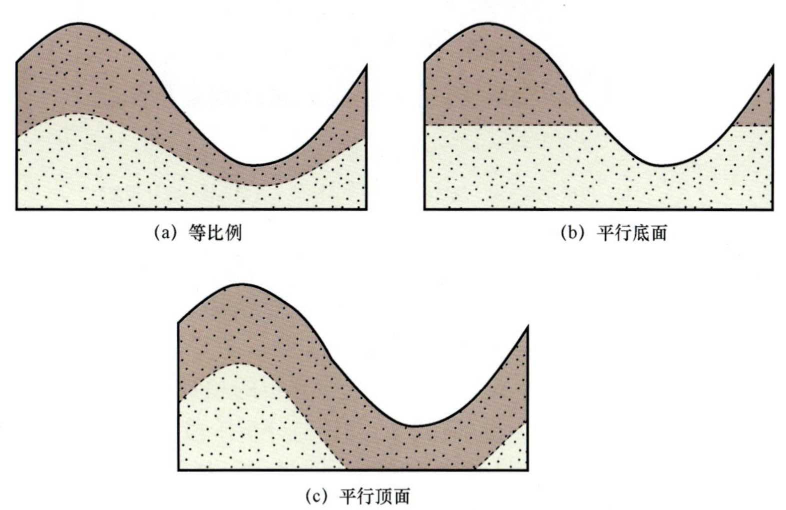

(a) 等比例　(b) 平行底面　(c) 平行顶面

图 1－1－9　地层沉积特征示意图

2) 计算仪器响应

当地层构造模型被赋予了地层物性之后，将设计轨迹引入模型之中，沿轨迹的每一个点的物性即可由模型中的物性值得到，见图 1－1－10。但是，计算仪器沿轨迹在地层中的响应远非获得模型中的物性数值这么简单，因为，随钻测井的各个参数可能受到很多因素的影响，如薄层效应、层边界效应、轨迹与地层的夹角以及不同参数的探测深度等。现代水平井地质导向模型在计算仪器响应的时候，充分考虑了这些因素的影响，这种计算被称为模型正演。

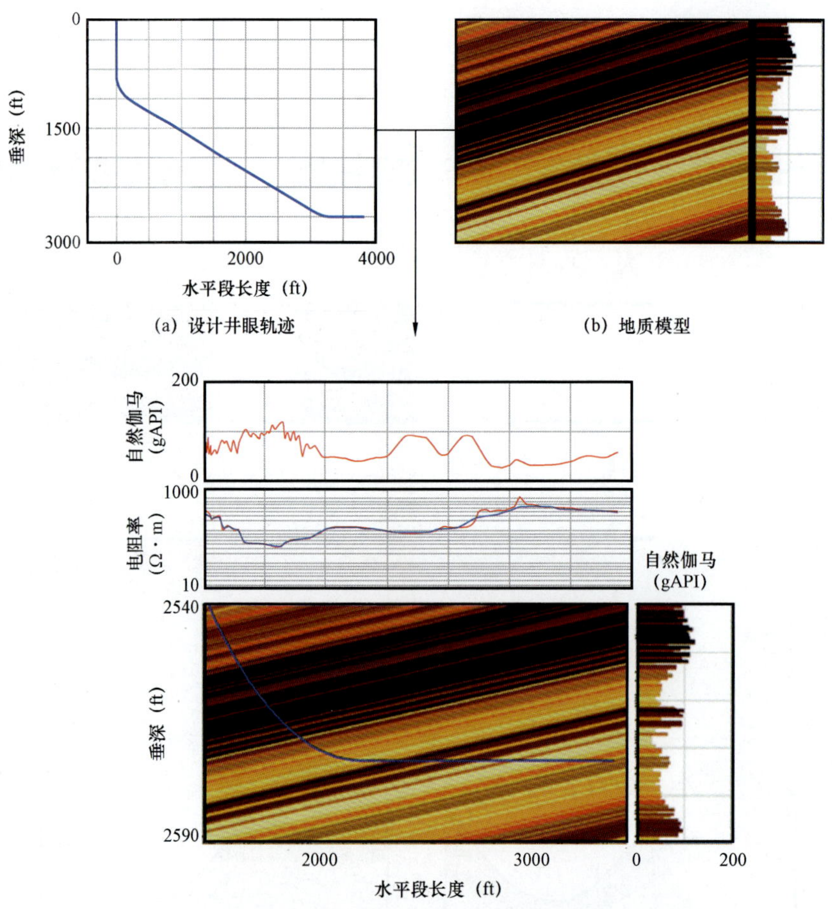

图1-1-10 水平井地质导向模型模拟的测井响应特征

模型正演是指在给定条件下计算仪器理论响应的过程。模型正演不只可以模拟沿设计轨迹在给定的地质情况中的随钻测井参数的变化,还可以模拟在实钻过程中可能碰到的各种情况。例如,当井眼轨迹钻出目的层时,地层倾角与钻前分析的预计相差较大,或地层中存在未曾预计到的断层情况等。地质导向人员可在钻前设计与分析阶段通过调整地层构造模型的方法来全面模拟各种情况出现时随钻测井仪器的响应,同时可以根据钻井所需要达到的地质目的对测井仪器进行选择(如选择侧向电阻率仪器还是电磁波传播电阻率仪器,选择密度成像还是电阻率成像等)。这是地质导向人员在实时水平井导向过程中根据模型、井眼轨迹和测井仪器的响应做出正确判断的关键。

3)实时对比与模型更新

在地质导向过程开始后,实时数据流被加载到地质导向软件中,便可以开始对比通过模型正演得到的测井数据和实测数据。实时可视化水平井地质导向软件 GRM 具备建立模型、修改模型、连接实时测井数据和成像、模型正演和实时数据对比的所有功能。当实时测井数据和井眼轨迹数据被加载到该软件后,软件会根据地层构造模型正演实际轨迹中每个点的测井参数，并将结果以曲线的方式显示在测井数据道中以方便与实时测井曲线进行对比。如果二者匹配，说明模型和轨迹的关系真实反映了井下的实际情况；反之需要调整，例如改变地层倾角、层厚、引入断层等方式。通常情况下，应用模型拟合法的第一步是改变整个模型的垂深使正演曲线与实测曲线中最明显的标志对接。在此之后，除非根据实际地质情况有必要引入断层，否则不再调整整个模型的垂深，曲线匹配只通过改变地层倾角或层厚来实现。

在缺少地层厚度信息时，一般采取保持层厚而只调整地层倾角的方式。图1－1－11至图1－1－13描述了改变地层倾角如何使曲线匹配的过程。图1－1－12中的模型倾角被少许增大，这样轨迹便位于储层下部区域而不是原来的中部，这个层位具有更高的自然伽马、更低的相位电阻率。正演出来的测井数据与实测数据能够完全匹配，说明图中的模型更能代表地层的真实情况。根据模型可以判断，现在井眼轨迹非常接近储层底部，需要增斜避免穿底。随着继续向前钻进，这种模型正演、曲线对比和模型更新的迭代过程重复进行，以保证井眼轨迹在储层中钻进。这个实例最终的结果见图1－1－13，整个轨迹都保持在储层中钻进。反之，如果按照设计轨迹钻进会造成水平段钻遇率的较大损失（图1－1－14）。

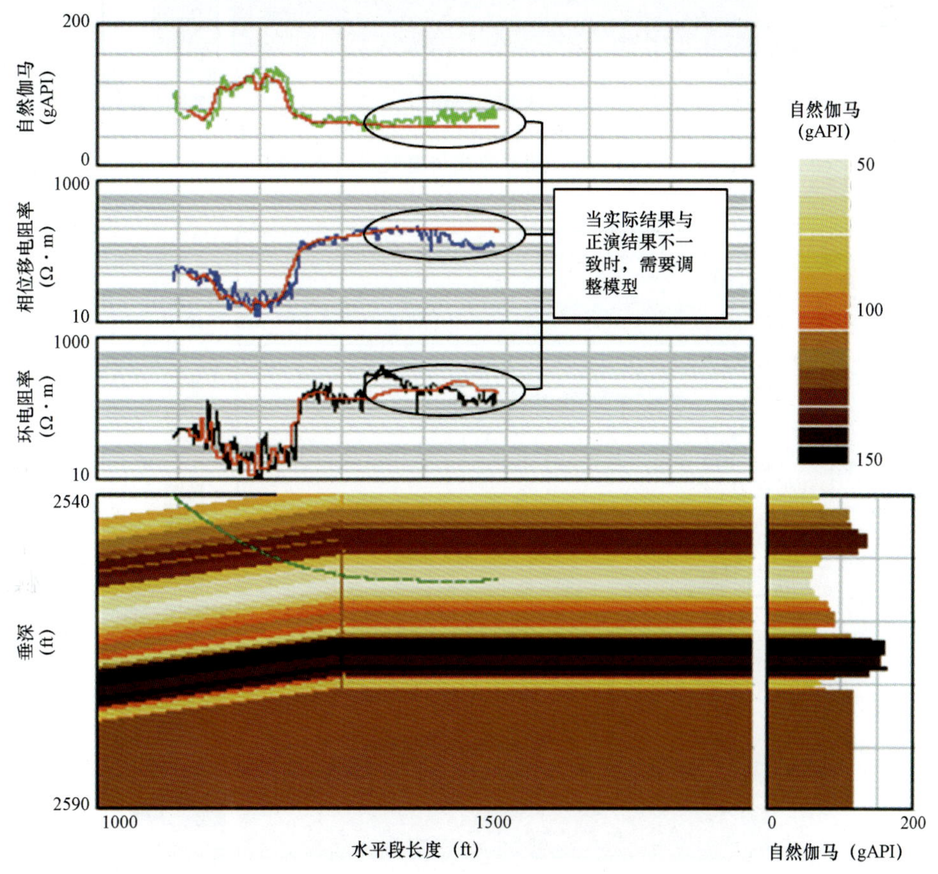

图1－1－11　随钻测井曲线与模型响应拟合图（一）

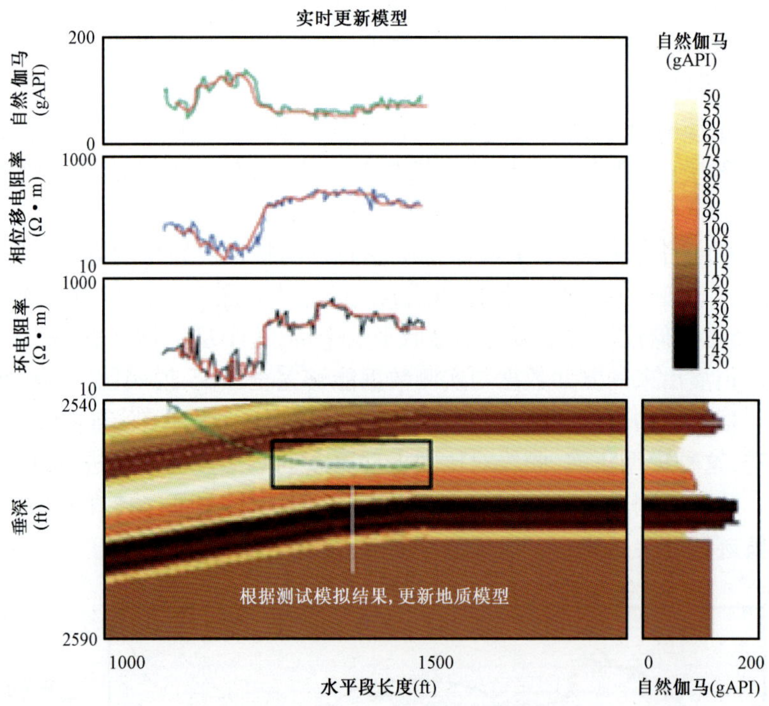

图 1-1-12　随钻测井曲线与模型响应拟合图（二）

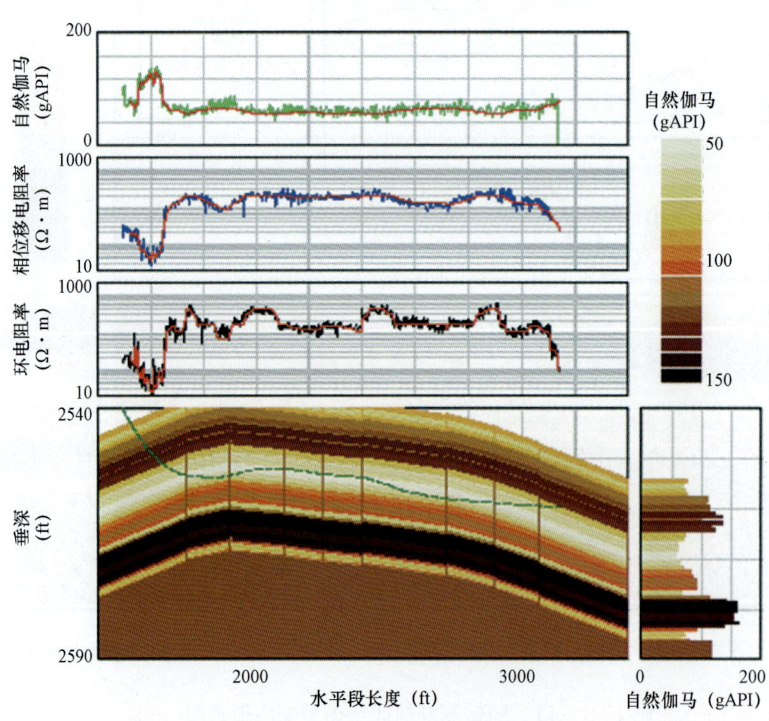

图 1-1-13　随钻测井曲线与模型响应拟合图（三）

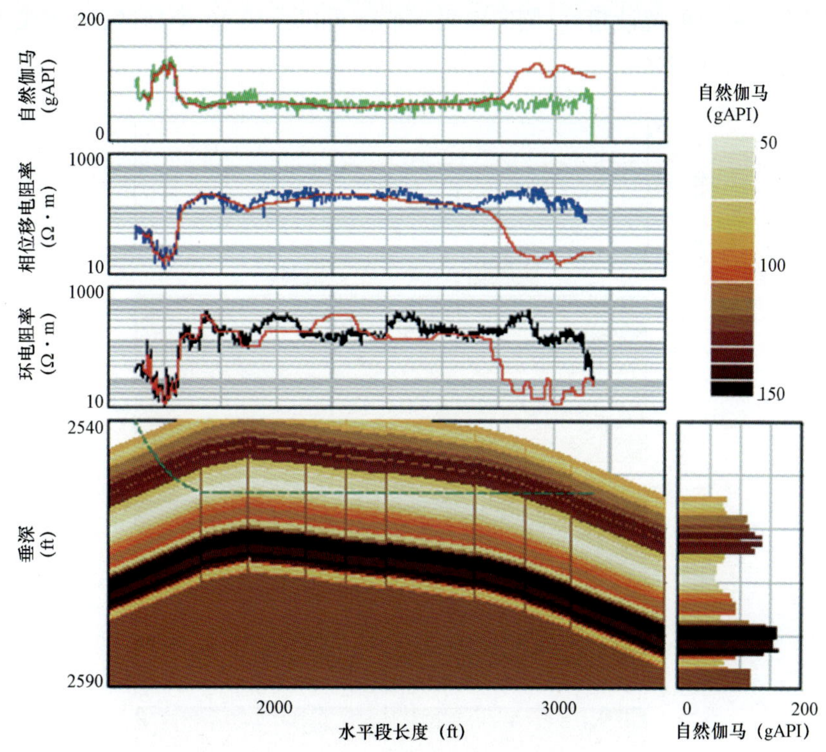

图 1－1－14　按照原设计轨迹钻进结果图

2. 成像法

模型拟合法可用于任何随钻测井数据，但是在应用该方法时经常碰到的一个问题是非方向性测井数据（即井眼均值数据）只能用于判断井眼轨迹是否接近储层边界，却不能判断是上边界还是下边界，或是横向物性变化，图 1－1－15 中的三种情况都可能造成相同的测井曲线变化，从而造成水平井地质导向模型的不确定性，此时需要方向性的测量参数才能解决模型的不确定性。

成像法需要随钻测井对井壁 360°扫描来获得实时成像数据。成像可以直接确定井眼轨迹与地层的上下切关系，从而消除上述由于缺少方向性测井造成的不确定性。此外，还可以通过成像解释软件在图上直接拾取地层倾角，指导实时水平井地质导向作业，具体操作如下。

1）成像数据的读取与识别

方向性数据则是对井眼分成若干扇区，对每个扇区内的物性分别测量得到数据。根据不同方向的数据响应特征可以判断井眼轨迹是从哪个方向接近地层。电缆测井的方向性数据是通过沿井壁周展开的一系列传感器获得的，而随钻测井是通过旋转钻具对井壁进行扫描获得的。扫描一周的数据被分成若干扇区。扇区的大小取决于所测参数的聚焦程度。例如，中子测量是最难聚焦的，中子只提供井眼测量的平均值；自然伽马一般只能聚焦成 90°扇区，方位自然伽马数据包括 4 个象限；密度测量比较容易聚焦，可分为 16 个扇区；侧向电阻率最容易聚焦，可分为 56 个扇区。图 1－1－16 展示了 3 种成像测井的分辨率。需要注意的是，一般方位密度和光电指数成像数据被分成 16 个扇区，而当密度和光电指数测量值被分为 4 个象限时，是为了提高密度测量值的统计精度;侧向电阻率成像可以分成56个扇区,而分成4个象限时是为了提高测量值的信噪比。

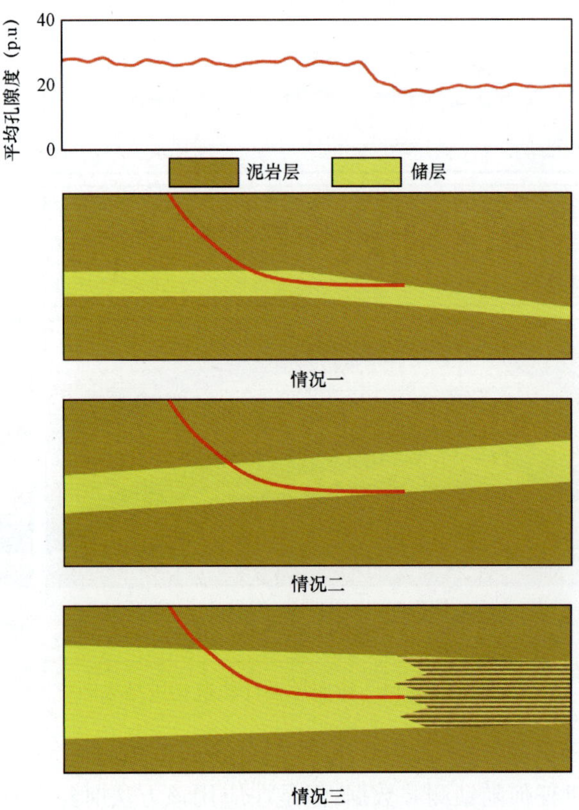

图1-1-15　钻遇不同地层的相同测井响应

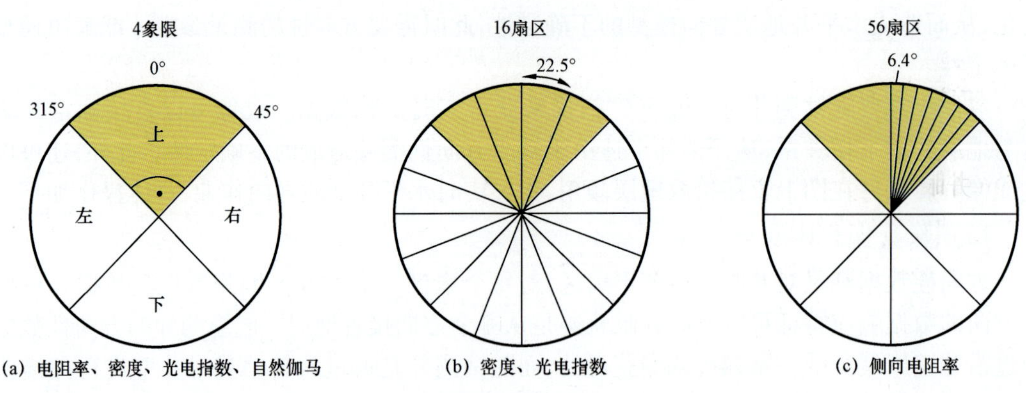

图1-1-16　不同成像测井的分辨率示意图

如果在水平井地质导向过程中需要提供地层倾角的数据,则随钻成像测井服务是必须选择的。如果需要对裂缝或储层沉积特征进行细致分析,则需要高分辨率成像测井服务,如斯伦贝谢公司的侧向电阻率随钻测井仪 geoVISION, MicroScope, MicroScope HD 和声电双成像仪

TerraSphere 等等。由于不同测井仪器可提供不同的地层属性信息，在同一井眼中，利用不同仪器可以识别出不同的特征。图 1－1－17 展示了在同一井眼中不同的随钻成像测井仪器的测井结果。声波成像用于检测井壁形态，光电指数成像显示地层岩性特征，密度成像提供岩石密度、孔隙度和流体特征信息，自然伽马成像反映地层放射性元素含量的变化。

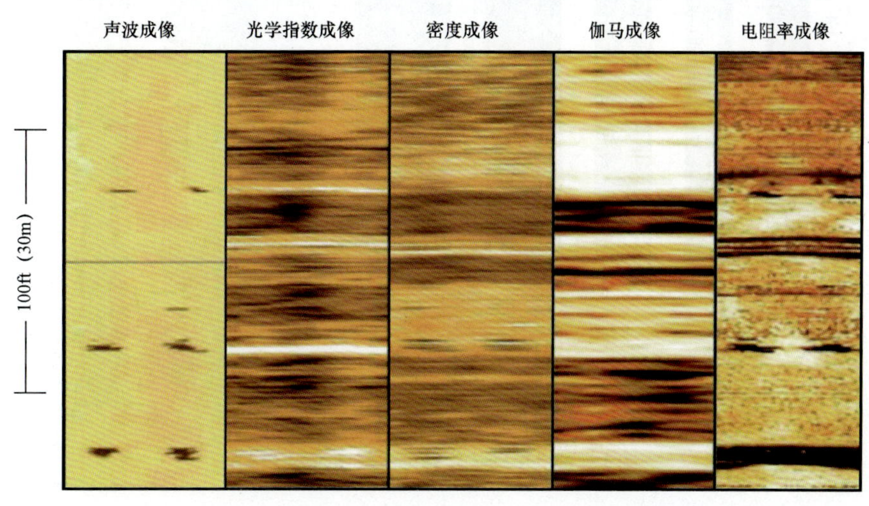

图 1－1－17　同一井眼中不同成像测井的特征

虽然方向性测井数据和成像数据有诸多应用，但是对于地质导向人员来说，其中所表现的地层信息才是有价值的。当井眼轨迹穿过一个属性存在差异的层位时，方向性数据在井壁横截面上会发生相应变化。

二维随钻成像数据的显示方式是将井壁从井眼顶部沿轨迹方向横向展开，如图 1－1－18 所示，图的中心代表井眼底部，两边为顶部。当井眼轨迹向下钻入一个层位时，井眼底部首先看到这一层，然后是井眼侧边，最后是顶部。成像上这一层首先在中心出现，然后向两侧展开。由于井深不断增加，这个层位在成像上呈现正弦曲线的形状。而这个正弦曲线是水平井地质导向过程中最常用的判断井眼轨迹上切地层还是下切地层的依据。井眼轨迹与地层的夹角决定了正弦曲线的幅度。幅度小的曲线表示井眼轨迹与地层的夹角大，而随着夹角的逐渐减小，正弦曲线的幅度变得越来越大，这表明一个层位在相当长的一段井壁上被展开了。例如，一个 8.5in 井眼轨迹以 1°夹角切入一个 6in 厚的层位，该层位在成像上的展布达到 69.2ft，也就是说正弦曲线的幅度是 69.2ft。这种大幅度的展布意味着即使使用低分辨率的成像数据，该 6in 厚的层位的物性特征也能被精细地刻画出来，这是在直井测井数据中无法实现的（井眼轨迹与地层夹角非常大）。

2）成像的色标

成像数据是用色标来表示地层物性变化的。例如，在密度成像测量的 16 个扇区中，每一个扇区的岩石密度用一种颜色来表示，连起来便构成了一个完整的密度成像。一般来讲，深色代表较高的密度值，浅色代表较低的密度值。成像标准化是调高图像可视程度的方法，见图 1－1－19。静态成像有一个由用户定义的固定色标。如整幅成像可由 16 种颜色构成，从最深色代表的 2.7g/cm^3 到最浅色代表的 2.2g/cm^3。动态成像使用一个深度窗口，在该窗口内

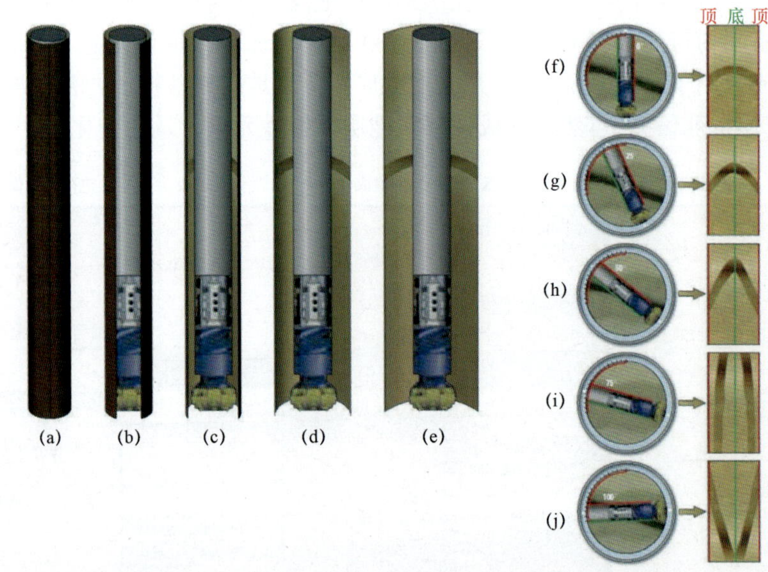

图 1-1-18　成像测井资料解释示意图

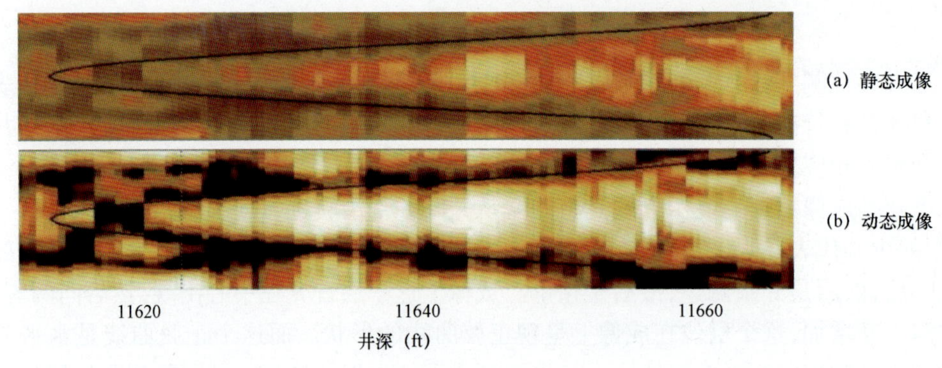

图 1-1-19　动态与静态成像对比图

的最大值和最小值被定义为最深和最浅颜色的极值。色标在每一个深度窗口中都不相同。在水平井地质导向过程中一般同时使用静态成像和动态成像,这是因为静态成像凸显大尺度的地层特征,而动态成像能够刻画每一个深度窗口中的细节。动态成像一定要结合静态成像使用,以避免数据噪声(如不平整的井壁)对成像细节造成影响而形成假象。

3)应用成像计算井眼轨迹与地层之间的切入角

井眼轨迹和地层之间的切入角可用一个三角关系来表示。

邻边:成像上正弦曲线沿井眼轨迹方向的幅度,使用与井眼尺寸一样的长度单位。

对边:井眼直径加上两倍的仪器探测深度。例如,密度成像的探测深度大约是 1in,对于 8.5in 的井眼来说,这个邻边的长度就是 10.5in。

图 1-1-20 展示了应用密度成像计算井眼轨迹与地层之间切入角的过程。

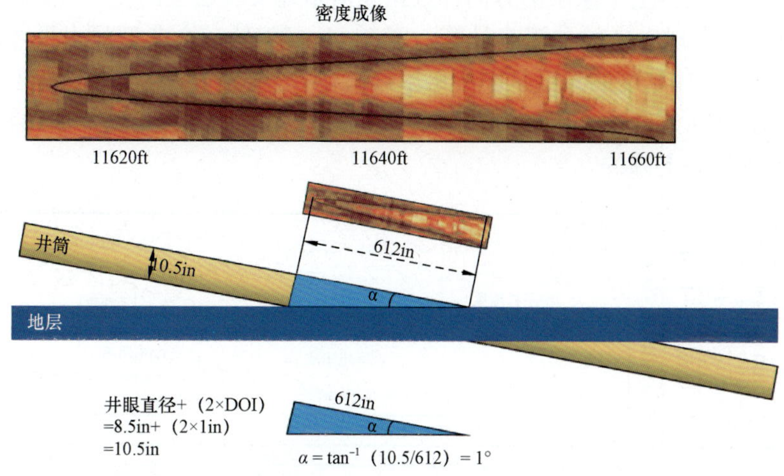

图1－1－20　成像计算井眼轨迹与地层切入角示意图

实时成像的三维可视化和地层倾角拾取软件可以直观地了解井眼轨迹在地层中的情况。图1－1－21显示的即是Petrel和eXpandBG软件的视窗。右侧的面板是传统的二维测井图和成像。成像上绿色的正弦曲线代表拾取的地层特征。在两个成像之间的一道中绿色的蝌蚪代表拾取的地层倾角。左侧的面板中显示了三维可视化井眼轨迹，侧向电阻率成像以井筒方式显示。其上的绿色界面代表已经拾取的地层倾角特征。从井眼轨迹的深度可以看出，轨迹是从绿色界面之下向上穿过该层的。如果地质导向的目的是将轨迹保持在高电阻层也就是绿色界面之下的部分，则这幅图清楚地说明下一步需要降低井斜。

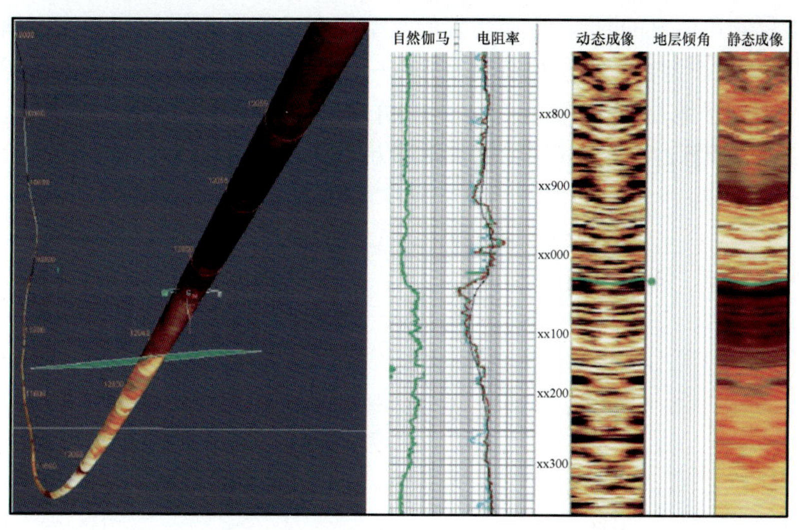

图1－1－21　Petrel和eXpandBG成像解释图

4）通过象限数据计算井眼轨迹与地层之间的切入角度

在没有成像数据时，也可以通过简单的方向性数据计算切入角。与利用正弦曲线幅度计算切入角原理相同,在当上下象限的方向性数据能清晰地反映层位的变化时,可通过相同变化在上下象限数据中表现出来的井深来计算。图1-1-22是一个典型的水平井随钻测井图。最上面一道中包含方位密度曲线。从图中可以看出,下密度曲线先降低,上密度曲线在4m之后出现了同样的下降,这说明井眼轨迹向下切入一个低密度的层位。垂深曲线显示井眼轨迹是水平的,说明地层是上倾的。

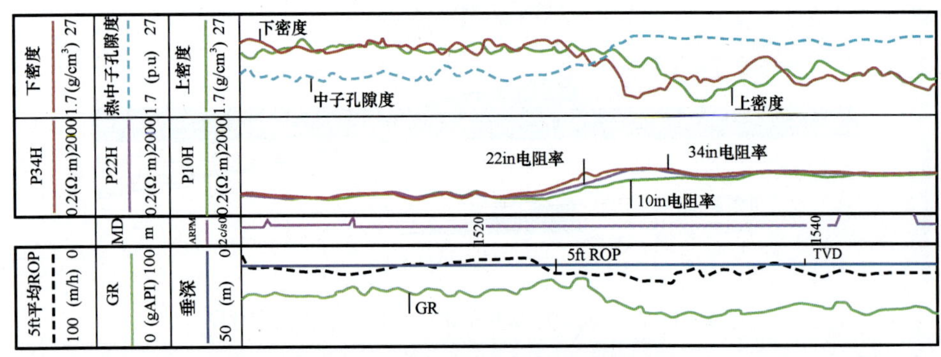

图1-1-22　方向性随钻测井曲线解释

5)利用地层倾角计算地层厚度

要想在地层构造模型中确切地定义一个层位,需要知道它的厚度和倾角。非方向性数据只能提供一个层位的测深厚度(MD thickness),而根据井眼轨迹的测斜数据能转换成垂深厚度(true vertical depth thickness,TVDT)。要想知道层位的真实厚度(true bed/stratigraphic thickness,TBT/TST),则必须知道地层倾角。

在没有地层倾角信息的时候,应用传统的模型拟合法需要假设地层厚度在横向上是不变的,与邻井厚度相同。这会使地层构造模型引入一定误差,增加地质导向难度。这是因为非方向性数据不能区分地层厚度变化、地层倾角变化或是二者都变化(图1-1-23和图1-1-24)。要计算地层真实厚度,只有使用方向性测量。

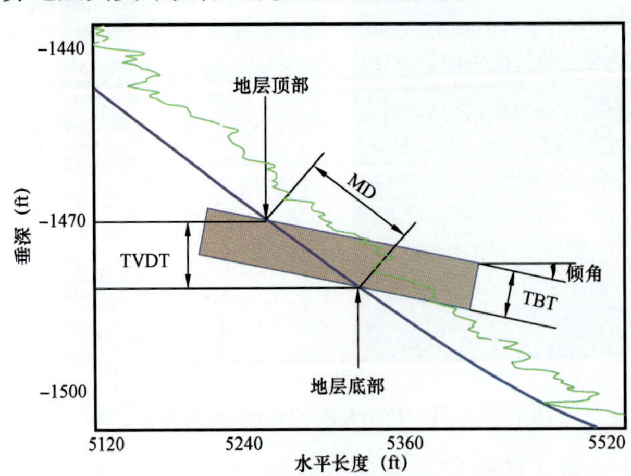

图1-1-23　不同地层厚度类型示意图

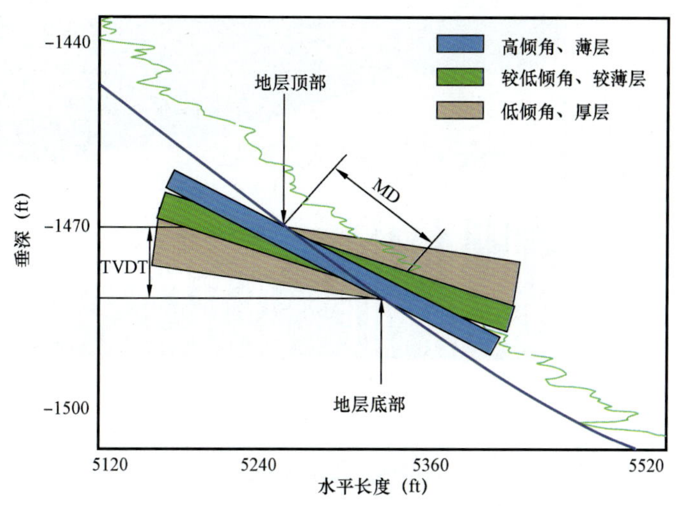

图1-1-24 应用非方向性数据解释地层构造的不确定性

3. 地层边界探测法

地层边界探测法主要基于方向性电磁信号的 PeriScope 和 PeriScope HD 地层边界探测服务。通过对获得的随钻测井和测量参数进行反演，可以直观得出井眼与地层中电阻率发生变化部位的距离和方向。应用该方法的地质导向人员需要掌握地层电阻率边界知识，熟悉储层层序对电阻率边界测量和反演的影响。

虽然方向性数据和相应的倾角计算及拾取技术的应用能够大大提高地质导向的准确性，但是大多数方向性数据的探测深度都很浅（一般在几英寸以内）。因此，只有当井眼轨迹接触到层位边缘的时候，方向性数据才能捕捉到该层位和地层倾角。

深探测方向性电磁波测井技术的快速发展，为水平井地质导向提供了革命性的新方法：地层边界探测法。PeriScope 地层边界探测仪器方向性测量的探测深度超过了传统电磁波传播测井，通过斜向电磁信号接收器突破了传统的轴向接收器对方向性电磁信号的束缚，使仪器能够有效识别地层中电导率的变化及变化所在方位。该仪器对井下相位和衰减电磁信号进行分析，获取离仪器最近的电导边界（电导出现较大变化位置）的方位，将其传输到地面，通过地质导向软件实时反演得到仪器与边界距离的数据。多频率、多探测深度的方向性相位和衰减电磁波信号可以为三层双边界模型提供多种反演数据：仪器与上下边界的距离，上下层位的电阻率，仪器所在层位的横向和纵向电阻率等，GRM 软件将这些数据绘制成地层的电阻率反演剖面图，见图1-1-25。

有了边界探测数据和直观的电阻率反演剖面图，地质导向工程师可以精确控制井眼轨迹与边界的距离，而避免井眼轨迹接触或钻出边界。在高电阻率对比度的地层中，PeriScope 地层边界探测仪器近 15ft（4.6m）的探测深度，填补了亚地震构造特征识别的空白。

针对比较复杂的、夹层发育的地层，斯伦贝谢公司升级 PeriScope 仪器的硬件和软件，开发了 PeriScope HD 高清多地层边界探测仪器，通过提供分辨率更高、探测深度更远的多边界反演来提高复杂地层中的水平井地质导向作业质量。PeriScope HD 仪器与 PeriScope 仪

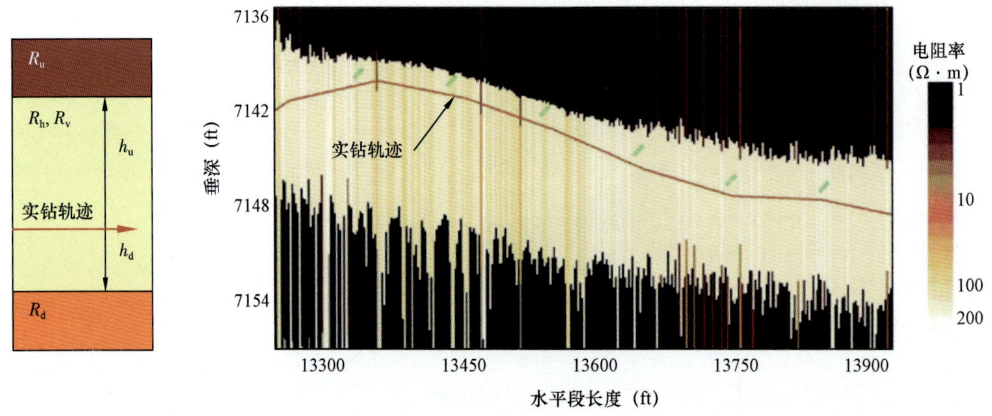

图 1－1－25　PeriScope 地层边界探测反演剖面图

器拥有相似的测量原理,通过增加和升级方向测量内容及其质量,增强了信噪比、增加了边界探测深度(大于 20ft,大于 6.1m)并允许通过计算 R_h、R_v 来进行储层评价。升级反演算法为蒙特卡洛自动随机反演,使得反演剖面不再限定为三层双边界模型,可刻画多套地层,并量化井眼周围不同位置边界及电阻率分布的不确定性,从而提高了边界和倾角反演的精确性,见图 1－1－26。

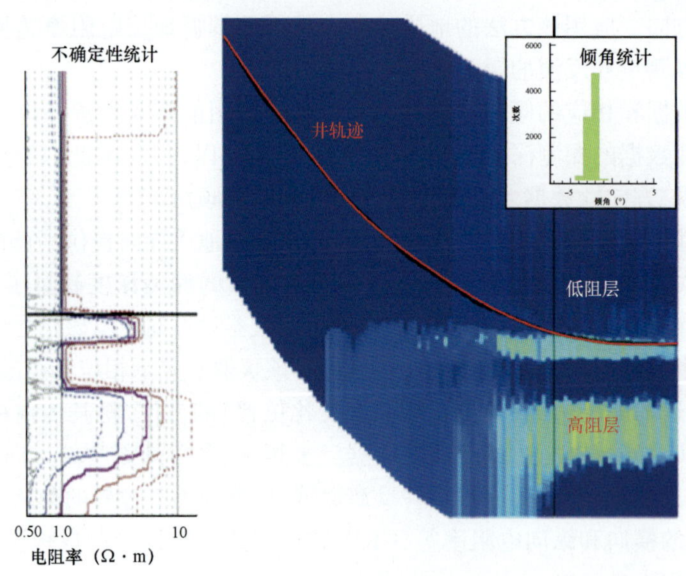

图 1－1－26　PeriScope HD 高清多地层边界探测反演剖面图

4. 超深油藏描绘法

GeoSphere 超深油藏描绘仪器利用一个发射器短节和多达三个接收器短节的灵活组合,基于最新的电磁波电阻率测井技术,可提供探测能力超过 100ft(30.5m)的随钻油藏描绘技术。该技术可提供丰富的测量内容(多间距测量和多达 6 种频率的宽频谱测量),利用实时自动多层反演在井筒周围超过 100ft(30.5m)的范围内可高精度识别地层的多边界以及流体界面，精细描述储层发育特征，进一步提高了亚地震构造特征识别的精度，见图1－1－27和图1－1－28。

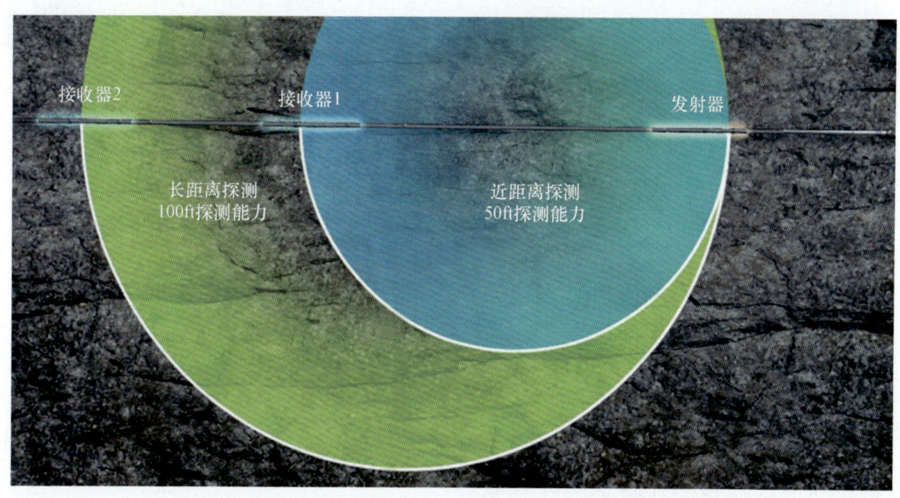

图1－1－27　GeoSphere超深油藏描绘仪器组合示意图

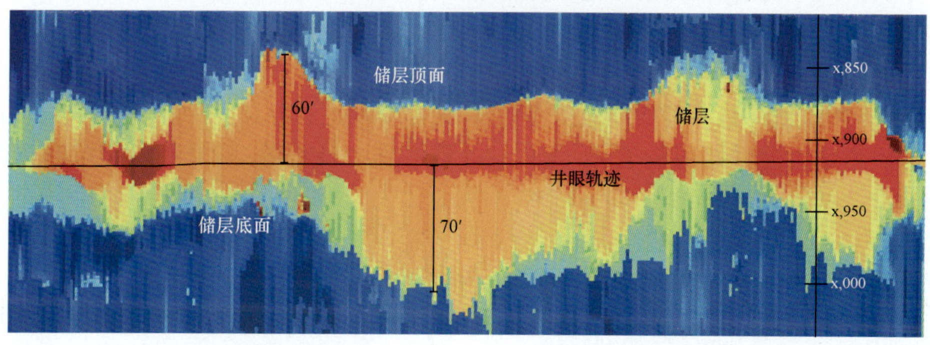

图1－1－28　GeoSphere超深油藏描绘反演剖面图

该技术对于降低复杂储层水平井着陆风险和提高随钻储层追踪效率作用明显：通过远距离探测地层边界可提前识别储层及内部流体发育特征，从而优化着陆施工和提高储层钻遇率，由此通过减少导眼井施工并降低钻井风险和提高钻井效率来节约建井成本，以及实现优化生产及提高采收率的目标。在钻后评价阶段，可利用井筒周围较大范围内精细识别的储层及流体特征来增进对油藏的理解，改善储量评估。利用这些数据来更新地面地震解释结果，指导后续勘探开发。

基于复杂储层描述的要求，通过升级GeoSphere仪器硬件和及反演算法，推出了GeoSphere HD高清超深油藏描绘仪器，其反演精度更高，探测范围可超过250ft（76.2m），见图1－1－29。可以更高效和准确地描述复杂储层内部特征及其横向连续性，薄层描述能力也得以强化，为油藏评价提供了更多依据。

5. 钻头前视探测法

IriSphere钻头前视探测仪器可用于预测钻头前方地层的特征。基于原理的约束，该技术

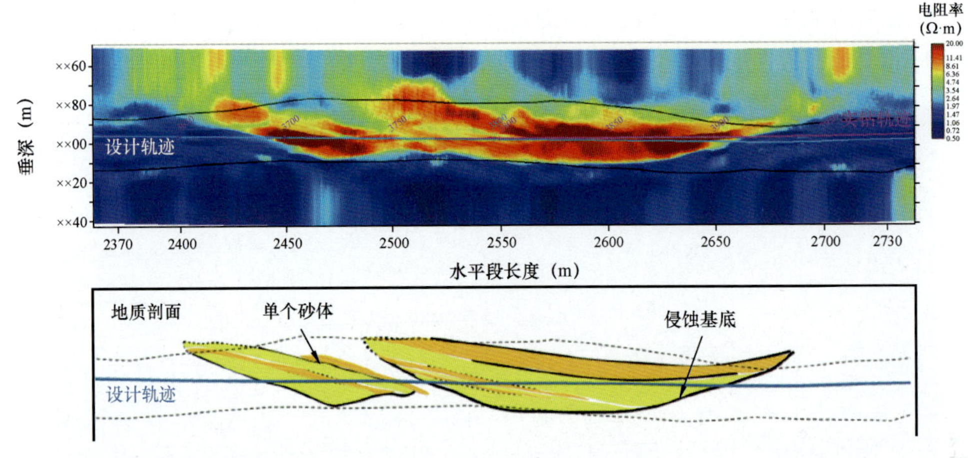

图 1-1-29　GeoSphere HD 高清超深油藏描绘反演剖面图

主要用于解决直井和小井斜定向井中钻头前方地层预测的难题,由此也将地质导向作业从水平井领域扩展到了直井和小井斜定向井领域。

钻头前视探测技术仍基于电磁波电阻率反演技术,通过区分反演仪器周围的信号和钻头前方的信号来反演和预测钻头前方地层的构造和流体特征(图 1-1-30)。前视探测距离可高达 100ft(30.5m),实际的前视探测能力取决于多个因素:发射器与接收器的间距、电磁波频率、不同地层间电阻率差异大小以及地层构造的复杂程度等。通过预测钻头前方高压层、枯竭油层以及复杂盐层底部边界等指导地质停钻,优化套管鞋位置以及实时调整钻井液密度等,也可以通过预测钻头前方储层的边界,优化钻井取心作业计划等,降低勘探风险和提高勘探效率。

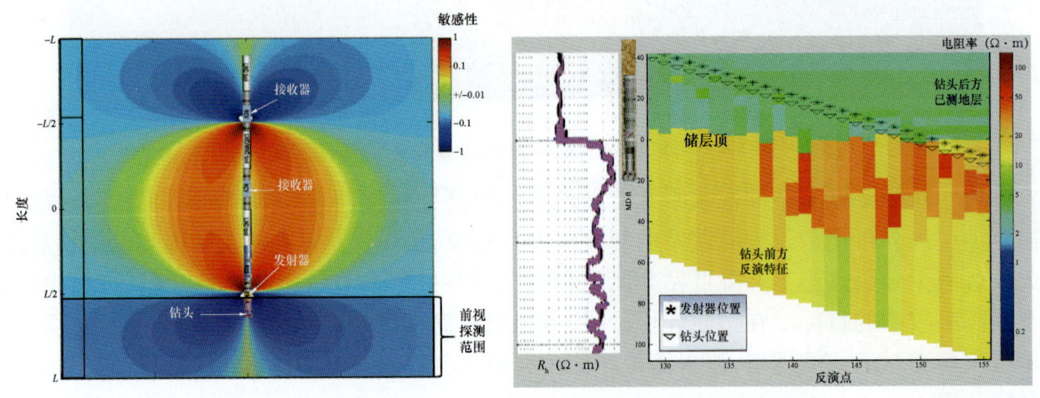

图 1-1-30　IriSphere 钻头前视探测仪器组合以及反演剖面图

以上共介绍了五种地质导向方法,基于所使用随钻测井仪器的探测深度以及轨迹调整的前瞻性与否,大致可分成三大类,分别是被动型、主动型和策略型。地质导向方法的选择要针对具体油藏特征和需要实现的地质导向目标进行钻前可行性分析,最终确定合适的随钻测井仪器。在面对复杂油藏时,通常需要多种地质导向方法的综合应用才能解决难题。表 1-1-1 对以上地质导向方法分类、代表性仪器以及适应性进行了简单说明。

表 1-1-1　地质导向方法分类、代表性仪器以及适应性说明

分类	地质导向技术	常用随钻测量仪器	技术规格	适用井眼尺寸	特色测量项目	对应钻井液体系	适用范围
被动型	模型拟合法	GST	675	8.375～9.875in	近钻头方位电阻率和方位自然伽马	水基/油基/合成油基	适用于不确定性较小的储层：地质特性变量比较稳定、横向物性变化较小、油气层标记连贯等
		ImPulse	475	5.75～6.75in	自然伽马和电阻率	水基/油基/合成油基	
	成像法	旋转导向(RSS)	全井眼尺寸	全井眼尺寸	4 象限近钻头自然伽马/自然伽马成像	水基/油基/合成油基	适用于油水关系明确、构造和储层相对简单、测井参数（自然伽马，电阻率，密度等）存在变化的油气层，特别是薄互层较发育的油气层。电阻率成像的分辨率较高，是在水平井地质导向作业中应用最广泛的成像测量。基于成像地质导向技术，即使轨迹钻出储层，仍可及时制定轨迹调整方案，使轨迹快速返回目的层
		iPZIG	475/675	5.875～9.875in	8 象限近钻头自然伽马/自然伽马成像	水基/油基/合成油基	
		geoVISION	675/825	8～14.75in	56 象限侧向电阻率成像	水基	
		MicroScope	475	5.875～6.5in	56 象限侧向电阻率成像	水基	
		MicroScope HD	475/675	5.875～9.875in	160～208 象限侧向电阻率成像	水基	
		TerraSphere	675	8.375～9.875in	高清声电双成像	油基	
		adnVISION	475/675/825/825s	5.75～17.5in	16 象限密度及光电截面指数成像	水基/油基/合成油基	
		EcoScope	675	8.375～9.875in	16 象限密度和光电截面指数成像	水基/油基/合成油基	

续表

分类	地质导向技术	常用随钻测量仪器	技术规格	适用井眼尺寸	特色测量项目	对应钻井液体系	适用范围
主动型	地层边界探测法	PeriScope	475/675	5.75～9.875in	地层边界探测	水基/油基/合成油基	地层边界探测法是主动型导向技术,其探测深度优于被动型技术的测量。边界探测参数具有方向性并可以通过地质导向软件实时反演成图,主要应用于复杂油气藏的地质导向、对轨迹控制有特殊要求的油气藏的地质导向,以及用于提高底水油气藏水平井开发的采收率
		PeriScope HD	475/675	5.75～9.875in	高清多地层边界探测	水基/油基/合成油基	
策略型	超深油藏描绘法	GeoSphere	475/675/825	5.625～14.75in	超深油藏描绘	水基/油基/合成油基	超深油藏描绘法是策略型导向方式,在更深范围内可精细描述井筒周围地层和流体特征。除了实现地质导向的目标外,也能为油气藏的综合研究和勘探开发方案的制定提供策略性指导
		GeoSphere HD	475/675/825	5.625～14.75in	高清超深油藏描绘	水基/油基/合成油基	
	钻头前视探测法	IriSphere	475/675/825	5.625～14.75in	钻头前方地层探测	水基/油基/合成油基	钻头前视探测法是一种应用在直井或小井斜常规定向井种的一种策略型导向方式。通过探测钻头前方地层的电阻率特征,预测钻头前方高压层、枯竭油层以及复杂盐层底部边界等指导地质停钻,优化套管鞋位置以及实时调整钻井液密度等,也可以通过预测钻头前方储层的边界,优化钻井取心作业计划等,降低勘探风险和提高勘探效率

第二章　模型拟合地质导向技术的应用

由于随钻测井技术的快速发展，仅基于无方向性测量的模型拟合地质导向技术存在的时间很短。目前这种方法主要是与提供方向性曲线测量的随钻测井仪器配合使用，在一定程度上解决了水平井地质导向过程中遇到的难题。

第一节　GST 地质导向技术的应用

一、基本解释原理

最早期的具有方向性测量的地质导向仪器首推 GST 仪器，它由一个近钻头测量短节头和常规的 PowerPak 马达两部分组成。其近钻头测量短节头可以提供井斜、方位自然伽马和方位电阻率的测量，同时，通过马达工具面的配合，可以实现数据点形式的方位自然伽马和方位电阻率的测量，测点距钻头都在 2.5m 范围内，最大限度地避免钻井液侵入对测量的影响，这些对于地质导向的实时决策和井眼轨迹的调整及控制都至关重要。图 1－2－1 是 GST 工具组合示意图。

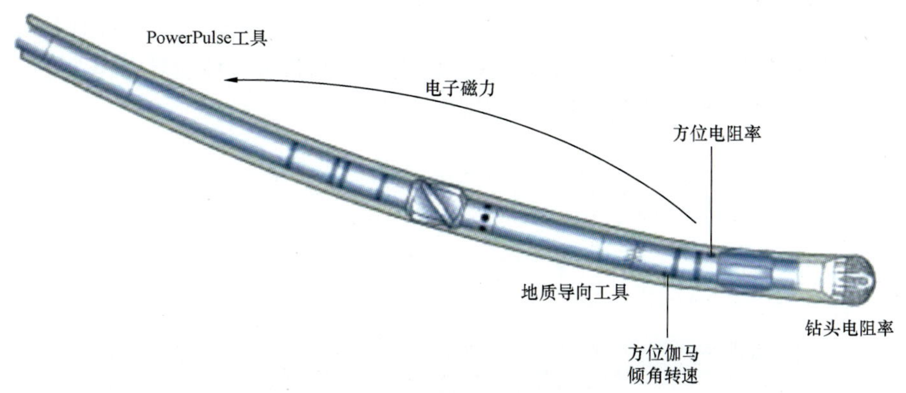

图 1－2－1　GST 工具组合示意图

二、GST 地质导向技术应用实例

GST 仪器在辽河油田早期水平井地质导向中应用广泛，下面举例说明。

1. 辽河油田稠油油藏应用实例

1）地质概况

辽河油田 XH27 区块为一短轴背斜构造，构造平缓，地层倾角 1°～2°。储层物性好，属高孔隙度、高渗透率储层，油层平均厚度 20.3m。油藏类型为块状边底水稠油油藏，油水界

面 -1412m,底水活跃。

2)地质导向实施过程及结果

Liao - Well#1 井设计垂深 1394m,水平段长度 279m,由于油藏底水活跃,实施过程中需尽量避开底水,因此要求轨迹控制在距油顶 2m 左右,电阻率保持在 30Ω · m 以上(图 1 -2 -2)。

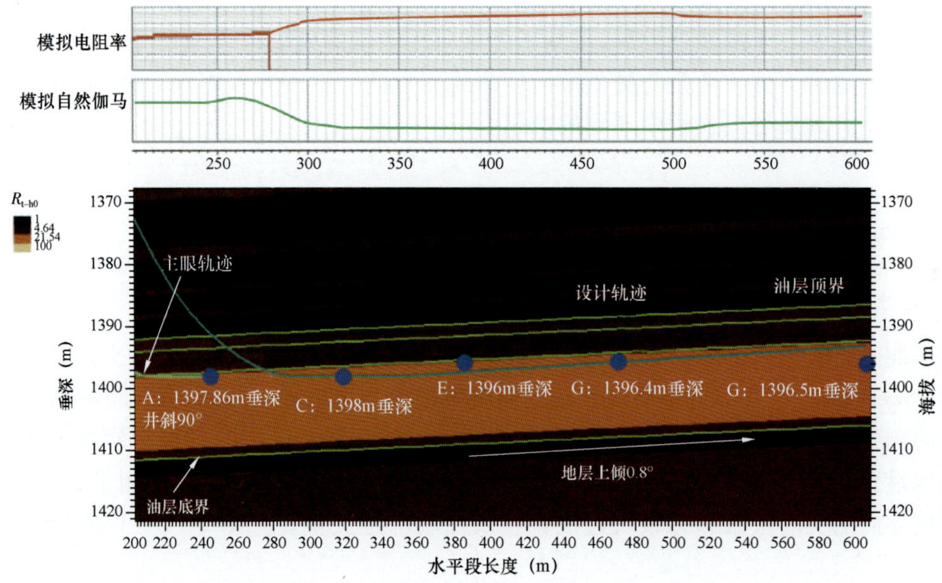

图 1 -2 -2 Liao - Well#1 井地质导向钻前模型

Liao - Well#1 井应用 GST 仪器,依靠该仪器的近钻头测量进行地质导向作业,三开顺利完井。完钻井深 1850m,水平段长 296m,钻遇率 100% (图 1 -2 -3)。

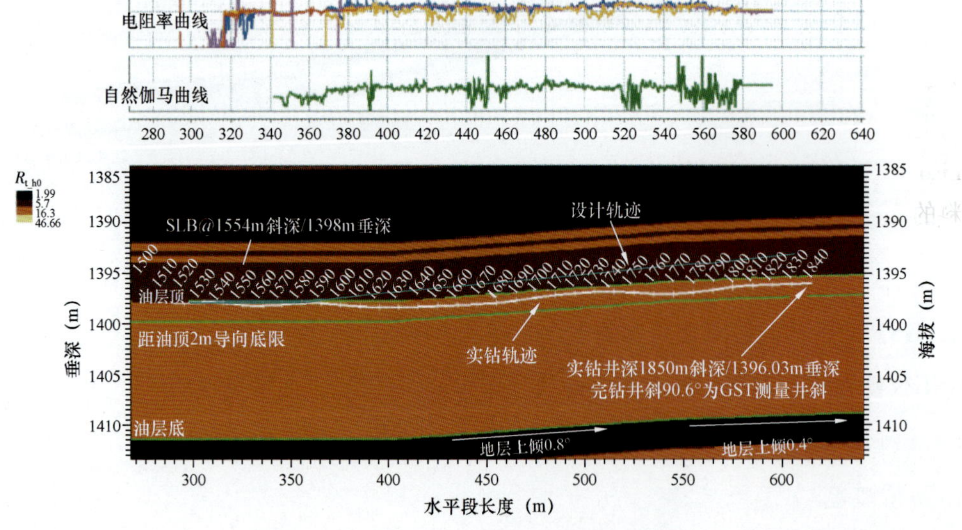

图 1 -2 -3 Liao - Well#1 井地质导向完钻模型

3）认识与总结

（1）GST 仪器距离钻头仅 2.5m 左右，能够有效提供近钻头电阻率、自然伽马和井斜测量数据，实现了对井眼轨迹的实时有效调整，完全满足 XH27 区块水平井眼轨迹控制精度要求。

（2）GST 仪器的应用加速了辽河油田 XH27 区块水平井整体部署，促进了该濒临废弃的厚层块状底水油藏的二次开发。

（3）GST 仪器实时追踪钻头附近地层电阻率变化情况，结合目的层纵向分布电性模型，确定钻头在目标层中的位置，实现井眼轨迹的精确控制。

（4）GST 仪器在应用过程中，受钻井液及工程参数的影响较大。

2. 辽河油田稀油油藏应用实例

1）地质概况

Liao – Well#2 井位于 C631 块，钻井揭露地层自下而上依次为古近系沙河街组沙三段、沙一段、东营组，新近系馆陶组、明化镇组及第四系平原组。其中沙三段为本区的主要含油层系，将其划分为三个亚段，其中以沙三中亚段为主要生产层位，也是本次钻井的主要目的层，地层岩性主要为灰色、深灰色泥岩与浅灰色、灰白色中砂岩、细砂岩、粉砂岩、泥质粉砂岩互层，泥岩质纯。沙三中亚段储层为滨湖相扇三角洲前缘亚相沉积砂体，以细砂岩和粉砂岩为主。物源主要来自西南侧的中央凸起，受物源和沉积相带的影响，砂体由西南到东北不断减薄，垂向上互相叠置，沉积类型以典型的陆相湖盆沉积为主，砂体的规模小，单砂层的厚度较薄，横向互相穿插，变化较大，易于形成岩性上倾尖灭砂体。沙三中亚段储层为中孔隙度、低渗透率型，据参考井的物性分析结果，平均孔隙度为 17.43%，平均渗透率为 3.89mD，平均碳酸盐岩含量为 6.16%。沙三中亚段储层岩性也以砂岩和粉砂岩为主，属中孔隙度、低渗透率储层。沙三中亚段油层隔层岩性主要为粉砂质泥岩、泥岩，各砂岩层间的隔层发育较稳定。纵向上，沙三中亚段油层埋深 2043 ~ 2120m，油层厚度 12m，油层单层厚度 2 ~ 5m，为薄砂层油藏。平面上，油层分布主要受斜坡构造背景控制，含油砂体向上倾方向逐渐减薄尖灭。C631 井区的油层分布主要受斜坡构造背景控制，油藏类型属于薄砂层岩性油藏。原油性质较好，地面原油密度为 0.8203g/cm^3左右，为稀油。地层水为 $NaHCO_3$型，总矿化度为 4601.9mg/L 左右。

2）地质导向实施过程及结果

Liao – Well#2 井部署区含油砂岩厚度薄，尽管在部署中使用了波阻抗反演技术，但由于地震资料的分辨率很难满足地质导向的要求，加之该区属岩性油气藏，砂岩体横向延伸短，岩相变化快，钻遇该水平井段具有一定的风险性。实时地质导向作业过程：由于平面构造控制程度比较低，作业过程中发现实际地层倾角从钻前预测的 5° ~ 6°上倾变为 11°上倾，实时分析显示目标油层位于着陆轨迹的下部，增斜着陆将面临很长的靶前位移损失，同时与 GST 结合使用的 geoVISION 侧向电阻率成像也清晰地显示了这一角度。于是决定停止钻进，从上部确定有利的位置进行侧钻，之后通过 GST 的近钻头井斜、聚焦自然伽马、电阻率的测量参数结合 geoVISION 侧向电阻率成像的综合分析，平稳地着陆于 1.7m 的薄目的层内，并在水平段导向钻进 132m 直至完井（图 1 – 2 – 4）。水平段导向过程中，尝试通过改变 GST 工具面来获取方向性聚焦自然伽马值，但是效果不明显，主要还是参考 geoVISION 侧向电阻率成像来确定地层倾角变化。GST 仪器在 11°的地层倾角储层内钻井也遇到了极大的挑战，经常出现增斜、降斜问题，从而导致储层和钻遇率损失,最终由于轨迹进入油层顶部的盖层,降斜困难而提前完钻。本井初期产能达到了 50t/d,整体开发效果非常好。

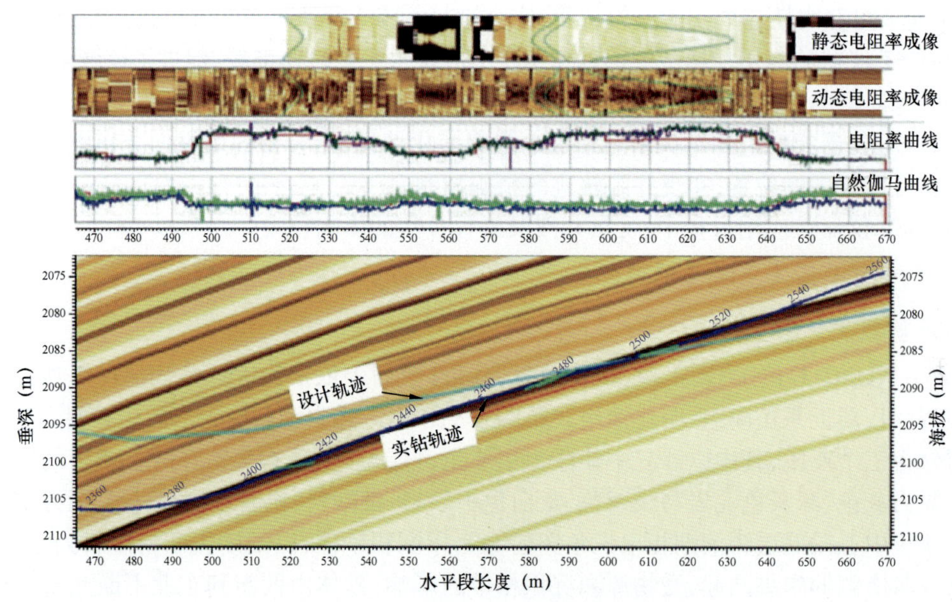

图 1-2-4 Liao-Well#2 井地质导向完钻模型

3)认识与总结

值得说明的是,作为早期的地质导向仪器,在长期的实钻过程中,GST 也暴露出了很多局限性。例如,针对辽河油田某些区块高倾角(10°~12°)地层钻井,GST 仪器常出现增斜、降斜问题,从而导致储层钻遇率的损失。随着更加先进的旋转导向钻井工具以及各种方位成像测量的出现,GST 渐渐退出了水平井地质导向的舞台。

第二节 ImPulse 地质导向技术的应用

一、基本解释原理

ImPulse 仪器是为小井眼水平井地质导向而研发的。ImPulse 仪器兼具随钻测量和随钻测井的功能。作为随钻测量仪器,可以实时传输井斜和方位测量数据,并为钻具组合中的其他随钻测井仪器供电。同时,作为随钻测井仪器,配备有自然伽马测量探头及 5 个电磁波发射电线和 2 个电磁波接收天线,提供 2MHz 频率下的 10 条井眼补偿感应电阻率。该仪器适合于 5.75~6.75in 的小井眼作业。

二、ImPulse 地质导向技术应用实例

ImPulse 地质导向技术的应用主要集中在煤层气多分支水平井作业中,实际应用方法和效果与常规油气藏水平井基本相同,下面主要以非常规油气藏(煤层气)水平井地质导向作业沁水盆地煤层气应用为例予以阐述。

1. 地质概况

与常规油气藏不同，煤层气藏是指富存在煤层中的以吸附状态为主的气藏，它要求具有稳定的煤层厚度、稳定的构造条件及其适合的水文地质环境。目前的煤层气多分支水平井主要位于山西省境内的沁水盆地，该盆地是我国最大的向斜构造盆地，同时也是我国最大的石炭纪至二叠纪整装煤层气盆地，构造较为稳定，盆地内大型断层不发育，局部发育有小型正断层。

2. 地质导向方案分析

由于目前煤层气多分支水平井的施工，大多采用水基钻井液或清水钻进，因此，理论上讲，大部分地质导向仪器均可使用，甚至具有地层探边探测功能的 PeriScope 仪器更是理想的选择。但从煤层气施工的现实考虑，即要满足高角度、高速钻进和低成本要求，以及从工具和采矿的安全性出发，具有探边功能的 PeriScope、具有成像功能的 geoVISION 以及能够确定和探测煤层物理性质的放射性仪器 adnVISION 都不是近期煤层气市场的选择。因此，基于煤层气市场及多分支水平井地质导向的需要，对随钻测井仪器的要求，一是能够提供能测量煤层及其围岩的电阻率曲线和平均自然伽马曲线，二是能够提供预测井眼轨迹相对地层上下切关系的方位自然伽马曲线。从上述两点要求来看，ImPulse 仪器能够满足这些要求，该仪器能够提供不同测深的电阻率曲线，平均自然伽马曲线以及方位自然伽马曲线。此外，该仪器能够承受的最大狗腿度，在旋转钻进时可达 15°/30m，在滑动钻进时可达 30°/30m，满足了高地层倾角变化带来的高狗腿度的施工要求。此外，ImPulse 仪器与功率强劲的 PowerPak 马达组合(图 1－2－5)，可提供较短的测量零长，即数据采集记录点距离钻头较近。如电阻率零长在 10.2m 左右，自然伽马零长在 12.3m 左右，连斜零长在 11.8m 左右，有利于地质导向工作。

图 1－2－5　沁水盆地煤层气地质导向钻具组合

3. 地质导向实施过程及结果

煤层气多分支水平井的地质导向方法可以概括为如下几点：

(1)钻前准备工作很重要，充分收集待钻井所在地的区域性地质、物探、水文等资料，特别是收集邻井的钻探资料，并对所有资料进行分析和研究。根据邻近的注气直井资料和待钻井钻探方案，做好钻前地质导向模型，特别是对目的煤层要做详细的小层划分，划分出较纯的煤层段、软煤段及众多的夹层，对相应小层的电性特征做好详细描述，同时对目的煤层上下围岩的电性特点也要做相应的描述，充分准备钻前资料，参加钻前会议并展示初步地质导向方案。

(2)地质导向实施阶段，在钻进过程中，根据实时随钻测井和测斜数据，对模型做到及时更新，确定钻头的位置，并预测和计算出地层倾角，根据地层倾角的变化，对井眼轨迹做出相应的调整，在地质导向过程中，始终保持与现场地质师的联系。由于煤层既是生气源岩又是储集岩，为特低孔隙度、特低渗透率的双孔隙储层，具有抗张强度小、杨氏模量低、体积压缩系数大的特点，工程上表现为易碎易坍塌的特征，因此，在地质导向过程中，与现场定向井工程师做好配合，尽量避免长距离地滑动钻井，以减少煤层坍塌埋钻的风险，尽可能地实施复合钻进以提高机械钻速。

以沁水盆地南部 Qin – Well#1 井为例，见图 1 – 2 – 6。该井的地质导向任务是：第一，在与注气直井连通之后，钻两个主井眼及在两个主井眼外侧钻 8 个分支井眼；第二，设计井深 4900m，煤层钻遇率大于 80%。

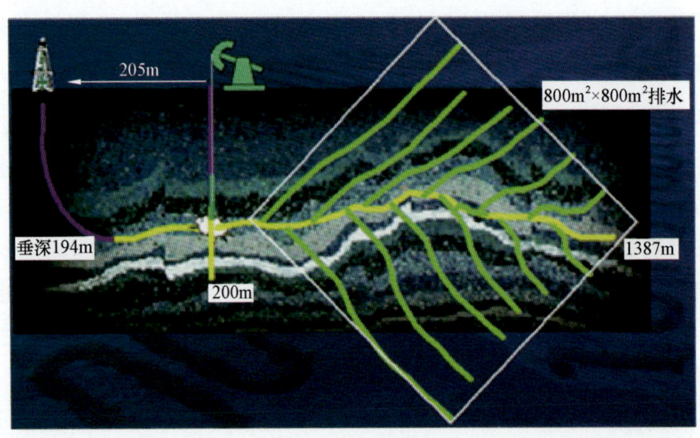

图 1 – 2 – 6　煤层气多分支水平井钻井示意图

Qin – Well#1 井采用的工具串为 ImPulse + PowerPak 马达组合，地质导向采用的参数有深浅电阻率、自然伽马、方位自然伽马、钻时及连续井斜等，钻进过程中进行了精细的地质导向工作，钻遇最大地层倾角为 10°，断层 1 条。对该井实施地质导向后的钻井成果为：完成了两个主井眼和 8 个侧钻分支井眼的钻井（图 1 – 2 – 7 至图 1 – 2 – 10），水平井段总进尺达到 5173m，煤层钻遇率达到 96.7%，历时仅 12 天。

该井在随后的近 11 个月的排采过程中，煤层气产量急剧增大，并于 2007 年 9 月 16 日达到峰值，日产气 105113.4m^3，水 44m^3，套管压力 0.75MPa，见图 1 – 2 – 11。

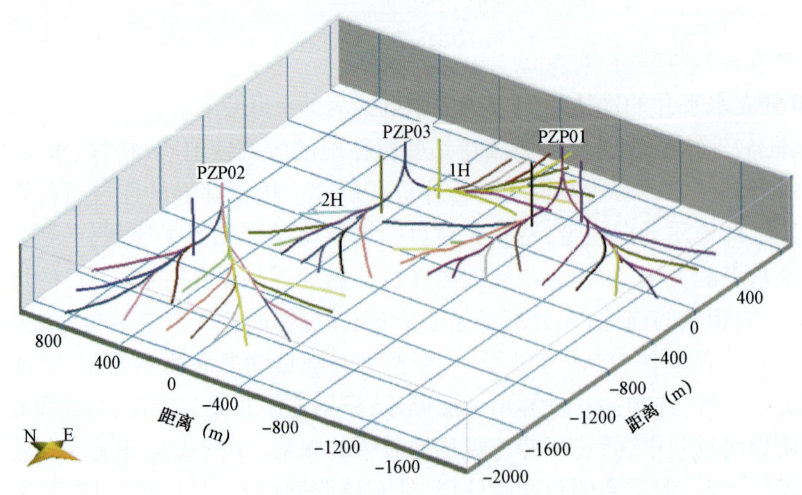

图 1 – 2 – 7　井组实钻井眼轨迹三维图

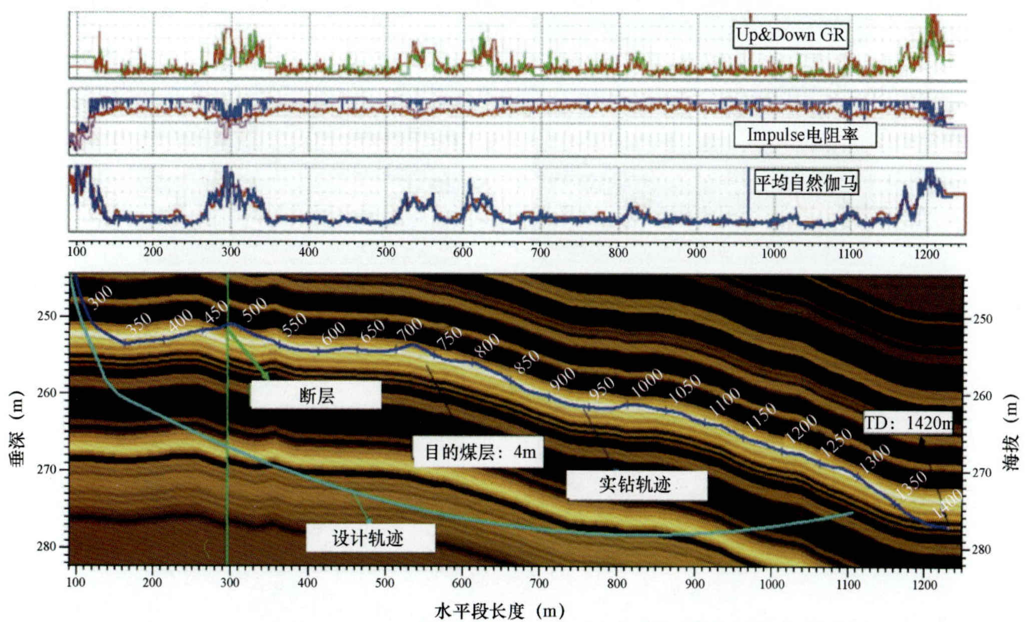

图 1-2-8　Qin-Well#1 井主井眼地质导向模型图

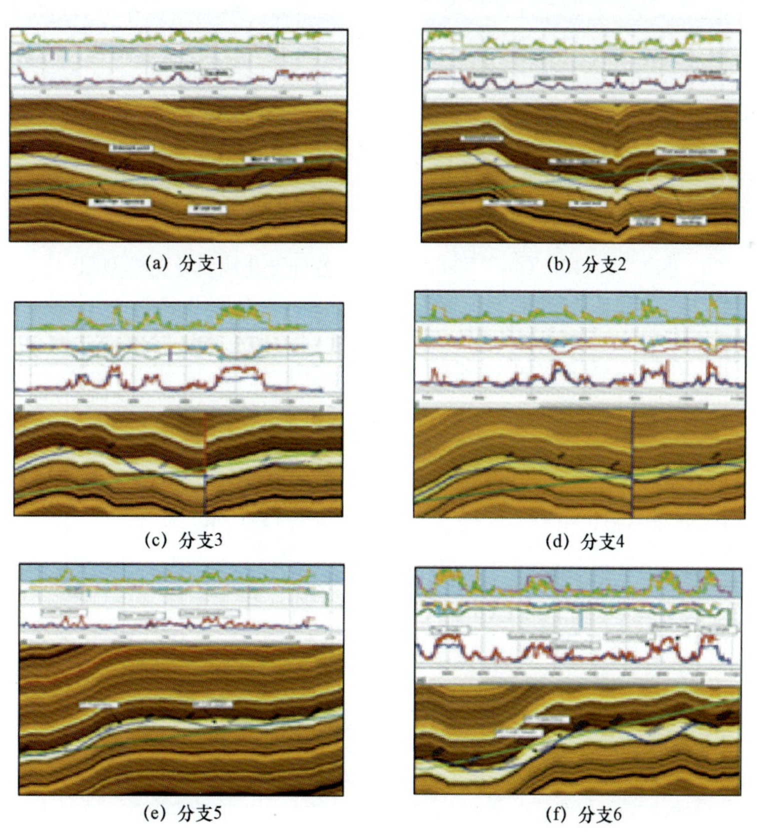

图 1-2-9　Qin-Well#1 井左侧各分支井地质导向模型图

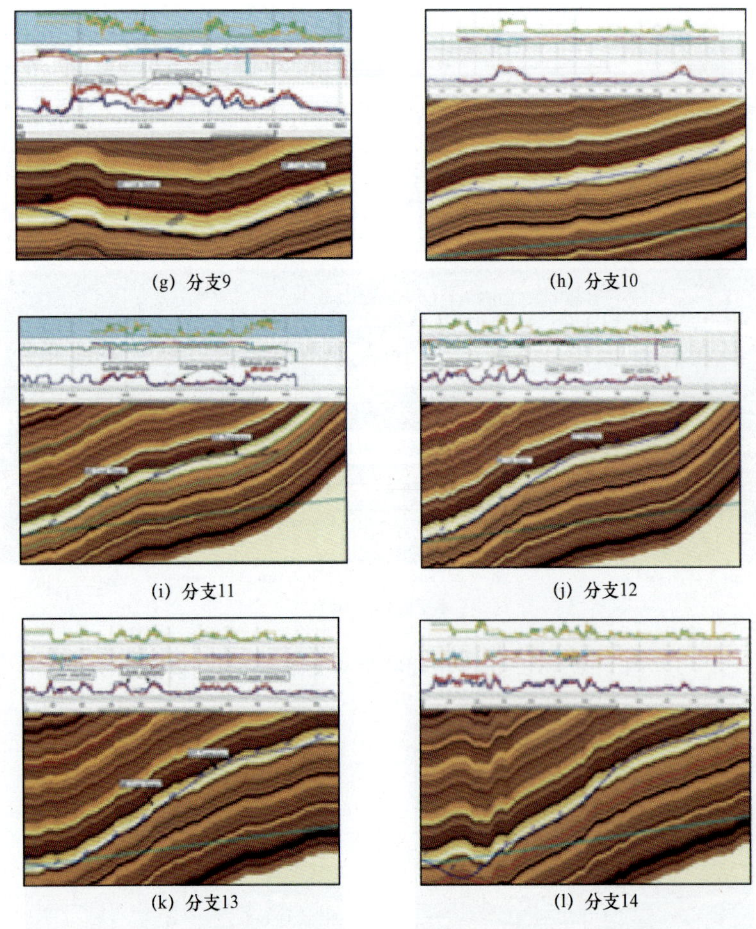

(g) 分支9　(h) 分支10

(i) 分支11　(j) 分支12

(k) 分支13　(l) 分支14

图 1-2-10　Qin-Well#1 井右侧各分支井地质导向模型图

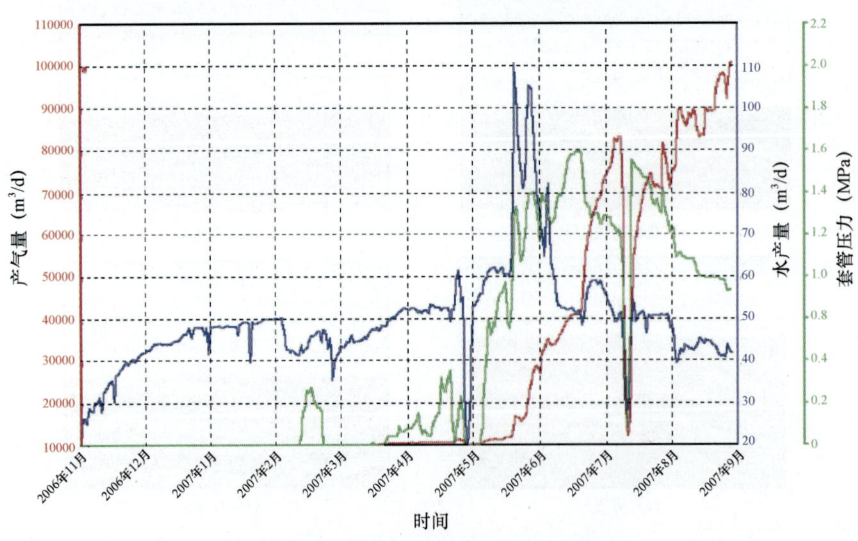

图 1-2-11　Qin-Well#1 井生产曲线图

4. 认识与总结

地质导向在煤层气勘探开发领域起着十分重要的作用，尤其在多分支水平井中的成功应用，解决了水平井煤层钻遇率低的问题，并建立了一套适合中国煤层气地质条件的多分支水平井工具组合系列，创建了一套适合中国煤层气水平井地质导向的工作方法和工作程序，组建了一支技术娴熟的煤层气地质导向队伍。据统计，在2004—2008年，斯伦贝谢公司共承担约35口多分支水平井的地质导向工作，占该时期中国煤层气市场的60%以上。仅在沁水盆地南部煤层气田，斯伦贝谢公司施工井数已达32口，总进尺达155254m，煤层钻遇率平均92%，最高达98%（图1-2-12）。

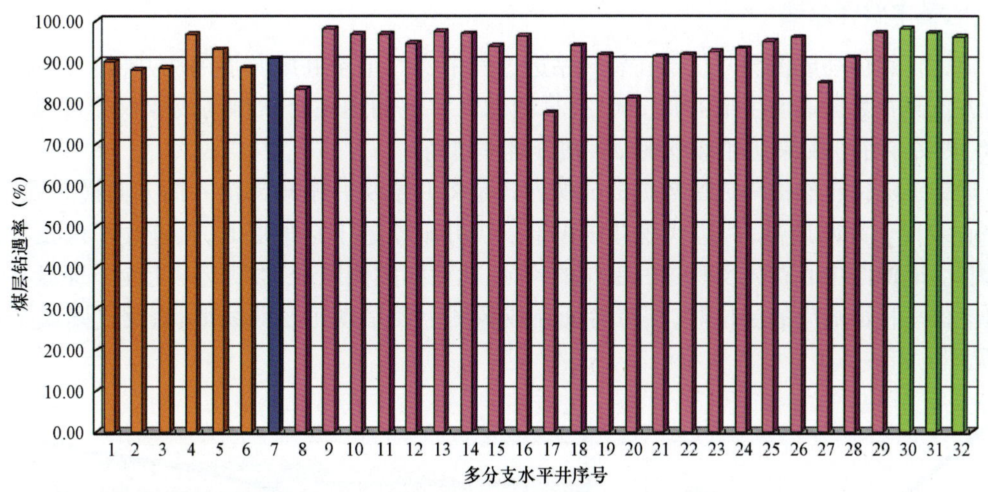

图1-2-12　沁水盆地32口多分支水平井煤层钻遇率统计

ImPulse作为简易、灵活的随钻测井、测量工具，在其他油田很多小井眼（6in井眼）水平井地质导向作业中得到了广泛的应用。通过测量的电阻率、自然伽马值确定井眼轨迹在储层中的位置，方向性自然伽马判断轨迹的上切和下切特征，为实时地质导向决策提供依据，均取得了非常好的效果。

第三章　成像地质导向技术的应用

第一节　近钻头自然伽马成像地质导向技术的应用

一、基本解释原理

随钻自然伽马成像测井仪器在旋转钻进过程中实时记录井眼圆周的测井信息，并按象限输出方位测井数据进而生成井周360°扫描图像。常规的随钻自然伽马成像仪器可输出4、8及16象限(内存)成像，成像象限越高，则分辨率越高。

近钻头随钻自然伽马成像数据的成像方式是将井壁从井眼顶部沿井周方向横向展开，图像中心线代表井眼底部，两边代表井眼顶部。当井眼轨迹下穿地层时，轨迹底部首先看到该层，因此，成像图中心首先反映这一层位的特征，然后向两侧展开，当轨迹从上至下穿过某一具有自然伽马特征响应的层位时，层位特征在成像图上便呈现正弦曲线形状，反之则成余弦形状，见图1－3－1。

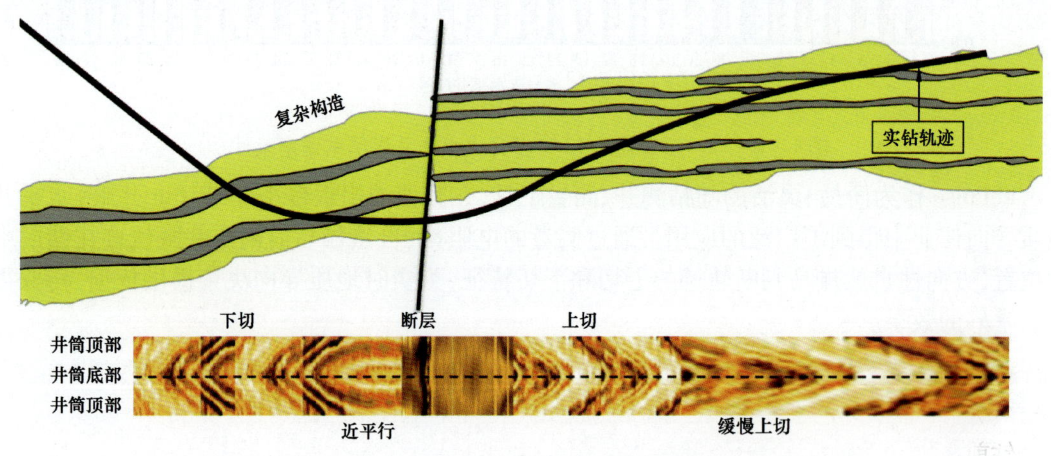

图1－3－1　井眼轨迹穿越地层时对应的自然伽马成像响应特征

实时地质导向过程中，井眼轨迹与地层的切割关系能直接指导实钻轨迹调整方向，且通过成像可计算出井眼轨迹与地层之间的相对夹角，从而计算出沿钻进方向地层的视倾角，进而进行构造分析，指导水平井钻进。

目前广泛使用的斯伦贝谢近钻头随钻自然伽马成像仪器主要有两种：一种是带有近钻头测量的旋转导向工具，例如PowerDrive X6、PowerDrive Orbit以及PowerDrive Archer等等，旋转导向工具可提供近钻头自然伽马测井数据及成像，同时可提供近钻头方位及井斜测量，测量零长约为3m，它可与动力马达连接，在实现精确地质导向的同时提升钻井效率。另一种是

iPZIG,它可与马达及旋转导向组合,为地质导向提供测量零长约为1m的高质量自然伽马成像及动态井斜测量,见图1-3-2。

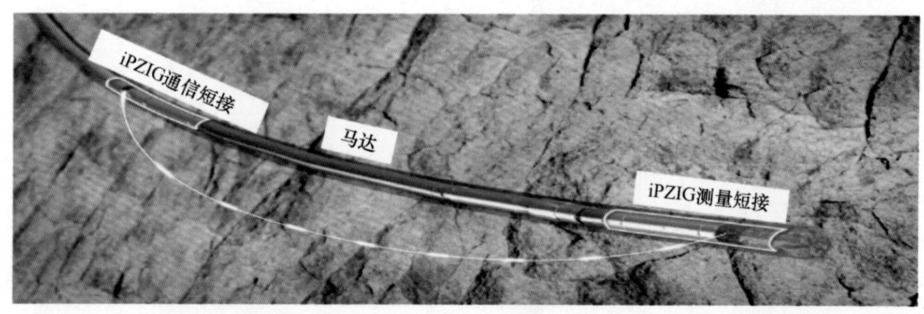

图1-3-2　带有近钻头自然伽马成像测量的旋转导向工具及iPZIG

二、近钻头自然伽马成像地质导向技术应用实例

目前近钻头自然伽马成像地质导向技术主要应用在四川盆地页岩气、鄂尔多斯盆地致密气和页岩油水平井地质导向中,取得了较好的效果。

1. 在四川页岩气水平井中利用旋转导向近钻头自然伽马成像实现顺利着陆

Si-Well#1井为四川自贡地区页岩气水平井,目的层为龙马溪组底部优质页岩。全区目的层测井响应具有高自然伽马特征,但目的层之上缺乏稳定的标志层进行着陆对比,见图1-3-3。

Si-Well#1井的目标包括:

(1)应用压裂增产措施证明区块翼部气井产能。

(2)为提高该区块最终采收率提供研究数据。

(3)从水平钻井过程中收集更多的地质及工程数据,以评估该区块开发井的可行性。

钻前通过地震数据解释了沿钻井方向的地层构造倾角,但真实的地层倾角有可能与预测有偏差,并且一些局部的构造变化难以在大范围的地震解释中精确反映。此外,在设计轨迹的中部,可以看到地层存在小范围局部的急剧变化,不排除断层的可能。

本井采用了斯伦贝谢旋转导向工具,依靠其近钻头自然伽马成像进行地质导向,在着陆过程中通过实时近钻头测量做出了以下关键决策,见图1-3-4。

(1)关键指令点1:根据实时自然伽马成像,视地层倾角由3.7°下倾转为约11°下倾,目的层可能较设计更深,稳斜快速下探地层。

(2)关键指令点2:视地层倾角转为约5.5°下倾,开始以2°/30m的造斜率进行着陆增斜。

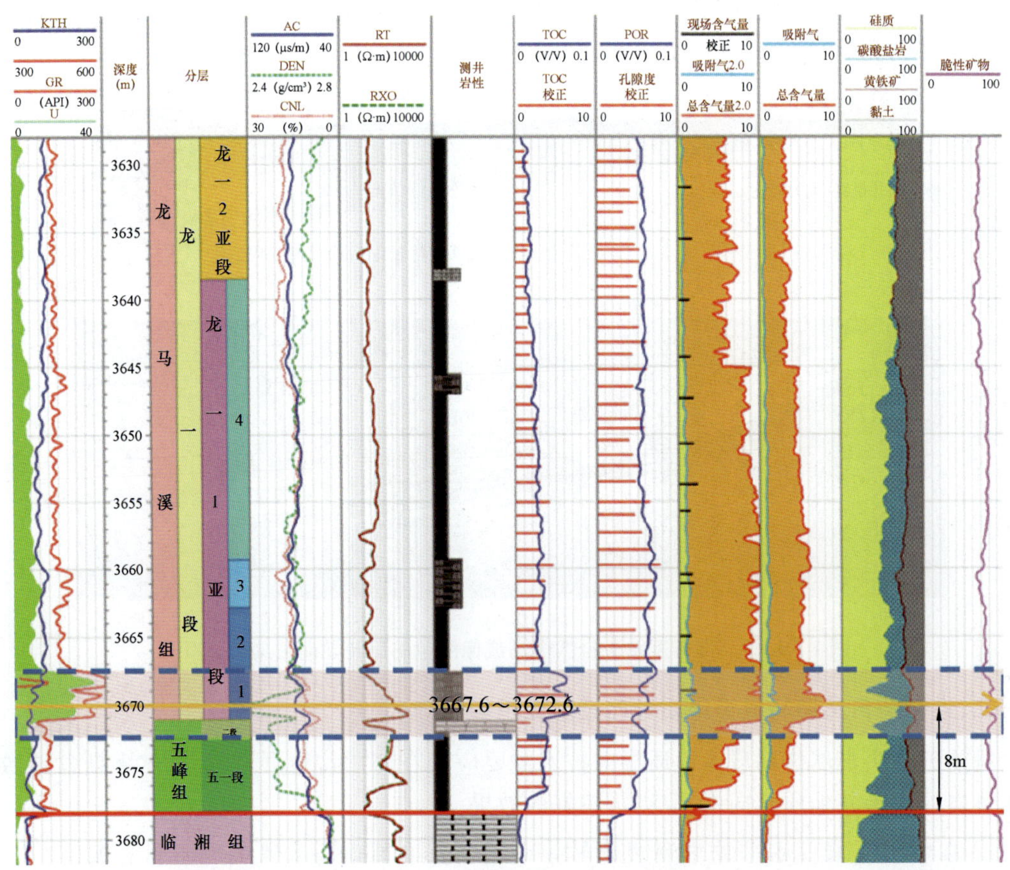

图 1-3-3　龙马溪组分层及测井响应

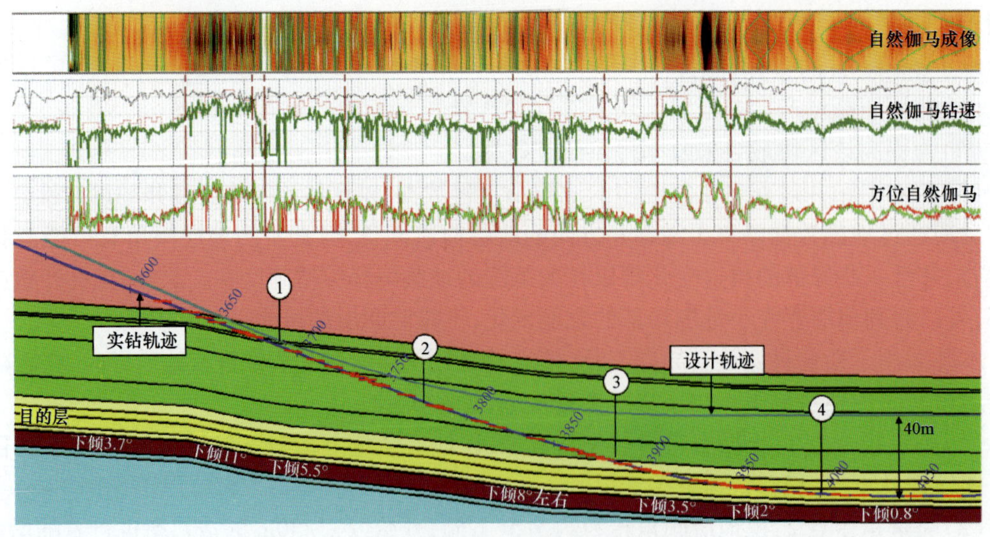

图 1-3-4　Si-Well#1 井地质导向模型及着陆指令关键点

(3)关键指令点3:轨迹进入目的层,视倾角约为3.5°下倾,以2.5°/30m的造斜率增斜着陆。

(4)关键指令点4:根据实时自然伽马成像分析视地层倾角约为0.8°下倾,增斜至90°使轨迹缓慢下切至目的层中部。

Si－Well#1井着陆结果显示实际地层比钻前设计深约40m。即使实际地层与钻前预计情况存在较大差异,但在随钻过程中利用自然伽马成像可以定量分析视地层倾角,确定精确的轨迹控制方案,实现平稳准确着陆。

2. 在四川页岩气水平井中利用旋转导向近钻头自然伽马成像优化水平段方位

在高陡构造中,如果从工程角度出发,理想的水平井钻井方位应该尽量与构造走向平行,这样能减小钻井和后期改造施工难度。近钻头自然伽马成像不仅可以用来解释视地层倾角,也可在水平井地质导向过程中进行方位优化。

Si－Well#2井设计沿着背斜走向钻进,从钻前剖面来看地层视倾角较小。但由于该井靠近主断层部署,可能存在地震数据无法分辨的微构造,这一不确定性可能导致无法按照设计完成水平段施工。

Si－Well#2井钻前设计水平段方位为45°,与构造等高线基本平行,见图1－3－5。但根据邻井实钻数据分析,构造走向可能存在变化,如果构造走向发生局部变化,那么沿钻井方向的视倾角可能发生突变,这将增加轨迹出层的风险。因此,在实钻过程中如何分析地层走向变化是这类井进行成功地质导向的关键。

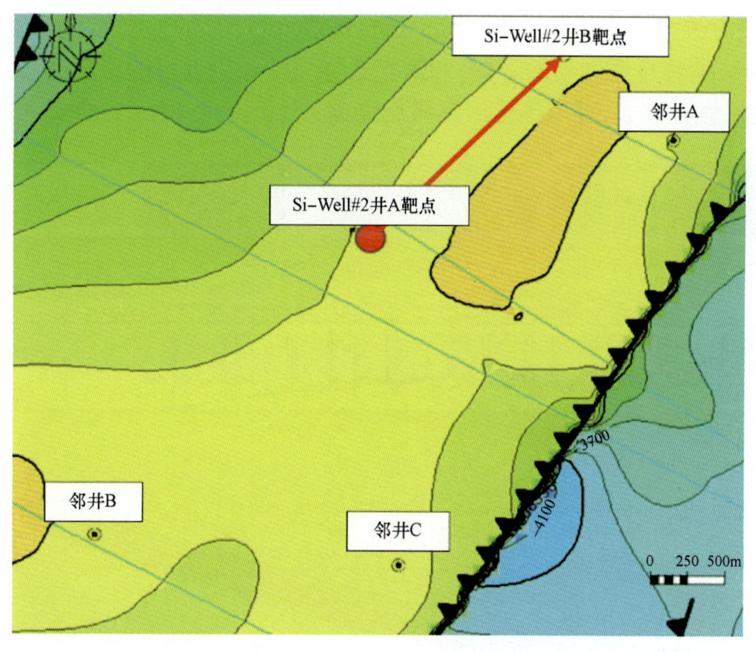

图1－3－5　Si－Well#2井井位图

根据自然伽马成像原理,由于它是覆盖井眼360°的信息,因此自然伽马成像的对称性可以用来判别轨迹钻进方向与地层实际走向是否一致,见图1－3－6。

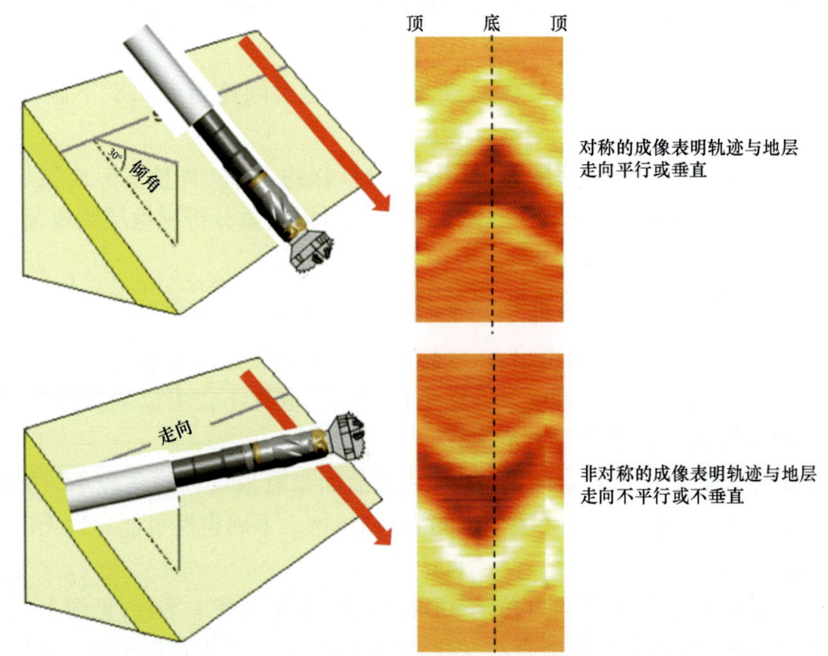

图1-3-6 成像的对称性可反映轨迹与地层走向关系

在着陆阶段,轨迹穿越了一个逆断层且地层视倾角在跨越断层后陡增,同时从自然伽马成像上观察到轨迹方位与构造走向并不一致。当轨迹进入目的层时,自然伽马成像显示地层视倾角上倾约6.4°,随着自然伽马的降低,判断自然伽马已经接近目的层底部,地质导向决策为增斜,但由于地层倾角较大,难以迅速回到甜点位置,见图1-3-7。

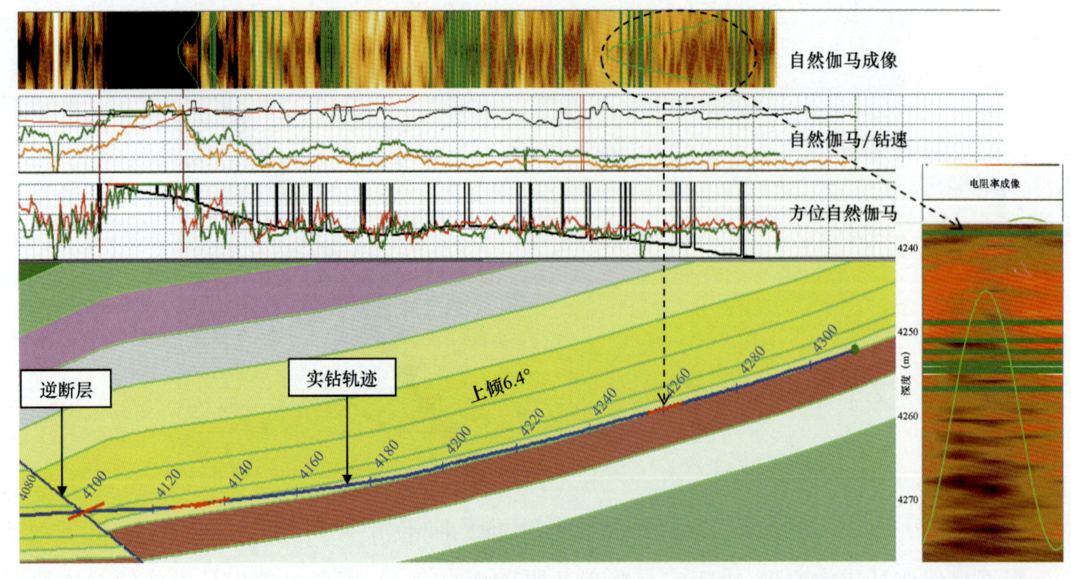

图1-3-7 实时成像非对称性显示轨迹与地层走向不一致

同时,考虑到钻后储层改造的要求,井斜已经达到上限,要远离靶窗底界回到甜点位置已经不能仅通过增斜来实现,根据自然伽马成像分析地层走向后决定将轨迹方位扭向30°方位。地层视倾角随即从6.4°上倾降低到了0°~2°下倾。结果既完成了设计钻井长度又满足了工程要求,见图1-3-8。

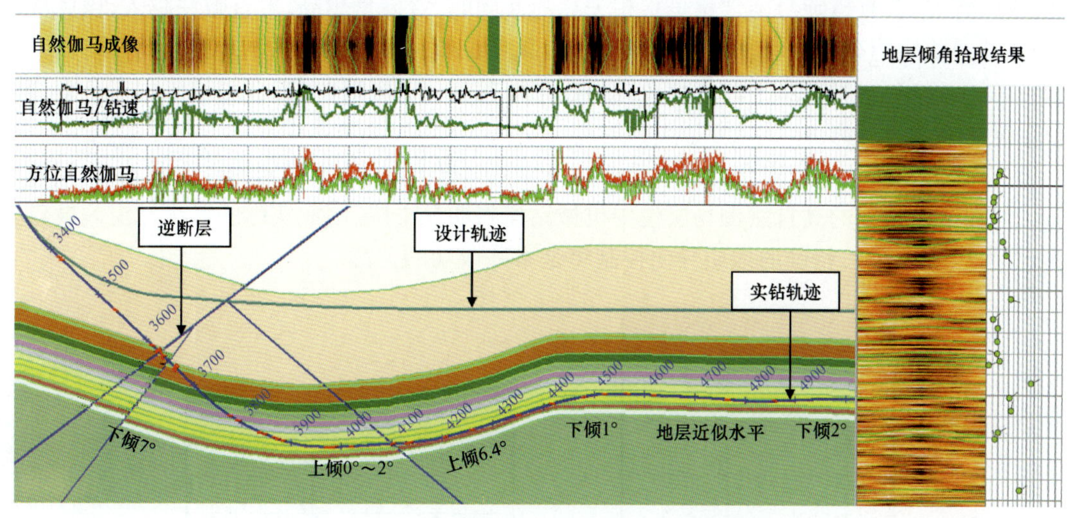

图1-3-8　通过调整轨迹方位减小地层视倾角

3. 在四川页岩气水平井中利用旋转导向近钻头自然伽马成像优化轨迹位置,预防钻井风险

Si-Well#3井位于背斜一翼,远离大断层。地震剖面显示地层连续,没有观察到局部的剧烈变化,钻前预测地层视倾角为3°~6°上倾,见图1-3-9。由于导眼井没有进行电缆测井倾角解释,因此希望通过实时自然伽马成像来分析和细化构造特征。

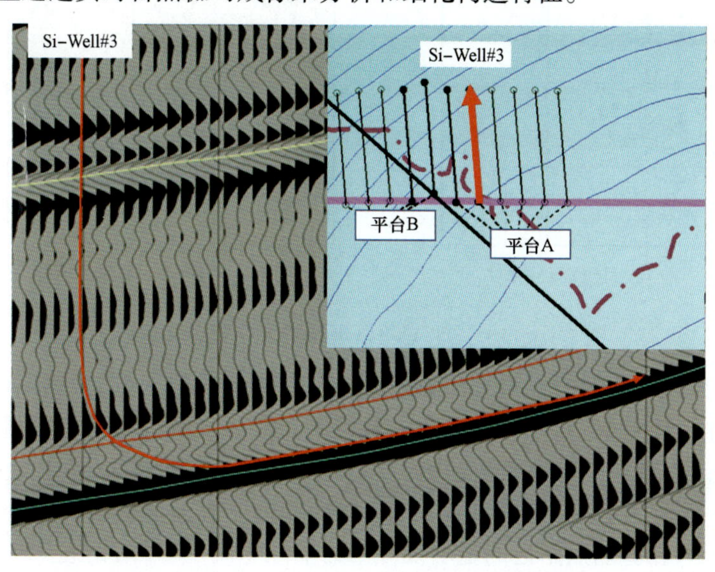

图1-3-9　Si-Well#3井构造图及地震剖面

Si - Well#3 井靶窗选择为龙马溪底部,靶窗高度4.8m(图1-3-10),为典型的四川页岩气靶窗位置,但本区块龙马溪底部优质页岩气层具有硅质含量高的特点,元素录井分析显示硅质含量高达70%。

从在地质和储层评价方面,四川盆地五峰—龙马溪页岩沉积环境为深水陆棚,硅质形成与生物成因有关,总有机碳与硅含量呈正相关。与此同时,含硅量越高,岩石脆性越大,该区块之前的钻井经验表明高含硅层并不是钻井工程的甜点位置,高含硅层容易发生井下震动加剧甚至卡钻等工程安全事故,水平井方位及井斜也难以控制,局部狗腿可能会超过工程安全允许范围,影响井下工具寿命。

综合考虑地质及工程安全的需求后,Si - Well#3 井的甜点位置确定为硅含量小于50%的层位,但在靶窗顶部的高自然伽马层位中机械钻速将明显下降,因此实际的最优靶窗高度仅为0.8m(图1-3-10),精确的地质导向控制将是本井成功的关键。

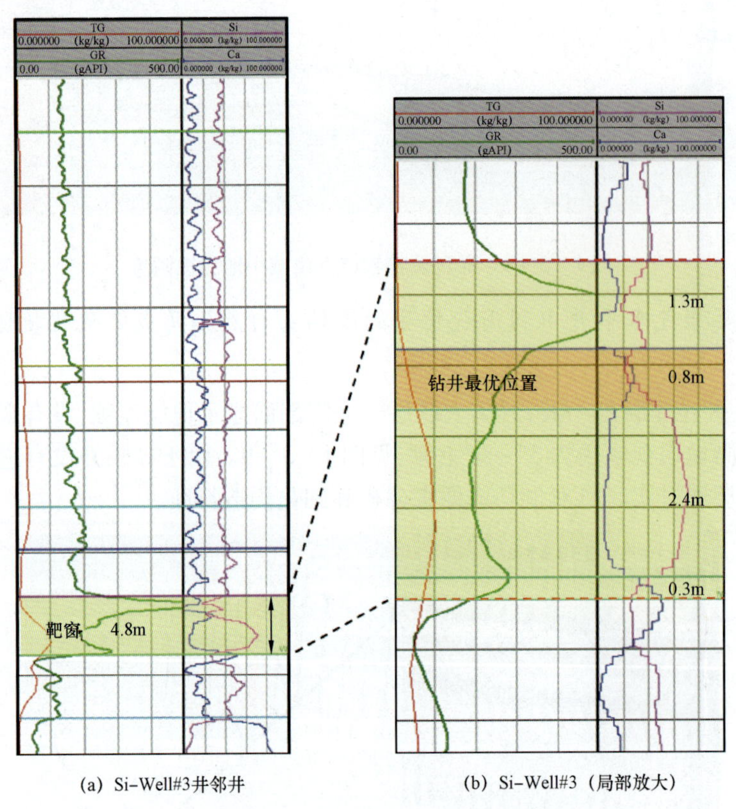

(a) Si-Well#3井邻井　　(b) Si-Well#3(局部放大)

图1-3-10　Si - Well#3 井靶窗及最优钻井位置

在本井着陆段及水平段前期没有使用近钻头自然伽马成像工具,根据钻前设计着陆点井斜为91°,随后增斜至93°进行水平段钻进。现场通过使用元素录井判断轨迹所处层位,数据点间隔为8m,由于本井机械钻速较快,并且考虑到分析所消耗的时间,元素录井数据滞后于钻头位置15~20m。

实钻结果显示,在着陆点附近的地层视倾角为上倾4.0°~4.5°,钻进150m水平段后变为上倾5.5°~6.0°。因此轨迹实际上一直在缓慢下切地层,并且进入了高硅层(硅质含量>

60%)，轨迹方位突然出现左飘，导致形成8°/30m的局部狗腿，而本井的设计安全狗腿为6°/30m。随后发生了两次卡钻事故，花费了14天的时间处理井下复杂情况(图1-3-11和图1-3-12)。即使采用通井钻具进行通井后，随后下入的井下工具也很难通过高硅段，并且在划眼下钻的过程中顶驱多次憋停。

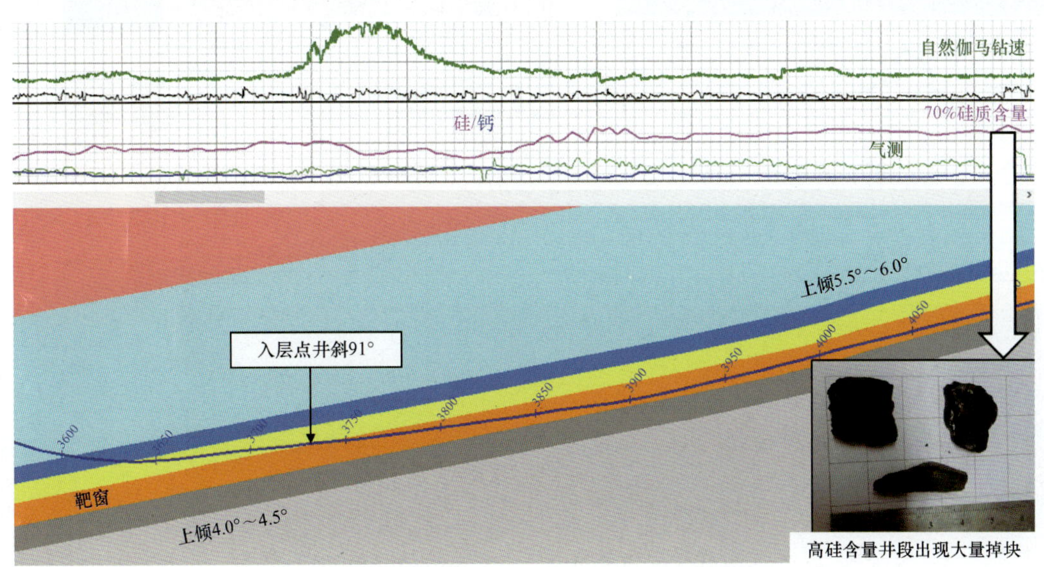

图1-3-11　高硅含量井段出现掉块并导致井下复杂情况

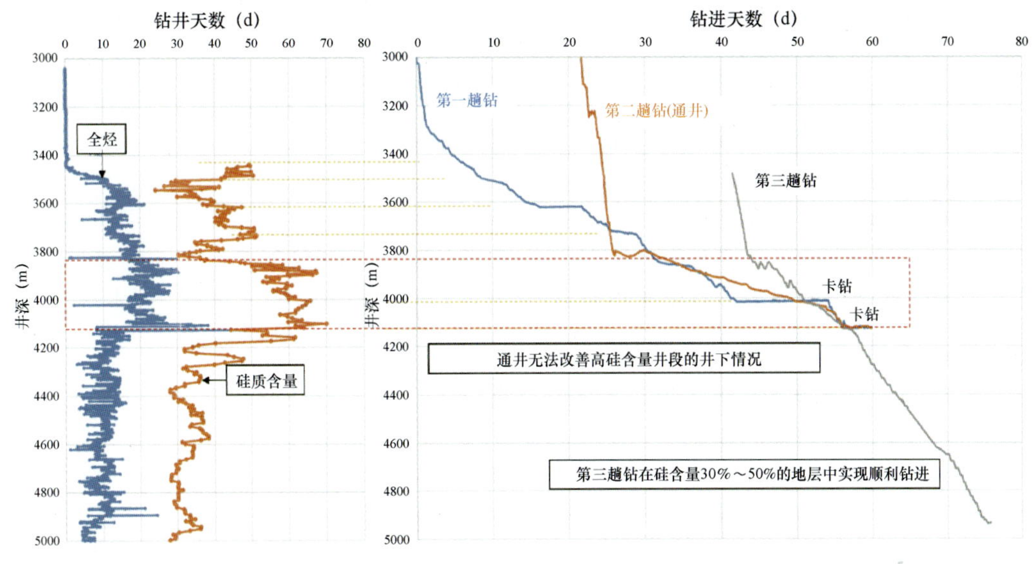

图1-3-12　井下事故明显减缓工程进度

在随后的地质导向过程中使用了近钻头自然伽马成像仪器，并补测了成像缺失井段的数据，以此确定实际的地层倾角。在将井斜增至97°后，井眼轨迹钻遇靶窗顶部高自然伽马标志层，进一步落实了地层真实倾角。随后井眼轨迹被一直控制在硅含量30%～50%，厚度为

0.8m 的最优钻井窗口内,顺利完成了剩余的 813m 井段,储层钻遇率达到 100%,且没有发生任何井下安全事故(图 1-3-13)。

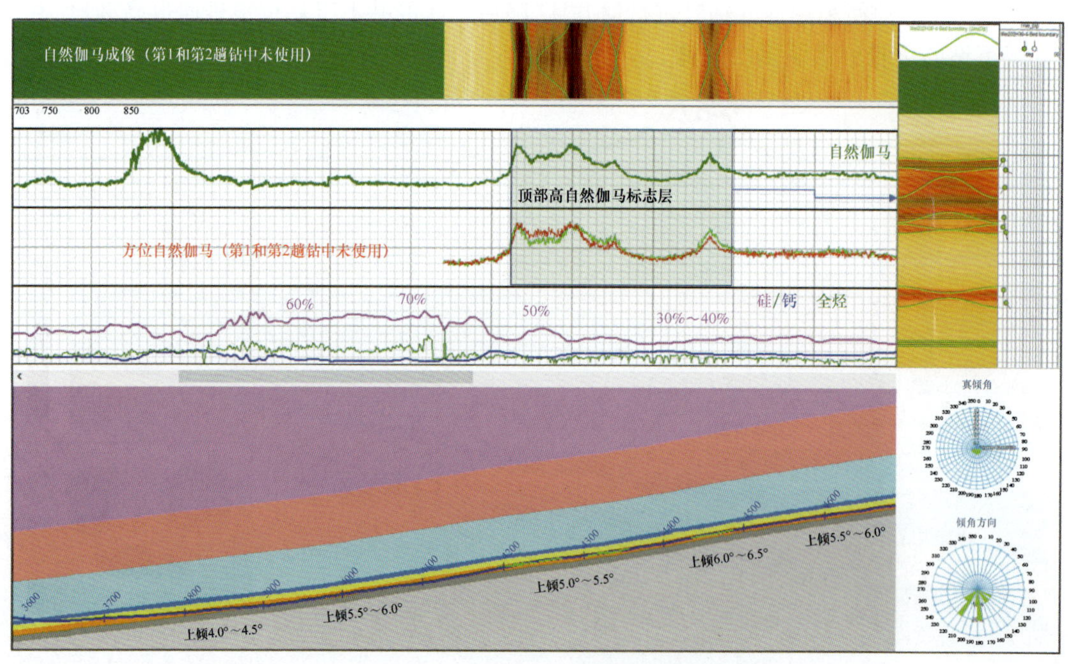

图 1-3-13 Si-Well#3 井地质导向完钻模型

4. 在鄂尔多斯盆地页岩油中利用旋转导向近钻头自然伽马成像解决下甜点地质导向难题

本实例中长庆油田页岩油预探水平井项目位于鄂尔多斯盆地伊陕斜坡,该预探项目目标是落实烃源岩内优质硅质页岩发育情况,并以优质硅质页岩为甜点段开发,提高单井产量,同时安全高效地完成钻井任务。

本井区为西南沉积体系,属半深湖—深湖沉积环境,主要发育三角洲前缘滑塌所形成的浊积岩储集体。由于沉积主要受重力流控制,虽然优质储集体可能厚度较大,但是极易发生侧向尖灭及岩性突变。目的层为一套优质烃源岩,受泥页岩中有机质吸附放射性元素影响,具有高自然伽马、低密度、高时差、低光电吸收系数、低电阻的特征,黏土质页岩含量较高,且容易垮塌(图 1-3-14)。因此要求地质导向仪器除具备方向性测量以外,还需要具备实时储层评价的功能。

基于以上地层特征以及地质导向目标,在实例井 Chang-Well#1 井中采用了如下钻具组合,TeleScope + NeoScope + PowerDrive Orbit(图 1-3-15)。

其中,NeoScope 多功能地层评价无源测井仪器提供方位及平均自然伽马,电阻率,密度和中子测量,保障实时基本岩性和物性评价需求;PowerDrive Orbit 旋转导向系统提供高精度近钻头自然伽马成像,能够对地层变化做出快速准确反应,同时其近钻头井斜方位测量能确保井眼轨迹精准控制(图 1-3-16)。

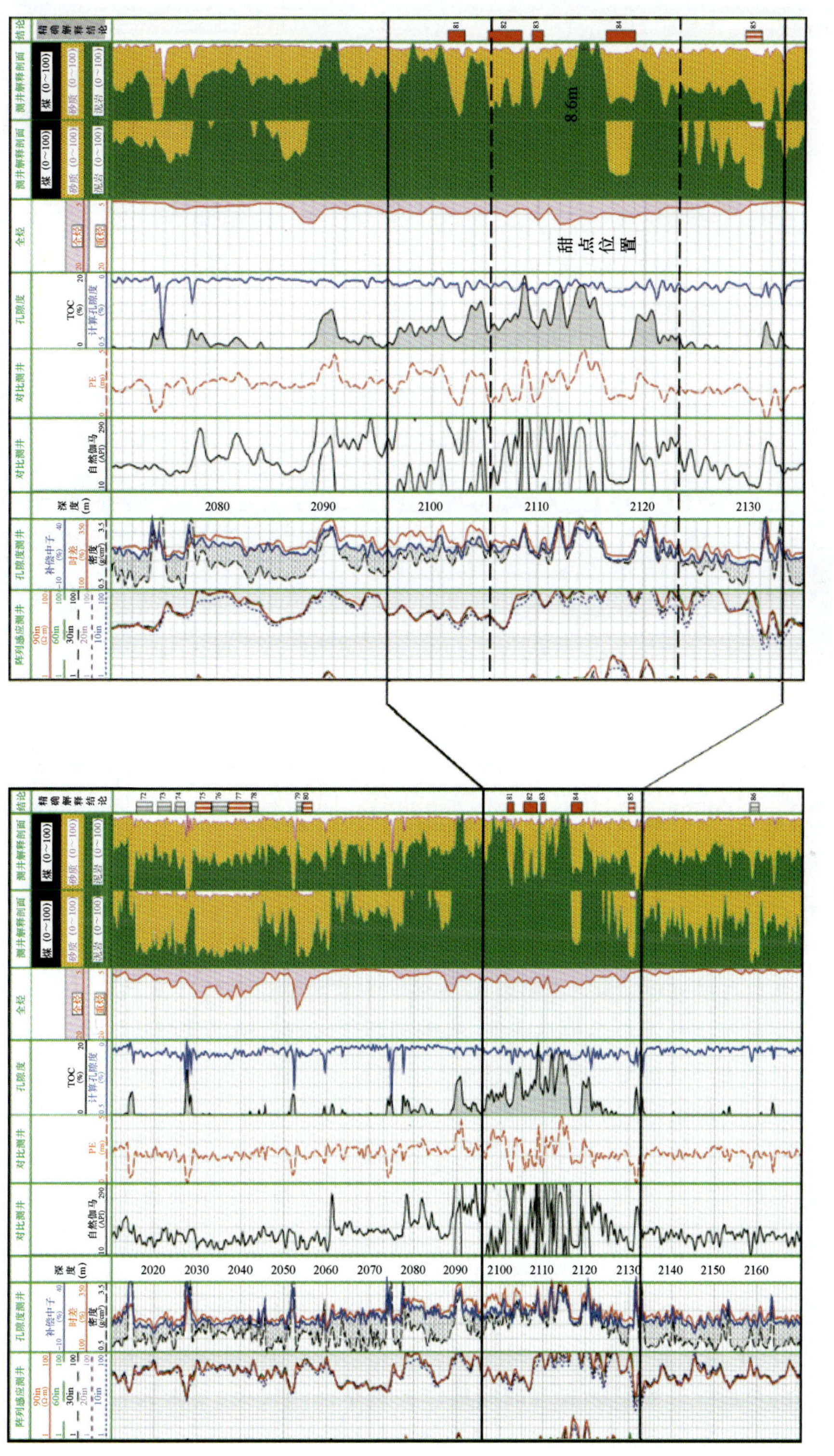

图1－3－14　测井精细解释成果图

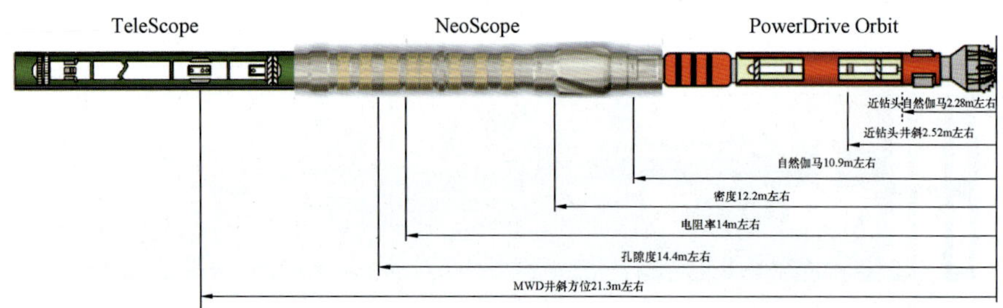

图 1－3－15　Chang－Well#1 井地质导向钻具组合

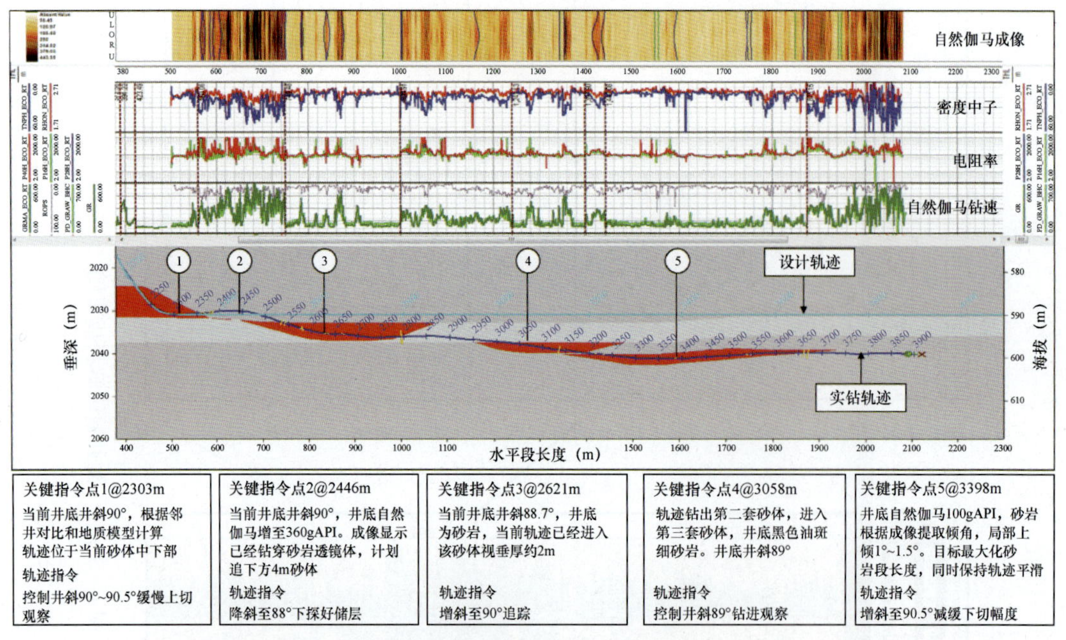

图 1－3－16　Chang－Well#1 井地质导向完钻模型及关键指令点

在本项目两口井的实钻过程中，利用 NeoScope 丰富的测量曲线以及 PowerDrive Orbit 旋转导向系统近钻头自然伽马及自然伽马成像，清晰刻画该区域透镜体状储集体的展布特征，并充分利用近钻头自然伽马成像对地质导向过程中的地层变化做出快速准确的决策，最大化优质储集体钻遇率，圆满完成该预探项目地质目标。两口井累计水平段进尺 3387m，井眼轨迹控制精准平滑，配合有针对性的完井技术，实现单井初期试产日产量达 120t/d，远超预期。

同时在实钻地质导向过程中，基于地层对比，同时充分利用近钻头自然伽马成像提供的信息，形成了在浊积岩透镜体状储集体中地质导向的流程。首先基于大段地层旋回对比寻找优质目标储集体，利用近钻头自然伽马成像选取合适角度（入射角 2°左右）切入地层，建议入层垂深在 2m 以上，同时在优质硅质储集体内部充分利用成像提供信息使轨迹尽可能长地在其内部穿行，使优质储层钻遇率最大化；同时一旦轨迹钻出砂体，且成像显示为大角度切出（排除顶出或底出的可能性），则意味着当前储集体大概率已经尖灭，不做无意义回追，避免轨迹复杂化，同时继续以地层对比为基础搜寻目标储集体（图 1－3－17）。

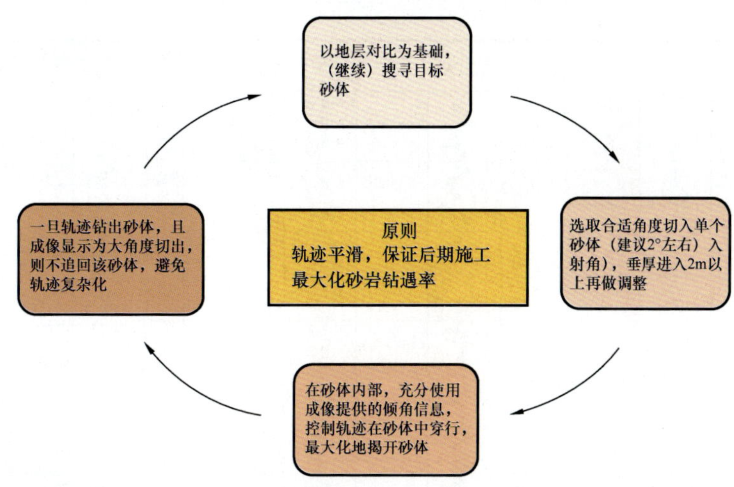

图 1-3-17 近钻头自然伽马成像地质导向技术在浊积岩透镜体状储集体中的工作流程

5. 在鄂尔多斯盆地页岩油中利用 iPZIG 近钻头自然伽马成像解决上甜点地质导向难题

鄂尔多斯盆地陇东地区页岩油储层主要为重力流砂体沉积，垂向和横向上的砂体分布以及物性均复杂多变。Chang-Well#2 为该区的一口水平井，邻井对比进一步显示含油砂体内部发育有致密粉砂岩或泥岩，且分布不稳定，这些都给地质导向工作提出了很大挑战（图 1-3-18）。

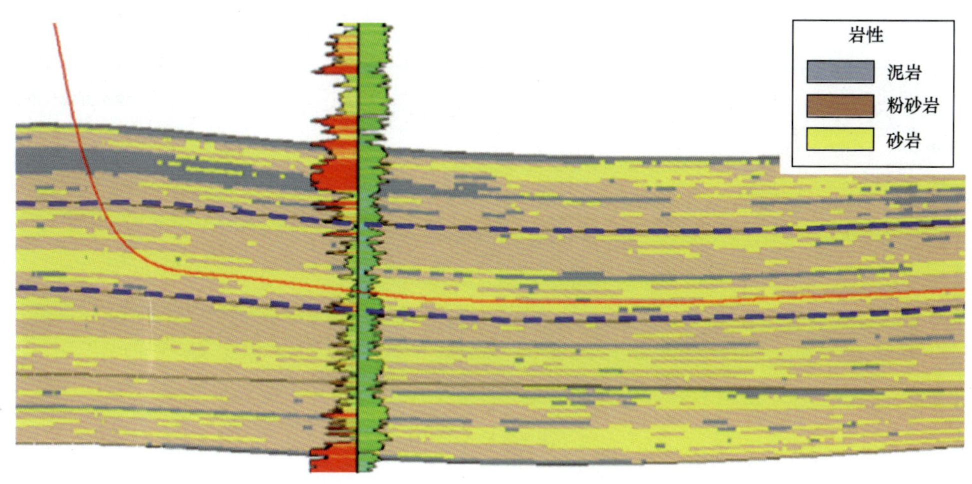

图 1-3-18 沿 Chang-Well#2 井水平段方向砂体展布

邻井测井曲线显示目的层内砂岩自然伽马值约为 130gAPI，而泥岩自然伽马值为 150～200gAPI，差异较为明显（图 1-3-19）。建立钻前地质导向模型，并以邻井自然伽马曲线作为参考，模拟本区域使用自然伽马成像指导地质导向的结果。由于目的层和上下围岩以及目的层内部的砂泥岩自然伽马值区分度均比较大，自然伽马成像响应非常明显。不但对轨迹钻出砂体时有清晰的响应，在轨迹还位于目的层内部时，也能显示出轨迹与地层之间的切割关系（图 1-3-20）。

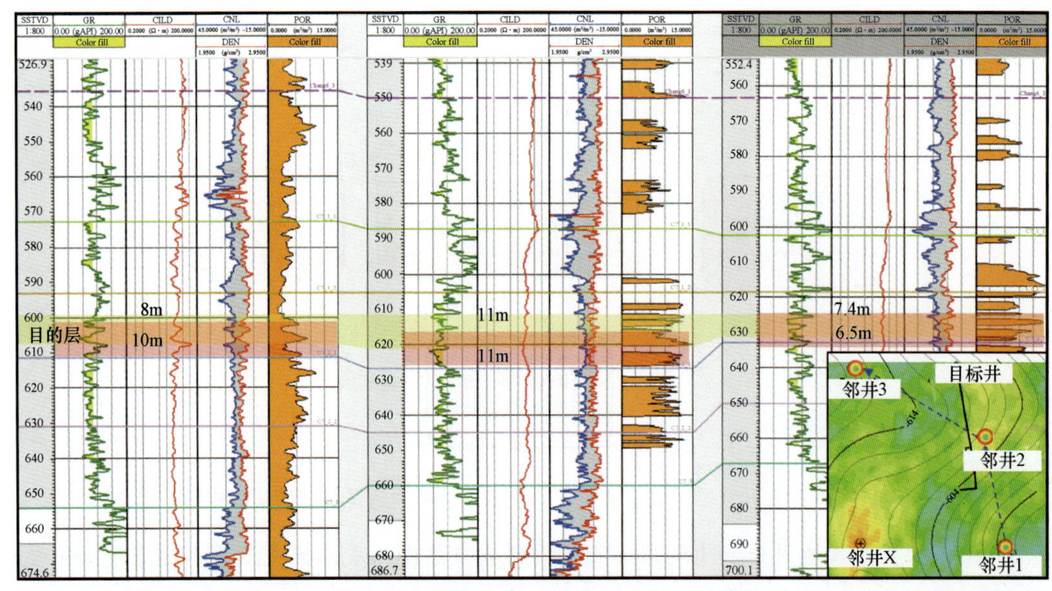

图 1-3-19 Chang-Well#2 井邻井曲线对比图

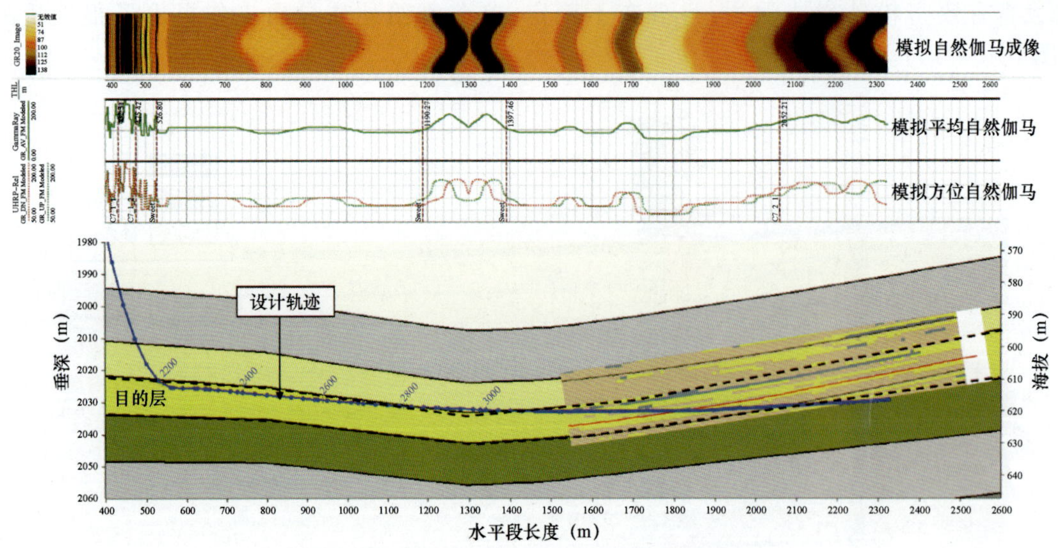

图 1-3-20 Chang-Well#2 井地质导向钻前模型

同时,为了缩短传感器零长,对地层变化做出及时响应,进一步确定了基于 iPZIG 近钻头自然伽马成像仪器的地质导向策略。iPZIG 近钻头自然伽马成像随钻测量仪能提供距离钻头约 0.6m 的自然伽马成像,以及距离钻头约 1.1m 的动态井斜测量,而且无论定向钻进还是复合钻进时该仪器均可自旋转,实现全程不间断成像(图 1-3-21)。

利用上述选定的地质导向仪器及对应策略,成功完成 Chang-Well#2 井地质导向任务,从地质导向完钻模型中可以看出,由于构造微幅变化或者微断层(垂向断距 2~6m)的存在,在

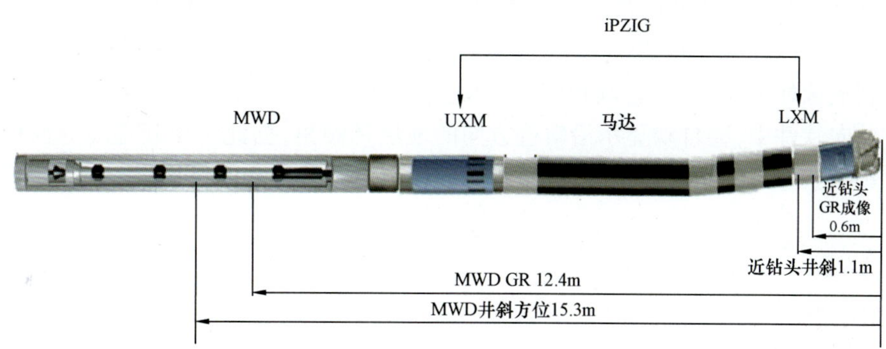

图 1－3－21 Chang－Well#2 井地质导向钻具组合

钻井过程的确存在进入不同砂体的情形。如图中，在钻遇第一条断层后，经过一小段高自然伽马泥岩层后钻头进入主力储层上方的一个薄砂层，随钻数据显示砂体变差。在确定钻头在沉积旋回的实际位置后，现场地质导向团队决定下调轨迹，最终在钻遇第二条断层前回到主力砂层（图 1－3－22）。

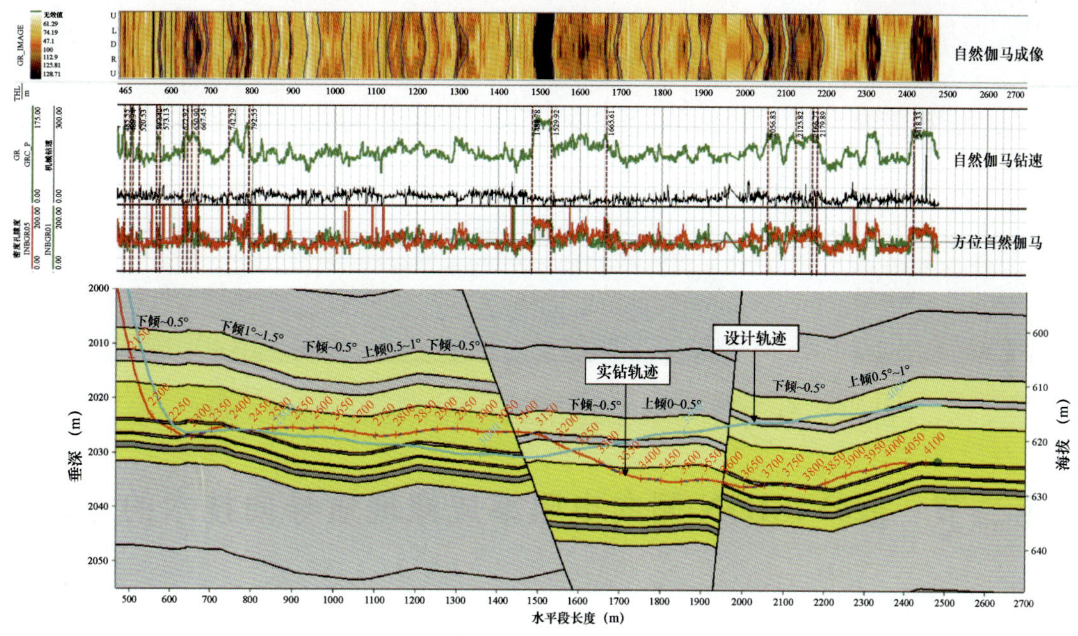

图 1－3－22 Chang－Well#2 井地质导向完钻模型

该区块利用 iPZIG 近钻头自然伽马成像地质导向技术成功实施了两口水平井。井眼轨迹均平滑地控制在有效的目标靶体附近，克服构造倾角频繁变化、层内夹层发育且钻遇储层横向物性变化和断层影响的挑战，达到了良好效果。两口井水平段长度分别达到 1943m 和 1802m，砂体钻遇率（92.7％和 84.2％）均高于区块内同类别井平均水平。

近钻头自然伽马成像随钻测量仪 iPZIG 在该研究区块的首次应用体现了较大的价值，研究结果证实其是追踪复杂砂体经济有效的工具。iPZIG 提供的近钻头自然伽马曲线和近钻头井斜测量有助于及时反映井底情况。自然伽马成像和方位自然伽马曲线反映的轨迹与地层之间的切割关系,有效的帮助判断了地层倾角变化。在实钻过程中,近钻头自然伽马成像数据可实时导入到成像处理软件中,提取相应的地层倾角等信息。这些信息可以通过 Petrel 平台导入到地质导向软件中,会自动显示沿轨迹方向的地层视倾角,据此可更新地质导向模型,为后续井眼轨迹调整方案的制定提供支持,对追踪砂体起着至关重要的作用(图 1-3-23)。

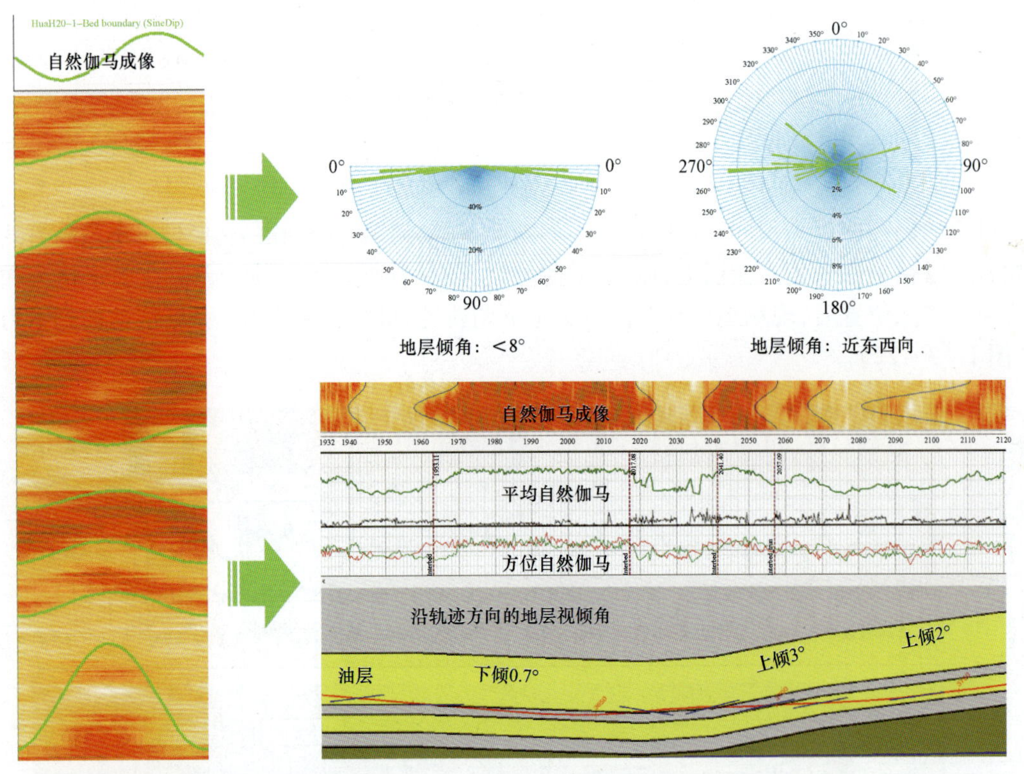

图 1-3-23　基于 iPZIG 近钻头自然伽马成像的地层倾角提取及应用

第二节　geoVISION 侧向电阻率成像地质导向技术的应用

一、基本解释原理

方向性测量出现以后,侧向电阻率成像地质导向技术在此基础之上也逐渐发展起来,它不仅可以提供上下、左右方位电阻率测量,同时也可以提供全井眼的侧向电阻率成像测量,这主要是通过仪器的旋转实现的。仪器带有一个纽扣状的电阻率测量电极,当仪器旋转一周后,就会获得全井眼的成像资料,为实时地质导向提供方向,通过专有的软件可以在成像上拾取地层倾角,从而为地质导向过程中地层倾角的判断提供有力的依据。

geoVISION 侧向电阻率仪器有以下主要特点:(1)侧向电阻率测井包括近钻头、环形电极以及 3 个方位聚焦纽扣电极;(2)高分辨率侧向电阻率测井减小了邻层的影响;(3)应用于水基钻井液环境;(4)近钻头电阻率提供实时下套管和取心点的选择;(5) 三个方位纽扣电极提供侵入剖面反演、成像资料构造分析、沉积相分析、裂缝识别；(6)实时成像数据被传输到地面可识别构造倾角和裂缝，指导地质导向决策；(7)实时方位自然伽马测量。

在水平井钻进过程中通过井眼轨迹穿过地层界面位置的方向性测量和成像来判断井眼轨迹和地层之间的关系并计算出地层视倾角从而指导地质导向决策，最大限度地降低水平段的无效进尺，提高储层钻遇率，减少侧钻，在地层倾角不断变化、局部构造不确定的情况下，更好地保证水平井按最优的目标钻进。

由于 geoVISION 的电阻率成像有三个不同的探测深度，通过计算可以得到成像上显示出来的钻井液侵入情况，因此它也可以指示储层渗透性(图 1－3－24)。

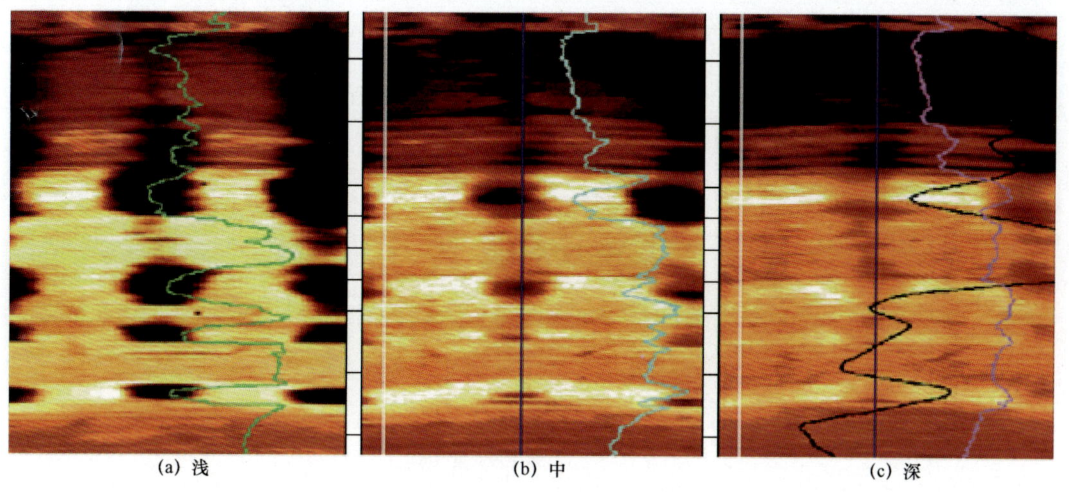

图 1－3－24　geoVISION 不同探测深度电阻率成像反映地层不同渗透率

二、geoVISION 侧向电阻率成像地质导向技术应用实例

随着国内各油田开发逐渐进入后期，简单、整装的油藏愈来愈少，复杂、特殊油气藏逐渐增多，需要通过部署水平井，实现少井高效开发，这种情况在东北部地区尤为突出。该地区早期的水平井使用传统的地质导向方法，然而整体效果不佳。为了解决油田开发中的难题，各油田在一些复杂区块选择了部分传统地质导向技术难以实现的水平井，应用先进的随钻成像地质导向技术，有针对性地解决了水平井地质导向的技术难题。

1. 辽河油田控制程度低的勘探开发一体化油藏应用实例

辽河油田勘探开发一体化油藏水平井存在的主要挑战包括：(1)控制井少，地层倾角存在较大不确定性；(2)靠近断层，构造不确定；(3)油层中泥岩隔夹层不稳定分布，且存在横向变化；(4)岩石孔隙度、渗透率条件好，可钻性强，存在自然降斜风险；(5)夹层较多，对随钻测井仪器测量曲线有较大影响，对地质导向工程师判断轨迹与地层相对位置会造成干扰，存在决策失误的风险。

针对以上特点和风险以及区块储层的分析、研究，提出了如下解决方案：(1)使用实时高清晰电阻率成像仪器，其成像数据可以用来拾取地层倾角，帮助实时理解地层构造；(2)方向性测量可以帮助判别邻近薄层的影响；(3)提供近钻头井斜测量帮助控制轨迹；(4)地质导向师与当地地质专家的密切交流与合作是水平井成功的重要保障。

图1－3－25是典型的控制程度低的勘探开发一体化油藏的实例，层厚0.5～1m，薄层间互发育，要求尽最大可能保持轨迹在油层中。通过成像地质导向技术成功识别储层，并控制井眼轨迹于有效目的层内，解决了控制程度低储层中构造、薄层、夹层发育等挑战，通过成像拾取的地层倾角在地质导向过程中起到了决定性作用。

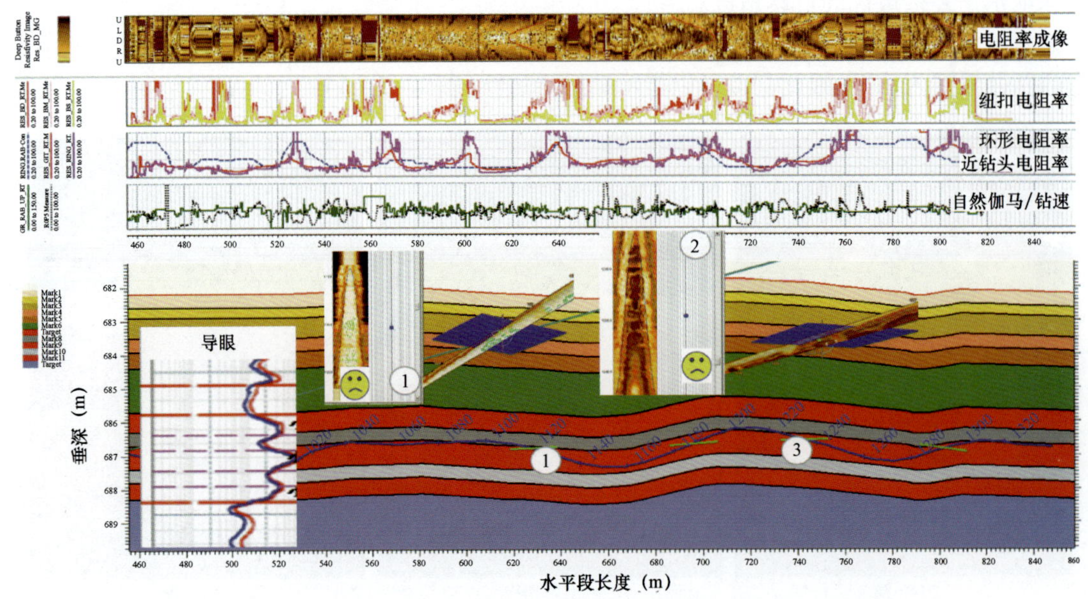

图1－3－25　辽河油田 geoVISION 侧向电阻率成像地质导向模型

最终结果为水平段共380m，其中钻遇目的层347m，目的层钻遇率为91.3%，满足了水平井地质目标。

从图1－3－25可以清晰地看到，geoVISION 仪器的电阻率成像在地质导向过程中提供了重要依据，三维显示轨迹与地层的相对位置，形象地理解地质构造，指导实时地质导向并加深了对区块地质的认识，代表性的油藏区块为 W38 井区。

1）地质概况

Liao－Well#3 井部署目的层顶部构造为南倾单斜构造，地层倾角1.1°，储层物性较好，为中高孔隙度、高渗透率储层，油藏埋深1250.7～1263.6m，平均油层厚度6m，属层状边水油藏。

2）水平井设计及地质导向建模

Liao－Well#3 井设计垂深1256m，水平段长度380m，目的层厚度3～8m，水平段中部厚度和储层物性变化大，中部储层电阻率降低，水平段后半部地层物性变差，要求电阻率保持在30～50Ω·m，自然伽马保持在60～80gAPI，本井要求采用 PowerDrive Xceed 旋转导向工具，用于取得连续成像数据并保持较高的机械钻速和造斜率。

从地质导向钻前可行性分析（图1－3－26）可见，当井眼轨迹位于目的层内时，目的层高电阻率的特征明显，而井眼轨迹下切、上切地层的时候，模拟侧向电阻率成像也表现出相应的特征，清晰地分辨出轨迹的变化，为水平井着陆和水平段钻进提供方向性支持。

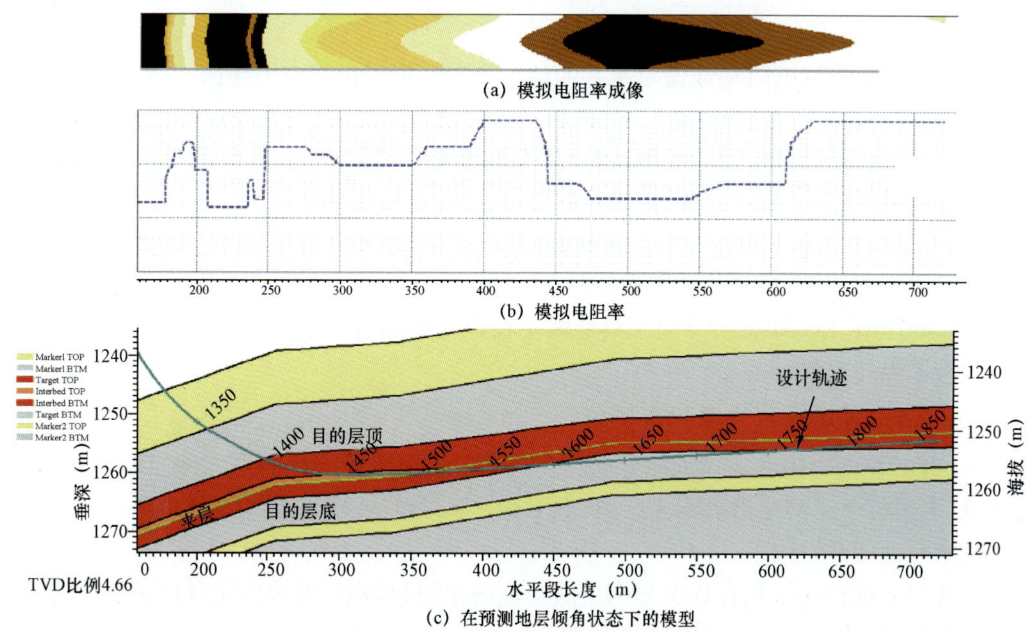

图 1-3-26　Liao-Well#3 井地质导向钻前模型

3)地质导向实施过程及结果

Liao-Well#3 井从井深 1393m 入层,依靠对成像数据的解释指导地质导向决策,钻进至井深 1729m 完钻,水平段长 331m,油层钻遇率 88.8%(图 1-3-27)。本井采用 PowerDrive Xceed 工具,钻井周期仅 8 天,在辽河油田创同类水平井钻井周期最短纪录。

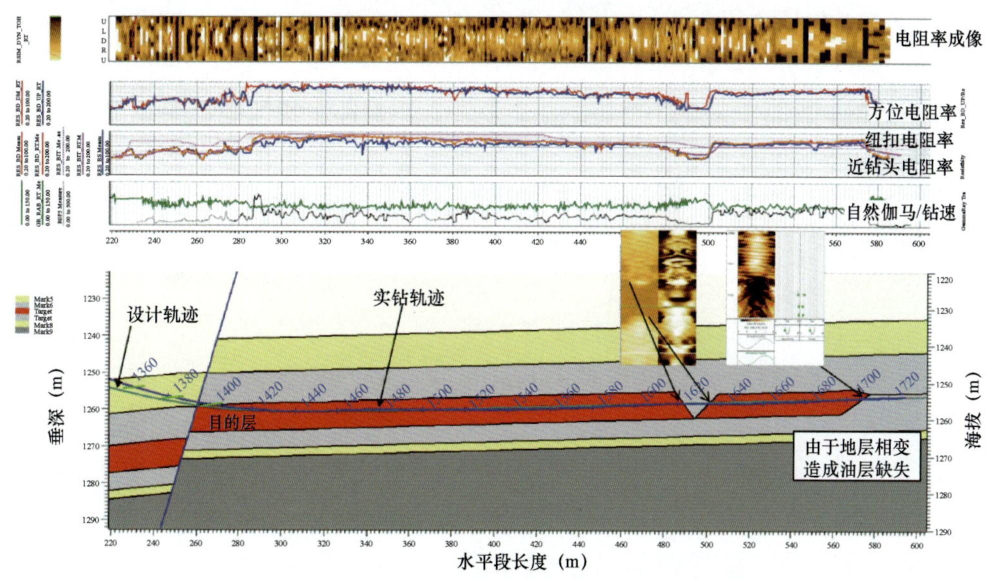

图 1-3-27　Liao-Well#3 井地质导向完钻模型

4)认识与总结

(1)geoVISON 测量电阻率成像对本井的地层构造认识提供了有力帮助。

(2)PowerDrive Xceed 旋转导向工具适用于胶结致密地层,并且因所有部件都随着钻具一起旋转,能更好地携带岩屑,清洁井眼,减少井眼垮塌和卡钻风险,提高井眼质量,缩短钻井周期,同时有助于提高测井数据质量,精确控制轨迹,提高油层钻遇率。

(3)PowerDrive Xceed 旋转导向工具的推广应用大大缩短了钻井周期,降低了钻井风险,减少了钻井成本,有利于水平井的规模推广。

(4)PowerDrive Xceed 旋转导向工具造斜率在该地区疏松地层中容易受到一定影响,需要进一步分析原因并完善。

2. 辽河油田薄层稀油油藏应用实例

geoVISION 侧向电阻率成像地质导向在辽河油田应用比较广泛的第二种油藏类型是薄层稀油油藏,主要位于辽河油田的曙光区块,如 Liao - Well#4 井等,其钻井目的为利用水平井技术提高杜家台油层开发效果。

主要挑战表现在油层发育程度受构造及岩性的控制和影响,部署区域有油层变差的风险,储层薄且夹层很发育,钻遇夹层的风险很大。

在随钻地质导向井眼轨迹优化过程中,通过成像可以识别轨迹的上切、下切以及水平钻进特征,提取倾角,更新地质导向模型,将井眼轨迹布于目的层内较为有利的储层段位置,见图 1 - 3 - 28。

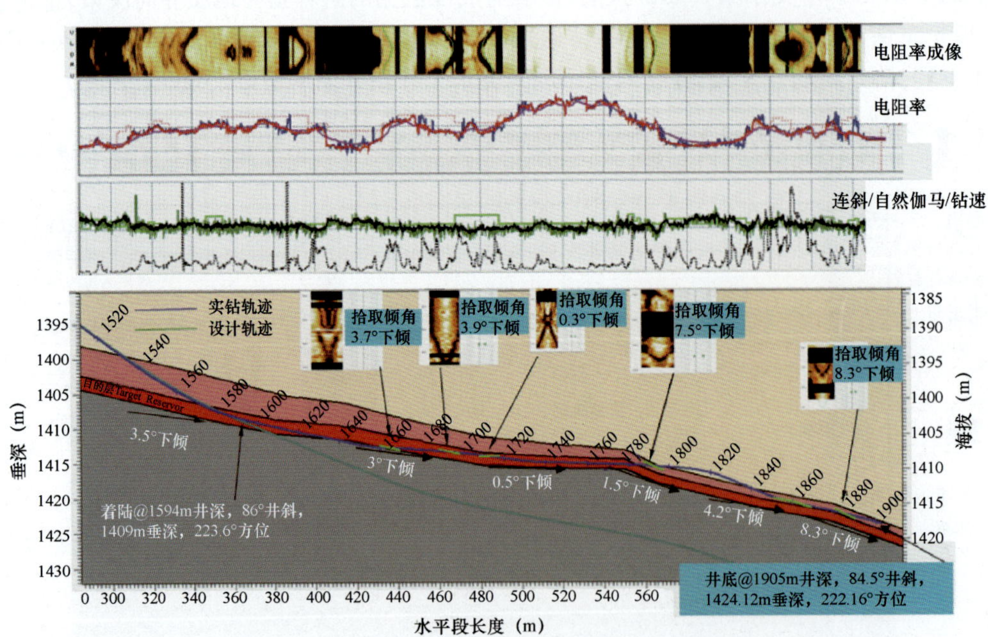

图 1 - 3 - 28 Liao - Well#4 井地质导向完钻模型

Liao - Well#4 井水平段长度 368m,钻遇率 81%,实现了 14t/d 的初期产能。相比邻井产量有了大幅度的提高。

除曙光区块外，在锦州、SY 区块也有典型的案例，下面简要介绍 SYJ61－25 井区案例。

1）地质概况

辽河油田 SYJ61－25 井区为一单斜构造，总体形态北东高、西南低，储层物性较好，属中孔隙度、中渗透率储层，油藏埋深 1500～2220m，为构造—岩性油藏，原始油水界面－2220m。

2）水平井设计及地质导向建模。

Liao－Well#5 井设计井深 1986m，水平段长度 327.5m，目的层砂体平均厚度 2.5m，其砂体及储层物性平面展布特征见图 1－3－29，水平井设计主要位于目的层储层厚度较大、物性较好的部分，同时在地震剖面上相位显示构造比较稳定的区域（图 1－3－30）。

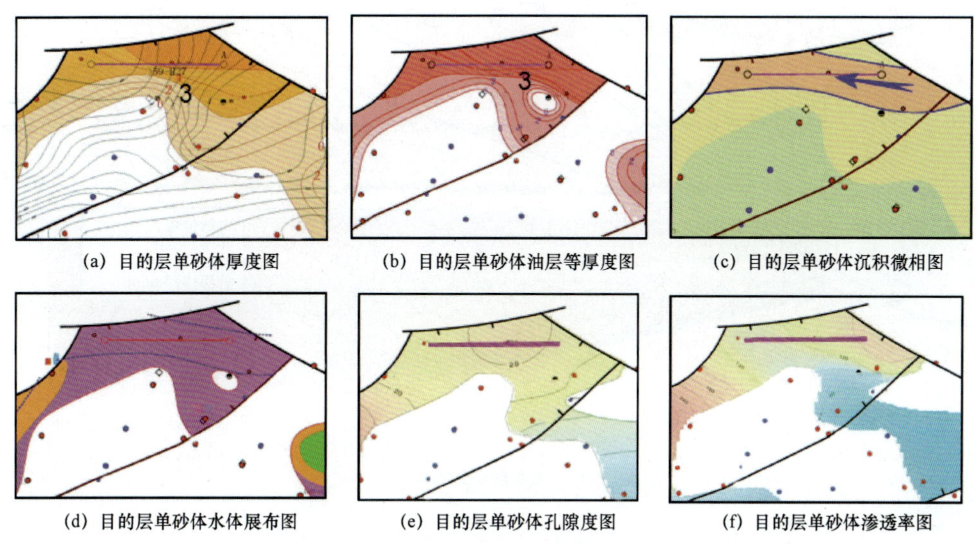

(a) 目的层单砂体厚度图　(b) 目的层单砂体油层等厚度图　(c) 目的层单砂体沉积微相图

(d) 目的层单砂体水体展布图　(e) 目的层单砂体孔隙度图　(f) 目的层单砂体渗透率图

图 1－3－29　Liao－Well#5 井部署图

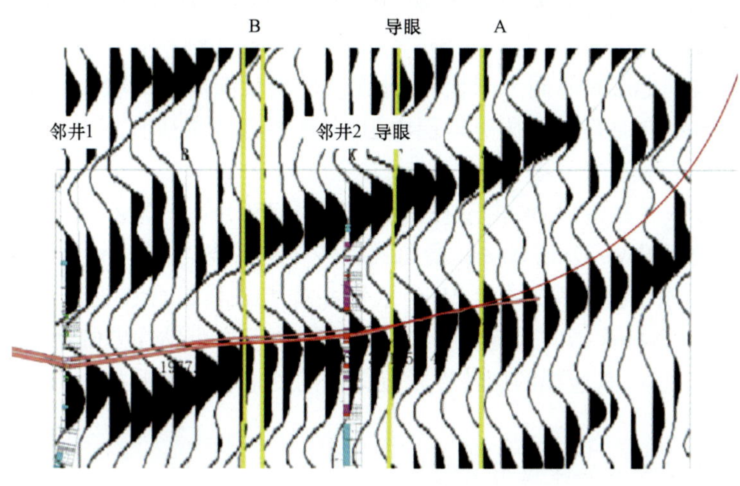

图 1－3－30　过 Liao－Well#5 井地震剖面

结合钻井地质导向目标要求,本井有针对性地采用 geoVISION + ZINC + 短马达随钻地质导向工具组合,ZINC 为近钻头测斜短节,该仪器与短马达组合的主要目的是为了缩短各项测量参数的零长。

3)地质导向实施过程及结果

Liao - Well#5 井完钻井深 2333m,水平段长 253m,钻遇油层、低产油层 197m,钻遇率 77.8%(图 1 - 3 - 31)。

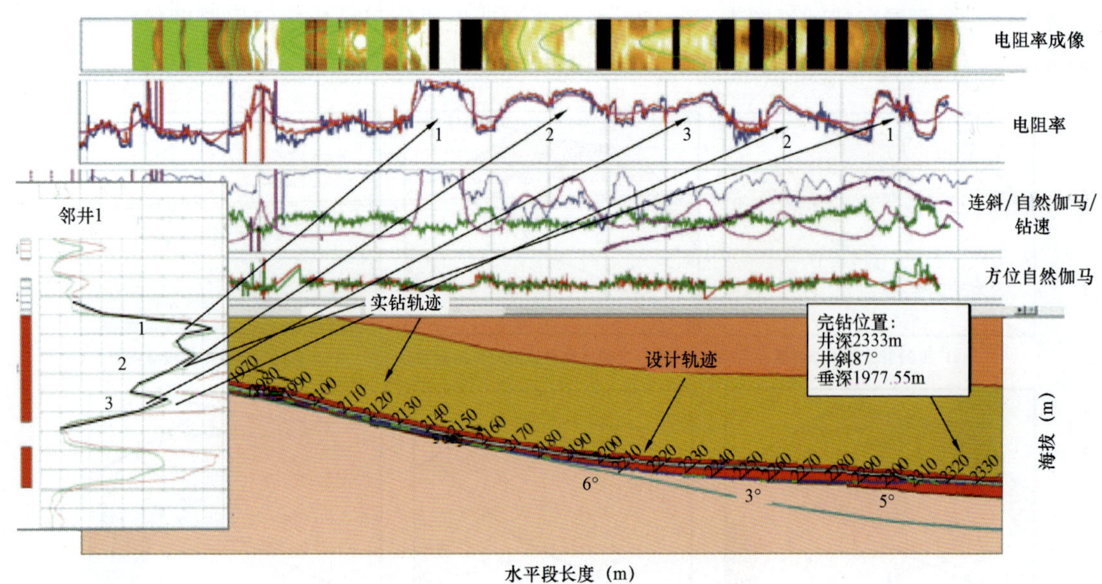

图 1 - 3 - 31 Liao - Well#5 井地质导向完钻模型

4)认识与总结

(1)地质导向、设计人员现场跟踪与 geoVISION + ZINC + 短马达仪器组合的应用是薄层水平井成功的保障。

(2)部署区域井间地层并非同一产状,设计无法准确预测薄层产状,geoVISION + ZINC + 短马达仪器组合能够实时跟踪钻头附近地层电阻率、地层自然伽马值,实时反映地层产状、岩性变化,及时指导水平井调整。

(3)Liao - Well#5 井钻进后期,由于托压原因,geoVISION + ZINC + 短马达工具组合无法正常钻进,因此改用 PowerDrive Xceed 指向式旋转导向系统,实现了该井的顺利完钻。

(4)geoVISION 侧向电阻率成像和 ZINC 近钻头井斜工具组合在辽河油田的应用取得成功。此外,PowerDrive Xceed 指向式旋转导向钻井系统不仅在可钻性差的地层钻井中提高了钻井效率,降低了钻井风险,其连续的旋转性及近钻头的测量也为水平井地质导向提供了较大的帮助。

3. 辽河油田薄层稠油油藏应用实例

geoVISION 侧向电阻率成像地质导向应用于薄层稠油油藏 D84 块和 XH27 块。D84 块水平井具有下列特点。

(1)井型:水平开发油井;

(2)构造:倾向南东单斜,地层倾角为1°~3°,岩性—构造油藏;

(3)流体类型:超稠油;

(4)目的层:兴Ⅲ;

(5)补心高:4.8m,水平段8.5in井眼;

(6)钻井液:水基钻井液;

(7)地质导向目标:控制优化井眼轨迹于目的稠油层内下部,便于热采;

(8)目的油层薄,非常窄的地质导向窗口,上倾地层易擦底;轨迹控制难;

(9)由于防碰井多,扭方位防碰的过程与垂深调整难免存在矛盾。

通过成像地质导向可以充分控制水平井眼轨迹于目的稠油层下部位置(图1-3-32),并根据成像显示的地层倾角适当浮动,避免出层。实例井水平段长度302m,油层钻遇率97%;同时依据成像显示实时调整轨迹,确保轨迹位于目的稠油层底部的高阻层中,有利于稠油注蒸汽热采。

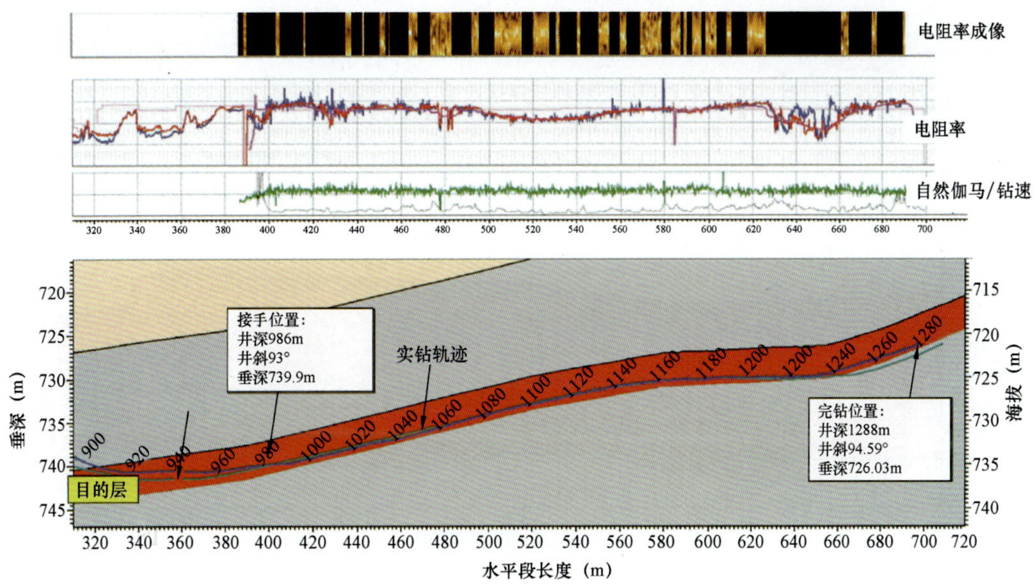

图1-3-32 D84块典型水平井地质导向完钻模型

XH27块油藏具有与D84块相似的特点。

1)地质概况

辽河油田XH27块为一短轴背斜构造,构造较平缓,地层倾角1°~2°。储层物性好,属高孔隙度、高渗透率储层,油层平均厚度20.3m,为块状边底水稠油油藏,油水界面-1412m,底水活跃。直井开采15年,到2004年,区块日产油37t,综合含水93.4%,采出程度12.2%,濒临废弃。

2)水平井设计及地质导向建模

Liao-Well#6井为该区的一口典型井,设计垂深1396m,水平段长度300m,目的层平均厚度 9.1m。鉴于该区块目标储层构造明确、厚度较厚和井控程度较高,地质导向主要目的就是保持水平段轨迹远离油水界面,延长单井生产寿命。经分析决定应用 geoVISION + ZINC + 短马达随钻地质导向仪器组合,该组合可以利用 geoVISION 侧向电阻率成像资料确定储层在空间上的变化,又可利用 ZINC + 短马达近钻头测量优势快速调整轨迹。

3)地质导向实施过程及结果

由于油藏底水活跃,实施过程中需尽量避开底水,因此要求轨迹控制在距油顶 2m 左右,电阻率保持在 20 ~ 30Ω · m,并确保较高的油层钻遇率。该井着陆入层 2.5m 左右,水平段作业过程中严格按照成像的响应以及地层倾角拾取结果调整井眼轨迹,确保轨迹靠近目的层顶部。Liao - Well#6 井实时地质导向模型图见图 1 - 3 - 33。该井水平段钻进 250m 左右,油层钻遇率 100%。

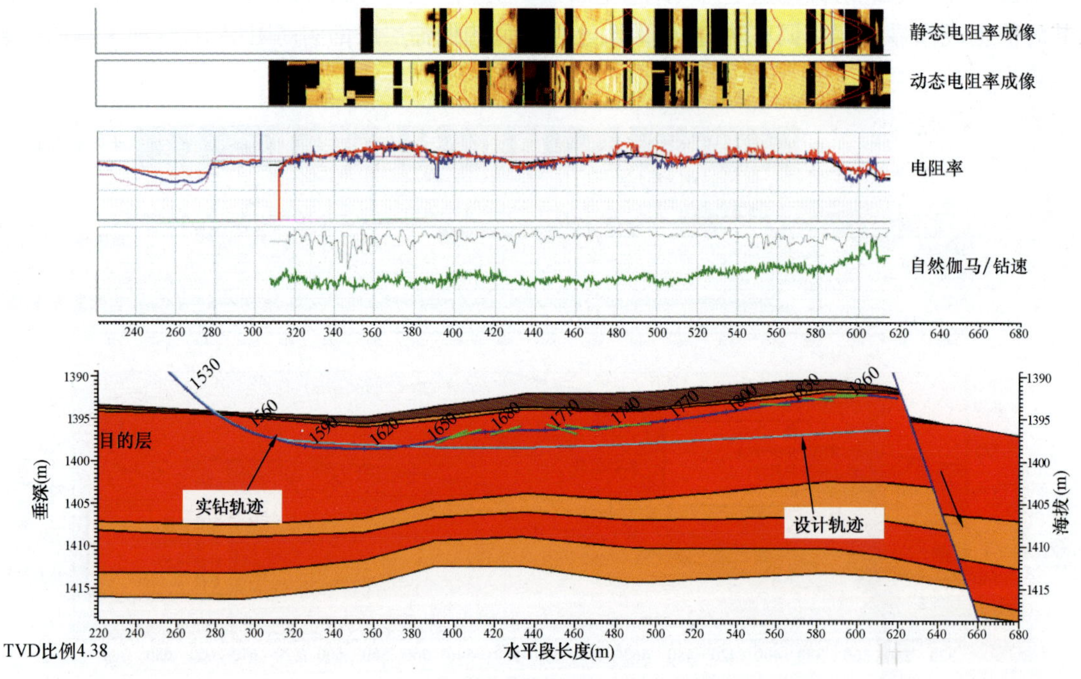

图 1 - 3 - 33 Liao - Well#6 井地质导向完钻模型

XH27 区块方案整体部署水平井 33 口,其中应用斯伦贝谢公司随钻地质导向实施 16 口,轨迹距油层顶界控制在 2m 以内,实施的 16 口井油层钻遇率均达到 100%,而常规 LWD 的 17 口井平均钻遇率为 94.3%,投产后平均单井初期日产油 17.9t/d,较常规水平井增加 5.7t/d。区块投产后日产油由二次开发前的 32t 最高上升到 360t,采油速度提高到 1.36%,油井产量、采油速度增加了 10 倍,采收率翻了一番,使得濒临废弃的老油藏重新焕发了青春,为二次开发示范区块的成功起到了重要的作用。

4)认识与总结

(1)geoVISION + ZINC + 短马达地质导向工具组合能够实时对轨迹调整提供指导,提高了轨迹控制精度,降低了钻井风险,保证了油层钻遇率。

（2）geoVISION ＋ ZINC ＋ 短马达工具组合能有效应用于薄层油藏、复杂产状油藏、底水油藏，满足油藏对水平井井眼轨迹控制的高精度要求。

（3）geoVISION ＋ ZINC ＋ 短马达工具组合不能全程旋转，定向钻进时摩阻大，导致钻时较长，容易误导现场地质技术人员对储层的判断，同时滑动钻进时存在卡钻风险，因此建议在重点复杂井中选择使用旋转导向系统。

2007—2009 年，辽河油田在 60 多口水平井中应用斯伦贝谢侧向电阻率成像地质导向技术，成功实现了钻井技术上的突破：

（1）薄层油藏井眼轨迹控制优化、精确地质导向、提高油层钻遇率和采收率技术。

（2）薄油藏水平井钻井技术，在控制井很少的情况下的区块钻成一批厚度仅为 0.5m 的薄油层水平井，轨迹控制精确，油层钻遇率达 90% 以上。

geoVISION 侧向电阻率成像仪器在控制程度低的勘探开发一体化薄层边缘区块油藏尤其是薄层油藏中指导地质导向作业，准确实现了地质目标；保证了钻遇率的最大化和钻井的最优化；通过精确定位，产量增长了几倍甚至几十倍，降低了含水率，提高了整体经济效益。

4. 大庆油田薄层低渗油藏应用实例

geoVISION 侧向电阻率成像仪器在大庆油田主要应用于薄层低渗油藏水平井地质导向，其中以大庆西部外围 AN 油田 A358－51 断块最为典型。

1）地质概况

A358－51 区块主力层为葡萄花油层，为三角洲前缘相沉积，砂体厚度薄，单井平均砂岩厚度 4.8m，砂层数一般为 2 ～7 层，平均单层砂岩厚度 0.85m。统计砂岩厚度分布情况，主力层小于 1.0m 的砂岩占总砂岩厚度的 46.8%，占总层数的 59.7%。葡萄花油层岩心样品分析孔隙度在 14.8% ～21.2% 之间，平均为 17.5%；空气渗透率在 0.86～56.75mD，平均为 13.3mD，属中孔、低渗储层。葡萄花油层纵向油水分布关系较简单，主要以全段纯油层为主，个别井为上油下水。

2）水平井设计及地质导向建模

该区块设计目的层垂深在 1300m 左右，水平段长度在 600m 左右。邻井资料显示，目的层甜点垂厚在 0.7m 左右，自然伽马 74～88gAPI，电阻率 6～18Ω·m（图 1－3－34）。钻前模型显示，geoVISION 仪器对地层响应明显，能够满足地质导向的要求（图 1－3－35）。工具组合在着陆过程中使用 geoVISION ＋ ZINC ＋ 短马达，水平段使用 geoVISION ＋ PowerDrive 组合，主要是借鉴辽河油田的使用经验，考虑该井的水平段相对较长，使用旋转导向组合克服在水平段钻进过程中存在的托压问题。

3）地质导向实施过程及结果

以 Qing－Well#1 井为例，在着陆过程中，由于使用马达定向，工具组合不能旋转，因此采取提前增斜的策略，在靠近着陆点附近增加旋转钻进的进尺，从而取得连续成像，实时拾取地层倾角为 1.5°左右下倾，最终在井深 1536m 处成功着陆，井斜角 88°，垂深 1304.4m，实际着陆点垂深比设计垂深深 7.8m（图 1－3－36）。

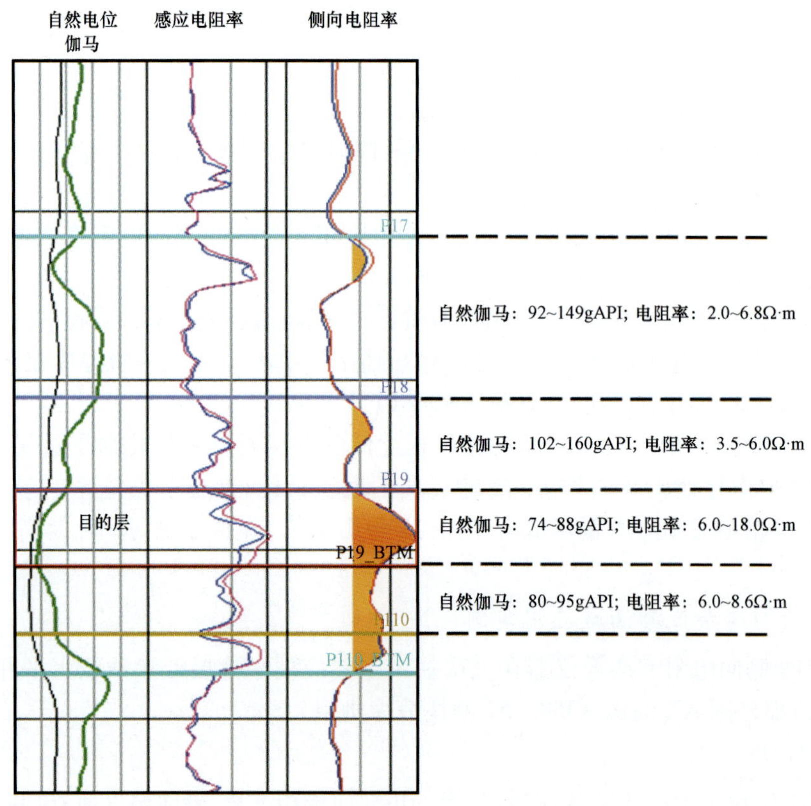

图 1-3-34　邻井目的层测井响应特征

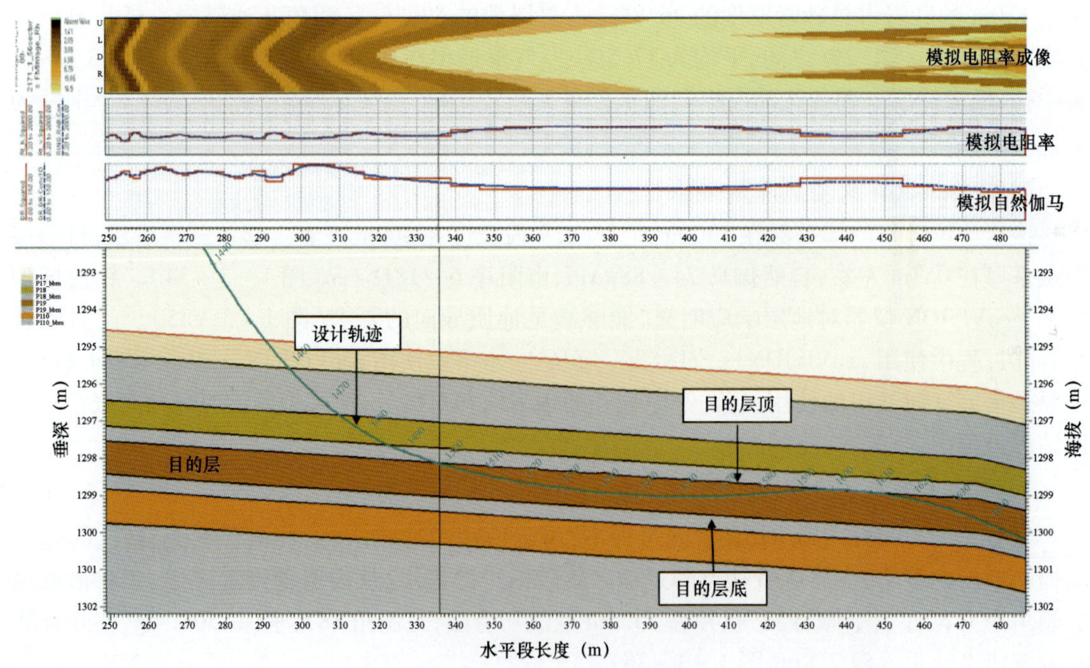

图 1-3-35　A358-51 区块地质导向钻前模型

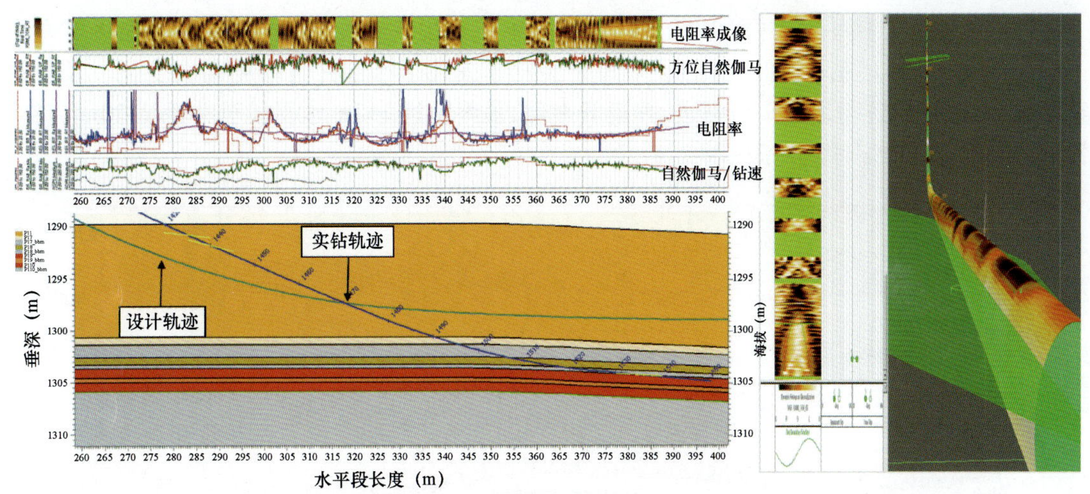

图 1－3－36 Qing－Well#1 井地质导向着陆模型

水平段钻进过程中，多次遇到局部构造变化，依靠 geoVISION 侧向电阻率成像以及近钻头测量的信息，及时调整轨迹，确保轨迹在甜点中钻进。例如在井深 1835m，井底井斜 89.1°，自然伽马上升到 97gAPI，深电阻率 6.5Ω·m，浅电阻率 3Ω·m，环形电阻率 4.6Ω·m，成像上切，轨迹靠近目的层顶迹象明显，从成像拾取地层倾角为 1.5°左右下倾，要求调整井斜到 88°钻进，避免从顶部钻出储层。Qing－Well#1 井在井深 2154m 顺利完钻，水平段长 618m，目的层内进尺 585m，优质储层进尺 560m，储层钻遇率达 94.7%（图 1－3－37）。

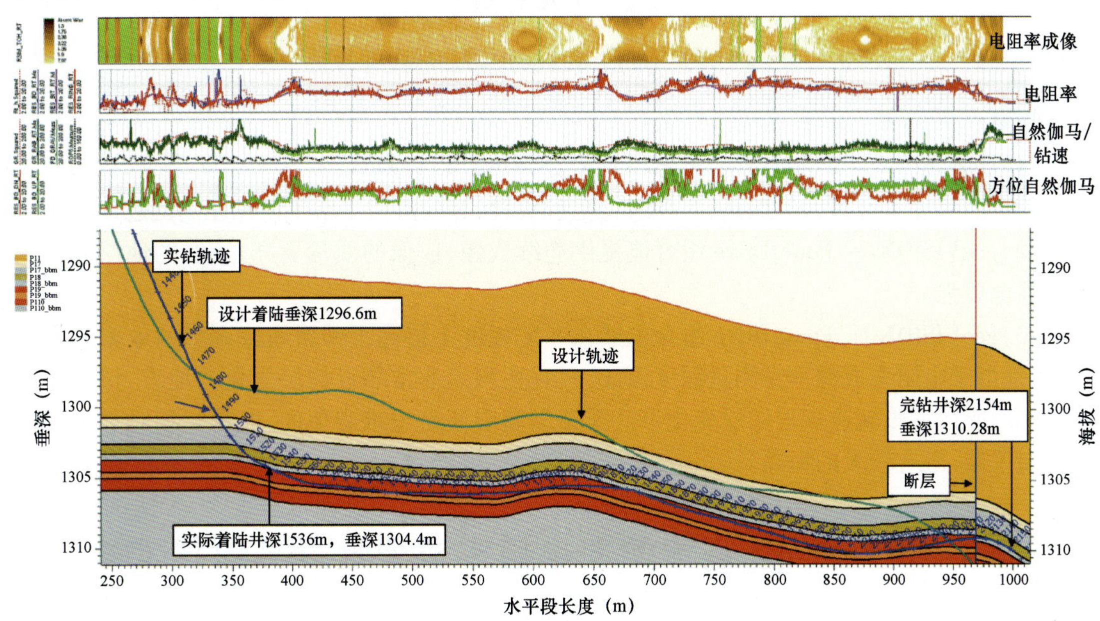

图 1－3－37 Qing－Well#1 井地质导向完钻模型

Qing－Well#2 井是另外一口典型井，该井设计水平段长 700m，水平段中部构造存在起伏。应用 geoVISION 仪器进行地质导向，主要目的是为了识别构造变化，及时调整轨迹，确保油层钻遇率。

该井从着陆点接手,在井深 1700 ~ 1750m 准确识别出构造变化点,地层前半段 0.3°左右上倾,后半段变为 1°左右下倾,目的层中间夹层发育成几个小层并且厚度存在变化。及时调整井斜角,保持轨迹与地层平行钻进,并避开夹层,最终钻进 712m 水平段至井深 2120m 完钻,目的层钻遇率 100%(图 1-3-38)。

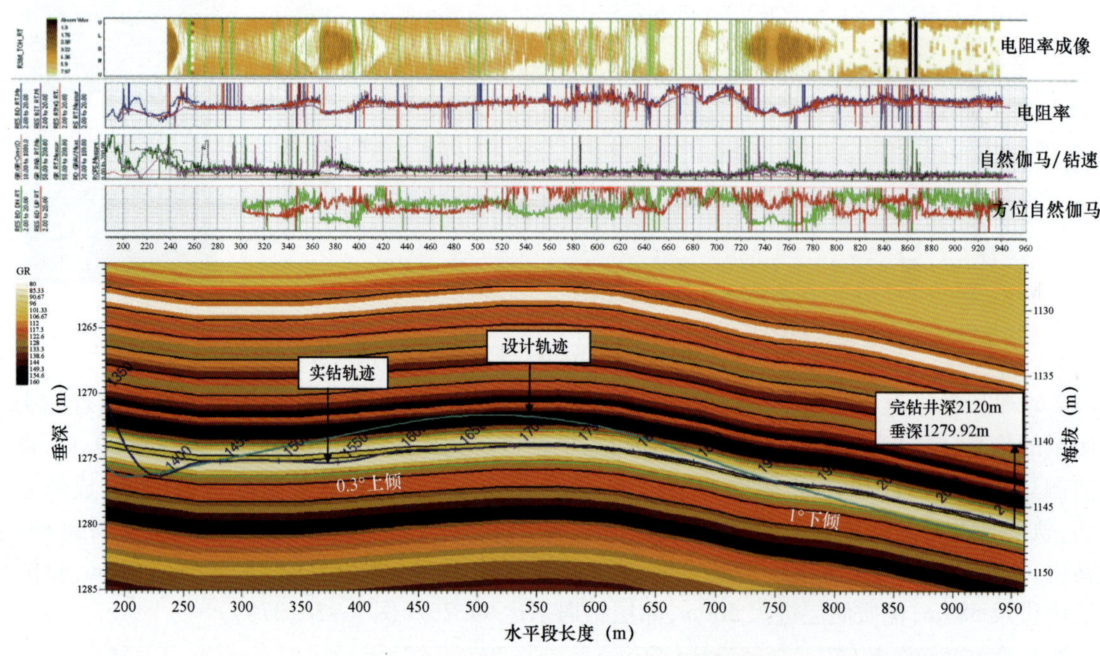

图 1-3-38 Qing-Well#2 井地质导向完钻模型

4)认识与总结

(1)geoVISION + PowerDrive 组合相对于 geoVISION + ZINC + 短马达组合,在井眼轨迹控制的平滑程度上有极大的提高,工具组合全程旋转,有效解决了水平段托压的问题。

(2)geoVISION + PowerDrive 组合能提供连续成像,成像的质量更高,拾取的地层倾角的可靠性也更强。

(3)geoVISION + PowerDrive 组合虽然在一定程度上提高了井眼轨迹调整的效率和准确性,但是由于电阻率成像本身测量深度极浅,只有在测点非常靠近储层变化的地方,仪器才能有响应。所以井眼轨迹靠近储层变化带甚至钻出储层还是很难避免的,但是它相对于传统地质导向仪器,已有较大的提高。

第三节 MicroScope 高清侧向电阻率成像地质导向技术的应用

一、基本解释原理

MicroScope 高清侧向电阻率成像仪器测井原理与 geoVISION 侧向电阻率成像仪器相同,均是应用电流测量的欧姆定律原理,都必须应用于水基钻井液环境(图 1-3-39)。

图 1-3-39　MicroScope 仪器示意图

MicroScope 与 geoVISION 的最大区别在于:(1)可以应用更小的井眼(5⅞~6½in),具有更高的分辨率;(2)具有 4 种探测深度的侧向电阻率测量成像,探测深度更深;(3)更坚固、性能优良的仪器硬件设计,不再受钻具粘卡等机械工程因素的影响;(4)能量供应上摆脱了对电池的依靠,主要可以通过 MWD 随钻测量仪器提供电力和进行数据传输;(5)2 个纽扣电极成像,即使其中一个损坏也不会对成像结果造成很大影响;(6)由于应用了更新的数据压缩模式进行数据传输,使得成像的质量更高。

MicroScope HD 为 MicroScope 仪器的升级版,也是基于侧向电阻率原理,该仪器具有 8 个超高分辨率纽扣电极,可以提供超高分辨率侧向电阻率成像测量,其成像质量与电缆成像接近,纵向分辨率达到 0.4in,不仅适用于随钻地质导向,还可用于裂缝和溶蚀等的定量分析及单井评价。另外 MicroScope HD 适用的井眼范围更加宽泛(5⅞~9½in)。

关于成像的地质导向解释,其方法与普通侧向电阻率的解释完全相同,下面通过一些应用实例进行阐述。

二、MicroScope 高清侧向电阻率成像地质导向技术应用实例

以四川盆地致密油气藏应用为例。

1. 地质概况

Si-Well#4 井地处四川省南充市仪陇县石佛乡光明村 5 社,位于四川省东北部低山与川中丘陵过渡地带,该区地形复杂,最高海拔 793m,最低海拔 309m。

Si-Well#4 井位于四川盆地龙岗构造。龙岗构造所在的仪陇—平昌地区晚二叠世长兴期—早三叠世飞仙关期属于四川海相克拉通盆地北部,现今构造归属于川北古中坳陷带平昌旋卷构造区。其东北起于通江凹陷,向南止于川中隆起区北缘的营山构造,东南到川东高陡断褶带的华蓥山构造北倾末端,西北抵苍溪凹陷。由于本区隶属的川中地块基底刚性强,中深构造形变较弱,受其周边的大巴山、龙门山前缘及川东南高陡构造带的不同方向的侧应力的影响,形成本区的旋卷构造格局。地腹构造形态与地面构造形态宏观特征基本一致,呈现了地面构造南高北低的构造背景(图 1-3-40)。但构造细节更加丰富,发育多组潜高、鼻状构造及陡缓变异带,断层相对发育。沙二段底界叶支介页岩构造平缓,形态简单,未见断层;沙溪庙组底界断层较少,且大部分平面延伸范围较小;往下断层逐渐增多,多与构造伴生并与之平行排列。

本井目的层为下侏罗统自流井组大安寨段大一亚段顶部的裂缝性灰岩油层。圈闭和油气藏特征:龙岗地区位于大安寨、凉高山湖盆的浅—半深湖相带,构造相对简单,为一南高北低的平缓斜坡背景下发育的潜伏高和背斜以及陡缓变异带。沙溪庙组底界断层较少,且大部分平面延伸范围较小;往下大安寨段断层逐渐增多,多与构造伴生并与之平行排列。总的来说,该区构造受力较强,裂缝相对发育。沙溪庙、凉高山、大安寨油藏为原生油气藏,均为岩性油藏或

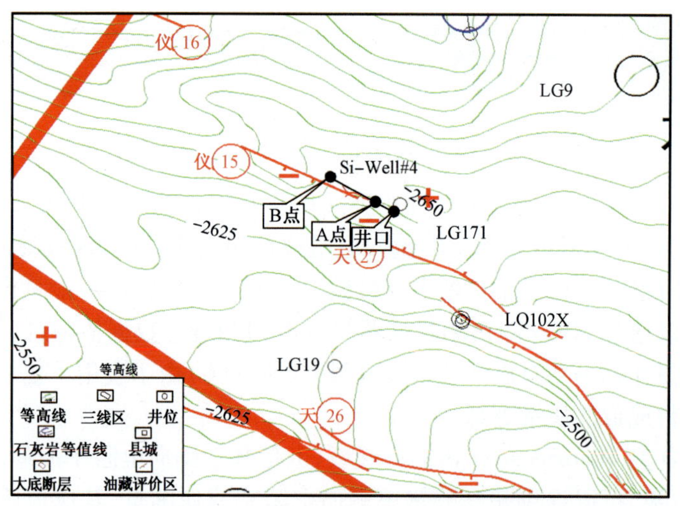

图 1-3-40　Si-Well#4 井区大安寨段底面构造图

构造—岩性油藏,有利的沉积相带及构造位置控制了油气的分布,裂缝是油井获得高产的必要条件。大安寨油气藏主要以油为主伴生气,无地层水及其他有毒、有害气体。

本井目的层为下侏罗统自流井组大安寨段顶部的裂缝性灰岩储层。大安寨段岩性以灰黑色页岩为主夹灰岩。根据川中地区各油田 152 口大安寨段取心井 12841 个岩块常规样品(剔除团块灰岩、含裂缝样品)分析统计,介壳灰岩煤油法基质孔隙度一般小于 2%,渗透率小于 0.1mD,个别大于 1mD 的样品多有裂缝存在,表明大安寨段储层岩块孔隙度、渗透率差。根据井解释成果统计,该区大安寨段储层孔隙度在 1% ~3%,物性较差,与区域上情况一致。

2. 地质导向目标

为了开发侏罗系的油气资源,并为计算原油预测储量提供依据,根据 LG171 大一亚段储层综合图(图 1-3-41),确定本井地质导向目标。

(1)以大一亚段顶部石灰岩储层为地质靶体,以大安寨顶下垂厚 45m 作为入靶点(A 点),要求方位 299°,靶前位移 397m。

(2)进入 A 点后,允许水平段轨迹垂深波动上下各 2m,在大一亚段顶部灰岩储层中完成水平段长 1133m。

(3)平面上,控制轨迹于左侧断层和右侧地震波降速带之间,寻找裂缝带。同时避免进入断裂带,以降低工程风险(图 1-3-42)。

3. 地质导向风险分析与对策

地质导向的风险分析,主要来源于对地质设计的研究和邻井实钻情况的分析。

(1)首先,断层和降速带界面发育不规则。

① 空间分布不确定性大。

② 位于两界面之间的裂缝储层形态不规则。

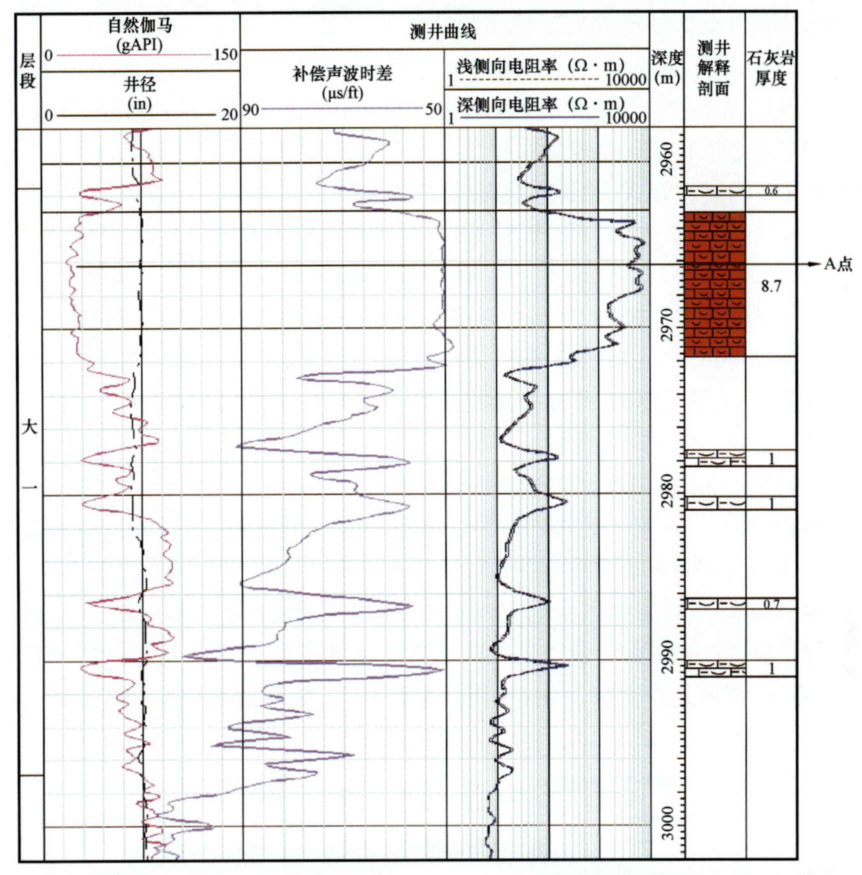

图 1-3-41 LG171 大一亚段储层综合图

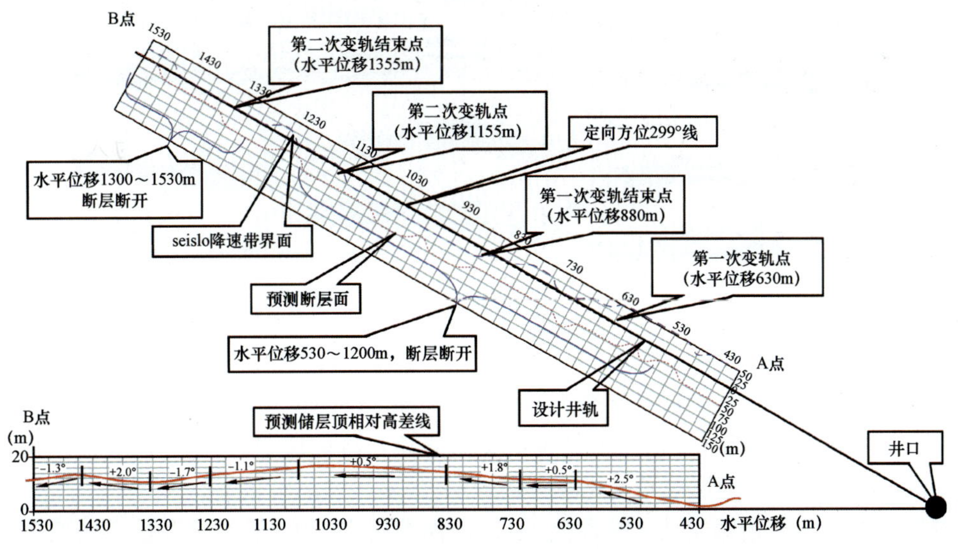

图 1-3-42 Si-Well#4 井水平段井眼轨迹设计与断层面距离及储层顶相对高差图

③ 钻入断裂带内部易导致较高工程风险。

④ 对策:基于地震剖面分析预测断面特征,结合地震降速带界面,控制轨迹方位。实时投影轨迹,与断面保持规定的安全距离,控制轨迹于断面和致密灰岩中间的裂缝储层。

(2)其次,储层发育不确定性较大。

① 裂缝发育不确定性较大,追踪较困难。

② 横向上和纵向上,页岩夹层发育不规则,与邻井对比不确定性较大,导致储层确定难度加大。

③ 水平段前方没有井位控制,目的层物性发育特征不确定(可能发育较多页岩夹层等)。

④ 对策:利用 MicroScope 提供高分辨率测量值(电阻率实时成像、近钻头电阻率、方位电阻率和方位自然伽马),识别裂缝和提取地层倾角(与测井解释工程师密切合作,实时分析成像数据),确认优质储层及其构造特征。并且,通过邻井曲线对比确认轨迹在储层中的位置。

(3)再次,设计轨迹靠近断层,构造特征不确定性较大。

① 地震剖面(图 1-3-43)反映沿井眼钻进方向构造为背斜,但是设计轨迹靠近断层,构造倾角不确定性较大,同时可能钻遇微断层。

② 对策:利用地震剖面粗略预测前方构造特征(断层、地层倾角等);充分结合钻井显示特征(气测异常、油气侵和井漏等)、录井岩屑以及其他钻井参数来综合判断储层物性、油气显示情况以及轨迹位置;密切关注井斜变化,与现场紧密联系,精确预测钻头处井斜。

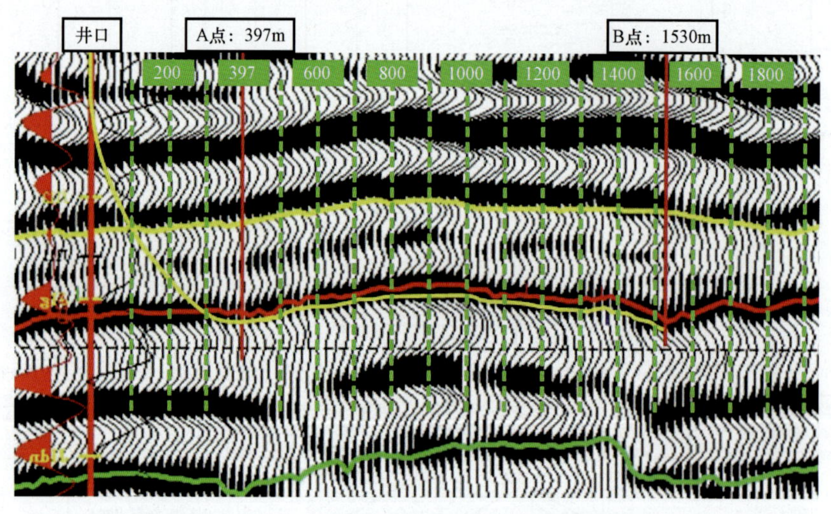

图 1-3-43 Si-Well#4 井 299°方向偏移地震剖面

(4)同时,仍然存在其他风险。

① 本井随钻测井使用的钻具组合为 ImPulse + MicroScope + 马达,钻具组合中电阻率传感器到钻头之间的距离为 5.2m,也就是说钻头钻遇某一特征地层时,测井曲线做出反应要滞后 5.2m 以上,对于局部地层倾角变化较大的地层,地质导向风险较高。

② 随钻测量信号传输受钻井液性能、泵稳定性等因素影响,随钻测井信息的实时性容易受到影响。

③ 随钻测井仪器与邻井常规测井仪器之间存在可能的响应差别,对识别地层尤其是判别

储层好坏级别等会带来一定风险。

④ 马达的增/降斜能力若偏小,可能导致轨迹不能赶上地层倾角的变化。

根据以上风险分析可以看出,在本井地质导向的过程中,风险不可轻视,需要地质导向师加强重视,充分综合各方资料,全面分析,及时和客户沟通,最大限度降低风险,顺利完成本井地质导向水平井作业。

4. 邻井特征及钻前地质导向预测模型

通过对 Si - Well#4 井水平段轨迹附近的邻井 LG171 井和 LQ102X 井分析,可以初步预测 Si - Well#4 井地层的发育特征,据此指导本井的地质导向工作。

Si - Well#4 井目的层为大安寨段大一亚段顶部的介壳灰岩。邻井对比显示厚度比较稳定(8 ~ 11m),储层孔隙度较低,符合区域性低孔隙度、低渗透率储层的特征,其中页岩夹层普遍发育。平面上,大一亚段顶部有利石灰岩储层物性发育不均一。靠近 Si - Well#4 井的 LG171 井和 LQ102X 井与 Si - Well#4 井位于同一沉积微相带,储层可对比性较强,页岩夹层比较少,主要位于顶部,厚度约 2m,较纯石灰岩稍厚(9 ~ 11m);而在两侧区域(LG18 井区和 LG19 井区),沉积微相不同,储层特征有差别,石灰岩和页岩互层,目的层相对较薄(8 ~ 9m)。大安寨段内断层发育,伴生的裂缝有利于油气高产,可优化本区低孔隙度、低渗透率储层的产能。Si - Well #4 井靠近仪 15 号断层,且邻近 LG171 井和 LQ102X 井,预测灰岩可能较厚,裂缝发育可能性较大,有高产潜力(图 1 - 3 - 44)。

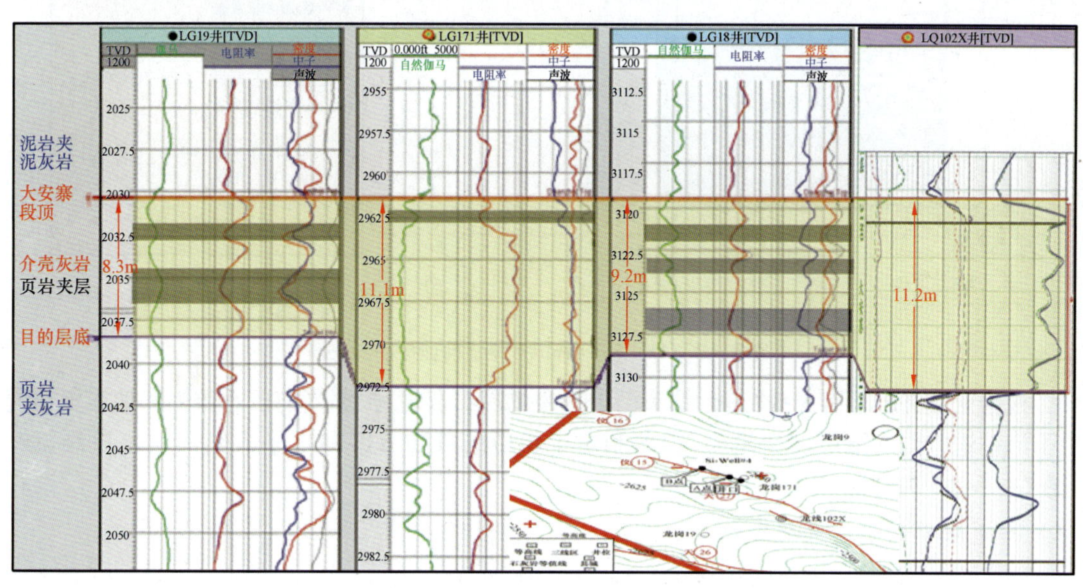

图 1 - 3 - 44　Si - Well#4 井邻井曲线对比图

目的储层特征:(1)自然伽马 20 ~ 30gAPI;(2)中子孔隙度 3% ~ 4%;(3)电阻率 1000 ~ 7000Ω · m;(4)密度 3 ~ 4g/cm^3。

目的层顶底均为页岩,层内也有页岩夹层发育的可能,且高阻石灰岩层物性比较均一,通过邻井曲线对比确认轨迹位置不确定性较大。本井地质导向过程中,首次采用 MicroScope 仪器,运用其提供的高分辨率侧向电阻率曲线和成像,以及近钻头电阻率和近钻头井斜等测量来帮助地质导向决策。同时,地质导向中除应用随钻测井资料外,要充分利用岩屑录井和气测资料作为参考来确定目的层位置及着陆、水平段施工时轨迹处在地层中的位置。

Si－Well#4 井钻前地质导向模型主要依据距离最近的 LG171 井地层厚度、测井资料建立二维地质导向模型图。将 LG171 井的常规测井数据输入地质导向软件,利用建成的地质模型模拟出随钻测井仪在钻遇该地层时的响应特征,然后再与实钻数据对比(图 1－3－45),模拟地层构造形态,据此调整轨迹,控制轨迹于目的层的最佳位置。

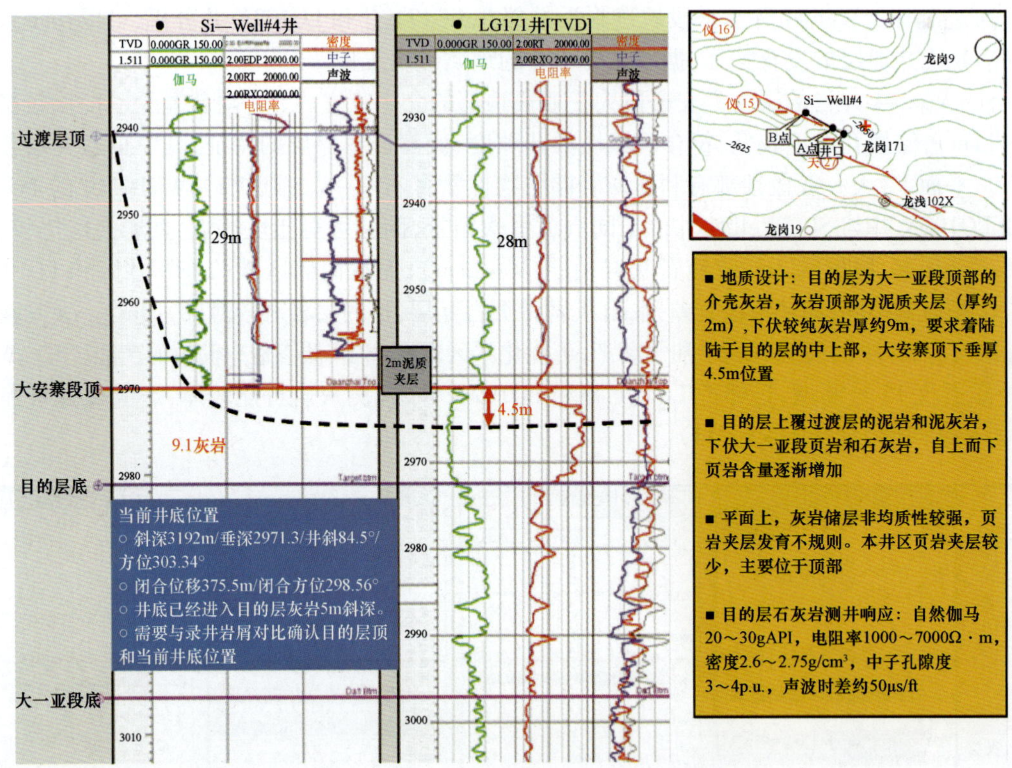

图 1－3－45　Si－Well#4 井钻前曲线对比图

根据上部井段已有曲线分析,钻头已进入目的层石灰岩,根据当前已有数据和地震资料模拟了沿钻进方向的地层剖面模型,据此制定了相应的着陆方案和水平段钻前轨迹控制策略(图 1－3－46 和图 1－3－47)。

5. 地质导向实施过程及结果

图 1－3－48 显示,实时地质导向作业过程中,在 MicroScope 高清电阻率成像随钻测井实时解释的基础上,及时分析并制定轨迹调整方案,有效地将井眼轨迹控制在目的层内,并最终出色地完成了地质导向任务。

(1)本井 6in 井眼自井深 3092m 开始至井深 4002m 完钻,实钻轨迹经过两次大的调整,按照要求控制于预测的断面和地震波降速带之间,且与断面保持一定的安全距离。轨迹空间形态复杂,马达钻具一趟钻顺利圆满地完成了着陆及水平段钻进的任务,总进尺 810m,其中由于受断层影响页岩段进尺 118m,剩余 692m 井段均保持在目的层内。

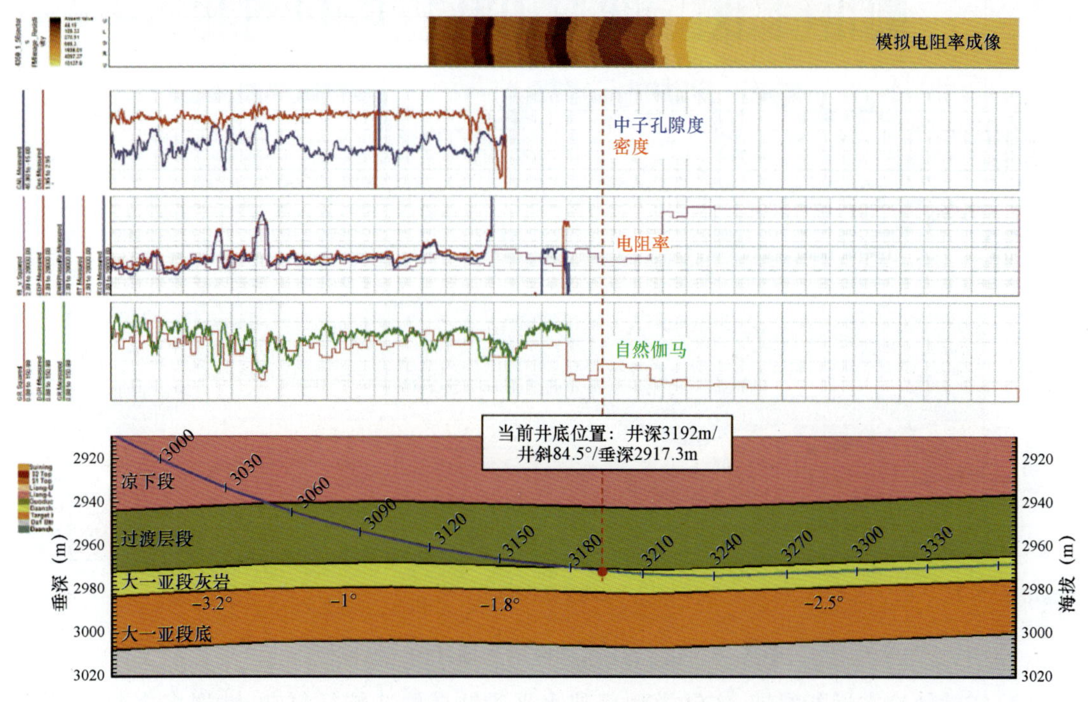

图 1-3-46 Si-Well#4 井地质导向着陆计划

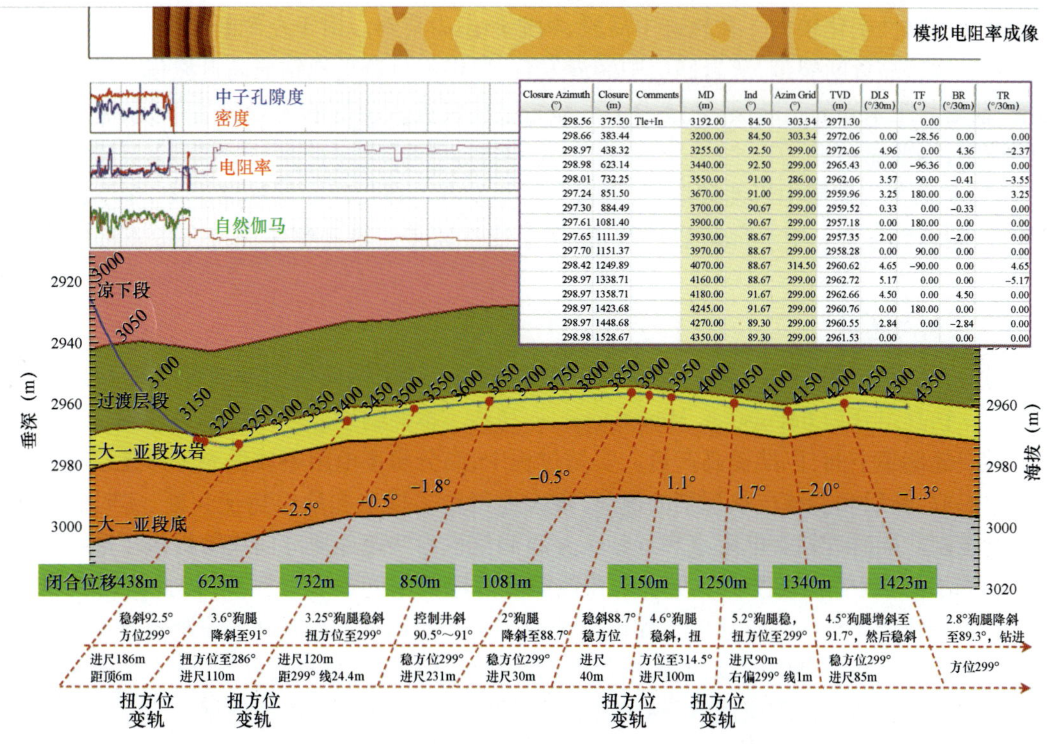

Closure Azimuth (°)	Closure (m)	Comments	MD (m)	Ind (°)	Azim Grid (°)	TVD (m)	DLS (°/30m)	TF (°)	BR (°/30m)	TR (°/30m)
298.56	375.50	Tle+In	3192.00	84.50	303.34	2971.30		0.00		
298.66	383.44		3200.00	84.50	303.34	2972.06	0.00	-28.56	0.00	0.00
298.97	438.32		3255.00	92.50	299.00	2972.06	4.96	0.00	4.36	-2.37
298.98	623.14		3440.00	92.50	299.00	2965.43	0.00	-96.36	0.00	0.00
298.01	732.25		3550.00	91.00	286.00	2962.06	3.57	90.00	-0.41	-3.55
297.24	851.50		3670.00	91.00	299.00	2959.96	3.25	180.00	0.00	3.25
297.30	884.49		3700.00	90.67	299.00	2959.52	0.33	0.00	-0.33	0.00
297.61	1081.40		3900.00	90.67	299.00	2957.18	0.00	180.00	0.00	0.00
297.65	1111.39		3930.00	88.67	299.00	2957.35	2.00	0.00	-2.00	0.00
297.70	1151.37		3970.00	88.67	299.00	2958.28	0.00	90.00	0.00	0.00
298.42	1249.89		4070.00	88.67	314.50	2960.62	4.65	-90.00	0.00	4.65
298.97	1338.71		4160.00	88.67	299.00	2962.72	5.17	0.00	0.00	-5.17
298.97	1358.71		4180.00	91.67	299.00	2962.66	4.50	0.00	4.50	0.00
298.97	1423.68		4245.00	91.67	299.00	2960.76	0.00	180.00	0.00	0.00
298.97	1448.68		4270.00	89.30	299.00	2960.55	2.84	0.00	-2.84	0.00
298.98	1528.67		4350.00	89.30	299.00	2961.53	0.00		0.00	0.00

图 1-3-47 Si-Well#4 井地质导向水平段轨迹控制策略

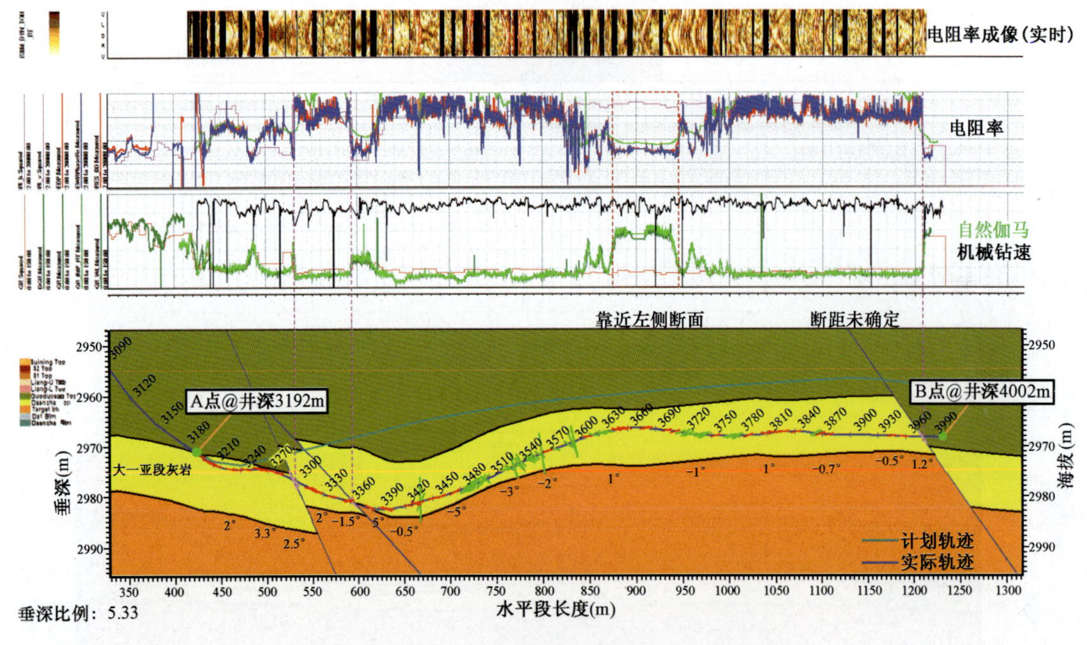

图 1-3-48　Si-Well#4 井地质导向完钻模型

(2)实钻轨迹靠近断裂带,实钻模型反映水平段钻遇构造特征复杂,钻遇多个断层,整体构造形态为断裂背景下发育的向斜、背斜构造。在着陆段,向斜构造中发育多个逆断层,导致储层厚度和物性变化较大。在轨迹中后段,构造形态为背斜。由于左侧断裂带形态预测误差,导致中段轨迹靠近断裂带,灰岩储层中裂缝发育,但也不可避免地钻遇高自然伽马带。在轨迹尾段,钻遇断距未知的正断层,轨迹由中下部储层直接进入顶部的大段页岩带,基于对未知风险的控制,提前完钻。

(3)实钻灰岩储层中岩性较均一,页岩夹层不发育。在远离断层的储层中,中下部储层物性较好,裂缝较发育。中上部灰岩较致密,储层物性较差。轨迹整体保持在中下部的裂缝储层中。

6. 认识与总结

(1)在本井实钻过程中,第一次运用了 MicroScope 高清侧向电阻率成像仪器帮助地质导向决策。钻具组合为 ImPulse + MicroScope + 马达。本井的地质导向目标为在均一灰岩储层中寻找裂缝储集空间,以期提高产量。实钻过程中,高分辨率电阻率成像充分体现了其准确地层倾角提取、断层和裂缝产状识别的优势,极大地帮助了构造和地层特征判断、实时储层评价和轨迹控制。同时近钻头电阻率和近钻头井斜测量也为快速地质导向决策提供了准确依据。

(2)钻进过程中轨迹控制涉及断面和地震波降速带空间形态的预测,因此井区三维地震数据及其解释结果也在一定程度上提供了帮助。实时的轨迹投影有助于控制轨迹在三维靶体中的位置。尤其在轨迹中段,地震数据帮助判断和确认轨迹左偏靠近断层,扭方位即可返回好储层。同时前方储层地震属性解释结果也为地质导向决策提供了参考依据。

(3)地质导向过程中,与现场工程师保持有效沟通,合理运用钻具的自然增斜能力,减少滑动次数,以此保证了轨迹平滑,降低了钻井作业风险。

三、MicroScope HD 超高清侧向电阻率成像地质导向技术应用实例

以新疆油田吉木萨尔凹陷二叠系芦草沟组下甜点页岩油应用为例。

1. 地质概况

Xin－Well#1 井位于新疆吉木萨尔县西北约 20km，构造上位于吉木萨尔凹陷内，该凹陷位于准噶尔盆地东部，是于石炭系褶皱基底发展起来的一个西断东超的箕状断陷。凹陷基底大体为西倾的单斜背景，二叠系向东超覆沉积，凹陷北部、西部与南部均为断裂边界。吉木萨尔凹陷是准噶尔盆地近几年证实的重要含油气凹陷之一，其中的芦草沟组既发育烃源岩，又发育储集层，形成典型的自生自储油气系统。砂岩和碳酸盐岩类主要为储集层，总体致密，分布稳定，但非均质性极强，与烃源岩大面积垂向叠合，具有形成源内致密油的良好地质条件（图 1－3－49）。

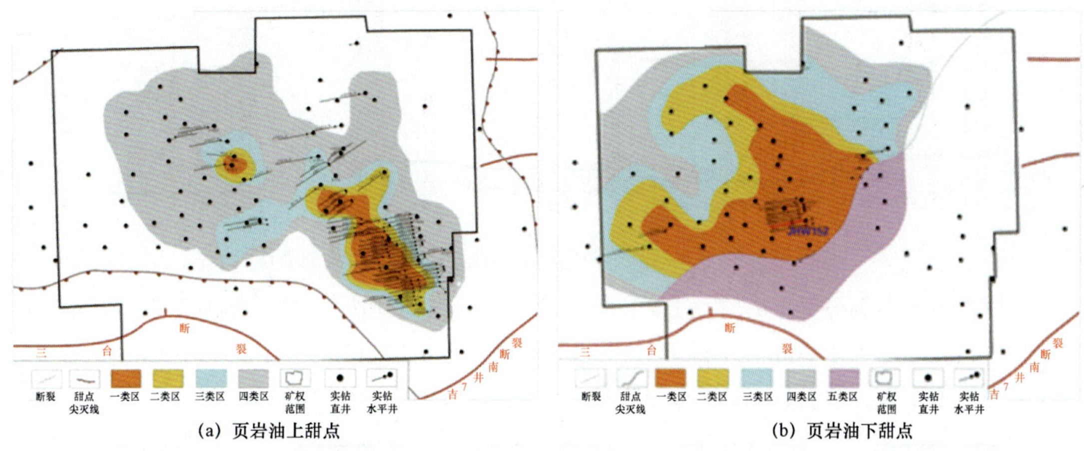

(a) 页岩油上甜点　　(b) 页岩油下甜点

图 1－3－49　新疆油田吉木萨尔凹陷二叠系芦草沟组页岩油甜点平面分布图

主力目的层芦草沟组上与三叠系梧桐沟组不整合接触，下与二叠系井子沟组接触，芦草沟组纵向有两个油层集中发育段，定义为“上、下甜点体”，跨度平均为 38m、56m。从地震上看，上甜点体地震轴较为连续，砂体连续性较好，与围岩特征差异大，易于识别；下甜点体地震轴变化较大，砂体连续性相对差，地震特征不明显，难以识别（图 1－3－50）。

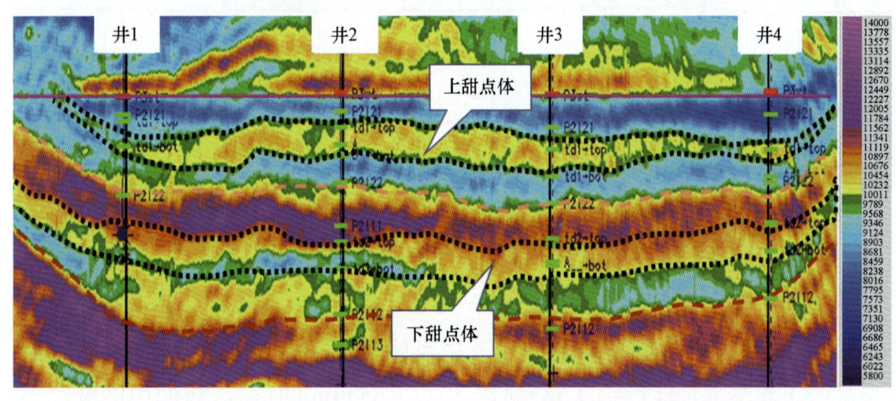

图 1－3－50　新疆油田吉木萨尔凹陷连井地震剖面图

上甜点体油层跨度38m,划分为$P_2l_2^{2-1}$、$P_2l_2^{2-2}$和$P_2l_2^{2-3}$3个小层,岩性主要为砂屑云岩、岩屑长石粉细砂岩和云屑砂岩。中部$P_2l_2^{2-2}$(岩屑长石粉细砂岩)油层主体区域厚度大于4m,以Ⅰ类为主,横向连续性好,是水平井钻井目标。常规测井曲线上的响应特征为:高自然伽马、中低电阻率、低密度(图1-3-51)。

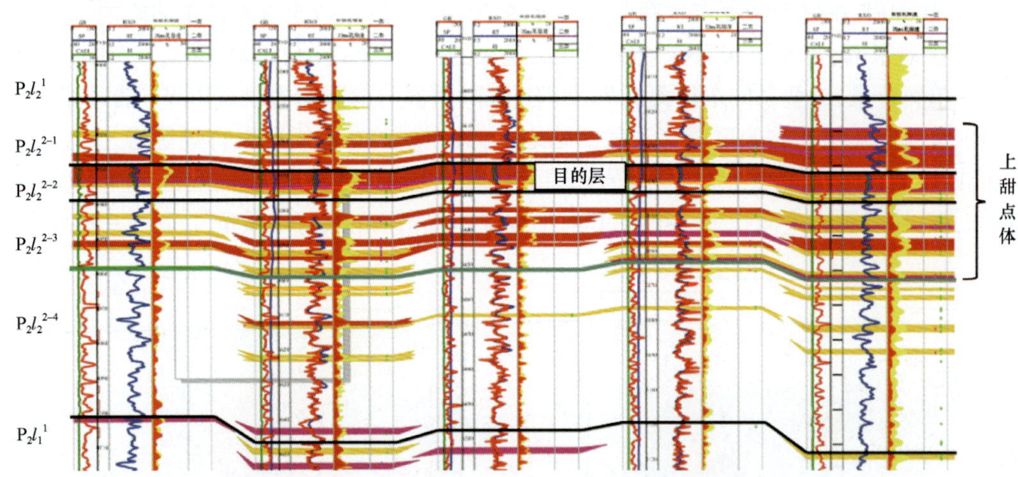

图1-3-51 吉木萨尔凹陷芦草沟组上甜点体油藏剖面图

下甜点体纵向划分为$P_2l_1^{2-1}$~$P_2l_1^{2-6}$6个小层,$P_2l_1^{2-1}$~$P_2l_1^{2-3}$油层集中发育,跨度25m,主体区域叠合厚度大于20m。中部$P_2l_1^{2-2}$油层是水平井钻井目标层。$P_2l_1^{2-1}$~$P_2l_1^{2-3}$油层的划分主要依据核磁孔渗特征,常规测井资料特征不明显(图1-3-52)。

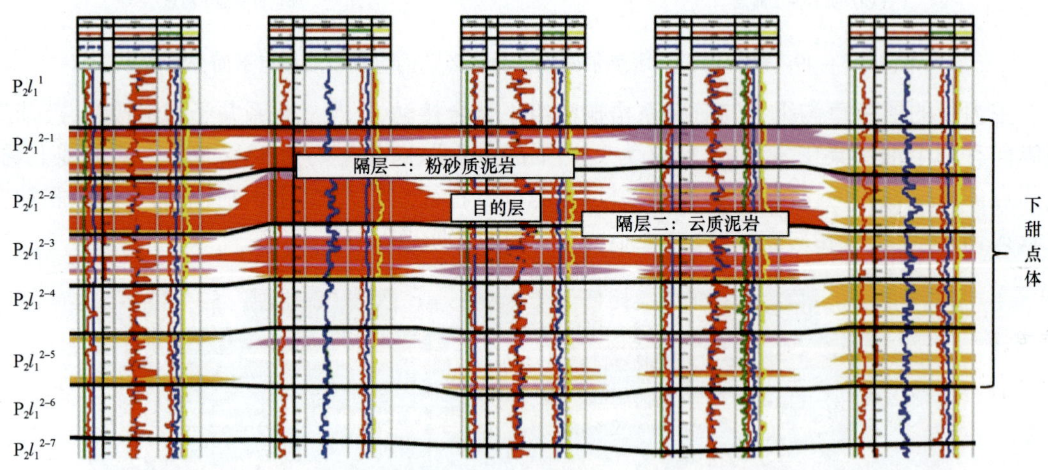

图1-3-52 吉木萨尔凹陷芦草沟组下甜点油藏剖面图

2. 地质导向目标

Xin-Well#1井设计目的层为芦草沟组下甜点体$P_2l_1^{2-2}$油层,接手前与客户确认,本井的目标靶窗为对应于参考井(图1-3-53)垂深3532~3534m的位置,目的层厚度约2m,该目的层的划分主要是依据核磁孔隙度资料,目标靶窗内电阻率变化较大,纵向上根据电阻率特征可分为:(1)顶部极低阻;(2)上部低阻;(3)中部小高阻;(4)中下部低阻;(5)底部高阻,共5个小层。目的层与上下地层岩性相同,自然伽马垂向上变化不大,靠近目的层顶部和底部自然伽马略微升高,很难从自然伽马及录井岩屑变化判断轨迹是否在目的层内以及在层内的具体位置。参考井目的层与上下地层气测值差异不大,但从 Xin - Well#1 井着陆结果来看,目的层内录井显示较好,气测全烃值2% ~10%,低阻层段显示好于高阻层段,地质导向过程中可作为一个参考指标。

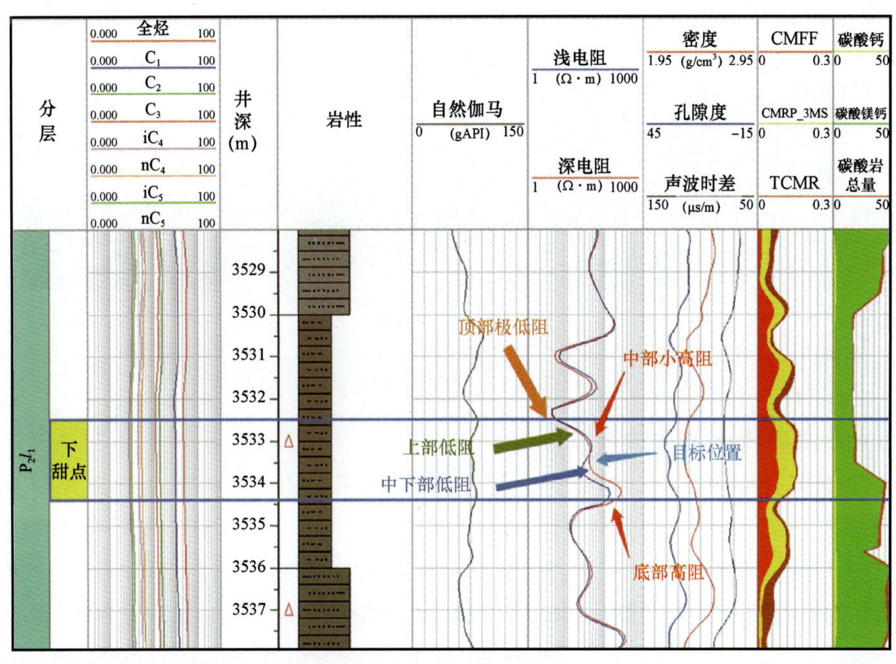

图1-3-53　参考井目的层特征及本井目标靶窗

3. 地质导向仪器选择

从上述目的层特征分析,由于目的层与上下围岩自然伽马差异较小,自然伽马成像仪器相对适用性较差,目的层内电阻率差异大,与上下围岩电阻率差异无明显特征,电阻率反演仪器相对不适用。而如果下入 MicroScope HD 超高清侧向电阻率成像仪器,利用高分辨率电阻率成像,确定轨迹与地层的上下切关系,保证轨迹位于目的层内,并尽量置轨迹于上部低阻及中下部低阻内。同时 MicroScope HD 仪器可以进行钻头电阻率测量,使地质导向师在第一时间确定地层电阻率变化,及时反应,快速确定调整方案,确保井眼轨迹平滑,可以极大程度上降低本井水平段地质导向的难度,提高优质储层钻遇率。从钻前电阻率成像分析来看,轨迹上切/下切地层清晰明确,适用于本井的地质导向工作,结合以上分析,最终的工具组合为 MicroScope HD + PowerDrive X6 组合(图1-3-54和图1-3-55)。

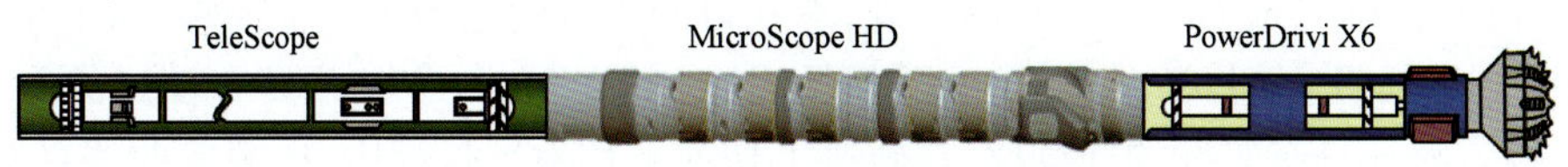

图1-3-54　Xin - Well#1 井地质导向钻具组合

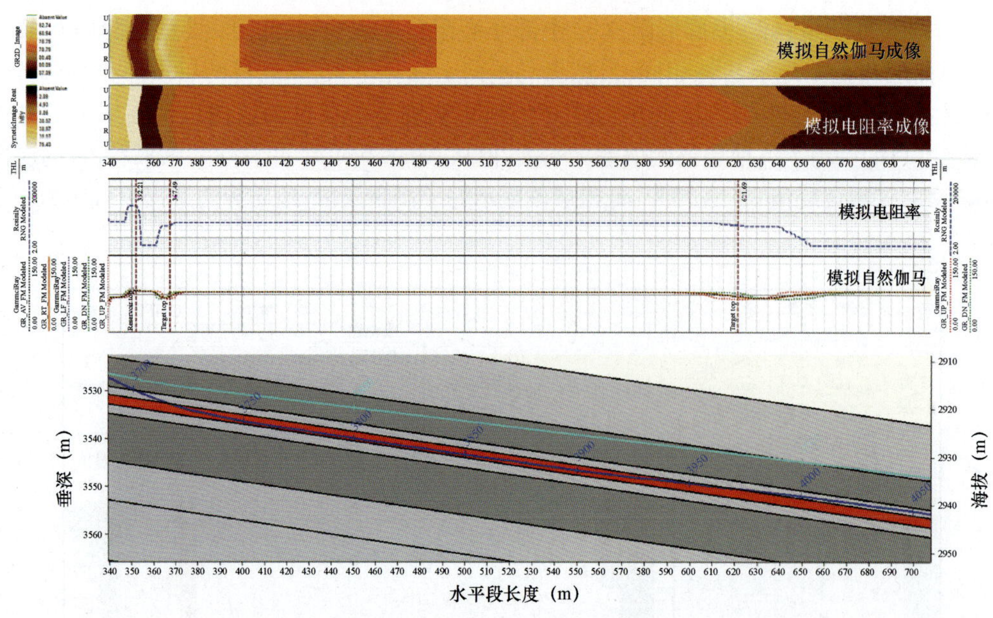

图1-3-55　Xin-Well#1 井地质导向钻前模型

4. 地质导向实施过程及结果

斯伦贝谢地质导向团队自井深4291m 接手本井,接手时本井已经成功着陆并完成了561m水平段进尺。接手后,根据自然伽马电阻率曲线及录井气测显示,判断轨迹位于目的层内,且位于目的层上部。随钻地质导向过程中,根据 MicroScope HD 超高清侧向电阻率成像判断轨迹与地层的上下切关系,确定钻头位置,拾取地层倾角,调整地质导向模型(图1-3-56)。

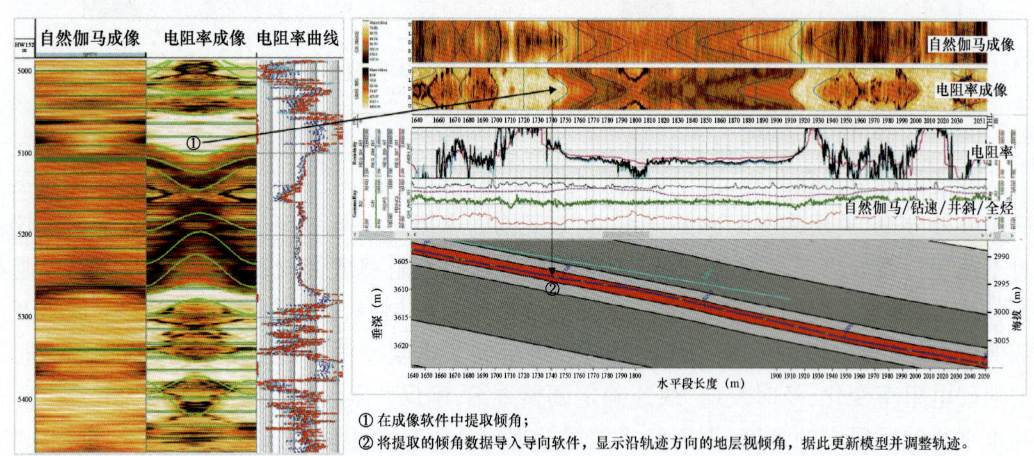

图1-3-56　MicroScope HD 超高清侧向电阻率成像地质导向工作流程

地质导向过程中,地质导向工程师发现,本井目的层垂向电阻率特征清晰,从上至下为:顶部极低阻、上部低阻、中上部小高阻、中下部低阻、底部高阻,与参考井具有较好的对应关系。同时水平段该特征具有较好的连续性,在轨迹上切或下切地层过程中,电阻率曲线具有清晰的镜像关系(图1-3-57)。由此说明,超高分辨率电阻率成像显示的上切或下切,均为轨迹与地层的切割关系，而非目的层内的层理构造，因此可以作为本井实时地质导向及轨迹调整的有利依据。同时，在水平段钻进过程中，轨迹钻遇了极低电阻率、高自然伽马地层。分析认为，可能是目的层内局部发育的富含黄铁矿地层，导致实测电阻率极低。该地层横向上连续性差，不能作为轨迹调整的依据，为实时地质导向带来一定的挑战。

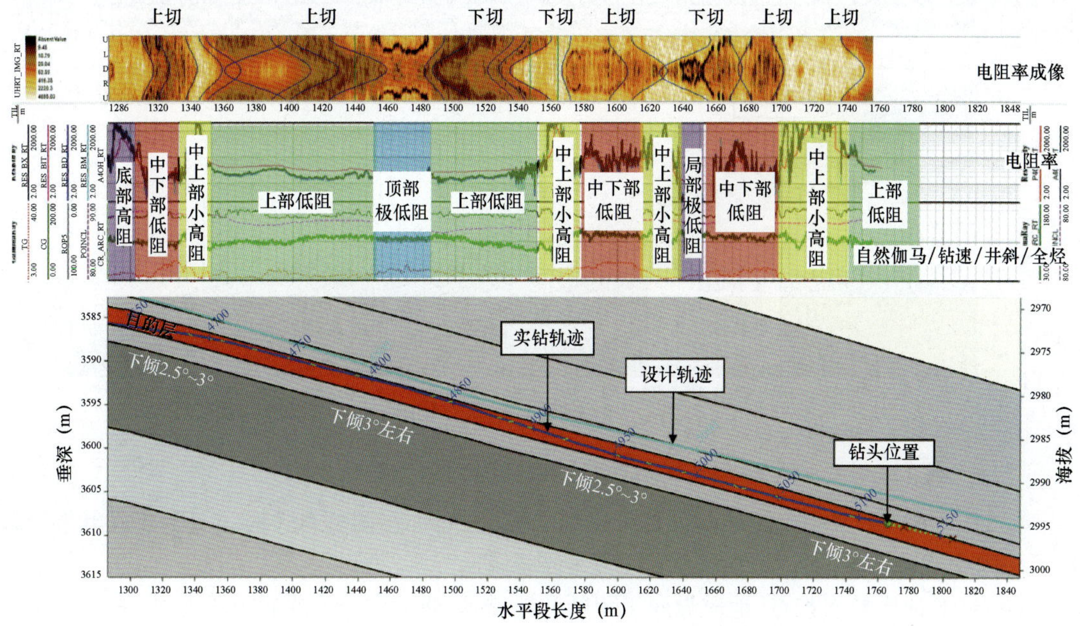

图 1－3－57　Xin－Well#1 井地质导向完钻模型(局部)

Xin－Well#1 井水平段 A～B 点之间长 2010m，斯伦贝谢地质导向负责井段长 1449m（不含 31m 口袋），储层钻遇率为 100%。本井目的层厚约 2m，总体为 2.5°～3.5°下倾，变化幅度较小（图 1－3－58）。

5. 认识与总结

（1）从本井实钻情况来看，本井目的层较薄，约 2m。目的层内非均质性较强，顶部及上部为低阻地层，气测全烃值 5%～7%，中部为高阻地层，录井显示差，气测全烃值 2%～4%；下部为低阻地层，显示较好，气测全烃值 8%～13%；底部为高阻地层，气测值较低。储层纵向发育较为稳定，与参考井十分相似，为本井水平段的成功地质导向提供支持。本井地层整体构造变化不大。总体为 2.5°～3.5°下倾，变化幅度较小。

（2）MicroScope HD 超高清侧向电阻率成像在本区块的首次应用体现了较大的价值，是追踪本井区地质甜点经济有效的方法：钻头电阻率测量有助于快速应对，能及时反映井底情况，可以做到及时调整，使轨迹较为平滑地在目的层内穿行。高分辨率电阻率成像反映轨迹与地层之间的切割关系，有效地帮助判断地层倾角变化和轨迹位置，对追踪目标砂体起着至关重要的作用，为后续的轨迹调整提供了可靠的依据。本仪器基于侧向电阻率测量原理，测量范围相对于感应电阻率更广，无极化/极值出现，更真实地反映地层电阻率的变化，更适用于本区块下甜点目的层。

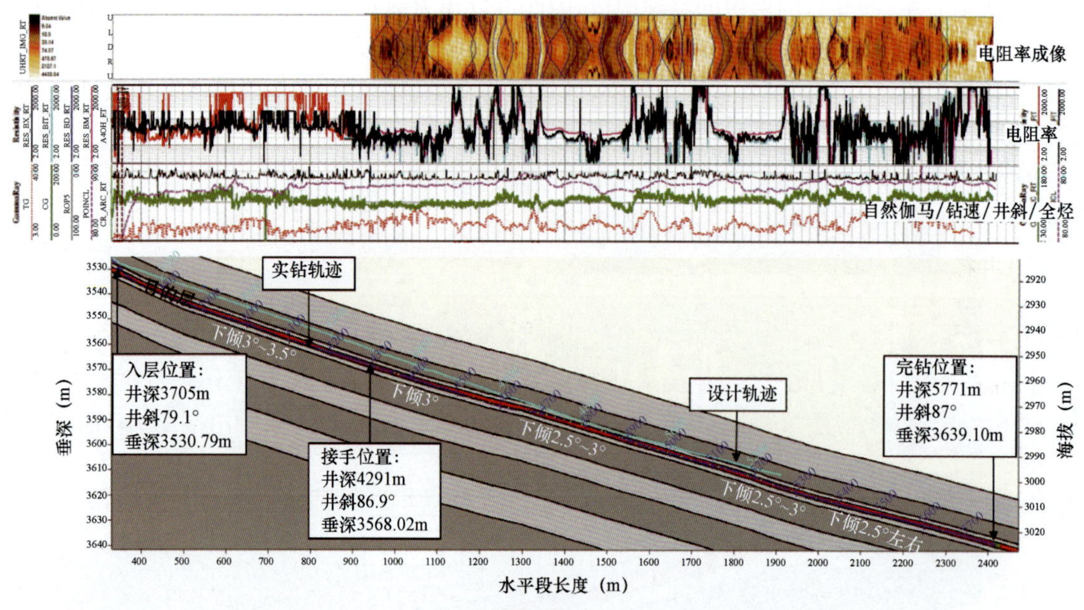

图 1-3-58 Xin-Well#1 井地质导向完钻模型(全井段)

(3)PowerDrive 系列旋转导向工具可以精确控制井斜,在调整轨迹时工具为旋转状态,保证了电阻率成像测量的连续性,大大缩短了钻井周期。

(4)针对地质导向难点,地质导向工程师和地质师、甲方领导在钻前和实钻过程中密切沟通、认真详细分析,制定相应的地质导向方案及应急策略,是本井成功实施的关键。

(5)为了更清楚地认识目的层,降低不确定性,减少争议,建议使用类似仪器的井从造斜段开始跟踪,如果有条件建议全水平段使用 MicroScope HD 超高清侧向电阻率成像仪器,如果不带成像仪器着陆,建议接手后复测入层后的所有水平段,更新地质导向模型。

(6)MicroScope HD 仪器可提供分辨率极高的电阻率成像内存数据,该数据可以用于裂缝及溶蚀孔洞的识别和定量分析,有利于寻找工程甜点,为后期压裂射孔分段分簇提供指导。实现了仅使用一条仪器,在随钻地质导向的同时完成随钻成像测井,提高作业效率,达到地质甜点与工程甜点相结合,实现地质工程一体化。

第四节 TerraSphere 高清声电双成像地质导向技术的应用

一、基本解释原理

TerraSphere(图 1-3-59)是油基钻井液环境中业界第一根随钻高清声电双成像仪器(声成像和电阻率成像)。

电阻率成像部分:仅在油基环境下提供,提供分辨率为 1in 的感应电阻率成像,其基本原理与普通感应电阻率仪器相同。呈 180°分布在仪器两侧的两个高分辨率电极板发射多个频率的高分辨率电磁波,每个电磁波通过钻井液进入地层会产生新的多个频率的电磁波,这些电磁波由地层返回被仪器接收后通过计算可以得到高分辨率的电阻率成像。

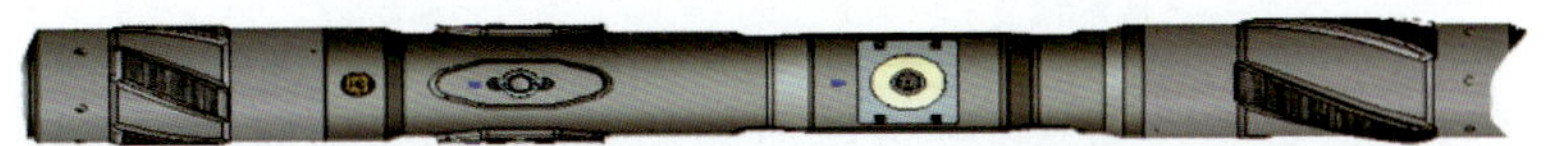

图 1-3-59　TerraSphere 仪器示意图

声波成像部分：在油基钻井液环境和水基钻井液环境下都能提供，提供分辨率为 0.2in 的声波成像，四个超声波传感器呈 90°分布在仪器上，通过声波测井原理可以提供高分辨率声波成像及井径数据。

感应电阻率成像与侧向电阻率成像相同，可以为随钻地质导向提供帮助，与声波成像结合可用于裂缝和溶蚀孔隙等的定量分析及单井评价。关于 TerraSphere 成像的地质导向解释，方法与侧向电阻率成像的解释完全相同，下面通过一些应用实例进行阐述。

二、TerraSphere 高清声电双成像地质导向技术应用实例

以新疆油田吉木萨尔凹陷二叠系芦草沟组下甜点页岩油应用为例。

1. 地质概况

Xin-Well#2 井位于新疆吉木萨尔县北约 22km，本井的地质概况与 MicroScope HD 超高清侧向电阻率成像应用实例中 Xin-Well#1 基本相同，详情请参考。

2. 地质导向目标

Xin-Well#2 井设计目的层为芦草沟组下甜点体 $P_2l_1^{2-2}$ 油层，斯伦贝谢地质导向接手前与客户确认，本井的目标靶窗为对应于参考井 1 垂深 3593.5~3595.8m 的位置和参考井 2 垂深 3637.9~3639.9m 的位置，目的层厚度 2~2.5m.，该目的层的划分主要是依据核磁孔隙度资料，目标靶窗内电阻率变化较大，纵向上根据电阻率特征可分为：(1)顶部高阻；(2)中部低阻；(3)底部高阻，共 3 个小层(图 1-3-60)。目的层与上下地层岩性相同，自然伽马垂向上变化不大，很难从自然伽马曲线及录井岩屑变化判断轨迹是否在目的层内以及在层内的具体位置。

3. 地质导向仪器选择

本井目的层与 Xin-Well#1 井相同，根据已钻井的 MicroScopeHD 成功经验，说明高清侧向电阻率成像仪器适用于吉木萨尔下甜点体水平井地质导向工作，但本批次井均使用油基钻井液，MicroScopeHD 不适用于油基钻井液环境，所以推荐适应于油基钻井液环境下的 TerraSphere 高清声电双成像仪器。由于 TerraSphere 仪器不提供常规测井曲线，所以需要加上常规随钻测井仪器。从钻前电阻率成像分析来看，轨迹上切、下切地层特征明显，因此，TerraSphere 适用于本井的地质导向工作。综合以上分析，最终的工具组合确定为 TerraSphere + PeriScope + PowerDrive 组合(图 1-3-61 和图 1-3-62)。

4. 地质导向实施过程及结果

斯伦贝谢地质导向团队自井深 4910m 接手 Xin-Well#2 井，接手时本井已经成功着陆并完成了 880m 水平段进尺。接手时气测数据有些降低，地质导向工程师与客户讨论后，决定复测井深 4420~4910m 电阻率成像数据。复测结束后，TerraSphere 高分辨率电阻率成像显示自井深 4650m 后轨迹一直上切地层，拾取地层倾角为 2°~3°下倾(图 1-3-63)，结合曲线对比及录井资料，确定钻头位置在目的层顶部，讨论后要求降斜钻进观察。

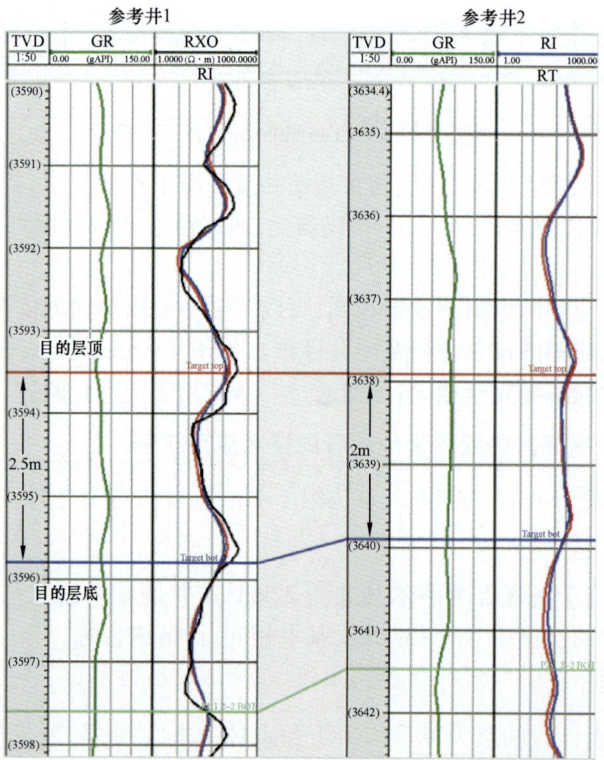

图 1-3-60 Xin-Well#2 井邻井曲线对比图

图 1-3-61 Xin-Well#2 井地质导向钻具组合

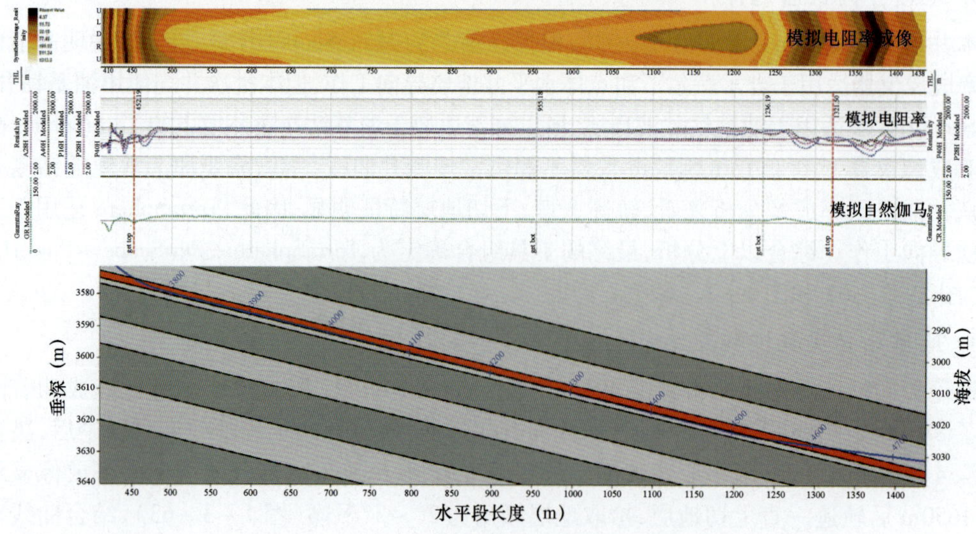

图 1-3-62 Xin-Well#2 井地质导向钻前模型

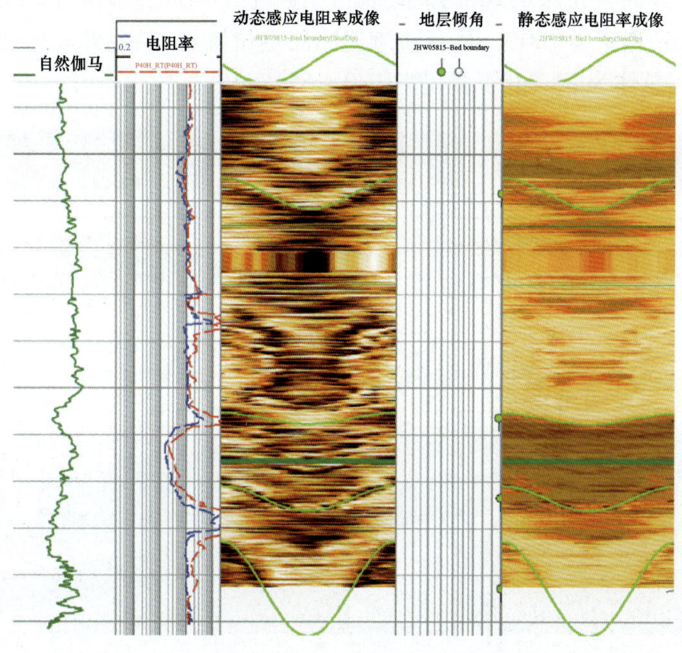

图 1-3-63　Xin-Well#2 井接手后复测电阻率成像

地质导向过程中，地质导向师发现本井目的层垂向电阻率特征清晰，自然伽马曲线的响应特征比钻前预测的结果也要好。在井眼轨迹下切地层的过程中，自然伽马和电阻率曲线结合判断，具有清晰的镜像关系（图 1-3-64）。由此也可判断，TerraSphere 电阻率成像显示的上切或下切，均反真实映了井眼轨迹与地层的切割关系，而非目的层内的变形层理构造等，因此可以作为本井实时地质导向及轨迹调整的有力依据。

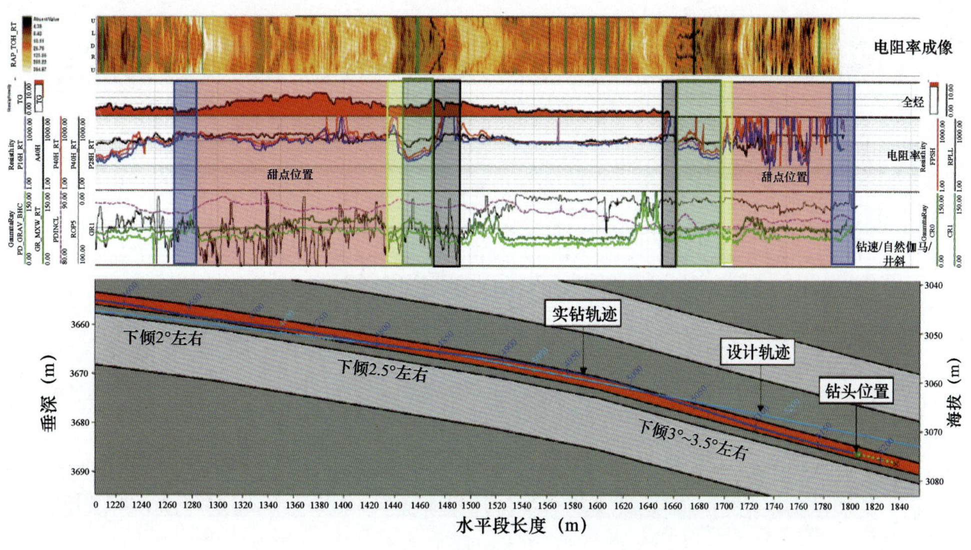

图 1-3-64　Xin-Well#2 井地质导向实时模型

斯伦贝谢地质导向自井深4910m接手,钻进至井深5522m完成本井地质导向服务。负责井段长612m,储层钻遇率为100%,且自轨迹追回甜点位置后,剩余井段均在甜点位置内。本井目的层约2m厚,总体为2°~4°下倾(图1-3-65)。

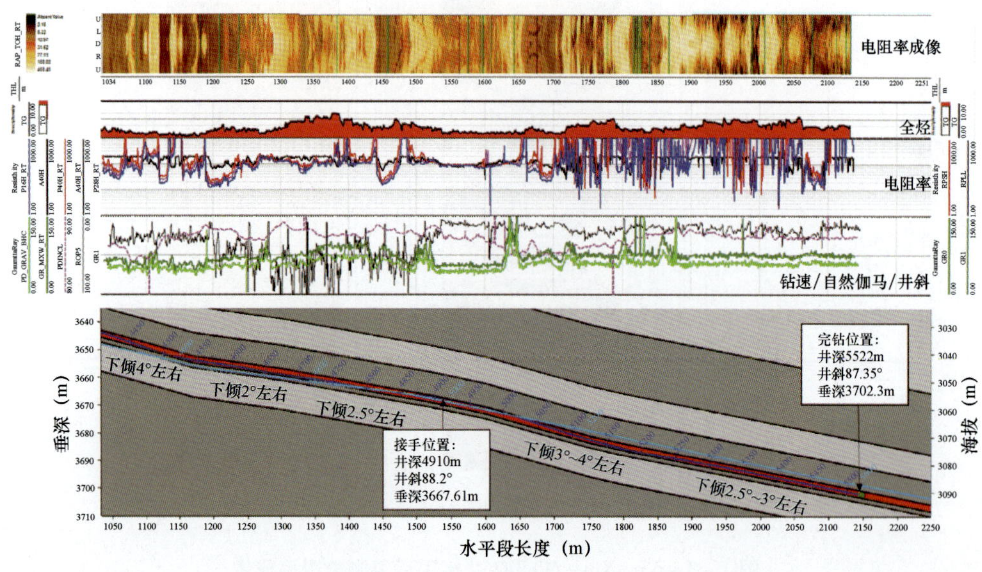

图1-3-65 Xin-Well#2井地质导向完钻模型

同一区块的Xin-Well#3井采用同样的工具组合,斯伦贝谢从井深3692m接手本井,成功着陆,钻进至井深4297m完成地质导向服务。水平段A点为井深3800m,负责水平段长497m,本井目的层约2m厚,总体为2.5°~3.5°下倾,储层钻遇率为100%,自轨迹进层后,全部井段都位于高气测位置(图1-3-66)。

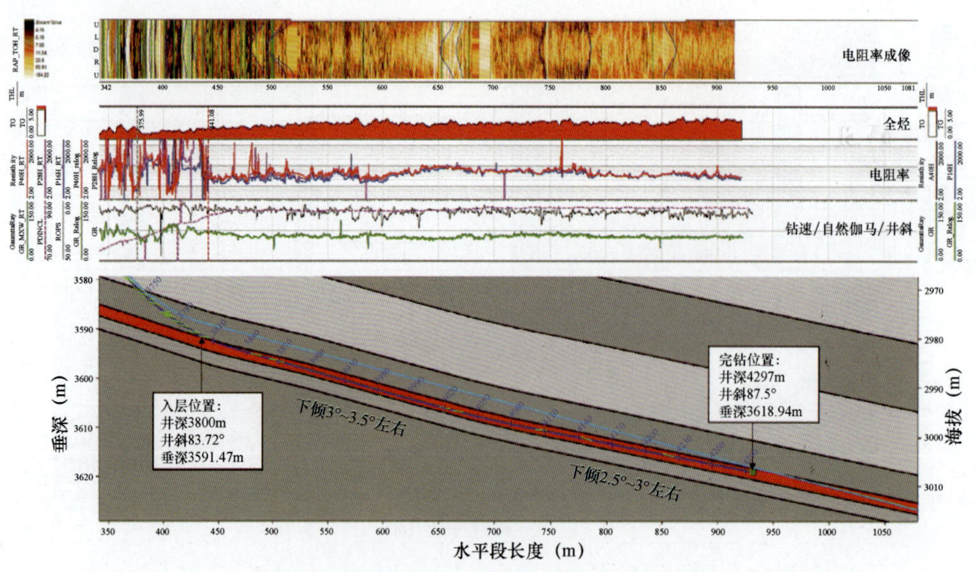

图1-3-66 Xin-Well#3井地质导向完钻模型

5. 认识与总结

(1)从两口井的实钻情况来看,目的层厚度在2m左右。目的层内非均质性较强,顶部及上部地层,气测全烃值1% ~2%,中部地层,气测全烃值3% ~6%。

(2)继MicroScopeHD高清侧向电阻率成像仪器在本区块成功应用后,TerraSphere高清声电双成像仪器在本区块的成功应用使本区块地质导向仪器更加完善,在油基钻井液中同样也可以使用电阻率成像仪器,且进一步印证了电阻率成像地质导向方法对吉木萨尔下甜点体开发的适应性。

(3)针对地质导向难点,地质导向工程师和地质师、甲方领导在钻前和实钻过程中密切沟通、认真详细分析,制定相应的地质导向方案及应急策略,是本井的成功实施的关键。

(4)TerraSphere仪器同时可以提供超高分辨率的随钻声波成像,虽然在实时地质导向过程中不需要特别参考,但该数据可以用于裂缝及溶蚀孔洞的识别和定量分析。

第五节 adnVISION密度成像地质导向技术的应用

一、基本解释原理

adnVISION仪器可以测量地层的密度和孔隙度、光电指数等,同时可以实现16个象限的密度、光电指数成像等。不仅具有多参数随钻测量功能,而且可以达到为地质导向提供实时参数解释的目的。目前主要应用于物性比较复杂、油气水关系比较复杂的储层中。

adnVISION仪器的测量值对地层评价具有重要意义,例如密度、光电指数、中子孔隙度和多种井径。井眼校正中子孔隙度、超声波井径和密度测量井径是adnVISION仪器在密度、中子和井径测量方面的附加测井参数。

在仪器旋转时将整个井眼划分成均匀的16个扇区,密度探测器所测量到的数据将被编译写入这些扇形区块中。中子传感器负责读取中子数据,而数据则分为整体平均值和4个象限的平均值,超声波数据就是象限性的平均读值。

二、adnVISION密度成像地质导向技术应用实例

以四川盆地川中地区碳酸盐岩气藏应用为例。

以西南某气田Si-Well#5井地质导向作业为例,介绍adnVISION密度成像的实际应用方法和效果。

1. 地质概况

该气田位于川中油区南部,属丘陵地貌,海拔300~500m。区域上构造近东西向展布,整体呈南高北低之势。其中最重要的储层雷一$_1$中亚段是该油气田的重要组成部分,气藏的保存条件较好,主要体现在气藏顶部直接覆盖较厚的膏岩,且构造主体无较大的上通断层破坏,上覆又在2600m有间接盖层。勘探开发实践已证实气藏保存条件较好,其地质特征主要表现为以下几个方面。

(1)断层:在围绕背斜的周围,特别是西北方向,有几个主断层。且从地震剖面分析来看,同相轴具有一定的起伏,地层可能有揉皱现象,说明地层在地质历史上受过挤压应力作用,可

能存在断层或微断层,将构造复杂化,一定程度上增加了地质导向的风险。

(2)微构造复杂,从区块构造图上可以看出,区块局部区域地层倾角有剧烈变化。从而要求钻井工具具有较高的造斜率。而且仅有大尺度构造特征认识,没有满足水平井地质导向尺度要求的构造认识。

(3)区块属于海相沉积,为低孔隙度、低渗透率储层,属于较稳定的地层。较少出现储层水平方向尖灭的情况。从地震剖面、邻井曲线对比可以看到,地层发育横向连续性好。厚度也较稳定,3.5~5.6m,有利于追踪雷一$_1$中亚段第一储层目的层,但在已钻井中,雷一$_1$中亚段第一储层内部物性横向上存在较大的变化。

2. 地质导向方案

图1-3-67显示的储层测井响应特征为:(1)自然伽马15~30gAPI;(2)电阻率139~455Ω·m;(3)密度2.34~2.6g/cm^3;(4)中子孔隙度8%~14.5%;(5)储层视垂厚6.6m,中部最佳部位厚度3.2m;(6)储层上部为石膏,下部为石灰岩。

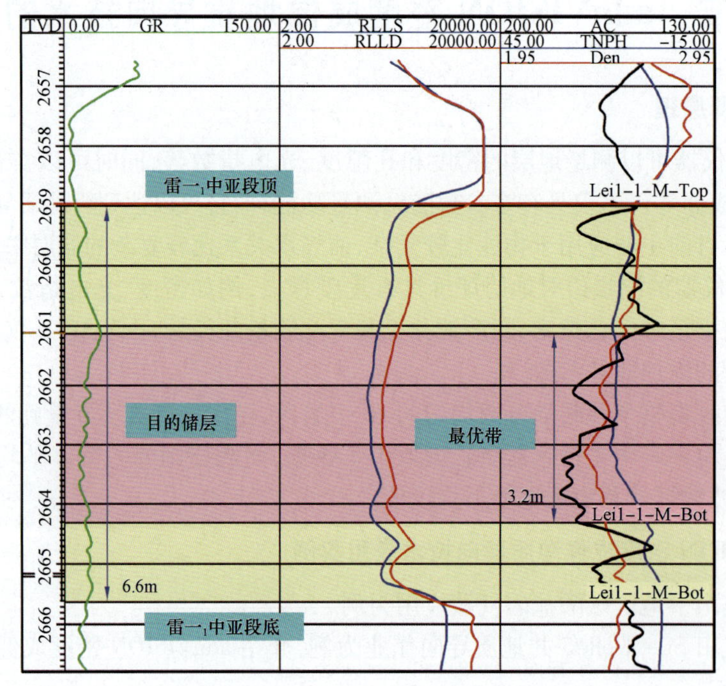

图1-3-67 参考井测井曲线响应特征

由于目的层内自然伽马和电阻响应与目的层的上部和下部地层没有明显区别,密度与孔隙度的测量对于目的层的识别与判定尤为重要。地质上要求目的层为储层中孔隙度大于3p.u的部分。孔隙度测量距离钻头较靠后,在目的层内部无法及时有效辨别轨迹确切位置,需要借助成像识别地层倾角,尤其是在穿层过程中由于部分目的层上部存在高压层,若钻遇高压层,需要下套管封闭。

根据上述参考井目的层测井响应特征分析,结合本井钻井地质导向目标,精确地质导向将水平井井眼轨迹控制在目的溶蚀云岩层内物性较为有利的气层位置,推荐应用ImPulse+

adnVISION 的 6in 井眼工具组合，通过密度成像进行实时地质导向。

同时制定的地质导向策略为：(1)使用多深度电阻测量帮助判定轨迹相对储层位置；(2)利用实时成像技术识别地层倾角，提高钻遇率；(3)建立远程数据中心支持地质导向作业，做到及时沟通，充分考虑各方意见；(4)结合录井数据判断地层。地质导向的目的层为云岩层中部物性较好的位置，它可以通过密度、孔隙度随钻测井来加以识别，而这套地质导向组合测量的电阻率和自然伽马随钻测井参数能够识别出大套云岩层。

3. 地质导向实施过程及结果

在 Si - Well#5 井中的应用取得了突出的成绩。尽管目的层的实际垂深相比设计变浅 5.4m，使用随钻工具 ImPulse 和 adnVISION，实现了平稳着陆于目的薄层云岩内最有利储层部位，水平段进尺 480m，钻遇率 95%。实钻过程中 adnVISION 的密度成像成功地指导了地质导向决策，结合电阻率、自然伽马、密度和中子测量，确保实现水平井地质目标，最大化储层钻遇率，大大提高了钻井效率，最终达到提高产能的目的(图 1 - 3 - 68)。投产后，本井获得了高达 $40\times10^4m^3/d$ 的天然气产能，这也是当时中国石油川中气矿在碳酸盐岩项目中产量的最高纪录。

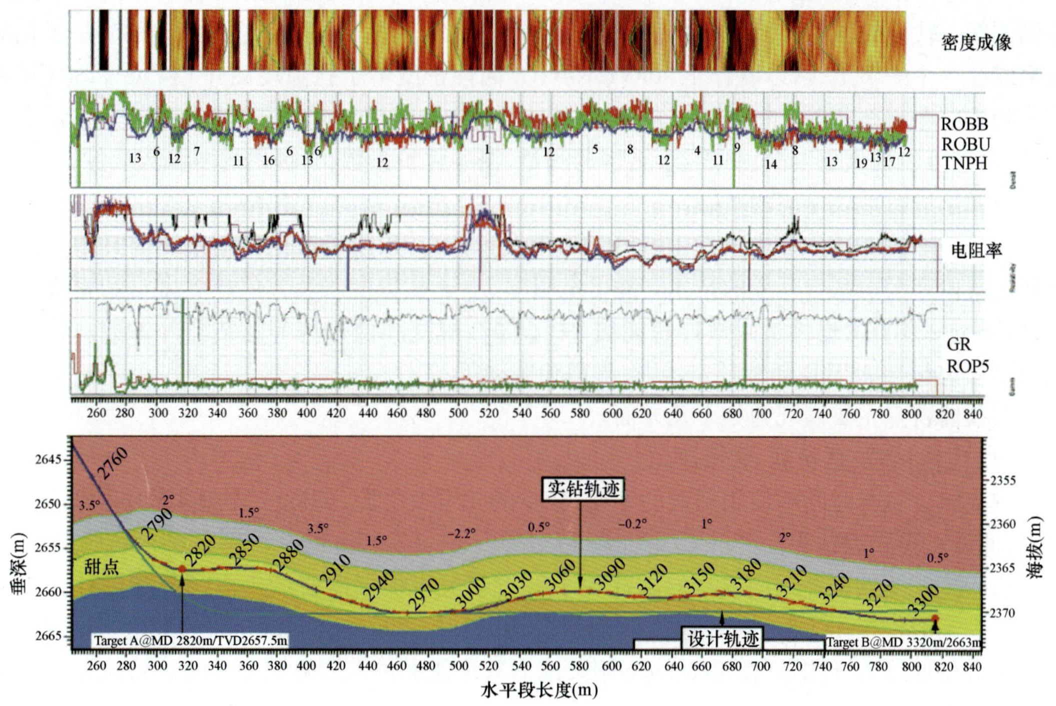

图 1 - 3 - 68　Si - Well#5 井地质导向完钻模型

2007—2009 年，在川中油气矿完成的水平井地质导向效果也在逐年提高。随着专业技术人员的配合日趋默契，对本区块的油气藏地质认识的逐渐深入，结合先进的密度、孔隙度等多参数测量以及密度成像地质导向技术的应用，磨溪气田水平井钻遇率从最初的 73.2% 逐步上升，达到 94% 以上(图 1 - 3 - 69)，取得了良好的开发效果。同时，这些井的成功也部分源于 EcoScope 多参数成像地质导向技术的应用，这项更加先进的地质导向技术将在下一节进行详细阐述。

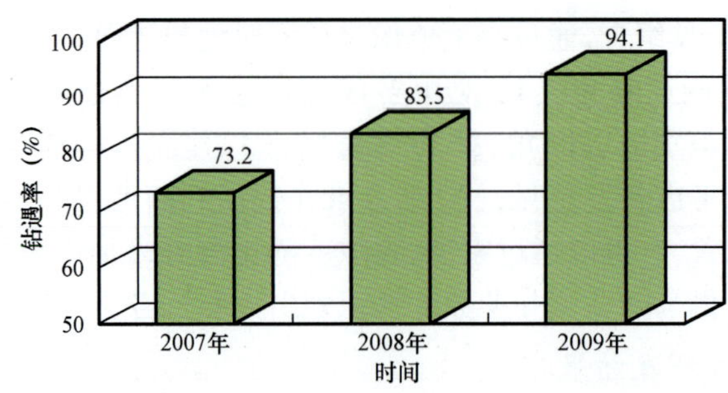

图 1-3-69 川中油气矿磨溪水平井钻遇率分布图(2007—2009 年)

第六节 EcoScope 多参数成像地质导向技术的应用

一、基本解释原理

EcoScope 多功能随钻测井服务综合了斯伦贝谢在提供高质量测量方面多年累积的经验，开创了新一代随钻测井和解释技术。EcoScope 服务将全套地层评价、地质导向和钻井优化测量集成在一个短节上，可以看作是 adnVISION(方向性密度中子孔隙度测井)和 arcVISION(补偿阵列感应电阻率测井)的结合体，但是它缩短了整体的长度，即缩短了钻头到各个测量点的距离，同时可以提供更安全、更迅速、更多的测量、测井评价参数，其提供的多参数成像，尤其是密度成像是进行地质导向的基础。

EcoScope 服务以脉冲中子发生器(PNG)为设计核心，采用了斯伦贝谢公司与日本国家油气和金属矿产公司联合开发的技术。除了电阻率、中子孔隙度以及方位自然伽马和密度系列外，EcoScope 还首次提供了元素俘获能谱、中子伽马密度和西格玛等随钻测井参数。钻井优化测量参数包括 APWD 随钻环空压力、井径和振动等。

其仪器特点主要表现为如下几方面。

(1)优化钻井，更安全、更快捷。

减少组合钻具时间和使用鼠洞的不便；较少的化学放射源，高机械钻速的同时得到高质量数据；测量点更靠近钻头。

EcoScope 随钻测井采用独特的脉冲中子发生器可以根据需要产生中子。其设计无须采用产生中子的传统化学源，从而消除了与处理、运输和储存这些化学源相关的风险。不使用侧装铯源进行地层密度测量，使 EcoScope 服务成为首个能提供商用随钻测井的无传统化学源的核测井服务。

EcoScope 的所有传感器都集成在一个短节上，与传统随钻测井仪器相比，能更快地安装使用，先进的 EcoScope 测量和较大的存储能力使其在机械钻速达到 450ft/h 的情况下每英尺能记录两个高质量的数据点。TeleScope 高速遥测系统使 EcoScope 测量数据的实时价值得到充分体现。

(2)多参数。

可获得 20 条电阻率、中子孔隙度、密度、PEF 测量、ECS 岩石岩性信息；可进行多传感器井眼成像和井径测量，地层 Σ 因子测量碳氢饱和度。钻井和井眼稳定性优化：环空压力数据优化钻井液密度，三轴振动数据优化机械钻速等。

(3)更智能。

EcoScope 服务为钻井优化、地质导向和井间对比提供了一套综合实时测量数据。这些测量数据使作业者能对钻井参数进行精细调整，从而使机械钻速最大化和井眼质量达到最优。

测量数据包括来自 APWD 随钻环空压力仪器提供的数据，该仪器能监控井眼净化情况以及漏失压力等。

来自密度和多传感器超声波测量的 EcoScope 井径数据，提供了井眼形状的直观图像，从而有助于识别井径扩大和井径缩小，减少钻井问题。这些测量数据也可用于计算钻井液和固井水泥用量。

EcoScope 三轴振动测量数据则可解释钻压是有效地用于地层钻进还是被震动损耗掉了。根据能谱测量得到的岩石类型和矿物信息则使作业者能对井眼稳定性进行监测，从而便于分析作业设施面临的风险。

专用内置诊断芯片一起记录用于 EcoScope 预防性维护的有关信息，从而可以大大增加仪器损坏间的钻进进尺，缩短非生产时间。

EcoView 软件能帮助对 EcoScope 提供的综合数据系列进行分析，用户只需要输入地层水矿化度数据，就可得到岩石物性计算结果。EcoView 软件采用二维和三维可视化工具将高级岩石物性解释与 EcoScope 多参数成像结合起来(图 1－3－70 和图 1－3－71)。

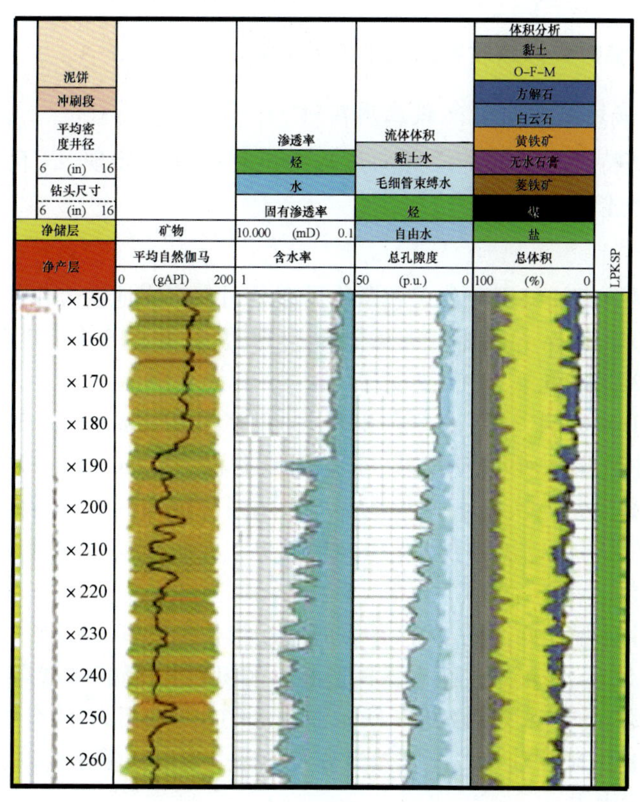

图 1－3－70　EcoView 软件岩性和物性解释结果图

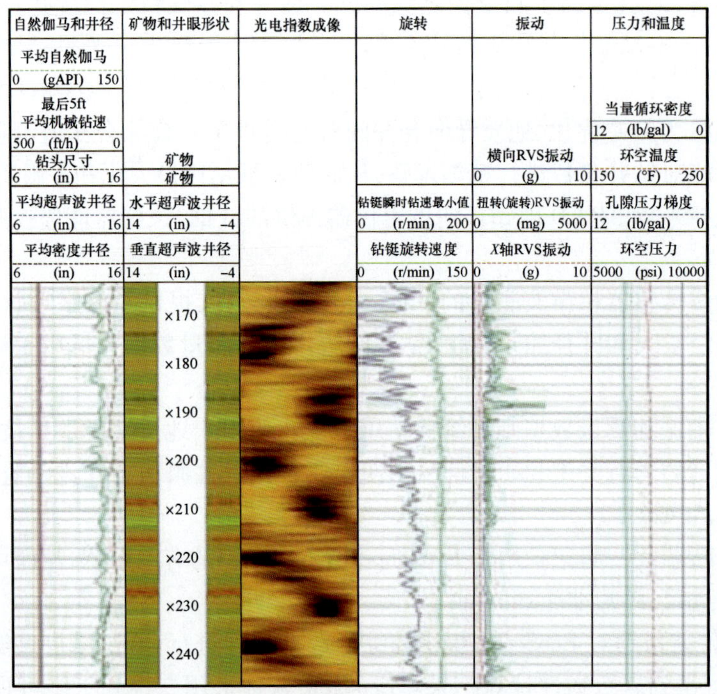

图 1-3-71　EcoView 钻井和测量参数显示图

二、EcoScope 多参数成像地质导向技术应用实例

1. 四川盆地广安地区碎屑岩气藏应用实例

EcoScope 的这些特点在实时地质导向过程中也有很好的体现,以下是在西南广安区块 Si-Well#6 井为例阐述。

1)地质概况

Si-Well#6 井是西南油气田分公司和斯伦贝谢公司在广安地区合作的第一口天然气水平开发井,该井在钻完 12.25in 井眼后下入 9.75in 套管,并开始在 8.5in 井眼进行水平段钻进,套管鞋深度为井深 2010.5m。

斯伦贝谢公司于 2007 年 3 月 29 日在 8.5in 井眼井深 2015m 处开始地质导向工作。本井是以 83.8°井斜角在目标层须六$_1$亚段第一砂岩油层井深 2003m/垂深 1769.8m 处成功着陆。着陆后将井斜缓慢增至 88°,决定于井深 2080m 采用斯伦贝谢的旋转导向系统继续钻进。靶点 A 点定在须六$_1$亚段第一储层顶部一段的中部,主干井眼轨迹沿测线 05GA47 线 5861CDP 点,靶前位移 500m。

广安地表构造主体呈北西西向,为一平缓的低丘状长轴背斜,高点位于白庙场附近,两翼不对称,南翼较北翼略陡,断层不发育。该构造圈闭面积不大,隆起幅度高,须六段顶界地震反射构造图显示长轴约 40.2km,短轴约 13.1km,最低圈闭线 -1480m,闭合度达 340m,闭合面积为 241.4km^2。广安地区须家河组气藏天然气分布不完全受构造圈闭控制,气藏类型以岩性气藏或构造—岩性气藏为主。

钻探表明，GA2 井区须六$_1$亚段上部稳定发育两套较厚的优质储层砂体。GA2 井须六$_1$亚段第一套储层厚 16.5m，平均孔隙度 13.67%；第二套储层厚 12.0m，平均孔隙度 11.3%，射孔测试获 $4.21 \times 10^4 m^3/d$。G51 井须六$_1$亚段第一套储层厚 17.9m，平均孔隙度 13.22%；第二套储层厚 18.5m，平均孔隙度 10.73%，加砂压裂后测试获气 $8.38 \times 10^4 m^3/d$。目前刚完钻的 GA115 井须六$_1$亚段第一套储层厚 12.0m，孔隙度 8% ~12%；第二套储层厚 12.5m，平均孔隙度 6% ~10%。

二维地震储层预测成果表明，在 GA2 井区须六段储层较发育，主要集中在须六$_1$亚段上部的两套优质储层。从 GA2 井须六段储层测井解释图看出，GA2 井须六$_1$亚段第一储层孔隙度高，被两段孔隙度相对较低的储层分成三段高孔隙度储层段，其中顶部一段厚度大，孔隙度也高，底部一段孔隙度高，但厚度较小，中部一段薄。须六$_1$亚段第二储层孔隙度比较接近，变化不大，见图 1-3-72 至图 1-3-74。从过 Si-Well#6 井 05GA47 测线的孔隙度反演剖面看出，沿 05GA47 测线 288°方位水平位移 1100m 处开始，须六$_1$亚段第一储层孔隙度变差，而须六$_1$亚段第二储层孔隙度好。根据以上分析，Si-Well#6 井地质导向目标确定如下：

(1)靶点 A 点定在须六$_1$亚段第一储层顶部一段的中部，主干井眼轨迹沿测线 05GA47 线 5861CDP 点，沿 288°方位，靶前位移 500m。

(2)水平段长 2000m，以须六$_1$亚段第一储层和第二储层为水平段靶体。

(3)水平段 600m 后若连续 15m 中子孔隙度小于 8%，立即调整至须六$_1$亚段第二储层中部井深水平钻进，直至完成水平段长 2000m。

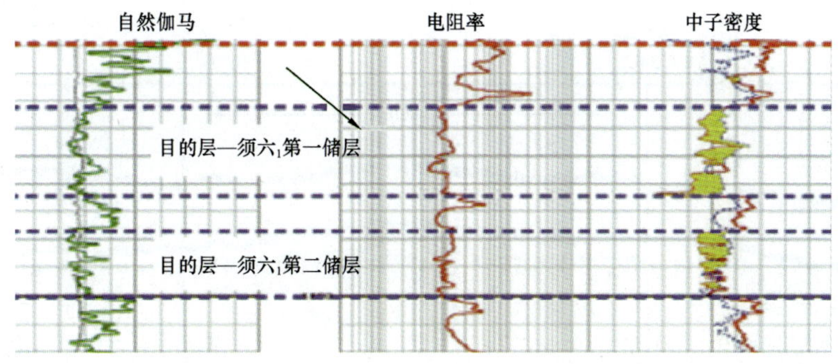

图 1-3-72 目的层测井响应特征

2)地质导向方案

通过详细的钻前研究分析，确定了主要的地质导向风险。

(1)构造风险大：构造上控制井少且断层发育存在不确定性，影响钻井安全。

(2)储层变化风险大：气水界面不确定，影响后期气层产量；内部储层物性变化差异性比较大，夹层发育不确定。

(3)连续保持远程传输系统的稳定性。

在充分理解了区块构造和储层特征后，通过钻前模型的仪器响应分析，最终推荐 TeleScope + EcoScope + geoVISION + PowerDrive X5 钻具组合用于水平井的地质导向以实现地质目标（图 1-3-75）。

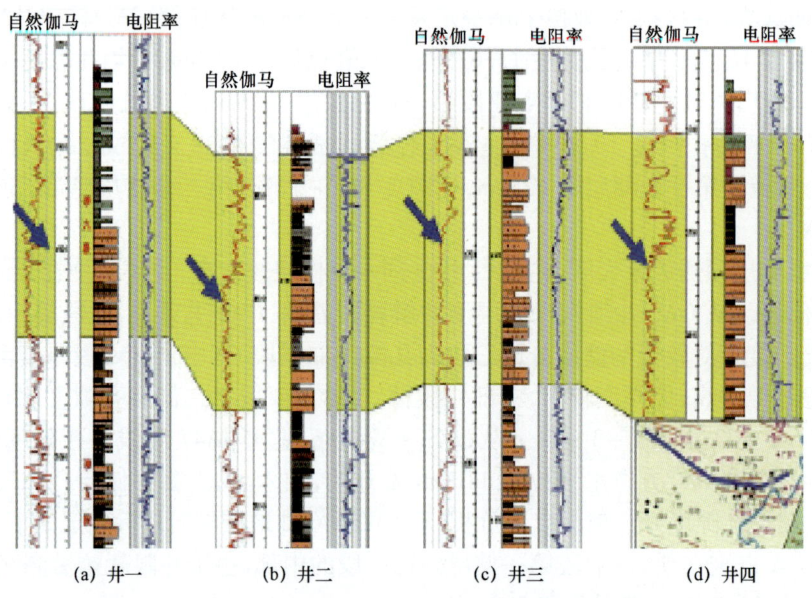

图1-3-73 邻井曲线对比图

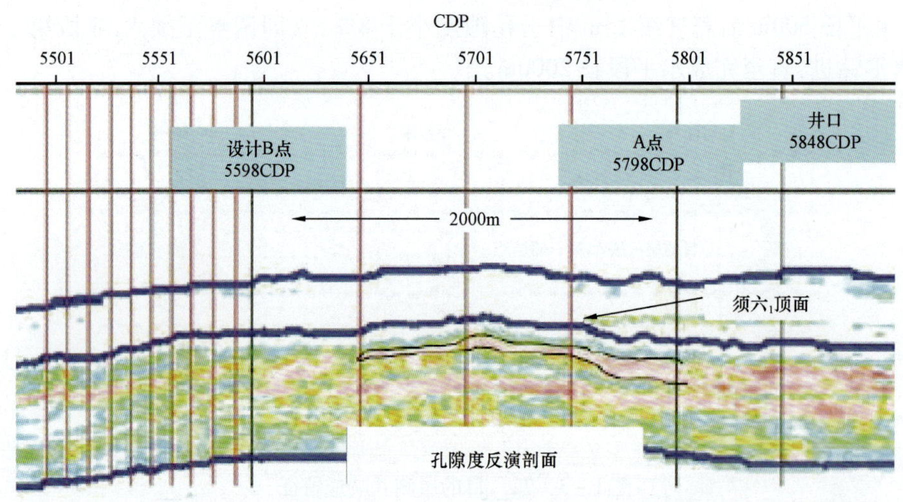

图1-3-74 过Si-Well#6井孔隙度反演地震剖面图

图1-3-75 Si-Well#6井地质导向钻具组合图

3)地质导向实施过程及结果

应用geoVISION侧向电阻率成像测井、PowerDrive X5近钻头井斜和自然伽马、EcoScope方位密度进行地质导向(图1-3-76),应用EcoScope中子孔隙度与密度交会确定有利储层。

但是随着水平段的钻进，内部夹层开始发育，具有较强的非均质性，造成钻井速度有很大的差异。但是总体上钻速较快，在有利储层可达到 10～30m/h，夹层也可以达到 3～6m/h。综合参考密度、孔隙度、电阻率、自然伽马、机械钻速等进行地质导向，从井深 2033m 到 4055m 共统计岩性、物性隔夹层约为 69 个，扣除夹层影响，钻遇率达 88%。

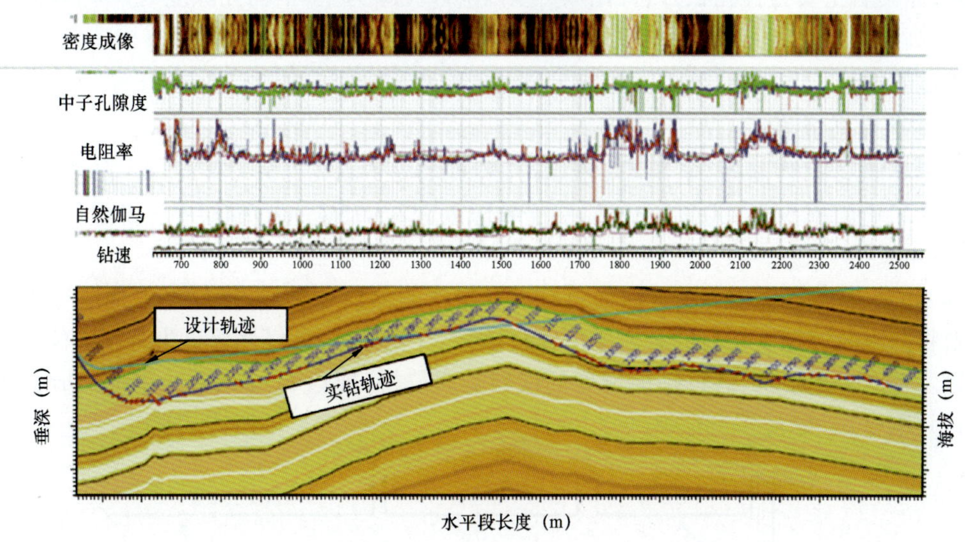

图 1－3－76　Si－Well#6 井地质导向完钻模型

水平井地质导向成果（图 1－3－77）：水平段总进尺 2010m，保持井眼轨迹在高孔隙度（>7.5%）的储层中钻遇率 85%，测试初期产量 $16\times10^4m^3/d$。

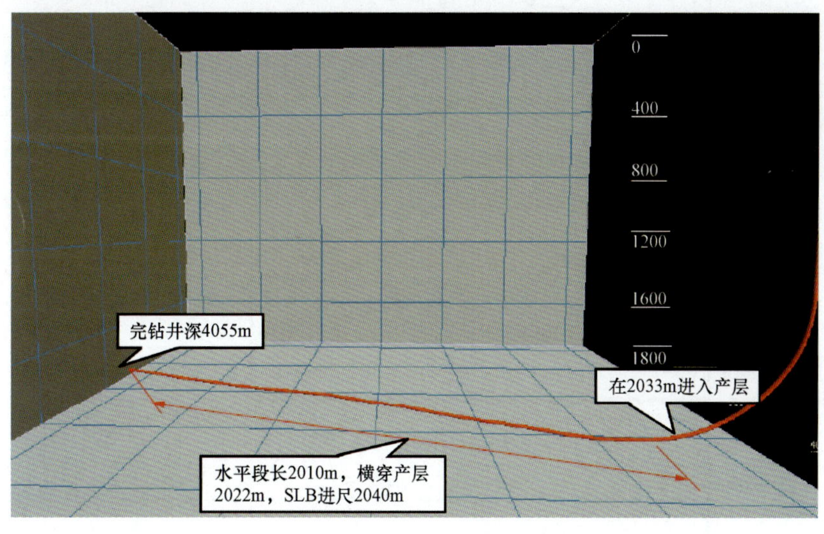

图 1－3－77　Si－Well#6 井井眼轨迹三维透视图

2. 四川盆地磨溪地区碳酸盐岩气藏应用实例

磨溪地区的部分水平井地质导向也应用了 EcoScope 多参数成像地质导向技术，下面以 Si－Well#7 井的地质导向过程为例作简要阐述。

1)地质概况

磨溪潜伏构造北西向展布的平缓短轴背斜;主要目的层为中生界三叠雷一$_1$中亚段第一储层段,厚4~6m;储层岩性特征表现为潮坪环境下沉积的碳酸盐岩和蒸发盐沉积物,横向分布稳定;储集岩主要为针孔状云岩,孔隙类型以溶蚀孔隙为主;平均孔隙度为3%~10%;孔隙型气藏,高含硫甲烷气,天然气中C_1含量95%以上,不含C_3以下组分。磨溪构造雷一$_1$气藏处于气水过渡带。

2)地质导向方案

参考井储层自然伽马、电阻率、密度/孔隙度特征(图1-3-78):(1)自然伽马15~30gAPI;(2)电阻率50~200Ω·m;(3)中子孔隙度7%~15%;(4)储层中上部最佳储层位置,厚度3~4m。

本井的钻井目标需要保持井眼轨迹在高孔隙度的储层中钻进,这就要求地质导向过程中不仅要将井眼轨迹控制在目的云岩层内,而且需要寻找物性、含气性等更为有利的位置优化井眼轨迹。针对上述要求,通过钻前模型的仪器响应分析,推荐EcoScope + PowerDrive为地质导向钻具组合。

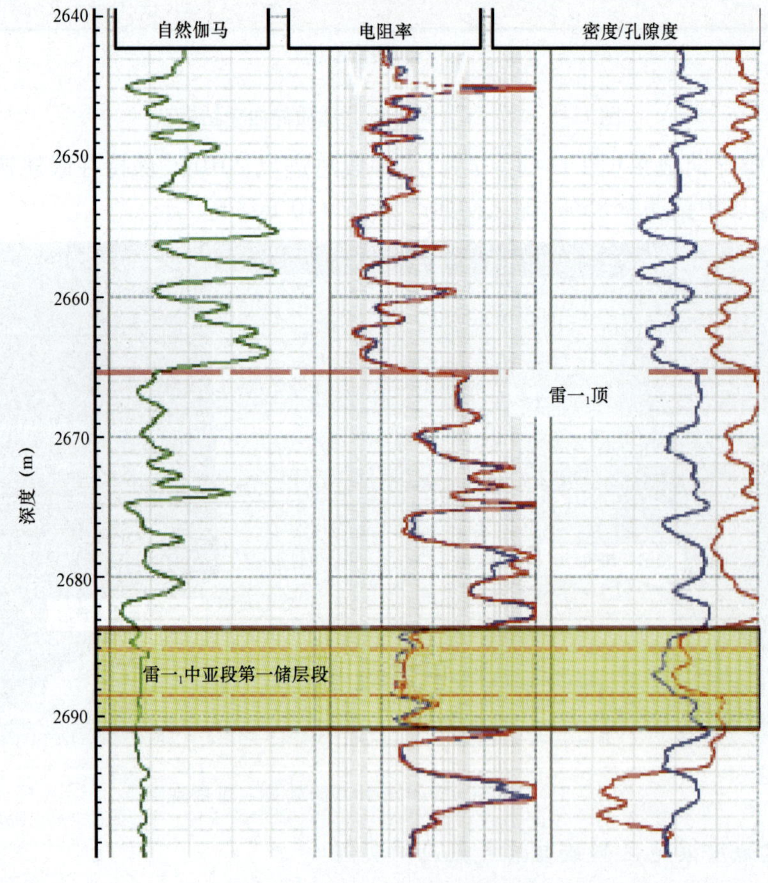

图1-3-78 参考井测井曲线

3）地质导向实施过程及结果

首先，应用多功能成像测井结合实时地质导向模型（图1－3－79和图1－3－80）跟踪，平稳着陆于目的层有效气储层位置。此后，通过密度成像、自然伽马成像以及方向性测量结果，指导轨迹调整，将整个水平段井眼轨迹控制在目的气藏内最有利的部位，实现了产能最大化。

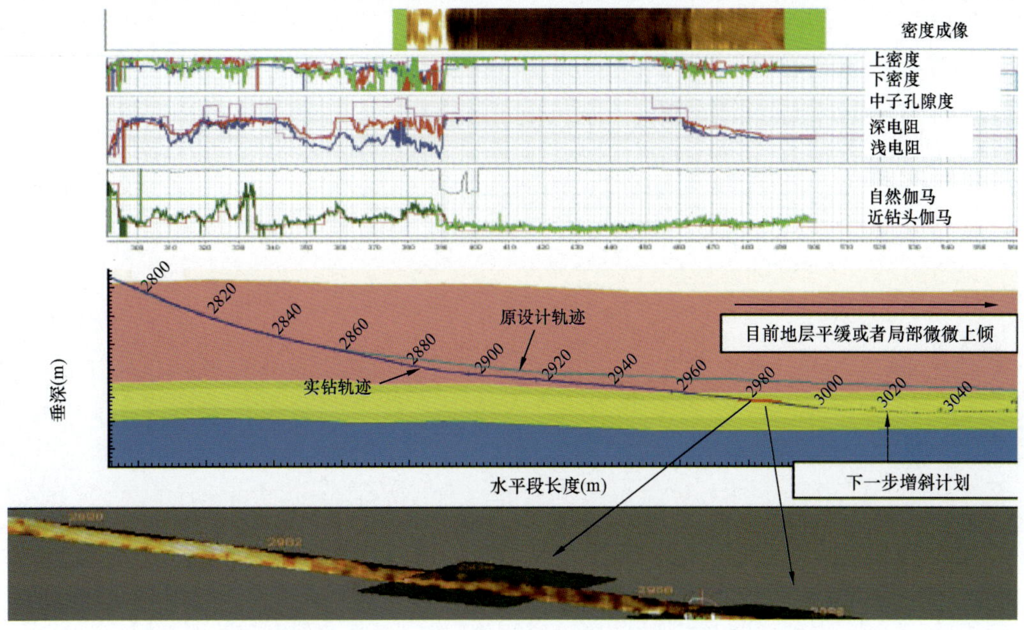

图1－3－79　Si－Well#7井地质导向着陆模型

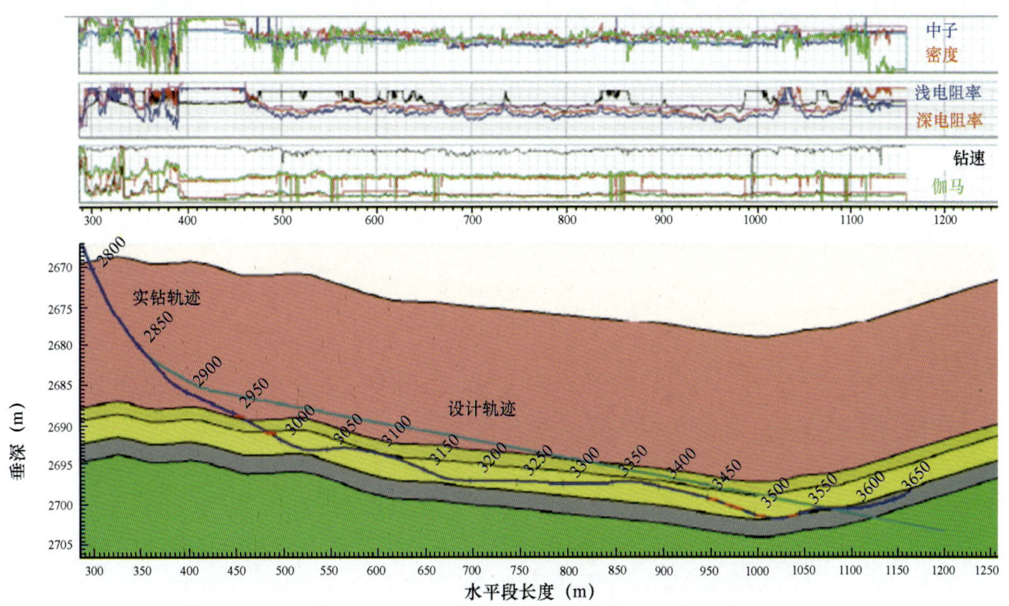

图1－3－80　Si－Well#7井地质导向完钻模型

在地层构造较为复杂,实钻目的层着陆点比设计深5.5m的情况下,本井实现了水平段总进尺686m,储层钻遇率90%,投产后初期产能达到$20 \times 10^4 m^3/d$。

除此之外,远程数据传输的应用使客户办公室成为作业支持中心,这种新的工作模式确保现场、后方办公室、研究单位等各种资料的共享以及决策的共同制定和执行,极大地提高了工作效率。

第四章　地层边界探测地质导向技术的应用

第一节　PeriScope 地层边界探测地质导向技术

如果传统地质导向的主要目的是解决钻井过程中的轨迹优化问题，地层边界探测技术则可以充分地将油藏问题和钻井实现紧密结合，最大限度地实现油藏地质导向的目标。PeriScope 地层边界探测技术是一项具有突破性的地质导向技术，摆脱了传统意义上地质导向的探测深度和方向性问题，具有更深的探测深度和更明确的储层/非储层指向性，并通过反演成图实现地层边界实时可视化三维地质导向。此技术完全不同于以往的方向性和成像地质导向技术。

一、基本解释原理

PeriScope 是一种探测深度较深并具有方向性测量功能的随钻电磁感应测井仪器。应用专业地质导向软件，通过对测量参数的反演，能够估算出仪器到地层边界的距离和地层边界的延伸方向（图 1－4－1）。在钻具组合中，该仪器位于离钻头 10～12m 的位置，在储层电阻率和非储层电阻率差异足够大的情况下能够识别出探测半径 4～5m 范围内的电阻率和电导率变化边界。PeriScope 曲线形态特征取决于仪器到地层边界的距离，以及地层边界的延伸趋势和地层边界处电导率的变化。在电阻率变化比较明显的地方，通过地质导向软件的反演实时能够实时获得：(1) 上、下地层边界到仪器的距离；(2) 地层边界的延伸方向；(3) 仪器所在地层的电阻率；(4) 上、下围岩的电阻率。

图 1－4－1　PeriScope 仪器示意图

当 PeriScope 地层边界探测仪器从电阻率较低的地层钻入电阻率较高的地层时，PeriScope 方向曲线呈正信号，反之呈负信号。如果在仪器探测的范围内没有明显的电阻率变化，那么 PeriScope 方向曲线信号为 0。该仪器电阻率的测量与传统的 arcVISION 仪器的电阻率测量方法类似，但是其方向性却非常明确（图 1－4－2）。方向性测量和电阻率的测量被用于反演计算仪器到地层边界的距离和地层的延伸方向，并且可以实现边界成图（图 1－4－3），直观获得井眼轨迹相对目的层边界的位置，为地质导向提供可靠的依据。

二、PeriScope 地层边界探测地质导向技术应用实例

PeriScope 地层边界探测地质导向技术在国内不同的油田和不同的油气藏中广泛应用，均取得了较好的效果，下面列举一些典型案例进行具体的介绍和分析。

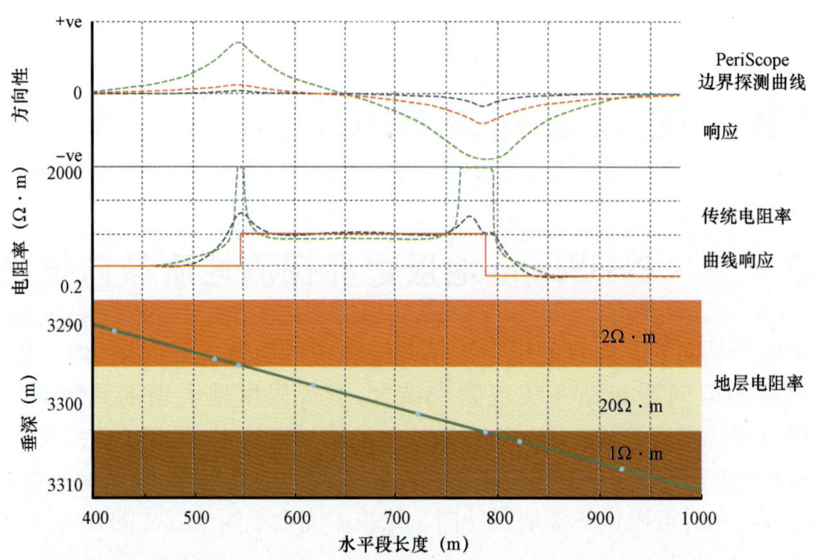

图1-4-2 PeriScope地层边界探测曲线与传统电阻率曲线响应对比

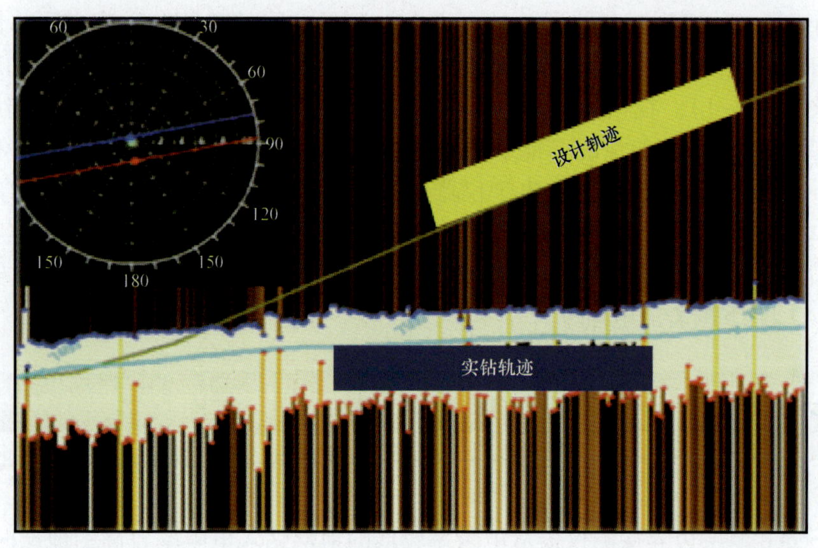

图1-4-3 PeriScope地层边界探测反演剖面图

1. 新疆克拉玛依油田稠油油藏应用实例

1)地质概况

新疆克拉玛依油田某区块蕴藏着丰富的稠油资源,该区块是在地史演化过程中,区域内早期形成的同源油藏遭到破坏,油气运移至克—乌断裂带上盘推覆体及地层尖灭带,经地层水洗氧化和生物降解作用而形成的边缘氧化型稠油油藏。其分布面积广,埋藏浅;岩性单一,储层物性好,储层非均质性严重;原始地层压力低、温度低、溶气量少。原油具有胶质含量高、酸值高、原油密度高和含蜡量低、含硫量低、原油凝固点低、沥青质含量低的特点。原油黏度(20℃时地面脱气油黏度）为（5～2000）$\times10^5$mPa·s，其中91～94区的原油黏度在2×10^4mPa·s以下。

20世纪80年代中期，对克拉玛依稠油油藏进行注蒸汽开发和试验，已形成了一定生产规模。蒸汽吞吐是开采稠油油藏的有效方法之一。开发实践表明：地质、技术和组织管理等众多因素影响，制约储量动用程度、吞吐效果及经济效益，与原油黏度、油层厚度、合理注汽参数等也有密切关系。不同周期产油量均随黏度增加显著降低，原油黏度高，开采难度增大，周期注汽量相应加大；油层厚度大，周期注汽量也相应增大，随着油层厚度变薄，开采效果变差。根据克拉玛依稠油油藏蒸汽吞吐筛选标准，对于油藏埋深小于600m，地层温度下脱气油黏度小于2×10^4mPa·s、有效厚度大于5.0m、油层系数大于0.5、孔隙度大于25%、含油饱和度大于50%的稠油油藏，技术和经济风险性较小，增产效果明显。反之，则技术和经济风险较大，增产效果不明显。

近几年来，由于油田的地面环境恶劣，薄层稠油油藏的储量所占比例较大等原因，造成油田开发较慢，油井产量递减快，常规手段开发薄层稠油油藏陷入困境。因此，改善低产井的开发效果、挖掘其生产潜力、有效地开发薄层稠油油藏是克拉玛依油田亟待解决的问题。

2）水平井开发技术论证

水平井钻井技术的发展为该类油藏开发提供了一条新途径。通过前期少量水平井的实验，发现水平井与周围直井相比，水平井注汽量是直井的2.4倍，累积产油、平均日产油和油汽比分别是直井的2.9倍、5.1倍和1.2倍，含水是直井的70%，表现出水平井开发稠油的优势。

稠油在注蒸汽开发中容易产生蒸汽超覆，且上下隔层损失的热量较大，水平段在油层中的位置对注蒸汽开发的影响较大。通过模拟，研究了水平段在油层中的位置对开发效果的影响。从累积产油、油汽比、体积波及系数和油层热效率四个方面看，无底水油藏水平段位于距油层顶部2/3处效果最好，有底水油藏水平段位于距油层顶部1/3～1/2处为好，见图1－4－4。

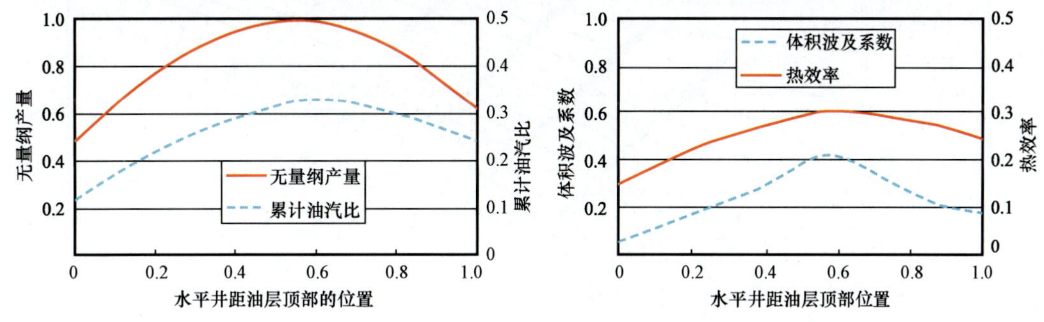

图1－4－4　水平井在油层中的位置对开发效果的影响

针对以上稠油油藏开发的具体要求，推出了PeriScope地层边界探测仪器用于探测薄层稠油下边界，以精确控制井眼轨迹，并确保在储层中的位置。

在实时地质导向钻进过程中，主要采用以下方法确保钻成平滑的轨迹和精确定位轨迹在储层中的相对位置：（1）利用方向性测量来判断轨迹相对于储层的上切或下切，从而对轨迹做及时调整；（2）利用PeriScope仪器的地层边界探测功能，结合方向性测井曲线特征来精确控制轨迹，将轨迹放置于距底边界1/3的范围内。

2007年，新疆油田利用PeriScope仪器进行了9口稠油油藏水平井的地质导向，成功实现了钻井技术上的新突破,主要表现在:稠油油藏井眼轨迹优化、精确地质导向、提高采收率技术的提高;薄油藏水平井钻井技术的提高。

3)控制程度低稠油油藏地质导向实例

六东区克下组油藏构造形态为北部被断裂切割的半个隆起,向东南和西南方向倾斜,两翼不对称,西南翼相对平缓,倾角为2°~5°;东南翼较陡,倾角为10°~20°(图1-4-5)。该油藏基本上为受构造控制的油藏,但由于储层分布受洪积扇扇顶、扇中各微相的控制,所以也发育一些构造背景上的岩性油藏。该区域地面有一部分为鱼塘,常规直井无法开发,只能实施水平井开发,以提高油藏的动用程度。但鱼塘中无井点,砂体控制程度较差,水平井实施风险较大。为降低风险,提高油层钻遇率,在鱼塘占用区域的 Xin-Well#4 井使用 PeriScope 地层边界探测仪器。

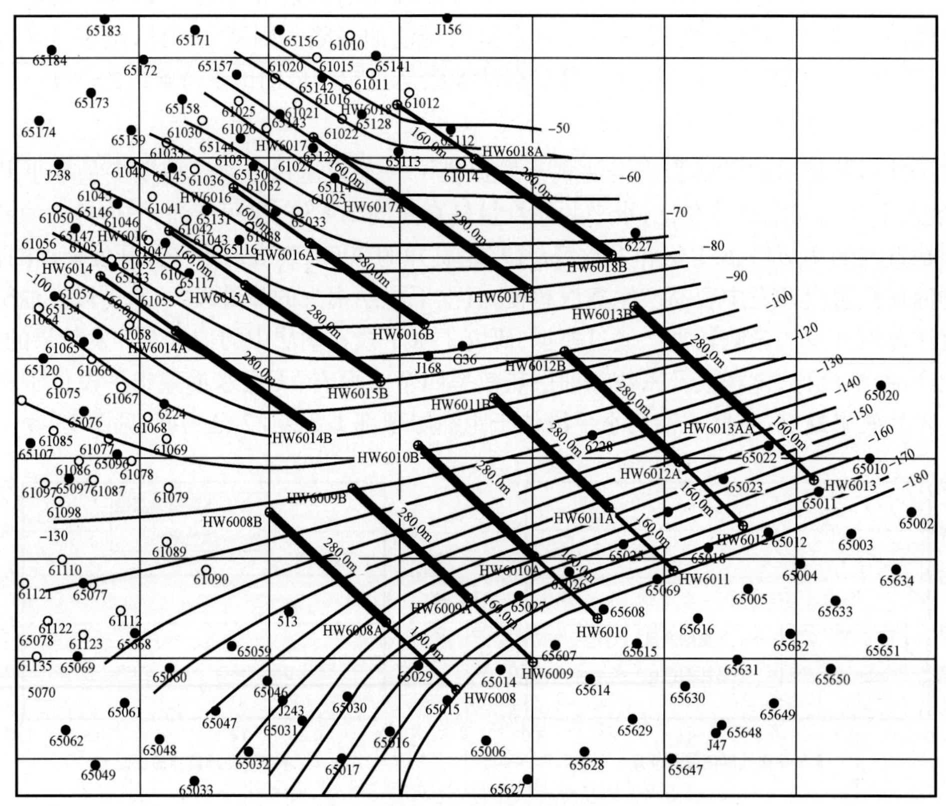

图1-4-5 六东区克下组油藏顶面构造图

Xin-Well#4 井从水平段井深 587m 处开始使用 PeriScope 仪器,在井深 671m 时,反演显示地层倾角由 6°突变至 20°,这时井眼轨迹不可避免地进入泥岩,后通过连续增斜,于井深 696.5m 左右重新进入油层,这样造成该井只有 90.4% 的油层钻遇率(图1-4-6)。后来斯伦贝谢公司开发了近钻头传感器,较好地解决了该问题。

4)薄层稠油油藏地质导向实例

一般来说,稠油油藏的边部油层厚度越薄,开发效益越差,如何动用薄层稠油资源是目前

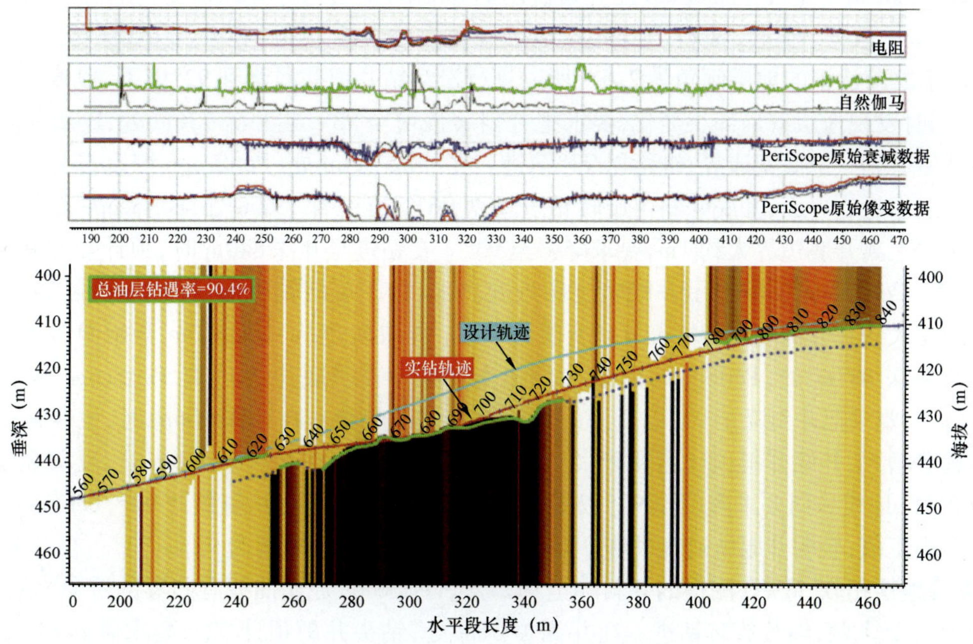

图 1-4-6 Xin-Well#4 井地质导向完钻模型

油田面临的主要难题。例如，克拉玛依油田 9 区八道湾组油藏，油层厚度大于 5m 的区域已上报储量并已开发，但外围薄油层区域 J_1b_5 砂层组砂体分布稳定、油层落实。为落实外围区域（油层厚度 <5m）的油藏产能、上报新增储量、提高油层的动用程度，部署了 Xin-Well#5 井。该水平井周围直井较少，控制程度低，油层较薄且厚度小于 5m。井眼轨迹设计要求在离油层底部 1.3～1.6m 储层中钻进 401.45m（图 1-4-7）。

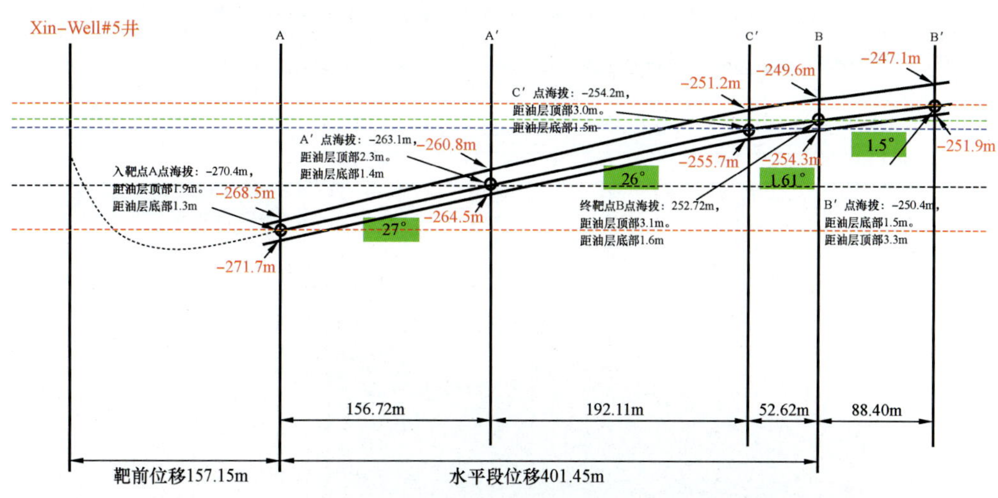

图 1-4-7 Xin-Well#5 井水平井段位置设计图

Xin－Well#5 井从井深 632m 处开始使用 PeriScope 地层边界探测仪器，在井深 650m 处测取 PeriScope 数据，通过反演得出此井段地层倾角大约 2.5°上倾，在井深 690m 处，井斜预测 95°，由于之前认识的地层倾角为 2.5°，所以进行滑动钻井把井斜降到 92°以下，以便能与地层平行，同时发现地层有局部小变化，要求把井斜缓慢增至 93°，在井深 736m 处，PeriScope 原始曲线开始看到一个底部边界，继续以 93°钻进。在井深 764m 处（PeriScope 测点在井深 754m）井眼轨迹靠近底界面，井底井斜由旋转钻进增至 96°。在井深 792m 处，PeriScope 反演反映井眼轨迹往上离开底边界大约 1m，要求降斜至 93°。在钻进至井深 840m 时，预计井底井斜大约增至 94°，PeriScope 反演显示井眼轨迹靠近底界面，由于旋转钻进能增斜，遂决定旋转钻进。地层倾角大约在井深 820m 时从 3.5°变缓为 2.5°，井眼轨迹从井深 840m 开始慢慢离开底边界。在井深 887m 处，PeriScope 原始曲线开始归零，表明底边界远离 PeriScope 探测深度（1.28m），要求把井斜降至 93°以抵消旋转钻进增斜的趋势。在井深 906m 时，发现旋转钻进增斜趋势增大，井底井斜预计达到 95.5°，要求降斜至 93°。在井深 944.6m 处，反演显示地层倾角 2.5°，地质导向要求降斜至 92°以下；在井深 964m 处，井底井斜预计 92°，PeriScope 原始数据为小正值，表明井眼轨迹在井深 940～950m 与地层平行，角度为 92°～93°。在井深 983m 处，发现地层稍软，MWD 测得的井斜降至 91.72°，PeriScope 原始曲线有归零的迹象，估计地层倾角大约 2°上倾，继续旋转钻进。在井深 1001m 处，钻头井斜预计 92°，要求降斜到 92°以下以保证能在油层下部钻进，同样在井深 1010m 时，往下滑动钻进以达到 91°～92°，本井在井深 1031m 完钻。从 PeriScope 探测范围来分析，油层厚度 5m 左右。从实钻轨迹来看，与原设计差别较大，正是使用了 PeriScope 地层边界探测仪器，使得在控制程度低、油层较薄的情况下油层钻遇率达到了 100%，且轨迹基本控制在油层底部 1.3～1.6m 的好储层中（图 1－4－8）。该井投产后，日产油量为 18.2t，是周围邻近直井的 9 倍，取得了很好的评价和开发效果。

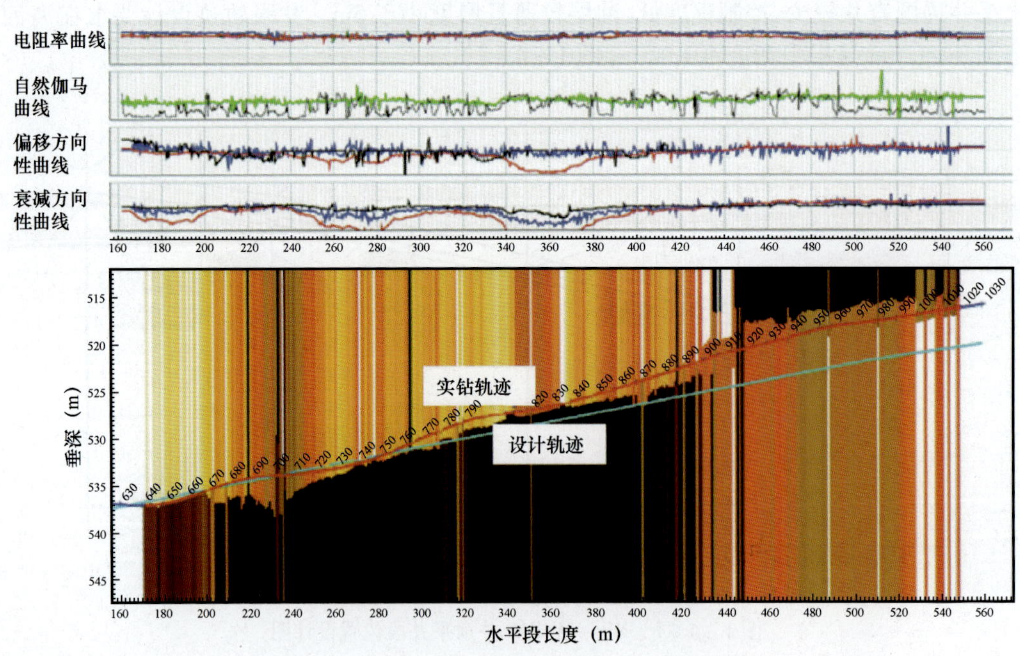

图 1－4－8　Xin－Well#5 井地质导向完钻模型

5）地质条件复杂稠油油藏导向实例

对于储层横向变化大、连续性差的油藏，PeriScope 地层边界探测仪器还可以起到预测储层展布的作用。HQ1 井区的克拉玛依组油藏油层纵向上分散，砂体展布非均质性强，把对部分厚度相对较大、较连续的油层段能否利用水平井进行开发的问题摆在了该油藏开发方案编制的研究人员面前。

为了准确评价该油藏的水平井应用的可行性，在 HQ 井区克拉玛依组油藏部署了 Xin－Well#6 井，该井在设计轨迹时认为发育有 3～4m 连续性较好的油层（图 1－4－9）。

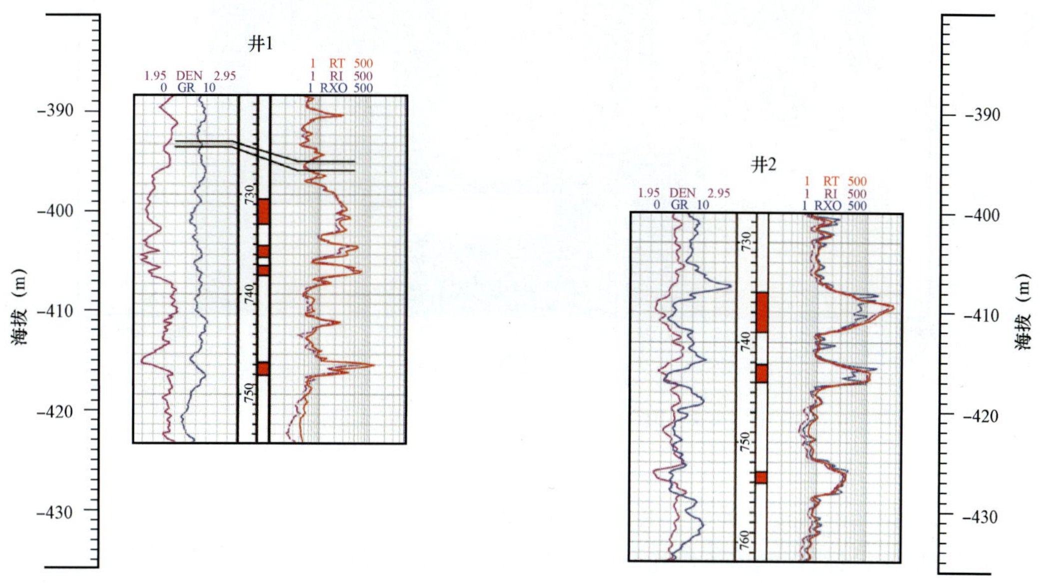

图 1－4－9　HQ 井区克拉玛依组测井曲线对比图

Xin－Well#6 井从井深 860m 处开始使用 PeriScope 地层边界探测仪器，要求稳斜 88°旋转钻进（低于地层倾角），将轨迹布于油藏下部，进入油层 5m 后出现泥岩，方向曲线显示的是正极性（图 1－4－10），反演图中表明目的层在下方。决定降斜 1°，在井深 875m 重入目的层，由于钻头离顶只有 0.2m，要求以低于地层倾角的 87°井斜旋转钻进。井深 885m 后又钻遇到泥岩，方向性测量表示的是负值。决定旋转钻进 30m 观察方向曲线变化。岩屑显示仍为泥岩，并且方向曲线显示的是负值，决定增斜寻找目的层。全力增斜寻找上覆目的层，最大井斜 93°，也未找到目的层。反而在反演图中显示下部地层存在高阻层。预测反演图中上覆和下伏均存在高阻层现象的原因是由于本地区属于河流相沉积，河流摆动频繁，原认为的连续砂体并不连续，随后决定停止钻井。通过 PeriScope 地层边界探测仪器在该水平井的运用，深化了对该油藏的认识。

通过对该井完钻资料的详细分析，特别是地质导向资料的分析，认为该地区储层纵向和横向展布复杂，利用水平井开发难度较大，需要进一步进行加强研究以及方案优化，这一结论也得到了研究人员的一致认可。

以上应用实例说明，针对不同油藏的性质和特点，选择适当的水平井地质导向技术是确保成功的前提。

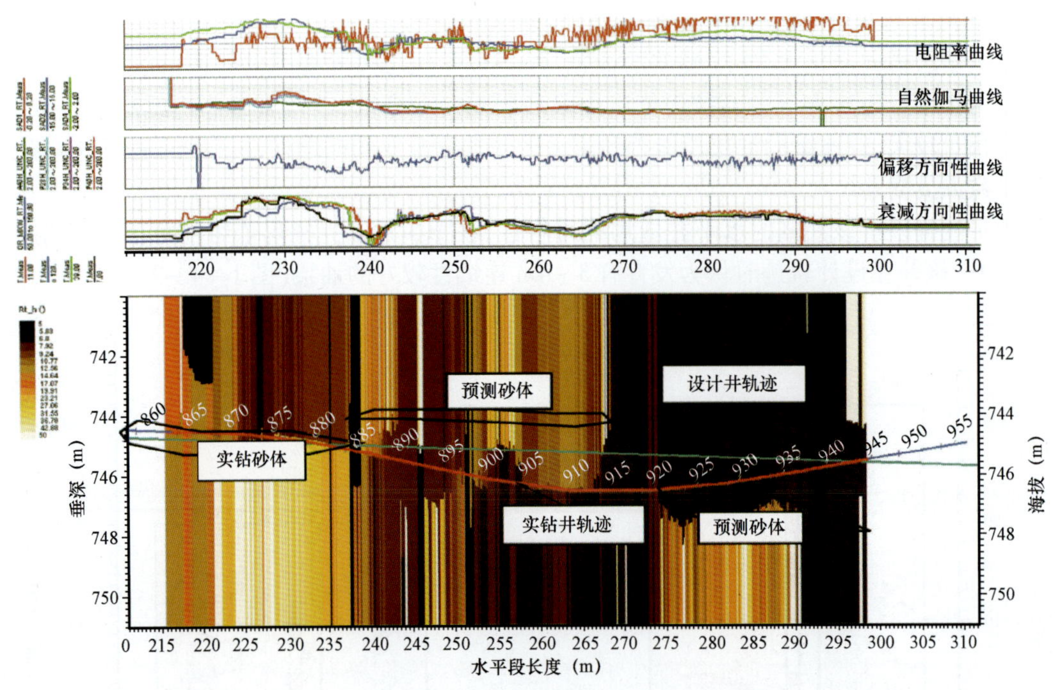

图 1-4-10　Xin-Well#6 井地质导向完钻模型

6)认识与总结

在薄储层稠油油藏水平井钻井过程中,使用 PeriScope 地层边界探测仪器追踪储层,有助于准确实现地质目标;在地质条件复杂的区块,得出了清晰准确的地质认识,有助于进行科学决策;实现了钻遇率的最大化和超浅井的成功实施;通过精确水平段轨迹定位,产能增长了 6 倍,降低了含水率,提高了整体经济效益。准噶尔盆地西北缘有丰富的稠油油藏,采用 PeriScope 地层边界探测仪器进行水平井地质导向可以为油田开发增产增效做出显著的贡献。

2. 新疆陆梁油田稀油油藏应用实例

PeriScope 地层边界探测仪器在边底水薄层稀油油藏的应用主要集中在新疆陆梁油田 L9 井区的白垩系呼图壁河组油藏,该油藏为典型的低幅度薄层边底水油藏,大多为薄层带边底水的小砂体,油层平均厚度仅 3m 左右,这类油藏若用直井开采,含水高,产量低,效益差。因此新疆油田公司从 2006 年开始开展水平井开发试验。在要求轨迹精确控制的地质需求下,先后对 geoVISION 和 PeriScope 等地质导向仪器进行试验和评价,最终确定 PeriScope 仪器对于低幅度薄层边底水油藏适用性最好,2008 年开始规模应用。截至 2010 年年底,陆梁油田 L9 井区已应用 PeriScope 仪器成功实施水平井 97 口。

1)地质概况

新疆陆梁油田 L9 井区主要含油层系为侏罗系西山窑组、头屯河组和白垩系呼图壁河组,均为边底水油藏,2001 年投入规模开发,两年建成百万吨级油田。

白垩系呼图壁河组油藏为典型的低幅度薄层边底水油藏,其主要具有下列地质特征。

(1)构造类型简单,为低幅度的背斜。

白垩系呼图壁河组油藏各层构造形态具有良好的继承性，大多为简单的近东西向短轴背斜构造，构造闭合度小，一般为 8 ~ 12m。

(2)纵向上含油层系多，跨度大，油层层数多，单油层厚度薄。

白垩系呼图壁河组油藏在纵向上表现为大跨度、多层系含油特征，呼图壁河组可划分为 12 个砂层组，每个砂层组又至少具有两个含油层，个别井的油层数多达 36 个，油层之间的纵向跨度达 800m，见图 1 – 4 – 11。

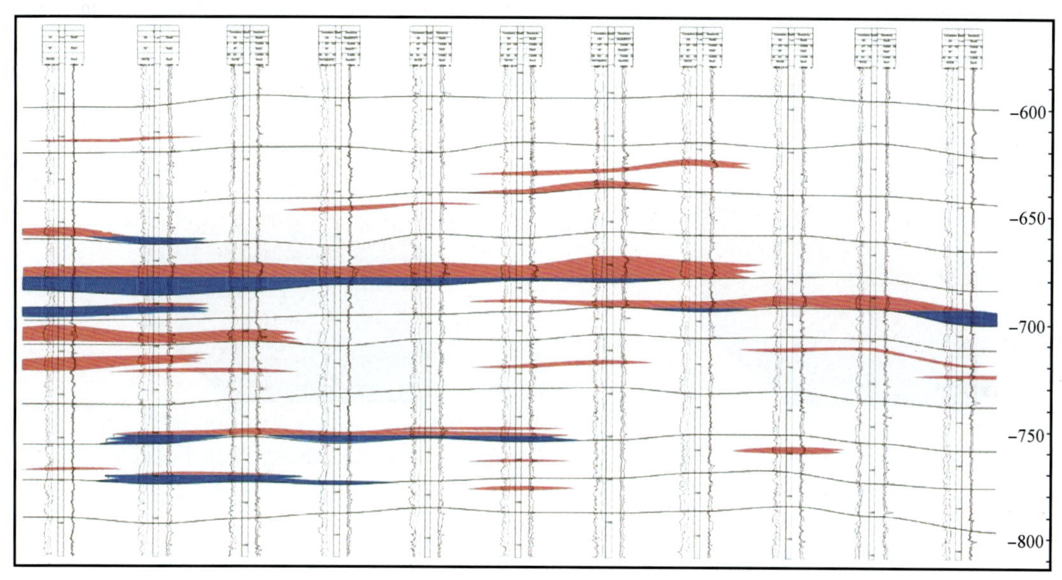

图 1 – 4 – 11　L9 井区呼图壁河组油藏剖面图

各油层厚度较薄，一般小于 5m，因此，除少数主力油层横向连片性较好以外，大部分油层分布面积小，平面连续性差。

(3)储层物性为高孔隙度、高渗透率储层。

呼图壁河组各含油层系均为砂岩储层，储层物性差异不大，均为高孔隙度、高渗透率储层。各砂层组油层平均孔隙度 26.7% ~29.9%，平均渗透率 663.2 ~836.0mD。

(4)油水关系复杂，“一砂一藏”，多为边底水油藏。

白垩系呼图壁河组呈“一砂一藏”的特点，每一个砂层组实际为多个含油砂体的组合，而每个含油砂体均具有各自的压力系统和油水分布规律，无统一的油水界面。油藏类型为具有底水或边水的岩性—构造或构造—岩性油藏。

2001 年呼图壁河组油藏部署四套 300m × 424m 反九点面积注水井网对主力油层进行开发，但大量的薄油层或小油砂体(尤其是底水型油藏)没有动用，实际储量动用程度仅有 51.8%。随着油田含水逐步上升，2006 年以后产量递减加快，如何提高储量动用程度，保持油田稳产成为迫切需要。

2)水平井开采机理分析

国内外的开采理论、技术与实践经验表明，一般对于普通底水油藏在天然能量比较充足的条件下，油井超临界产量开采必然出现底水锥进，直井底水上升速度较水平井快得多。因此薄层底水油藏如果用直井开采将很快水淹,开发效果差。L9井区呼图壁河组底水油藏由于油层厚度薄、底水层较厚且分布范围大,直井一投产就底水锥进,见图1-4-12,基本没有临界产量存在,这类底水油藏直井开采基本没有低含水阶段,直接进入中高含水低产阶段,产量保持在1~5t/d。

薄层底水油藏水平井开采机理与直井比较类似,不同的是水锥沿水平段分布,形成了所谓的"水脊",水脊体积明显大于直井水锥体积,见图1-4-13,使得水平井开采效果好于直井。薄层底水油藏水平井开采存在低含水稳产阶段、含水快速上升阶段和高含水低产阶段。总体上,水平井含水率、累计产油量曲线形态与直井比较类似,因水平段与油层形成了较大的渗流体积,生产压差小,使得各个阶段持续时间延长,开采效果比直井好。

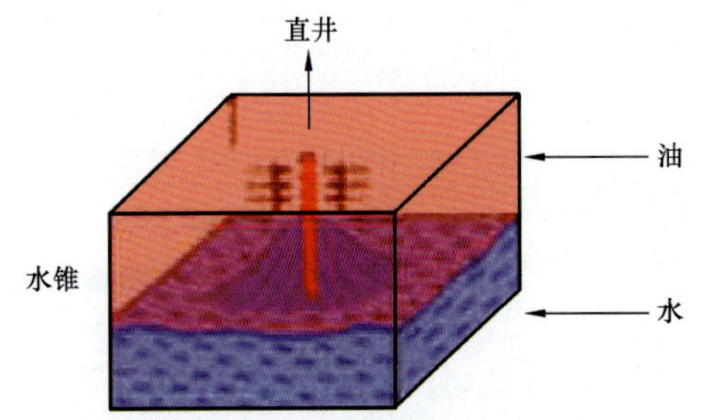

图1-4-12　底水油藏直井开采底水驱动方式及机理示意图

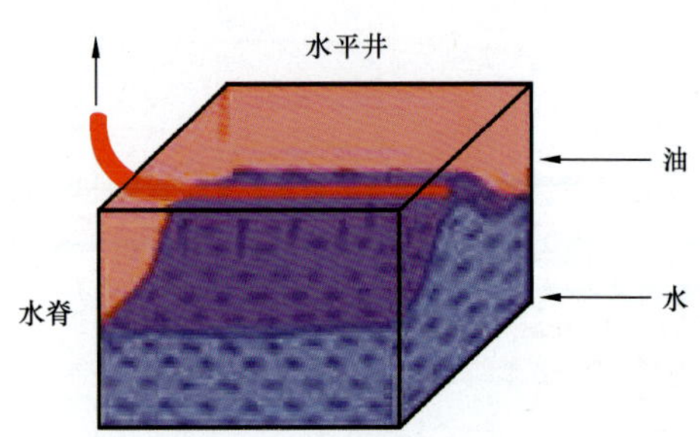

图1-4-13　底水油藏水平井开采底水驱动方式及机理示意图

3)水平井开发技术论证

对于底水油藏类型,抑制底水水脊、控制含水快速上升、提高底水驱替体积是主要开发技术目标。薄层底水油藏需要严格控制水平井眼轨迹于油层顶部,避水高度与油层厚度基本相等,可以取得较好的开采效果。根据不同油层厚度下底水油藏水平井水平段距油水界面高度的对比模拟研究结果表明:底水层厚度在1m以内,水平段避水高度从0.3m提高到2.8m,3m油层厚度底水油层预测期末采出程度可提高18.54%;水平段避水高度从0.5m提高到4.5m,5m油层厚度底水油层预测期末采出程度可提高14.2%。当底水层厚度增大时,底水水脊活跃性增强,水平段避水高度对开采效果影响更为重要。数值模拟研究表明,无量纲避水高度(水平段高度与纯油层厚度之比)应控制在0.8以上,水平段轨迹尽量靠紧油层顶部穿行,见图1-4-14和图1-4-15。

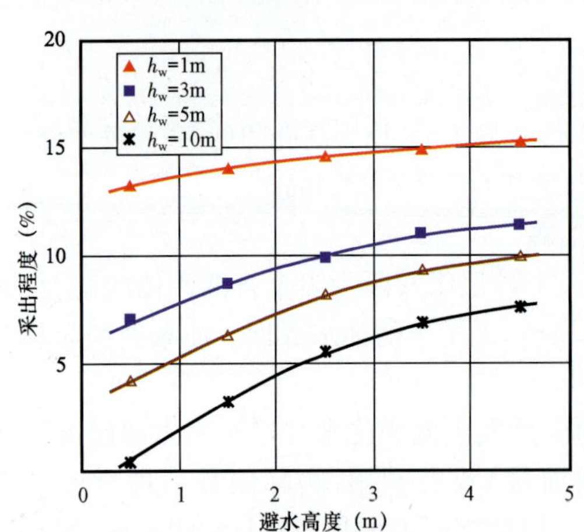

图1-4-14　不同水层厚度下避水高度与采出程度关系

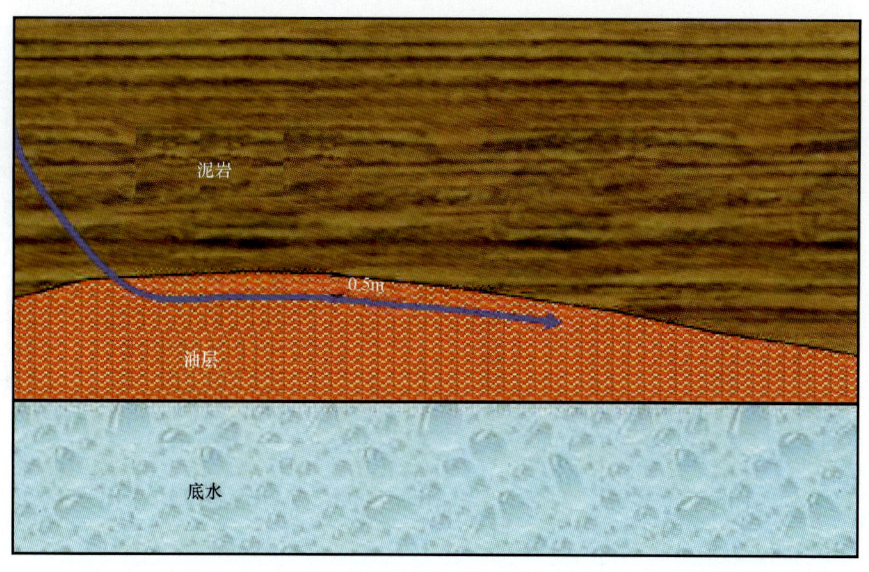

图 1－4－15　低幅度薄层底水油藏水平井水平段最优位置示意图

4）地质导向技术优选

2006 年，陆梁油田 L9 井区呼图壁河组油藏开始水平井开发试验，除了要求较高的油层钻遇率外，还要求水平段尽可能贴油层顶（位于油层顶部 0.5m 内），远离油水界面，提高避水高度。当时，新疆油田使用的常规水平井地质导向技术为 MWD（随钻测量）＋综合录井＋地质人员分析的模式，轨迹控制精度偏低，须引进先进、适用的水平井地质导向技术作支撑。因此新疆油田公司对国内外的相关技术进行了充分调研，最后初步确定使用国际主流地质导向技术，为 MWD（随钻测量）＋LWD（随钻测井）＋测井资料处理解释软件＋地质人员分析的模式。

2006 年新疆油田公司在两口井上对 geoVISION 侧向电阻率成像仪器进行了试验。2007 年在 3 口井上对 PeriScope 地层边界探测仪器进行了试验。试验显示 PeriScope 仪器除了能够随钻测量常规的电阻率、自然伽马等测井曲线，提高地层对比精度外，还能通过软件对随钻测井资料进行实时处理，反演出地层界面，估算出井眼轨迹距地层界面的距离，并以图形的形式直观地反映出轨迹在油层中的位置，十分有利于地质导向决策，指导钻井施工将水平段井眼轨迹控制在油层顶部的有利位置。后期在钻具组合中加入 ZINC 近钻头测斜短节（距离钻头 6m 左右），更加有利于精确控制轨迹。

以 Xin－Well#7 井为例，这是典型的薄层稀油边底水油藏，层厚 4～5m，由于存在底水、油水关系的复杂性，对周围直井产能造成了极大的影响，一般仅产 3～5t/d，含水甚至达到 90%，按照有效开发的要求，需要将水平段井眼轨迹控制在距储层顶界约 0.5m 的位置，避免早期底水快速上升，提高采收率（图 1－4－16）。本井实施结果非常好，达到了预期的地质导向目标和产能目标，单井初期产能达到 20t/d，含水降低至 5% 以下。

通过使用效果评价，PeriScope 仪器十分适合 L9 井区呼图壁河组低幅度薄层边底水油藏水平井地质导向，并于 2008 年开始规模应用。

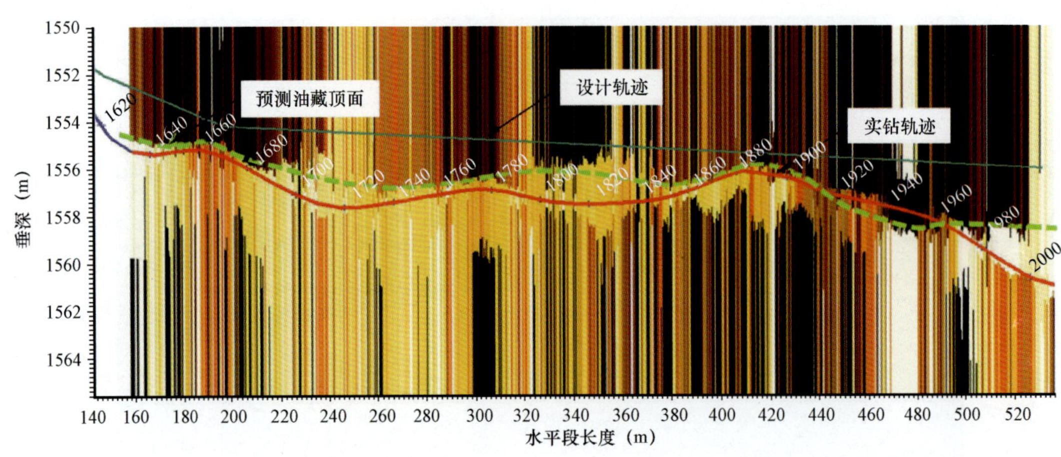

图 1-4-16　薄层底水油藏水平井 Xin-Well#7 井 PeriScope 反演剖面图

5)地层边界探测地质导向技术应用

通过近几年的紧密合作,目前水平井地质导向技术的应用在陆梁油田已经较为成熟,主要应用在水平井钻进过程中的着陆和水平段钻进两个关键环节,这两个环节对于水平井的成功实施意义重大,其实施过程包括以下五个部分。

(1)优化轨迹设计。

合理的着陆井斜角是水平井成功着陆的关键之一,也是避免轨迹被动调整的前提条件。根据 PeriScope 仪器所能承受的造斜率、轨迹入靶点距油层顶界的设计距离即可计算确定合理的着陆井斜角。对于设计油层顶界深度可能存在的误差可设计相应的稳斜段,即探油顶段来解决。综合分析确定,一般情况下该区水平井合理着陆井斜角与油层顶界约呈 4°夹角,即如果油层顶界面水平,着陆井斜角为 86°左右。

(2)精细地层对比。

PeriScope 仪器能随钻测量自然伽马、电阻率等测井参数,分辨率较高,根据钻速,地面接收一般在 0.15~0.8m 1 个记录点,井下存储一般在 0.15m 内 1 个记录点,所测得的测井曲线形态、测井值与常规测井基本相同,可以与邻井进行精细地层对比、岩性和油层识别(表 1-4-1 和表 1-4-2)。

表 1-4-1　L9 井区呼图壁河组自然伽马-密度岩性识别标准

岩性	泥岩	泥质粉砂岩、粉砂岩	钙质砂岩	粉细砂岩、细砂岩	中细砂岩、中砂岩
自然伽马 (gAPI)	>80	70~80	<75	60~75	<60
密度 (g/cm^3)	>2.3	2.23~2.3	>2.3	2.1~2.22	<2.1

表 1-4-2　L9 井区呼图壁河组油层及油水同层电阻率下限

砂层组	h21	h23	h24	h25	h26	h27	h11	h12—h14	h15—h17
油层电阻率 (Ω·m)	12	7	12	10	6.7	5	4.8	6	5.8
油水同层电阻率 (Ω·m)	9	—	9	8	—	—	—	—	—

着陆前，地质导向工程师必须利用随钻测井曲线与邻井进行精细地层对比，预测目的层垂深，排除目的层之上邻近含油小砂体干扰，及时调整井眼轨迹，确保准确着陆。例如，Xin－Well#8 井通过精细对比两个标志层和油层之上的含油小砂体，排除了干扰层，成功着陆（图 1－4－17）。

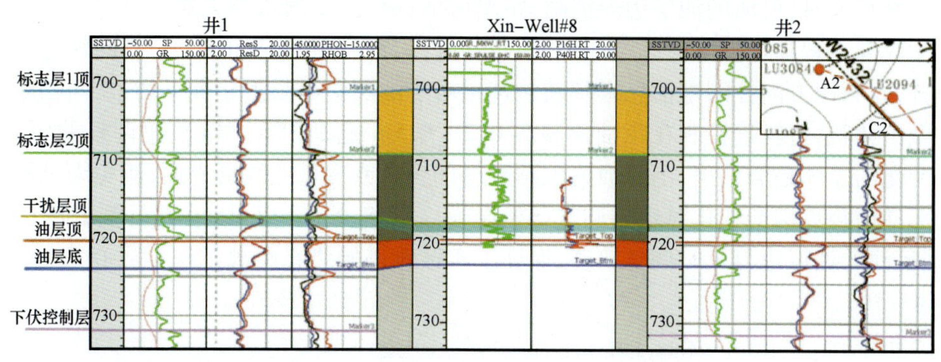

图 1－4－17　Xin－Well#8 井着陆段地层精细对比

（3）结合应用录井信息。

综合录井能通过停钻循环，及时、有效地反映随钻测井测量盲区的地层岩性及其含油情况，对着陆及地层出现较大变化时轨迹的及时调整具有重要作用。在着陆过程中预计接近目的层顶界时，如果钻时变快，可停钻循环，地质导向工程师可结合岩屑、荧光、气测等资料判断是否着陆揭开油层，以及时调整轨迹。着陆后，测得油层测井曲线后，可进一步验证是否揭开油层。例如，Xin－Well#9 井通过随钻测井数据结合录井信息综合分析，准确识别目的层，成功着陆（图 1－4－18）。

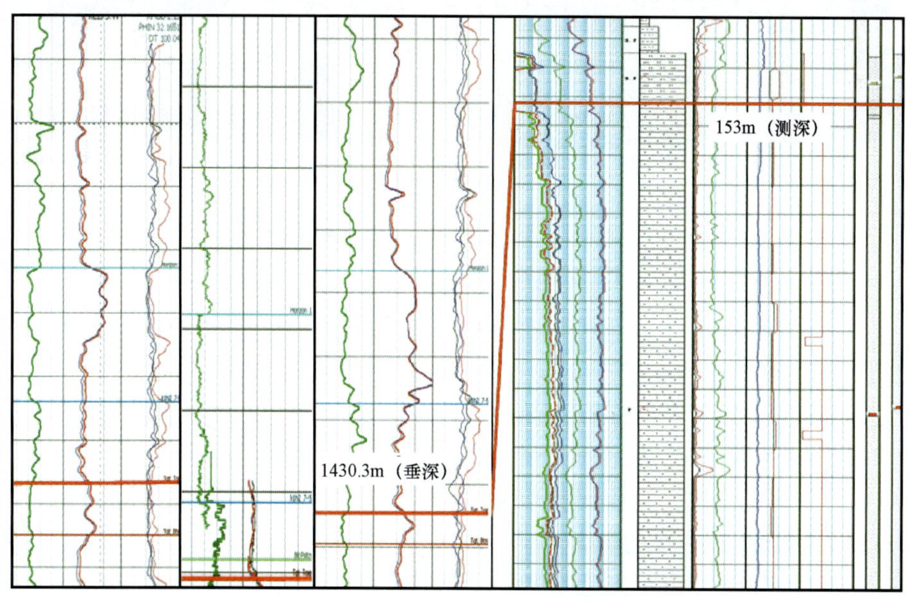

图 1－4－18　Xin－Well#9 井实钻地层对比及综合录井图

(4)充分发挥地层边界探测技术优势,控制水平段轨迹。

PeriScope 仪器的探测深度与目的层和围岩之间的电阻率差异有关,通常情况下能够识别出探测半径 4 ~5m 范围内的地层边界。L9 井区呼图壁河组油藏油层与上下泥岩的电阻率差异一般只有 2 ~8Ω · m,只能识别出探测半径约 2m 范围内的油层边界。当油层电阻率较高,与泥岩差异较大时,反演的油层边界清晰,距离可信;反之,反演边界失真。

地质导向工程师根据反演的油层顶或底边界,以及仪器距边界的距离,判断轨迹位于油层中的位置,并利用方向性测量信息来判断轨迹相对于油层边界是上切或下切,从而相应地对轨迹及时做出调整,将轨迹控制在距油层顶界 0.2 ~0.5m 范围内。井眼轨迹调整的原则是:按照构造变化的总体趋势钻进,不片面追求贴近局部变高或变低的油层界面,避免因沉积原因造成的局部油层顶界构造变化对轨迹调整产生误导。例如,Xin - Well#10 井反演的油层边界清晰,根据反演的油层边界及时调整轨迹,保证了实钻轨迹始终在距离油层顶界 0.5m 范围之内(图 1 -4 -19)。

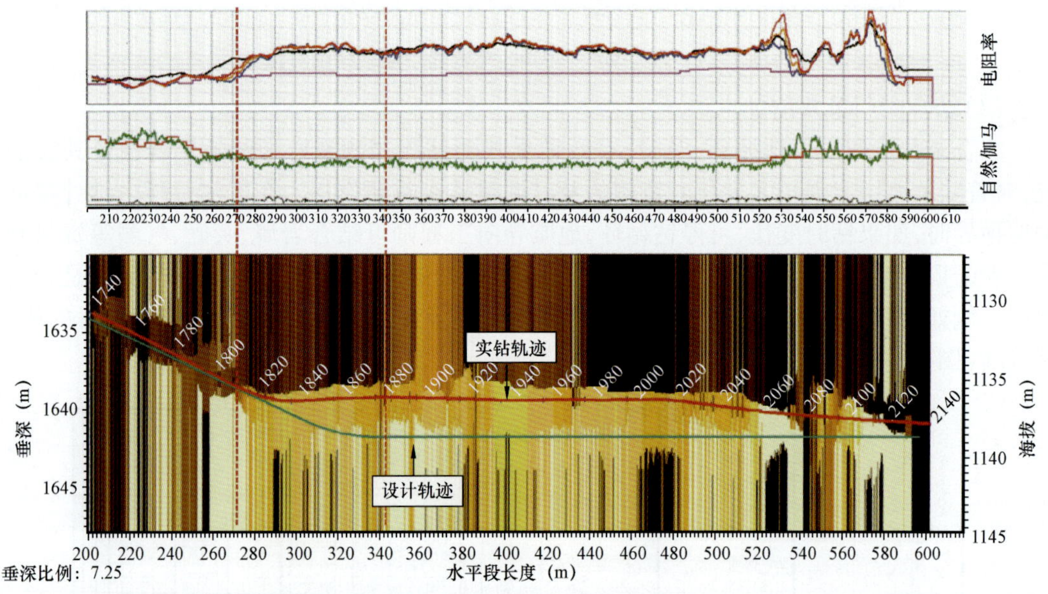

图 1 -4 -19　Xin - Well#10 井地质导向完钻模型

(5)以提高开发效果为最终目的优化地质导向。

例如,Xin - Well#11 井着陆过程中,发现邻井油层顶部的过渡带砂体在该井含油显示较好,立即增斜,将过渡带作为地质目标,以保证有更大的避水高度(图 1 -4 -20)。

例如,Xin - Well#12 井实钻显示设计 A 点前(往井口方向)有 43m 显示好的油层,综合分析区域地质和注采井网情况,认为向前挪 A 点不影响合理井距,所以将实钻 A 点(套管和筛管结合处,放置封隔器的位置)向前调整 43m,将好油层纳入水平段(筛管完井的生产井段)(图 1 -4 -21),增加生产井段的长度。

例如,Xin - Well#13 井由于构造变化大,提前着陆,轨迹呈下凹的“勺”形,设计 A 点处距离油层顶 2.1m,避水高度较小,因此将实钻 A 点向后(往井口反方向)调整 35m,使轨迹位于油层顶部，提高水平段避水高度（图 1－4－22）。

例如，Xin－Well#14 井井油层薄，底水发育。实钻发现水平段后半段油层顶部构造变低，轨迹进入顶部泥岩，为保证水平段整体避水高度，维持垂深钻进，并在平面上寻找油层，钻进 48m 后仍未找到油层，提前 25m 完钻（图 1－4－23）。

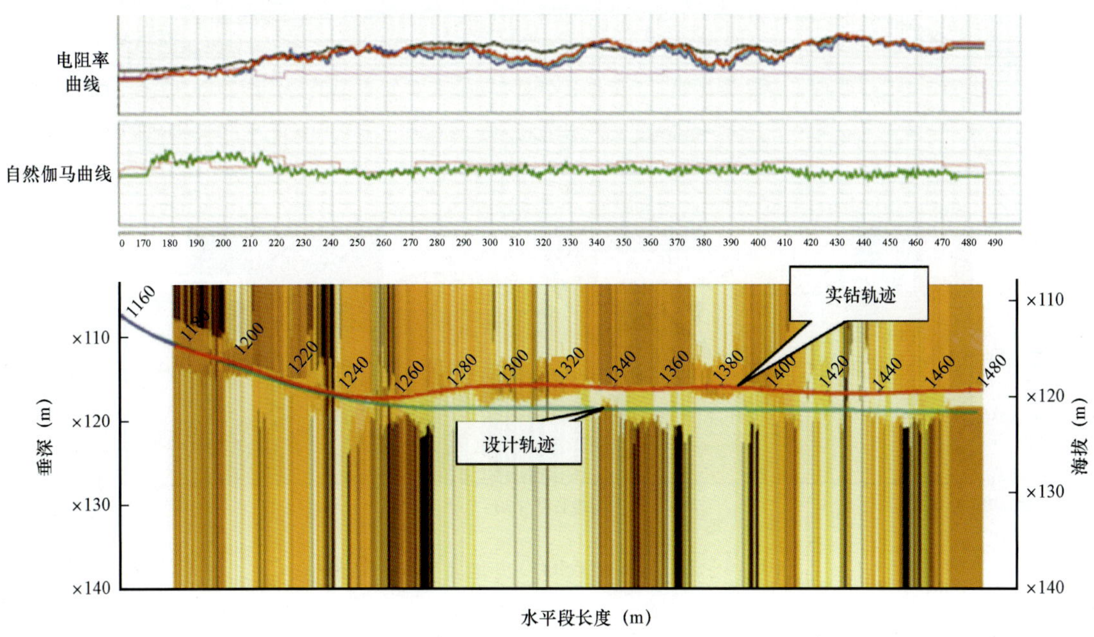

图 1－4－20　Xin－Well#11 井地质导向完钻模型

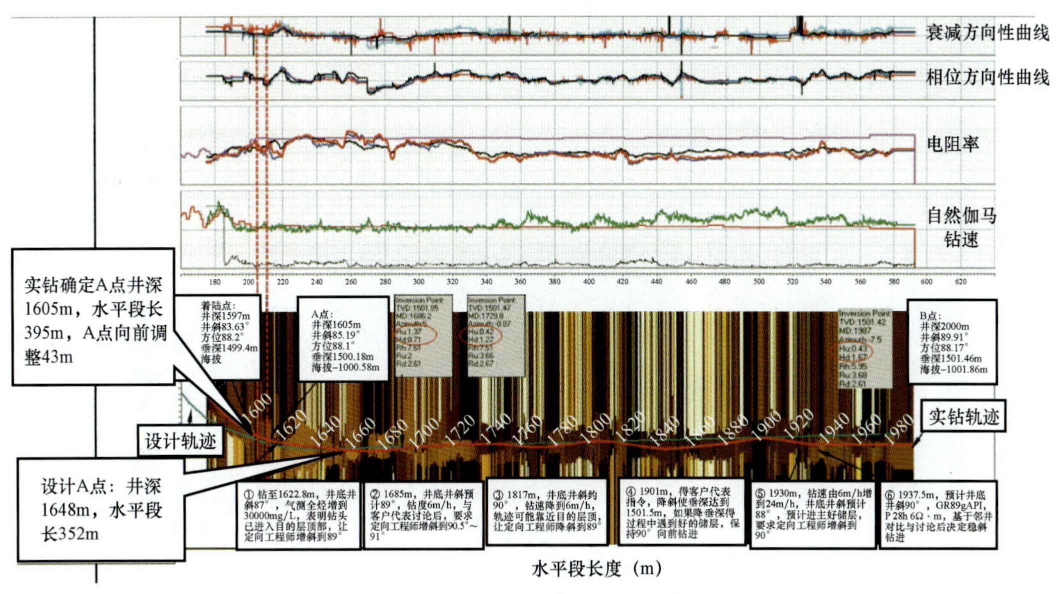

图 1－4－21　Xin－Well#12 井地质导向完钻模型

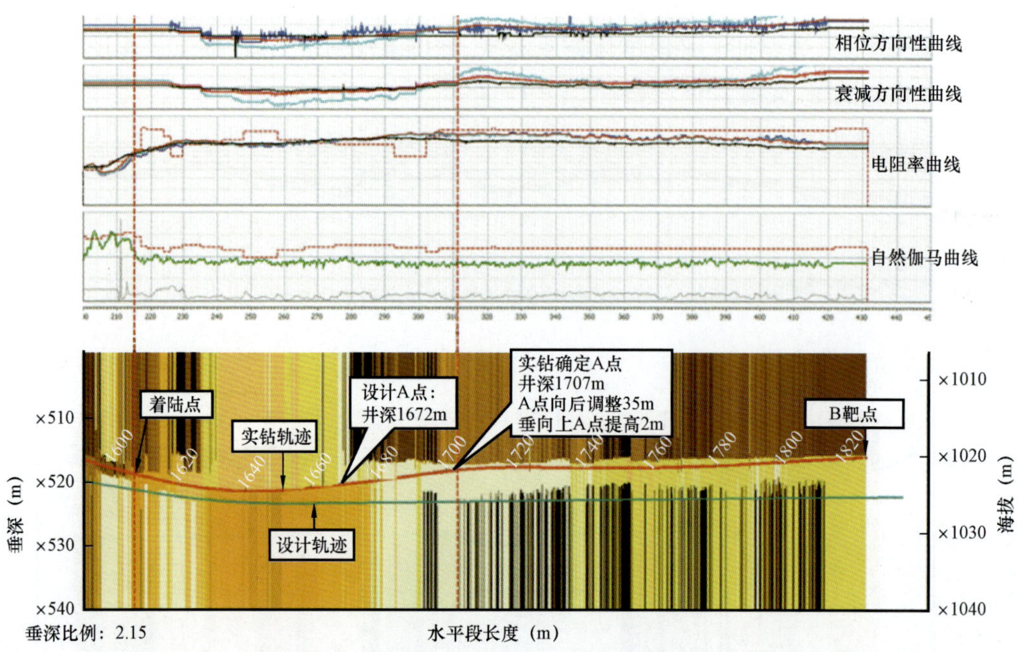

图 1-4-22 Xin-Well#13 井地质导向完钻模型

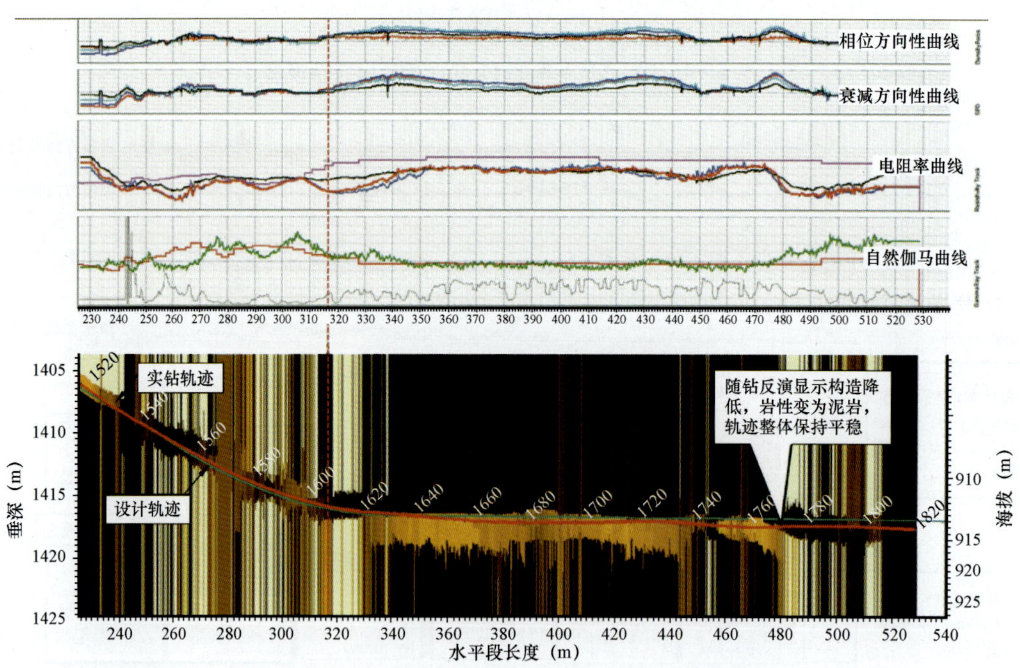

图 1-4-23 Xin-Well#14 井地质导向完钻模型

Xin－Well#15 井井着陆过程中，穿过两套标志层后在井深 1723m 开始钻遇一套与油层特征类似的地层，随钻测井自然伽马值（75～90gAPI）、电阻率（8～10Ω·m），综合录井岩屑为粉细砂岩，钻时偏慢，气测组分 C_1—C_5。综合以上资料对比邻井，确定该层是油层之上的过渡带，与井 1 油层之上的粉细砂岩过渡带以及井 2 油层之上的 0.7m 厚的含油小砂体对应（图 1－4－24）。于是以 86°左右井斜角继续向下寻找油层，钻穿 3.8m 厚的过渡带地层后，至井深 1790m 处钻遇泥岩，判断为与井 2 油层之上的 0.8m 厚泥岩对应，预计油层顶垂深在井深 1790m 对应的垂深以下 0.8m 左右，并通过 PeriScope 仪器探测到下伏高阻层，判断下伏高阻层为设计的目的油层，增斜至 88°准备着陆。

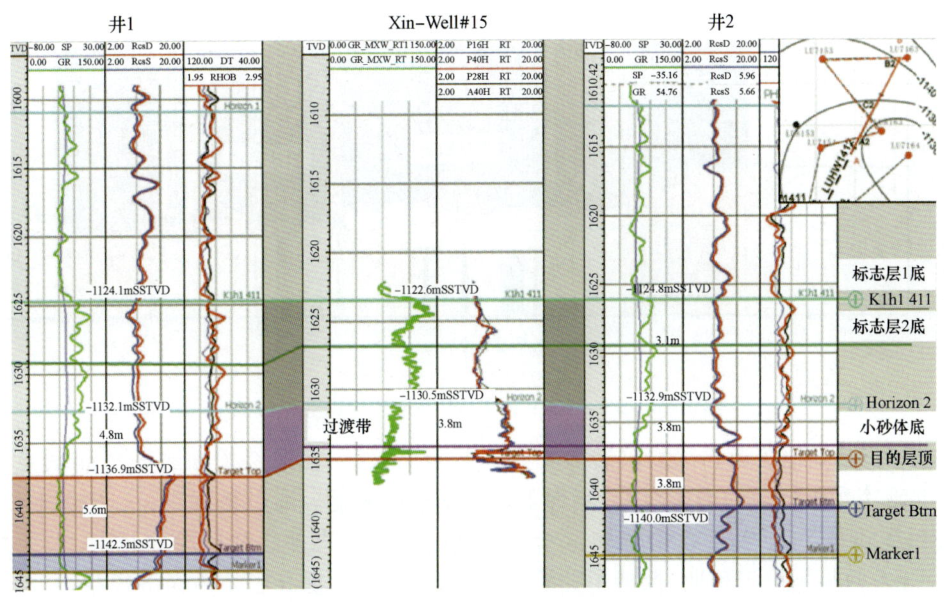

图 1－4－24　Xin－Well#15 井着陆段实钻地层对比

至井深 1810m 处钻时变快，判断可能钻进油层，停钻循环，岩屑干照荧光 2%～5%，淡黄色，中发光，气测值由背景值 1.8111% 升至 6.8901%，组分出至 C_5，表明钻头已进入油层，决定以 1～2°/30m 的造斜率增斜至设计井斜角 89.7°入靶。入靶后，依据清晰的反演边界，以及轨迹距油层顶界距离（图 1－4－25），调整轨迹两次。完钻后，考虑到上部过渡带岩性、含油性不及目的层，所以未将该段油层纳入水平段。完钻后将着陆点定为实钻 A 点，水平段 188m，油层钻遇率 100%，轨迹位于距油层顶 0.5m 范围内。

6）认识与总结

（1）新疆油田自 2007 年开始试验 PeriScope 地层边界探测地质导向技术，在 3 口试验井上取得成功以后，从 2008 年开始在 L9 井区呼图壁河组低幅度薄层边底水油藏水平井上规模应用 PeriScope 仪器进行水平井着陆和水平段地质导向服务。2008 年应用 25 口井，平均油层钻遇率达 92.98%；2009 年应用 19 口井，平均油层钻遇率达 95.1%；2010 年应用 50 口井，平均油层钻遇率达 97.4%。水平段井眼轨迹基本上控制在距油层顶面 0.2～0.5m 的有利位置，实现了尽可能避水的要求。

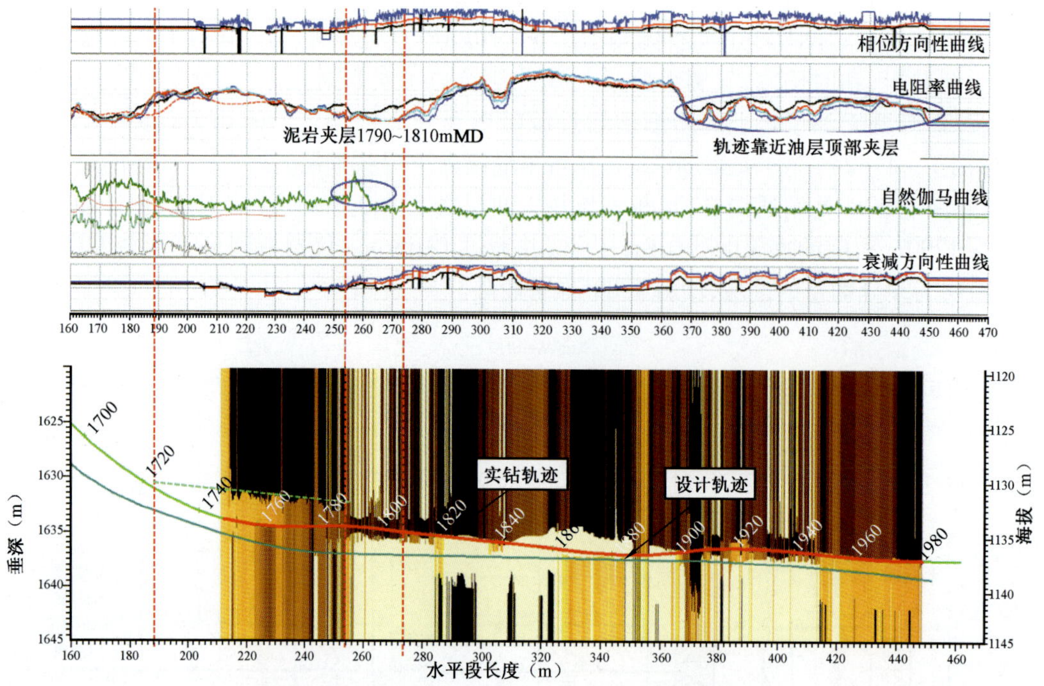

图 1-4-25　Xin-Well#15 井地质导向完钻模型

(2)PeriScope 地层边界探测仪器为主要地质导向仪器,在薄层稀油边底水油藏实时地质导向中准确实现了要求的地质目标,实现了钻遇率的最大化。通过精确定位,产能增长了 2～4 倍,超过了设计产能,初期含水率和含水上升速度均小于直井。油层厚度越薄,水平井优势越明显,开发效果远好于预期,保持了陆梁油田的长期稳产,提高了整体经济效益。

(3)新疆陆梁油田具有典型的薄层稀油边底水油藏特征,采用的水平井地质导向技术可以作为油田开发增产增效的典型范例向全国各边底水油藏区块进行推广。

3. *新疆玛湖油田致密砾岩油藏应用实例*

自 1955 年克拉玛依油田发现之后,西北缘断裂带勘探程度日益提高。20 世纪 90 年代,按照“跳出断裂带,走向斜坡区”的勘探思路,在玛湖凹陷斜坡区先后发现了玛北油田和 M6 井区块三叠系百口泉组油藏,限于当时低渗透储层改造技术,玛北油田未有效开发,玛湖凹陷斜坡区勘探基本处于停滞状态。2010 年以来新疆油田优选夏子街—玛湖鼻状构造带斜坡区,围绕二叠系—三叠系不整合面之上的百口泉组开展整体研究,构建扇控大面积成藏模式。勘探成果逐步证实玛湖陷斜坡区三叠系百口泉组具备扇控大面积成藏地质特征。玛湖凹陷大油区已经成为新疆油田现实油气储量与产量新基地,不仅开辟了准噶尔盆地岩性油气藏勘探新局面,而且对于推动中国西部盆地斜坡区岩性油气藏勘探具有重要的指导意义。

新疆油田公司部署了超过 1000 口水平井开发玛湖致密油藏。PeriScope 地层边界探测仪器作为主要的水平井地质导向仪器在 2016 年投入使用,在玛湖油田西斜坡带 M18、M131 等区块为代表的控制程度低、薄层油藏和地质条件复杂的区块大规模应用,取得了很好的效果(图 1-4-26)。

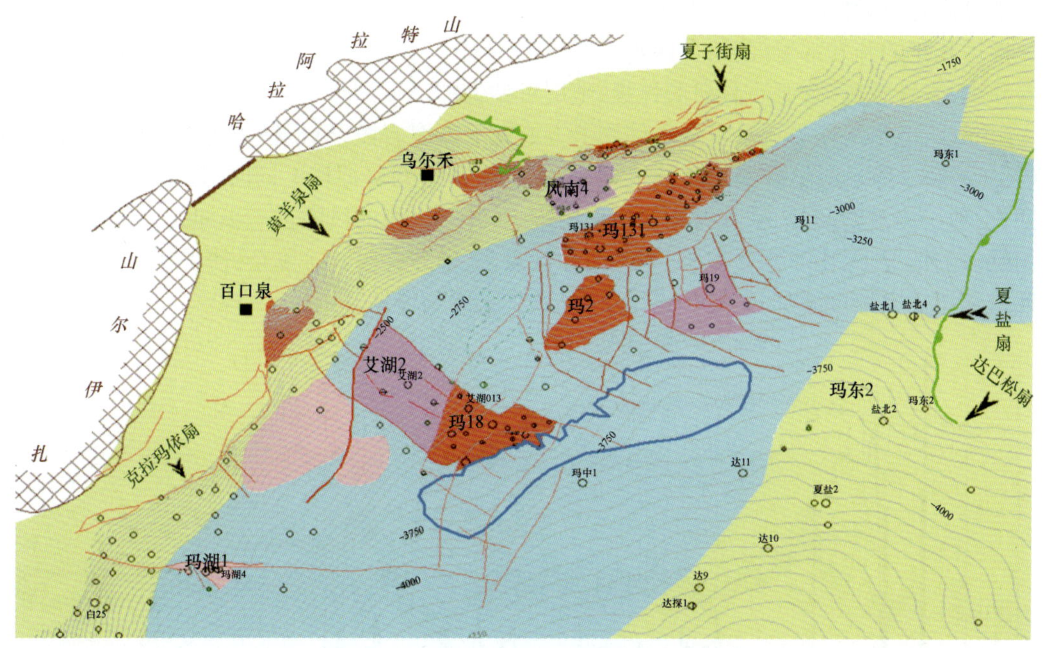

图 1－4－26 玛湖油田各区块地理位置图

1）地质概况

玛湖凹陷处于准噶尔盆地中央坳陷和陆梁隆起的西侧，是准噶尔盆地西北缘的山前坳陷。玛西斜坡构造整体为东南倾的单斜，地层发育较全。玛湖凹陷东、北、西三个方向斜坡区共发育六大扇体，玛湖凹陷在三叠系百口泉组为整体湖侵背景下的冲积扇—湖泊沉积体系。目前玛湖凹陷主要开发的区块有 M18 井区、M131 井区、AH2 井区、MH2 井区、MH1 井区、MD2 井区、FN4 井区、X 等井区。除 X 井区外，其他井区主要开发层系为百口泉组。根据岩性和电性特征，目的层三叠系百口泉组共分三段，自下而上为百一段、百二段、百三段，百口泉组分布总体较稳定，向玛湖凹陷中心延伸，百口泉组地层具有变厚趋势。区内平均地层厚度 158.8m，百一段厚度范围 33.5～63.6m，平均 50.2m；百二段厚度范围 39.1～64.8m，平均 49.7m；百三段厚度范围 38.5～86.0m，平均 59.0m。百一段储层孔隙度平均 9.23%，渗透率平均 2.30mD，油层孔隙度平均 10.38%，油层渗透率平均 5.48mD。百二段储层孔隙度平均 8.2%，渗透率平均 1.43mD，油层孔隙度平均 9.56%，油层渗透率平均 2.27mD。百一段储层物性整体上好于百二段。夏子街井区主要目的层为克下组，为冲积扇沉积特征，砂体发育稳定且厚度较大，横向连续性较好，是主力油层。岩性以砂砾岩为主，上下围岩为泥岩。油层孔隙度平均 12.5%，油层渗透率平均 10.3mD。

2）水平井技术论证

水平井钻井技术的发展为玛湖油田致密砾岩油藏开发提供了一条新途径。通过前期少量水平井的开发试验，发现水平井与周围直井相比，水平井产能是直井的 5 倍以上，采用水平井开发可以大幅提高产能进尺比，整体提高油藏开发效益。且水平井对边部油层的控制程度更高，油藏边部有相当大的区域油层厚度在 7～12m 之间，直井无法动用这部分油层，而采用水平井则可以有效动用。

根据几年的开发部署经验,井区水平段钻进过程中存在一些技术难点。首先百口泉组岩性差异大、岩性致密、含砾石且研磨性强,地层可钻性差。储层砂砾岩的平均机械钻速可以达到4~5m/h,但水平段轨迹一旦进入储层上方或者下方泥岩段,机械钻速直接下降到1m/h左右(图1-4-27)。对钻井提速影响很大,且泥岩段容易剥落掉块。同时,长水平段钻井施工周期长,地层浸泡时间长,受井壁坍塌周期的影响,井壁失稳的风险进一步加大。另外,水平段使用螺杆的情况下,由于水平段长,水平段控制点多,导致井眼轨迹复杂,使得井内管柱与井壁的摩阻和扭矩大幅度增加,钻压传递困难,导致水平段延伸钻进困难。

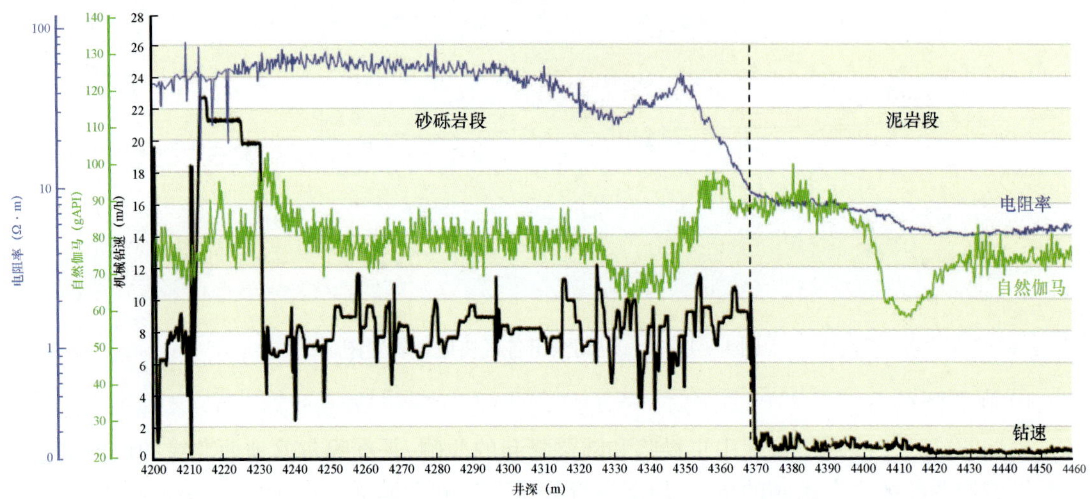

图1-4-27　水平段泥岩与砂砾岩机械钻速对比图

针对水平井开发遇到的具体问题,斯伦贝谢公司做了很多研究性工作,并推出了PeriScope + PowerDrive的工具组合用于探测地层边界,精确控制井眼轨迹,确保油层钻遇率,并提高钻井效率。

钻前准备过程中,重新校正设计构造,做好预案,减少轨迹调整次数。开钻前利用三维模型,结合地震体重新刻画砂体走向,再利用多井对比,结合波阻抗反演(插值法)详细刻画有利相带。结合每口井的实际情况,优化造斜段设计轨迹,降低下部狗腿,使入层轨迹更加平缓,减缓水平段摩阻压力。利用优化轨迹提前做好三维防碰,避免事故发生。

在实时地质导向钻进过程中,主要采用以下方法以确保钻成平滑的轨迹和精确定位轨迹在储层中的相对位置:

(1)利用PeriScope地层边界探测地质导向技术,结合反演模型来精确控制轨迹,将轨迹放置于储层中,避免钻遇泥岩。

(2)利用旋转导向近钻头井斜方位可以精确控制轨迹,减小井眼曲率,保证井眼清洁,提高钻井效率。

完钻后,应用已钻水平井水平段的地质资料和斯伦贝谢探边资料修正地质模型,提高地质导向模型预测精度(层面提取)。充分利用录井数据、测井数据和地震反演数据体,井震结合建立三维精细地质模型,刻画目的油层砂体,计算真实地层倾角,为建立精确地质导向模型夯实基础，指导后续井的地质导向工作。

从2016年至2019年底，斯伦贝谢与新疆油田合作，利用PeriScope仪器在玛湖油田各区块致密砾岩油藏进行了超过150口水平井的地质导向作业，取得了较高的储层钻遇率，大幅提高了钻井效率，实现了地质工程一体化。下面列举一些典型案例进行具体介绍和分析。

3）控制程度低致密油藏地质导向实例

M井区靠近南部区域为盐湖，受特殊地形的限制，无法部署直井或常规定向井进行开发，只能部署水平井进行少井高效开发，以提高油藏的动用程度。由于盐湖中无井点，砂体控制程度较差，构造和地质不确定性高，加上设计水平段较长，一般在1500～2000m，水平井实施风险较大。为降低风险，提高油层钻遇率，设计钻进方向朝着盐湖的水平井，均使用PeriScope仪器进行地质导向。

以Xin－Well#16井为例，部署在盐湖边缘，设计水平段长1600m，水平段末端无控制井，预测地层倾角下倾（图1－4－28）。井口附近完钻井曲线对比显示目的层顶部发育连续分布的泥岩，但厚度极不稳定，着陆风险大。目的层厚度在12m左右，自然伽马和电阻率曲线显示目的层中可能发育泥质夹层，且夹层的分布连续性较差，难以预测（图1－4－29），水平段地质导向过程中可能会钻遇局部发育的泥质夹层。

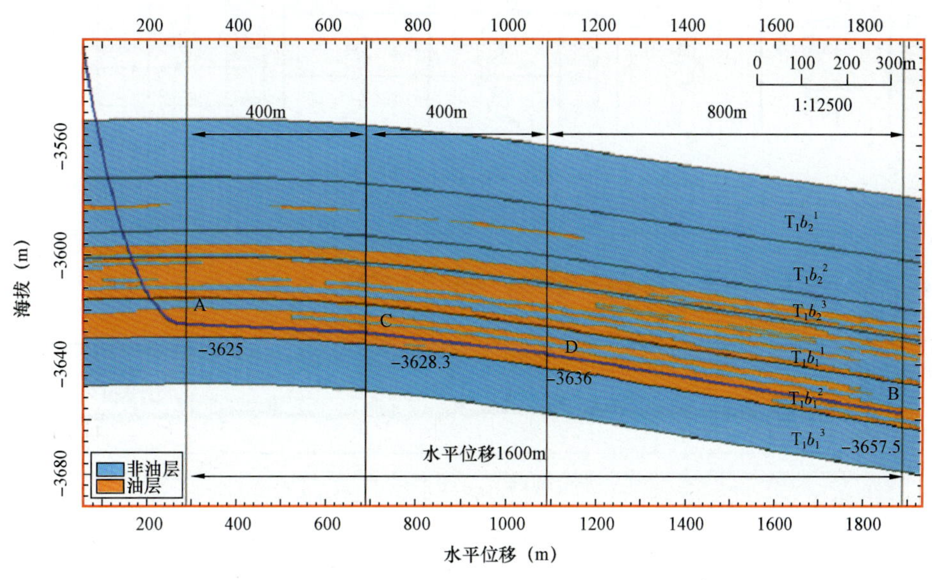

图1－4－28　Xin－Well#16井水平井油层剖面图

Xin－Well#16井从井深4227m处开始使用PeriScope地层边界探测仪器，在井深4395m处，反演显示地层倾角变为上倾且轨迹贴近下方低阻泥岩，地层倾角与设计发生偏差。考虑原始设计地层下倾，以及后期构造变化的不确定性大，实际轨迹控制过程中，一直控制轨迹靠目的层的底部，避免在构造突变成下倾趋势时，轨迹调整跟不上地层变化，导致井眼轨迹出层或者局部高狗腿度。PeriScope反演显示目的层底部边界清晰且连续，地层倾角持续上倾，实时地质导向过程中根据边界探测的结果及时调整井斜，保持轨迹与下方低阻边界的距离，顺利完钻（图1－4－30）。

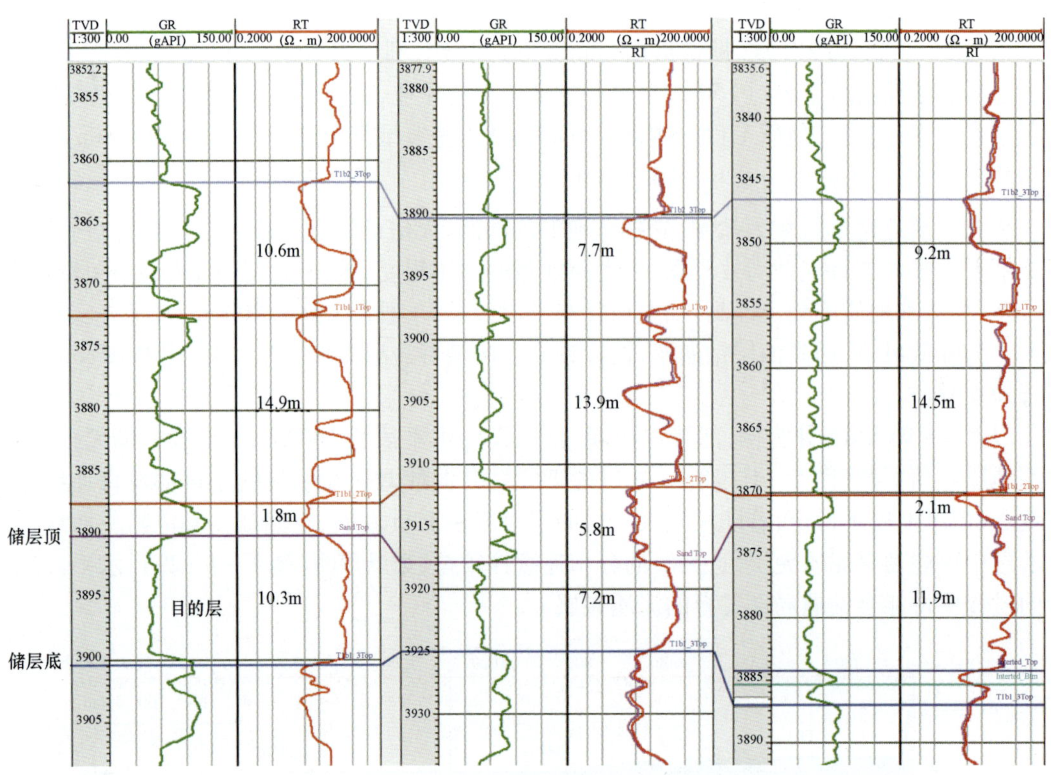

图 1-4-29 Xin-Well#16 井邻井曲线对比

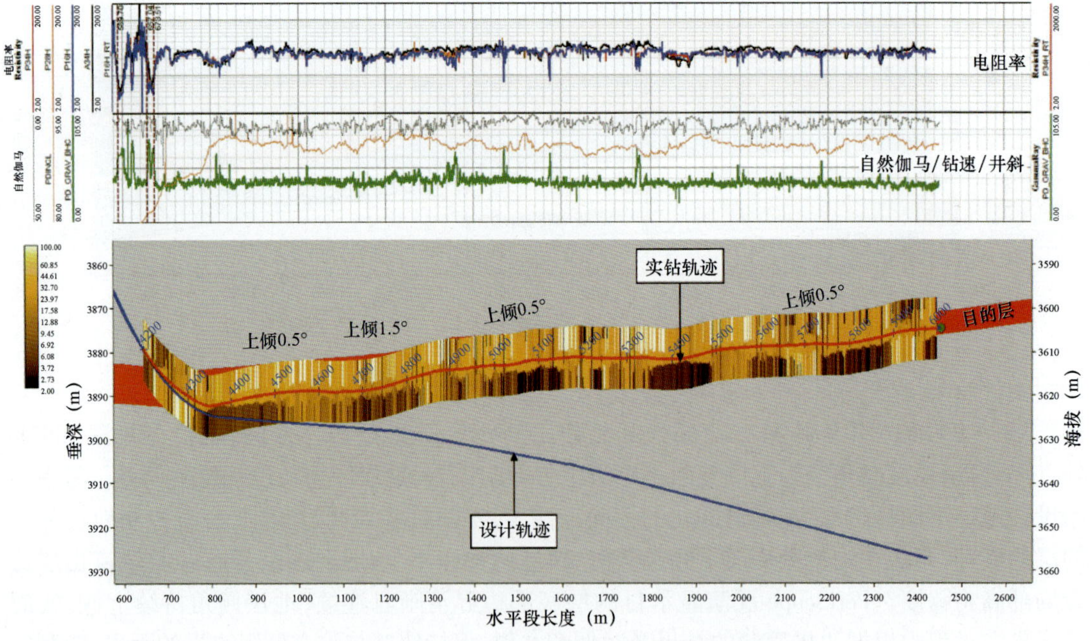

图 1-4-30 Xin-Well#16 井地质导向完钻模型

本井取得的成果及地质认识如下：

(1)本井实钻着陆点井深 4227m，A 点井深 4378m，B 靶点井深 6008m，水平段进尺 1630m，油层段 1630m，油层钻遇率 100%；

(2)由于着陆点附近有邻井参考，虽然受上部夹层厚度变化的影响，但最终实钻着陆点垂深与设计着陆点垂深基本吻合，而 B 点由于无井控，实钻 B 点与设计 B 点的垂深差达到 57m；

(3)本井水平段钻遇地层整体上倾 0°～1.5°，和设计整体 1.5°左右下倾出入较大；

(4)根据边界探测仪器的反演结果，本井 A 点附近目的层厚度约 9m，至 B 点处减薄至 5m 左右；

(5)PeriScope 地层边界探测仪器在水平段地质导向过程中作用重大，最远探测距离达 3m 左右，对油层顶底界面的清晰探测指导了实时轨迹的调整；

(6)实时地质导向过程中应把握储层变化的大趋势，避免过分追求细节而进行不必要的轨迹调整，降低工程风险。

4)薄层致密油藏地质导向实例

油藏边部且受断层影响的区域，地层的构造变化和油层发育的状况不确定性较大。一般来说，部署在油藏边部的水平井油层厚度薄，物性、含油性变差。

以 M 井区的 Xin－Well#17 井为例，设计水平段长度 1200m，靠近断层部署，且末端无井控。根据邻井分析，储层厚度大约 8m(图 1－4－31 和图 1－4－32)，而实际完钻水平井数据显示储层真实厚度仅为 1.5～3.5m。实时地质导向过程中，参考探边仪器反演的目的层顶、底泥岩边界，优化轨迹调整，取得较好效果。

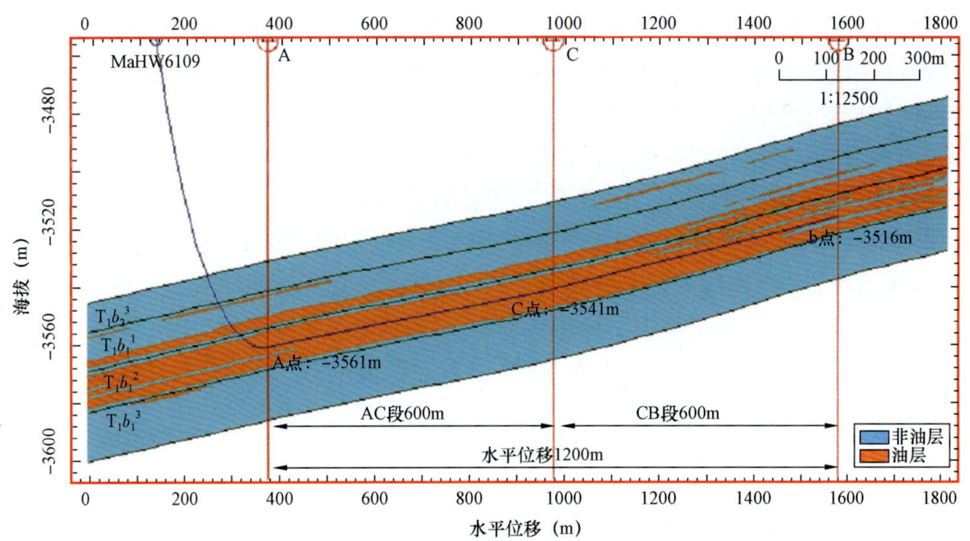

图 1－4－31　Xin－Well#17 井油层剖面图

Xin－Well#17 井从着陆段井深 4000m 处开始使用 PeriScope 地层边界探测仪器，通过反演得出此井段地层倾角约 2°上倾，且着陆段储层厚度仅为 2.5m，相比邻井变薄。在井深 4157m 处，预测井底井斜 94°，储层厚度减薄到 2m，地层倾角约 3.5°上倾，控制井斜约 93.5°平行于地

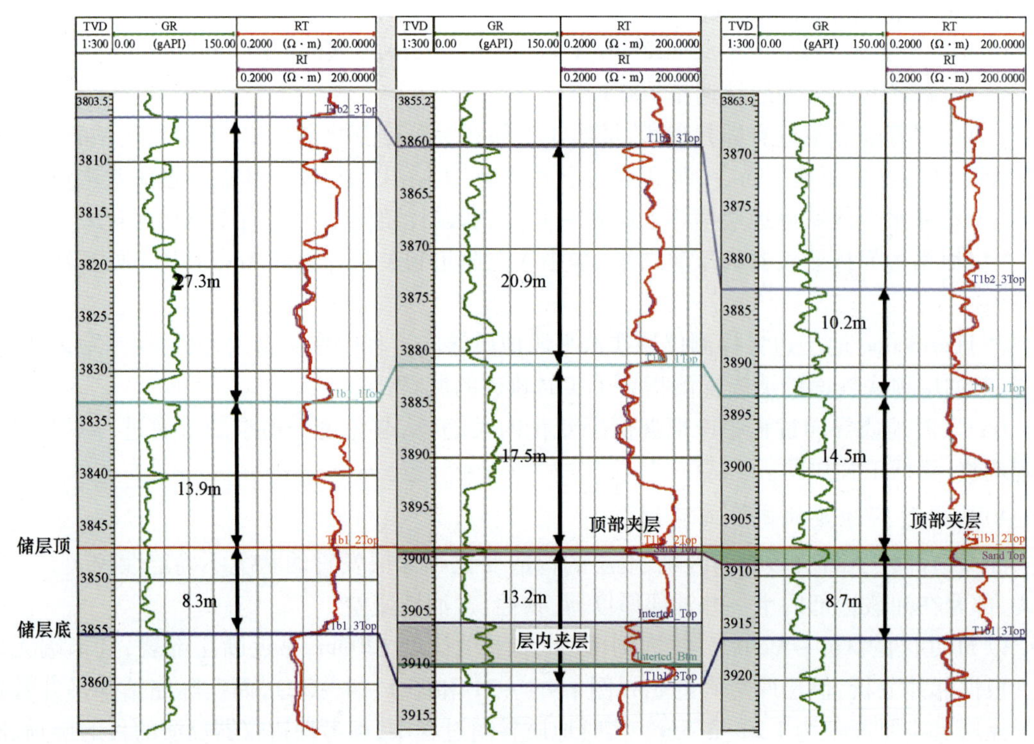

图 1-4-32 Xin-Well#17 井邻井曲线对比图

层钻进。在井深 4249m 处,边界反演显示轨迹距低阻下边界约 1.5m,地层倾角变缓至 2.5°上倾,储层厚度在横向上存在变化,目前较好储层段厚度变薄至 1.5m。要求降斜到 91°钻进,控制轨迹返回储层较好部位后及时增斜。在井深 4930m 处,预测井底井斜 93.5°,井眼轨迹靠近底界面距离约 0.8m,增至 95°钻进。在井深 5048m 处,预测井底井斜 93°,PeriScope 反演显示井眼轨迹距离上部低阻边界约 0.5m,距离下部低阻边界约 2.6m,目的层内的低阻夹层消失,局部地层约 2.3°上倾,要求降斜至 92°。钻进至井深 5145m 处,预测井底井斜大约 92.2°,PeriScope 反演显示目前轨迹距离低阻上边界约 1.5m,无明显下边界,当前部位地层倾角变缓至 2.5°左右上倾,要求增斜至 93°钻进观察。在井深 5256m 处,预测井底井斜 94°,PeriScope 反演显示轨迹距离低阻下边界约 1m,无明显上边界,反演边界起伏波动很大,本井在此完钻(图 1-4-33)。

本井取得的成果及地质认识和建议如下:

(1)水平段进尺总长 1168m,储层钻遇总进尺为 1148m,钻遇率约 98.3%,该井投产后,初期日产油量为 26.3t/d,取得了很好的评价和开发效果;

(2)实钻结果证实本井沿水平段方向地层倾角为 2°~4°上倾变化。

(3)根据实钻结果分析,着陆位置油层厚约 2.5m,水平段前段横向上变薄至 1.5m,中部及末端油层厚度又变为 3~3.5m;

(4)PeriScope 地层边界探测仪器为地质导向施工及储层钻遇率提供充分的保障。旋转导向工具在着陆段及水平段作业中既能提供近钻头测量信息,又能保障轨迹调整及控制的及时性、准确性，与探边工具组合为地质工作提供了充分保障；

（5）储层内部局部存在薄层泥质条带或泥质团块发育，钻遇时机械钻速极低，可能会影响分析判断，而 PeriScope 地层边界探测仪器对这种不稳定发育的夹层的识别具有一定的局限性，实钻过程需要充分利用邻井资料结合地层边界探测结果来指导轨迹调整。

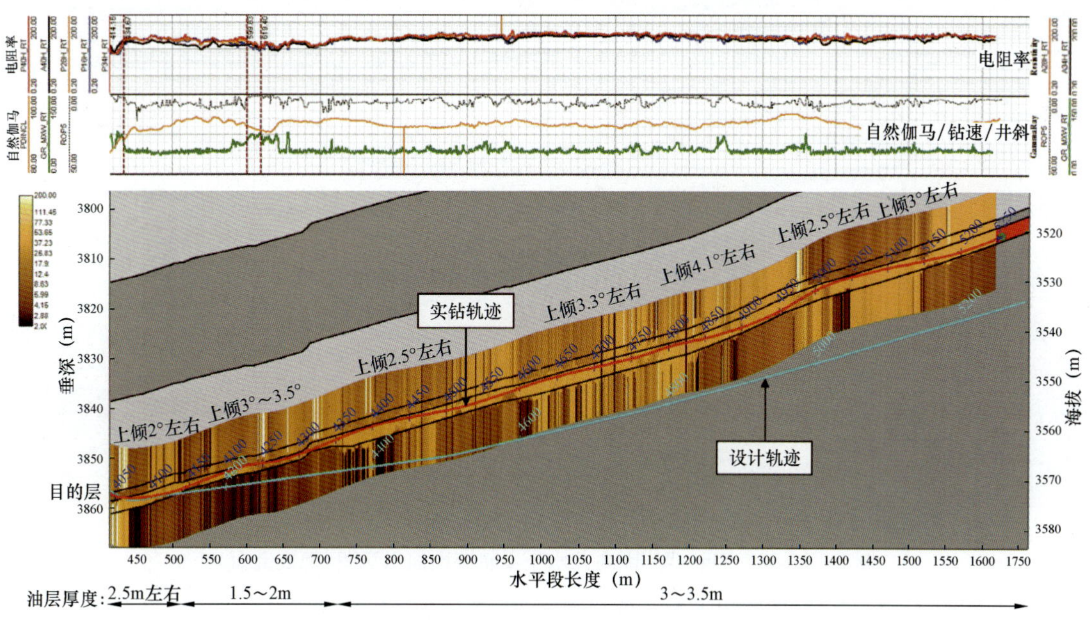

图 1－4－33　Xin－Well#17 井地质导向完钻模型

5）构造复杂井导向实例

Xin－Well#18 井位于 XZJ 井区，主要为了落实该区的克拉玛依组油层分布以及水平井产能。根据地震预测，设计地层倾角由着陆 A 点附近的 5°下倾变化到 8°下倾，然而过渡到近似水平，末端变为 3°上倾，构造变化非常大（图 1－4－34）。由于地震的精度问题，加上缺少邻井控制，最初的剖面只能提供水平段地层倾角的整体变化，很难作为轨迹精细控制的依据。另外几口距离设计井位较远的完钻井的曲线对比显示克下组油层厚度变化范围为 4～7m，整体具有为东部厚，中部次之，向两侧变薄的特征。构造和储层的双重不确定性给本井的地质导向工作带来极大挑战。实时地质导向过程中，需要依靠 PeriScope 地层边界探测的结果，及时调整轨迹，同时要保证井眼轨迹光滑，确保完成地质和钻井目标。

Xin－Well#18 井着陆后，从井深 1846m 开始使用 PeriScope 地层边界探测仪器，钻进至井深 1977m，预测井底井斜 82.4°，反演显示轨迹距下部低阻边界约 0.6m，局部地层倾角约 4.5°下倾，要求增斜至 85°钻进观察。钻进至井深 2046m，预测井底井斜 85.2°，反演显示轨迹距下部无低阻边界，由于预期地层下倾加剧，开始要求以 3°狗腿降斜至 81°钻进下探下方低阻边界。钻进至井深 2200m，预测井底井斜 81.5°，反演显示轨迹距顶约 2m。地层约 9°下倾，要求降斜钻进观察。钻进至井深 2348m 处，预测井底井斜 83°，反演显示无清晰边界，由于靠近构造转折点，地层预期变上倾，要求增斜钻进观察。钻进至 2458m，井斜 90.5°，演显示轨迹距底 2.5m，地层近乎水平，要求继续以 1.5°狗腿增斜钻进观察。钻进至井深 2651m，预测井底井

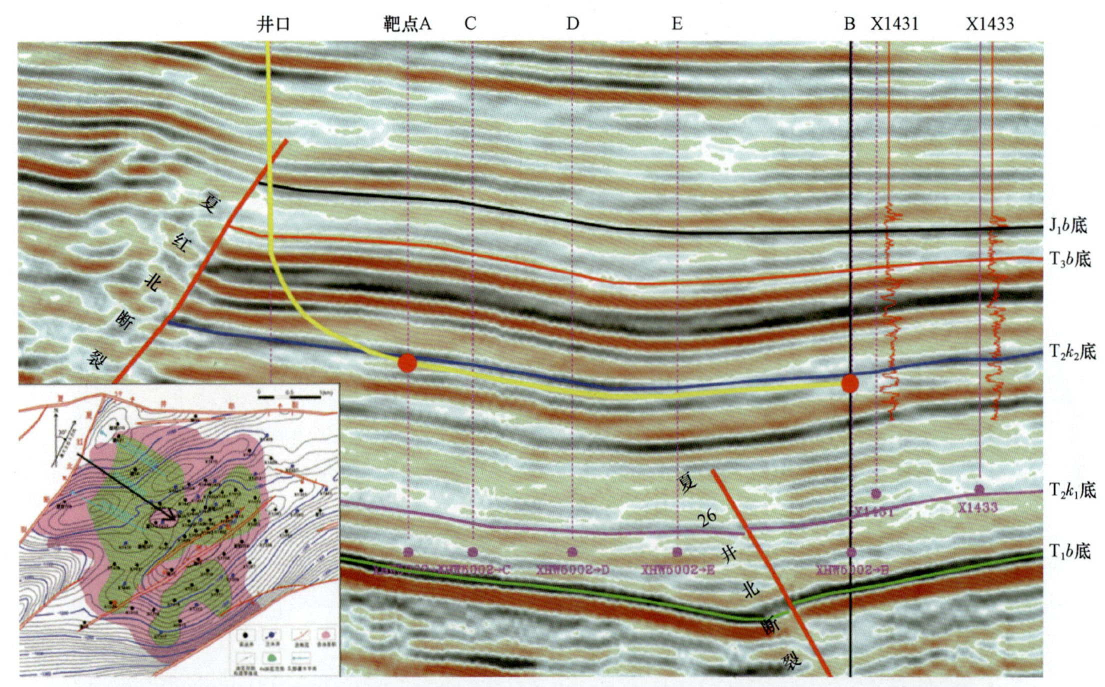

图 1-4-34 Xin-Well#18 井水平段轨迹剖面示意图(地震剖面)

斜 95.8°,当前反演无清晰边界显示,PeriScope 边界反演显示地层 4°~5°上倾,要求稳斜 95.5°~96°钻进观察。钻进至井深 2672m 处,预测井底井斜 96.1°,当前反演显示距下边界 1.5m,反演显示地层约 7°上倾,要求增斜至 98°钻进观察。钻进至井深 2755m 处,预测井底井斜 98.6°,反演无清晰边界显示,地层约 7°上倾,按客户要求完钻(图 1-4-35)。

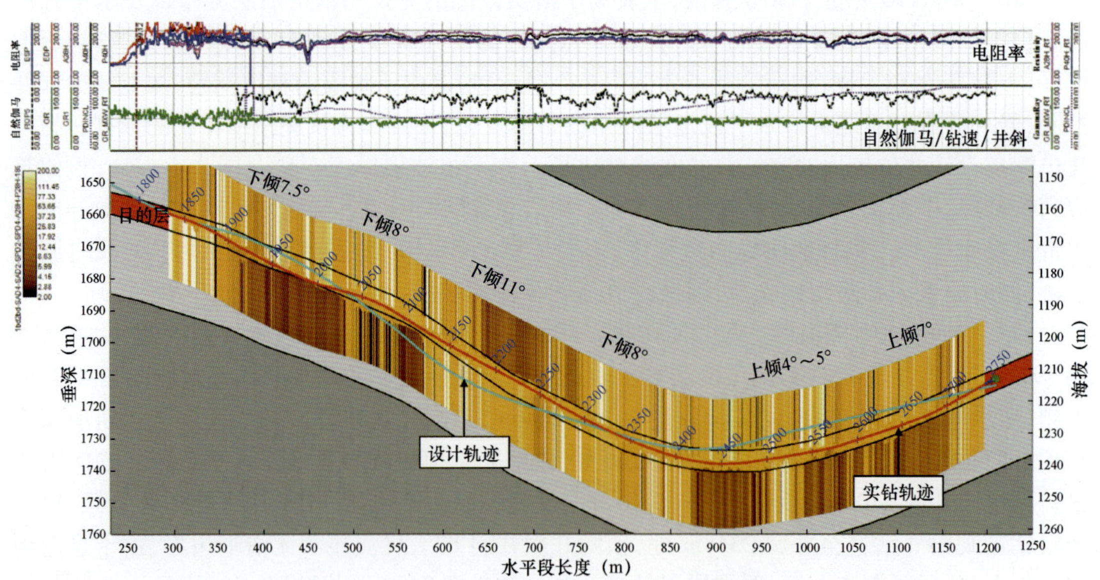

图 1-4-35 Xin-Well#18 井地质导向完钻模型

本井取得的成果及地质认识和建议如下：

(1)PeriScope 地层边界探测仪器对本井的地质导向工作帮助极大，该仪器在本井探测距离最远可达 3m，可以准确预测地层构造变化，指导轨迹调整，储层钻遇率达 100%。

(2)本井构造变化较大，水平段前半段 7°~8°下倾后变为约 11°下倾，水平段中部由 8°下倾缓慢变为水平，之后变为上倾，尾部上倾约 7°。

(3)在这种复杂井的地质导向过程中，各方的紧密协作是确保此井成功的基础。

6)认识与总结

(1)新疆玛湖油田致密砾岩油藏水平井井控程度较低，设计水平段平均超过 1000m，很小的构造倾角差异都会导致水平井轨迹尤其是轨迹末端垂深跟设计产生较大差异，加上储层内不稳定发育泥岩夹层的存在不仅影响钻遇率而且会极大地降低钻井速度，增大钻井风险。PeriScope + PowerDrive 的组合有效克服了面临的挑战，在新疆玛湖油田致密砾岩油藏水平井地质导向中作用明显，效果显著。从 2016 年至 2019 年底，斯伦贝谢与新疆油田合作，利用 PeriScope 地层边界探测仪器在玛湖油田各区块进行了超过 150 口水平井的地质导向作业，平均储层钻遇率超过 97%。

(2)PeriScope 地层边界探测仪器在多口井钻遇泥岩无法判断轨迹跟地层的上下切关系时，临危受命，通过复测井底数据并进行反演，制定轨迹调整方案，使轨迹成功回到储层，减少了回填侧钻作业，缩短了钻井周期，提高了经济效益，而且帮助客户校正了原有的地质模型，提高了后期布井的准确性。

(3)PeriScope + PowerDrive 工具组合的成功应用是后续玛湖靠近盐湖构造部位的超长水平井开发不可或缺的有效技术手段。

4. 塔里木油田边底水油藏应用实例

塔里木油田东河砂岩是典型的边底水油藏，该项目引入 PeriScope 地层边界探测仪器主要是为了控制轨迹靠近目的层的顶部，保持合理的油柱高度，减缓边底水推进，延长低含水采油期。

1)地质概况

哈得逊油田构造位于哈得逊构造带。哈得逊构造带是在塔北隆起轮南低凸起向南延伸的鼻状隆起带背景上形成的一个低幅度背斜构造带，属典型的凹中隆，具有十分有利的成藏地质条件。哈得逊构造带由 2 个圈闭组成，即：哈得 1 圈闭和哈得 4 圈闭。哈得逊油田主要由两个油藏构成，自上而下依次为石炭系中泥岩段薄砂层油藏和东河砂岩油藏，前者主要分布在哈得 1 圈闭，后者两个圈闭均有分布。

东河砂岩储层为灰色、灰白色细砂岩、中砂质细砂岩、灰质细砂岩，岩石类型主要为岩屑石英砂岩，含少量长石岩屑砂岩，岩石具有成分成熟度高、结构成熟度中等—高的特点，石英含量一般 69%~90%，长石含量 6%~14%，以钾长石为主，偶见斜长石，含量一般小于 1%，岩屑含量 5%~26%，以沉积岩岩屑和变质岩岩屑为主，岩浆岩岩屑少量。填隙物以胶结物为主，胶结物成分主要为方解石，少量白云石、铁方解石和铁白云石，白云石、铁方解石和铁白云石的总和含量为 2%~3%。方解石分布极不均匀，含量为 0%~30%。杂基含量仅 2%~5%，成分以泥质为主。

东河砂岩储层物性分布与其砂体分布规律有较好的相关性,具有由南向北逐渐变差的趋势,储层厚度大物性好,反之物性差。东河砂岩储层物性以中孔、中高渗为主,孔隙度12.5%~20%,平均13.8%,渗透率50~1000mD,平均222mD。

东河砂岩油藏油水界面由东南向西北逐渐降低,为倾斜的油水界面,位于构造东南端哈得405井的油水界面为-4107.51m,而西北端的哈得113井油水界面为-4185.37m,油水界面倾斜幅度达77.86m。

2)水平井设计目标

部署井Ta-Well#1为常规水平井,水平段有效长度300m。原则上要求实钻水平段测井解释油层钻遇率不小于85%。在水平段钻进过程中要求水平井轨迹距顶不能超过1m,确保油层钻遇率,同时为了控制含水,轨迹应该避免钻穿目的层下面的0.4m薄干层而进入水淹层(图1-4-36)。

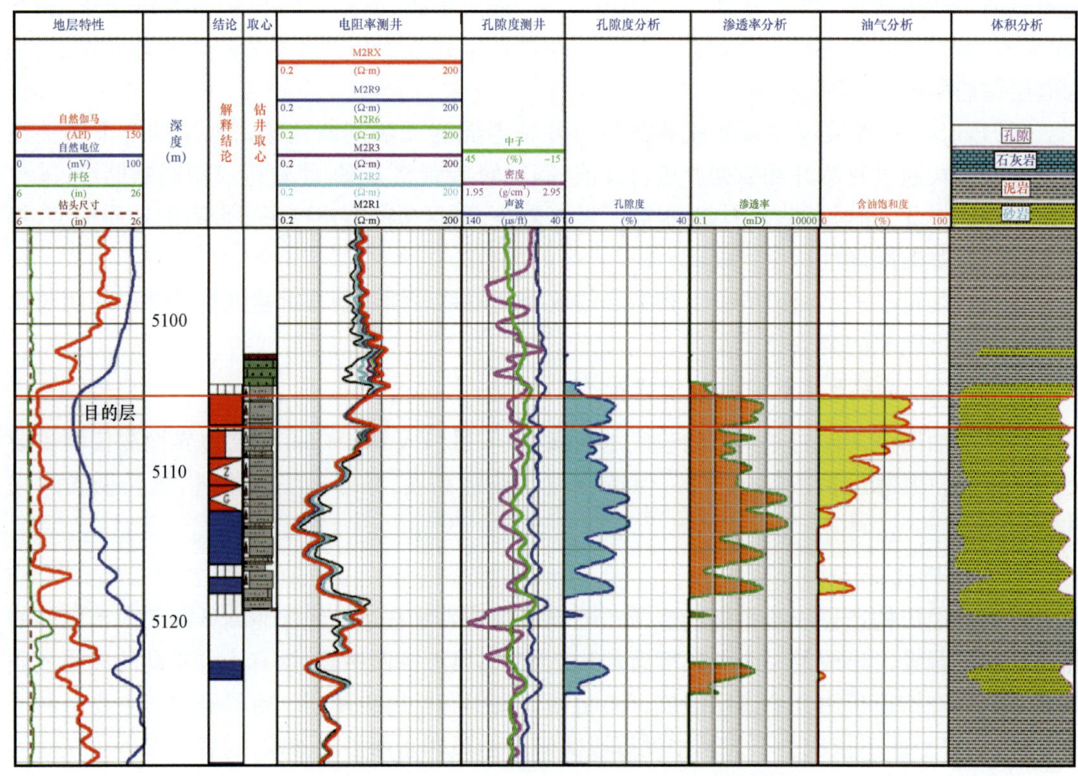

图1-4-36 Ta-Well#1井邻井目的层曲线特征

3)地质导向风险分析及对策

根据客户对本区域的研究及导眼井资料,分析本水平井导向难度如下:

(1)首先工程难度大,由于本井设计靶前距只有210m,导致造斜段狗腿度达到9°/30m,着陆时轨迹调整空间小,轨迹调整精度要求高;

(2)着陆难度大,油层薄顶部角砾岩邻井厚度不稳定,在1.6~5m之间,厚度差异3.4m,导眼井厚度为4m,对预测目的层垂深带来了很大的挑战,顶部角砾岩厚度的不稳定对实钻时的入靶角度提出了很高的要求；

(3)目的层识别难度大，东河砂岩为低阻油藏，电阻率介于 0.8～2.8Ω·m 之间，常规自然伽马及密度曲线上无法有效区分干层与目的层，仅能靠电阻率特征去识别目的层，而目的层低阻层薄的油藏特征及复杂的岩性变化会影响实时电阻率的测量；

(4)水平段轨迹控制难度大，目的层油水关系复杂且厚度薄，导眼井测井解释目的层厚度 2m，目的层顶部存在 0.8m 干层，底部存在 0.4m 干层，底部干层之下为差油层、中水淹油层，高水淹油层、水层，油水界面为倾斜油水界面，倾斜角度不确定。角砾岩及干层的存在一旦轨迹靠顶进入干层和角砾岩则钻速极慢，工具造斜能力严重受限，不仅影响钻井安全及钻井效率也会导致轨迹进入无效储层影响有效储层钻遇率，底水以及倾斜油水界面的存在一旦轨迹进入底部水层则可能导致回填侧钻。

针对以上本井地质导向的挑战分析，斯伦贝谢地质导向师及钻井工程师结合工程难度与地质难度进行了多轮钻前方案分析优化。历经多轮跟甲方技术专家的汇报讨论，最终确定了最优的旋转导向工具和地质导向随钻 LWD 仪器以准确识别油层，精确控制井眼轨迹，确保有效储层钻遇率的同时，确保工程安全并提高钻井效率。

具体风险应对方案如下：

(1)首先对钻前轨迹进行优化，在设计靶点垂深 3m 之上井斜达到 84°左右，防止目的层提前而钻穿目的层进入水淹层，同时设计一段 3°/30m 狗腿度的低狗腿度段，并选用斯伦贝谢最先进的旋转导向工具 PowerDrive Archer，确保轨迹能实现地质导向的要求。

(2)其次根据钻前可行性分析，选择 PeriScope 地层边界探测仪器，该仪器不仅能在高阻角砾岩中探测到油层从而帮助提前优化入靶角度，确保成功着陆，还能在目的层低阻中探测到顶部高阻边界，控制水平段轨迹距离顶部深度在设计要求的 1m 范围之内。

(3)另外为了及时判断所钻水平段目的层是否被水淹，避免完井后再电测解释为水淹层导致本井达不到地质设计要求的现象出现，选用 NeoScope 多功能地层评价无源测井仪器，利用其测量的中子密度及西格玛对流体性质进行实时解释。

4)地质导向实施过程及结果

以 Ta－Well#1 为例，水平段钻遇长度 304m，储层砂体钻遇率 100%，最终测井解释钻遇率 94.8%(图 1－4－37)，PeriScope 地层边界探测仪器不仅帮助成功着陆，也使整个水平段都位于油层中且实现了甲方设计距顶 1.0m 范围之内的要求，试油初期含水仅 3%。

5)认识与总结

(1)PeriScope 地层边界探测仪器不仅帮助成功着陆也能有效指导水平段的钻进，确保整个水平段都位于油层中且满足甲方距顶 1.0m 范围之内的要求，有效地避免了井眼轨迹钻入顶部致密层，提高储层钻遇率的同时也提高了钻井速度，平滑的轨迹也为后期下套管及完井作业奠定了基础。

(2)NeoScope 多功能地层评价无源测井仪器的使用对帮助判断流体性质有很大帮助，实时测井解释避免了水淹层的钻进。

(3)本井实施过程中为了确保成功着陆，需要在入层之前加入 PeriScope 仪器和 NeoScope 仪器，但上部井段由于狗腿度设计达到 9°/30m，实钻达到了 12.4°/30m，无法在钻具组合中加

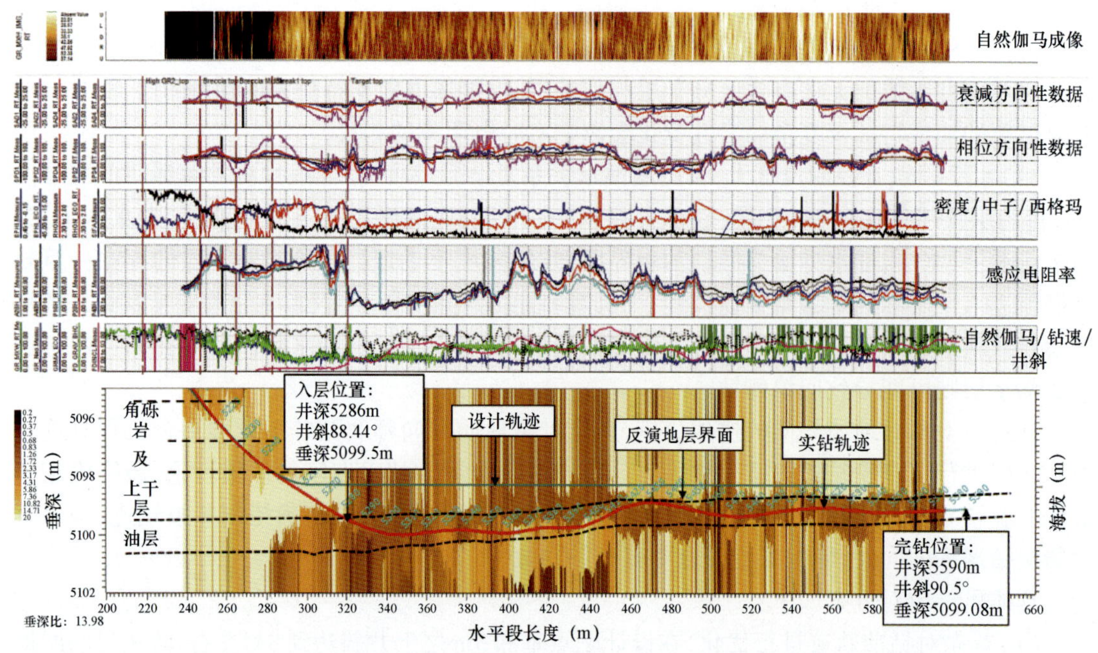

图 1-4-37 Ta-Well#1 完钻地质导向模型

入 LWD 仪器,被迫在打完高狗腿度段后起钻,在下部的低狗腿度着陆段才增加 PeriScope 仪器和 NeoScope 仪器,多增加了一趟钻约 30 个小时的时间,建议以后设计时适加大靶前距至 300m 以上,确保一趟钻着陆。

(4)本井实钻证实,PeriScope + NeoScope + PowerDrive Archer 工具组合适用于东河砂岩油藏的开发,建议类似油藏继续使用。

5. 大庆油田西部外围薄层致密油藏应用实例

在前面章节介绍,大庆致密油藏早期开发主要应用成像地质导向方法,geoVISION 侧向电阻率成像是主要应用的技术。然而随着油田开发的不断深入,面临的挑战越来越高,技术的升级亦是必然。PeriScope 地层边界探测仪器从 2014 年开始在大庆油田采油十厂源 151 区块使用,后局部推广至深层气勘探项目以及采油九厂的龙虎泡油田 L26 致密油区块,其中 L26 区块的案例最为典型。

1)地质概况

龙虎泡油田位于中央凹陷区的龙虎泡—大安北阶地,东部、南部紧邻齐家—古龙凹陷,总体为一东高西低的单斜构造;单斜的东部、西部较陡,中部为一被断层复杂化的构造平缓区。主要含油层组高三组油层受北部和西北部共三支水系共同影响,为三角洲前缘相沉积,从北向南沉积类型分别为河口坝、席状砂和浊积扇,油田南部过渡为前三角洲相泥岩。高三组岩性为一套深灰色、灰色泥岩和灰、深灰色含泥、含钙粉砂岩组合。

通过对北部已完钻的 821 口井钻遇情况统计,平均单井钻遇层数为 3.6 个,钻遇砂岩厚度 5.9m,有效厚度 4.4m。储层厚度主要集中在 GⅢ3-5 层,其中 GⅢ4-5 层最为发育,平均单井钻遇砂岩厚度 1.6m,有效厚度 0.8m,其余储层发育较差。根据样品分析,龙虎泡高台子未动用储量区高三组岩心分析孔隙度主要分布在10%～15%，平均孔隙度为11.5%，平均渗透率为0.64mD，主要分布在0.1～0.5mD，属于低孔、特低渗储层。油水关系简单，以纯油层为主。

2）水平井设计目标

该区块共实施2口水平井Qing－Well#3和Qing－Well#4井，均为高台子油层GⅢ4号层，从邻井曲线对比看，目的层厚度在1.1～2m，电阻率20～30Ω·m，自然伽马60～100gAPI（图1－4－38）。设计水平段长度在1500～1800m。要求钻遇率大于85%，保持井眼轨迹光滑。

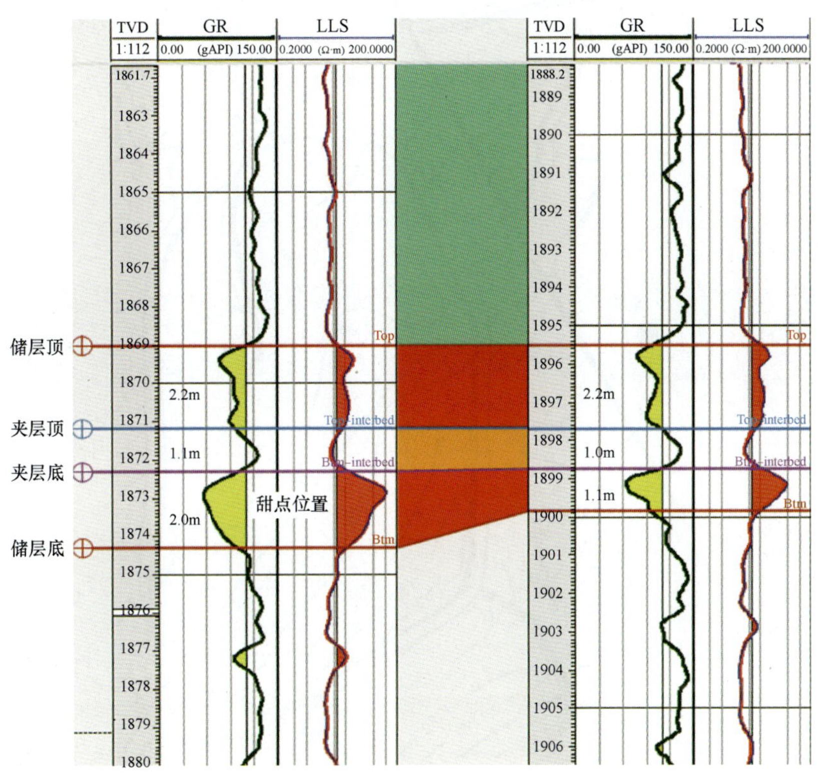

图1－4－38　L26区块邻井曲线对比图

3）地质导向风险分析及对策

地质导向钻井风险分析，主要来源于对地质设计的研究，主要有以下风险：

（1）目的层薄，而且设计水平段较长，且起伏较大，轨迹控制难度大；

（2）区内发育有断层，水平段有钻遇次级断层或微断层的可能性（图1－4－39），进一步增加了构造与储层的不确定性；

（3）Qing－Well#4井地震剖面显示后半段无数据体，着陆后无任何邻井可供参考，构造变化未知，如果构造变化剧烈，出层风险极大。

针对以上主要风险，制定了以下策略：

（1）应用旋转导向工具近钻头自然伽马及井斜测量及时分析变化，快速反应，精细控制；

（2）利用PeriScope地层边界探测仪器指导水平段追踪，同时加强地震资料的分析，主要参

考地震解释地层倾角的趋势,把握地层变化的宏观趋势,做到早预测,早调整;

(3)与客户及甲方地质现场监督保持密切联系,及时汇报沟通,确保顺利实施。

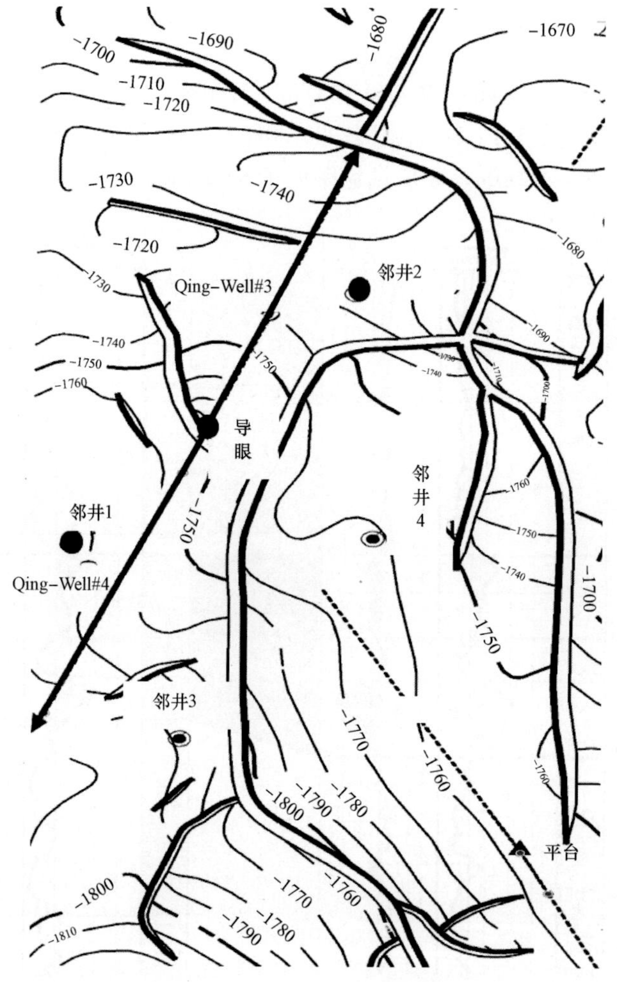

图1-4-39　L26区块构造及井位部署图(局部)

4)地质导向实施过程及结果

以Qing-Well#3井为例,PeriScope地层边界探测结果显示地层倾角前半部分为1.5°~2.3°上倾,后半部分为0.5°~5°下倾。实钻构造高点比设计的构造高点推后超过300m,实钻轨迹局部比设计轨迹高11m,且水平段末端地层倾角从2°下倾突变为5°下倾,超出工具的调整能力,最终钻遇23m泥岩。在实钻过程中发现,虽然目的层很薄,但是轨迹位于目的层不同的部位,机械钻速差异较大:储层上部0.5m,受钙质胶结影响,钻速1~5m/h;储层中部,距顶0.5~1.5m,钻速7~8m/h;储层底部0.3~0.5m,钻速10~25m/h。根据以上规律,在轨迹调整过程中,利用PeriScope的地层边界探测能力,有效控制轨迹在目的层中的快钻速部位,在满足地质要求的同时,提高了钻井效率(图1-4-40)。本井自井深2105m进入目的层,钻进至3597m完钻,水平段长度1492m,油层钻遇率98.5%(图1-4-41)。

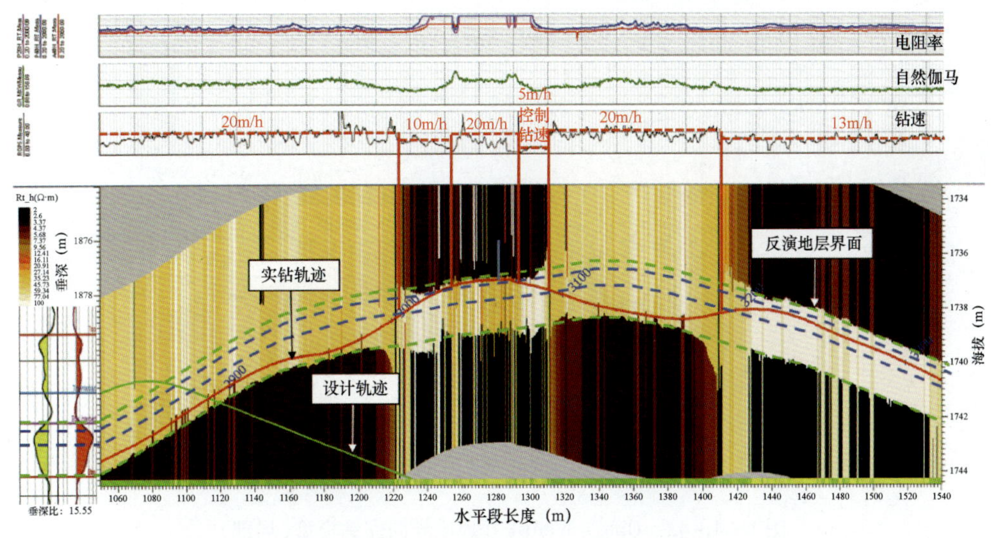

图 1-4-40　Qing-Well#3 井地质导向完钻模型(局部)

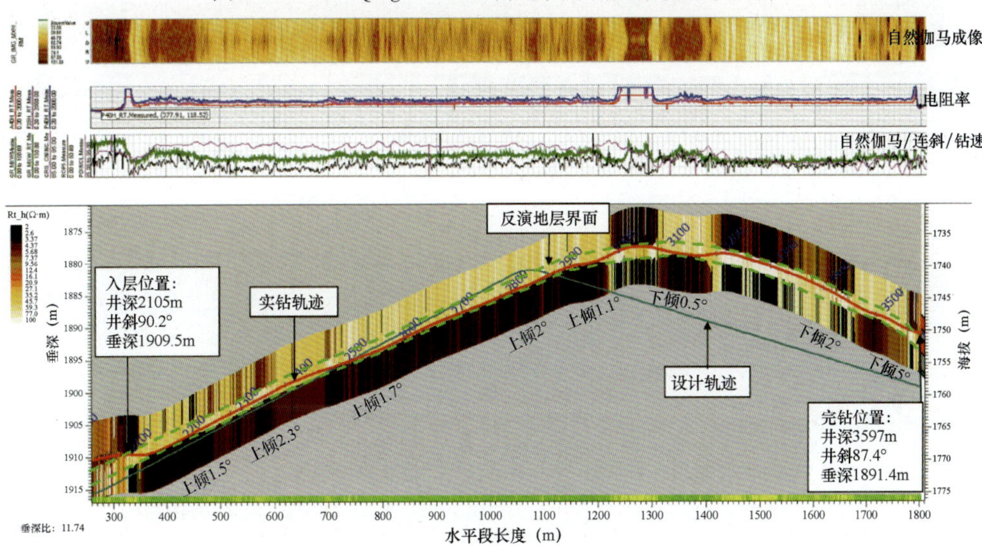

图 1-4-41　Qing-Well#3 井地质导向完钻模型

在 Qing-Well#4 井地质导向过程中，实钻轨迹在井深 2800m 左右钻遇微断层，PeriScope 地层边界探测提供了准确的地质模型，结合区域断层发育特点，果断降斜追层。在追层过程中，在断层下降盘准确描述出局的构造的剧烈变化，地层倾角从 2°左右上倾转换成 1.5°～2°下倾，断距 9m 左右(图 1-4-42)。轨迹调整过程中，由于 PeriScope 仪器提供了精确的构造和储层描述，因此轨迹调整更具有针对性，最终在保持轨迹的光滑的前提下，成功再次进入目的层。斯伦贝谢从斜深 2030m 接手本井地质导向作业，于井深 2153m 着陆进目的油层，完成 1777m 总进尺，水平段长共计 1654m，客户决定完钻(图 1-4-43)。其中有效砂岩段 1399m，泥岩段共 255m(井深 2843～3098m)，钻遇率 84.6%；如果除去因构造变化钻遇的泥岩段 255m，钻遇率 100%。

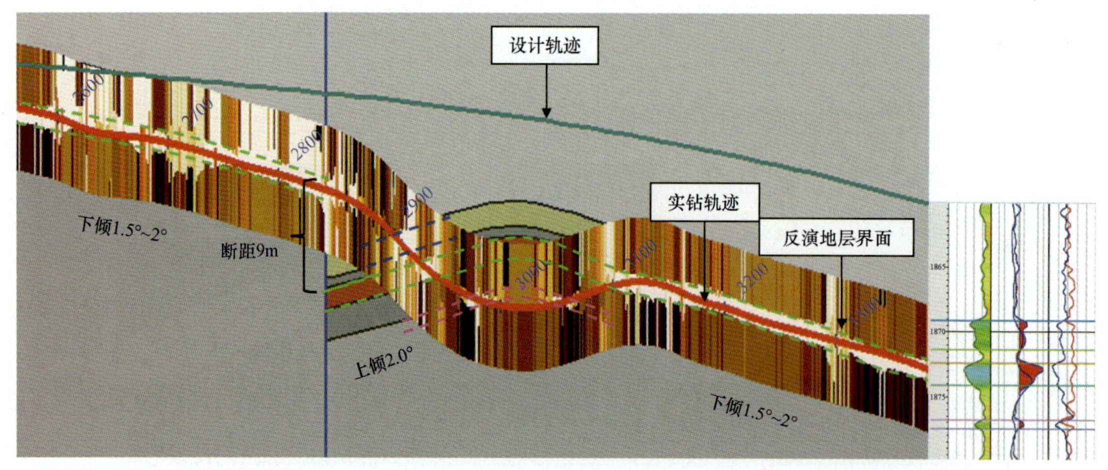

图 1-4-42　Qing-Well#4 井地质导向完钻模型(局部)

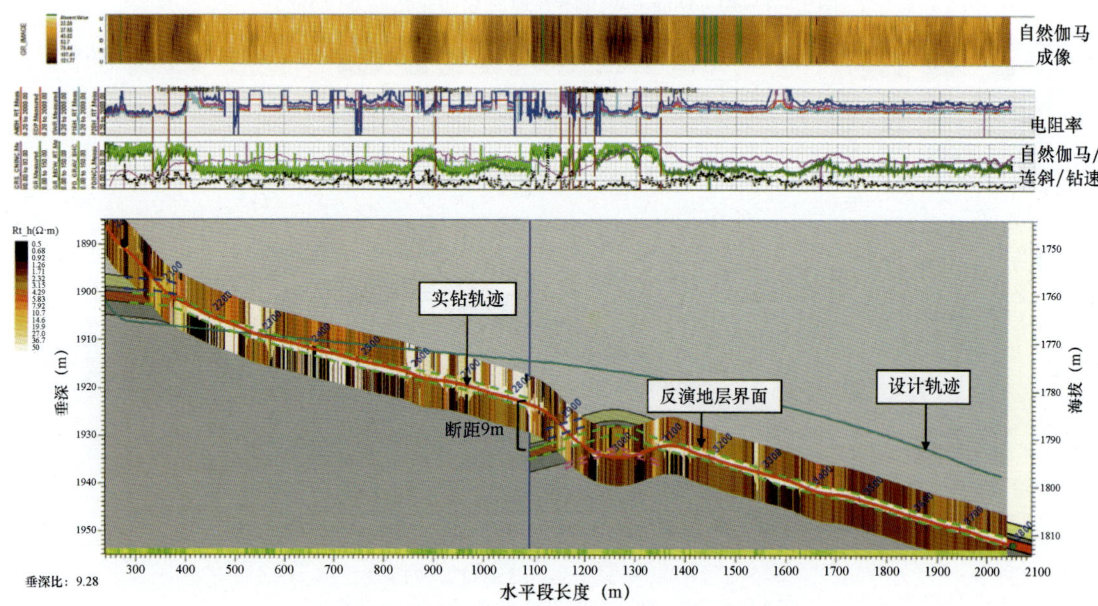

图 1-4-43　Qing-Well#4 井地质导向完钻模型

5)结论与认识

(1)大庆薄层致密油藏设计水平井目的层薄,水平段长。PeriScope + PowerDrive 工具组合克服了面临的挑战,在大庆油田薄层致密油藏中的应用取得了成功。

(2)PeriScope 仪器的地层边界探测功能在确保轨迹调整满足地质油藏的要求的同时,在提高钻井效率方面,也进行了有效的尝试。

(3)PeriScope + PowerDrive 工具组合,在很大程度上解决了长裸眼段钻进困难的问题,保持了较高的钻速并利于钻井风险的控制。

6. 大港油田河流相砂体应用实例

PeriScope 地层边界探测地质导向技术在大港油田主要应用于复杂河流相砂体的水平井钻井中，解决复杂构造以及砂体空间展布的难题。代表性区块为 CH6 区块。

1）地质概况

大港油田 CH6 区块位于大港油田南部滩海地区，地理位置位于河北省黄骅市关家堡村以东海域滩涂—水深 2～5m 的极浅海区。西与埕海一区相邻，北邻张东油田、北西为赵东油田，北东至矿区边界，南为埕宁隆起。

CH6 区块所在的 CH 斜坡区位于埕北断阶带的最南端，背靠埕宁隆起，工区面积 $50km^2$，为一继承性发育的斜坡构造，具有北断南超、坡缓、构造简单的特点。该斜坡被歧口凹陷、沙南凹陷所环绕，是油气运聚的主要指向区。该区位于埕宁隆起物源区，储层发育、油藏埋藏浅，产量较高，是一大型构造岩性油气藏富集区。

受古地貌控制，主力含油层系沙河街组发育南部埕宁隆起物源控制的辫状河三角洲水下分流河道，形成 4 条南北向砂体带，砂体主要发育在沟槽中，储层主要为一套中细岩屑长石砂岩，利用三维地震解释和测井约束反演手段，精细刻画 CH801 井、CH6 井、CH8 井、CH8 井南、CH15 井、CH16 井、CH16 井西等 7 个有利砂体；据 CH801 井钻井取心分析，油层平均孔隙度为 34.3%，平均渗透率 8376mD，为高孔—高渗型储集层。

2）水平井设计目标

为了评价 CH6 区块 CH8 井及 CH6 井鼻状构造的东侧沙河街组砂体圈闭高部位含油气性，兼探馆陶组，实现储量升级和效益动用，设计两口水平评价井：Gang－Well#1 井和 Gang－Well#2 井，水平段长度在 600～700m。Gang－Well#1 井位于 CH8 井附近，Gang－Well#2 井位于 CH6 井附近，两口井设计钻探目的层为沙河街组沙一段，保证油层钻遇率的同时完成评价目的（图 1－4－44）。

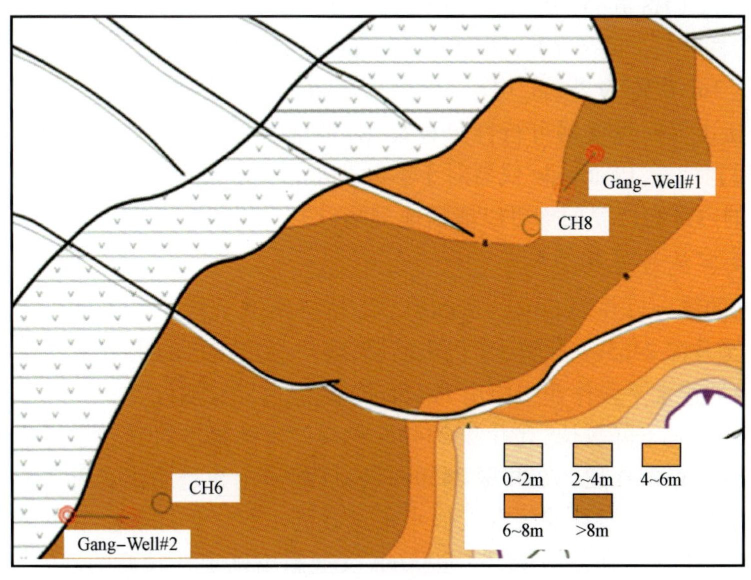

图 1－4－44 CH 油田 CH6 区块沙河街组含油评价图

根据邻井对比分析,设计水平井的目的层砂体厚度变化不大,垂厚在 7 ~ 8m。邻井 CH6 井目的层砂体内发育泥岩夹层。目的层上部围岩电阻率为 1.5 ~ 2Ω · m,夹层电阻率为 5Ω · m,目的层电阻率为 15 ~ 20Ω · m,目的层下部围岩电阻率为 2 ~ 3.5Ω · m,电阻率对比度较好(图 1 - 4 - 45)。

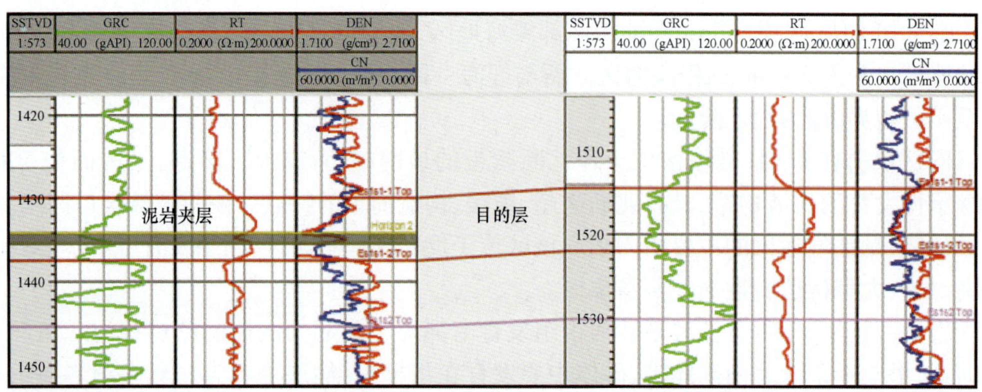

图 1 - 4 - 45　CH6 区块邻井曲线对比图

3)地质导向风险分析及对策

通过详细的钻前研究分析后,确定了主要的地质导向风险:

(1)控制井较少,构造存在不确定性;

(2)储层厚度及延展性存在不确定性;

(3)CH6 井储层内部存在泥岩夹层,泥岩夹层发育位置及延展性存在不确定性。

在充分理解了区块构造和储层特征后,通过钻前模型的仪器响应分析,推荐 TeleScope + PeriScope + PowerDrive 钻具组合用于水平井地质导向以实现地质目标。

根据 CH6 井及 CH8 井目的层电性特征,建立属性模型。在属性模型中,进行 PeriScope 仪器地质导向可行性分析。基于 CH6 井的 PeriScope 地层边界探测仪器可行性分析显示,顶部边界探测距离达 3m,底部为 2.2m,可以提前 1.9m 可以探测到夹层的发育状况;基于 CH8 井的 PeriScope 地层边界探测仪器可行性分析显示,顶部边界探测距离达 2.4m,底部为 3.2m。进行分析后可得到结论,PeriScope 仪器对于本区块水平井有良好适应性,目的层顶底界面,包括 CH6 井发育的内部夹层界面均可以清晰地刻画(图 1 - 4 - 46)。

4)地质导向实施过程及结果

该区块实施的第一口井为 Gang - Well#1 井,轨迹钻进至约井深 2350m/井斜 90.14°位置出层,而后钻进至井深 2465m/井斜 85°仍未回层,客户决定在目的层中进行回填侧钻作业,同时在侧钻作业及后续水平段作业中使用 PeriScope 地层边界探测仪器。

侧钻后,由于井斜下降较快,在井深 2340m 处实时反演显示轨迹靠近目的层底部,及时调整增斜避免出层,并稳斜探顶。在井深 2450m 处,反演显示轨迹距离顶部 2m 左右,要求降斜钻进,在降斜过程中,反演显示地层有近似水平过渡到 1.5° ~ 2°下倾。在井深 2750m 处又逐渐变化为 0.5° ~ 1°上倾。在井深 2850 ~ 2900m,反演给出确定性较高的砂体尖灭模型。为了满足地质方案要求继续评价前方地层,落实岩性及地层变化,继续降斜钻进 38m 至井深

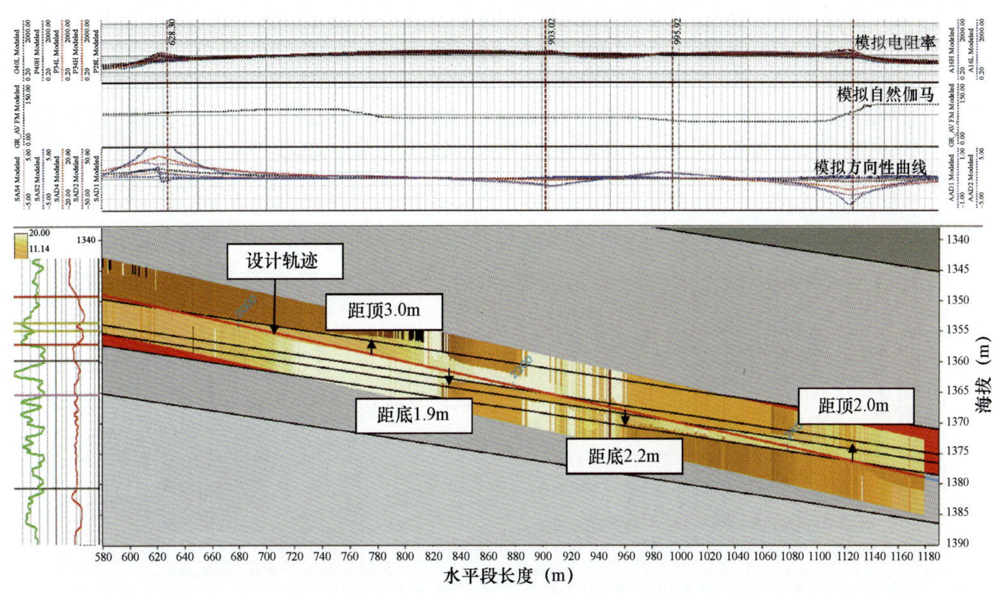

图1-4-46 CH6 区块地质导向钻前模型

3018m，顺利完钻。Gang-Well#1 井共完成水平段进尺 675m，水平段钻遇油层 675m，油层钻遇率 100%（图 1-4-47）。

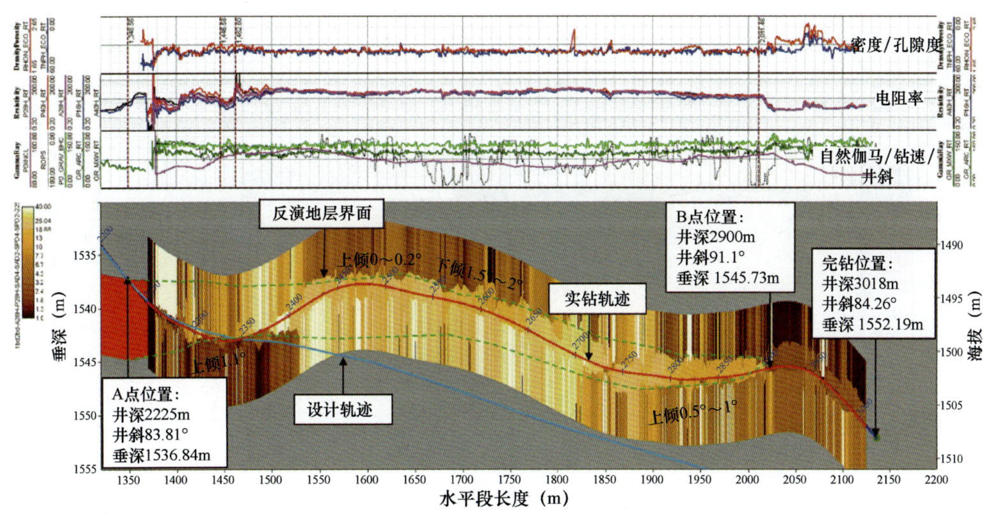

图1-4-47 Gang-Well#1 井地质导向完钻模型

Gang-Well#2 井从三开水平段井深 2680m 处开始使用 PeriScope 仪器。实钻过程中，反演显示地层倾角从近似水平逐渐过渡为 1°左右下倾，轨迹始终控制在距离目的层顶部 1m 左右。稳斜过程中，在井深 2910～2959m 反演显示探测到目的层底部，井斜 87.75°，要求缓慢增斜至 90°左右，同时观察反演变化（图 1-4-48）。在增斜过程中，发现地层进一步变缓，及时调整指令为迅速增斜至 92°钻进，使轨迹远离目的层底部，然后逐渐再调整为 90°，保持水平钻进,在水平段末端,反演显示目的层中部发育不稳定分布夹层。钻进至井深 3260m,顺利完钻,水平段长度 580m,油层钻遇率 100%(图 1-4-49)。

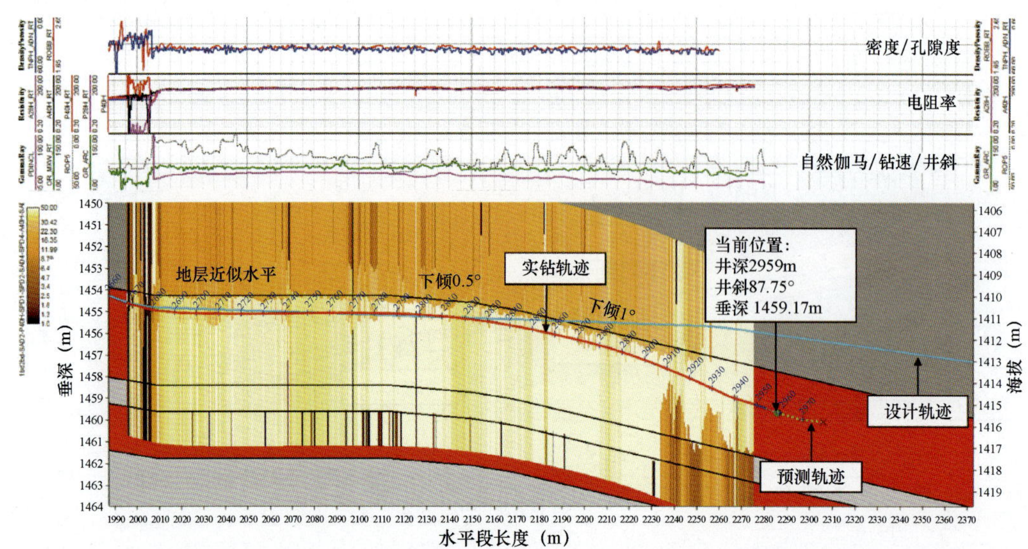

图 1-4-48 Gang-Well#2 井地质导向实时模型

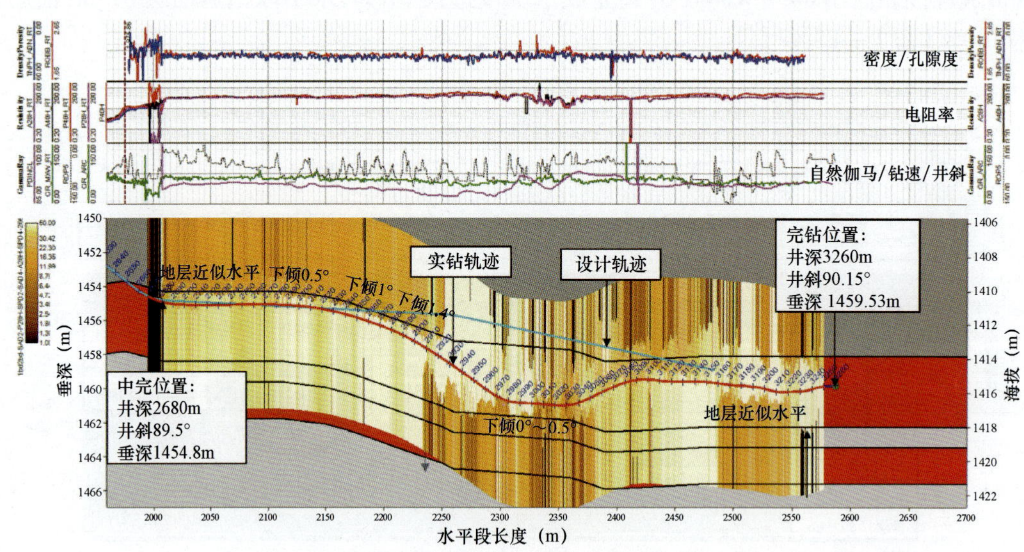

图 1-4-49 Gang-Well#2 井地质导向完钻模型

5)结论与认识

(1)本区块两口井的水平段钻进过程中,PeriScope 反演对储层边界的刻画清晰,成功完成两口井地质导向目标,在生产井段,油层钻遇率均为 100%;

(2)通过 PeriScope 反演模型可知,本区块目的层构造和厚度变化较大,地质情况复杂,砂体延展性不能确定,存在砂体尖灭的可能;

(3)Gang-Well#2 井最高日产油 225.1t,Gang-Well#1 井由于含水较高,平均日产油 40.1t。

使用 PeriScope 地层边界探测仪器进行水平段作业，能有效提高油层钻遇率，极大提高产量；

(4)采用 PeriScope 地层边界探测地质导向技术进行水平井地质导向为滩海油田开发增产增效做出显著的贡献。目前该技术作为成功应用的技术逐渐推广到大港油田的一些风险勘探项目和陆地区块，也取得了丰硕的成果。

第二节　PeriScope HD 高清多地层边界探测地质导向技术

一、基本解释原理

PeriScope HD 为 PeriScope 的升级版仪器，基本解释原理与 PeriScope 仪器类似。但 PeriScope HD 在硬件性能以及软件方面都有提升，在第一章第三节中已有详细介绍。这些升级和新增功能，在实时地质导向过程中，最直接的表现就是在一定程度上降低了对目的层与围岩电阻率对比的要求，能同时实现多地层边界的探测，对薄夹层的描述更加精细，精确度更高，探测深度更远，达到甚至超过 20ft(图 1-4-50)。

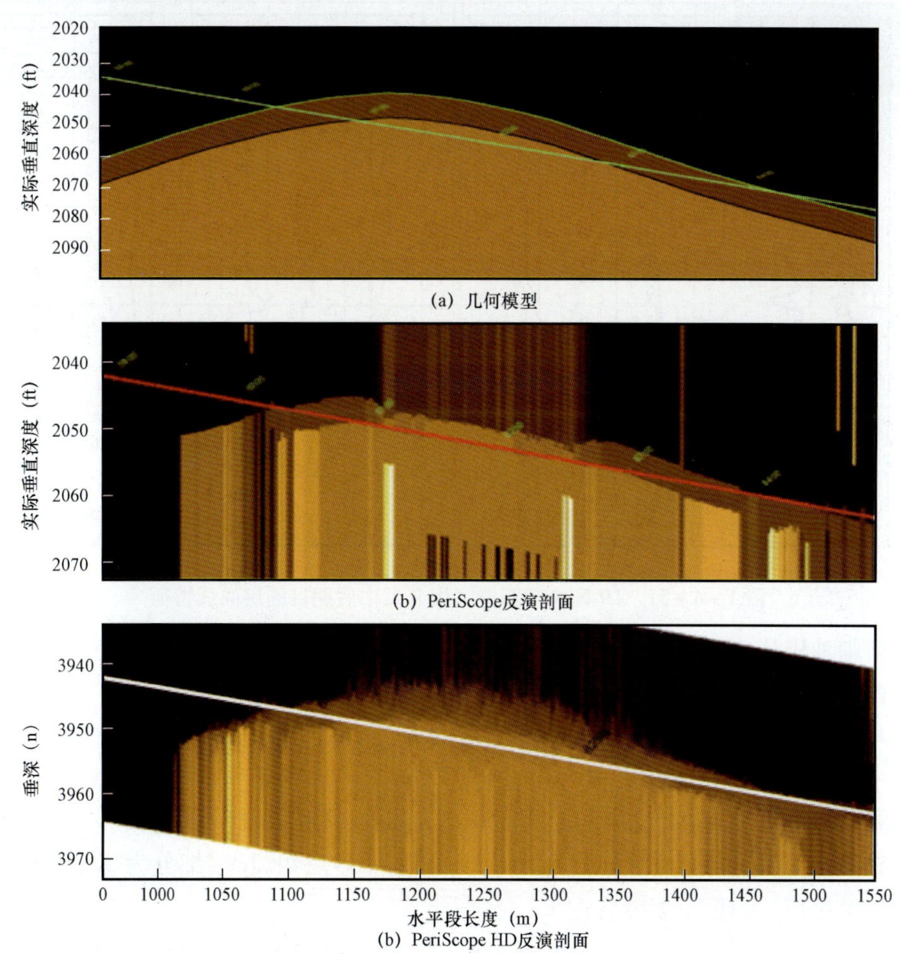

图 1-4-50　PeriScope HD 与 PeriScope 反演模型对比

二、高清边界探测技术应用实例

随着油田开发的不断深入，PeriScope 仅提供常规地层边界探测功能越来越不能满足地质导向和地质研究的要求。特别是在一些规模化开发的油田，开发中后期普遍面临储层品质下降的难题，特别是薄夹层的发育，这些都要求地质导向技术的升级。下面举例说明 PeriScope HD 高清多地层边界探测地质导向技术在规模化开发的新疆陆梁油田、玛湖油田以及大港油田复杂探井上的应用。

1. 新疆陆梁油田应用实例

1)地质概况

前文中提到，自 2006 年起，陆梁油田 L9 井区呼图壁河组油藏开始使用 PeriScope 常规地层边界探测仪器进行地质导向，截至 2014 年中期，完钻了近 200 口水平井作业，取得了丰硕的成果。但在后期遇到了储层和非储层电阻率对比度下降和薄夹层发育的挑战，地质导向工作遇到了瓶颈(图 1-4-51)。

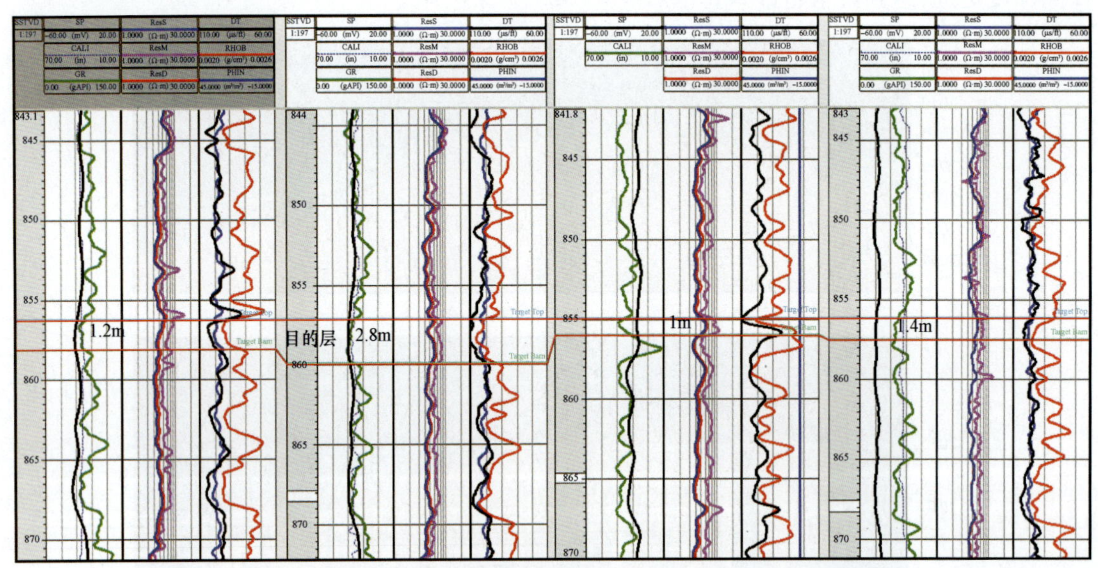

图 1-4-51　L9 区块呼图壁河组开发中后期目的层曲线特征

另外新疆油田从 2017 年起，为了扩大油田产量，开始对 L9 区块西山窑组(J_2x)进行水平井开发。西山窑组(J_2x)主要具有以下地质特征：

(1)L9 井区 J_2x_1 油藏顶部构造为一低幅度、近东西向的短轴背斜，高点在 L9 井附近(图 1-4-52)。

(2)西山窑组自下而上可分为 J_2x_4、J_2x_{2+3}、J_2x_1、J_2x_1 段地层分布稳定，厚度在 48～55m 之间。西山窑组 J_2x_1 纵向自上而下划分为 $J_2x_1{}^1$、$J_2x_1{}^2$ 两个砂层组，$J_2x_1{}^1$ 细分为 3 个单砂层，$J_2x_1{}^2$ 细分为 2 个单砂层。油层主要发育在 $J_2x_1{}^1$ 砂层组。

(3)L9 井区侏罗系西山窑组 J_2x_1 层沉积相为三角洲前缘亚相沉积，主要发育水下分流河道、河口沙坝、支流间湾微相，物源方向为北西向。砂体连续性好，厚度 30～42m 之间。

(4)储层岩样分析孔隙度 10.0% ~20.5%，平均 15.3%，渗透率 0.1 ~223.0mD，平均 4.8mD；油层孔隙度 14.0% ~20.5%，平均 16.5%，油层渗透率 1.5 ~42.6mD，平均 8.8mD。综合分析，L9 井区西山窑组 J_2x_1 储层具有中等偏低的排驱压力、中值压力的特征，属于孔隙结构较好的中孔、低渗储集层。

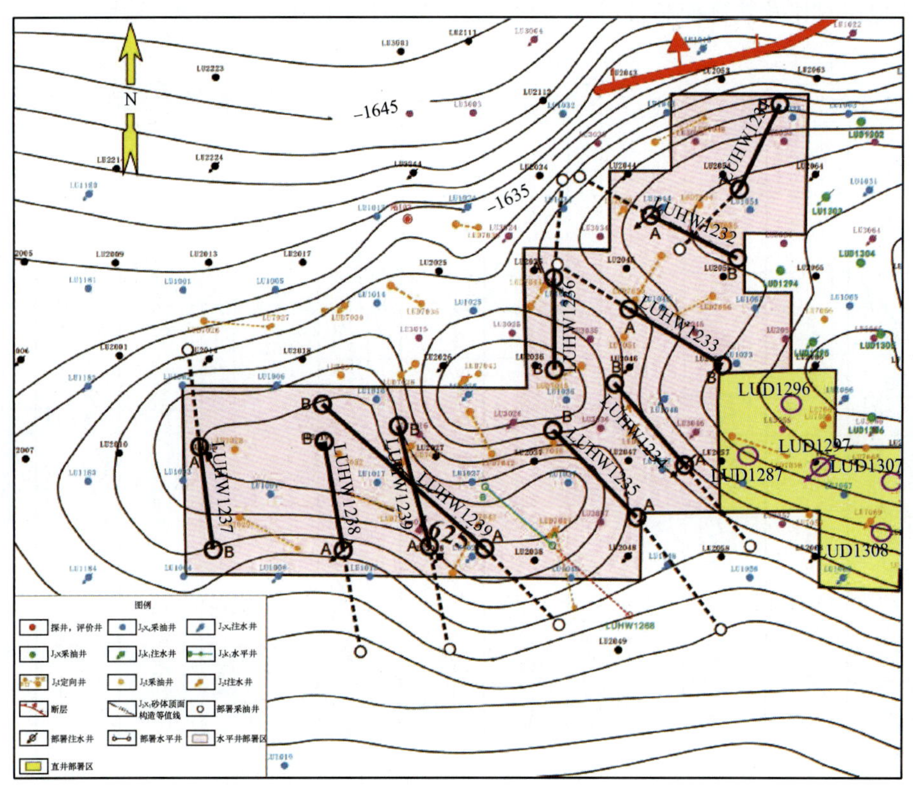

图 1-4-52　L9 井区西山窑组砂体顶面构造图

2)水平井设计目标

呼图壁河组水平井设计水平段长度在 150 ~300m，西山窑组水平井设计轨迹长度在 300 ~700m。都要求保持轨迹尽量靠近目的层顶部(位于油层顶部 0.5 ~1m)，并避开薄夹层，提高避水高度，同时确保油层钻遇率。

3)地质导向风险分析及对策

呼图壁河组开发后期部署的水平井主要地质导向风险与初期开发阶段基本类似，参考前文描述，但目的层与围岩电阻率对比度进一步降低以及薄夹层发育导致常规边界探测的反演结果不清晰，给实时地质导向带来风险。

西山窑组部署水平井主要面临的风险如下：

(1)目的层上部钙质砂岩发育，且厚度不稳定，给着陆带来风险。

本区已钻邻井来看，目的层之上多发育高阻钙质砂岩，钻穿该钙质砂岩后即进入目的层，但钙质砂岩的厚度、数量存在不确定性，部分邻井存在 1 套高阻钙质砂岩(如井 2)，另一部分邻井存在 2 套钙质砂岩(如井 1)(图 1-4-53)，因此，着陆增斜时机的选择较为困难，存在在增斜着陆过程中钻遇另一套高阻钙质砂岩的可能。或者稳斜钻进,计划钻遇另一套钙质砂岩之后增斜,但该砂岩又不发育,从而导致着陆过深的风险。同时,钻遇高阻钙质砂岩时,由于岩性致密,可钻性差,机械钻速较低(<3m/h),而导致增降斜困难。尤其是使用马达钻进时,由于托压严重,需经常性的划眼,有时狗腿度难以达到着陆要求。因此,在着陆施工过程中,需要加强邻井地层对比及轨迹控制,以合适的井斜角稳斜钻穿钙质砂岩后增斜着陆。

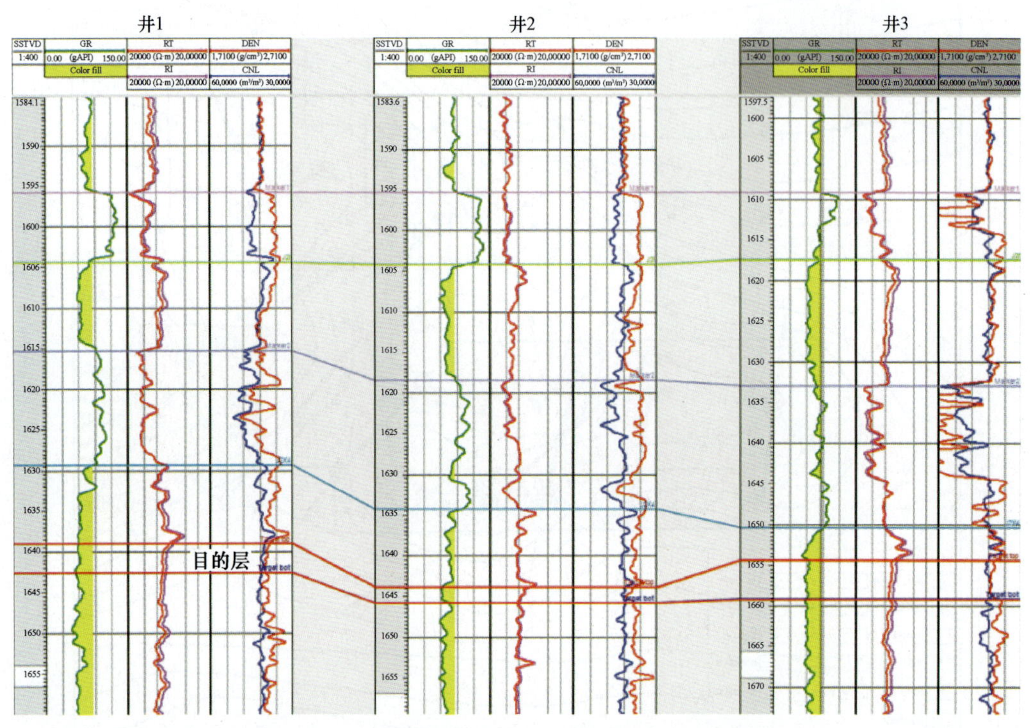

图1-4-53 陆9井区西山窑组邻井曲线对比图

(2)老油田开发,井网密度大,防碰风险高。

本区块已经开发近20年,井网过密,防碰风险高,同时着陆靶前位移短,设计狗腿度较大,着陆时轨迹调整空间较小,着陆难度大(图1-4-54)。在实钻过程中,应将防碰安全放在首位,当防碰风险较大时,优先考虑防碰风险,必要时可以牺牲储层钻遇率。

(3)区块处于开发后期,水侵严重,目的层电阻率低。

早期钻探的邻近直井目的层电阻率12~14Ω·m,但水平井实钻的目的层电阻率只有7~9Ω·m。同时目的层横向上也发育不规则的高阻钙质砂岩,物性及含油性差,水平段钻遇钙质砂岩时,需首先判断该钙质砂岩为目的层内部局部发育的钙质砂岩,还是目的层顶部连续发育的钙质砂岩。如果为内部局部发育,考虑到电阻率测量零长较长,钙质砂岩发育不规律,在轨迹调整时尽量少调微调;如果为顶部钙质砂岩,则应尽快降斜远离目的层顶部。

(4)目的层与围岩对比度降低,导致常规边界探测仪器边界反演不清晰。

由于目的层与顶底部围岩电阻率差异小,目的层顶部及内部发育高阻钙质砂岩,PeriScope常规地层边界反演不能清晰刻画出目的层顶底界面(图1-4-55),影响地质导向决策。

针对以上风险,制定以下策略:

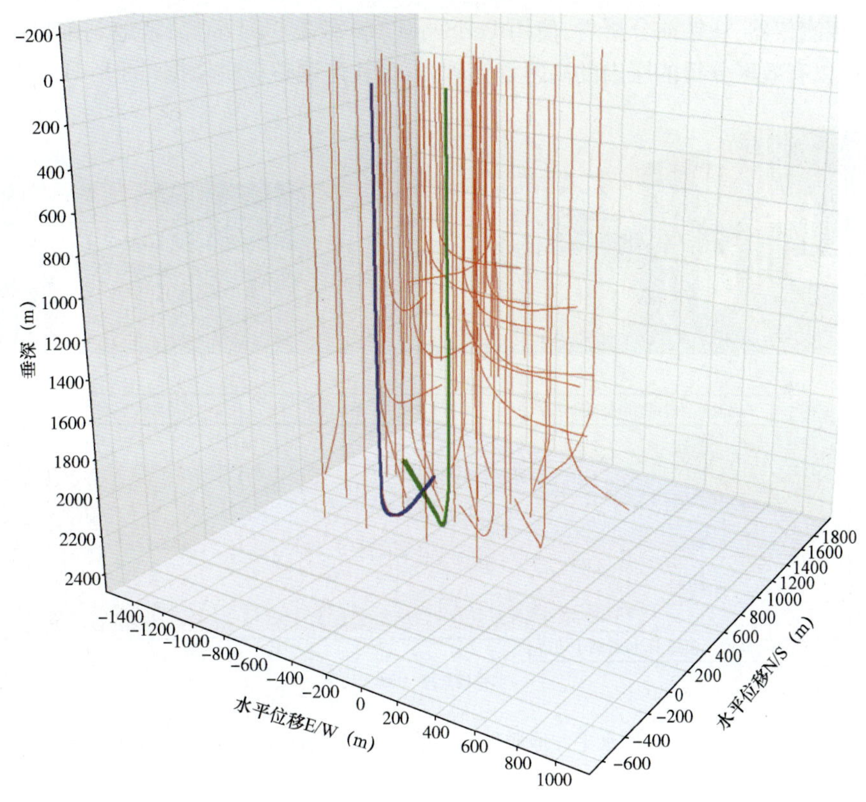

图 1-4-54　L9 井区水平井三维井网图

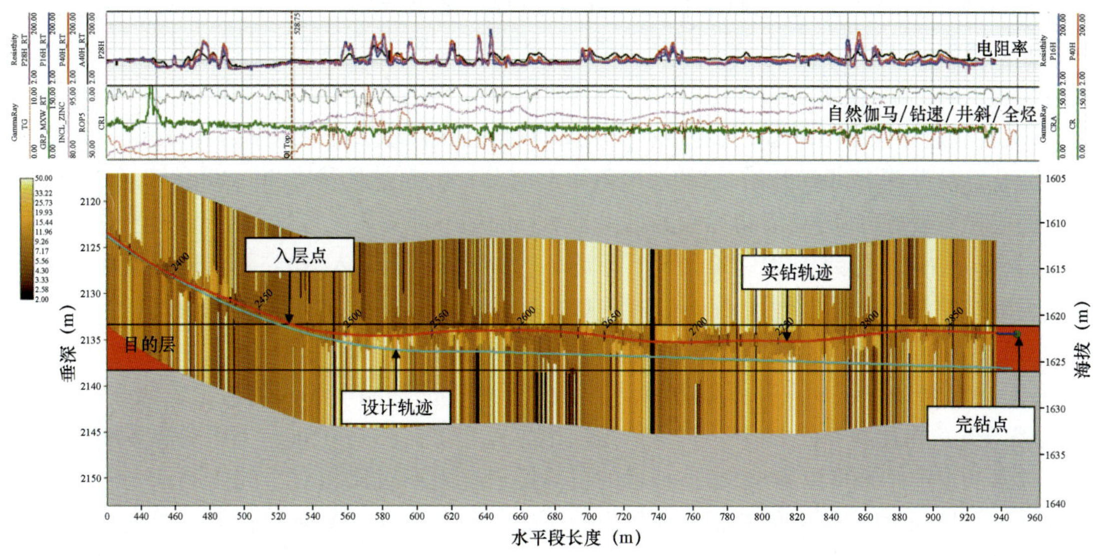

图 1-4-55　L9 区块西山窑组 PeriScope 反演剖面图

出于节约钻井成本的考虑，L9 井区水平井的造斜工具采用马达工具，并使用 ZINC 近钻头测斜短节，提供近钻头井斜测量，便于井底井斜预测及轨迹调整。地质导向使用 PeriScope HD 高清多地层边界探测仪器,从钻前分析看,使用 PeriScope HD 仪器,不仅能清晰地刻画目的层的顶底界面,同时可以有效区分目的层内的高阻含钙砂岩,为轨迹调整提供依据(图 1-4-56)。

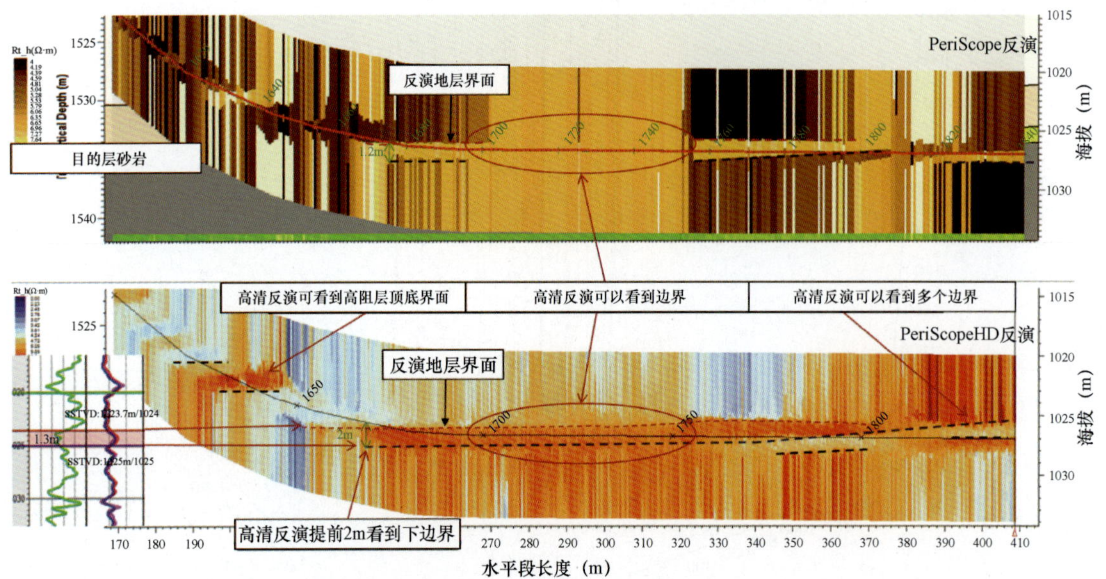

图 1-4-56 L9 区块水平井地质导向钻前模型(PeriScope 与 PeriScopeHD 对比)

4)地质导向实施过程及结果

(1)呼图壁河组应用实例。

Xin-Well#19 井:地质导向工程师于井深 1477m 接手,钻进至井深 1516m,机械钻速从 2~7m/h 增加到 30m/h 左右,录井岩屑为砂岩,全烃增加到 2%~4%,结合曲线对比,综合判断可能进入目的层,要求定向井工程师增斜到 90°~90.5°钻进观察。继续钻进至 1549m 到达 A 点,从高清边界探测结果看,上部钙质夹层反演边界清晰,地层近似水平,目的层电阻率横向存在变化。从井深 1580m 开始,目的层电阻率 4~5Ω·m,自然伽马在 70~80gAPI,全烃4%~5%,储层显示较好,此时高清边界探测结果显示目的层下部钙质夹层增厚。钻进至 1694m,井底井斜 90°,钻速下降到从 20~30m/h 下降到 5~10m/h,可能钻入泥岩,要求地质循环确认岩性。循环结束后,录井岩性为泥岩,全烃 0.4%~0.6%,自然伽马刚有增长的趋势值为 100gAPI。结合边界探测结果,后期储层整体变差,决定完钻。Xin-Well#19 井从井深 1516m 入层,A 点井深 1549m,B 点井深 1694m,水平段进尺 145m,油层 135m,顺利完成地质目标,钻遇率 93.1%。对比本井的 PeriScope 常规地层边界探测仪器和 PeriScope HD 高清多地层边界探测仪器的反演结果可以看出,在这种目的层与围岩电阻率对比相对小的储层,PeriScope HD 的反演结果更加清晰,同时能够精细描述出储层的电阻率纵向和横向变化特征,给地质导向决策提供了有力的依据,见图 1-4-57。

Xin-Well#20 井:地质导向工程师于井深 1585m 接手,井底井斜约 84.5°,要求从井深 1495m 开始复测数据加强对比。复测曲线形态与 SlimPulse 自然伽马相似,近钻头井斜 83°,可能已经进入油顶位置,数据补测完毕,井底井斜约 84.5°,要求全力增斜追目的层。钻至

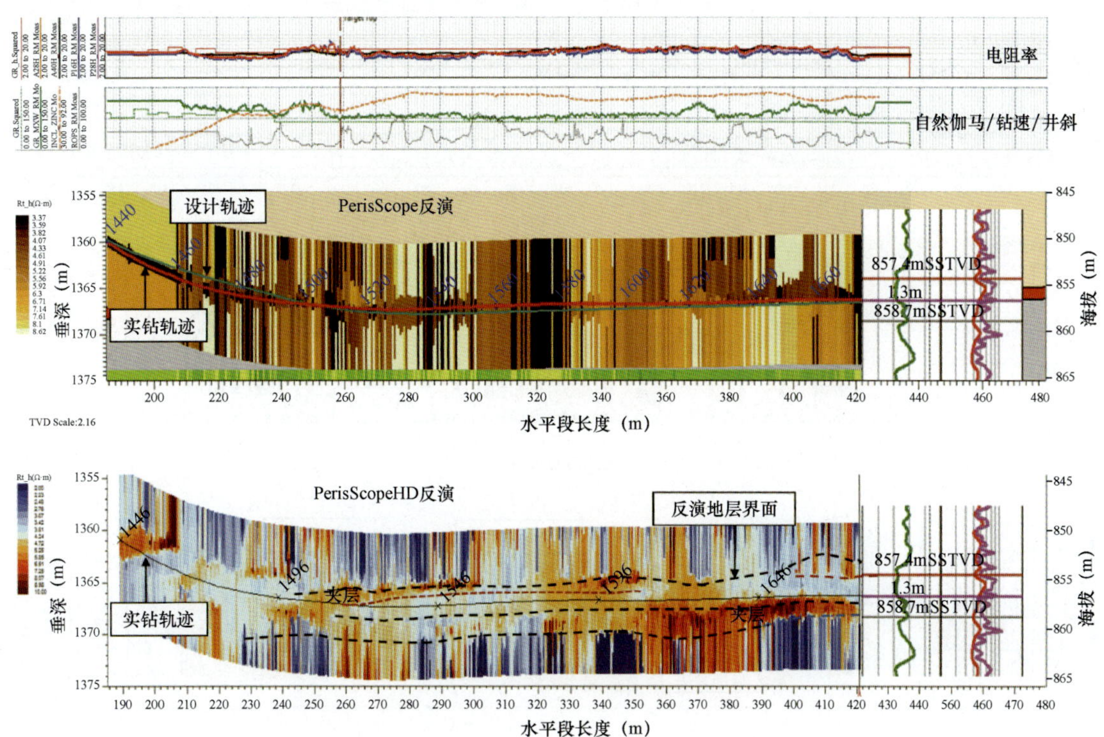

图 1－4－57　Xin－Well#19 井地质导向完钻模型（PeriScope 与 PeriScopeHD 对比）

1599m，钻速 20～30m/h，电阻率升至 4～5Ω·m，自然伽马降至 70gAPI，岩屑显示砂岩，荧光不错，全烃 7%～8%，复测反演确认边界。反演显示边界不是很清晰，要求先增斜至 90°。钻进至 1629m，井底井斜约 89.5°，垂深 1421.72m，机械钻速 20～40m/h，实时 PeriScope HD 反演边界清晰，目的层底部边界垂深在 1422.5m 左右目的层顶垂深在 1419.5m，目前轨迹靠近目的层底部，同时目的层上部的高阻含钙层也有清晰描绘，要求定向井工程师继续增斜到 92°～93°，控制轨迹在目的层中上部钻进。继续钻进至井深 1720m，钻速 30m/h，电阻率 6Ω·m，自然伽马 75gAPI，全烃 6%～7%，荧光显示很好，PeriScope HD 反演显示距顶 0.9m，要求增斜至 90.5°～91°，然后保持接近 91°钻进。钻至设计完钻井深 1755m 顺利完钻。Xin－Well#20 井实钻着陆点 1590m，A 靶点井深 1645m，B 靶点井深 1755m，水平段进尺 110m，目的层总进尺 165m。均在油层中，顺利完成地质目标，钻遇率 100%。对比本井的 PeriScope 常规地层边界探测仪器和 PeriScope HD 高清地层边界探测仪器的反演结果可以看出，PeriScope HD 的反演的储层边界更加清晰，同时对薄夹层发育状况的描绘精度更高，见图 1－4－58。

（2）西山窑组应用实例。

Xin－Well#21 井水平段进尺 394m，砂岩段长 394m，储层钻遇率 100%。实钻结果及邻井资料证实目的层厚度 2.5～3.5m。本井构造相对平缓，起伏较小，水平段前段地层约 0.5°上倾，中部地层近水平，水平段后半段 0.5°～1°上倾（图 1－4－59）。本井目的层物性横向变化较大，水平段前段及中段物性较好，水平段末端钙质胶结发育，物性相对差。整体上水平段油气显示较好，气测值较高。

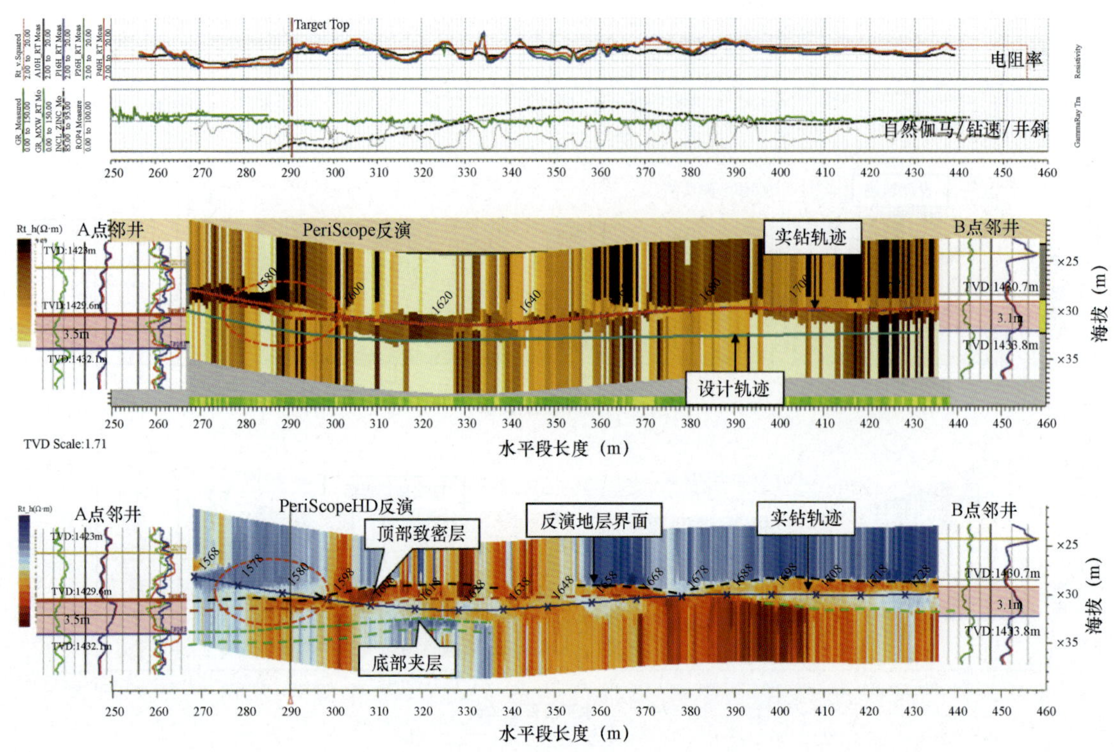

图 1-4-58　Xin-Well#20 井地质导向完钻模型(PeriScope 与 PeriScopeHD 对比)

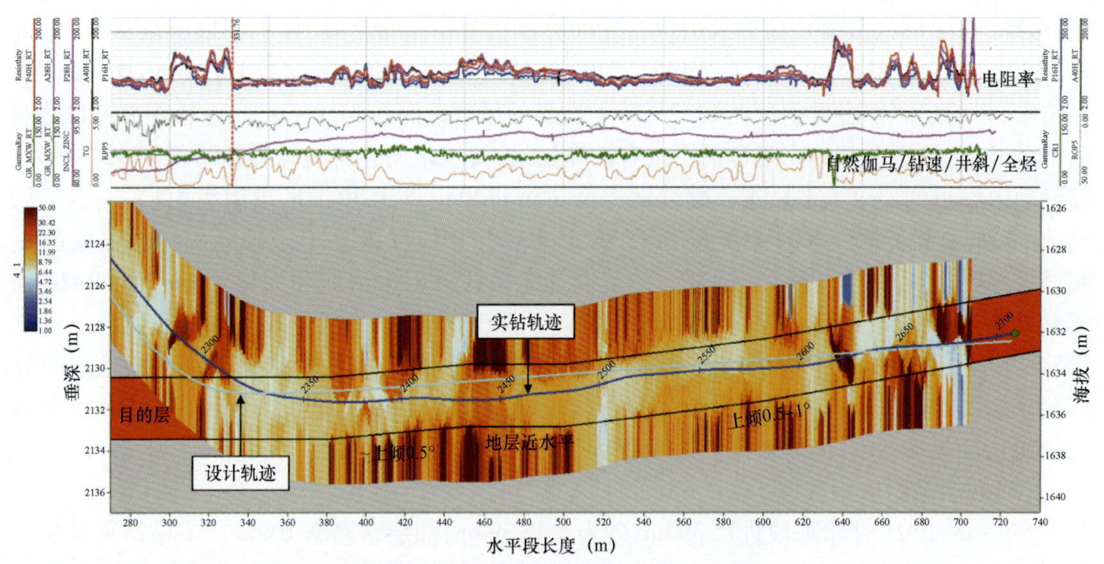

图 1-4-59　Xin-Well#21 井地质导向完钻模型

Xin-Well#22 井井水平段进尺 690m,砂岩段长 690m,储层钻遇率 100%。实钻结果及邻井资料证实目的层厚度 3~4m。本井构造相对平缓,起伏较小,水平段前半段为 0~1°上倾,后半段为0°~0.5°下倾(图1-4-60)。本井目的层物性较好,水平段未见泥岩,局部钻遇高阻钙质砂岩,水平段油气显示好,气测值高,1%~2%。

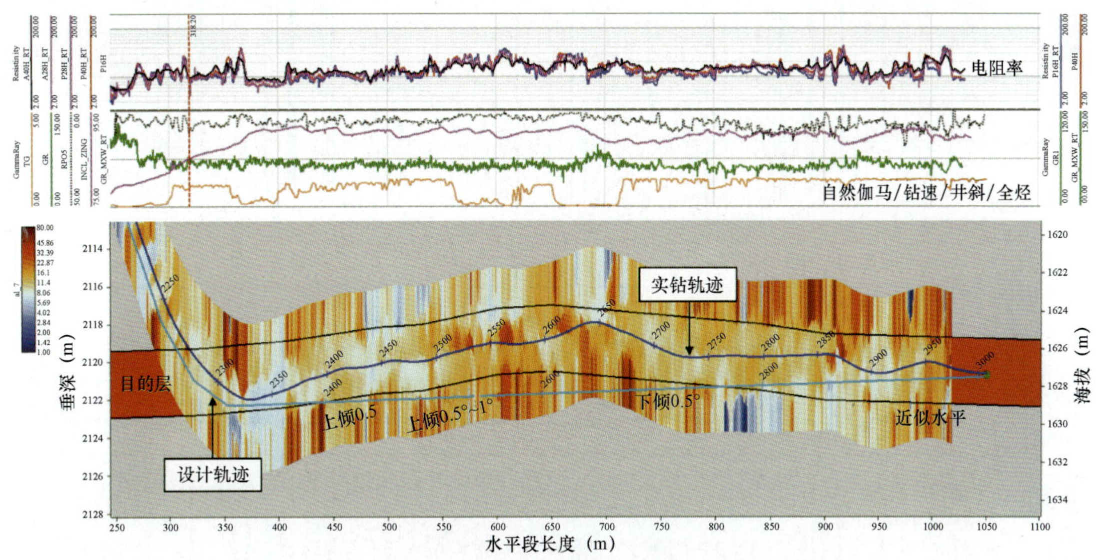

图1-4-60 Xin-Well#22井地质导向完钻模型

Xin-Well#22井与Xin-Well#21井存在较大的防碰风险。Xin-Well#22井钻前预测目的层深度与Xin-Well#21井已钻目的层垂深差5~9m,而目的层处垂深系统误差5~6m,且Xin-Well#22井设计水平段与Xin-Well#21井水平段交叉,夹角为30°。在水平段钻进过程中,地质导向工程师与钻井工程师及定向井工程师密切配合,积极沟通,在保证钻遇率的前提下,使轨迹尽量靠近目的层顶部钻进,保障了轨迹安全,降低工程风险。

5)结论与认识

(1)PeriScope HD高清多地层边界探测仪器在水平段地质导向工作中起到重要的指导作用。从边界反演上看,目的层顶部和底部的高阻边界十分清晰连续,有助于识别地层倾角并刻画构造形态。目的层内部如果发育钙质团块,在高清反演中也十分清晰,可准确对地层边界和夹层进行区分,避免过多的调整轨迹,极大地降低了导向难度,提高了钻井时效。导向过程中把握储层变化的大趋势,以避免过分追求细节而进行不必要的轨迹调整,确保井眼轨迹平滑,降低工程风险。

(2)由于PeriScope HD反演的计算方法与PeriScope反演不同,运算量更大,因此反演得到的信息量更大,可以看到多个电阻率界面,从已完钻井的实钻结果来看,针对本井区的地质导向,PeriScope HD高清多地层边界探测仪器与PeriScope常规地层边界探测仪器相比,有以下几个优势(图1-4-61):

a. 地层边界探测:PeriScope反演上可以看到一些暗色或者明亮的边界,但是无法区分含泥质夹层或者含钙质砂岩;PeriScope HD反演上可以清晰描绘油层的顶底边界。

b. 地层倾角:PeriScope反演可以获取地层倾角,但精确性有待提高;PeriScope HD反演可以精确获取地层倾角。

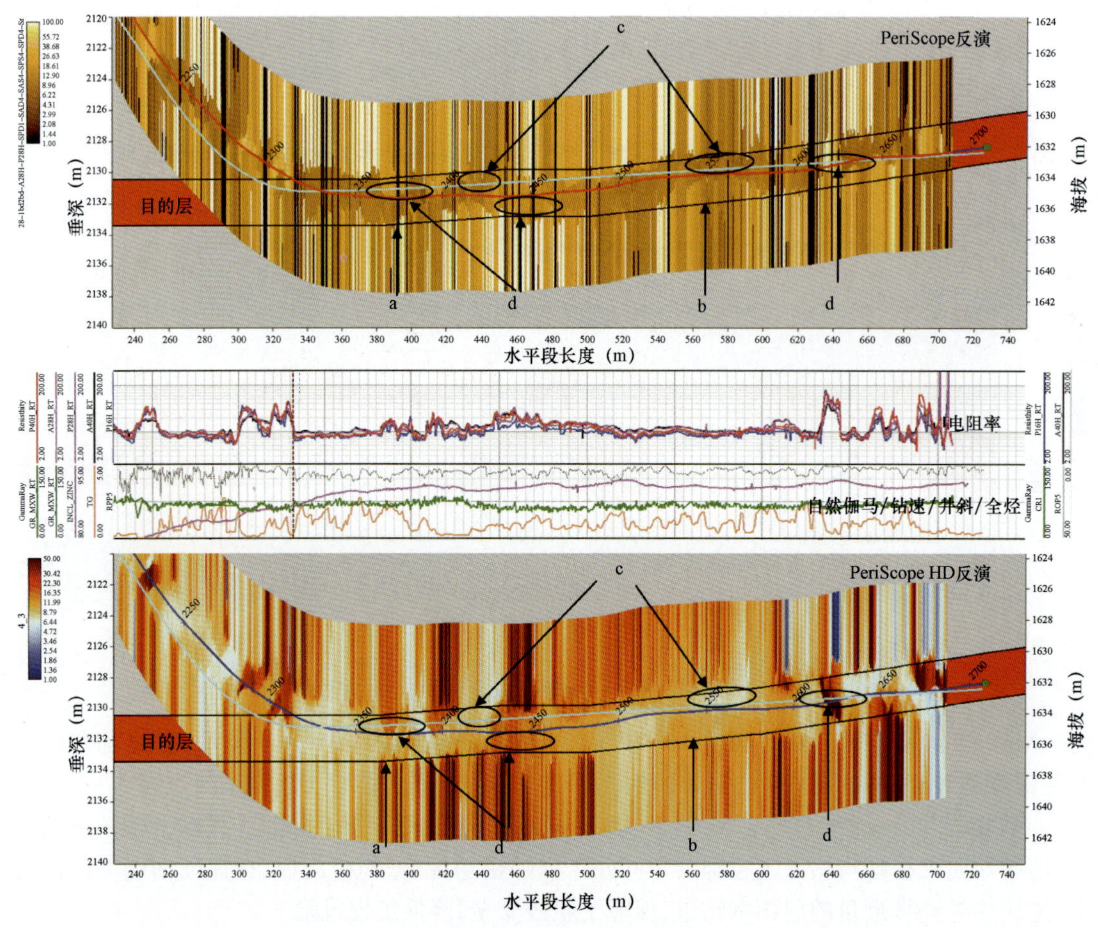

图 1-4-61　L9 区块水平井地质导向完钻模型(PeriScope 与 PeriScopeHD 对比)

c. 泥质夹层识别:本井区的油层电阻率与泥质夹层电阻率都为低值,PeriScope 反演难以区分低阻为泥质夹层还是油层;PeriScope HD 反演对电阻率值差异更敏感,分辨率更高,可以有效区分泥质夹层。

d. 钙质夹层识别:PeriScope 反演难以描绘钙质夹层的位置及形态;PeriScope HD 反演可以清晰描绘钙质夹层的位置及形态展布。

2. 新疆玛湖油田致密砾岩油藏应用实例

新疆玛湖油田从 2016 年开始利用 PeriScope 常规地层边界探测技术对致密砾岩油藏进行水平井地质导向。钻井过程中,依据常规边界反演结果实时调整水平井轨迹,取得了较高的钻遇率的同时钻井效率也有了较大的提升。2018 年之后,随着老区靠近边部的井位以及一些难度较大的新区陆续开始部署水平井,钻井和地质人员面临着更大的挑战。为了对区域和局部夹层的发育和展布状况有更清晰的认识,避免在钻井过程中钻遇夹层而降低储层钻遇率和影响钻井时效,更先进的地质导向仪器 PeriScope HD 高清多地层边界探测仪器投入使用,其中以 M2 井区的应用最为典型。

1）地质概况

玛北油田 M2 井区位于准噶尔盆地西北缘玛纳斯湖北部，区域构造位于准噶尔盆地西北缘玛湖凹陷西环带玛北斜坡带，行政隶属新疆维吾尔自治区克拉玛依市和塔城地区和布克赛尔蒙古自治县。其北部为玛北油田 M131 井区，西南为艾湖油田 M18 井区（图 1－4－62）。该区主要目的层为百口泉组，M2 井区百口泉组油藏属受岩性—构造控制的深层特低渗稀油油藏，为夏子街扇三角洲相沉积体系，岩性以砂质砾岩、砂砾岩、含砾砂岩和砂岩为主。百口泉组砂体连续性好，油层主要集中在 $T_1b_2^{\ 2}$，平均孔隙度为 9.67%，平均渗透率为 0.82mD，$T_1b_2^{\ 2}$ 油层厚度 0.6～16.4m，油层厚度平均 6.9m，呈条带状，全区发育且内部发育夹层（图 1－4－63）。

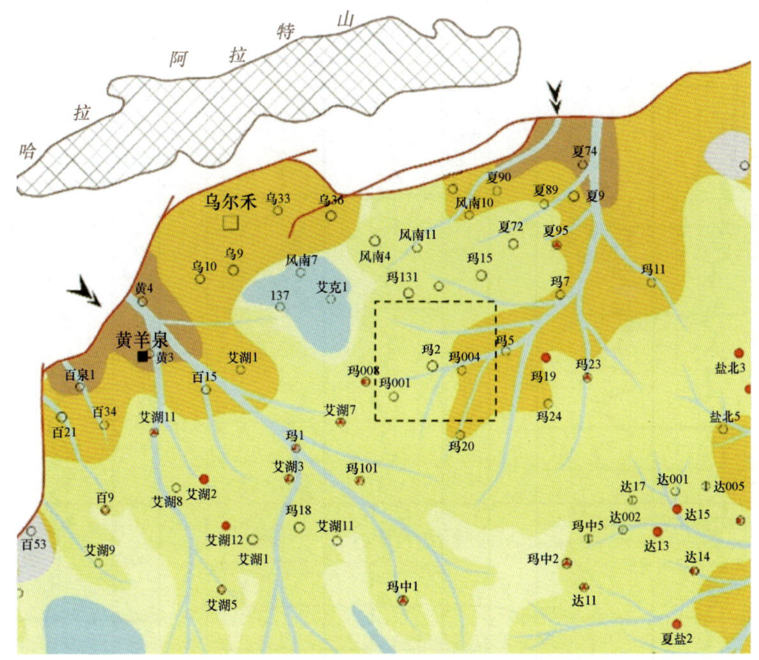

图 1－4－62 玛湖凹陷三叠系百口泉组沉积相图

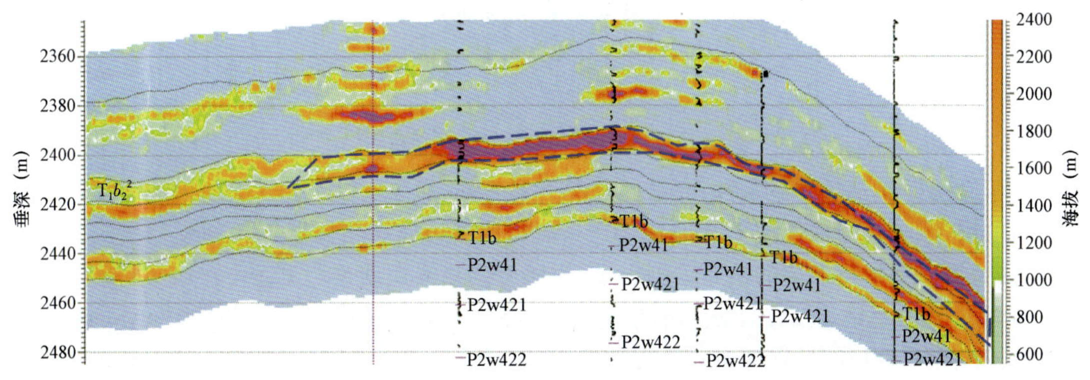

图 1－4－63 $T_1b_2^{\ 2}$ 地震反演预测油层展布图

2)水平井设计目标

M2 井区设计水平井目的层为 $T_1b_2^2$,水平段设计长度 1200～1600m。要求钻遇率达到 95%以上的同时,保持井眼轨迹光滑。

3)地质导向风险分析及对策

根据已钻水平井分析,本区块参考邻井相对较少,目的层内部存在不连续发育的夹层(图 1-4-64),储层的厚度横向展布也不是很稳定,当钻遇泥岩层时,钻速骤降,如果没有准确有效的手段,对于地质导向人员来说,实时导向过程中判断轨迹与地层上下切关系会非常困难。

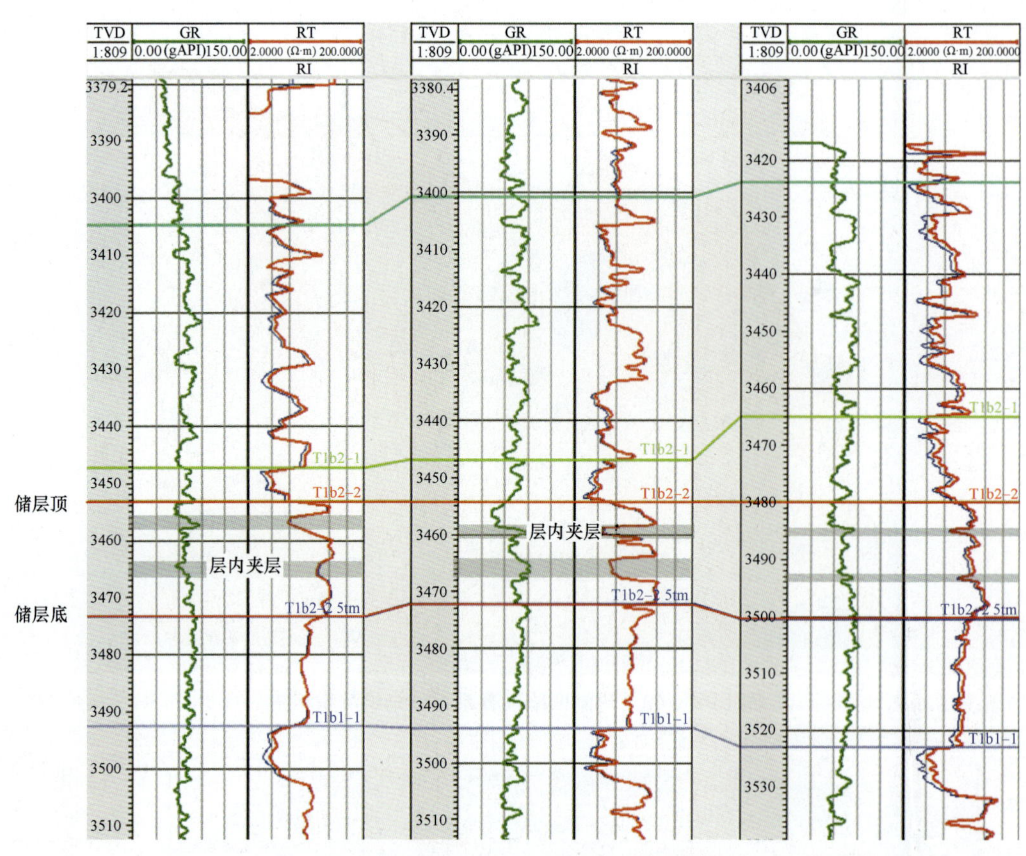

图 1-4-64　邻井曲线对比图

由于储层横向发育不稳定性,在某些情况下 PeriScope 常规地层边界探测仪器不能清晰刻画出目的层顶底界面,而使用 PeriScope HD 高清多地层边界探测仪器不仅刻画目的层的顶底界面,同时可以清晰将储层的展布刻画出来,为轨迹调整提供依据。见图 1-4-65,轨迹自井深 3940m 进入一套钻速变慢且波动明显的地层,测得此处电阻率呈下降趋势,PeriScope 反演显示轨迹可能靠近目的层顶部也可能为钻遇夹层,信息不是很明确。当使用 PeriScope HD 反演时,可以清晰地显示出轨迹进入了一套储层内的夹层而非目的层顶。

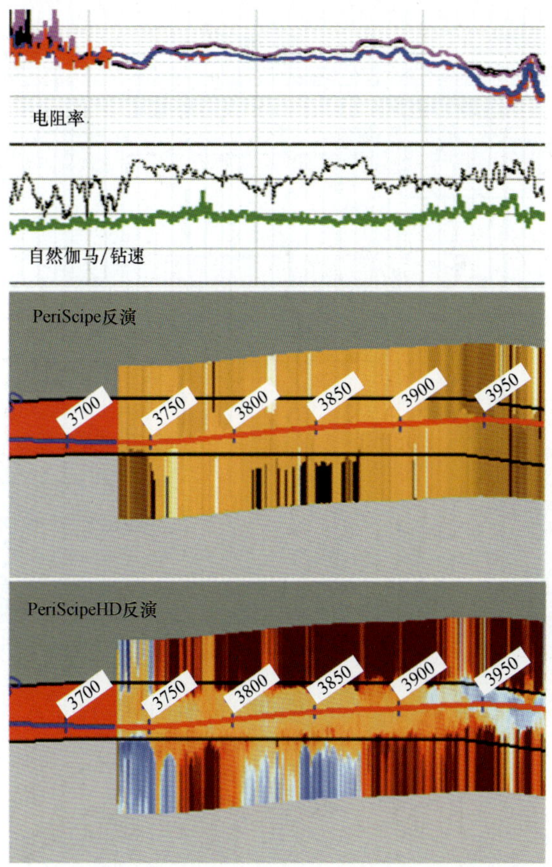

图 1－4－65　PeriScope 与 PeriScope HD 反演对比图

4)地质导向实施过程及结果

Xin－Well#23 井设计目的油层为百口泉组 $T_1b_2{}^2$ 上部油层。根据邻井曲线对比，上部油层横向整体较稳定且未发现夹层发育(图 1－4－66)。

斯仑贝谢地质导向接手时，该井水平段已经钻进约 500m。井底返出岩屑含泥，需要通过复测确认轨迹底出还是顶出。复测之后 PeriScope 和 PeriScope HD 反演均显示轨迹从底部钻出目的层，开始增斜追层。在增斜过程中 PeriScope HD 反演显示轨迹上方高阻边界距离轨迹越来越远，意味着上部储层可能减薄或者发生尖灭，于是开始降斜追层轨迹重新回到目的层内，但 PeriScope 常规反演只显示出轨迹在低阻泥岩中穿行，未提供出清晰上方高阻边界的信息以及两套储层之间的泥岩夹层厚度的描述(图 1－4－67)。

马达降斜回层之后重新使用 PeriScope HD 高清多地层边界探测仪器，将两套储层之间的夹层刻画得非常清楚，顺利完成剩余 479m 水平段(图 1－4－68)。

本井使用 PeriScope HD 高清多地层边界探测仪器有效地刻画出上部储层的横向变化情况，地质导向人员综合各方面信息采取及时有效的措施回追储层，最终顺利完成剩余水平段。本井反演结果不仅在实时调整过程中提供了及时准确地调整了方向，提高了储层钻遇率，降低了轨迹的复杂带来的工程风险，同时反演结果对储层夹层的刻画也为后期水平井的部署提供了有利依据。

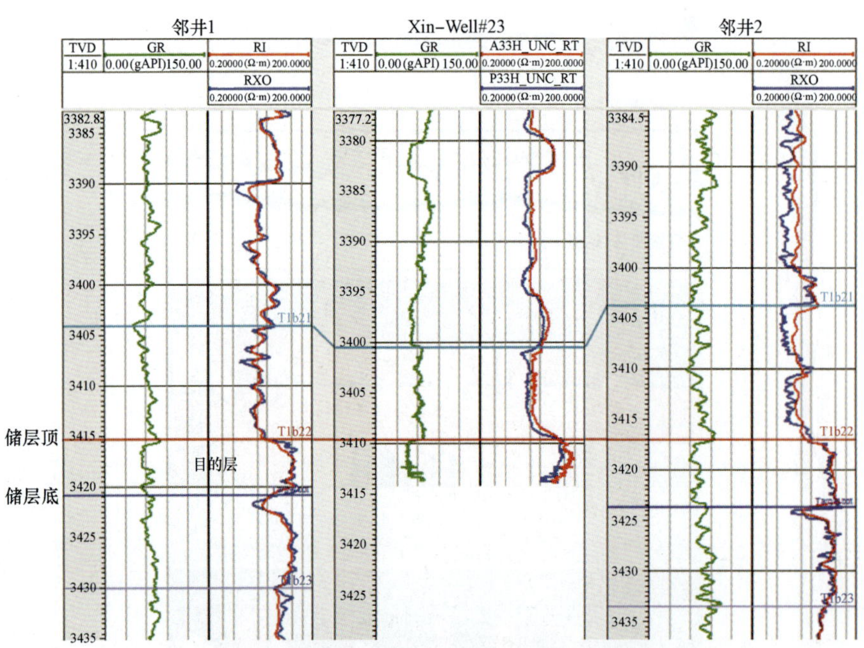

图 1-4-66　Xin-Well#23 井邻井曲线 对比

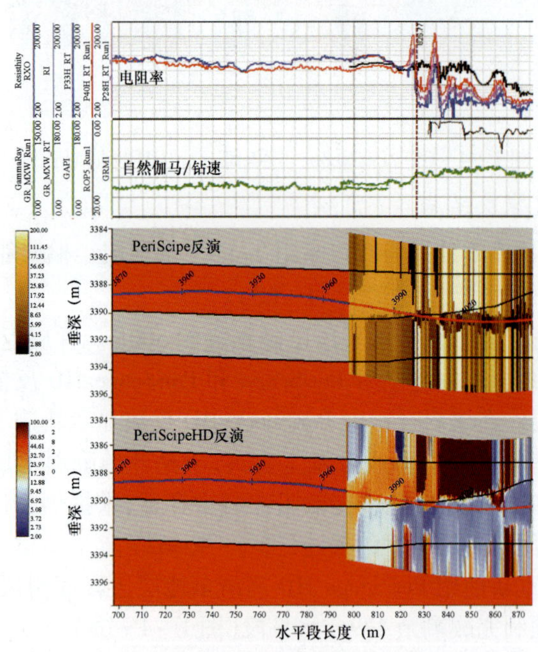

图 1-4-67　Xin-Well#23 井地质导向实时模型(PeriScope 与 PeriScope HD 对比)

Xin-Well#24 井目的层为百口泉组 $T_1b_2^2$ 上部油层,设计水平段 1600m。周边可参考邻井有三口(图 1-4-69),通过邻井对比分析 $T_1b_2^2$ 层内存在不稳定发育的夹层,上部油层厚度不稳定,地质导向难度较大。本井接手位置井深 3736m,已经进入水平段。水平段钻进过程中

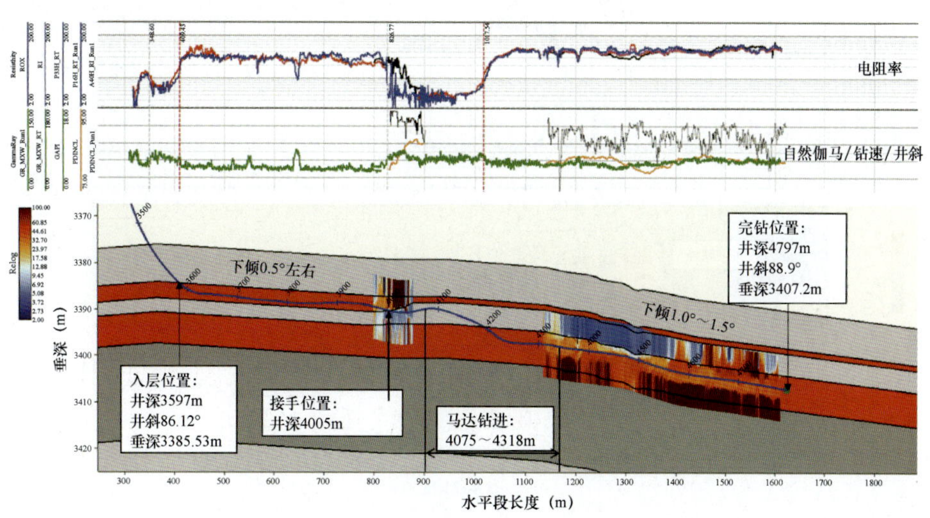

图 1－4－68　Xin－Well#23 井地质导向完钻模型

PeriScope HD 反演显示储层内部发育夹层，特别是在井深 4080～4200m 轨迹钻穿多个不连续夹层（图 1－4－70）。钻进至井深 4220m 时，钻速突然降低，高清反演显示此处轨迹进入一个底部凸起的低阻带。虽然设计地层整体下倾，但由于不能确定此低阻凸起是否连续，为减少泥岩钻遇段长、提高钻井速度，综合考虑决定增斜至 91°确保轨迹缓慢上切，然后稳斜钻进观察。

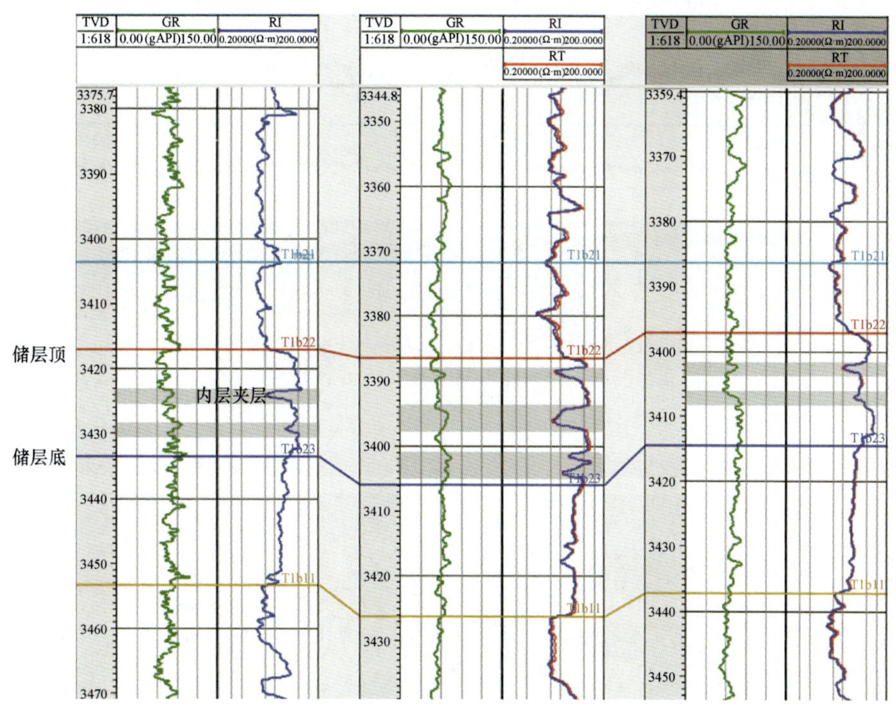

图 1－4－69　Xin－Well#24 井邻井曲线对比

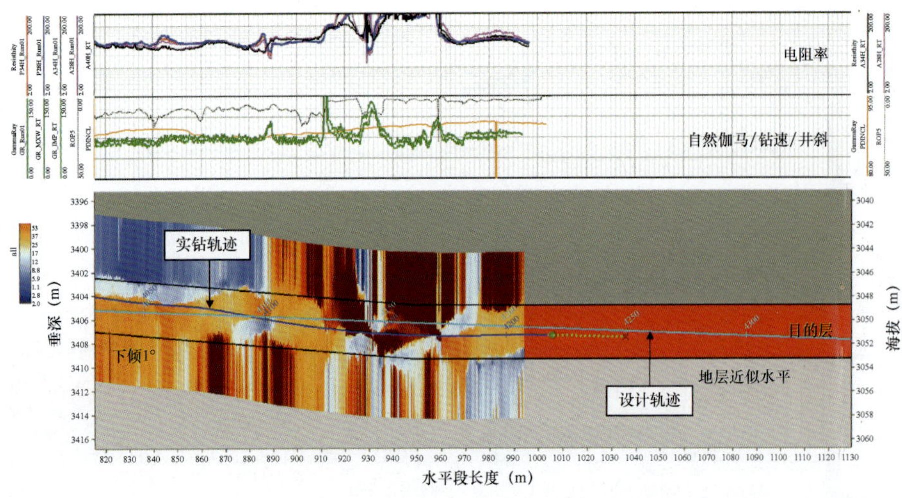

图 1-4-70 Xin-Well#24 井地质导向实时模型

稳斜钻进过程中,轨迹顺利从泥岩中钻出回到目的层,确认此段凸起的泥岩为局部突变,之后高清边界显示地层由下倾转为上倾,跟设计轨迹相反,根据反演刻画出的顶底边界实时调整轨迹,最终钻遇率达到了94.5%。本井储层横向变化较大,泥岩夹层发育,水平段钻遇岩性变化带与构造倾角变化带。通过高清反演可以清楚地发现目的层顶底界位置,储层横向展布的精确刻画有利于水平段轨迹的实时调整,从而提高储层钻遇率与钻井效率(图1-4-71)。

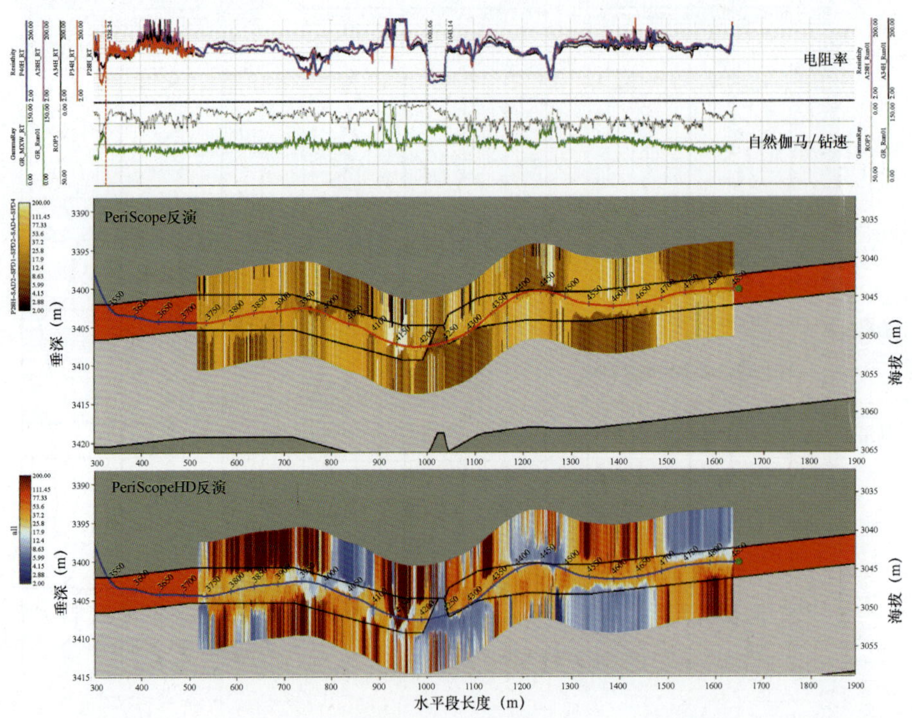

图 1-4-71 Xin-Well#24 井地质导向完钻模型(PeriScope 与 PeriScope HD 对比)

5）结论与认识

（1）PeriScope HD 高清多地层边界探测仪器在玛湖油田，尤其是 M2 区块受不稳定分布的泥岩夹层影响导致储层展布不稳定的水平井地质导向工作中，实时高清多地层边界反演很好地识别了油层的顶底边界及泥岩夹层的展布，为地质导向人员及时准确决策，顺利完成地质目标提供了有力保障；

（2）PeriScope HD 高清多地层边界探测仪器与 PeriScope 常规地层边界探测仪器相比，提供的地层边界反演结果精度更高，同时突破了常规地层边界反演最多两个边界的限制，能够同时对多个边界进行探测，对地层的刻画也更加精细。

（3）玛湖油田水平井开发秉着先肥后瘦的原则，后期的水平井钻井难度不断加大，PeriScope HD的强大功能是提高水平井钻井成功率的有力保障。

3. 大港油田勘探项目应用实例

前文所列案例都是集中在开发区块中的水平井应用，在一些勘探开发程度相对低的区块，出于成本、工期、产量等多方面综合考虑，客户将部分预探井的井型定为水平井，针对这种水平预探井，由于邻井较少，构造、储层不确定性大，储层厚度及横向展布情况不明确，使用常规地质导向手段，难以确保水平井的成功率及油层钻遇率。从 2019 年起，大港油田勘探事业部引进斯伦贝谢 PeriScope HD 高清多地层边界探测仪器及地质导向服务，取得了较好的效果。下文以大港油田小集地区的 Gang－Well#3 井为例进行阐述。

1）地质概况

圈闭条件：Gang－Well#3 井位于小集地区官东 4 断鼻，夹持于段六拨、小集断层之间，地层北倾，东与小集断裂背斜以浅鞍相隔（图 1－4－72）。2 号甜点层高点埋深 3560m，圈闭幅度 80m，圈闭面积 4.7km^2。区块内钻探的官东 4 等井枣 V 油组试油获工业油流，构造背景有利。

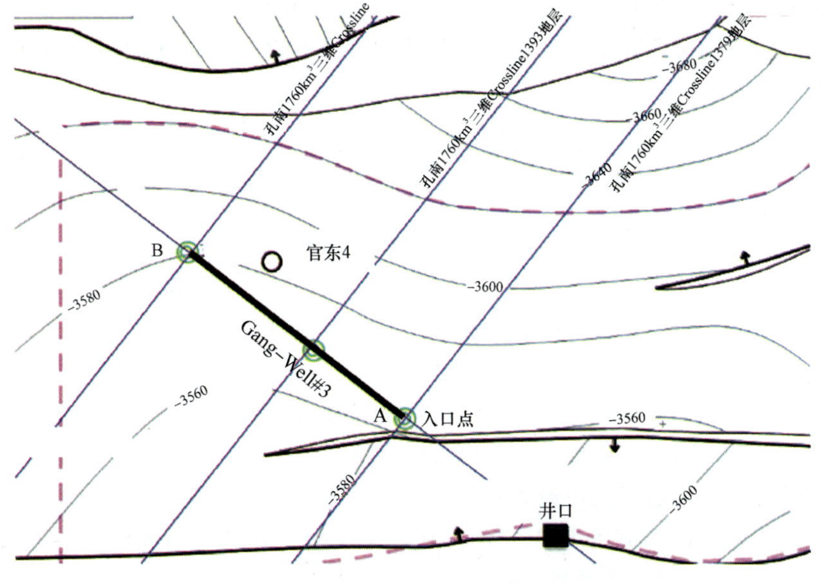

图 1－4－72　布井区枣 V－2 甜点层顶界面构造图

储层条件:研究区枣Ⅴ油组发育浅水三角洲沉积,纵向上发育四套砂岩储层,平面分布较为稳定,砂岩累计厚30~50m,GD4、GD12等直井压裂后获工业油流,证实该区枣Ⅴ油组具备较好的储集性能。针对GD4区块枣Ⅴ油组各砂层组进一步从测井、录井等资料开展精细地层对比与甜点识别,确定2号砂层组物性最优,平面分布最稳定,设计井选择2号甜点层进行水平井钻探,相当于官东4井3585~3590.6m(图1-4-73)。

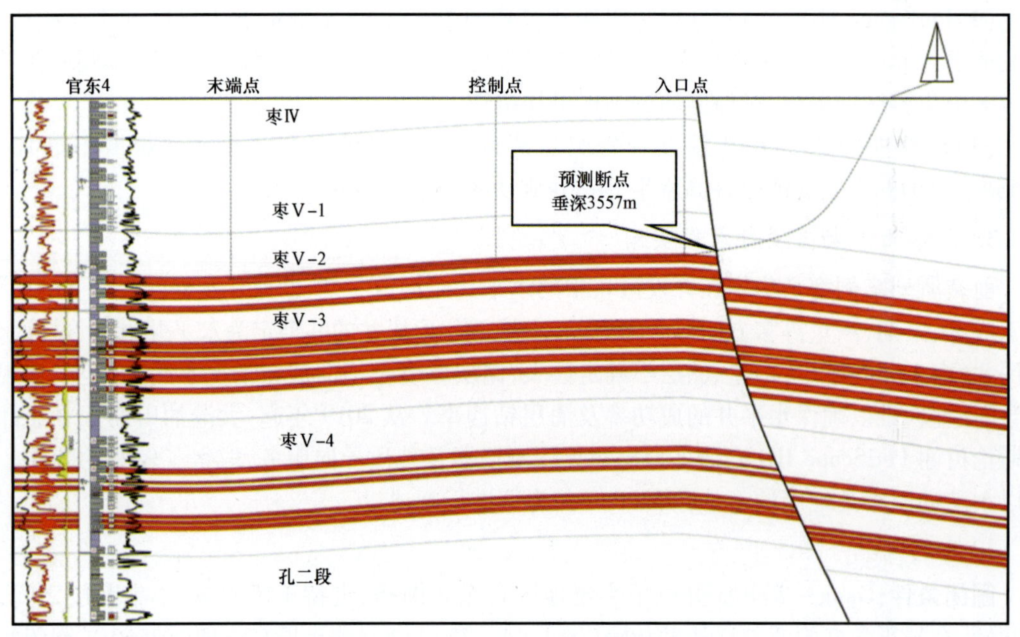

图1-4-73 Gang-Well#3井预测油层剖面图

供油条件:研究区位于孔二段生油凹陷主体,长期活动的段六拨、小集断层为该区油气垂向运移提供了通道;同时孔一下段砂层覆盖于孔二段油页岩之上,有利于形成下生上储油藏。

2)水平井设计目标

Gang-Well#3井设计水平段长820m,设计目标是通过该井的实施结合分段分簇压裂,预计枣Ⅴ油组2号甜点层可获得高产稳产,为致密油储量升级和效益动用奠定基础。

3)地质导向风险分析及对策

本井的地质导向风险识别主要来源于对区块以及邻井资料的综合分析,主要有以下几点:

(1)A点距离断层较近,断层的识别、断距的确认及过断层以后的地层对比是难点,给着陆带来巨大风险;

(2)根据邻井的经验,水平段可能存在砂体厚度减薄,甚至尖灭的可能,而地震资料受分辨率影响,对于砂体内的薄夹层识别较为困难。

针对以上风险分析,制定的对策如下:

(1)着陆时上部井段可参考D34-56及D35-55两口井进行精细地层对比,同时结合自然伽马成像及PeriScope HD高清多地层边界反演,识别断层位置以及轨迹过断层后,预测目的层顶垂深,便于更新着陆方案;

(2)随钻过程中应与客户地质专家配合,结合高清电阻率反演及自然伽马成像,选择一套相对可靠的地震数据体,用于地层产状预测;

(3)参考井目的层之上未见油气显示,本井如见油气显示,并且满足入窗条件,即可确认进层,建议以4°~4.5°增斜率增斜着陆,避免着陆过深甚至从底部出层或进入夹层;

(4)水平段主要参考 PeriScope HD 高清多地层边界反演及自然伽马成像,同时结合录井及地震资料综合分析判断。随钻过程中如遇特殊情况,可以要求停钻循环,讨论并确定方案后再恢复钻进。

4)地质导向实施过程及结果

Gang - Well#3 井接手以后,按照设计增斜钻进至井深3820m,预计井底井斜84.7°,机械钻速11m/h,邻井地层对比及自然伽马成像显示轨迹在井深3765m/垂深3568m处钻遇断层,由于测井曲线较少,砂泥薄互层发育,是否此处有断层,以及过断层后井底的位置存在不确定性,需要进一步钻进观察(图1-4-74)。自然伽马成像上拾取倾角为2°~3°上倾,高清电阻率反演上看局部地层上倾幅度较大,3°~6°,可能是受到局部发育的夹层影响,需要进一步钻进明确。考虑到当前本井井底与参考井井目的层顶垂深差为45m,断层断距为45~60m,如果轨迹未过断层,则过断层后可能直接进入目的层中部,如果轨迹已经过断层,则可能即将进入目的层。当前成功着陆找到目的层优先级最高,讨论后要求继续按照设计增斜至87°钻进观察。

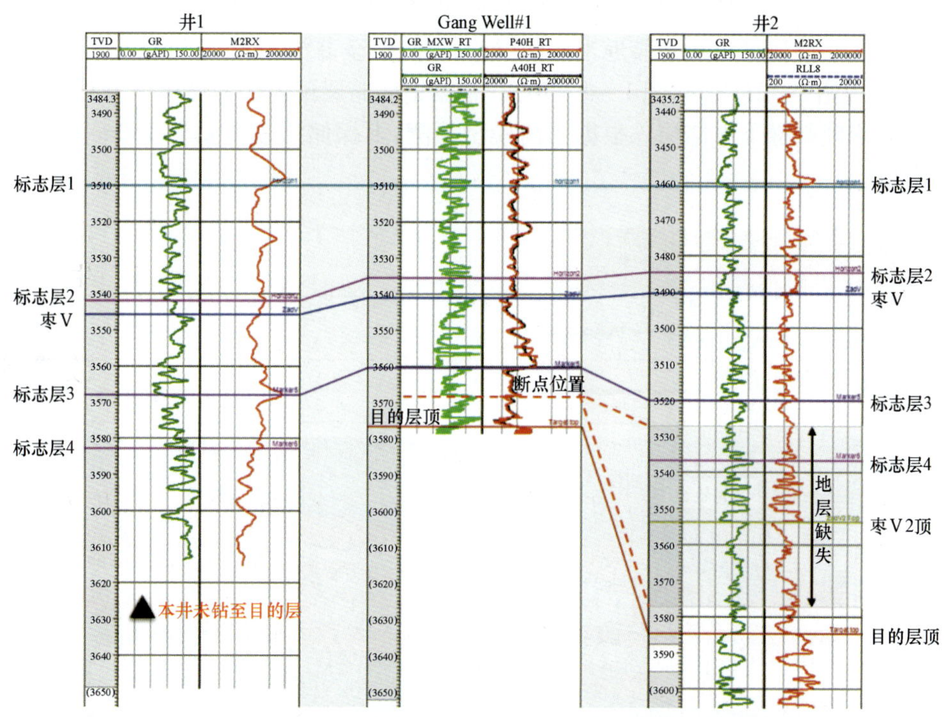

图1-4-74　Gang - Well#3 井着陆邻井地层对比图

钻至井深3838m,近钻头井斜86.3°,自然伽马76gAPI,电阻率13Ω·m,钻速14m/h,PeriScope HD 边界反演显示轨迹从井深3822m进入目的层,地层约2°上倾,气测全烃从0.15%升至3%。要求以不低于3.5°/30m狗腿增斜至92°着陆,同时根据PeriScope HD反演确定最后的目标井斜角(图1-4-75)。

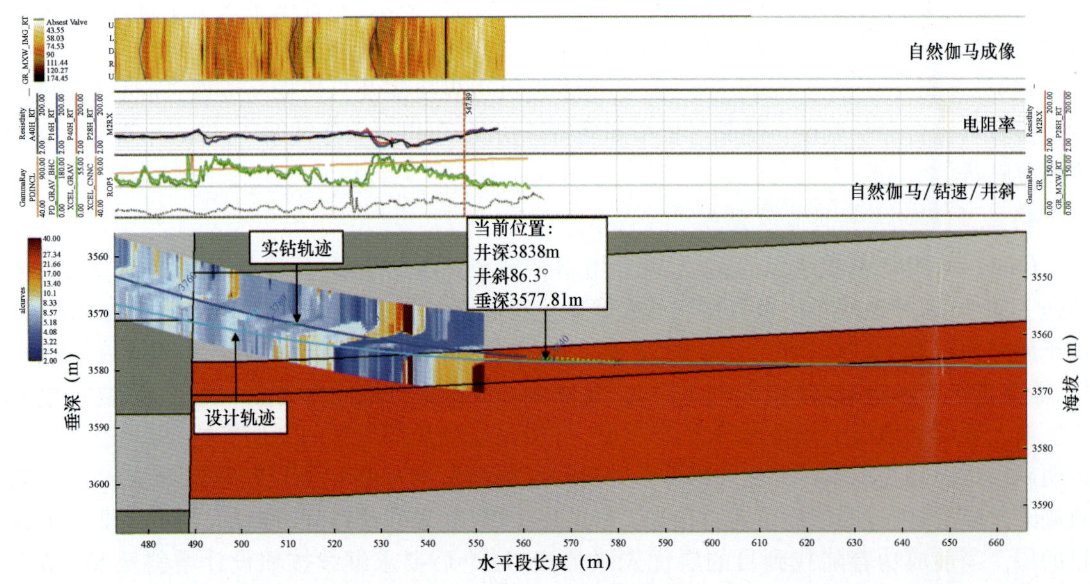

图1-4-75　Gang-Well#3井3838m地质导向实时模型

增斜过程中,反演显示轨迹靠近当前油层的底部,钻至井深3883m,近钻头井斜93°,自然伽马76gAPI,电阻率12Ω·m(图1-4-76)。根据钻前储层预测认为该层下方存在含油性更好的储层,要求降斜探下方储层。根据当前模型预测,下探储层需要钻遇150m左右泥岩,在接受范围之内。

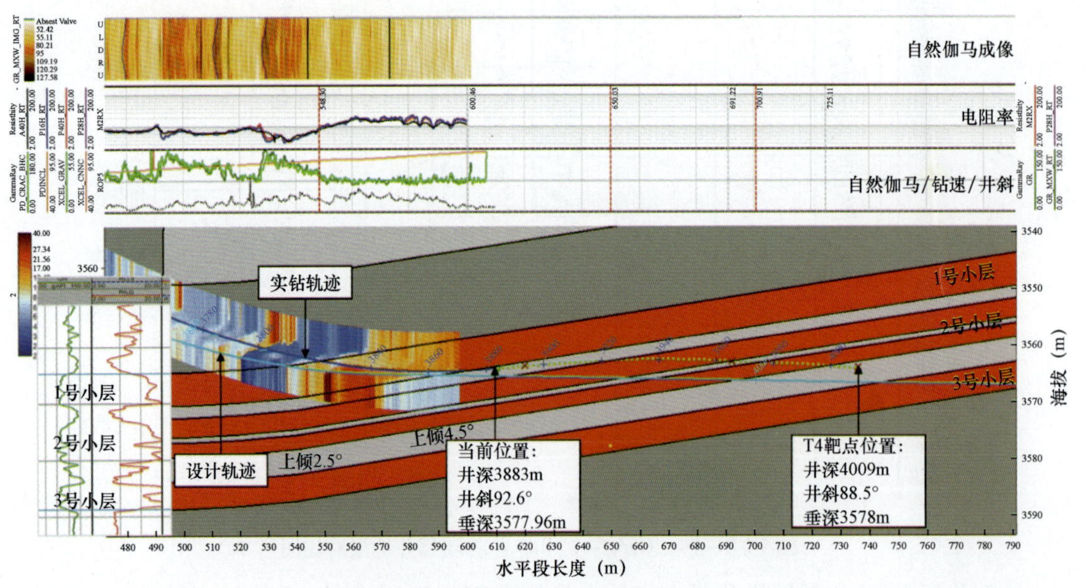

图1-4-76　Gang-Well#3井3883m地质导向实时模型

钻进至井深4000m，井斜降至87°，PeriScope HD反演显示轨迹下方1.5m见高阻显示，稳斜钻进至井深4011m，从岩屑及气测录井确认轨迹进入2号油层，要求增斜着陆至目的层顶以下2m，考虑到当前钻时慢，气测值低，要求先以3.5°～4°增斜率增斜至90°，以1°角差微下切地层探物性更好部位，控制轨迹在2号小层内物性较好部位钻进(图1－4－77)。

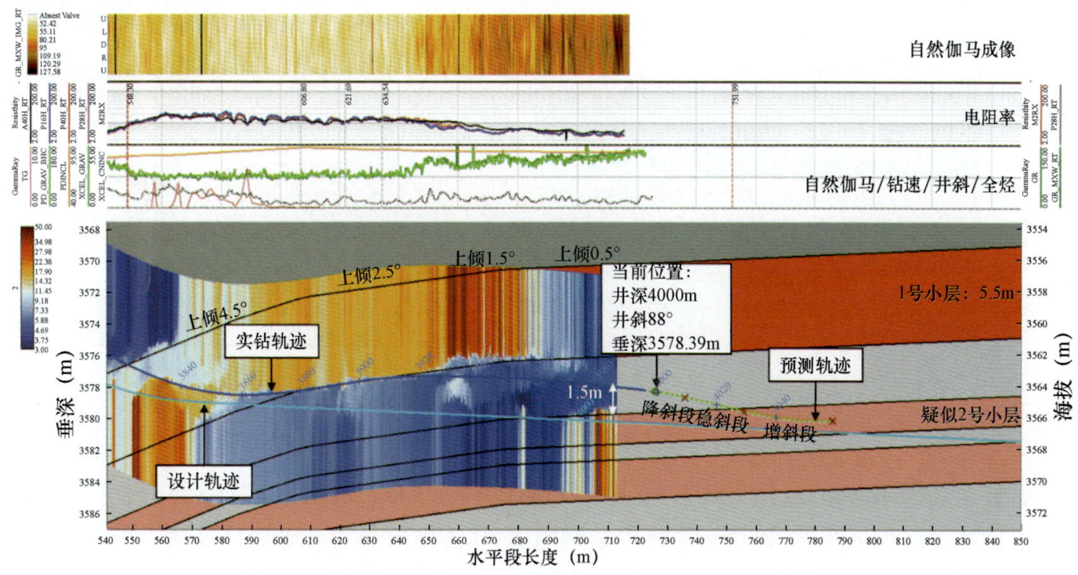

图1－4－77 Gang－Well#3井4000m地质导向实时模型

前期资料分析认为井深4134m附近可能存在一个小断层。从地震上看，该断层为正断层，轨迹从断层的下降盘向上升盘方向钻进，断层断距约为8m。如果钻遇该断层，则轨迹有可能从2号小层进入到3号小层。实钻过程中，PeriScope HD反演未见任何钻遇断层的显示(图1－4－78和图1－4－79)。

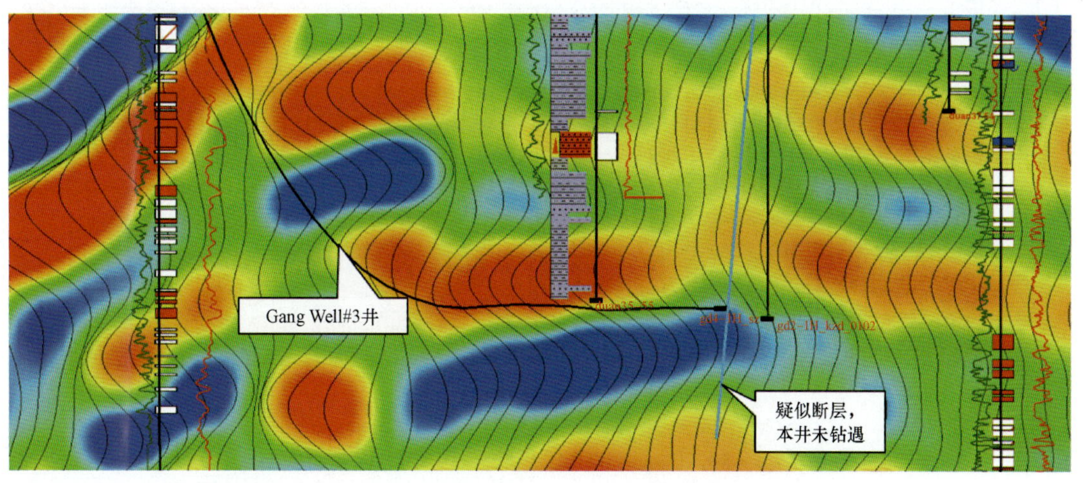

图1－4－78 沿Gang－Well#3井4134m过实钻轨迹地震剖面图

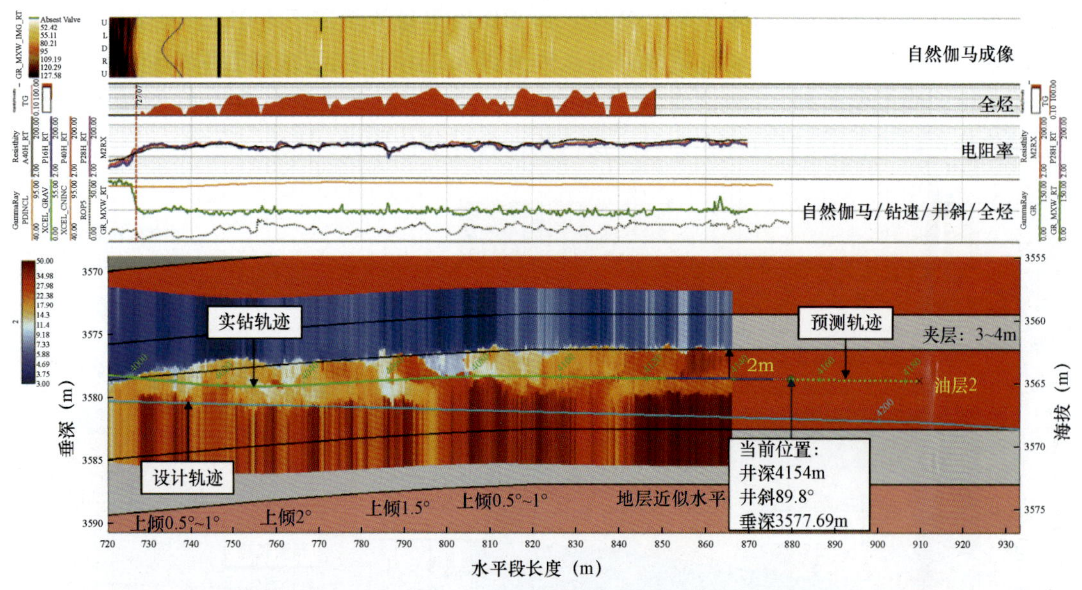

图1-4-79　Gang-Well#3 井 4154m 地质导向实时模型

钻进至井深4224m,近钻头井斜90.4°,自然伽马132gAPI,电阻率12Ω·m,钻速14m/h。如果仅依靠地震数据判断,轨迹好像再次钻遇断层,认为轨迹从2号小层经过断层进入3号小层。地质导向过程中依据PeriScope HD高清多地层边界反演结果,准确地排除轨迹钻遇断层的可能性,而是钻遇横向不规则发育的夹层(图1-4-80)。

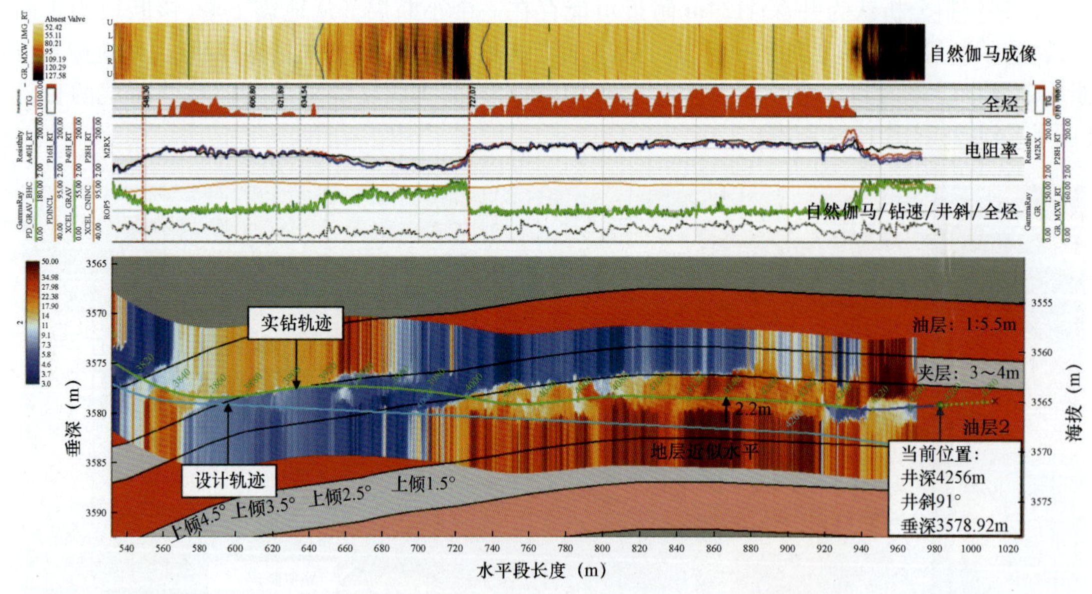

图1-4-80　Gang-Well#3 井 4256m 地质导向实时模型

地质导向师根据PeriScope HD高清多地层边界反演,拾取地层倾角,更新模型,调整轨迹在2号砂体顶面与内部夹层之间1.5~2m厚的油层内钻进。钻至井深4480m,由于构造变化大，前期轨迹调整频繁，且已钻遇油层段长度能够满足后期开发生产要求，为减少工程风险，决定就此完钻（图 1－4－81 和图 1－4－82）。

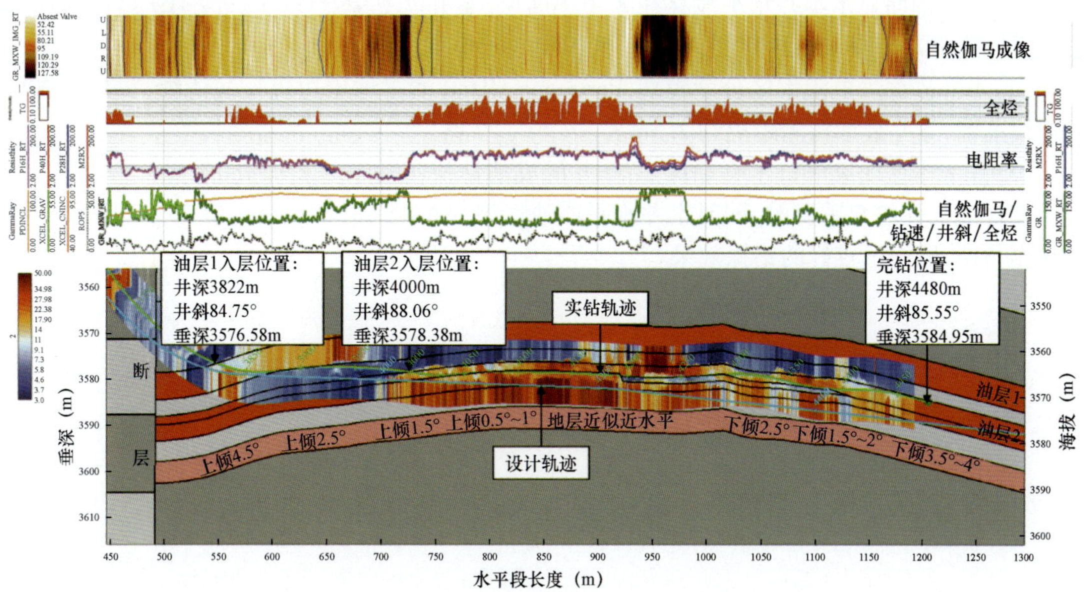

图 1－4－81　Gang－Well#3 井地质导向完钻模型（PeriScope HD 反演）

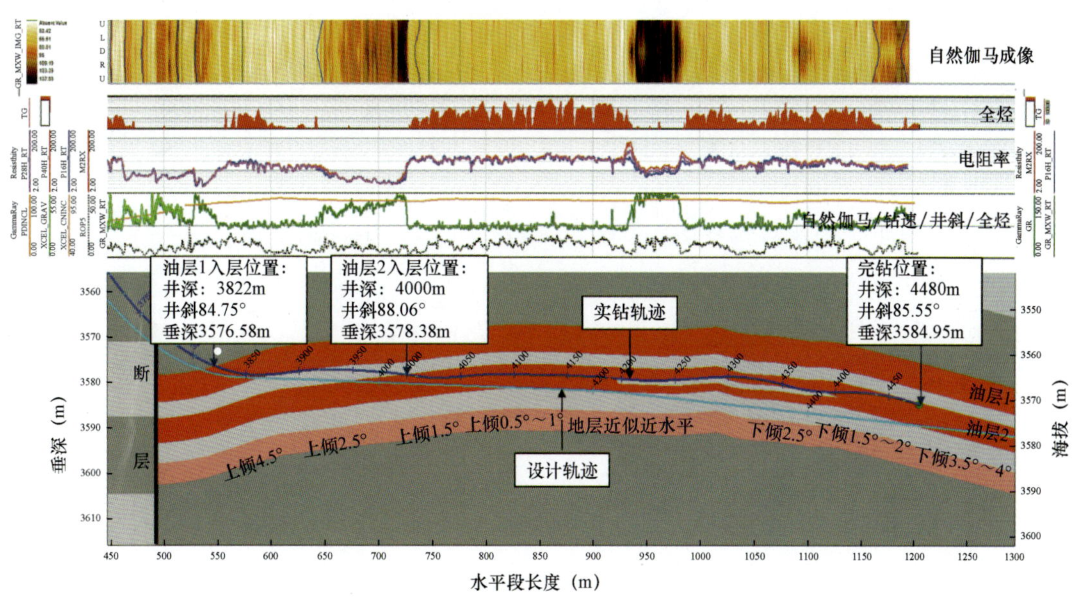

图 1－4－82　Gang－Well#3 井地质导向完钻模型（地质模型）

5）结论与认识

（1）本井着陆段成功识别出断层位置及断距，及时采取调整措施，为本井成功着陆提供了必要条件。

(2)本井水平段构造变化大,由4°~5°上倾逐步变为3°~4°下倾,局部构造变化剧烈,利用 PeriScope HD 高清多地层边界反演结果,调整轨迹尽可能在油层内钻遇,规避泥岩层。

(3)地震剖面显示本井水平段存在2个小断层,本井实钻基于 PeriScope HD 高清多地层边界反演确定水平段未钻遇断层,更新了认识及地质模型。

(4)本井砂泥岩电阻率区分度较高,PeriScope HD 高清多地层边界反演清晰可靠,边界显示连续准确,本井最远探测距离约2.5m。

(5)作为本区块第一口水平预探井,本井的成功钻探实现了落实构造、落实1号小层及2号小层含油气性的双重目的,同时本井水平段油气显示共489m,全烃最高值73%。压裂后产量超出预期,取得了较好的钻探效果。

第五章　高清超深油藏描绘地质导向技术的应用

前文介绍的 PeriScope/PeriScope HD 边界探测技术理论探测深度可达 5m，已满足一般油藏地质导向的需要。但随着地质油藏环境的日趋复杂化，对随钻仪器的探测深度和提供的内容要求也越来越高。如超远距离发现油藏局部巨大的构造变化，避免着陆失败；更高的避水要求；过路层的兼探；实时的油藏描绘和评价等等。对于这些新的要求，常规边界探测仪器由于探测深度以及反演层数的限制而无法实现。单纯地借助地震资料，又由于解释精度的不足，无法弥补。这就要求发展一种新型的随钻仪器，既能满足实时地质的需求，又能够提供油藏描绘方面的信息。GeoSphere/GeoSphere HD 超深油藏描绘技术就是在这种大的背景下不断发展起来的。该技术应用最新的电磁技术以及模块化的设计，通过描绘更深范围内地层电阻率的特征，使实时钻井、后期完井及下一步钻井设计可以得到策略性的优化和改善。

第一节　基本解释原理

GeoSphere 是具有超深方向性测量能力的电磁感应测井仪器。与传统边界探测仪器相比，它的信号发射器和接收器不再是集成在一根短节上，而是应用模块化设计思路，由 1 个发射器短节和 2～3 个接收器短节组合而成（图 1－5－1）。通过多频率（6 个频率：2kHz、6kHz、12kHz、24kHz、48kHz、96kHz）与多间距（发射器和接收器之间或者接收器和接收器之间通过增加随钻测井仪器或随钻测量仪器实现多间距，发射器和接收器之间距离在 16～100ft）的设置，可使仪器的探测距离远远超出一般的电磁感应电阻测量仪器。

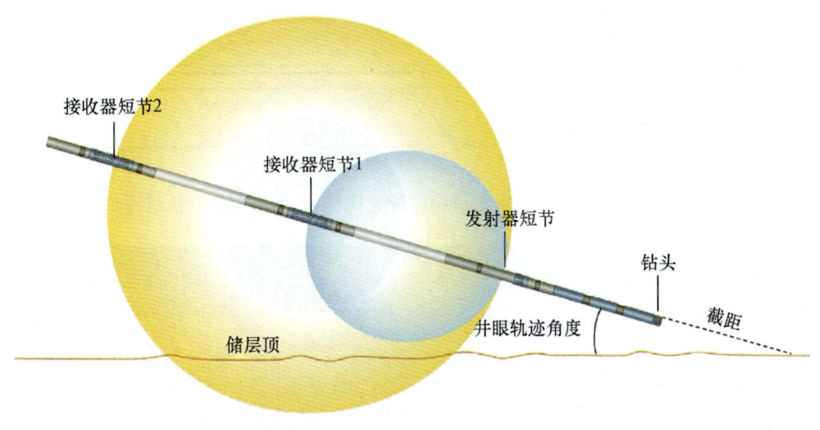

图 1－5－1　GeoSphere 仪器示意图

GeoSphere 仪器的发射器短接包含一组倾斜的天线，接收器短接包含三个方向的倾斜天线（图 1－5－2），通过提取振幅与相位信号的线性组合来获取地层更多的方向性信息。每一组测量可得到48种测量数据(图1-5-3),当仪器通过电阻率变化的地层时,每一种测量呈现出不同的反应。通过利用先进的地质导向软件对测井数据进行反演,能够探测到距井筒高达100ft(30.5m)半径范围内的地层电阻率特性,从而达到对井筒周围油藏情况进行整体描绘的效果(图1-5-4),其精度是地震数据无法比拟的。

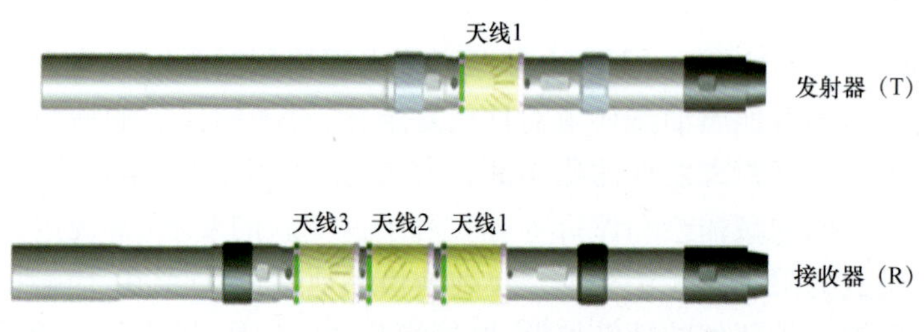

图1-5-2 GeoSphere的接收器与发射器

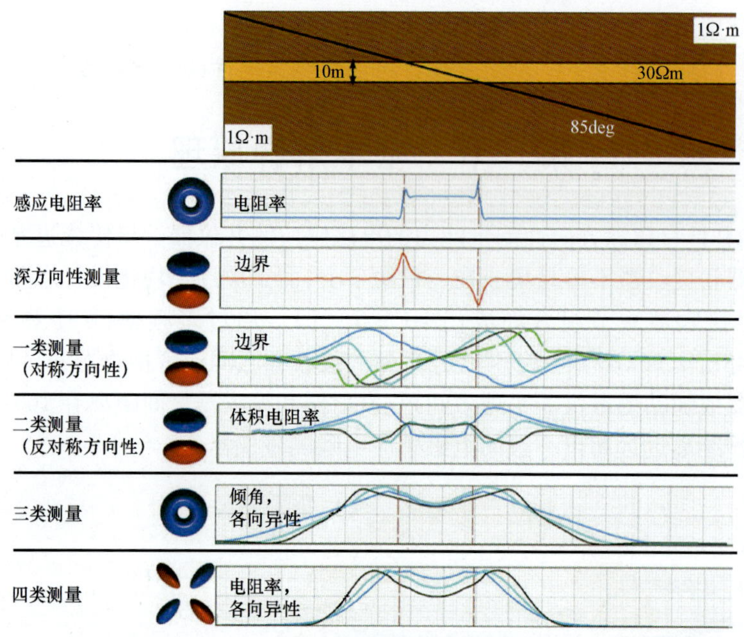

图1-5-3 GeoSphere方向性测量曲线及对边界的响应特征

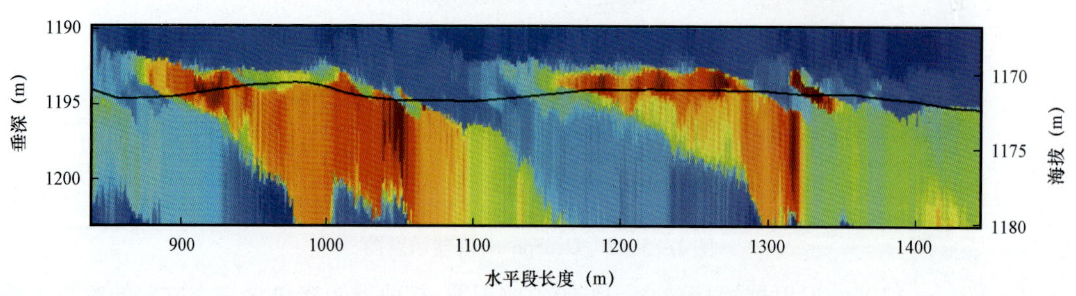

图1-5-4 GeoSphere超深油藏描绘反演剖面图

2019 年，在 GeoSphere 仪器的基础上升级了硬件和反演算法，推出了 GeoSphere HD 仪器，升级后的仪器，信噪比提高，反演精度更高，其反演深度更是超过了 250ft（76.2m），对薄层的识别能力进一步加强，为油藏的准确评价提供了更多依据。

GeoSphere 和 GeoSphere HD 的实际探测深度和分辨率影响因素很多，除了前面介绍的使用的频率、发射器与接收器之间的间距外，还与使用的接收器的数量、地层与围岩之间的电阻率对比度、地层的背景电阻率以及夹层的发育等因素，因此在选择此仪器时，需要做详细的钻前可行性分析。该仪器有 475、675 和 825 三种型号的尺寸，在海上和陆地油田均有应用，主要用于复杂油藏的着陆以及水平段作业，全球服务井数超过 500 口。

第二节　GeoSphere HD 高清超深油藏描绘地质导向技术应用实例

超深油藏描绘技术在国内的应用跳过了 GeoSphere 仪器的应用阶段，而是直接使用 GeoSphere HD 高清超深油藏描绘仪器，首次在中石油大港油田使用，即取得了成功。以下是大港油田应用实例。

一、地质概况

Gang－Well#4 井是中国石油第一口使用 GeoSphere HD 仪器的水平井。该井位于大港油田 CH6 区块，大港油田南部滩海地区。CH6 区块所在的 CH 斜坡区位于埕北断阶带的最南端，背靠埕宁隆起，工区面积 50km^2，为一继承性发育的斜坡构造，具有北断南超、坡缓、构造简单的特点。该斜坡被歧口凹陷、沙南凹陷所环绕，是油气运聚的主要指向区。该区位于埕宁隆起物源区，储层发育、油藏埋藏浅，产量较高，是一大型构造岩性油气藏富集区。CH6 区块西侧的赵东、CH 一区是以沙河街组、馆陶组和明化镇组为主要含油层系的富集高产含油区块。2008 年在该区开展沉积体系与目标综合研究，明确了沙一段具备形成岩性油气藏的条件，部署钻探了 CH6、CH8 两口预探井，均在沙一段钻遇油层，为该区块的主要含油目的层，沉积特征为辫状河三角洲前缘沉积。

二、地质导向目标

部署的 Gang－Well#4 井目的层为沙一段一小层，单层厚度在 3.1～8.4m，设计水平井长度 500m。主要是为了开发区块边缘的油层以及进一步落实砂体展布和产能，钻遇率要求保持在 80% 以上，保持井眼轨迹光滑。

三、地质导向风险分析及对策

通过钻前对地质情况井型研究和分析，结果邻井的实钻情况，本井地质导向存在以下风险：

（1）从区域钻井情况看，本区块砂体稳定性差，非连续性较强。Gang－Well#4 井更是靠近边部部署，周围控制井很少，仅有的三口参考井距离本井较远，井控程度低，构造和储层的不确定性大（图 1－5－5）。

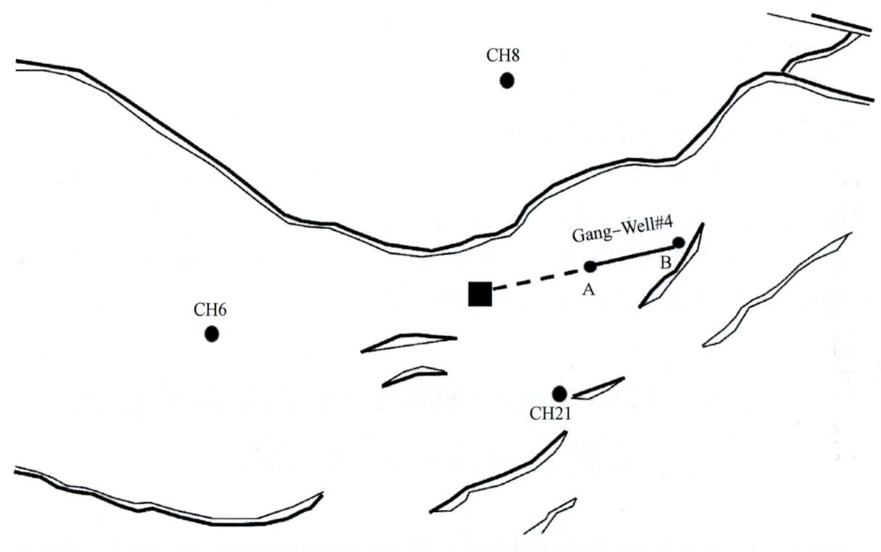

图 1-5-5 Gang-Well#4 井井位图

(2)邻井曲线对比显示,储层厚度变化大(3.1~8.4m),其中该邻 CH21 井的目的层物性差,纵向上夹层发育,横向上储层存在相变或砂体尖灭的可能性(图 1-5-6)。

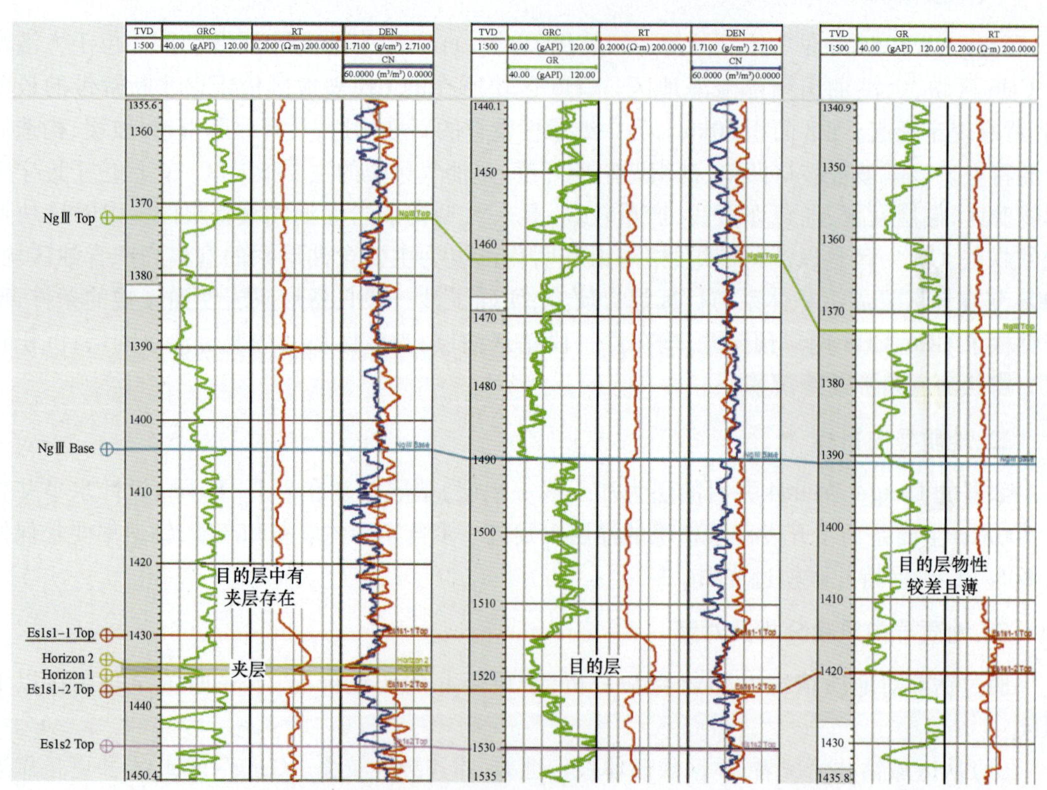

图 1-5-6 Gang-Well#4 井邻井曲线对比图

最初的钻井计划是先实施导眼井，落实着陆点附近的储层发育状况，然后再实施水平井，确保钻井成功率。通过早期的技术交流，认为导眼井方案还是存在一定的风险，因为导眼井只能控制一个井点的储层发育状况。然而在这种储层变化比较快的区块，有可能不能满足要求，因此推荐了 GeoSphere HD 高清超深油藏描绘技术。主要是考虑本区块开发井和控制井都较少，因此对目的层周围储层的油藏描绘需求性较高。通过精确的油藏描绘技术不但可以解决本井地质导向的难题，还可以协助判断该区块待开发油藏的特性，为今后井位部署以及开发策略的制定提供有力依据。GeoSphere HD 高清超深油藏描绘技术在此背景下应用于 Gang－Well#4 井的着陆、水平段作业以及评价该区块的整体油藏特性。

针对该邻井特征，采用一发射器两接收器的组合（图 1－5－7），分别基于 CH8 井以及 CH21 井做了 GeoSphere HD 的可行性分析。通过 GeoSphere HD 可行性分析可看出，距离目的层 22～26m 处可以探测到目的层的顶部，距离 13～19m 处可探测到目的层底部并可以对目的层的整体形态进行描绘。对于邻井较少的 CH 区块，GeoSphere HD 油藏描绘技术可以很好地对井周围的地层电阻率特性进行描绘，从而实现策略性的导向。两口井的钻前模拟分别见图 1－5－8和图 1－5－9。

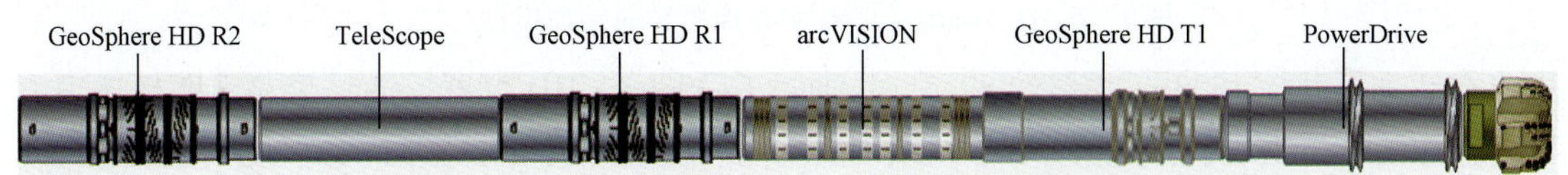

图 1－5－7 Gang－Well#4 井地质导向仪器组合

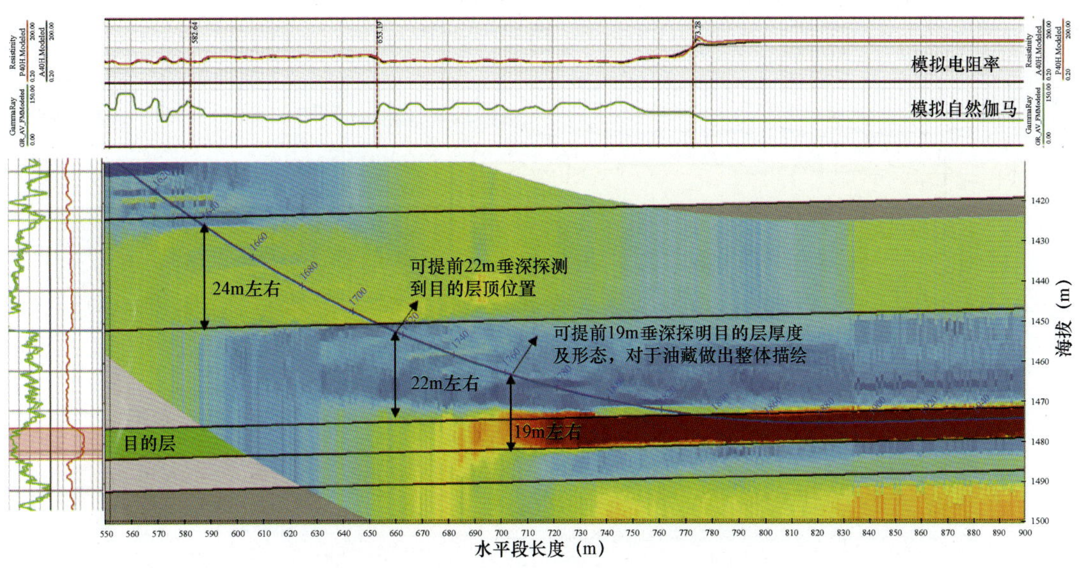

图 1－5－8 Gang－Well#4 井地质导向钻前模型（一）

四、地质导向实施过程及结果

Gang－Well#4 井从井深 1773m 处开始使用 GeoSphere HD 高清超深油藏描绘仪器。由于仪器入井以后，第二个接收器出现故障，在进行全面技术评估以及风险分析以后，决定继续钻

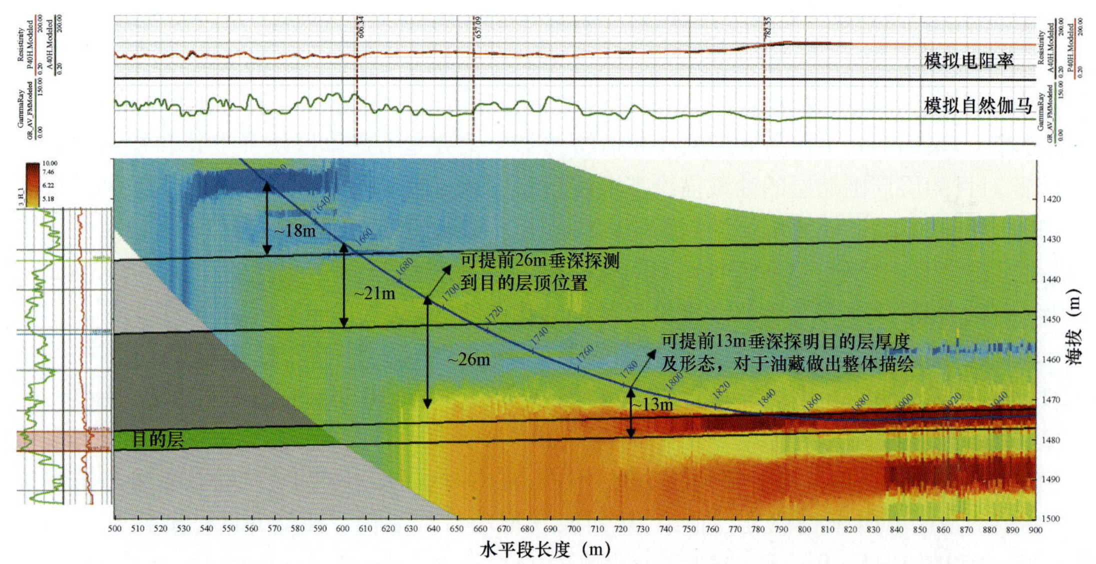

图1-5-9　Gang-Well#4 井地质导向钻前模型(二)

进。在钻进至井深 1833m,井斜约 82.5°时,通过 GeoSphere HD 仪器反演结果显示距轨迹下方 14m 垂深的位置出现高阻边界,结合曲线对比数据,判断为目的层顶面,要求逐渐增斜至 89°着陆,在钻头进入目的层前,该边界连续且清晰。钻进至井深 1955m 左右时候,测到进入目的层的第一个数据点,发现反演剖面上轨迹下方出现低阻带,结合钻前模拟的结果,预测可能是目的层的底部低阻带或者比较厚的泥岩夹层(图 1-5-10)。

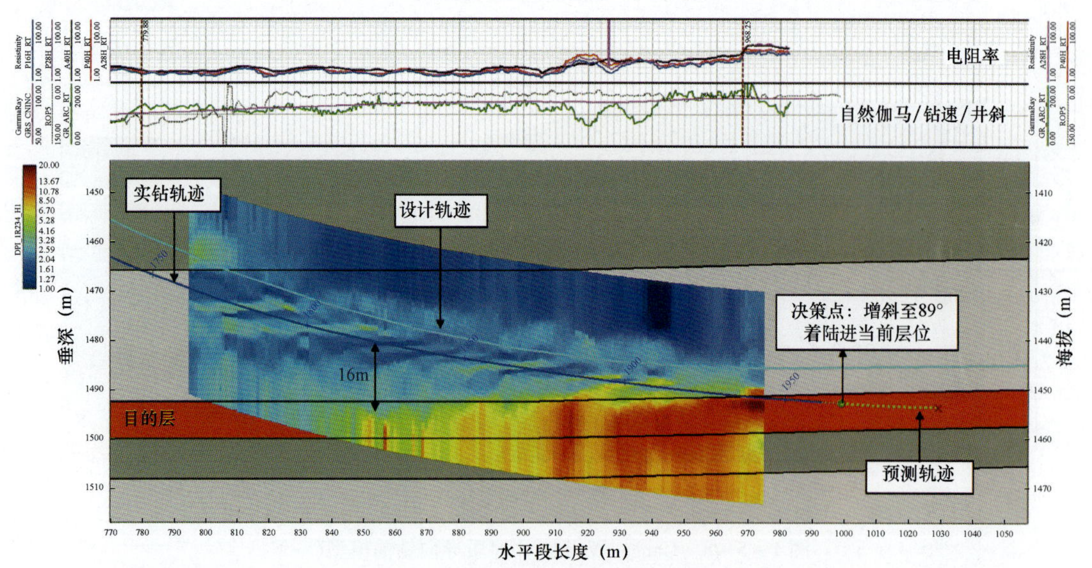

图1-5-10　Gang-Well#4 井地质导向实时模型@井深 1955m

在继续增斜着陆过程中,发现原设计的高阻目的层的油气显示并不好,并且在钻进一段时间有尖灭的迹象或者发生了横向变化,同时轨迹下方又出现另外一套高阻地层(图 1-5-11)。根据前期分析，该井部署在储层边部，尖灭的可能性很大，因此决定降斜下探下方的可开发储层，同时利用 GeoSphere HD 储层描绘技术在降斜下探的过程中对于这一区域的油藏形态进行描绘，为下步决策做准备。

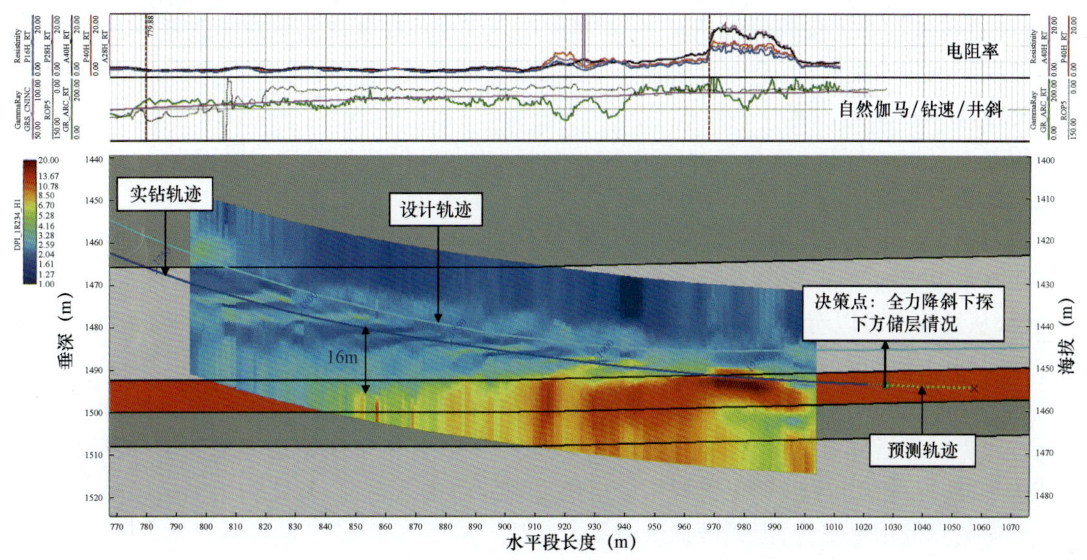

图 1－5－11　Gang－Well#4 井 2000m 地质导向实时模型

在井斜从 89°逐步降至 79°并稳斜的过程中，证实原设计目的层在着陆点附近尖灭。另外 GeoSphere HD 反演显示原目的层下方发育三套砂体，而其中 2 号和 3 号砂体的倾角和形态都有了很好的体现，但是录井油气显示差，开发潜力小。继续钻进至井深 2197m 探测到下方第 4 号高阻层，因井漏决定完钻（图 1－5－12）。

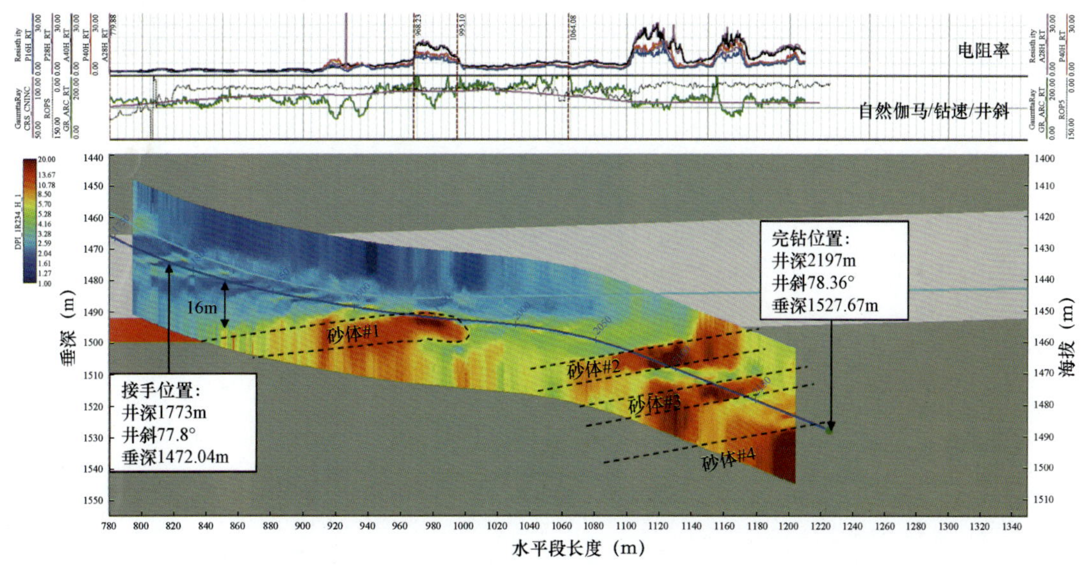

图 1－5－12　Gang－Well#4 井地质导向完钻模型

五、结论与认识

由于井下仪器的故障,在 Gang – Well#4 井中仅利用一个接收器进行作业,虽然存在较大的风险,但最终 GeoSphere HD 仪器还是很好地完成了工作,并取得了以下结论与认识:

(1)在仅利用一个接收器的情况下,对目的层顶界面的探测深度依然能达到 14m 左右,基本能够满足该井的要求,但是由于只有一个接收器正常工作,所以在实际探测深度以及对储层描述的分辨率上有所下降。

(2)GeoSphere HD 高清超深油藏描绘结果证实该布井区块主要目的层尖灭,下探过程中,发现三套新的砂体,录井油气显示不好,还需要进一步落实。

(3)GeoSphere HD 高清超深油藏描绘技术不仅节省了导眼井的费用,其提供的地层信息较导眼井来说更加全面,更加具有策略性。GeoSphere HD 的反演对本井周围砂体进行了精确的描绘,从反演中可以看到砂体的分布状态以及单个砂体的形态,校正了地震模型,更新了对本井地层的倾角认识,储层厚度认识。

(4)回顾本井的原始设计,即使实施了导眼井,由于导眼井的闭合距较短,设计钻遇的目的层位置更加靠近井口位置,按照实钻情况推测,导眼井大概率会钻遇率目的层,然后再侧钻实施水平井,但是在水平段钻进过程中会很快出现储层尖灭情况,最终的结果会跟目前一样,而且获得的有效信息更少,但经济损失会更大。

(5)本井地质导向过程中,对实时反演结果的分析大量借鉴了钻前模拟的分析与结果。事实证明在这种更高级的地质导向方法应用过程中,钻前可行性的分析非常重要。

第六章　钻头前视探测地质导向技术的应用

科技的发展推动了石油勘探开发技术的进步，提高了对钻井地质风险的控制，使石油开采不断向更加复杂的领域推进，例如高温高压地层，盐下储层等。针对这些复杂储层的开发，目前大部分还是通过直井或常规定向井开发。多年来，经过不断地研究和探索，总结出一系列经验和方法，在复杂油气藏勘探开发领域取得了巨大进步，越来越多的非常规油气田被动用。与此同时，也面临着更多的钻井过程中的风险，例如钻入不稳定地层或者高温高压地层等等，从而导致工具损坏、钻井液漏失、卡钻甚至井喷等重大事故。为了避免事故的发生，对直井或常规定向井钻头前方地层进行实时预测是降低风险的一种非常有效的手段。然而由于地层的复杂性和地震资料分辨率的限制，导致无法完全实时掌握钻头前方地层的变化。IriSphere 钻头前视探测地质导向技术的研发填补了这一空白，也使地质导向应用范围从水平井扩大到直井和小井斜常规定向井中。该技术可在实时钻进过程中利用前方地层的电阻率差异，对钻头前方地层信息的变化进行实时监控，降低了地质和工程风险，为复杂油气藏的勘探开发增添一道强力的保险。

第一节　基本解释原理

IriSphere 钻头前视探测仪器是基于 GeoSphere 超深油藏描绘仪器发展而来，通过对已钻地层和钻头前方测量数据的采集，应用地质导向软件反演出钻头前方地层的电阻率特征，从而达到钻头前视的效果(图 1 -6 -1)。

IriSphere 钻头前视探测技术相对于 GeoSphere 超深油藏描绘技术，它对信号的信噪比和分辨率要求更高，采用更大的工作电流，基础配置即为一个发射器三个接收器的设置，对感应电阻率信号测量的校正更加精确，同时应用地层前视探测反演计算方法，得到钻头前方地层电阻率变化特征(图 1 -6 -2)。

该仪器有 475、675 和 825 三种型号，能满足大部分井眼的需求。目前主要应用于高温高压地层的探测、盐底或盐顶卡层以及钻井取芯程序优化等，在国内陆地和海洋油田均有作业记录。

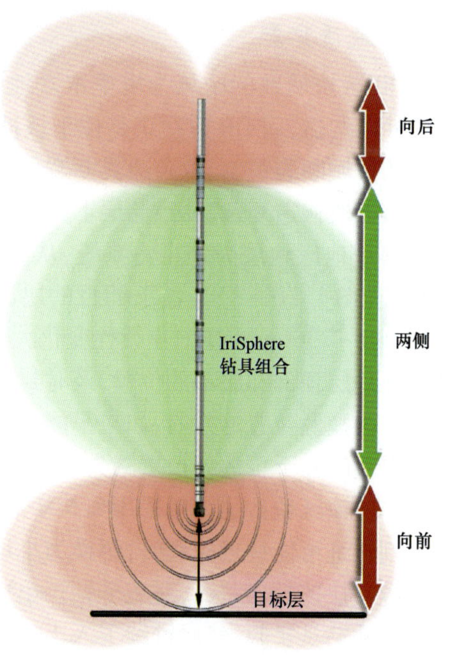

图 1 -6 -1　IriSphere 仪器示意图

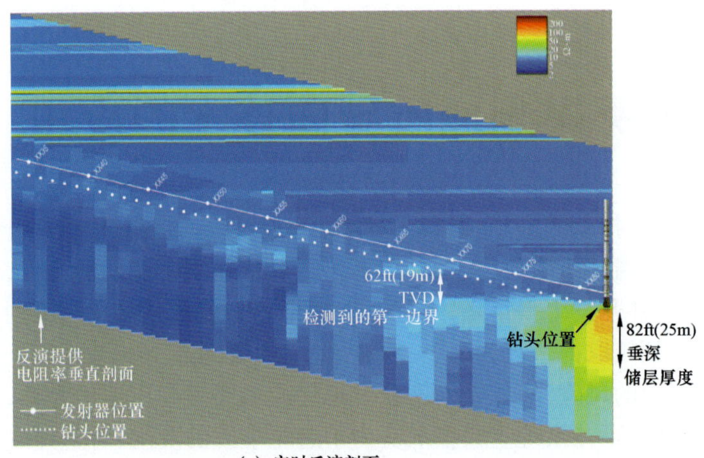

(a) 实时反演剖面

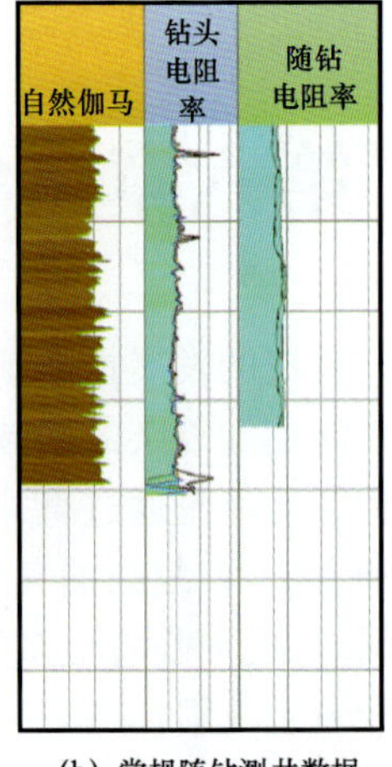

(b) 常规随钻测井数据

图 1-6-2 IriSphere 反演剖面

第二节 IriSphere 钻头前视探测地质导向技术应用实例

IriSphere 钻头前视探测地质导向技术在中国石油的应用主要集中在塔里木油田的 DB 区块和 BZ 区块,用于盐底卡层,降低钻井风险,下面举例介绍。

一、塔里木油田 DB 区块应用实例

1. 地质背景

DB 区块所在的区域为塔里木盆地库车坳陷中克拉苏冲断带,该冲断带是南天山南麓第一排冲断构造,而 DB 区块正是位于该冲断带中的 KS 区带。KS 区带受北部的克拉苏断裂和南部的拜城断裂控制,两条边界断裂之间发育多条次级逆冲断裂。

该区块构造复杂,并且储层上部普遍发育盐膏层,部分地区存在断层。由于盐膏层的存在使得该地区地层为多压力系统,从纵向上分为盐上,盐层以及盐下三大段,三个不同的压力系统(图 1-6-3)。盐下的目的层属于白垩系裂缝性致密砂岩高压气藏,盐层埋深差异大(2400~7360m)、横向连续性变化大(70~4500m)。因此在不同压力系统的交界处必须准确判断盐层顶部和底部的位置,及时封住不同压力的地层,避免井下的高风险。而这其中最大的挑战为盐底位置的判断,如果不能准确地判断盐底的位置而导致套管下入过早或过晚,都会导致严重的井下事故如严重漏失,卡钻等,甚至可能造成井报废。

当前该区块盐层一般采用 8.5 寸常规井眼尺寸钻进,结合邻井特征对比及区块地质经验,在预判轨迹可能接近盐底时,更换为小尺寸钻具来探测盐底。如果突然钻穿盐底,小尺寸钻具更加容易快速拉出井孔,避免卡钻。小尺寸钻具每钻进一小段,如果未探测到盐底,则起钻换正常尺寸钻具扩眼,然后继续下入小尺寸钻具,如此循环作业,最大程度避免因卡层不准确带来的损失。但这种方式最大的缺点即为大大降低了钻井时效,具体表现在两个方面:一方面需要频繁更换钻具组合进行扩眼作业;另一个方面因为盐底卡层不确定性极大,在用小尺寸钻具

探测盐底的过程中,会频繁地利用长时间地质循环来获取岩屑资料,用于确认井下岩性等情况,避免突然钻穿盐底带来风险。

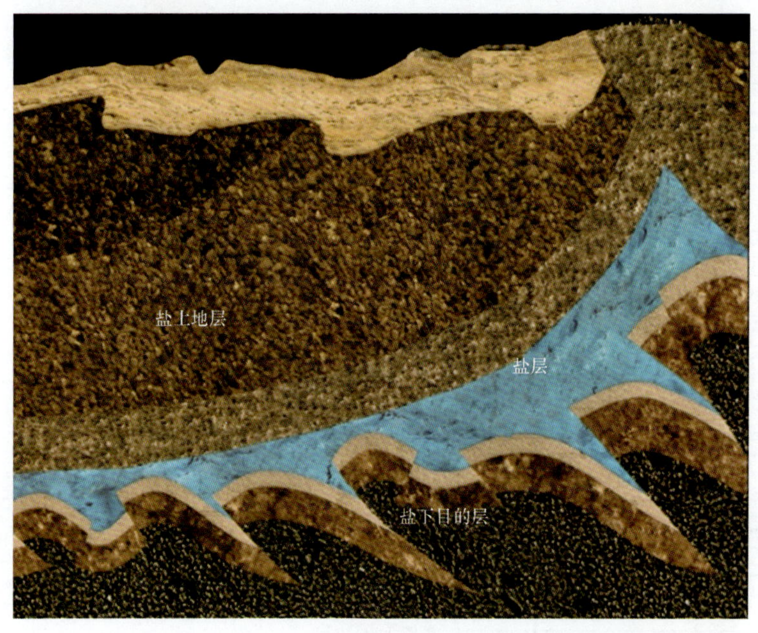

图 1-6-3　库车地区地层纵向分布示意图

因此,本区块急需一种可以提前预判钻头前方地层信息的技术来提高钻井效率,降低巨大的钻井风险。IriSphere 钻头前视探测地质导向技术的引入,正是针对该区块长久以来面临的难题,辅助该区域盐底位置的判断。依据 IriSphere 仪器提供钻头前方地层的电阻率信息,结合已有的录井、地质、地震以及地层对比等方法,对盐底卡层进行更为全面及快速的判断。

2. Ta-Well#2 井地质导向应用实例

(1)地质导向风险分析及对策。

Ta-Well#2 井是中国石油应用 IriSphere 钻头前视探测技术的第一口井,是 KS 区带 DB 段 DB11 号构造的一口评价井。本井主要是用 IriSphere 仪器对已完钻井段进行复测,通过效果比对,来确定该技术的可行性。

接手时,该井已钻至井深 5842m,12.25in 套管下深 5568m,在四开钻进过程中从井深 5641m 开始钻遇盐层,该井面临的主要挑战有如下几点:

① 通过上部曲线对比,Ta-Well#2 井与 DB101 井的特征较为相似,从曲线以及岩性的特征可以看出,盐层内部有大量的泥岩薄互层存在,电阻率曲线呈现较强烈的波动状态,可能会给盐底的判断带来一定的干扰。

② 从本井主要邻井的曲线可以看出盐层分布无明显规律,盐层的整体厚度具有很大的不确定性,同时靠近盐底部分的曲线特征规律性较差,给盐底的判断带来挑战(图 1-6-4)。

针对以上挑战,选取与 Ta-Well#2 井最为相似的邻井 DB101 井为参考井,基于 DB101 井的电阻率属性,采用一发三收的仪器组合模式进行了 IriSphere 钻头前视探测技术的钻前模拟,具体认识如下:

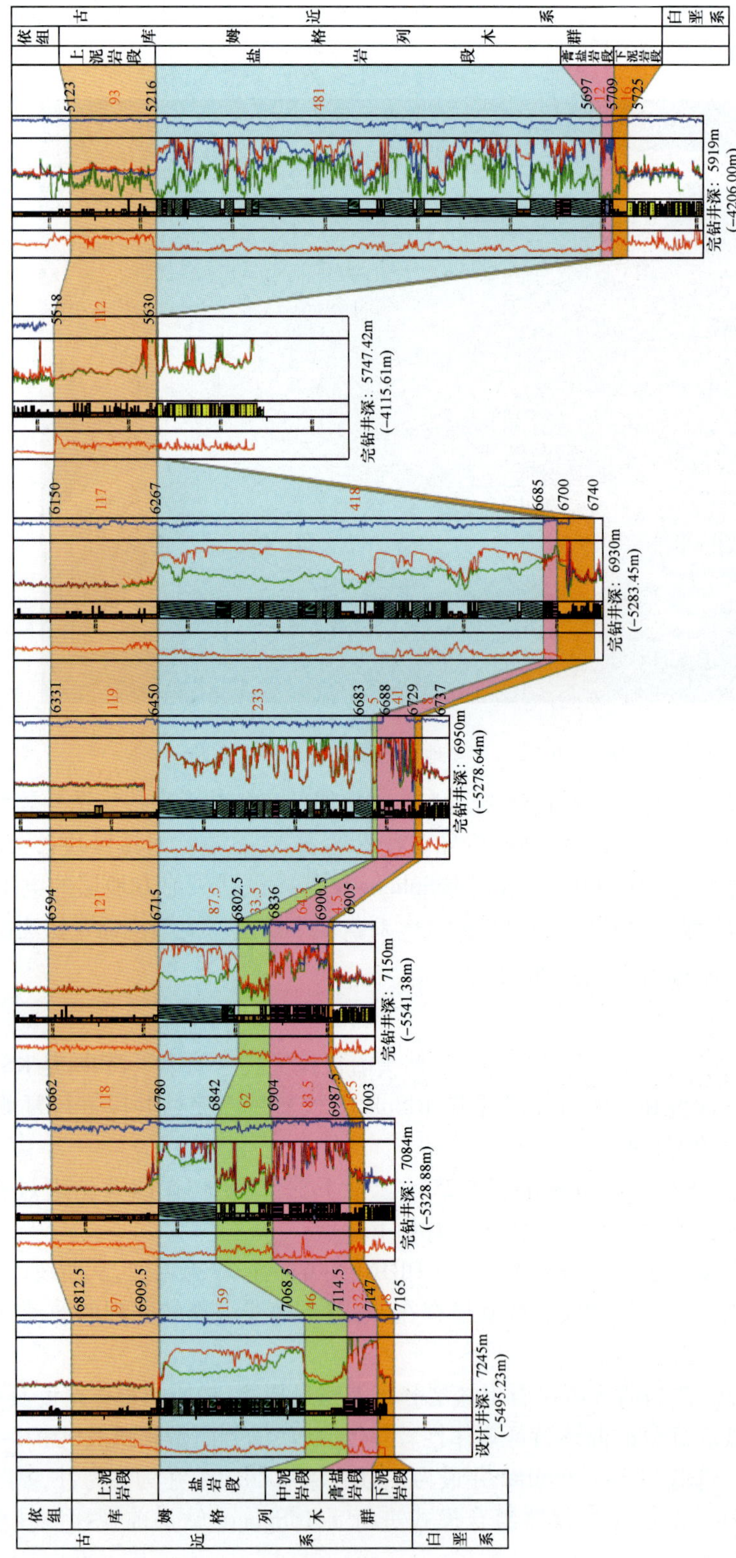

图1－6－4 Ta－Well#2 井邻井曲线对比

① 盐顶探测:低阻对高阻的探测可以提前 14m 即开始有盐顶显示,提前 5m 左右可见相对较准的盐顶位置(图 1-6-5)。

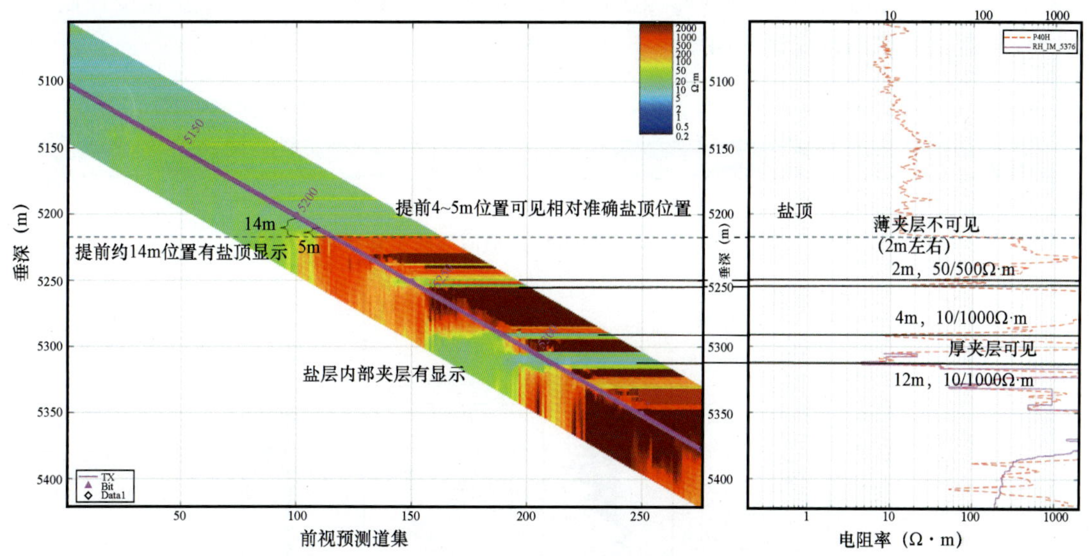

图 1-6-5 Ta-Well#2 井地质导向钻前模型—盐顶预测

② 盐底探测:高阻对低阻的探测可以提前 40m 即开始有盐底显示,提前 20m 左右可见相对较准的盐底位置(图 1-6-6)。

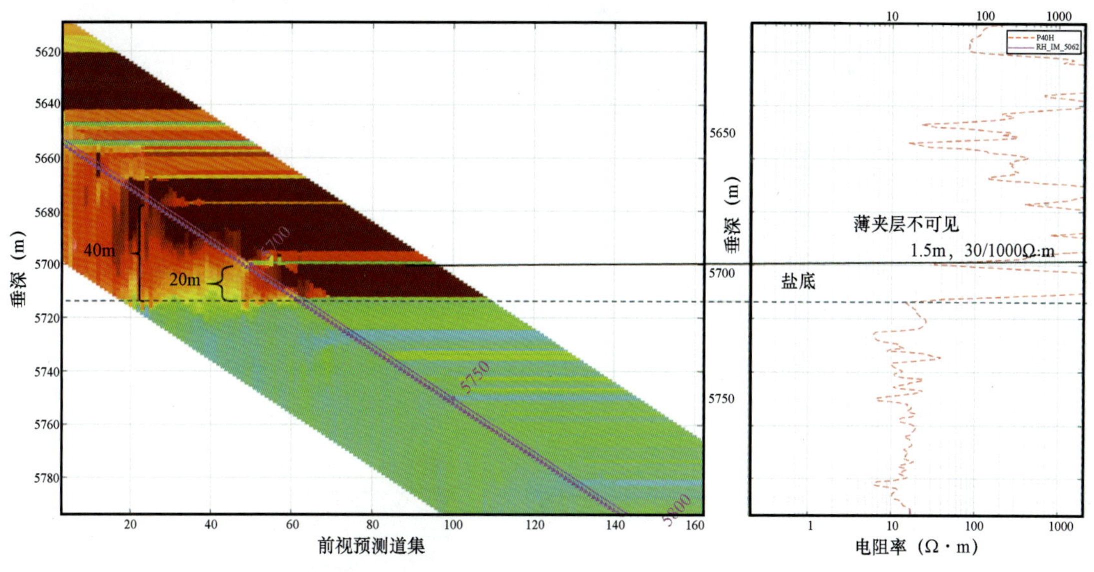

图 1-6-6 Ta-Well#2 井地质导向钻前模型—盐底预测

③ 模拟显示无法分辨出盐层内部的低阻薄层(1~3m)。

根据钻前技术可行性分析,该技术在本井可利用盐底的电阻率差异提前探测到低阻界面,结合录井等其他方面的背景信息,协助准确判断盐底位置,能够满足当前的需求。

(2)地质导向实施过程及结果。

Ta－Well#2 井采用一发三收的仪器组合模式(图 1－6－7),复测深度从井深 5588m 至井底结束,测量项目包括常规自然伽马、电阻率曲线以及钻头前视探测信号,测量速度控制在 6～10m/h,复测获取的常规测井曲线见图 1－6－8。

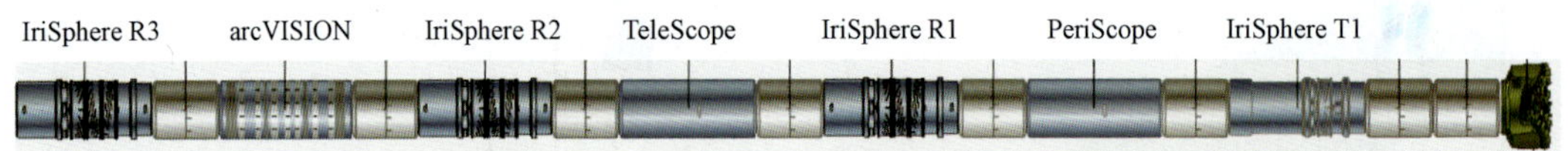

图 1－6－7　Ta－Well#2 井地质导向工具组合

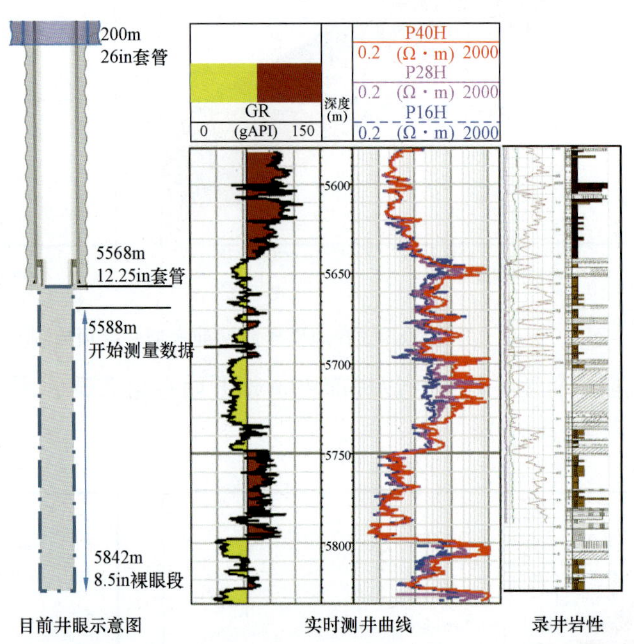

图 1－6－8　Ta－Well#2 井录井剖面及复测常规曲线

本井在复测过程中使用 IriSphere 钻头前视探测技术,可以探测到钻头前方 20m 处的上段盐层底部泥岩边界,并与实际的电阻率测量曲线吻合良好(图 1－6－9)。在后续的测井过程中,进一步确认该边界为盐底。

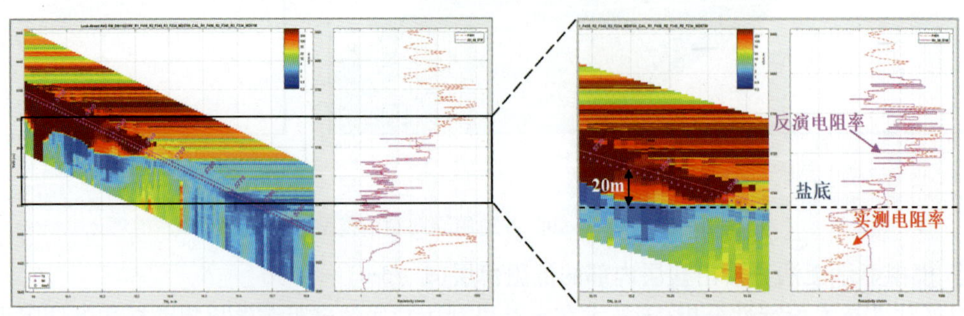

图 1－6－9　Ta－Well#2 井地质导向实时模型(盐底部分预测)

同时，IriSphere 预测在井底位置前方 6m 垂深范围内为低阻层，而后发育高阻层（图 1－6－10），而这个结果也与后期揭开地层后的电测数据吻合。

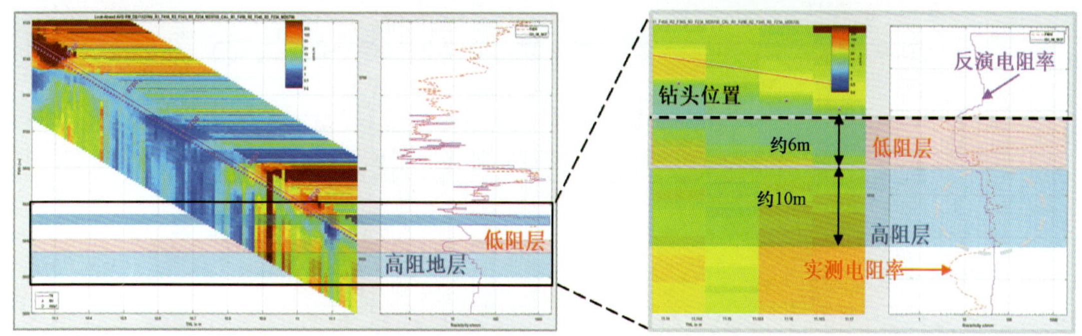

图 1－6－10　Ta－Well#2 井地质导向实时模型（井底位置反演预测电阻率与实测电阻率对比）

通过对复测数据的分析，IriSphere 反演电阻率差异的界面可用来预判盐底的位置以及距离钻头的距离。反演结果对盐间的超薄夹层识别精度有限，同时在该地区不能仅以此电阻率反演结果来断定前方地层的岩性，需要结合其他数据来综合判断，但是 IriSphere 的反演结果无疑给钻头前方地层的岩性判断以及盐底的卡层提供了非常重要的参考依据。

3. Ta－Well#3 井地质导向应用实例

（1）地质导向风险分析及对策。

Ta－Well#3 井为 KS 区带 DB 段 DB14 号构造的一口垂直探井，见图 1－6－11。

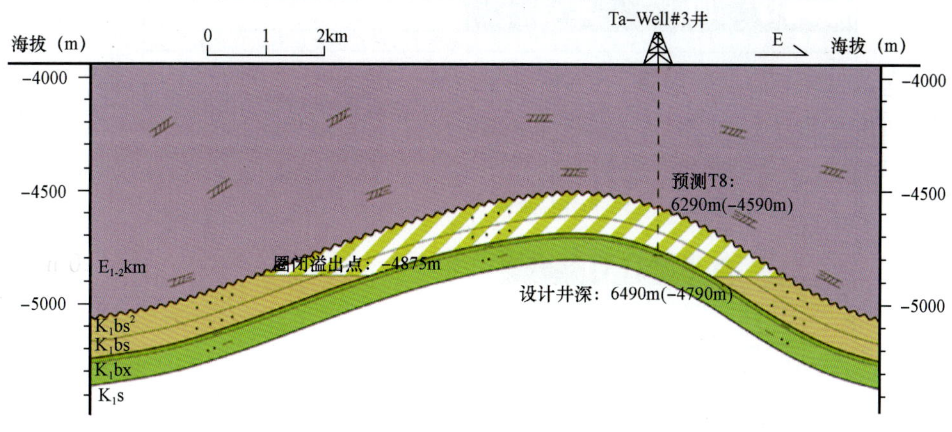

图 1－6－11　Ta－Well#3 井地层剖面示意图

依据邻井以及区域资料，分析本井面临的主要挑战有以下几个方面：

① 盐层呈分段式分布，厚度及电阻率差异较大；

② 盐层中薄夹层发育；

③ 底板泥岩的电阻率特征差异较大（图 1－6－12），仅利用钻头前视探测的电阻率反演结果来判断盐底的位置存在很大的不确定性，需结合地质资料、录井信息以及现场经验来判断盐底位置。

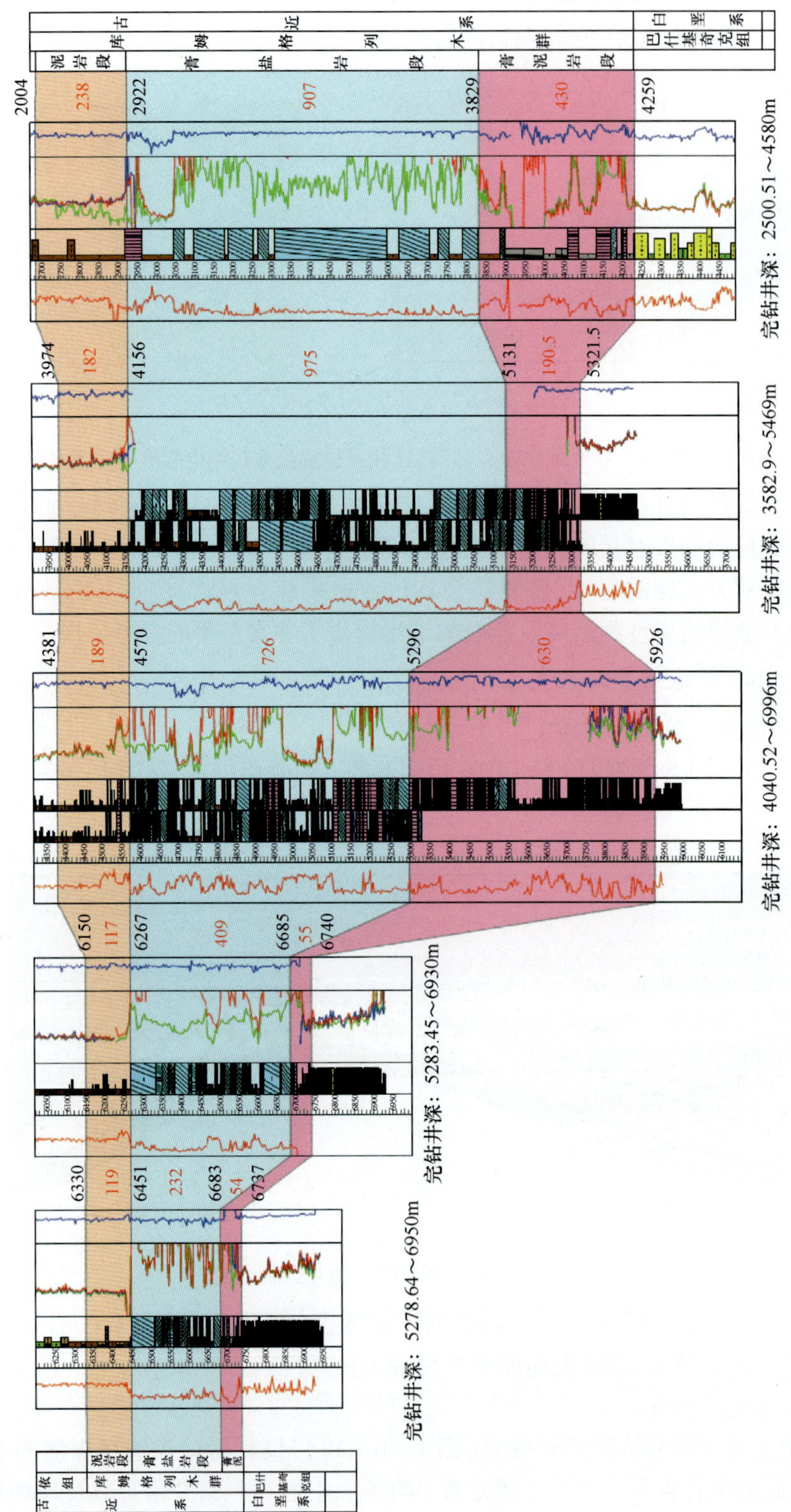

图 1-6-12 Ta-Well#3 井邻井曲线对比图

本井应用 IriSphere 钻头前视探测技术主要目的是探测盐底位置，尽可能识别盐层中的夹层，同时以钻头前方的反演信息为参考，对前方地层的地质情况做出初步的判断。

在钻前分析中，基于邻井属性的模拟反演结果可以看出，IriSphere 仪器可提前约 10m 探测到盐底边界，同时对于稍厚的夹层有一定的响应，见图 1－6－13。

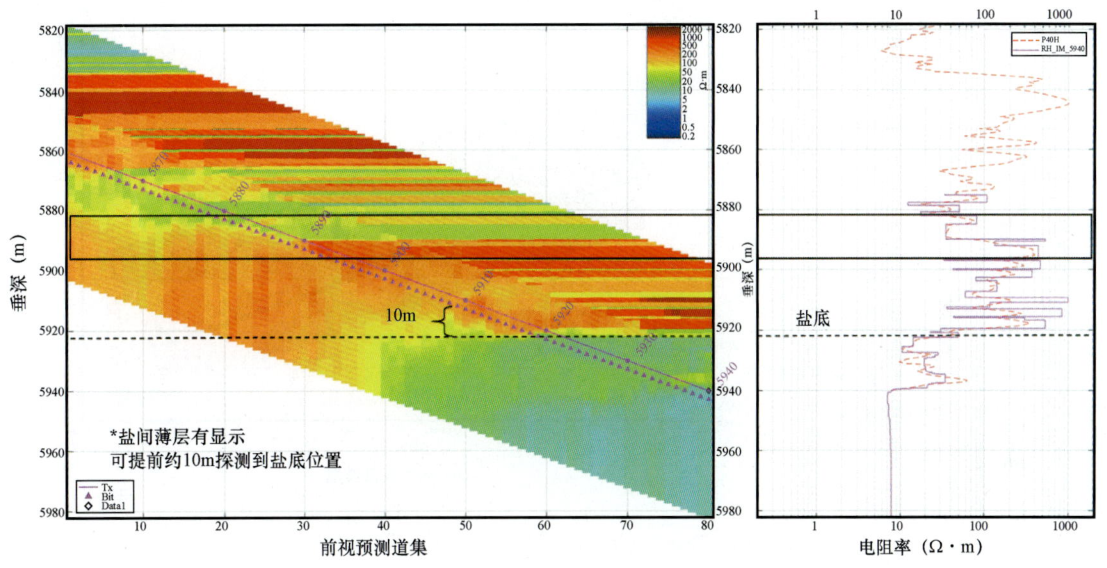

图 1－6－13　Ta－Well#3 井地质导向钻前模型

（2）地质导向实施过程及结果。

Ta－Well#3 井自井深 6220m 开始使用 IriSphere 钻头前视探测技术，接手位置为褐色泥岩，复测井段从井深 6080m 至井底，复测曲线见图 1－6－14。

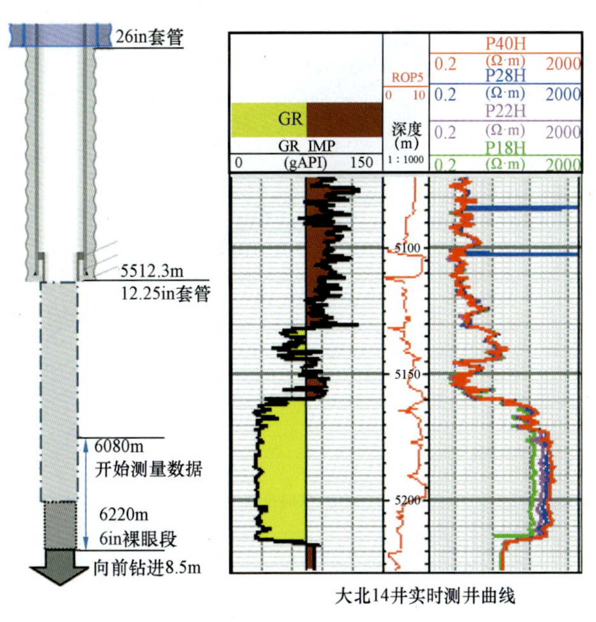

图 1－6－14　Ta－Well#3 井复测常规曲线

复测数据的反演结果显示,IriSphere 仪器可提前约 10m 探测到盐层顶部高阻边界,可提前 10~20m 探测到盐层底部低阻边界。同时,IriSphere 仪器确认在井底位置前方 5m 垂深范围内无高阻地层发育,预测钻头前方地层电阻率为 5~10Ω·m,岩性为泥岩或含膏泥岩,在讨论后决定继续钻进并通过实时反演观察(图 1-6-15)。

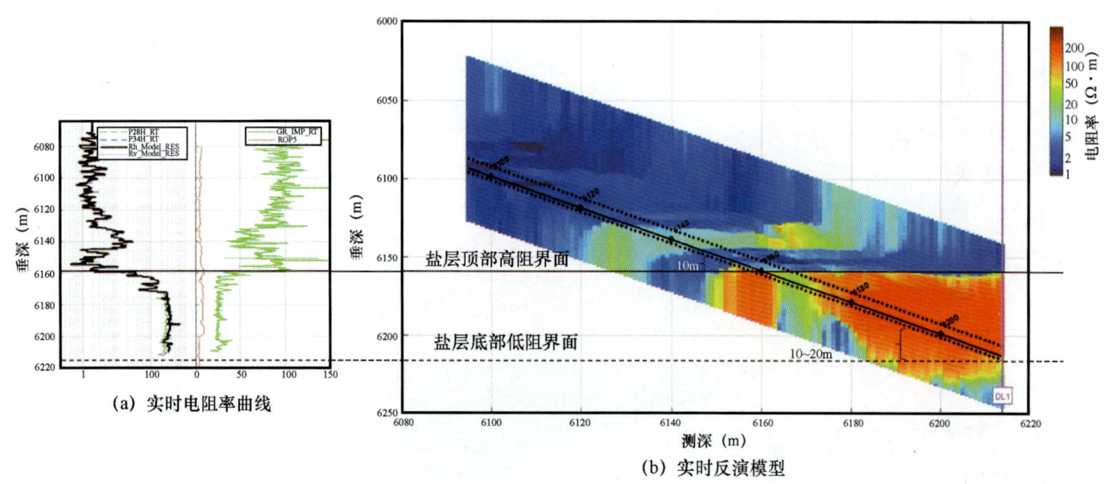

图 1-6-15 Ta-Well#3 井地质井深 6220m 导向实时模型

继续钻进至井深 6228.5m,IriSphere 仪器仍未探测到前方有高阻地层,预测钻头前方 5m 垂深范围内地层电阻率为 10~20Ω·m,结合录井岩屑信息综合判断钻头前方为盐底底板泥岩特征,故决定就此中完(图 1-6-16)。

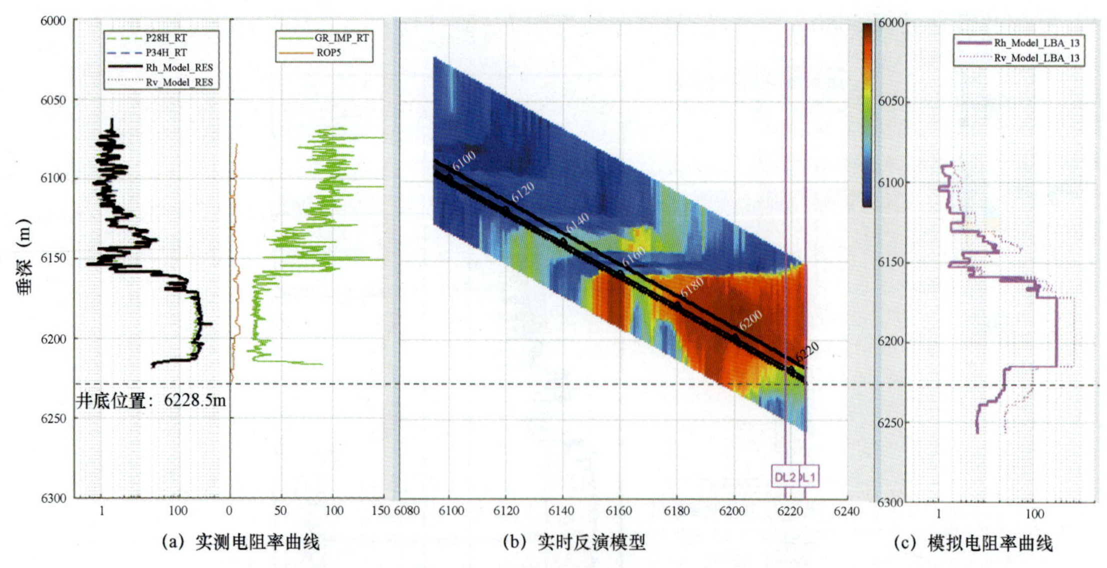

图 1-6-16 Ta-Well#3 井地质导向完钻模型

在判断盐底位置的过程中，如果未使用 IriSphere 钻头前视探测技术，那么在接近泥岩的过程中只能通过岩性和钻井参数来判断，需要时刻警惕钻进中可能遇到的钻井风险，判断盐底的过程漫长而复杂，会造成了在卡层过程中钻井时效的大幅度下降。而使用 IriSphere 钻头前视探测技术，大大增强对钻头前方地层电阻率变化趋势的预测，使得在钻进过程中可以更高效地判断前方的岩性，对确定合适的中完深度起到了很重要的参考作用。

二、塔里木油田 BZ 区块应用实例

1. 地质背景

BZ 区块同样位于塔里木盆地库车坳陷中克拉苏冲断带的 KS 区带，地质概况和 DB 区块类似。

2. Ta－Well#4 应用实例

(1)地质导向钻前分析及对策。

部署井 Ta－Well#4 井是位于 BZ3 号构造高点西南翼的一口定向井(井斜 <60°)，接手时该井四开钻进至 6160m，接近盐层底部。要求在继续钻进的过程中，应用 IriSphere 仪器准确探测盐底界面，在钻头距盐底约 3m 垂深左右时停钻。

该井的主要挑战有如下几点：

① 从邻井对比可以看出盐底处的岩性以盐层、石膏为主，伴有白云岩和泥岩等，且分布无明显规律，邻井之间盐层厚度差别大(图 1－6－17)。

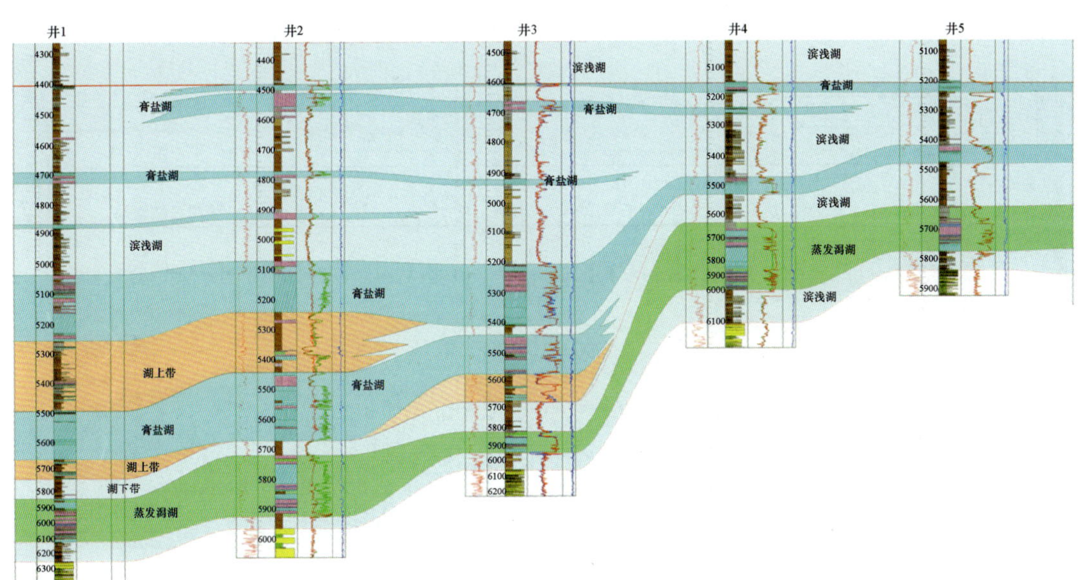

图 1－6－17　Ta－Well#4 井邻井曲线对比图

② 通过对邻井测井曲线对比，发现盐底之上普遍发育电阻率 1000Ω · m 以上的盐层，其与盐下泥岩电阻率 10～30Ω · m 有巨大差异，但是由于盐层内部大量互层的存在以及盐层本身厚度的不确定性，可能会对 IriSphere 的探测距离和精确度造成一定的影响。

③ 盐底处,不同岩性的厚度有很大变化,同时盐下、储层之上的泥岩很薄,要求必须对盐底有准确的判断,这也是本井作业成功的重要条件。

在钻前分析中,基于邻井井 2 的属性模拟反演结果可以看出,反演可提前超过 20m 探测到盐底,钻头在距离盐底垂深 11m 处,探测盐底的误差约 2m;钻头在距离盐底垂深 5m 处时,探测盐底的误差约 1m,见图 1-6-18 和图 1-6-19。

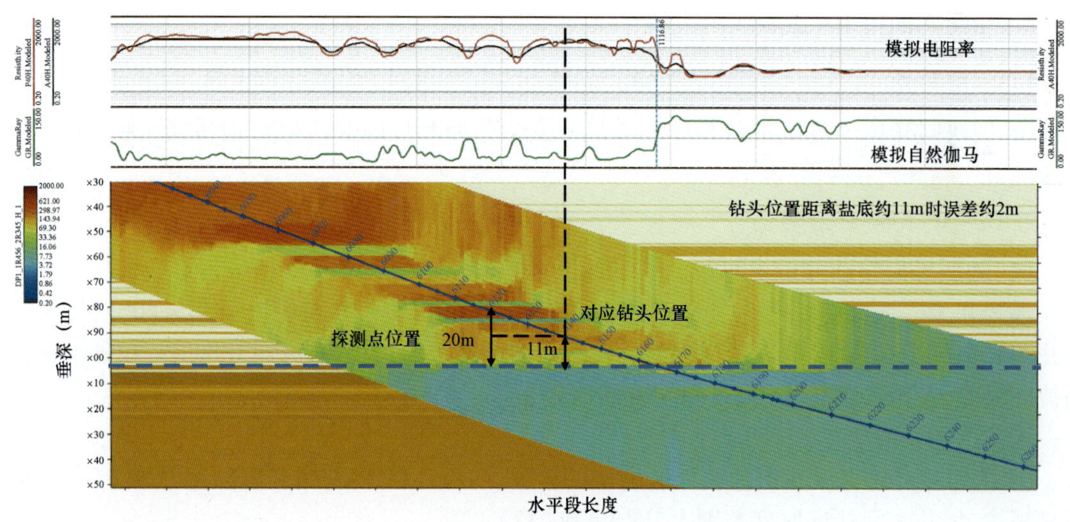

图 1-6-18 Ta-Well#4 井地质导向钻前模型(一)

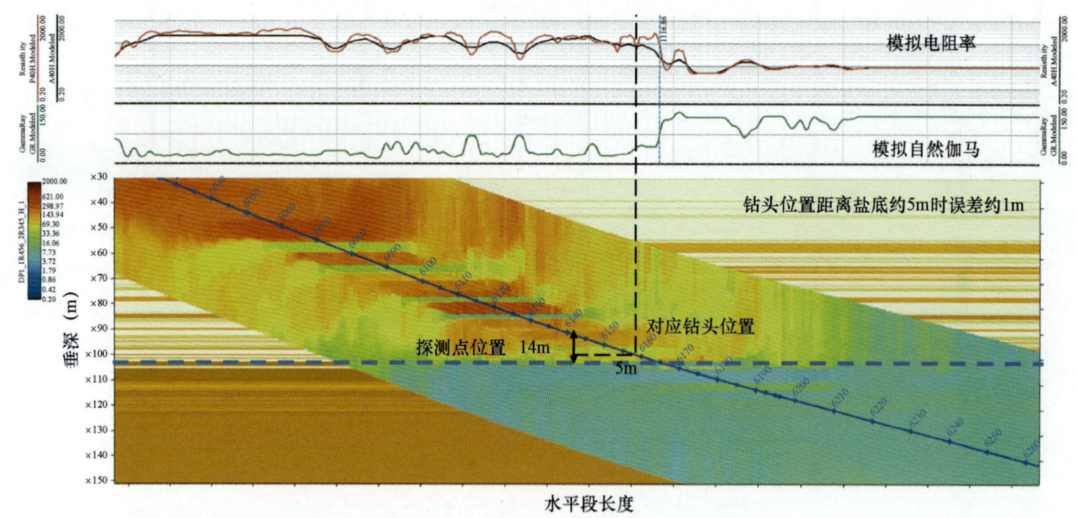

图 1-6-19 Ta-Well#4 井地质导向钻前模型(二)

(2)地质导向实施过程及结果。

Ta-Well#4 井自井深 6160m 开始使用 IriSphere 钻头前视探测技术,复测井段从井深 6040m 至井底。然后应用地质导向软件对复测数据进行反演,结果显示可提前超过 30m 探测到盐层底部低阻边界,预测盐底垂深在 5914m,钻头位置距离盐底约 6m,误差在 1~2m。计划按照6°狗腿度继续增斜，预计钻进5m至井深6165m/垂深5911m，钻头距离盐底约3m，即可中完（图1－6－20）。

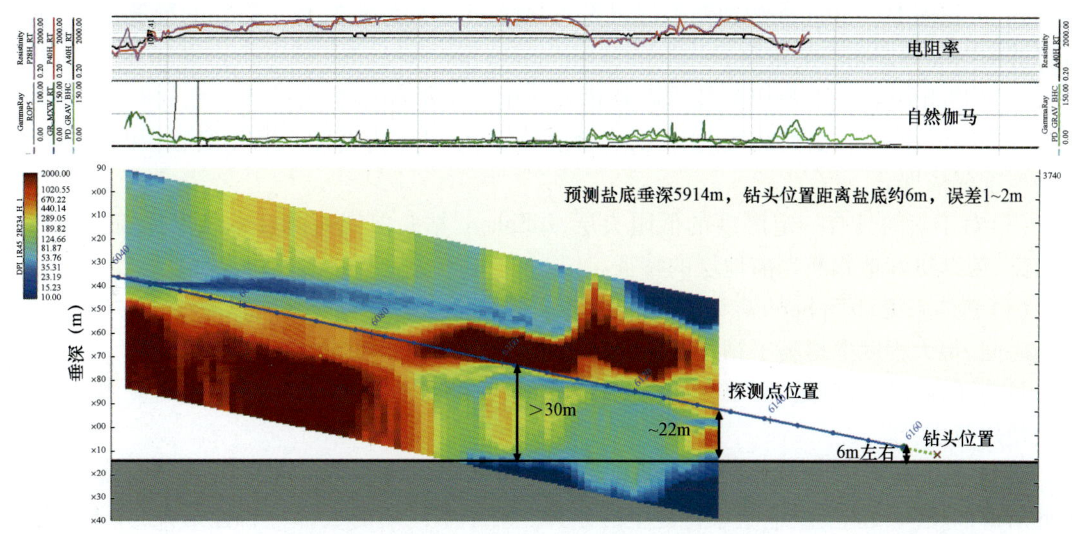

图1－6－20　Ta－Well#4 地质导向实时模型

按计划继续钻进至井深6161.7m，预测盐底垂深5913.5m，此时钻头距离盐底约4.5m，误差在1~2m。为保证钻井安全，甲方决定按照预测深度，下常规钻具组合控速钻进探底，最终由岩屑确认盐底深度在垂深5913.7m，故就此中完（图1－6－21）。IriSphere仪器在Ta－Well #4的使用过程中，实现提前超过30m距离的连续预测，为下步作业的实施提供了充分的空间和充足的保障，是确保本井钻井成功的重要基础。

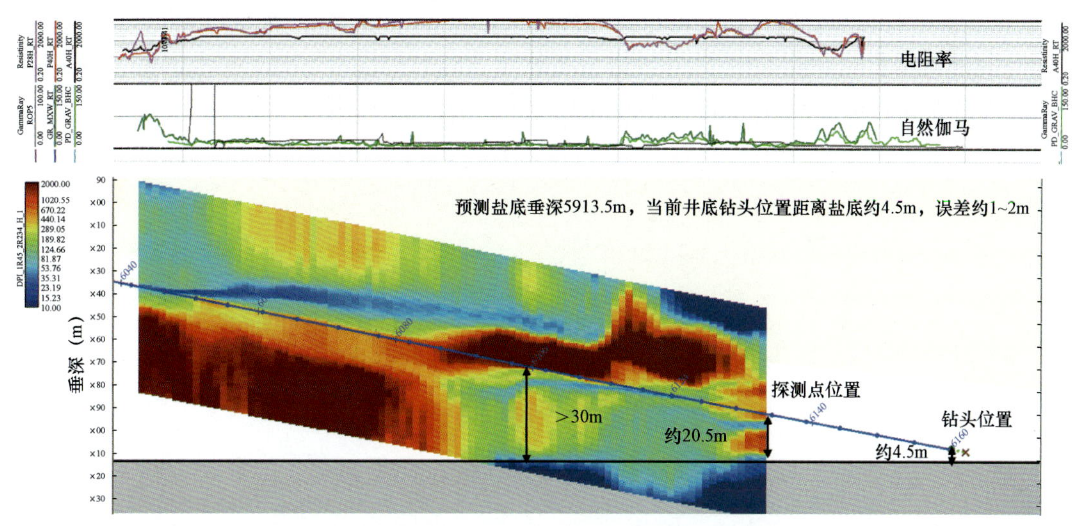

图1－6－21　Ta－Well#4 地质导向完钻模型

截至目前，IriSphere钻头前视探测技术在塔里木油田DB区块、BZ区块的4口井中使用，取得了以下认识，可以为钻头前视探测地质导向技术在该区块的后续使用以及在类似地层的

使用提供参考:

(1)根据实际应用情况,IriSphere 钻头前视探测技术可以对于盐底的低阻界面进行较好的预判,可提前 10 ~ 30m 探测到低阻泥岩界面,对整个卡层过程起到了很好的预警作用,确保有足够的空间做好相应的策略。

(2)IriSphere 钻头前视探测技术在提供钻头前方的电阻率曲线趋势预测的同时,也提供电阻率预测值,经过与实测曲线的对比,吻合度较好,可以作为辅助判断盐底底板泥岩属性的另一个重要依据。

(3)对于盐间具有一定厚度的低阻夹层,IriSphere 钻头前视探测技术可以提前探测到夹层信息,帮助更好地判断当前地层的特征。

(4)整体来说,IriSphere 钻头前视探测技术对于前方地层的预判可以减少不必要的循环判断时间,很大程度上提高了钻井时效。

目前还存在以下问题,需要在后续的作业中重视,不断完善 IriSphere 仪器的应用,进一步扩大使用范围:

(1)IriSphere 钻头前视探测技术的反演是完全基于电阻率特征而得出的界面以及预测,因此所有的反演只能反映电阻率特征上的差异。对于本区块的大部分岩性来说,并不能完全根据电阻率特征来判断,所以 IriSphere 钻头前视探测技术无法直接提供钻头前方的岩性信息,只能作为重要参考之一,还需要借助邻井录井的岩性和实测电阻率数据,确定不同岩性所对应的电阻率值范围,计算出钻头前不同岩性类别的可能概率数值,再结合当前作业井的录井等方面的信息来综合判断钻头前方的岩性。

(2)IriSphere 仪器在本地区的钻头前方探测距离为 10 ~ 30m。影响仪器探测距离的主要因素有:发射器与接收器的间距、所在的地层的电阻率属性、使用的频率和接收器数量、地层电阻率对比度、地层厚度和均质性等,在预测深度之外,不能提供有效的钻头前方的地层信息;在选择工具组合之前必须要进行钻前可行性分析。

(3)复测时间影响作业效率:钻井时效分析显示,在确保反演效果的同时,可减少复测井段长度,提高作业效率;同时可以避免小井眼钻进及扩眼作业,提高作业效率。

第七章 地质导向技术应用的认识与展望

经过近 30 年的发展，地质导向技术已经越来越成熟，并成为通过优化储层内井眼轨迹来提高泄油面积并实现油田增产的高效技术。

地质导向技术的发展整体可归纳为初级、中级和高级三个阶段（图 1－7－1），目前的地质导向服务已经由轨迹导向为主的初级阶段发展到了以油藏导向为主的中级阶段，而且正逐渐向以产量和经济导向为主的高级阶段过渡。中级阶段的地质导向服务主要根据二维地质模型进行实时油藏跟踪和导向，而高级阶段以三维地质导向模型动态跟踪为主的产量导向将是必然的发展方向。

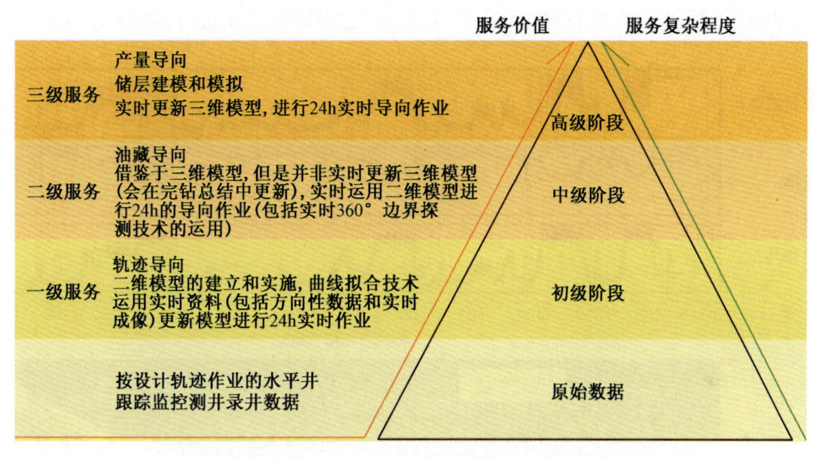

图 1－7－1 地质导向服务分级图

第一节 地质导向技术应用的认识

随着国内水平井开发的规模化，地质导向技术的重要性也逐渐得到了越来越多的认可。通过多年的技术推广和实践，各油田的领导和技术专家对于地质导向技术的内容、流程和实施方法也有了比较深入的了解和认识。但是国内储层复杂多变，在水平井作业过程中可能会遇到各种各样的问题，因此，需要有针对性地提高地质导向技术的应用效率，才能实现提高勘探开发的效果。为此需要在勘探开发过程中，突破现有的地质导向技术应用的误区和局限性，在多个关键方面深入了解并取得共识。

一、几何导向与地质导向的关系

部分技术人员一直认为将水平段井眼轨迹控制在设计靶区内（几何导向）就能够满足提高产能的目标，但是并不清楚实际油气藏地质情况的复杂性。当地下地质情况，特别是地质构造发生较大变化时,作业前设计的井眼轨迹和靶区需要在实钻过程中讨论并及时修正,既要满足工程施工的条件,而且要提高油层的钻遇率,而不是教条地遵照执行原始设计。另外还有一部分人员认为某些储层(致密储层、页岩油气层等)的钻遇率不是很重要,因为这些储层后期都需要通过压裂酸化等措施实现增产,但是实践证明,如果轨迹远离甜点,后期储层改造并不能都达到预期的增产效果。

二、随钻测井仪器与地质导向的关系

地质导向技术的实施是通过地质导向技术人员的主动行为得到的结果。如果只是运用了随钻测井仪器,按照计划的钻井轨迹实施作业而不实时监控、模拟和调整,那么这样的行为不能称之为地质导向作业。图 1－7－2 是 GRM 地质导向模型图,颜色越浅表示电阻率越高,黑色层位是上覆泥岩,中部浅黄色和白色层位为储层。蓝色粗线是设计轨迹,如果运用了随钻测井仪器却不实时监控随钻曲线、模拟和调整轨迹,那么该井将没有任何有效进尺,井眼轨迹将完全处于泥岩层段。绿色粗线则是地质导向师根据随钻曲线实时调整后的轨迹形态,不仅识别了地下构造的实际特征,而且有效追踪了复杂变化的储层,保证了地质导向的效率。

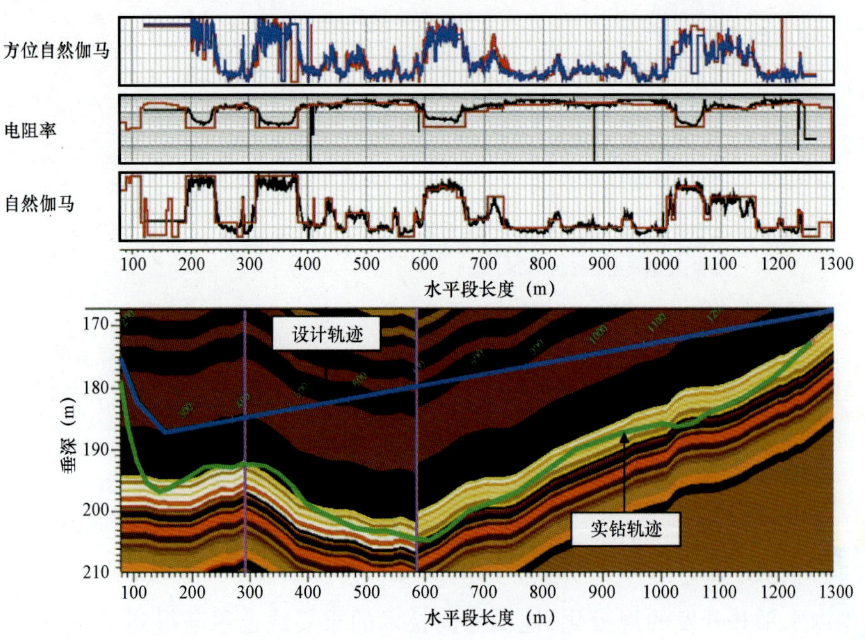

图 1－7－2　地质导向实时模型

三、地质导向人员的作用

不同随钻测井仪器有不同的测量原理和计算方法,与之相应的地质导向软件中所运用的计算方法也有很强的针对性。专业的培训、不同区域的作业经验和相关软件模块的使用权限等这些都是成为一个专业地质导向工程师不可或缺的条件。地质导向人员在实时地质导向过程中需要能对数据进行专业的分析和解释,并做出正确决策,确保钻井成功率。因此,专业的地质导向人员在水平井地质导向作业中的作用是不可忽视的。

在地质导向技术定义的阐述中提到了,成功的地质导向作业需要三方面人员的密切交流和团队协作。地质目标的实现需要钻井或定向井工程师的配合，同时作为区域地质专家的客户地质师也是团队核心之一。当地下地质情况发生重大变化时，仪器的响应可能会有异常或无法识别，而地质导向师对区域情况的了解程度都可能不及客户地质师，这时唯有结合双方的优势才可能顺利完成地质导向作业，圆满完成钻井目标。

四、对地质导向目的及评价指标的认识

随着油气藏开发逐渐进入成熟阶段，目前地质导向工作面临是更加复杂的构造形态、储层物性和流体特征的储层，单纯地强调砂岩钻遇率已不能有效地体现地质导向工作的价值及其效率。

例如，在西南油气田某储层，属于三角洲水下分流河道沉积，其构造和物性横向变化不确定性较高，同时仅有大尺度构造特征认识，而没有满足水平井地质导向尺度要求的构造认识。如果要想得到好的油气显示，仅仅定义砂岩钻遇率在这个区块的意义不大，而在目的层中寻找到甜点的位置，保证高孔隙度储层钻遇率才是水平井地质导向的目标。在某些页岩气区块也面临同样的问题，由于目的层的厚度较大，实现目的层钻遇率100%非常容易，但是实际上大部分轨迹都不是位于甜点的位置。

再如，在底水油藏开发过程中，如何延迟水侵时间是提高单井生产寿命和产量的关键，见图1-7-3。红色轨迹和蓝色轨迹在钻井过程中的储层钻遇率均为100%，但是，在这种底水油藏情况下，蓝色轨迹更符合提高单井生产寿命和产量的目标。因此，针对油水关系复杂的油藏，评价地质导向效率时需要综合考虑储层钻遇率及油井生产动态等因素。

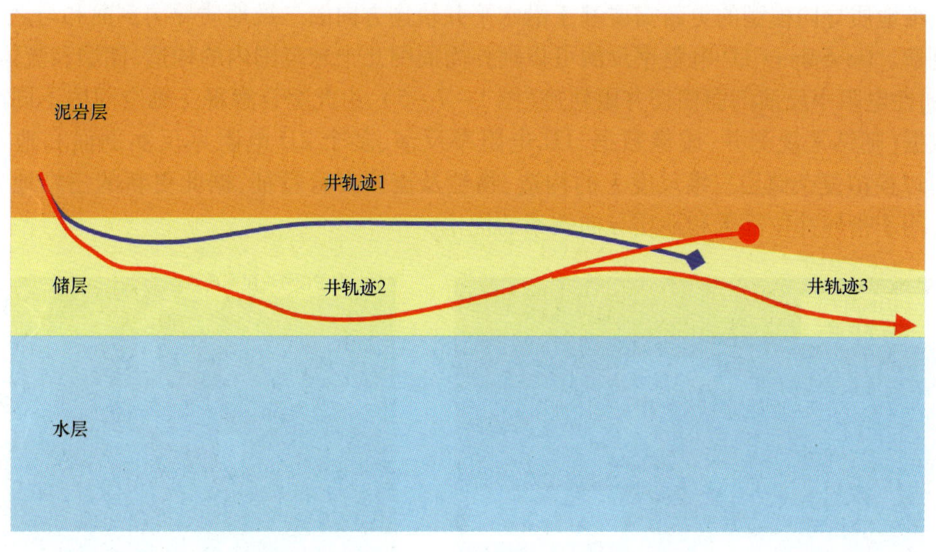

图1-7-3 不同井眼轨迹在底水油藏中的开发效果

五、地质导向模型从二维到三维的升级

在地质导向技术从中级阶段向高级阶段发展的过程中，地质导向模型的维度升级是必要的，这样才能实现从油藏导向到产量导向的飞跃。

当前的二维地质导向剖面的建立主要基于常规随钻测井曲线、井眼成像资料以及

PeriScope、PeriScopeHD、GeoSphere、GeoSphereHD 和 IriSphere 等仪器提供的不同探测深度的1D电阻率反演油藏描绘数据。1D电阻率反演结果不仅可以描绘钻头后方储层物性特征,而且可与地震数据对比和拟合来预测钻头前方储层构造和物性特征(图1-7-4)。

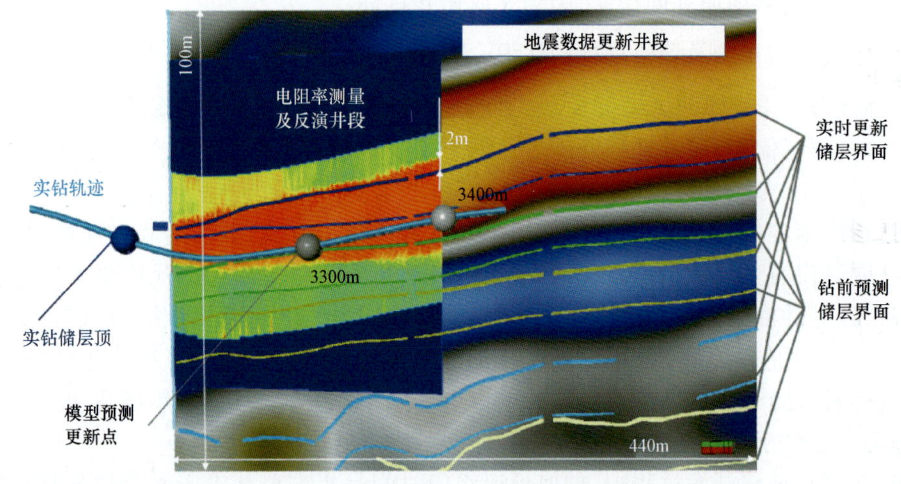

图1-7-4　水平井钻头前方构造和储层的实时预测

电阻率数据更新至井深3300m时,用于更新前方100~150m范围内的地震模型。更新的储层顶面与实际电阻率反演的界面误差约2m

三维地质导向模型的更新需要基于沿水平井轨迹方向的二维地质导向剖面和与之垂直剖面的更新。GeoSphere 1D电阻率反演可识别井筒周围几十米范围内的构造、储层和流体特征,2D方向性电阻率反演剖面横切井眼轨迹(图1-7-5),由此综合解释三维空间内不同测量尺度的数据(随钻常规测井、成像数据、1D电阻率反演、多个2D电阻率反演剖面和地震数据等),可以模拟复杂储层三维尺度上的构造、物性及流体发育特征,据此更新的三维地质油藏模型可用于指导井位部署和地质导向效率的优化。

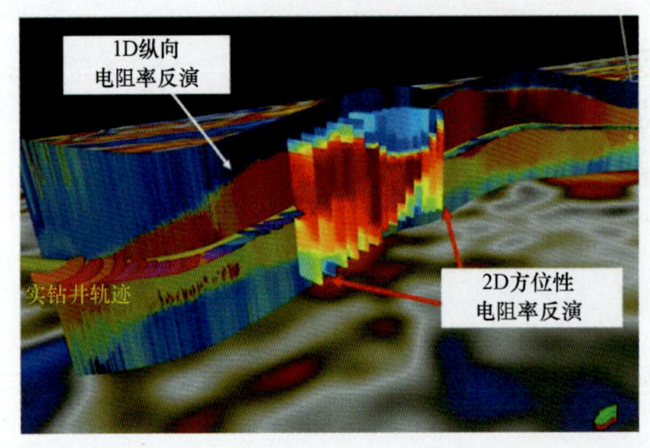

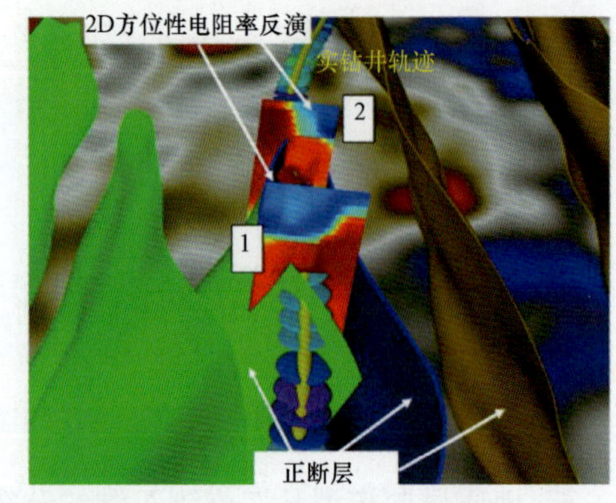

图1-7-5　基于1D和2D电阻率反演得到的三维地质导向模型

2D方向性电阻率反演剖面横切实钻井轨迹,结合3D地质模型可确认沿井轨迹方向存在一系列正断层

第二节　地质导向技术应用的展望

基于油气田勘探开发难度逐渐加大的驱动，地质导向技术也得以逐渐发展和完善，现已成为一项运用多学科关联知识指导现场钻井作业、钻后地质油藏模型更新以及勘探开发方案完善的综合技术。展望该技术，以下多个相关方面的发展将极大地影响其未来的应用前景。

一、多尺度多维测量数据的全面应用

近年来，随钻测井和随钻测量技术发展迅速，目前已经拥有几十种测量参数。随钻测井数据不断向更多参数、更近钻头、更深探测、更多维度等方向发展。随钻测量发展方向为实时数据传输量更大、传输速度更加快速和稳定。

相对于常规测井曲线和成像数据的比较深入和全面的应用，由于重视程度的相对欠缺和相关解释软件功能的不完善等因素，多尺度的随钻地层边界探测数据、超深油藏描绘数据和钻头前视探测数据的全面应用仍有所欠缺。相对于其他资料，这些丰富的 1D 和 2D 方向性数据具有同时兼顾探测深度和分辨率的优势，不仅可以有效指导随钻地质导向工作，而且可用于约束 3D/4D 地震资料的精细解释，对于三维地质油藏模型的更新和完善更加有效和必要。随着油藏勘探开发难度的不断增加和解释处理软件功能的不断完善，上述丰富的油藏描绘相关数据必将得到更多的关注，用于指导油藏勘探开发方案的制订和更新。

二、自动地质导向平台的完善

随着勘探开发的目标越来越复杂，可用的数据体量也越来越大。地质导向人员需要更有效、更快捷地解释和分析多学科数据信息，用于指导现场决策一直是地质导向软件发展的方向及驱动力。目前斯伦贝谢公司应用的地质导向相关软件平台包括 Petrel、GRM、eXpandBG 和 DOX 等，已能够应对当前大部分实时地质导向工作的需求，同时也存在较大的优化空间。例如：实时反演、处理的数据量有限且速度较慢；较多的人为经验因素影响决策的客观性；对于区域地质导向经验的定量化不足；某些重复性工作占用人力资源较多等，从而影响决策团队分析复杂问题的效率。

针对地质导向技术逐渐向产量导向发展的需求，地质导向软件平台的发展方向将是高效整合和处理可利用的较大体量数据（钻井、测井、录井、地质和地球物理等），实时、准确地更新三维地质油藏模型，为实时产量导向提供既经济又及时的决策指导。当前 IT 技术的快速发展将为上述地质导向平台的发展提供有效支持，从而实现自动地质导向的目标。

自动地质导向平台项目在国外某些区域已经开始启动，并取得一些可喜的成果，但仍需要进一步的优化和深入研究。将先进的 IT 技术放在主导地位，不仅可以有效提高数据自动解释及后续决策的效率，而且可保证地质导向的最终效果：

（1）深入运用云计算技术，在短时间内高效处理先进反演算法及建模需要的海量数据，并为多用户通过网络同时访问和分析结果提供方便，多学科团队的决策效率将得以有效提高。

（2）有效利用机器学习等人工智能技术的模拟和学习能力，自动分析随钻数据以及定量化的区域地质导向经验数据，弱化地质导向决策中人为经验因素的影响，为地质导向自动化提供更客观的决策依据：① 基于随钻测井曲线，自动岩性识别、地层对比；② 基于实时钻井参

数,自动预测钻头位置储层物性;③ 综合分析所有的地质可能性来更新地质油藏模型,在控制相关不确定的基础上自动选出最合理的结果;④ 逐步将自动化流程由较简单的地层分析扩展到复杂储层中的地质导向决策。

(3)自动地质导向平台的逐步完善可有效节省人力资源,使得决策团队在不增加人手的前提下保质保量的同时处理多口井的地质导向工作。

三、地质导向效率评价指标的优化

基于当前产量导向为主的大背景,在构造、物性和流体特征复杂的储层中,评价地质导向效率不能以单一的储层钻遇率来评价,而需要综合考虑水平井井眼轨迹布置对油气井产量的影响:(1)井眼轨迹形态及其在储层中的位置;(2)边底水油藏中的油柱高度、轨迹与油水界面的距离、水层动态分布特征;(3)同一区域内多口井组成的井网对产量的影响;(4)非均质储层中的高孔渗储层分布;(5)致密油气层和页岩油气层中酸化、压裂对储层的改造作用等。

基于IT先进的算法,综合计算上述多因素的影响,可用类似于地质导向效率值这样的定量化概念来综合评价一口井以及一个区块范围内的地质导向效率,来体现地质导向技术对于整个油气田生产动态和产量优化的价值。

综合评价过程中,还可以运用人工智能相关算法模拟不同随钻服务对地质导向效率提高的附加价值,由此可利用信息价值(VOI)这一参数为随钻服务的针对性选择提供定量化的指导。

第二篇

旋转导向与定向钻井技术应用及发展

第一章　旋转导向钻井

第一节　概　　述

20 世纪中期，工业化浪潮席卷全球，全球对石油的需求量迅猛增加，促使人们在遥远和条件恶劣的地区开采石油。海上油田和受自然环境制约地区的油藏开发促使定向井技术快速发展，并得到了广泛应用。到目前为止，定向钻井技术的发展大体经历了四个主要阶段：(1)利用造斜器(斜向器)定向钻井，测量仪器最初为氢氟酸瓶，主要用于避开落鱼的侧钻井；(2)利用井下马达配合弯接头定向钻井，测量仪器以单多点磁性照相测量仪和电子单多点测量仪为主，在井较深(大于 1500m)和井斜角较大(大于 15°)的情况下需要用有线随钻测量仪方能较顺利地完成定向作业，用于常规定向井；(3)利用导向马达(弯壳体螺杆钻具)和 MWD(随钻测量)导向钻井，20 世纪 80 年代中后期和 20 世纪 90 年代主要应用于高难度定向井和水平井，随着 MWD 仪器的普及，目前也常用于常规定向井以提高施工效率；(4)利用旋转导向系统和 LWD(随钻测井)或近钻头地质导向测量参数进行导向钻井，主要用于解决复杂油气藏的高难度水平井及大位移水平井等钻井难题。

应用导向(螺杆)马达导向钻井，在滑动导向模式时，钻柱不旋转，贴靠在井底，钻头只在马达内部转子带动下旋转。其作用在钻柱上摩阻力的方向为轴向，在大斜度定向井和水平井的钻井过程中常常会导致钻头加压困难，即现场通常所说的“托压”严重的问题；在调整井眼轨迹时容易造成“台阶”，使得井眼不光滑；由于钻柱不旋转，不利于携砂，从而在井底形成岩屑床，增加了卡钻风险。以上一些不利因素不仅降低了施工效率，而且增加了作业风险。为克服导向马达在定向钻井模式下的不足，自 20 世纪 80 年代后期开始，石油界开始了对旋转导向钻井技术的研究。到 20 世纪 90 年代初期，以斯伦贝谢公司为代表的多家公司推出了商业化旋转导向技术。使用旋转导向技术钻井时，井下仪器单元在钻柱旋转过程中以推靠(井壁)或指向式的方式实现定向井的轨迹控制，施工时始终以旋转的方式钻进，因此携砂好，钻出的井眼轨迹光滑，作业效率高，有利于后续阶段的作业施工和降低作业风险。同时，井下仪器和地面可以通过钻井液脉冲方式来实现双向通信，控制井下仪器单元改变工具面的指向，旋转导向技术的上述优势，使得它在大斜度井、大位移井等特殊工艺井的施工中得到了广泛应用。

斯伦贝谢公司推出的旋转导向钻井系统有以下特点和优势。

(1)全程旋转：斯伦贝谢的旋转导向系统，无论是推靠式还是指向式，均可以实现全程旋转。所谓全程旋转，是指井底的仪器系统的各个单元和部件与井底钻具组合(BHA)以相同的角速度在同时旋转。

(2)工具尺寸比较完备，可满足各种井眼尺寸的钻井需求：目前，推靠式旋转导向系统可以提供所有常规井眼的钻井服务，对于特殊要求的井眼也可以提供不同的导向偏置单元来满足客户的需求。指向式旋转导向系统目前可以提供9in和6.75in的仪器服务。

(3)自动巡航功能：在稳斜井段，井下工具可以进入自动巡航状态，仪器自我判断井下的井斜状态，自动进行工具面的调整，减少了人为的干预时间，有效提高了钻井效率。

(4)双向通信系统：可根据预先设计的钻井液脉冲序列或地表转速序列来实现地面与井下系统的双向通信。

(5)近钻头传感器：包括井斜方位和自然伽马测量，为井眼轨迹调整和地质导向的及时决策带来了极大便利。

(6)附加动力服务：斯伦贝谢的旋转导向系统均可以附加专用的螺杆动力单元(vorteX)，在顶驱受限的情况下，进一步提升井下仪器的动力，进而提升机械钻速。

(7)匹配能力：可与斯伦贝谢的各种随钻测量仪器(MWD)和随钻测井仪器(LWD)实现实时数据链接。

斯伦贝谢公司推出旋转导向系统的历程(图2-1-1)如下：

(1)1999年推出了第一代推靠式旋转导向工具PowerDrive Xtra系统；

(2)2004年推出了第二代推靠式旋转导向系统PowerDrive X5和垂直钻井系统PowerV；

(3)2006年推出了指向式旋转导向系统PowerDrive Xceed；

(4)2009年推出了附加动力旋转导向系统PowerDrive vorteX；

(5)2010年将现有的PowerDrive X5工具全部升级为PowerDrive X6，完善工具在不同井况下的系统稳定性和可靠性；

(6)2010年推出了用于高造斜率条件下钻井的混合式旋转导向系统PowerDrive Archer。该系统已在国内外许多油田得到应用；

(7)2014年推出新一代推靠式旋转导向PowerDrive Orbit，提高了工具的耐温性和可靠性，推出后得到了市场的广泛好评，是目前全球应用最广的旋转导向；

(8)2018年，基于作业的经验积累和客户的反馈，为了进一步提高Xceed工具的适用范围，斯伦贝谢推出了升级版Xcel，增加了自然伽马测量，电磁环境下陀螺测量模式等；

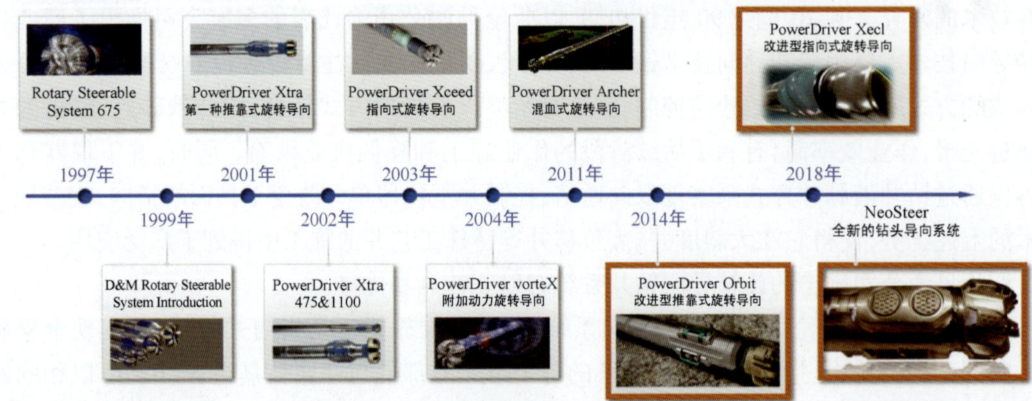

图2-1-1　旋转导向钻井系统年鉴

(9)2020 年,斯伦贝谢全新的钻头导向系统 NeoSteer 面世,它不但继承了推靠式旋转导向的高稳定性,还创造性地将导向模块和钻头合二为一,可以输出极高的造斜能力。这些特点使得 NeoSteer 非常适合大规模工厂化钻井。

自从斯伦贝谢公司推出旋转导向钻井系统以来,旋转导向系统不断演化,由最开始的推靠式,再到指向式、复合式、附加动力,以及最新的钻头导向系统,种类不断丰富,适应性越来越强,应用也逐年增加,国内钻井总进尺从 2006 年的 5898km 逐年增加到 2019 年的 35100km(图 2－1－2),其中以 PowerDrive X6 的应用最为广泛,其次是 PowerDrive Xceed、PowerDrive VorteX、PowerV(图 2－1－3)。

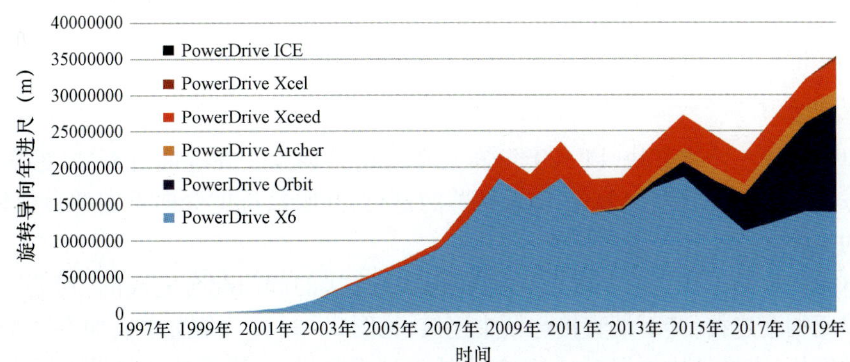

图 2－1－2　旋转导向钻井应用统计结果

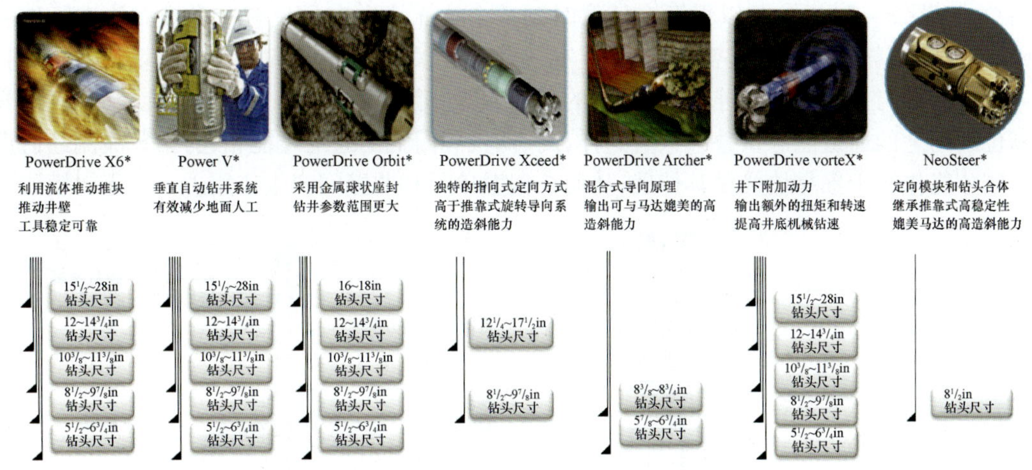

图 2－1－3　斯伦贝谢推出的系列旋转导向系统

第二节　推靠式旋转导向系统 PowerDrive X6

一、PowerDrive X6

PowerDrive X6 属于推靠式旋转导向系统。通过可控的推靠块推靠井壁改变工具的造斜方向,从而对井眼轨迹进行控制。该系统主要由偏置单元(bias unit,BU)、控制单元(control unit,CU)、接收单元(reciever)和柔性短节(flex joint)构成,见图2-1-4。其中接收单元用于与随钻测量仪器的信号连接和传输;柔性短节用于调节钻具组合的刚性,以满足井眼狗腿度的要求。下面重点介绍偏置单元和控制单元(图2-1-4)的组成和原理。

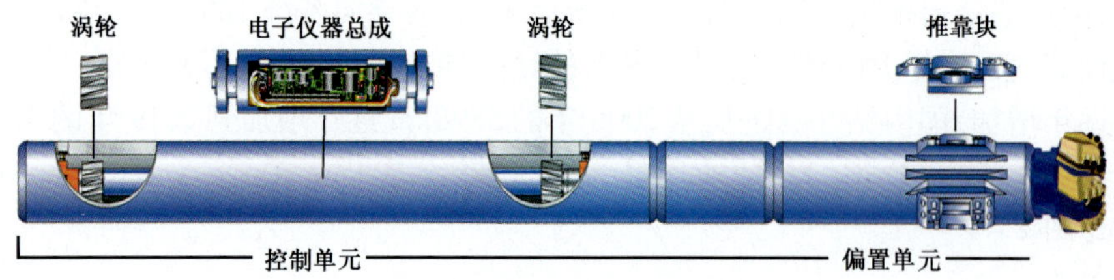

图2-1-4 推靠式旋转导向系统示意图

1. 偏置单元

偏置单元外镶三个推靠块,以120°分布在单元的外体上。在导向过程中,推靠块通过推靠井壁的方式使偏置单元发生偏置,随着钻井的进行,井眼轨迹就会向设定的目标钻进,最终达到导向的目的。

偏置单元的控制工作是由一根控制轴和相对应连接的阀门配合完成的,其上端通过控制轴与控制单元相互连接,其下端直接与钻头连接,见图2-1-5。偏置单元拥有三个可以沿径向伸缩的推靠块,当推靠块伸展时,偏置单元处于过满眼尺寸,推靠块接触井壁并向井壁施加压力,工具串获得一个反向推力。偏置单元的核心部件是由一对高、低位啮合阀门构成的控制阀门总成(图2-1-6),可以保证在任意时刻三个推靠块中有且仅有一个推靠块进行伸展。其中,低位阀门与偏置单元紧密相连,其上有三个通道,每个通道通向一个推靠块;高位阀门通过一个控制轴与控制单元相连,并有单一的通道,该通道的设计目的是保证在旋转时低位阀门与高位阀门上的通道能够重叠。只有这样,高、低位阀门上的通道才能相通,钻井液流经通道,其液压才能作用于推靠块并使其伸展,从而在偏置单元和井壁间产生作用力。在定向模式下,

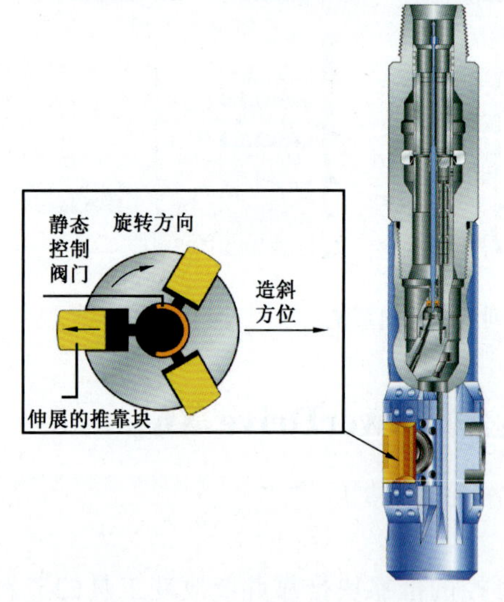

图2-1-5 偏置单元(BU)

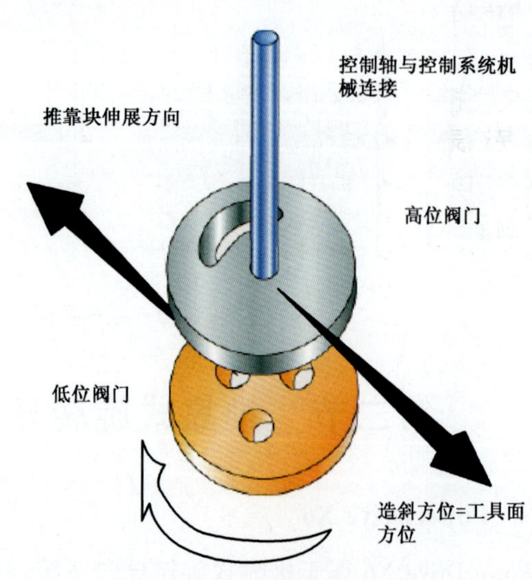

图2-1-6 控制阀门总成

井下电子仪器总成(即控制单元)精确有序的控制工作,可保证钻具每旋转一周,高、低位阀门在指定方向上重合三次,三个推靠块在此方向上依次打开,保证钻具按照设计方向精确钻进。

为保证钻井液中的块状物不会堵塞通道,工具上方加装了一个入口滤网;用于驱动偏置单元推靠块的钻井液首先通过此滤网,确保不会因钻井液中的块状物导致井下工具失效。

2. 控制单元

控制单元位于偏置单元之上的无磁钻铤中,是一个被固定在轴承组中的电子仪器总成(图2-1-7)。控制单元可以独立于钻铤本体自由旋转,也可以静止于所要求的工具面方位上,而与此同时,整个钻具的其他部分仍然保持旋转。

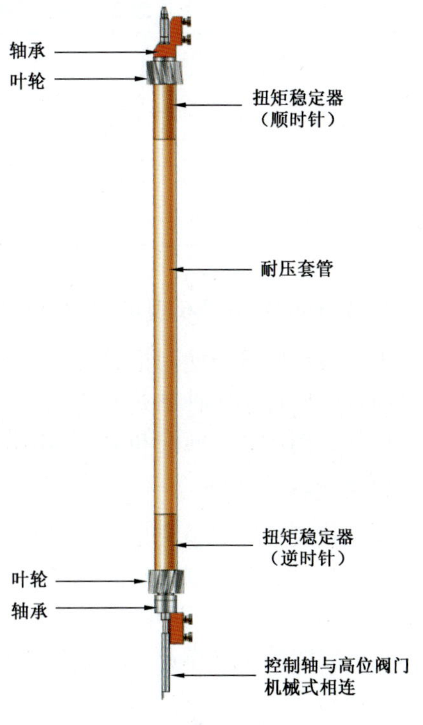

图2-1-7　控制单元(CU)

为使控制单元能够自由旋转,控制单元被固定于轴承组中,而轴承组则安装于无磁钻铤中。整个系统进行导向时,控制单元接收工具内部重力加速计和磁力计提供的信号,通过伺服控制系统使控制单元静止不动。

控制单元以机械方式对偏置单元进行控制。在定向过程中,控制单元通过一对扭矩稳定器维持自身静止不转动,保证工具面稳定不动。

扭矩稳定器的主要部分是两个旋转方向相反的涡轮转子永磁交流发电机。正常工作过程中,扭矩稳定器由一套精密电子系统控制,低位扭矩稳定器按照逆时针方向旋转,高位扭矩稳定器按照顺时针方向旋转,由此产生扭矩,用于平衡来源于轴承组件和偏置单元控制阀门总成的动态摩擦力。

控制单元通过运用多种传感器来确定自身的方位,包括三轴重力加速计、三轴磁力计、倾斜陀螺仪、钻铤磁铁和磁力计。

高位扭矩稳定器通过涡轮发电机获得主要动力,同时内置一个密封电池(主要为计时器和数据记录提供动力)。

控制单元顶部有一个外接通信端口,当工具返回地面时不需要拆开钻具即可通过此端口与控制单元通信,并进行编程。同时也可以通过该外接端口下载内存数据。

3. 通信单元

旋转导向系统与导向马达的不同之处在于,前者可在不改变井下工具工作状态的情况下完成对井眼轨迹的调整。入井前,在控制单元输入偏置指令,每条指令对应于某方向上某种程度的造斜率。入井后,如果要对井眼轨迹进行实时调整,则需要对控制单元发出下联信号(下联是由定向井工程师在地面向井下工具发出调整工作参数和模式的一种方式)。一个下联信号是通过有序的钻井泵排量或转速的高低变化而组成的一组二进制编码,其中高排量或高转速对应编码为1,低排量或低转速对应编码为0。控制单元通过扭矩稳定器上涡轮转速的变化感知排量的变化。即井下工具在收到井上通过钻井液排量或转速高低变化而组成的信号后,会自动解析,执行该下联信号所对应的指令,自动对工具面进行控制,在可行范围内调整任意方向上的井眼轨迹,直至收到下一个下联信号为止。

发出下联信号和正常打钻可以同时进行,而互不干扰。在发出下联信号期间,MWD 仍然可以正常地将实时数据传输至地面。对于推靠式旋转导向系统,下联信号可以改变表 2-1-1所列参数。

表 2-1-1 推靠式旋转导向系统下联信号参数

指令	描述
所需工具面角度	设置一个固定的工具面角度,或增加、减小工具面角度(工具面可能是重力工具面,也可能是磁力工具面,由井斜而定)
导向功率	设置一个固定的导向功率数值。该参数将会控制工具的定向时长占一个工具导向周期的百分比,可由 0% ~100% ,以 10% 为改变单位

二、PowerDrive X6 现场应用及业绩

推靠式旋转导向使用推靠块直接作用于井壁,因此更适用于软硬适中的地层。推靠式旋转导向可以应用于多种钻井液体系,包括油基、水基和合成基等。为了钻井液和仪器内部的橡胶部件能达到较好的匹配和兼容,建议在作业前做好相关的实验室检测。

1. 主要技术优势

推靠式旋转导向系统自面世以来,以其全程旋转的特性解决了常规马达导向滑动钻井中钻压施加与工具面控制困难的问题,同时也提高了井眼清洁效率,改善了井壁质量,大大提升了钻井效率,并为后续固井、完井工作打下了良好基础。采用旋转导向系统之后,一些以传统技术难以完成的钻井作业,比如超深井和大位移井作业在今日也成为可能(图 2-1-8)。

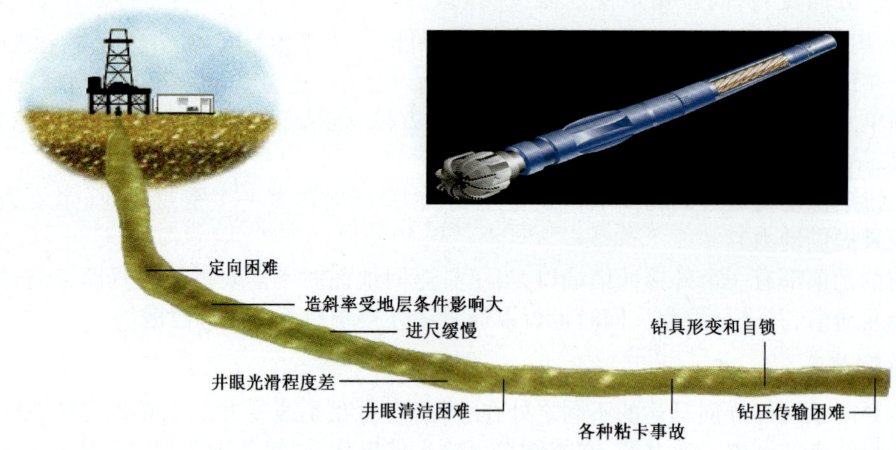

图 2-1-8 使用传统钻具钻井所遇到的困难

推靠式旋转导向系统的另一个特点是提供了近钻头的井斜、方位和自然伽马测量。这些测点距钻头最近处仅有 2m(此数据对于不同尺寸工具,略有不同),这既方便了定向井工程师控制轨迹,又为地质导向师实施实时地质导向服务提供了可靠依据。两者通力合作,可以将井眼轨迹钻至最佳储层,保证较高钻遇率,提高单井产能。

2. 现场应用相关关键参数选择

为达到较好的钻井效果，在使用推靠式旋转导向系统时，推荐使用较高的地表转速，以120r/min 以上为宜。高转速可以提高推靠块伸展频率，取得更好的造斜率。另外，为保证推靠块对地层有足够的推靠力，应该保证钻头和推靠块上的水力压降总和维持在 5MPa 左右。因此，在每次工具下井之前，需要根据钻井液性能优化钻头水眼设置。如果由于工程原因（比如排量限制）无法达到此压降数值，可以在工具下井前由定向井工程师通过设计，选择合适的限流器并安装到旋转导向工具内（限流器会在地表排量不变的条件下，通过增加流经控制阀门组的钻井液流量占总流量的百分比，达到增加钻头和推靠块上总水力压降的目的）。

3. 应用业绩及典型案例

旋转导向系统在国内首先应用于中国南海的海上深井和大位移井。自 2000 年至今，推靠式旋转导向系统已经在中国南海、渤海湾和陆上成功完成 60 多口大位移井作业，其中大位移井斜深超过 8000m，水垂比超过了 4.0，这些成果是传统钻具所无法实现的。

目前，中国南海某区块大位移井的水垂比居国内之首（图 2－1－9）。该井 17.5in 井段造斜至 85°，钻达井深 1072m。在钻完水泥塞后，12.25in 井段作业使用推靠式旋转导向系统从 1072m 一趟钻，稳斜钻至设计井深 5452m；8.5in 井段继续使用推靠式旋转导向系统完成着陆。该井总完钻井深为 6300m，水垂比达到 4.58。

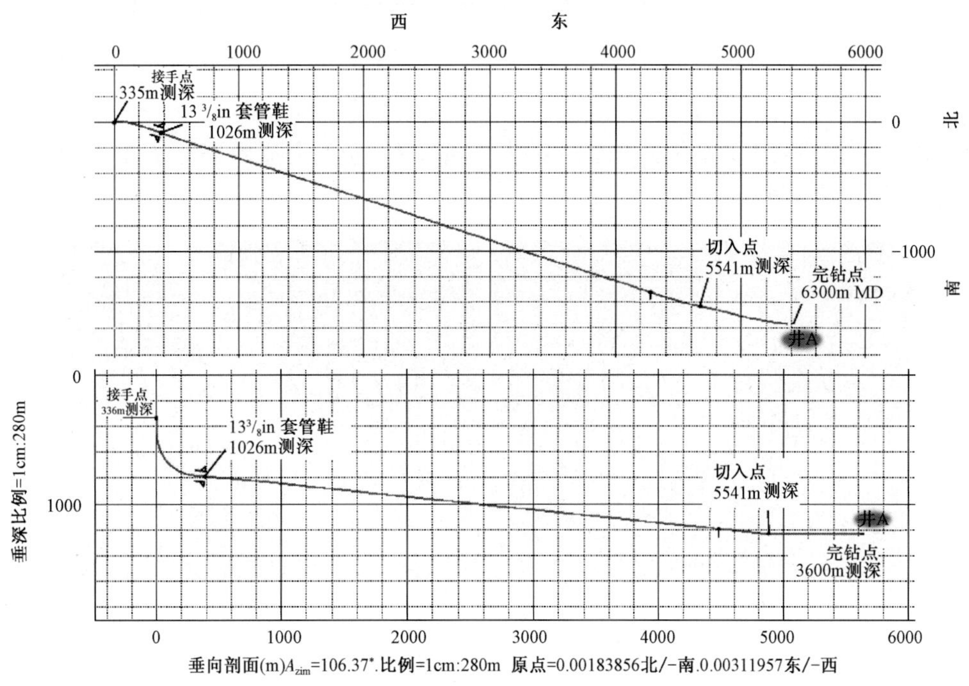

图 2－1－9　南海最大水垂比大位移井垂直及水平投影图

该井的最大难点为长达 4380m 的大井斜稳斜段。根据以往经验，在使用传统钻井工具钻进时，随深度增加，由于钻具摩阻大，滑动钻进时易产生正旋屈曲，甚至螺旋屈曲，导致钻井效率大幅下降，而使用旋转导向则可以消除钻具屈曲的影响，见图 2－1－10。可以看到在较浅地层,由于井斜较小摩阻相对较小,所以不需要施加高钻压也可取得理想的机械钻速;随井深和井斜增加,由于摩阻急剧增大,尽管施加了较高的钻压,但其影响大部分被摩阻所抵消,因此机械钻速相对浅层反而有较大下降。

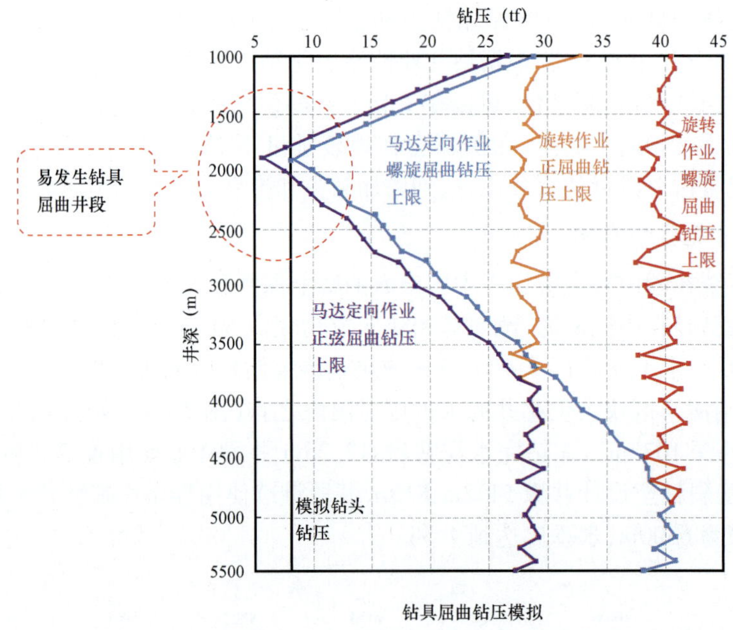

图 2-1-10　钻具屈曲钻压模拟

同时,由于交替采用滑动钻井和旋转钻井,造成井壁起伏,井眼轨迹不光滑,增加了潜在的卡钻风险(图 2-1-11)。

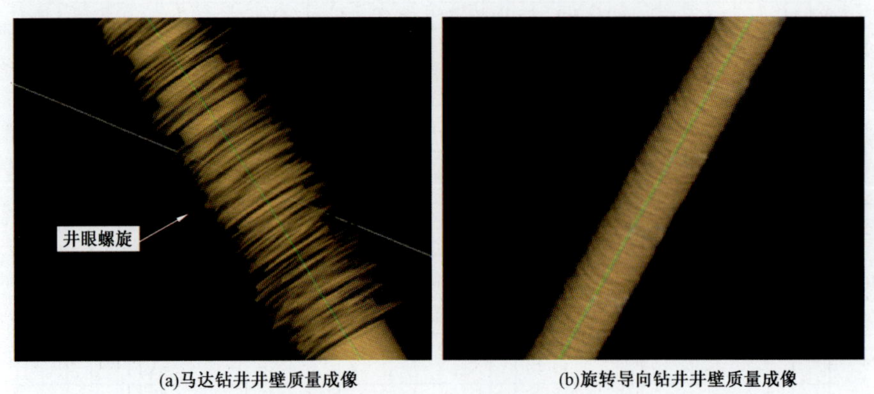

图 2-1-11　马达钻井与旋转导向系统钻井井壁质量成像对比

应用推靠式旋转导向系统由于消除了滑动钻井带来的影响,整体机械钻速明显提高,且井壁光滑,为后续的下套管、固井等作业带来很大便利,使建井周期大大缩短。

除大位移井外,推靠式旋转导向系统在定向井和超深井中也进行了大量的应用,显示了其卓越的性能。图 2-1-12 为在西部某两口相邻超深井中使用马达和使用推靠式旋转导向系统的钻井效果对比。

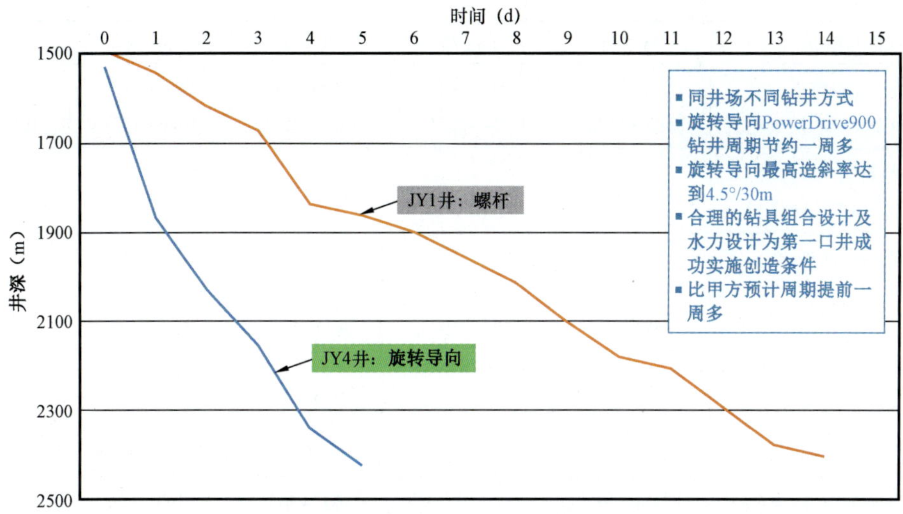

图 2-1-12 马达和推靠式旋转导向系统钻井效果对比图

从图 2-1-12 中不难看出，使用旋转导向系统可以很好地解决马达滑动钻井带来的托压问题，使得在相同深度井段的钻井效率大大提高（平均机械钻速由 2.94m/h 提高到 7.29m/h，增加了 148%）。

三、PowerDrive X6 RSS 规格及主要性能指标（表 2-1-2）

表 2-1-2 PowerDrive X6 规格与主要性能指标

	规格与指标	X6 475	X6 675	X6 825	X6 900	X6 1100
机械与力学性能	公称外径（in[mm]）	4¾[120.7]	6¾[171.5]	8¼[209.6]	9[228.6]	11[279.4]
	工具长度（ft[m]）	13.65[4.16]	13.47[4.10]	13.84[4.21]	13.84[4.21]	15.22[4.63]
	造斜能力 DLS（°/100ft[°/30m]）	10[10]	8[8]	6[6]	5[5]	2[2]
	适用井眼（in[mm]）	5½~6¾ [139.7~171.5]	7⅞~9⅞ [200.0~250.8]	10⅝~11⅝ [269.9~295.3]	12~18½ [304.8~469.9]	20~28 [508~711.2]
	钻头转速（r/min）	0~220	0~220	0~220	0~220	0~125
	最大钻压（lbf[N]）	31000 [137894]	180000 [800679]	270000 [1201019]	370000 [1645841]	225000 [1000849]
	最大工作扭矩（ft·lbf[N·m]）	9000[12202]	18500[25082]	45000[61011]	45000[61011]	70000[94907]
	最大拉力（lbf[N]）	340000 [1512395]	1100000 [4893044]	1100000 [4893044]	1800000 [8006799]	2500000 [11120554]
	最大通过狗腿度（滑动）（°/30m）	30	16	12	10	4
	连接钻头扣型（母，REG）	3½	4½或6⅝	6⅝	6⅝或7⅝	7⅝

续表

规格与指标		X6 475	X6 675	X6 825	X6 900	X6 1100
流体性能	流量范围(gal US/min[L/min])	170 ~310 [643 ~1173]	210 ~970 [794 ~3671]	280 ~2000 [1059 ~7571]	280 ~2000 [1059 ~7571]	280 ~2000 [1059 ~7571]
	最高钻井液密度(lb/gal US[kg/L])	24[2.88]				
	最高含砂量(%)	1(体积比)				
	最大堵漏材料(lb/bbl[kg/L])	35[0.13]	50[0.19]	50[0.19]	50[0.19]	50[0.19]
	酸度等级 pH 值	9.5 ~12				
	含氧量(mg/L)	1				
温度压力	最高温度(°F[℃])	302[150]				
	最大压力(psi[MPa])	20000[137.9]				
测量性能	井斜至工具下端面距离(ft[m])	6.76[2.06]	7.13[2.17]	7.60[2.32]	7.70[2.35]	9[2.74]
	方位至工具下端面距离(ft[m])	8.86[2.70]	9.33[2.84]	9.80[2.98]	9.90[3.02]	11.20[3.41]
	方位自然伽马	4 象限				
	平均自然伽马	是				
	自然伽马至工具下端面距离(ft[m])	5.86[1.79]	6.33[1.93]	6.80[2.07]	6.90[2.10]	8.20[2.50]
	轴向振动范围(g_n)	0 ~35				
	径向振动范围(g_n)	0 ~75				
	最大冲击(g_n)	625				
	振动与冲击传感器	三轴				
	磁场盲角区	无				
特有性能	自动闭环	井斜				
	指令下传方法	流量				

第三节　推靠式旋转导向系统 PowerDrive Orbit/Orbit G2

一、PowerDrive Orbit

推靠式旋转导向系统是斯伦贝谢公司最早推向市场的旋转导向系统，随着其大规模商业应用，针对使用过程中客户的反馈，斯伦贝谢公司对其进行了多项系统升级，并于 2014 年推出了最新版推靠式旋转导向系统 PowerDrive Orbit。在保持推靠式导向的基本原理不变的前提下，其相比于之前的 PowerDrive X6 系统有如下重大改进：

(1)采用了全新的金属密封及球状结构代替之前的活塞推靠设计(图 2-1-13)，保证了推靠单元可以在更高的温度和更高的压强下正常工作。另外加大了工具工作压降窗口，提高了工具造斜能力，对钻井液密度和排量变化的适应能力，因而可以适应更广的钻井环境和更复杂的地质条件。

图 2-1-13　PowerDrive Orbit 结构示意图

(2)升级了内部控制单元，其最大承受转速从 220r/min 提高到了 350r/min，从而可以采用更高的地表转速以增加机械钻速并缓解井下粘滑。

(3)提高了近钻头 6 轴连续井斜方位测量精度，缩小了垂深和水平位移测量的误差，以利于更精确的井轨定位和地质导向。

(4)除传统的使用高低排量变化来发指令的方法外，新增了使用地表转速变化发指令的方式。井上操作人员可以根据实际情况选择使用何种模式来发指令，从而提高了发指令的成功率。

经过如上升级改进，PowerDrive Orbit 的适应性和钻井表现较之 PowerDrive X6 有了明显提升，因而近年来在世界范围内陆地和海上钻井作业中逐步取代 PowerDrive X6 成为推靠式旋转导向系统的主流。尤其是它的耐高温特性，使得它在高温深井中的应用效果更为突出。

随着页岩气的不断开发，页岩气区块也逐渐由浅层页岩气发展到深层页岩气区块，对旋转导向的需求也越发迫切。深层页岩气的钻井难度除了常规的定向难度以外，对工具的稳定性、可靠性要求更高。因为深层页岩气井埋深较深、地层温度高(如150~160℃ 静温)而且地层可钻性差,这就要求旋转导向系统能在高温恶劣的钻井条件下更长时间稳定地运行,这对旋转导向提出了更高的要求。目前,基于 PowerDrive Orbit 在高温下的高可靠性,已经在四川页岩气的高温区块体现出了明显优势。如图2-1-14所示,在泸州区块,由于井下温度高,仪器失效频繁,在2017年的平均单趟钻进尺很低,只有不到120m。而通过在水平段大力推广更耐高温的 Orbit 旋转导向,平均单趟钻进尺不断提高,至2020年底已经翻了三倍,达到380m。在稳定性提高的同时,通过不断优化钻头选型和提高钻井参数,平均机械钻速也逐年提高,较2017年刚开始作业时增加了42%。

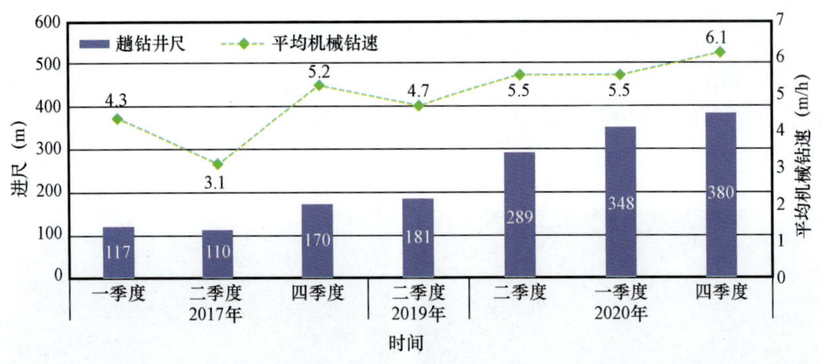

图2-1-14 泸州区块深层页岩气井时效对比

在2020年7月21日完钻的Y1-3井中,PowerDrive Orbit 在井底循环温度145℃,同时在全程伴随高频振动的恶劣工况下,显示出极高的工具可靠性,创同区块单趟钻最长井下时间9.125天,钻进时间154.6h,循环时间187.8h,最高进尺1027m的最好纪录。较同区块临井总趟钻节省50%,节约起下钻时间7天,四开钻井周期提前16天完钻(图2-1-15)。

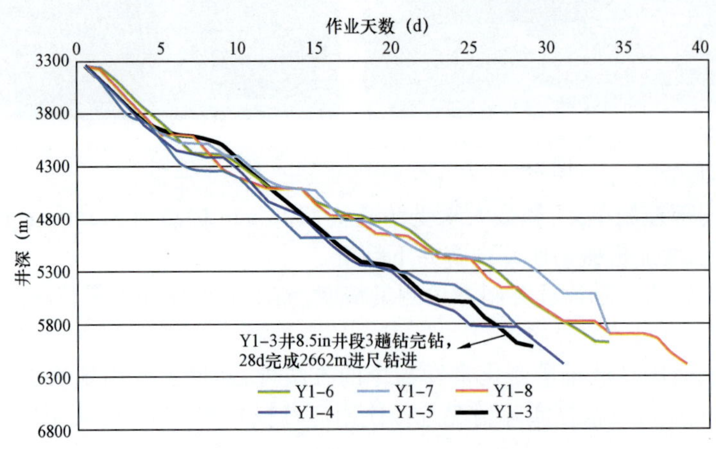

图2-1-15 Y1-3井三开作业进度

为了应对深层页岩气高温高压的挑战,除了提升仪器内部设计和零部件的可靠性外,严格执行高温分段循环起下钻程序,对于提高仪器在高温高压环境下的可靠性并达到整体提速提效,有着重要的作用。针对这一薄弱环节,如下高温分段循环起下钻程序经实践证明有明显效果,如图2-1-16所示。

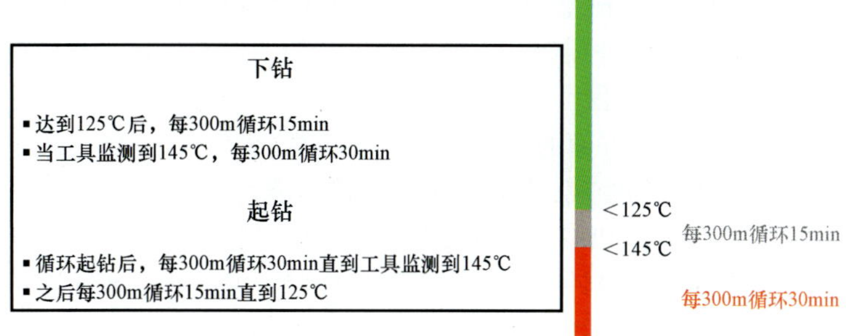

图 2－1－16　高温分段循环起下钻程序

在下钻过程中：

（1）当预测井下温度（静态温度）达到 125℃时，开始执行高温分段循环起下钻程序，每 300m 循环 15min；

（2）当工具监测到 145℃时（静态或动态温度，工具在非循环状态下仍然会持续监测井下温度），将循环时间延长到 30min。

在起钻过程中：

（1）井底循环起钻后，如果井下温度达到 145℃及以上，则每 300m 循环 30min，直至低于 145℃；

（2）在井下温度低于 125℃以前，每 300m 循环 15min；

（3）在井下温度低于 125℃以后，可以正常起下钻。

高温分段循环可以有效降低井下静态温度，基于不同的井况、钻井液体系、循环参数等，降低的幅度可以达到 10～30℃。如图 2－1－17 所示案例，循环前后井下温度降低了 23℃，极大增加了工具在高温下的可靠性，减少了起下钻过程中引起的不必要的失效，进而提高高温井作业的整体时效。

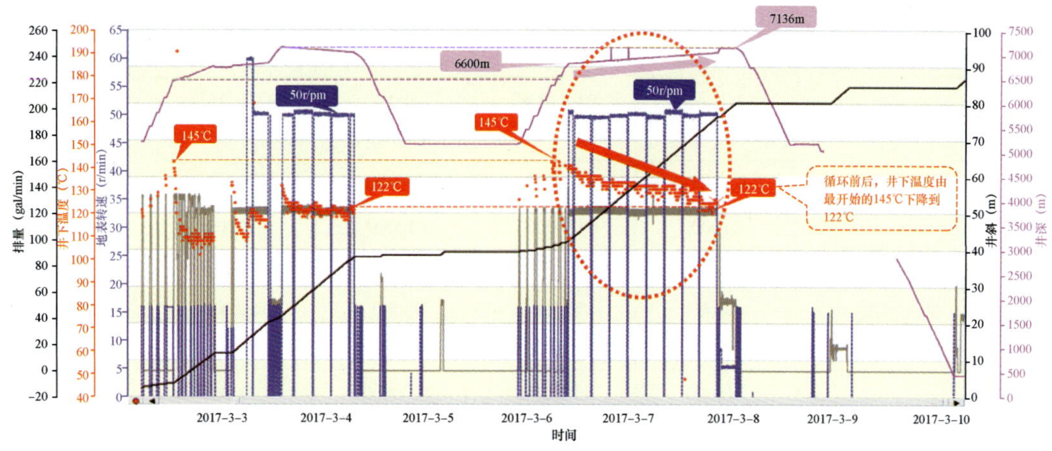

图 2－1－17　高温分段循环降温案例

二、PowerDrive Orbit G2

PowerDrive Orbit G2 是基于 Orbit RSS 的进一步改进，具有更高的造斜能力和抗磨损能力。

通过 6 轴的连续井斜方位高精度测量,可以实现闭环的稳斜稳方位控制(HIA,Hold Inclination and Azimuth),不仅能够提高轨迹控制精度,使轨迹更光滑,还能用更高的造斜率缩短造斜段,进一步增加水平井段的井壁光滑程度。

PowerDrive Orbit G2 在结构方面的重大改进主要包括(图 2-1-18):

(1)缩短了推靠块到钻头的距离,提高了工具的造斜能力;

(2)沿圆周方向布置的多个 PDC 切削片,提高了抗磨损能力;

(3)优化推靠块及其枢轴的设计,以适应更高的转速和更坚硬的地层条件;

(4)内部使用更大的过滤滤芯扩大了工具内部的过流通道,提高了适应堵漏材料的能力。

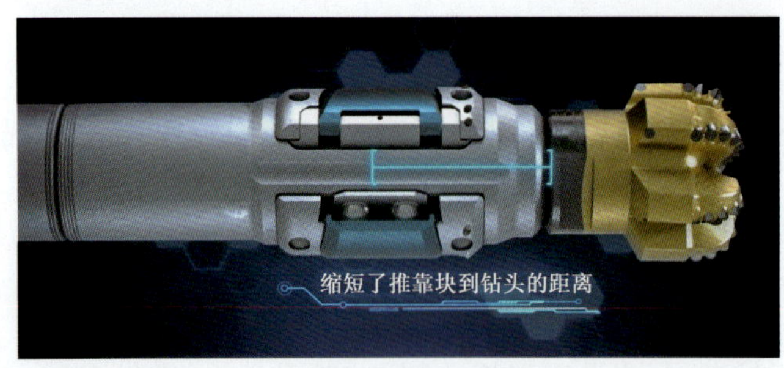

图 2-1-18　PowerDrive Orbit G2 结构新设计

三、PowerDrive Orbit/Orbit G2 规格及主要性能指标(表 2-1-3、表 2-1-4)

表 2-1-3　PowerDrive Orbit RSS 规格与主要性能指标

规格与指标		475 RSS	675 RSS	825 RSS	900 RSS	1100 RSS
机械及力学性能	公称外径(in[mm])	4¾[120.7]	6¾[171.5]	8¼[209.6]	9[228.6]	11[279.4]
	工具长度(ft[m])	13.50[4.11]	13.53[4.12]	13.84[4.21]	14.05[4.28]	15.22[4.63]
	造斜能力 DLS (°/100ft[°/30m])	10[10]	8[8]	6[6]	5[5]	2[2]
	适用井眼(in[mm])	5¾~6¾ [146.1~171.5]	8½~8¾ [215.9~222.3]	10⅝ [269.86]	12¼~18⅛ [311.2~460.4]	26[660.4]
	钻头转速(r/min)	0~350	0~350	0~350	0~350	0~220
	最大钻压(lbf[N])	31000 [137894]	180000 [800679]	270000 [1201019]	370000 [1645841]	225000 [1000849]
	最大扭矩 (ft·lbf[N·m])	9000 [12202]	18500 [25082]	45000 [61011]	45000 [61011]	70000 [94907]
	最大承拉(lbf[N])	340000 [1512395]	1100000 [4893044]	1100000 [4893044]	1800000 [8006799]	2500000 [11120554]
	最大通过狗腿度 (滑动)(°/30m)	30	16	12	10	4
	接钻头扣型 (母,REG)	3½	4½	6⅝	6⅝或 7⅝	7⅝

续表

规格与指标		475 RSS	675 RSS	825 RSS	900 RSS	1100 RSS
流体性能	流量范围(gal US/min[L/min])	120～355 [454～1343]	210～970 [794～3671]	280～2000 [1059～7571]	280～2000 [1059～7571]	280～2000 [1059～7571]
	最高钻井液密度(lb/gal US[kg/L])	24[2.88]				
	最高含砂量(%)	1(体积比)				
	最大堵漏材料 LCM(lb/bbl[kg/L])	35[0.13]	50[0.19]	50[0.19]	50[0.19]	50[0.19]
	酸度等级 pH 值	9.5～12				
	含氧量	1×10^{-6}				
温度压力	最高工作温度(℉[℃])	302[150]				
	最高承压能力(psi[MPa])	20000[137.9]				
测量性能	井斜至工具下端面距离(ft[m])	6.93[2.11]	7.19[2.19]	7.94[2.42]	7.81[2.38]	8.99[2.74]
	方位至工具下端面距离(ft[m])	9.03[2.75]	9.39[2.86]	10.14[3.09]	10.01[3.05]	11.19[3.41]
	方位自然伽马	8 扇区				
	平均自然伽马	API 校准				
	自然伽马至工具下端面距离(ft[m])	6.03[1.84]	6.39[1.95]	7.14[2.18]	7.01[2.14]	8.19[2.50]
	轴向振动测量范围(g_n)	0～35				
	径向振动测量范围(g_n)	0～75				
	冲击测量范围(g_n)	625				
	冲击与振动测量轴数	三轴				
	磁场盲角区	无				
特有性能	自动闭环	井斜和方位				
	指令下传方法	流量和转速				

表 2-1-4 PowerDrive Orbit RSS G2 规格与主要性能指标

规格与指标	475 RSS	675 RSS	825 RSS	900 RSS	1100 RSS
公称外径(in[mm])	4¾[120.7]	6¾[171.5]	9[228.6]	9[228.6]	9[228.6]
适用井眼(in[mm])	5¾~6¾ [146.1~171.5]	8½~8¾ [215.9~222.3]	10⅝ [269.9]	12¼~18⅛ [311.2~460.4]	26 [660.4]
工具长度(ft[m])	13.38[4.08]	13.43[4.09]	13.72[4.18]	13.94[4.25]	15.06[4.59]
最大通过狗腿度(滑动)(°/30m)	30	16	12	10	4
最大工作扭矩(lbf·ft[N·m])	9000 [12202]	18500 [25082]	45000 [61011]	45000 [61011]	70000 [94907]
最大工作负荷(lbf[N])	340000 [1512395)	1100000 [4893044]	1100000 [4893044]	1800000 [8006799]	2000000 [8896443]
最大工作钻压(lbf[N])	31000 [137894]	180000 [800680]	270000 [1201019]	370000 [1645842]	225000 [1000850]
最大堵漏材料(lb/gal US[kg/m³])	1.5[179.74]中果壳				
流量范围(gal US/min[L/min])	120~355 [454~1343]	210~970 [794~3671]	280~2000 [1059~7571]	280~2000 [1059~7571]	280~2000 [1059~7571]
适用最高转速(r/min)	350				
最高工作温度(℉[℃])	302[150]				
最高承压能力(psi[MPa])	20000[137.9]				
最大钻井液密度(lb/gal US[kg/L])	24[2.88]				
最高含砂量(%)	1(体积比)				
测量传感器					
自然伽马距工具下端面距离(ft[m])	5.96[1.82]	6.31[1.92]	7.06[2.15]	6.92[2.11]	8.07[2.46]
井斜距工具下端面距离(ft[m])	6.85[2.09]	7.10[2.16]	7.85[2.39]	7.71[2.35]	8.86[2.70]
方位距工具下端面距离(ft[m])	8.95[2.73]	9.30[2.83]	10.05[3.06]	9.91[3.02]	11.06[3.37]
井斜测量精度(°)	±0.11				
方位测量精度(°)	±1.8				
自然伽马测量精度(%)	4象限,±5(30s平均窗口)				
径向冲击阈值(g_n)	50±5(峰值±500)				

第四节　指向式旋转导向系统 PowerDrive Xceed/Xcel

一、PowerDrive Xceed

1. 概述

PowerDrive Xceed(图 2-1-19)属于指向式旋转导向系统。

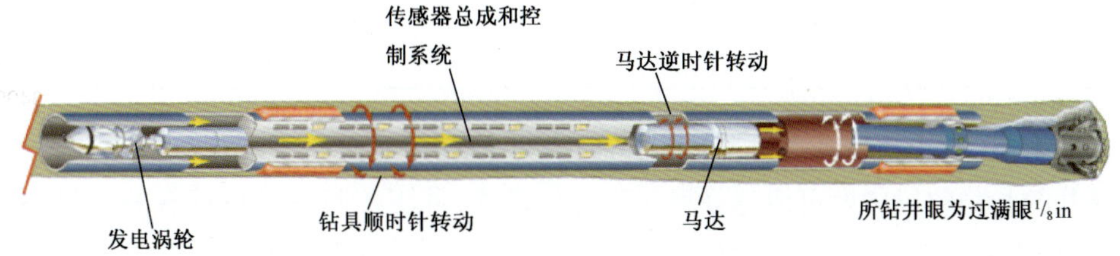

图 2-1-19　PowerDrive Xceed 工具总成图

指向式导向是指在钻具连续转动的同时,将钻头指向所需方位而进行定向钻进的导向方式。工具不是通过扶正器或其他外在调节工具,而是通过一个内部伺服电动机对钻头驱动轴的工具面进行连续控制从而实现指向式导向(图 2-1-20)。这种方式不仅可实现复杂工况条件下高质量的定向钻井作业,同时可以让工具本体的磨损最小。

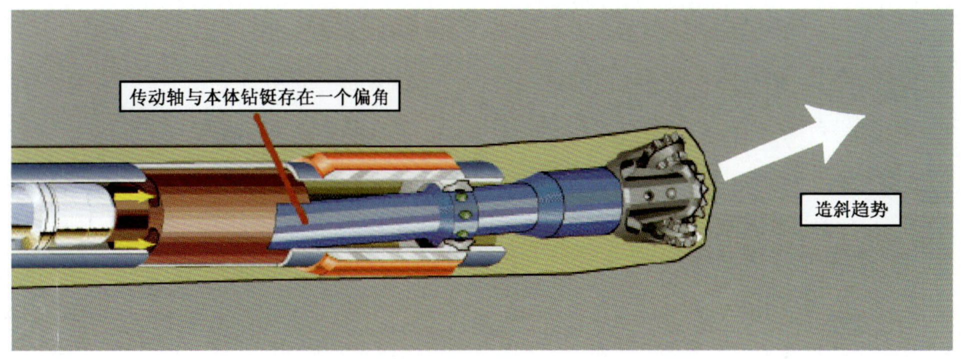

图 2-1-20　钻头指向式工作原理示意图

通过工具间的实时数据通信,井下钻井工况可以得到实时更新,以便实施复杂井眼轨迹的钻进,并同时得到较高钻速。虽然,此工具不依赖其他工具,可以独立进行“盲打”,但是仍然推荐与 MWD 仪器一起工作,通过钻井液脉冲信号将井下钻井工况的实时数据上传到地面。

与推靠式旋转导向系统相同,地面人员也是通过钻井泵的高低排量变化形成的下联信号与井下工具进行通信,该指令拥有高达 256 种不同的组合。工具接收到这些下联信号会通过电子系统进行解码,然后在对应的方向上造斜来实现方向性导向。与推靠式旋转导向系统的下联信号不同,指向式旋转导向系统下联信号除改变所需工具面角度和导向功率以外,还可改变机械钻速参数和控制模式,见表 2-1-5。

表 2-1-5 指向式旋转导向系统下联信号

指令	描述
所需工具面角度	与推靠式旋转导向系统相同
导向功率	与推靠式旋转导向系统相同
机械钻速参数	该参数定义了一个工具导向周期的时长,而一个工具导向周期时长由定向钻进时长和稳斜钻进时长两部分构成。该时长由机械钻速所决定,此参数为0~6,对应不同范围的机械钻速
控制模式	该功能可以使操作人员对 Angle X(重力场方向与磁力场方向在工具横截面上的投影之间的夹角)的来源进行选择,此角度进而会应用于控制工具面角度

PowerDrive Xceed 工具支持多种控制模式,这些模式与井眼轨迹的类型密切相关。例如,在大位移井的长稳斜段中就可以选择稳斜稳方位模式,井下工具会保持现有的井斜和方位自动向前钻进,当井斜方位发生变化时,工具会自动调整(不需人工干预)到设定的井斜方位。

2. 系统组成

PowerDrive Xcced 系统(图 2-1-21)由发电总成、电子元器件总成和导向控制总成三部分组成。

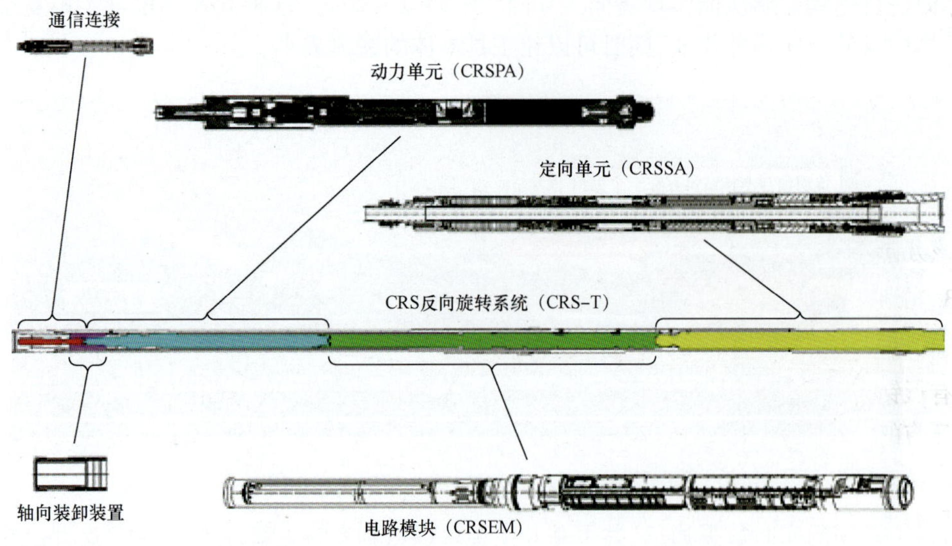

图 2-1-21 PowerDrive Xceed 系统组成示意图

(1)发电总成。

发电总成(CRSPA)为工具的导向马达和所有电子元器件提供电力,位于工具本体钻铤内部的最上部。

发电总成是一个固定于充满润滑油的压力补偿舱内的涡轮驱动三相单极交流电动机。

实时数据链接端口(EXTM-GA,MEXM-BA)固定于发电总成的顶部,用于与 PowerDrive Xceed 相连接的随钻测量仪器(MWD)或随钻测井仪器(LWD)实时数据传输。

钻井液流经工具时会驱动涡轮,带动交流发电机为工具各组件提供电力。在控制和测量部件中,导向马达需要高电流(压)电力(6A,350V)驱动,而标准5V和13V电压将为传感器组和其他电子元器件组提供电力,并在每次工具开关转换时,保证重要的工具配置数据完好地存储于自带的内存中。

(2)电子元器件总成。

电子元器件总成(CRSEM)包括所有的电子元器件及测斜传感器总成,见图2-1-22。

图2-1-22 电子元器件总成(CRSEM)

电子元器件位于CRSEM内部,拥有可以控制交流电动机输出电流的电路。电子元器件总成可以解调下行及传感器信号,驱动导向控制总成,并将数据传输给MWD和存储于内存。

(3)导向控制总成。

导向控制总成(CRSSA)通过对钻头驱动轴的操控,以对井眼轨迹进行导向。该总成位于本体钻铤中的底部,在电子元器件总成之下,见图2-1-23。

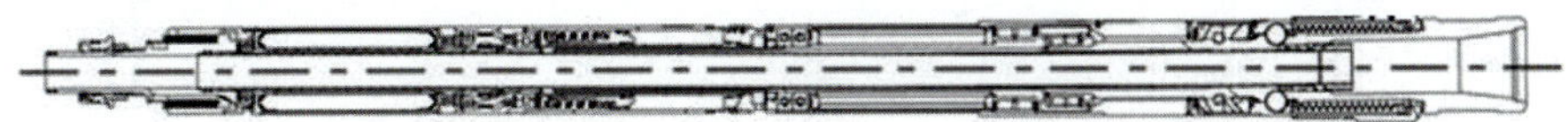

图2-1-23 导向控制总成(CRSSA)

导向控制总成的核心部件是一个直流伺服电动机和由此电动机驱动的一根偏心轴。驱动钻头传动轴经过偏心轴承发生角度偏移,使其轴线与外部钻铤中心线始终保持一个固定的夹角;在保持此夹角不变的情况下,电子系统通过伺服电动机使偏心轴指向不同方向,从而使钻头在该方向上进行定向钻进。

3. *应用业绩及典型案例*

同推靠式旋转导向系统一样,Xceed指向式旋转导向系统不仅具有全程旋转的特性,而且还具有近钻头的井斜、方位测量特性。其独特的指向式定向方式在保留了推靠式旋转导向系统所具有的优势之外,还提供了更高的造斜能力。这使得在一些高狗腿度的三维定向井中使用旋转导向系统成为可能,也大大提高了工具在裸眼侧钻时的成功率(图2-1-24)。推靠式旋转导向系统最大造斜率可达到6°/30m,指向式旋转导向系统可达到8°/m。

基于在软地层中优异的造斜能力,指向式旋转导向在渤海湾应用广泛,使得渤海湾成为全球指向式应用频率最高的地区。以大港油田为例,到目前为止共有43口定向井和大位移井使用了旋转导向系统,其中24口井使用指向式旋转导向系统,表2-1-6为其中16口井的使用情况。

ZH3井是一口三维大位移水平井,本井设计的水平位移长达4629.22m,而垂深只有1562.3m。该井的施工难点主要在以下几方面:

(1)由于目的层垂深浅,需要在浅层造斜,设计造斜点只有100m,且造斜段狗腿度达到2.4°/30m。常规的推靠式旋转导向在非常松软的地层很难稳定输出这么高的狗腿度。

水平井眼主要数据表（投影方位94.72°）

井段	测深(m)	井斜角(°)	方位角(°)	垂深(m)	视平移(m)	全角变化率(°/30m)	井斜变化率(°/30m)	方位变化率(°/30m)
造斜始点	100.00	0.00	0.00	100.00	0.00	0.000	0.000	0.000
微调点	200.00	8.00	97.00	199.68	6.96	2.400	2.400	0.000
造斜终点	1168.51	85.47	94.75	814.03	659.69	2.400	2.400	-0.070
调整点	4349.25	85.47	94.75	1065.00	3830.51	0.000	0.000	0.000
入窗点a	4407.40	90.00	93.67	1067.30	3888.60	2.400	2.335	-0.557
靶点b	4680.27	90.00	93.67	1067.30	4161.42	0.000	0.000	0.000
井底点	4690.00	90.00	93.67	1067.30	4171.15	0.000	0.000	0.000

导眼井眼轨迹主要数据表（投影方位93.23°）

井段	测深(m)	井斜角(°)	方位角(°)	垂深(m)	视平移(m)	全角变化率(°/30m)	井斜变化率(°/30m)	方位变化率(°/30m)
造斜始点(入窗点a)	4407.40	89.90	93.67	1067.58	3887.14	0.000	0.000	0.000
靶点	5361.52	24.71	64.14	1562.30	4629.22	2.156	-2.050	-0.929

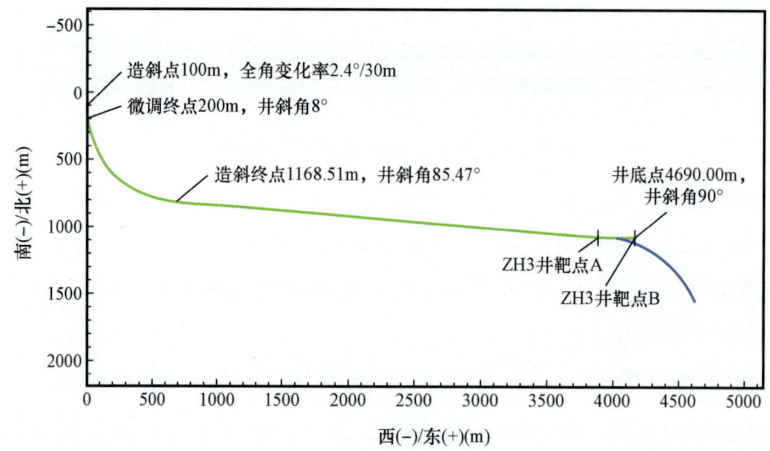

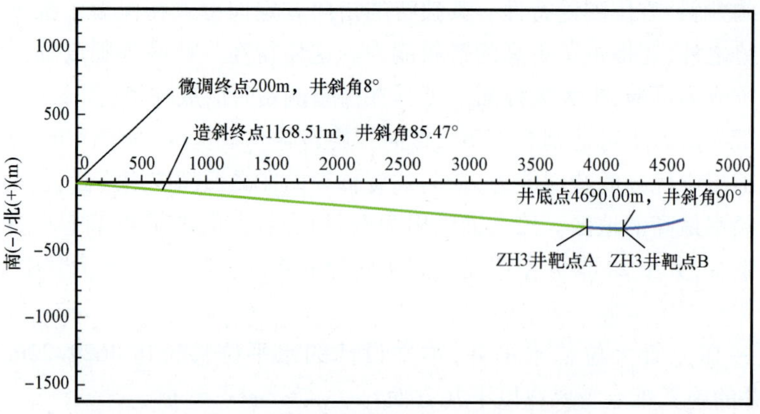

图2-1-24　指向式旋转导向系统完成的三维定向井

(2)设计从井深1168m至4349m，有长达3181m的稳斜段，且稳斜角高达85.47°。长稳斜段需要定向工具有精确的微调能力，常规的马达定向调整起来比较粗放，容易形成不规则井眼，给后期下套管等作业带来困难。

(3)另外，长稳斜段的井眼清洁问题也很明显，在选用合适的钻井液体系和参数基础上，还需要保证持续的高钻速，以提高高井斜井眼岩屑的运移效率。

(4)本井由于水垂比高，在高井斜井段摩阻增加快，且易形成钻具屈曲，影响钻进时效。

表2-1-6　大港油田推靠式旋转导向系统和指向式旋转导向系统使用情况

序号	井号	旋转导向使用井段(m)	斯伦贝谢旋转导向工具类型
1	CH30(原)	852~2396.85	指向式
2	CH30	1750~2400	指向式
3	CH26	510~2357.77	指向式
4	CH9	539~2508	指向式
5	CH5	548~2808	指向式
6	CH4	1001~2512	指向式
7	CH40	540~2197	指向式
8	CH12	550~3226	指向式
9	CH10	536~3316	指向式
10	CH8(原)	1900~3466	指向式
11	CH8	865~3546	指向式
12	CH1	1007~2680	指向式
13	CH2	480~2260	指向式
14	CH3(原)	510~2154	指向式
15	CH3	510~1846	指向式
16	CH6	543~3348	指向式

根据该井录井数据，用LANDMARK的摩阻计算软件对该井段作了摩阻分析，其结果包括以下几方面：

(1)ZH3井的12.25in大斜度井段，如果滑动钻井过程中施加到钻头上的真实钻压超过15t，钻具就会发生正弦甚至螺旋屈曲；

(2)录井数据中的钻压不一定就是加到钻头上的真实钻压，由于摩阻的影响，在大斜度井中井口显示的钻压有相当一部分消耗在上部井眼与钻具的摩阻上；

(3)在井深为3140~3250m井段，当套内和裸眼的摩阻系数分别达到0.3和0.25时，由于摩阻的影响将无法向钻头正常传压，因此导致钻柱不能滑动下入和滑动钻进。

为此，决定改变钻具组合，选用旋转导向系统PowerDrive Xceed 900与随钻测井仪器

arcVISION 和随钻测量仪器TeleScope联用。由于整个钻柱处于旋转状态,轴向摩阻很小,其轴向应力未超过钻杆自身屈曲极限,钻压传递顺畅,以 25.97m/h 的平均机械钻速一趟钻钻完 12.25in 井眼剩余的 1088m。此后通过使用旋转导向 PowerDrive Xceed 675,又分别以一趟钻钻完 8.5in 井眼的导眼井和开发井段。首先,第一趟钻完成导眼井钻井,进尺 950m,将井斜从 88.17°降斜至 31.25°,平均机械钻速 20.2m/h。该井段完钻后水泥回填至 9.625in 套管鞋内。然后,第二趟钻以 40.42m/h 的平均机械钻速钻完整个 291m 水平井段,完钻井深 4729m。马达与旋转导向系统钻井时轴向载荷对比见图 2-1-25。

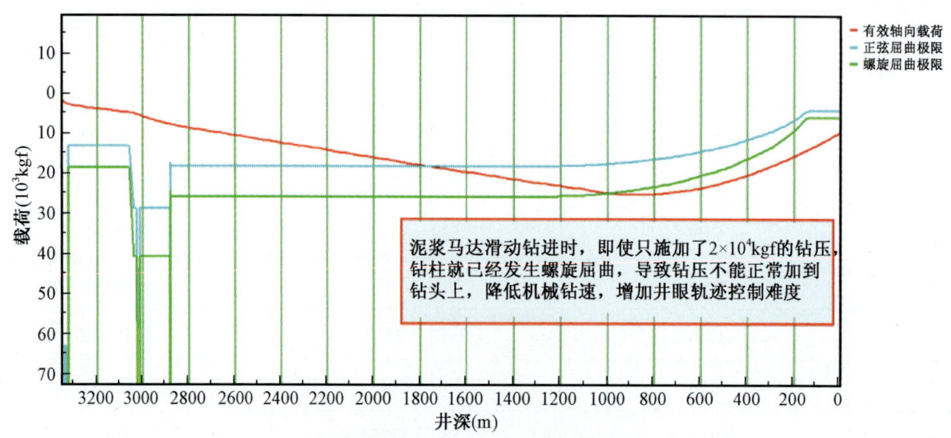

(a)滑动钻进有效轴向载荷/钻具屈曲载荷分析
钻井液密度1.2×10^3kg/m^3,钻压2×10^4kgf

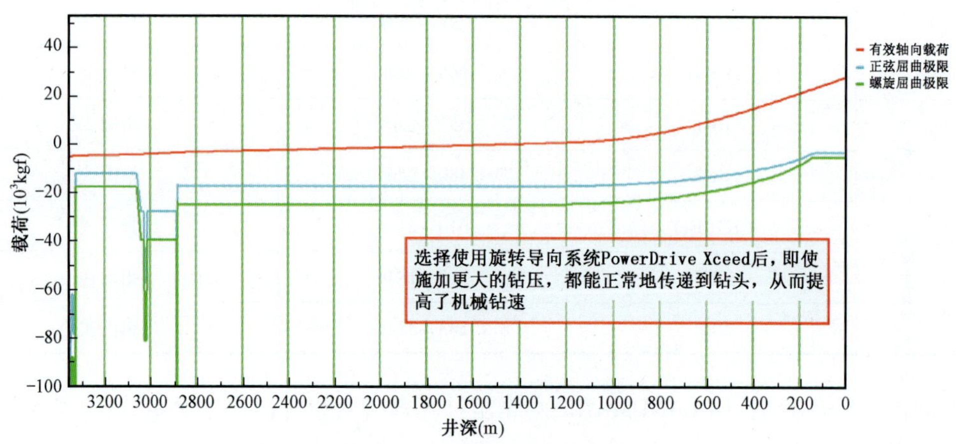

(b)旋转钻进有效轴向载荷/钻具屈曲载荷分析
钻井液密度1.2×10^3kg/m^3,钻压6×10^4kgf，井下扭矩4kN·m

图 2-1-25　马达与旋转导向系统钻井时轴向载荷对比

该大位移井水平位移达 4195.5m,垂深 1071m,水垂比 3.92,创造了渤海湾地区大位移井水垂比的新纪录(图 2-1-26 和图 2-1-27)。

在其他区块,指向式旋转导向系统以其稳定的造斜能力也被多次成功应用于裸眼侧钻。图 2-1-28 是中国南海某井使用指向式旋转导向系统进行侧钻的实例。

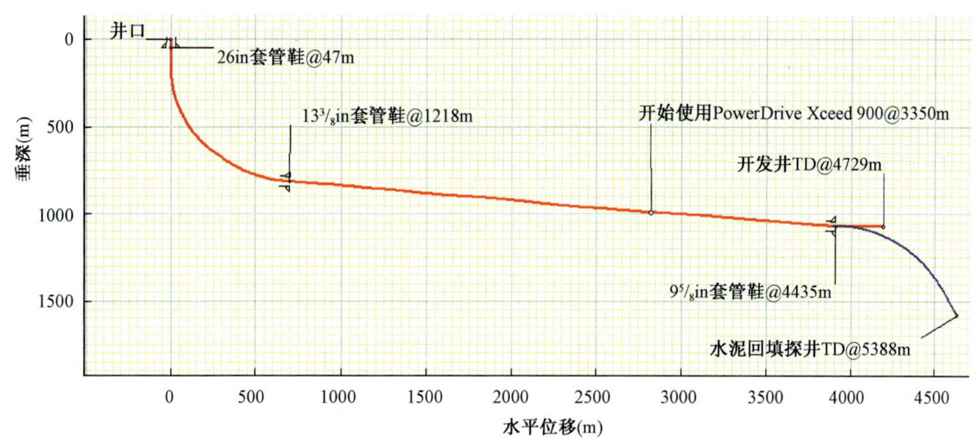

图 2-1-26　渤海湾某大位移井水平段井眼轨迹

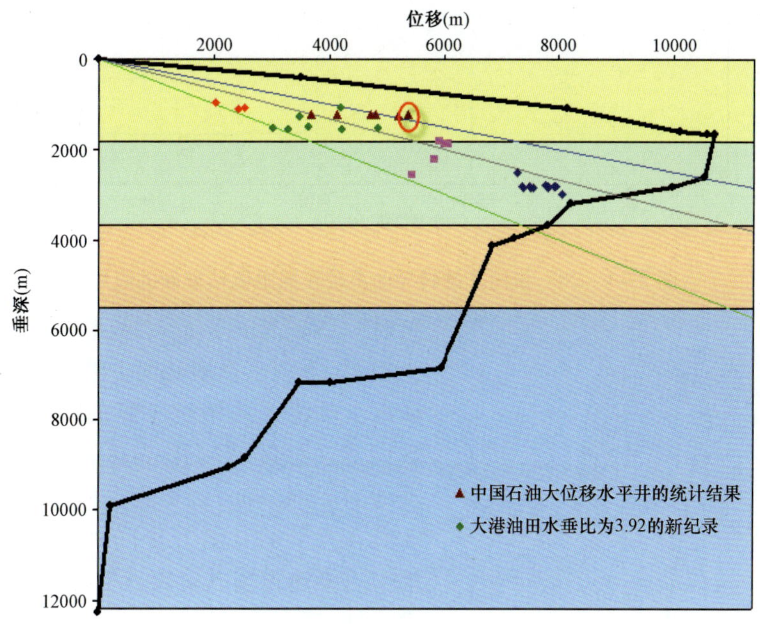

图 2-1-27　中国石油大位移井水垂比统计结果

PowerDrive Xceed 675 工具一次入井完成两次 8.5in 井眼裸眼侧钻，并打完两个分支共 759m 井段。在工具造斜比率为 60% 时可取得 3°/30m 以上的造斜率，而在造斜比率 80% 时可达到 5°/30m 的造斜率，完全满足了侧钻与定向钻进的要求。

指向式旋转导向系统在受到作业者广泛好评的同时，也收到了一些改进反馈。这些改进建议主要集中在两部分：

第一，高磁干扰环境下的作业能力。指向式旋转导向系统需要测量重力矢量和地磁场矢量在工具横截面上投影之间的夹角（图 2-1-29）来计算并确定工具面，以确保钻头传动轴指向所需方向定向钻进。在某些特殊情况下，例如当工具本体轴线方向恰巧与当地地磁方向接近平

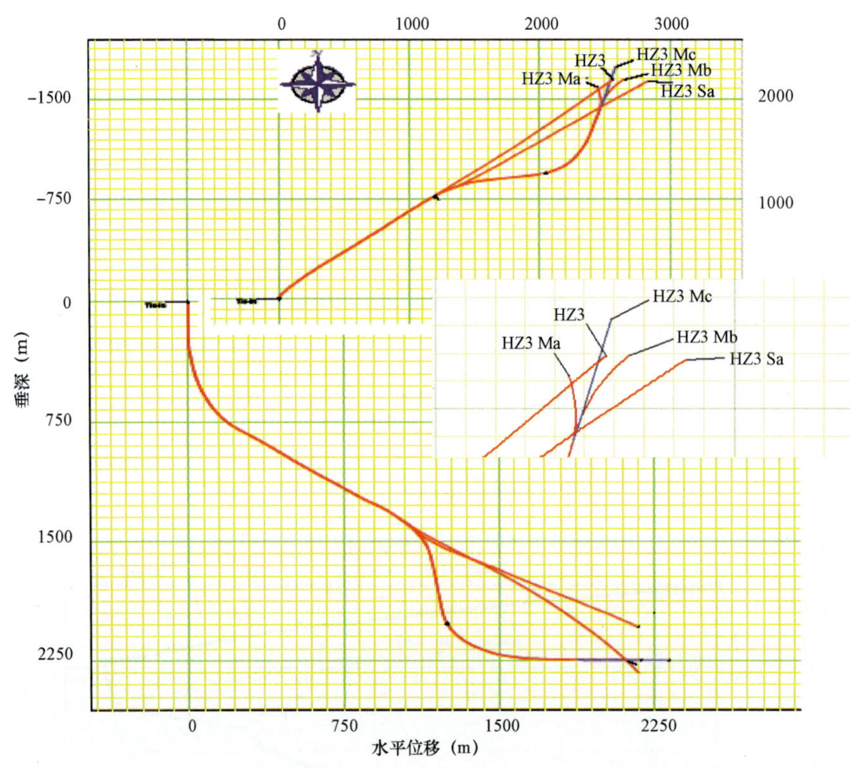

图 2－1－28　指向式旋转导向系统在裸眼侧钻方面的应用

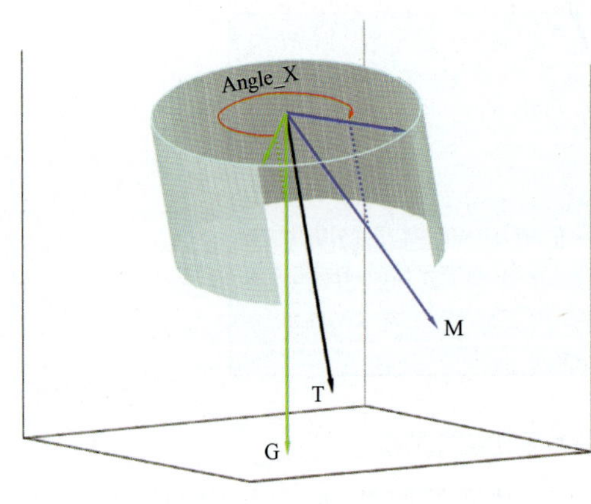

图 2－1－29　指向式旋转导向系统使用 AngleX 来确定工具面

行时(±5°范围内),此时地磁场矢量在工具横截面上投影(下图工具横截面上的蓝色矢量)接近于0,所以工具将无法确定工具面因而失去导向能力。我们把这种区域叫作工具的“导向盲区”(ZOE, Zone of Exclusion)。尽管这种情况并不多见(需要工具在井下的井斜方位同时满足一定条件,才可能与三维地磁场方向接近平行),但在某些特定地理区域,却制约了指向式旋转导向系统的使用。

第二,近钻头伽马测量。由于工具内部结构原因,指向式旋转导向系统在刚开始推出时,并没有安装自然伽马传感器,因而在进行地质导向时需要其他随钻测井工具提供自然伽马测量,限制了工具在地质导向作业时的独立运用。

二、PowerDrive Xcel

1. 功能和技术优势简介

PowerDrive Xcel 作为 Xceed 旋转导向的重大升级型号,在技术上有了很大的更新,解决了客户在 Xceed 使用中所反馈的诉求。

(1)增加了速率陀螺测量。由于 Xceed 主要使用磁力计来计算工具面,在高磁干扰环境下(如斜向器定向,邻井套管较近时)需要改用耗时更长的重力计来计算工具面,会影响钻井时效。此外,Xceed 不能在小井斜磁干扰环境下正常作业(井斜 <5),因为此时重力计的误差也较大。还有就是,上节提到的"导向盲区"(ZOE,Zone of Exclusion)也会对 Xceed 的应用场景有一些限制,虽然这样的情况不多见。为解决上述应用的限制,Xcel 增加了速率陀螺测量(速率陀螺不同于自寻北陀螺,不能用来测量方位),使得工具在各种磁干扰环境下均能正常作业。

(2)增加了近钻头自然伽马测量。可以实现近钻头地质导向,有助于地层识别和实时决策。

(3)强化了伺服电机,提高了电机的扭矩输出,可以更快更稳的实现工具面(定向)。

(4)优化零部件设计,进一步提高可靠性,更有利于在大位移井中的作业。

2. 应用业绩及典型案例

PowerDrive Xcel 自推出以来已经在包括中国在内的世界各地得到了成功应用,在丛式井表层钻井,高纬度定向井和薄储层水平钻井等之前 PowerDrive Xceed 较少涉及的作业领域获得了大量应用,创造了许多世界纪录。

在中国东海某大位移井作业中,靶点处于井场正北方,当井斜处于 42°~52°之间时恰好落入工具的"导向盲区",客户决定现场测试 PowerDrive Xcel900。在实际打井过程中,旋转导向的实际工具面与设计工具面非常吻合,一趟钻进尺 446m,纯钻时间 76.24h,成功钻过"导向盲区",验证了该工具的可靠性(图 2-1-30)。

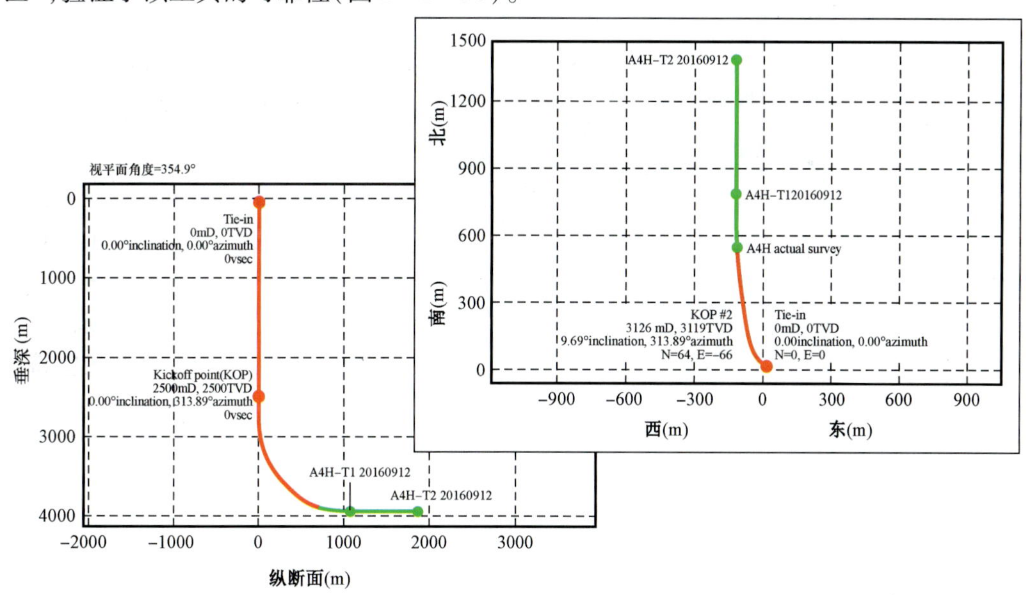

图 2-1-30 中国东海某大位移井井身轨迹

三、PowerDrive Xceed/Xcel 规格与主要性能指标

PowerDrive Xceed RSS 和 PowerDrive Xcel RSS 的规格和主要性能指标见表 2-1-7 和表 2-1-8。

表 2-1-7 PowerDrive Xceed RSS 规格与主要性能指标

规格与指标		675 RSS	900 RSS
机械与力学性能	公称外径(in[mm])	$6\frac{3}{4}$[171.5]	9[228.6]
	工具长度(ft[m])	25[7.62]	28[8.53]
	造斜能力 DLS(°/100ft[°/30m])	8[8]	6.5[6.5]
	适用井眼(in[mm])	$8\frac{3}{8}$~$9\frac{7}{8}$ [212.7~250.8]	12~$17\frac{1}{2}$ [304.8~444.5]
	钻头转速(r/min)	350	350
	最大钻压(lbf[N])	55000[244652]	75000[333617]
	最大扭矩(ft·lbf[N·m])	18500[25082]	45000[61011]
	最大承拉(lbf[N])	1000000[4448222]	1000000[4448222]
	最大通过狗腿度(滑动)(°/30m)	15	12
	接钻头扣型(母,REG)	$4\frac{1}{2}$	$6\frac{5}{8}$或$7\frac{5}{8}$
流体性能	流量范围(gal US/min[L/min])	290~800[1097~3028]	515~1800[1949~6813]
	最高钻井液密度(lb/gal US[kg/L])	24[2.88]	
	最高含砂量(%)	2(体积比)	
	最大堵漏材料 LCM(lb/bbl[kg/L])	50[0.19]	
	酸度等级 pH 值	9.5~12	
	含氧量	1×10^{-6}	
温度和压力	最高工作温度(℉[℃])	302[150]	
	最高承压能力(psi[MPa])	20000[137.9]	
测量性能	井斜至工具下端面距离(ft[m])	14.55[4.43]	16.30[4.97]
	方位至工具下端面距离(ft[m])	12.95[3.95]	14.70[4.48]
	磁场盲角区	4000nT 径向场	
特有性能	自动闭环	方位和井斜	
	指令下传方法	流量	

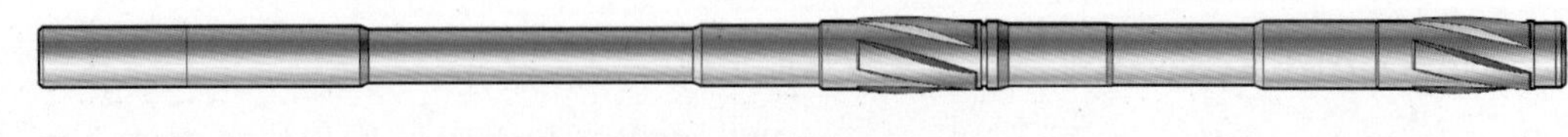

表 2-1-8　PowerDrive Xcel RSS 规格与主要性能指标

规格与指标		675 RSS	900 RSS
机械与力学性能	公称外径(in[mm])	6¾[171.5]	9[228.6]
	工具长度(ft[m])	24.93[7.60]	27.89[8.50]
	造斜能力 DLS(°/100ft[°/30m])	8[8]	6.5[6.5]
	适用井眼(in[mm])	8⅜～10⅝ [212.7～269.9]	12～17½ [304.8～444.5]
	钻头转速(r/min)	350	
	最大钻压(lbf[N])	55000[244652]	75000[333617]
	最大扭矩(ft·lbf[N·m])	18500[25082]	45000[61011]
	最大承拉(lbf[N])	1000000[4448222]	
	最大通过狗腿度(滑动)(°/30m)	15	12
	接钻头扣型(母,REG)	4½	6⅝或7⅝
流体性能	流量范围(gal US/min[L/min])	260～805[984～3047]	260～1800[984～6813]
	最高钻井液密度(lb/gal US[kg/L])	不限	
	最高含砂量(%)	2(体积比)	
	最大堵漏材料 LCM(lb/bbl[kg/L])	50[0.19]	
	酸度等级 pH 值	9.5～12	
	含氧量	1×10^{-6}	
温度和压力	最高工作温度(℉[℃])	302[150]	
	最高承压能力(psi[MPa])	20000[137.9]	
测量性能	井斜至工具下端面距离(ft[m])	14.50[4.42]	16.20[4.94]
	方位至工具下端面距离(ft[m])	12.90[3.93]	14.60[4.45]
	平均自然伽马	是	
	自然伽马至工具下端面距离(ft[m])	15.83[4.82]	10.89[3.32]
	轴向振动范围(g_n)	0～30	
	径向振动范围(g_n)	0～60	
	最大冲击(g_n)	500	
	振动与冲击测量轴数	三轴	
	磁场盲角区	无	
特有性能	自动闭环	方位和井斜	
	指令下传方法	流量	

第五节　复合式旋转导向系统 PowerDrive Archer

除了前几节介绍的推靠式旋转导向系统和指向式旋转导向系统外,斯伦贝谢公司于 2010 年又正式推出了兼具两者优点的复合式旋转导向系统 PowerDrive Archer,见图 2－1－31。

图 2－1－31　复合式旋转导向系统示意图

一、PowerDrive Archer 导向工作原理

PowerDrive Archer 之所以被称为复合式旋转导向系统是因为它的导向机制兼具推靠式和指向式导向的特点。如同 PowerDrive X6,PowerDrive Archer 也有控制单元和偏置单元,且其在两套系统中的工作原理基本一致。唯一区别是 PowerDrive Archer 中的偏置单元为内置式,不与井壁接触。当工具接收到定向钻进的下联信号时,内置推靠块会向信号下联指示的方向伸展,通过万向接头使钻头轴向发生偏移,从而指向需要定向钻进的方向。PowerDrive Archer 系统内部采用的是推靠式导向的工作原理,而其钻头轴向则始终指向定向方向,体现了指向式导向的工作原理,因此 PowerDrive Archer 被称为复合式旋转导向系统(图 2－1－32)。

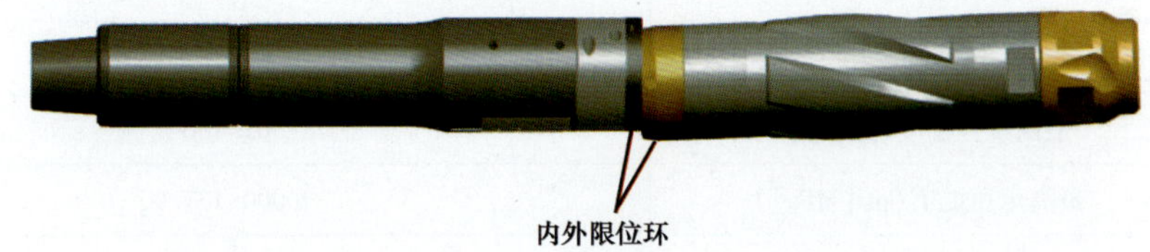

图 2－1－32　PowerDrive Archer 导向工作原理示意图

内环可地面更换,调整钻头轴绕支点偏转 0.6°、0.8°、0.9°、1°以改变造斜能力

二、PowerDrive Archer 技术优势

1. 高造斜率

由于采用了独特的复合式旋转导向系统,PowerDrive Archer 的造斜能力较单纯的推靠式和指向式旋转导向系统大为提高。在保持全程旋转的前提下提供较高的造斜率是 PowerDrive Archer 最突出的特点。经过对现场作业数据进行统计分析发现,推靠式和指向式旋转导向工具最大造斜率约可达到 8°/30m,但是综合来看,推靠式旋转导线系统稳定的造斜率输出区间为 0～4°/30m,指向式旋转导向系统稳定的造斜率输出区间大概为 0～6°/30m。与之对比,复合式旋转导向系统稳定的造斜率输出区间达到了 0～15°/30m,与马达相同,而比前两者提高了 2～3 倍。

2. 优化轨迹设计

高造斜率可以允许较深的起始造斜点和更小的靶前位移。图 2－1－33 和图 2－1－34 显示了使用不同的钻井工具钻出的井眼轨迹以及钻井时效的对比。从图 2－1－33 可以看到，使用马达钻井可以在较深的地层开始造斜，其着陆点的靶前位移较小，但是受到滑动钻进时摩阻的限制，其水平段较短。另外由于需要对马达弯角进行调整，通常需要 3 趟钻完成整个水平井作业。

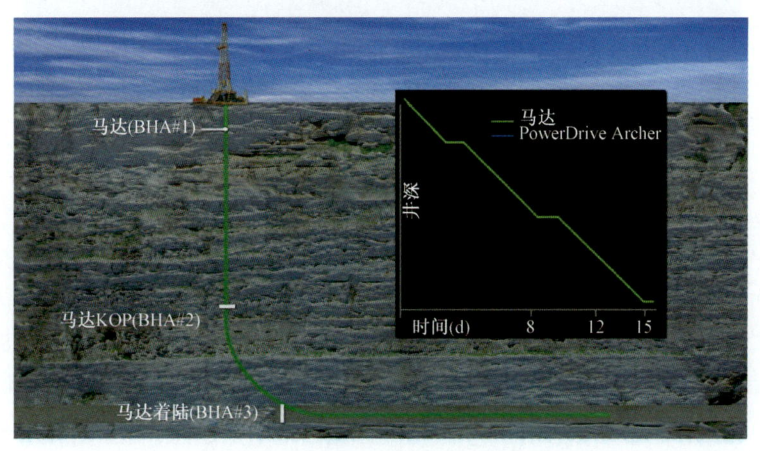

图 2－1－33　使用马达钻井轨迹和时效示意图

如图 2－1－34 所示，使用常规旋转导向系统时由于造斜率较小，因此需要在较浅的地层就开始造斜，其着陆点距井场垂直投影的水平位移（即靶前位移）也较大。

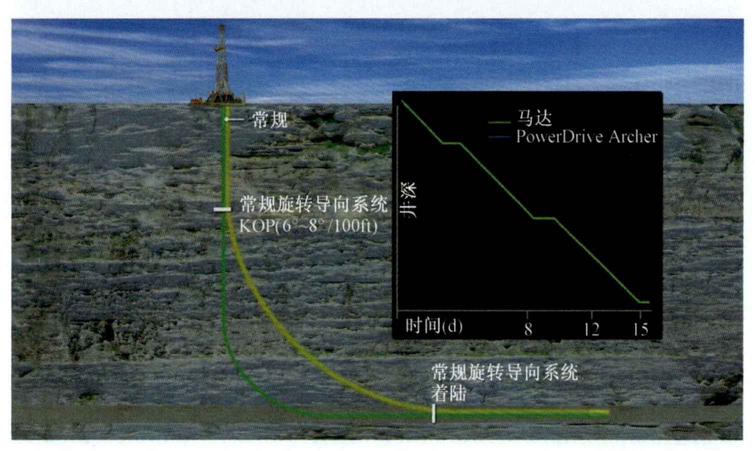

图 2－1－34　使用常规旋转导向钻井轨迹和时效示意图

如图 2－1－35 和图 2－1－36 所示，使用复合式旋转导向系统由于可以提供和马达一样大的造斜率，因此也可以在深层开始造斜并在较小的靶前位移处着陆，而其全程旋转的特性大大降低了钻进过程中的摩阻，因此可以钻进较长的水平段，从而增加了井眼轨迹在油层中的泄油面积，提高了单井质量。

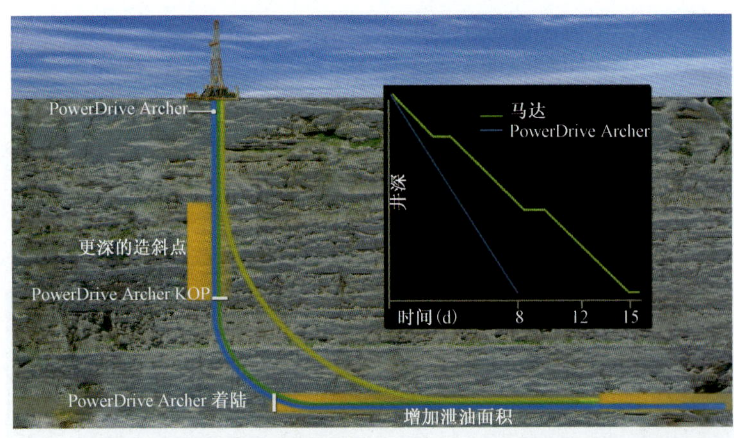

图 2-1-35 使用常规旋转导向钻井轨迹和时效示意图

以二维水平井为例,如果采用4°/30m 的造斜率,则从造斜点到着陆点的垂深差距和靶前位移均为 430m,如果采用 15°/30m 的造斜率,则上述距离可缩短至 115m,约为前者的 1/3。另外,从时效上来看,复合式旋转导向系统避免了滑动钻进,因此机械钻速大大加快。同时,由于马达在垂直段、造斜段和水平段均需要起钻调整弯角,而复合式旋转导向系统可以一趟钻完成从垂直钻进、造斜、着陆到水平段的钻井工作,因而相对马达来讲大大减少了井场时间从而节省了作业经费。

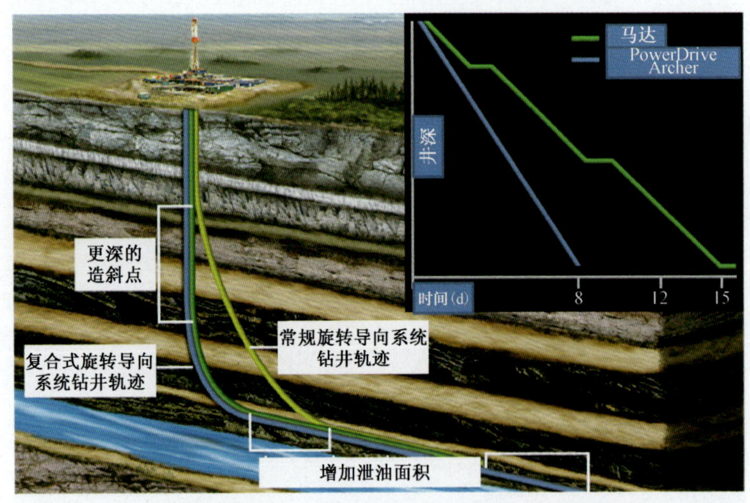

图 2-1-36 不同钻井工具钻井轨迹和时效对比

三、PowerDrive Archer 在国外应用案例

PowerDrive Archer 在国外应用最广的区域为北美的陆地钻井作业,特别是页岩油气的开发。下面将举例简要说明一下复合式旋转导向系统的钻井表现。

复合式旋转导向系统同传统旋转导向系统一样,具有全程旋转的特性,因此相比马达具有更高的钻井效率。美国 Marcellus 区块的钻井数据统计显示了 10 口使用复合式旋转导向系统完成的水平井与使用马达完成的同类型井的钻井时效对比。在前期使用马达进行钻井作业时，主要存在以下三个问题：(1)由于滑动时摩阻很大导致了严重的托压现象，因此机械钻速受到很大影响；(2)使用马达在造斜段和水平段钻进时需要使用不同的弯角设置，因此打完造斜段后必须起钻调整弯角后重新下钻；(3)根据马达使用规范，带弯角的马达在钻进时对其自身转速有一定限制，弯角越大转速越低，这大大影响了井眼清洁，降低了时效，增加了作业风险。使用传统旋转导向系统理论上可以解决上述问题，但是由于该区块布井时预留靶前位移较小，这就需要工具能提供稳定的10°/30m以上的造斜率，而这是传统旋转导向系统所无法做到的。复合式旋转导向系统则在继承了传统旋转导向系统优点的同时可以提供高达15°/30m左右的造斜率。Marcellus区块的统计数据表明复合式旋转导向系统的机械钻速比马达平均机械钻速提高了180%，同时避免了额外的起下钻；另外，由于其允许全程高速旋转，所以大大提高了井眼清洁效率，保证了钻井作业的高效和安全。由图2－1－37可见，使用复合式旋转导向系统的10口井累计节省作业时间18天，累计节省经费达1×10^6美元，取得了巨大的经济效益。

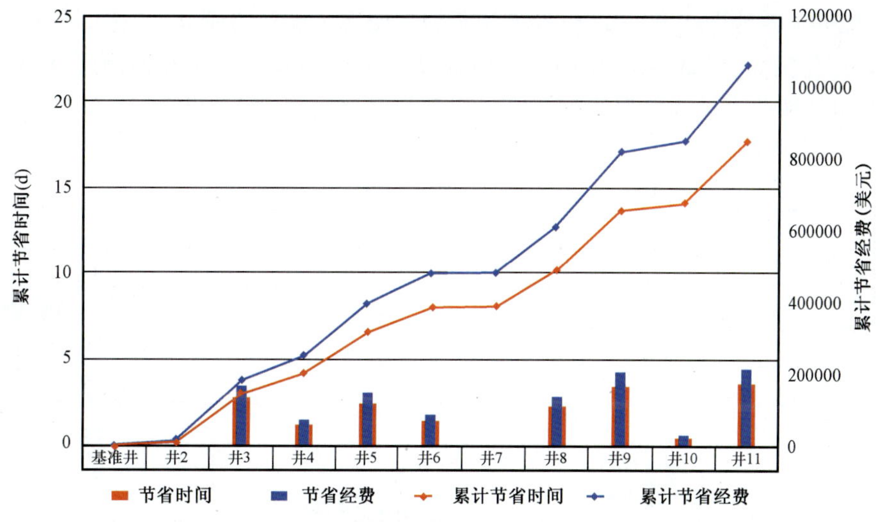

图2－1－37　复合式旋转导向系统在Marcellus区块提高了钻井效率

四、PowerDrive Archer在国内页岩气钻井中的应用

页岩气是天然气资源中的非常规油气资源。目前我国页岩气资源量位列世界第一，但页岩气开采难度极大，不但需要钻穿上部地层后迅速造斜，精确着陆于目的层，而且需要完成长水平段或者超长水平段钻井且确保在目的层甜点中钻进，以方便后期进行多级水力压裂，从而在页岩目的层岩石层中形成人工裂缝，进而生产页岩气。

在2014年到2015年早期页岩气井开发过程中，曾经尝试使用常规马达造斜并定向钻进长水平井。但马达钻井托压问题严重，综合钻井效率低、轨迹质量控制不理想，最终常规马达定向被旋转导向取代，目前页岩气井造斜段及水平段的开发超过80%以上的井均使用旋转导向。

斯伦贝谢在页岩气井提供的旋转导向,主要是高造斜率旋转导向工具 Archer。Archer 是一种复合式高造斜率旋转导向系统,Archer 与传统马达及常规旋转导向相比有如下优势:

(1)所有外部部件全程与钻杆等速旋转,在旋转钻进过程中进行定向,省去了常规马达的定向时间,所有部件等速旋转,进一步降低了粘卡风险;

(2)造斜段旋转钻进过程中高狗腿造斜并精准着陆目的层,斯伦贝谢旋转导向在水平段旋转钻进过程中使用"自动巡航"模式,保证轨迹在目的层"甜点"平滑穿行;

(3)使用马达在造斜段和水平段钻进时需要使用不同的弯角设置,因此打完造斜段后必须起钻调整弯角后重新下钻;

(4)根据马达使用规范,带弯角的马达在钻进时对其自身转速有一定限制,弯角越大转速越低,这大大影响了井眼清洁,降低了时效而增加了作业风险。

(5)复合式旋转导向系统则在继承了传统旋转导向系统优点的同时可以提供高达 15°/30m 的造斜率。

从 2015 年开始,斯伦贝谢在四川页岩气开始大规模应用高造斜率旋转导向 Archer。使用一套系统完成造斜段和水平段。通过多年的经验积累,在不断优化钻头选型、推广大参数钻井、升级零部件等各种措施下,Archer 在四川页岩气取得了优异的成果。如图 2-1-38 所示,平均日进尺逐年提高,较 2014 年使用马达时提高了 82%,较 2015 年开始使用 Archer 时提高了 37%,平均单趟钻进尺逐年提高,较 2014 年使用马达时提高了 189%,较 2015 年开始使用 Archer 时提高了 79%。

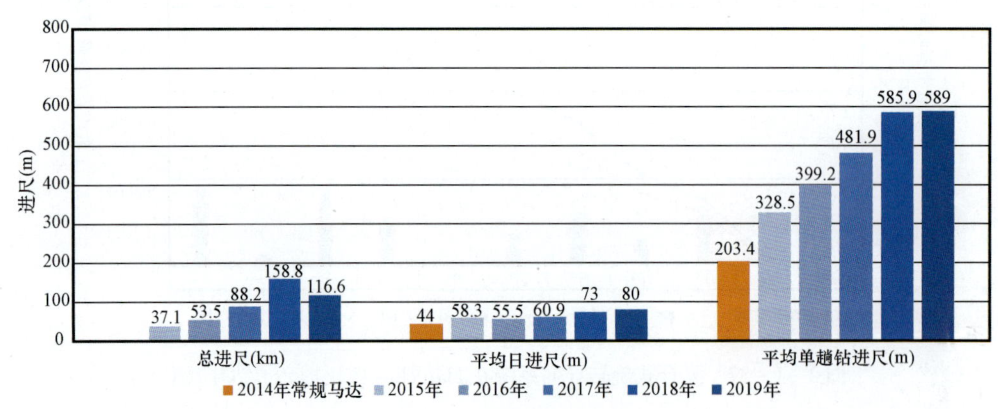

图 2-1-38 2015—2019 年斯伦贝谢旋转导向 Archer 在四川页岩气作业效果

在整体作业效率逐年提升的同时,Archer 每年都将页岩气的单井作业纪录不断刷新。图 2-1-39 为 W202 区块的 W14-5 井时深曲线图,该井为三开大三维轨迹,8.5in 井段设计完成造斜和水平段。斯伦贝谢采用了 Archer 旋转导向系统进行作业,只用了 10.2 天就一趟钻完成三开全部 2310m 进尺,比设计周期提前 17.6 天。

除了在页岩气钻井中得到大规模应用,Archer 以其出色的性能表现在国内其他区块也取得了优异的成绩。如,在 2020 年中国石油长庆油田 S9H 井钻井施工中,Archer 配合最新一代高抗冲击抗研磨性 PDC 钻头,满足了快速钻进要求,同时完美实现了地质导向数据实时获取,优质高效地完成了造斜着陆和水平段钻进的目标,创造了长庆油田天然气勘探水

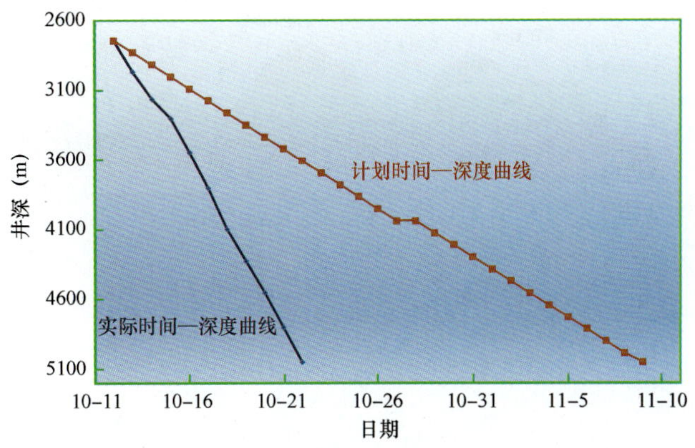

图 2-1-39　W14-5 井作业速度（W14-5 8.5in 时深曲线对比）

平井段单趟钻进尺 1500m 的新记录，且平均机械钻速达到 23.08m/h，比计划提前 10 天完钻（图 2-1-40）。

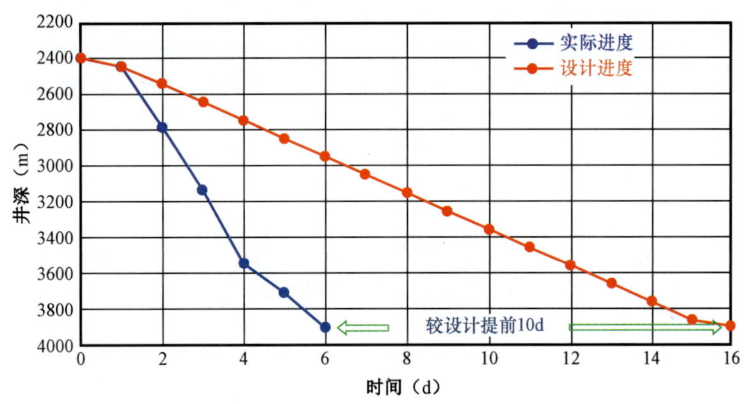

图 2-1-40　S9 井 6 英寸井眼钻井时深曲线

五、PowerDrive Archer 在玛湖区域的应用

1. 玛湖区域的地质特征

大玛湖区域主力区块分为玛东 2、夏子街、风南 4、玛 2、玛 131、玛 18、艾湖 2、玛湖 1 和金龙 2 等 9 个区块，为湖泊背景下粗粒扇三角洲沉积体系，构造变化大，地层横向变化大（图 2-1-41）。

环玛湖地区地层发育较全，如图 2-1-42 所示，自上而下依次为白垩系吐谷鲁群组、侏罗系、三叠系（白碱滩组、克拉玛依上亚组、克拉玛依下亚组、百口泉组）、二叠系。目的层主要分布在百口泉组、下乌尔禾组，岩性为泥岩和砂砾岩互层，油层砂砾岩电性特征均表现为高自然伽马、高电阻率，特低孔、特低渗，天然裂缝不发育。目的层上覆地层克拉玛依组主要为泥岩和砂砾岩互层，以泥岩为主，目前大部分水平井造斜点位于克拉玛依组克下亚组。

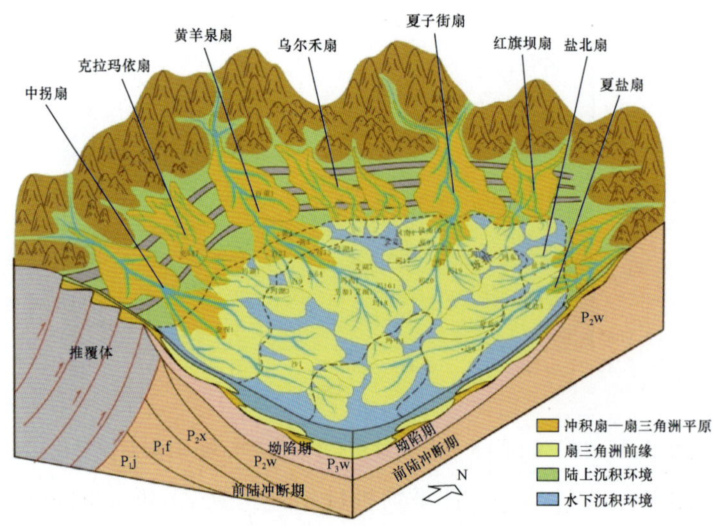

图 2-1-41　玛湖区域地质结构图

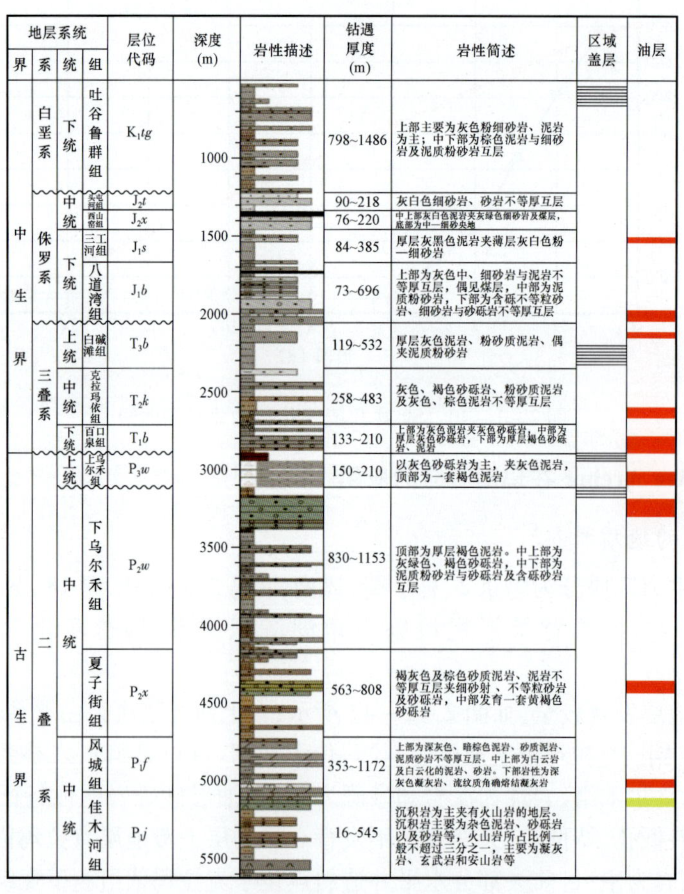

界	系	统	组	层位代码	深度(m)	岩性描述	钻遇厚度(m)	岩性简述	区域盖层	油层
中生界	白垩系	下统	吐谷鲁群组	K_1tg	1000		798~1486	上部主要为灰色粉细砂岩、泥岩为主；中下部为棕色泥岩与细砂岩及泥质粉砂岩互层		
	侏罗系	中统	头屯河组	J_2t			90~218	灰白色细砂岩、砂岩不等厚互层		
			西山窑组	J_2x			76~220	中上部灰白色泥岩夹灰绿色细砂岩及煤层，底部为中—细砂夹地		
		下统	三工河组	J_1s	1500		84~385	厚层灰黑色泥岩夹薄层灰白色粉—细砂岩		
			八道湾组	J_1b	2000		73~696	上部为灰色中、细砂岩与泥岩不等厚互层，偶见煤层，中部为泥质粉砂岩，下部为含砾不等粒砂岩、细砂岩与砂砾岩不等厚互层		
	三叠系	上统	白碱滩组	T_3b			119~532	厚层灰色泥岩、粉砂质泥岩、偶夹泥质粉砂岩		
		中统	克拉玛依组	T_2k	2500		258~483	灰色、褐色砂砾岩、粉砂质泥岩及灰色、棕色泥岩不等厚互层		
		下统	百口泉组	T_1b			133~210	上部为灰色泥岩夹灰色砂砾岩，中部为厚层灰色砂砾岩，下部为厚层褐色砂砾岩、泥岩		
古生界	二叠系	上统	上乌尔禾组	P_3w	3000		150~210	以灰色砂砾岩为主，夹灰色泥岩，顶部为一套褐色泥岩		
		中统	下乌尔禾组	P_2w	3500 4000		830~1153	顶部为厚层褐色泥岩。中上部为灰绿色、褐色砂砾岩，中下部为泥质粉砂岩与砂砾岩及含砾砂岩互层		
			夏子街组	P_2x	4500		563~808	褐灰色及棕色砂质泥岩、泥岩不等厚互层夹细砂射、不等粒砂岩及砂砾岩，中部发育一套黄褐色砂砾岩		
		中统	风城组	P_1f	5000		353~1172	上部为深灰色、暗棕色泥岩、砂质泥岩、泥质砂岩不等厚互层。中上部为白云岩及白云化的泥岩、砂岩。下部岩性为深灰色凝灰岩、流纹质角砾熔结凝灰岩		
			佳木河组	P_1j	5500		16~545	沉积岩为主夹有火山岩的地层。沉积岩主要为杂色泥岩、砂砾岩以及砂岩等，火山岩所占比例一般不超过三分之一，主要为凝灰岩、玄武岩和安山岩等		

图 2-1-42　玛湖地区地质年代图

2. 玛湖区域水平井的设计要求

井身结构设计按不同区块，MD2、M2、M131、M18、MH1（示范区）和 AH2 基本为三开井身结构，且以三开 6.5in 井眼为主；FN4 主要为二开井身结构，二开斜井段分 8.5in 井眼和 6.5in 井眼，以及少量复合井眼（造斜段 8.5in 井眼，水平段 6.5in 井眼），JL2 为三开（乌尔禾组）和四开（佳木禾组）井身结构。JL2 区块水平井三、四开造斜点放在乌尔禾组乌 3 段，其他区块造斜点基本在克拉玛依组克下亚组。

水平段延伸距离大体分布在 1000～2000m 之间，AH2 部署水平井水平段较长，大部分在 2000m 左右，JL2 部署水平井水平段较短，大部分在 1000m 左右。环玛湖水平井按地质要求，水平段钻遇率需不小于 95%。

3. PowerDrive Archer 在玛湖区域的整体应用情况

2019 年公司自有旋转导向 PowerDrive Archer 在玛湖各区块共施工 17 口井，入井 22 趟钻，完成进尺 8541m；2020 年至今在玛湖各区块使用 PowerDrive Archer 共施工 57 口井，80 趟钻，完成进尺 39150m。

1）工程提速情况

从表 2－1－9 的实际数据可以看出，2020 年平均机械钻速同比 2019 年提高了 23.76%，趟钻进尺同比 2019 年提高了 21.43%；但是使用效率降低了 5.84%。从而也说明了旋转导向的使用还有比较大的提升空间，也说明了施工过程中应该严格控制复杂、机修等无效时间。

表 2－1－9 自有 PowerDrive Archer 使用情况统计表

年份	完成井次（口）	完成进尺（m）	入井趟钻（次）	单趟平均进尺（m）	总入井时间（h）	总纯钻时间（h）	平均机械钻速（m/h）	使用效率（%）
2019	17	11145	28	398.04	2939.9	1770.9	6.27	59.13
2020	57	39150	80	483.33	9470.5	5046.51	7.76	53.29

2）施工亮点

（1）AH30 井造斜段，日进尺 225m、工期 3.21 天，创 AH 区块造斜段日进尺最高、工期最短纪录。

（2）MH14 井造斜段工期 2.08 天，创 MH1 区块造斜段工期最短纪录；斜井段工期 20 天，较设计工期缩短 62.26%。

（3）在 FN4 区块 FN72 井，使用自有旋转导向 1.58 天完成造斜段，较设计工期缩短 73.67%，创区块造斜段工期最短纪录后；水平段采用自有随钻测井仪器测量、自主轨迹控制，以螺杆钻进尺 773m 创 FN4 区块水平段趟钻进尺最高纪录。在 MH1 区块 MH11 井，采用自有旋转导向和随钻测井仪器施工，以三开钻井周期 31.83 天、水平段趟钻进尺 996m，创 MH1 区块新指标。

（4）M37 井 ImPulse 和 PowerDrive Archer 以日进尺 194m、210m 两次刷新区块造斜段日进尺纪录，以单趟钻进尺 950m，创区块趟钻进尺最高纪录。

（5）TeleScope 和 PowerDrive Archer 工具仅用一趟钻完成 LX01 井 731m 造斜段和水平段

施工,工期 13.8 天,较设计工期缩短 58.2%。

(6)2020 年 5 月 24 日,ImPulse + Archer 施工的 AH25 井钻至靶区 A 点井深 3302m 顺利着陆,连续 3 天日进尺超过 150m,1.62 天完成造斜段钻进,创 AH2 井区造斜段工期最短纪录。

(7)2020 年 5 月 26 日,ImPulse 和 PowerDrive Archer 施工的 AH2 井区 AH25 井钻至井深 3845m 起钻,继以造斜段工期 1.62 天打破区块造斜段工期最短纪录后,又以单趟钻进尺 969m 创区块旋转导向趟钻进尺最高纪录。

(8)2020 年 5 月 26 日和 27 日,TeleScope、arcVISION 和 PowerDrive Archer 施工的 FN4 区块 FN58 井、FN73 井,分别以日进尺 270m、280m 连续 2 天打破区块造斜段日进尺纪录。

(9)2020 年 5 月 31 日,TeleScope、arcVISION 和 PowerDrive Archer 施工的 FN4 区块 FN73 井钻至井深 3288m,以单趟进尺 1030m 再创旋转导向趟钻进尺最高纪录。

(10)2020 年 6 月 7 日,TeleScope、arcVISION 和 PowerDrive Archer 施工的 FN4 区块 FN93 井,单日进尺 330m,再次打破玛湖斜井段日进尺最高纪录。

(11)2020 年 7 月 4 日,ImPulse 和 PowerDrive Archer 施工的 AH2 区块 AH14 井钻至井深 3975m 以日进尺 260m、趟钻进尺 1040m、平均机械钻速 11.3m/h,刷新 AH2 区块旋转导向趟钻进尺最高、日进尺最高、机械钻速最快三项指标。

(12)2020 年 7 月 10 日,TeleScope、arcVISION 和 PowerDrive Archer 施工的 FN4 区块 FN11 井,单日进尺 340m,再次打破玛湖斜井段日进尺最高纪录。

3)地质导向情况

在实际施工过程中,玛湖区域各个产能区域的储层差异比较大,对于中间区域相对稳定的可以实施常规电阻率和自然伽马测量,结合地质导向建模的方式即可完全保证油层钻遇率,但是对于边缘井等还必须使用探边电阻率才能满足地质需要。同时该区域的泥岩与砂砾岩的机械钻速差异很大,实施地质导向也是工程提速的一个重要保证。另外就是水平井的着陆问题,从环玛湖地质导向表现来看,存在两个问题,一是靶点垂深调整,二是出层,分别对应造斜段和水平段两个阶段施工,工具应用过程中将地质导向和轨迹控制实时结合,以更合理的指令达到轨迹控制要求,能够有效提高工具能力,避免大狗腿着陆、出层后影响时效等问题。

(1)存在问题:造斜段地层对比基本开始于百三段,克下中部对比较差,进百口泉后井斜基本大于 50°(JL2 区块除外),部分井出现井斜快到 80°左右才最终确定调整垂深,可能导致着陆狗腿大或吃较多靶前位移;水平段出层后受限于泥岩可钻性差、轨迹调整狗腿度限制(≤2.5°/30m),严重影响工具时效。

(2)解决办法:结合现有地质导向资源,实时评估后续施工井段狗腿和工具能力,将近钻头方位 GR 有效应用起来。

① 环玛湖水平井目的层基本分布在百口泉组一段、二段及乌尔禾组,油层岩性为砂砾岩,电性特征表现为高自然伽马(相对砂岩而言)、高电阻。

② 环玛湖斜井段地层岩性分布比较单一,基本为泥岩、砂岩、砂砾岩互层。

③ 按常规电性特征看,泥岩表现为高自然伽马低电阻,砂岩及砂砾岩表现为低自然伽马高电阻。

④ 造斜段施工中,地质设计上有单井地质分层数据表,并可让现场录井将提供给井队的地质预告书给与我方一份,在轨迹软件中将各层分界深度标记为标志点。

⑤ 造斜段探层过程中，将近钻头方位 GR 放入实时测井图中，出现近钻头 GR 出现明显变化时，可主动联系地质导向人员，以最早确认地层层位是否发生变化，是否需要对靶点垂深（待钻轨迹）进行调整。

⑥ 水平段施工中，将近钻头方位 GR 中的上下 GR 放入实时测井图中，原则上上下 GR 出现变化的先后可以作为轨迹相对地层上下切方向的重要参考。

⑦ 电阻率分离现象，一般认为轨迹靠近地层交界面会出现电阻率分离现象，从目前的实钻过程中来看，部分井出现过，但并不绝对，可以认为，只要电阻率出现分离，钻头位置肯定是靠近了岩性边界，需及时提示地质导向/录井，提前调整轨迹。

4. 使用过程中遇到的问题及解决办法

在目前已完成的环玛湖区域各区块水平井斜井段施工过程中，较为突出的问题主要表现为造斜率低、信号解调差、PowerDrive Archer 失联、井下复杂等。

1）造斜率低

（1）问题分析：该问题主要集中出现在 AH2 井区，AH2 井区水平井造斜点位于克下组。通过已钻井表现来看，AH2 井区克下组可钻性极好，机械钻速高的同时就可能存在造斜率不足的情况，且造斜段井斜 60°之前的轨迹基本位于克下组。造斜段/着陆段进入百口泉组后可钻性变差，部分区块百口泉组目标砂体上覆地层钻遇高阻砂砾岩及泥岩盖层时机械钻速慢，也存在造斜率偏低的情况，但部分井存在工具滤网被堵使得钻井液流量不足而导致的工具能力不够（AH2、AH15、AH12），见图 2－1－43。

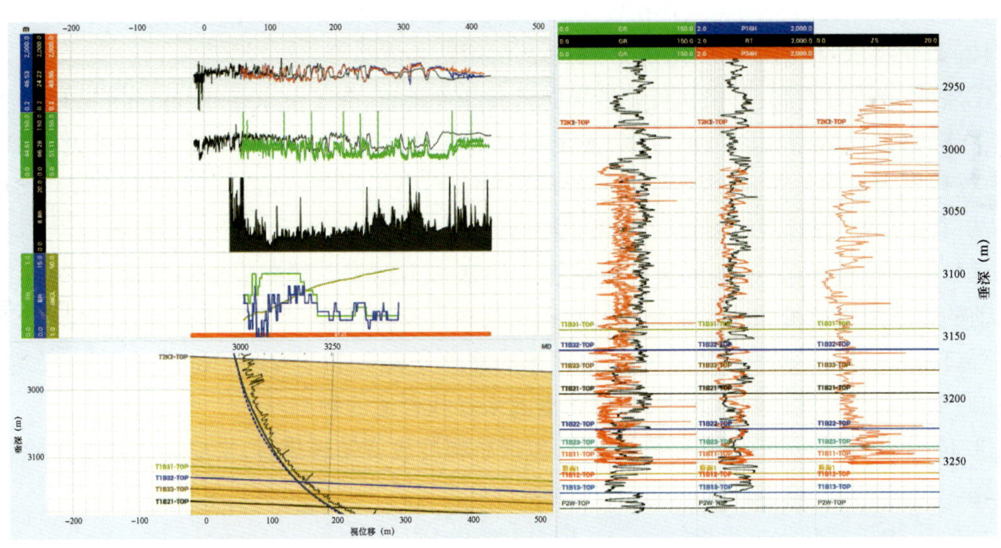

图 2－1－43 AH13 井地质导向结果图

（2）解决办法：根据现场反馈情况、工具及地层特性，建议按一定思路进行解决。

① 轨迹优化：施工前尽早了解轨迹情况，控制后续施工井段所需最高狗腿度。接手前期螺杆钻进的井，如存在后续造斜率较高的情况，可适当继续使用螺杆高狗腿钻进来降低后续施工压力；三开就下入旋转导向进行造斜施工的井，三开扫灰塞井提前联系井队确定扫入新地层

井深,避免造斜点下移过多,给后续施工井段带来局部高狗腿。施工过程中的轨迹控制尽量做到"略高勿低",一方面是因为一旦出现造斜率不足的情况,追造斜率/垂深有一定的余地,二是应对可能存在的大幅地质调整。利用好 PowerDrive Archer 近钻头连斜这项参数,避免轨迹(造斜率)忽高忽低。

② 钻井液质量控制:严格执行旋转导向入井条件检查,尽量落实好施工井前期是否存在堵漏的情况,以及钻井液是否为回收钻井液(是否经过处理),施工过程中井队加料时须提示注意勿将编织袋碎屑等混入,严格监控随钻堵漏材料的加入(还可与井队商量,想办法将循环管线中的上水滤子改为更小的孔,如用井队柴油机空气滤芯改造)。

③ 地层特性:按不同区块不同地层特性,各负责人应提前做好应对措施,AH2 克下部分井段可能存在机械钻速快造斜率低的情况,MD2、M2、M18 目标砂体上的泥岩盖层可钻性差可能导致造斜率低,FN4 着陆前钻遇的高阻砂砾岩地层也可能造斜率低,充分利用现场录井地质师、地质导向团队及 PowerDrive Archer 近钻头 GR,来了解当前层位及后续地层的大致特征。

④ 参数控制:AH2 井区克下机械钻速快井段,如排除工具被堵,可通过改变钻进参数来提高造斜率,目前较为有效的手段是通过降低钻压来控时钻进,从而增加定向时间,提高造斜能力。

2)信号解调

(1)问题分析:信号解调问题大部分出现在油基钻井液井施工中,这是因为油基钻井液因其流体特性,对工具信号的衰减存在较大影响,此外还可能是循环管线上水差等原因。

(2)解决办法:根据现场反馈情况、工具及所用钻井液类型,建议如下:

① 钻井液质量控制:严格执行旋转导向入井条件检查,除了上水管线、滤子等循环管线的清理工作,钻井液罐罐底因沉淀过多,甚至超过上水口,会严重影响泵的上水效果;钻井液气泡、空气包压力需勤关注,出现问题及时处理。

② 工具设置:通过现场实践,目前使用油基钻井液的井,475 和 675 工具都最好在编程时使用低频低传输速率(目前各区块机械钻速条件基本不用担心数据采集和传输速率,进百口泉之前的克下组因机械钻速过快导致的数据点较少可及时调整,克下组地层对比难度大,一般见到百口泉百三段顶部标志层才能开始有效的对比跟踪),推荐 2Hz,2bit/s 的传输设置,同时,如遇工具到底后解调频率异常,根据光谱图来寻找合适的频率。

③ 传感器:装 T - Piece 或者是双 SPT,包括小幅度改变钻进排量,来应对主泵噪影响解码的问题。

3)PowerDrive Archer 失联

(1)问题分析:钻进过程中突遇 PowerDrive Archer 失联,状态字 3838,M/LWD 工作正常,可能存在磁干扰,也可能是 PowerDrive Archer 和 MWD 之间的通信故障。

(2)解决办法:根据现场反馈情况、工具及轨迹施工状态,建议如下:

① 防碰:施工前,通过项目部了解是否存在邻井防碰,提前优化轨迹,做好防碰扫描,高风险井段加密测量。

② 磁铁:到井后最好第一时间在钻井液流道放入强磁,并及时检查清理。

③ 钻进观察:失联并不一定意味着工具失效,从目前遇到的几口井情况来看,可根据实际轨迹施工状态尝试钻进以待工具通讯恢复正常,但为防止轨迹失控,务必加密测量。

④ 问题反馈:主动反馈工具使用过程中遇到的该类问题并追踪车间检修反馈的结果。

4)井下复杂

(1)问题分析:井下复杂主要表现为井壁失稳垮塌及机械钻速较快时携砂差等而造成的卡钻,不同区块不同地层可能存在高风险井段。

(2)解决办法:

① 返砂:勤观察振动筛返砂情况,675 工具可利用 ECD 监测井底环空当量密度变化。进入大斜度井眼后,根据实际情况与井队协商进行循环洗井、稠塞举砂。

② 井壁失稳:勤观察振动筛返砂情况和钻井液密度调整情况,JL2 井区乌三段大段泥岩易垮,目前各井队均在三开前将密度调整至 1.45,能有效抑制垮塌情况,钻进过程中打完立柱不划眼,测斜后快速接立柱,减少停泵时间,进入乌二段后再进行划眼。

③ 缩径:MD2 造斜段各砂泥岩交界面容易出现挂卡,打完立柱后关注上提下放的反应,控制好速度,适当增加划眼次数,油层顶部泥岩盖子快速通过,如遇异常提钻处理。

5)工具保护

(1)存在问题:工具的损耗意味着巨大的时间和金钱,其主要表现为腐蚀和裂扣,以及地面设备的过电烧毁,传感器及传感器线的损坏。

(2)解决办法:根据现场反馈情况、工具及施工状态,建议如下:

① 运输:操作间内地面设备在运输前务必固定牢靠并再三确认,传感器及传感器线收纳入箱入柜。

② 供电:操作间及住房接线前,最好请井队电工大班将房子这端的航插打开确认后再接另一端,操作间三火一零,四根线全接,识别好零线是哪一根,住房一火一零,地线桩按要求安装,地线坑勤浇水。各地面设备接地,如有条件可单独接地,斯伦贝谢出现过操作间接地桩影响地面传感器的情况。

③ 布线:保护好传感器线的接头,尽量避免大跨度直接绷线,防摔、防挤、防压。

④ 工具能力:地层可能存在提前和推后的情况,尤其在着陆施工阶段,主动结合地质导向,如 AH2 和 AH13 井,地层推后约 10m,80°稳斜探层(10°角差),告知定向井工程师(夜班)在后续钻进过程中见近钻头 GR 测量先高后低(小鼓包)则进目的层,发增斜指令,避免循环等地质指令或是如层过多后大狗腿增斜着陆。

⑤ 钻井液性能监测:当班做好 pH 值和含氧测量,其他如含砂、氯离子含量等有条件的情况下可以旁站,或请求井队协助做好性能监测。

⑥ 钻进参数监测:通过降低钻压及提高钻速来应对高粘滑。

⑦ 组合和拆甩工具:提前联系井队,准备好合适的安全卡瓦、三片卡瓦及提升短节,保养好液压大钳和臂形钳(钳牙、压力表),严格按要求对工具进行组合和拆甩。检查好吊带是否存在断丝现象,尽量在操作间备上一套新的吊带,出现断丝的吊带及时回收废弃处理。

5. 取得的经验(如何提高效率及保障仪器正常的经验做法)

(1)井队设备的好坏直接影响到了旋转导向工具使用的效率,建立了一套完整的旋转导向入井设备评估表,主要对井队的钻井泵、固控设备、顶驱以及钻井液性能等进行严格评估,同时提前落实各项准备工作,包括设备的提前保养,钻井液滤子的更换及吊卡、安全卡瓦的准备,安装 T - Piece 等,尽量减少钻进前各项辅助时间。

(2)项目施工前提前做好准备工作,如系统考虑工具能力与待钻轨迹情况,尽量优化轨迹降低狗腿,一方面提高轨迹调整容错率,另一方面减少工具高力度施工,尤其工具 100% 力施工时,工具造斜单元内部磨损会更严重。综合考虑钻井时效的影响因素,在钻头选型、轨迹调整(发指令)、复杂地层等方面应提前想好对策。用尽量少的调整指令(增减工具面和增减推靠力)来进行轨迹控制。

(3)重点落实好钻井液性能的保障,比如 6 转读数,钻井液润滑性等。尽量降低旋转导向在井下的粘滑,同时严格落实钻井过程中的钻井液参数监测如 pH 值、含氧浓度、H_2S 浓度、CO_2 浓度和氯离子浓度,如遇异常即通知泥浆工程师处理。

(4)重视钻进过程中各参数/状态字情况,随时关注工具和井下动态,如 675 工具测量计算的 ECD 参数,可实时监测环空密度变化,可以指示井底岩屑堆积情况,Sticksilp 和 Stuck 参数可实时反应井底钻具制动情况。

(5)利用好各方资源,将钻井、地质、钻井液三方纳入一个团队来协助施工,利用好公司现有的地质导向资源,结合 PowerDrive Archer 近钻头自然伽马参数,更好的指示地层变化和轨迹调整。

(6)严格落实各项操作规程,切实做到不打折扣。比如禁止使用旋转导向工具进行大段划眼作业,禁止使用综合堵漏剂进行随钻堵漏等,切实保障工具的使用安全和作业效率。

六、PowerDrive Archer 规格与主要性能指标(表 2 - 1 - 10)

表 2 - 1 - 10 PowerDrive Archer RSS 规格与主要性能指标

规格与指标		475 RSS	675 RSS
机械与力学性能	公称外径(in[mm])	43/4[120.7]	63/4[171.5]
	工具长度(ft[m])	14.98[4.56]	16.15[4.92]
	造斜能力 DLS(°/100ft[°/30m])	18[18]	15[15]
	适用井眼(in[mm])	5⅞ ~ 6¾ [149.2 ~ 171.5]	8⅜ ~ 9⅝ [212.7 ~ 244.5]
	钻头转速(r/min)	0 ~ 350	
	最大钻压(lbf[N])	35000[155688]	55000[244652]
	最大扭矩(ft · lbf[N · m])	9000[12202]	16000[21693]
	最大承拉(lbf[N])	272000[1209916]	400000[1779289]
	最大通过狗腿度(滑动)(°/30m)	30	16
	接钻头扣型(母,REG)	3½	4½

续表

规格与指标		475 RSS	675 RSS
流体性能	流量范围(gal US/min[L/min])	130 ~ 355[492 ~ 1343]	220 ~ 650[832 ~ 2464]
	最高钻井液密度(lb/gal US[kg/L])	18[2.16]	
	最高含砂量(%)	1(体积比)	
	最大堵漏材料 LCM(lb/bbl[kg/L])	35[0.13]	50[0.19]
	酸度等级 pH 值	9.5 ~ 12	
	含氧量	1×10^{-6}	
温度和压力	最高工作温度(℉[℃])	302[150]	
	最高承压能力(psi[MPa])	20000[137.9]	
测量性能	井斜至工具下端面距离(ft[m])	8.41[2.56]	9.81[2.99]
	方位至工具下端面距离(ft[m])	10.51[3.20]	12.01[3.66]
	方位自然伽马	8 扇区	
	平均自然伽马	API 校准	
	自然伽马至工具下端面距离(ft[m])	7.51[2.29]	9.01[2.75]
	轴向振动范围(g_n)	0 ~ 35	
	径向振动范围(g_n)	0 ~ 75	
	最大冲击(g_n)	625	
	振动与冲击测量轴数	三轴	
	磁场盲角区	无	
特有性能	自动闭环	方位和井斜	
	指令下传方法	流量和转速	

第六节 附加动力旋转导向系统 PowerDrive vorteX

一、PowerDrive vorteX 组成及技术优势

附加动力旋转导向系统 PowerDrive vorteX(图 2 - 1 - 44)是旋转导向系统(包括推靠式旋转导向系统、指向式旋转导向系统和垂直旋转导向系统)与附加的动力输出短节的复合体。旋转导向系统依靠顶驱或方钻杆提供扭矩带动整个钻具组合旋转,因此普通旋转导向系统的转速与地面转速是一致的。附加动力旋转导向系统上的动力输出短节具有与螺杆钻具相同的作用,与顶驱或方钻杆提供的扭矩和转速相结合,可以显著增加旋转导向系统的可用扭矩和钻头转速,从而提高了机械钻速和钻井效率。螺杆工具经过特别设计的轴承系统与传输系统则为工具在高负荷下正常工作提供了保障。

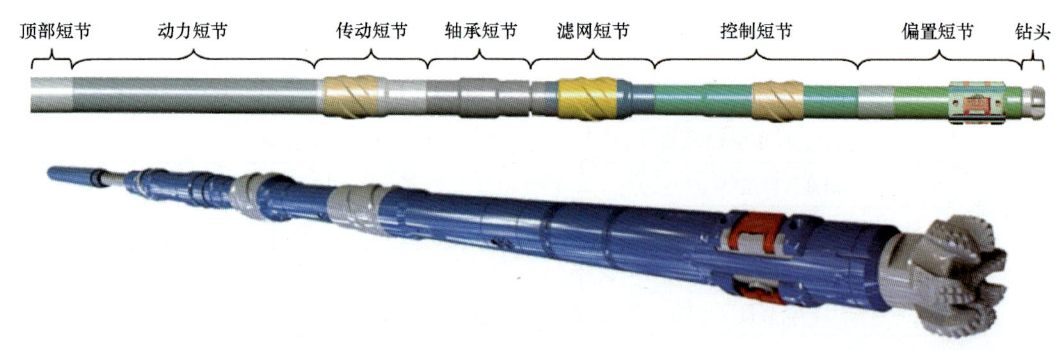

图2-1-44 附加动力旋转导向系统示意图

相对于普通旋转导向系统,附加动力旋转导向系统除可用于常规钻井环境外,更可在如下钻井环境中发挥优势:

(1)提高机械钻速。许多岩层对于钻头转速非常敏感,提高钻头转速往往可以大幅度提高机械钻速。这种情况下,附加动力旋转导向系统与普通旋转导向系统相比,大大提高了钻头转速,从而进一步提高了钻井效率。

(2)钻机不能提供足够的功率以驱动钻具高速旋转时。旋转导向工具在较高的转速时更能体现其导向控制功能,当地表转速不足时,旋转导向工具无法充分发挥其导向控制优势。这时使用附加动力旋转导向系统可以弥补钻机能力的不足,提高系统的导向控制能力和钻井效率。

(3)钻井作业中存在套管或钻柱过度磨损时。套管和钻柱的磨损严重程度与钻柱转速成正比。附加动力旋转导向系统可通过其动力短节使钻头快速旋转,从而允许降低地表转速即钻柱转速,减缓套管或钻柱的磨损。同时,由于钻柱转速低,也降低了高转速可能导致的各种严重的井下振动并由此带来的钻头、井下工具以及钻柱失效和破坏的风险。

二、PowerDrive vorteX 井底钻具组合

PowerDrive vorteX 的附加动力输出短节可与 PowerDrive RSS 的任一系列导向工具(如 X6、Xceed、Xcel、Archer、Orbit 等)、MWD/LWD 仪器等组合,形成具有提升钻井性能、随钻测井和地质导向等多种功能的井底钻具组合,见图2-1-45。

针对不同的附加动力旋转导向系统组合,斯伦贝谢公司提出了不同的扶正器尺寸和安放位置的建议。

(1)对于推靠式旋转导向系统:在附加动力短节上方接一个欠0.125in或欠0.25in扶正器;当狗腿度要求较小时,下方旋转导向系统部分不加扶正器,附加动力短节的轴承总成上加装扶正套;当狗腿度要求较大时,下方旋转导向系统部分的控制单元上加扶正套,附加动力短节上可不加扶正套。

(2)对于指向式旋转导向系统:在附加动力短节上方接一个欠0.125in或欠0.25in扶正器;必须安装指向式旋转导向工具上自带的标准尺寸上下扶正器;附加动力短节上不加扶正套。

由于在旋转导向系统上方加装了动力输出短节,旋转导向系统的数据端口无法与随钻测量或随钻测井仪器连接,因此早期的附加动力旋转导向系统的近钻头井斜、方位和自然伽马测

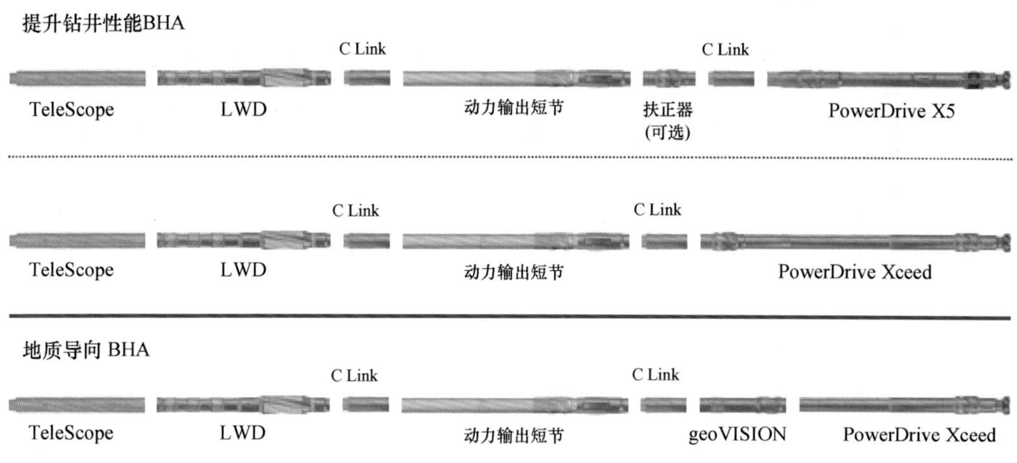

图 2-1-45 PowerDrive vorteX 井底钻具组合(BHA)举例

量不能通过随钻测量仪器实时传输。针对这一情况,斯伦贝谢公司研发出了专为附加动力旋转导向系统配置的近钻头信息接收器——C Link。C Link 为一组两个接收/传输器,下方的 C Link 加装在旋转导向系统和动力输出短节之间,接收旋转导向系统的近钻头测量信息,并通过无线电磁信号传输给上方 C Link,后者与随钻测量或随钻测井仪器直接连接,可将接收到的近钻头测量信息传输给随钻测量仪器,然后由随钻测量仪器通过钻井液脉冲传输到地面。这样地面地质师和定向井工程师可以通过实时近钻头测量对地层进行判断和控制井眼轨迹,保证精确着陆并将轨迹控制在最佳层位内。

三、PowerDrive vorteX 应用及典型案例

附加动力旋转导向系统 PowerDrive vorteX,因其是在旋转钻井中进行轨迹控制,解决了常规导向钻井系统由于滑动钻井导致的托压和定向困难的问题;附加动力输出短接节输出额外的井下转速与扭矩,大幅度提高了机械钻速。这些特性使附加动力旋转导向系统成为强有力的提速提效工具。目前附加动力旋转导向系统在渤海湾地区和内陆油田都有使用。以下包含了近年在渤海湾和吐哈油田两口井钻井作业的实例。

1. 在渤海湾地区的应用

在渤海湾某平台大位移水平井项目施工时,当钻至垂深 1530m 进入沙河街地层后机械钻速急剧下降。经分析发现该地层对钻头转速非常敏感,而受井场顶驱转速限制,使用旋转导向系统的机械钻速基本等同于使用常规马达钻具组合的钻速,同时马达钻具组合滑动钻井时也存在着托压和定向困难的情况,钻速呈迅速下降趋势。

该平台已完成的两口邻井均为大位移水平井,都使用了两趟钻以上钻至完钻井深。第一趟钻使用旋转导向系统,钻入沙河街地层后,起钻下入马达钻具组合以钻穿该地层。马达平均机械钻速为 5~8m/h,滑动钻井进尺占总进尺的比例接近 40%。

此平台第三口大位移井井身轨迹与邻井类似(图 2-1-46),造斜率为 2.1°/30m。针对前两口井钻井过程中出现的困难,决定在该井试用附加动力旋转导向系统。

在实际施工过程中,附加动力旋转导向系统一趟钻钻至 8.5in 井段设计井深,工具性能稳

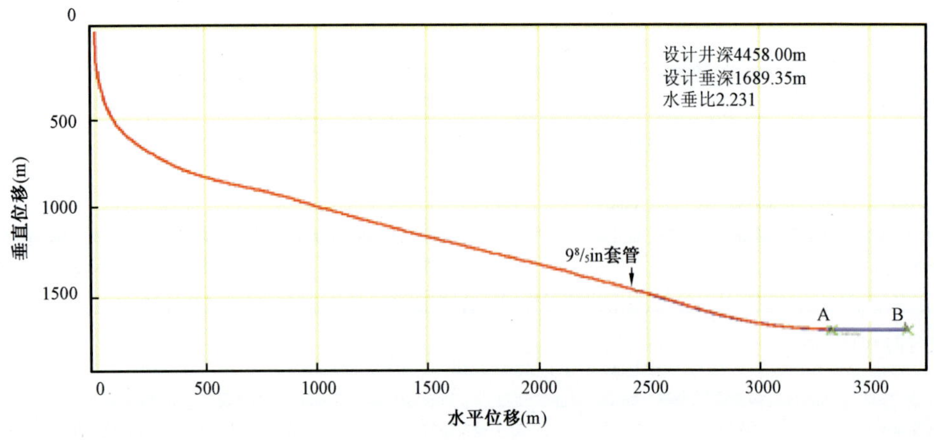

图 2－1－46　渤海湾某大位移水平井井眼轨迹

定，完全满足设计造斜率要求。纯钻进时间 33.17h，平均机械钻速 12.87m/h，比邻井旋转导向系统提高 104%（图 2－1－47）。在相同进尺长度条件下使用 PowerDrive vorteX 比使用常规旋转导向工具节约 8.4 天。

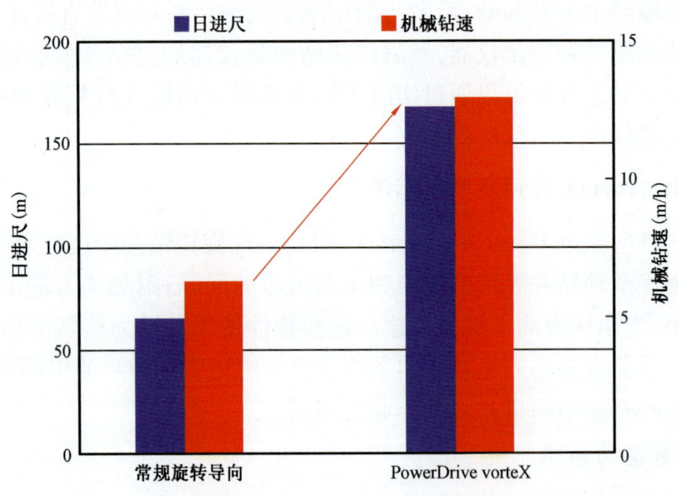

图 2－1－47　PowerDrive vorteX 与常规旋转导向对比图

（日进尺提高 154%，机械钻速提高 104%）

2. 在吐哈油田的应用

在吐哈油田对薄气层开发过程中，由于储层埋藏较深，须在高硬度、高研磨性的硬质夹层中钻进，而井场钻机条件有限，因此总体钻井时效低下且钻遇率不高。另外，在之前使用马达完成的几口邻井中，都出现了严重的井下扭转振动和套管磨损。复杂的井下条件导致单趟钻平均进尺仅为 20m，完井投产周期很长。

斯伦贝谢建议在新的一口井水平段 152mm 井眼钻井作业中试用附加动力旋转导向系统。

PowerDrive vorteX 在钻井过程中很好地发挥了它的特性，在地面转速较低的条件下，系统的动力输出短接为钻头提供了额外的扭矩，保证了高效钻井；同时，以前钻井作业中出现的井下扭转振动和套管磨损也得到了显著缓解。PowerDrive vorteX 创下了吐哈油田作业的多项最新纪录：单趟钻最长进尺 134m，是邻井马达进尺纪录的 6 倍（图 2－1－48）；单井最长产层内水平段进尺 497m。另外，本次作业还创造了 6in 井眼旋转导向系统单趟钻循环时间的世界纪录，为 177h。

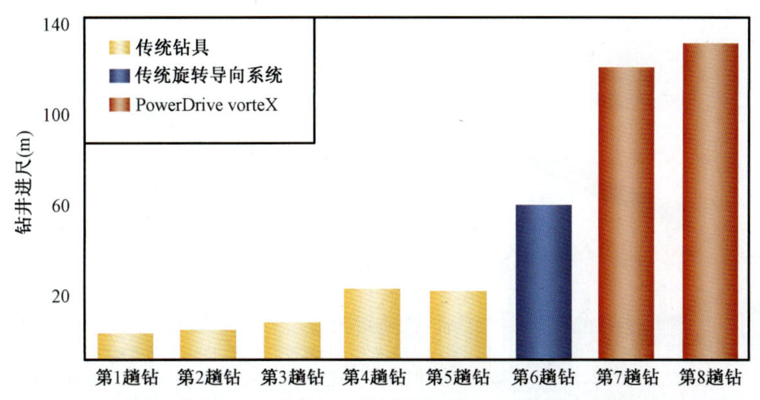

图 2－1－48　PowerDrive vorteX 在吐哈油田的应用

3. 在国内外页岩气钻井中的应用

近年来随着页岩气钻井在国内外的蓬勃兴起，附加动力旋转导向在页岩气的提速提效过程中起到了非常关键的作用。在北美，附加动力旋转导向系统在各个区块都得到了广泛应用。尤其是在 2014 年以后，伴随着低油价环境带来的提速降本压力，附加动力旋转导向得到了进一步的推广。附加动力旋转导向几乎完美替代了常规旋转导向，而不带马达的传统旋转导向反而成为了小众方案，其取得的显著提速降本效果也有效支撑了该应用的普及。

我们拿占北美页岩气作业量约 50% 的二叠纪盆地为例，其在 2014 年的附加动力旋转导向占比已经高达 87%，当年的平均机械钻速在 68ft/h 左右，而到了 2015 年，附加动力旋转导向的占比就提升到了 95%，机械钻速也迅速增加 48.5% 到达了 101ft/h。继而在 2016 年，该比例达到 99% 并一直延续至今，平均机械钻速也稳定在 100ft/h 左右（图 2－1－49）。

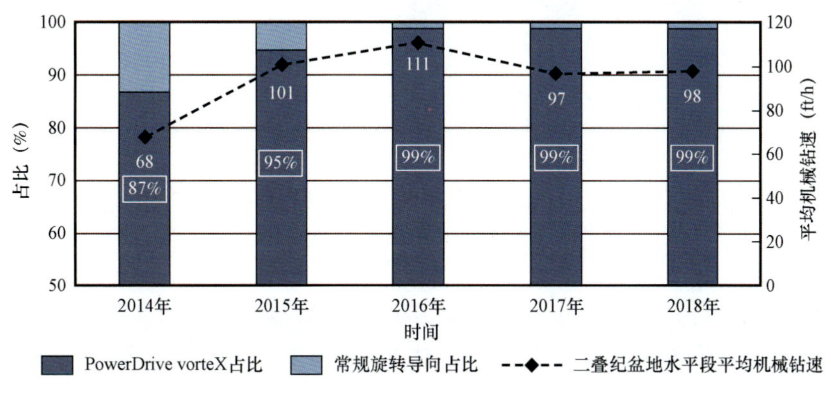

图 2－1－49　北美二叠纪盆地 PowerDrive vorteX 使用情况

在国内,尤其是四川盆地页岩气钻井过程中,由于附加动力旋转导向系统可以有效缓解井下扭转振动,使更多能量转化为破岩动力,因而大大缩短了钻井周期。从图2-1-50的钻井实例可以看到:第一趟钻使用了常规旋转导向,由于井下扭转振动剧烈(黑色曲线),机械钻速受到了很大影响(红色曲线);起钻后更换钻具为附加动力旋转导向系统,由于马达可以输出更大的井底转速,因此扭转振动得到了极大缓解,因而机械钻速较之前有了很大提升。

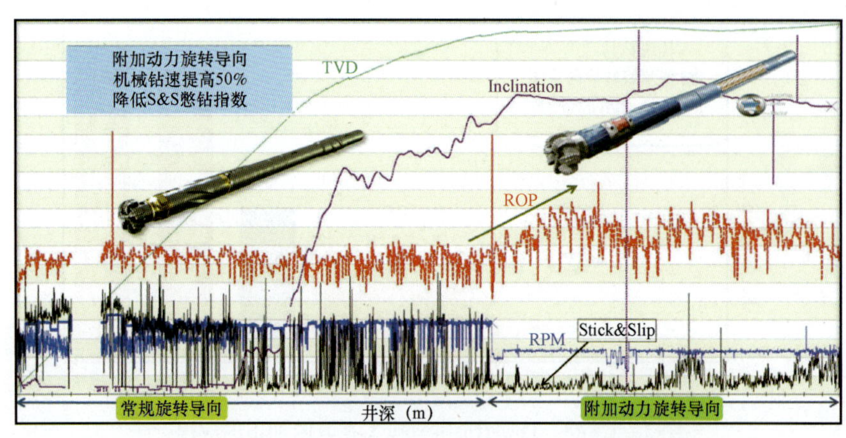

图2-1-50 国内使用 PowerDrive vorteX 扭转情况对比

在W区块,在条件允许的情况下使用附加动力旋转导向系统后,三开井段钻井周期可以从40余天缩短到10天左右;全井钻井周期也从之前的接近100天大幅度缩短到30多天,从而大大节约了建井成本,见图2-1-51。

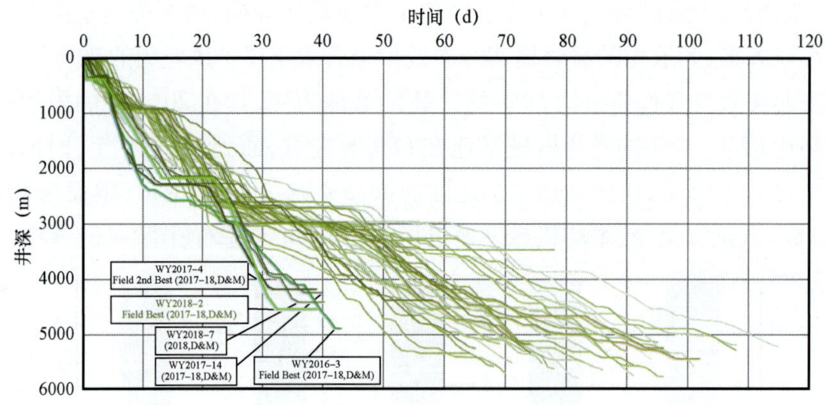

图2-1-51 W区块页岩气时深曲线

四、PowerDrive vorteXmax 简介

从上面的介绍我们了解到 vorteX 在提速等方面效果显著,但是在实际实用过程中关于与其匹配的马达却有许多细节需要落实处理。比如,使用多大的转定子比,需要多大的扭矩输出,当前转速输出是否匹配钻头选型等等。这些细节小而繁杂,却往往能影响实际的提速效

果。PowerDrive vorteXmax 是斯伦贝谢针对 vorteX 这类钻具的一揽子解决方案。

(1)集成了高性能专用 DynaForce 马达,优化动力和扭矩输出,使得钻具在低可钻性地层中,仍然能够保持较宽的转速和扭矩输出窗口。

(2)转速输出最高可达350转,并保持良好的定向能力。经过强化的马达下面级(轴承,驱动轴等)保证了高动力和高扭矩的持续输出,尤其是在高转速和高钻压下,达到提速的目的(图2-1-52)。

(3)使用 IDEAS 集成动态分析软件,优化钻具组合设计。

(4)使用 ROPO 实时优化钻井参数,进一步提速提效。

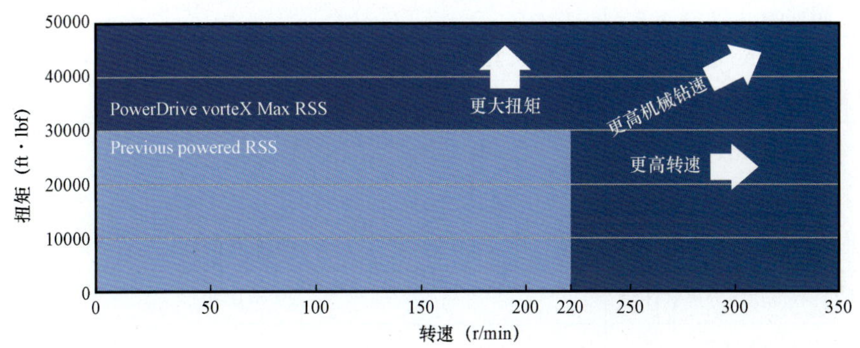

图2-1-52 PowerDrive vorteXmax RSS 较常规旋转导向的作业区间对比

五、PowerDrive vorteX/vorteXmax 规格与主要性能指标(表2-1-11、表2-1-12)

表2-1-11 PowerDrive vorteX RSS 规格与主要性能指标

规格与指标	vorteX 475	vorteX 675	vorteX 962
公称外径(mm[in])	121[4.75]	178[6.75]	245[9.625]
适用井眼(mm[in])	149~168 [5⅞~6⅝]	213~251 [8⅜~9⅞]	311~559 [12¼~22]
最大外径(mm[in])(无稳定器)	137[5.38]1	91[7.5]	345mm[11]
工具长度(m[ft])	9[30]	13[43]	15.43[50.6]
最大通过狗腿度(°/30m[°/100ft])	30[30]滑动, 15[15]旋转	20[20]滑动, 10[10]旋转	20[20]滑动, 10[10]旋转
最大输出扭矩(N·m[ft·lbf])(与大扭矩马达动力部分联用)	4474[3300]	11000[8000]	30000[22000]
最大钻压(N[lbf])	133000[30000]	270000[60000]	270000[60000]
重量(kg[lb])	1071[2355]	2463[5420]	4037[8900]
最大堵漏材料(kg/m³[lb/bbl])	142.8[50](果壳类)		
流量范围(L/min[gal US/min])	378~1135 [100~300]	1135~2460 [300~650]	2270~4540 [600~1200]

续表

规格与指标		vorteX 475	vorteX 675	vorteX 962
最高地面转速(r/min)@L/min[gal US/min]		170@378[100] 70@1135[300]	120@1135[300] 40@2460[650]	120@2270[600] 90@4540[1200]
最高钻头转速(r/min)		250	220	220
最高工作温度(℃[℉])		150[302]		
最高承压能力(MPa[psi])		138[20000]	124[18000]	124[18000]
最小排量时最低工作压降(MPa[psi])		5.2[800]	5.2[800]	8.3[1200]
推荐钻头压降(MPa[psi])		1.4~5.2[200~750]	4.1~5.2[600~750]	4.1~5.5[600~800]
钻井液含砂量(%)		1(体积比)		
扣型	接钻头(REG API) 动力节上部(REG API)	3½ 3½	4½ 4½	6⅝或7⅝ 6⅝或7⅝
传感器	井斜测量精度(分辨率)(°)	±0.4(0.05)		
	方位测量精度(分辨率)(°)	±0.8(0.10)		
	径向冲击阈值(g_n)	50±5(存储)		

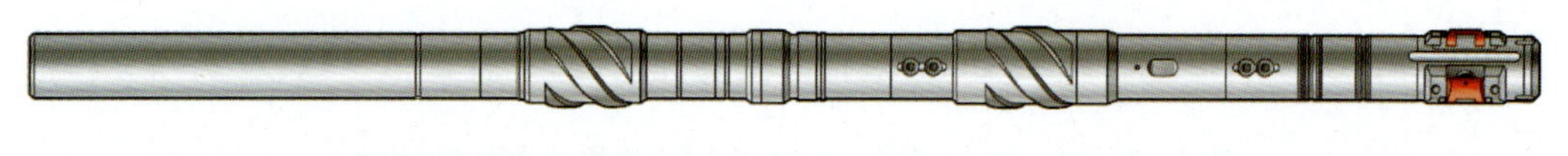

表2-1-12　PowerDrive voeteXmax RSS 规格及主要性能指标

规格与指标		500 RSS	700 RSS	962 RSS
机械与力学性能	公称外径(in[mm])	5[127]	7[178]	9⅝[244]
	工具长度(ft[m])	与马达动力节结构有关		
	造斜能力 DLS(°/100ft[°/30m])	10[10]	8[8]	5[5]
	适用井眼(in[mm])	6~6¾ [152~171]	8½~8¾ [216~222]	12¼~17½ [311~445]
	钻头转速(r/min)	0~350		
	最大钻压(lbf[N])	30000[133447]	55000[244652]	120000[533787]
	钻大钻头扭矩(ft·lbf[N·m])	12000[16270]	30000[40675]	65000[88128]
	最大承拉(lbf[N])	72000[320272]	192000[854059]	350000[1556878]
	最大通过狗腿度(滑动)(°)	30	16	10
	接钻头扣型(母,REG)	3½	4½	6⅝或7⅝

续表

<table>
<tr><td colspan="2">规格与指标</td><td>500 RSS</td><td>700 RSS</td><td>962 RSS</td></tr>
<tr><td rowspan="6">流体性能</td><td>量范围(gal US/min[L/min])</td><td>120～350
[455～1327]</td><td>210～800
[796～3032]</td><td>400～1200
[1516～4548]</td></tr>
<tr><td>最高钻井液密度(lb/gal US[kg/L])</td><td colspan="3">24[2.88]</td></tr>
<tr><td>最高含砂量(%)</td><td colspan="3">1(体积比)</td></tr>
<tr><td>最大堵漏材料 LCM
(lb/bbl[kg/L])</td><td>35[0.13]</td><td>50[0.19]</td><td>50[0.19]</td></tr>
<tr><td>酸度等级 pH 值</td><td colspan="3">9.5～12</td></tr>
<tr><td>含氧量</td><td colspan="3">1×10^{-6}</td></tr>
<tr><td rowspan="2">温度
压力</td><td>最高工作温度(℉[℃])</td><td colspan="3">302[150]</td></tr>
<tr><td>最高承压能力(psi[MPa])</td><td colspan="3">20000[137.9]</td></tr>
<tr><td rowspan="10">测量性能</td><td>井斜至工具下端面距离(ft[m])</td><td>6.93[2.11]</td><td>7.19[2.19]</td><td>7.81[2.38]</td></tr>
<tr><td>方位至工具下端面距离(ft[m])</td><td>9.03[2.75]</td><td>9.39[2.86]</td><td>10.01[3.05]</td></tr>
<tr><td>方位自然伽马</td><td colspan="3">8 扇区</td></tr>
<tr><td>平均自然伽马</td><td colspan="3">API 校准</td></tr>
<tr><td>自然伽马至工具下端面距离(ft[m])</td><td>6.03[1.83]</td><td>6.39[1.94]</td><td>.01[2.13]</td></tr>
<tr><td>轴向振动范围(g_n)</td><td colspan="3">0～35</td></tr>
<tr><td>径向振动范围(g_n)</td><td colspan="3">0～75</td></tr>
<tr><td>最大冲击(g_n)</td><td colspan="3">625</td></tr>
<tr><td>振动与冲击测量轴数</td><td colspan="3">三轴</td></tr>
<tr><td>磁场盲角区</td><td colspan="3">无</td></tr>
<tr><td rowspan="2">特有性能</td><td>自动闭环</td><td colspan="3">是</td></tr>
<tr><td>指令下传方法</td><td colspan="3">流量和转速</td></tr>
<tr><td colspan="5">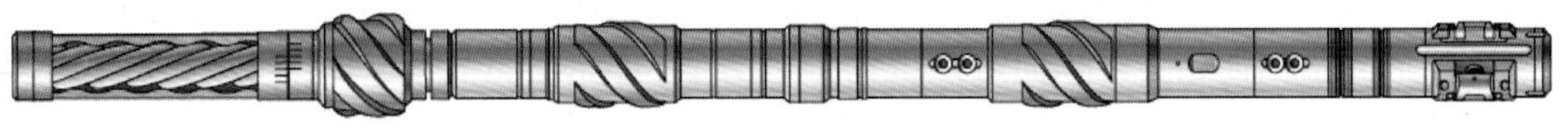</td></tr>
</table>

第二章　垂直钻井技术应用及发展

第一节　垂直钻井系统工具简介

PowerV 是一个闭环工作的旋转导向系统，该系统可以自动保持井眼垂直状态而几乎不需要任何井上的干预措施。从本质上来说，垂直钻井旋转导向系统也是一种推靠式旋转导向系统，即利用钻井液推动推靠块作用于井壁获得反推力，保持井眼轨迹处于近乎垂直。但与前面介绍的推靠式旋转导向系统不同的是，它不接收任何井上发出的下行信号，而是通过自带的测斜传感器测量井斜，一旦发现井眼轨迹偏离垂直即会自动调整工具姿态，重新找回垂直并继续钻进。因此，垂直钻井旋转导向系统是一种自动化的钻井工具，此工具既可以单独入井完成钻进任务，也可以与其他工具相连一起入井工作以获取更多的测量信息。与 PowerDrive X6 类似，PowerV 主要由偏置单元（BU）和控制单元（CU）两部分组成（图 2－2－1）。

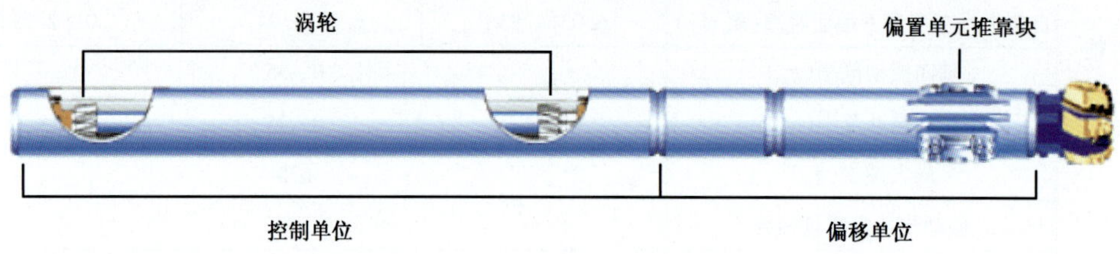

图 2－2－1　PowerV 工具示意图

控制单元包括了电子元器件组，该单元固定于轴承组中，位于本体钻铤内部，并直接连接在偏置单元的顶部。控制单元执行默认程序，使工具面永远与重力方向保持一致。一个机械式连接到控制轴上的阀门组合总成控制着偏置单元里的推靠块，偏置单元通过推靠块推靠井壁获得反推力，从而使钻头永远向着降低井斜的方向（即重力低边）切削井壁。这样，工具即可自动完成垂直定向钻井。

此工具可以与任意种类的钻头相连工作。保径段和扣体的长度对工具的工作性能有很大的影响。实际经验表明钻头的保径段长小于 2in 将大大提高工具导向效果。同时，要尽可能地保证扣体长度越短越好。

要想使工具处于最佳工作状态，需要在工具推靠块和钻头上保持 5MPa 左右的压降。必要时可以通过现场安装限流器的方法，在较小的排量下，满足此压降要求。

在需要工具实现较高狗腿度时，可以考虑在工具上方加装柔性短节。该短节能够有效地改善旋转导向工具的柔性，但不会影响到钻具组合其他部分的刚性。一般来说如果狗腿度要求大于 3°/30m 时，则需要安装此柔性短节，反之，如果小于 3°/30m，则无须此短节。需要注意的是加装柔性短节会增加 MWD/LWD 测量点到钻头的距离。

与前面提到的推靠式旋转导向系统和指向式旋转导向系统一样，垂直旋转导向系统也可以在其上方加装附加动力输出短节组成附加动力垂直旋转导向系统 PowerV vorteX。附加动力垂直旋转导向系统利用附加动力输出短节将钻井液的水力动能转化为机械动能，从而为钻头提供了额外的扭矩输入，提高了钻头破岩效率，进而提升了井下机械钻速。

此工具可以与所有其他随钻测量/测井工具配合使用。在设计钻具组合时应检查核实工具接口扣形是否匹配以决定是否需要安装转换接头，工具规格与主要性能指标见表 2－2－1。

表 2－2－1　PowerV RSS 规格与主要性能指标

<table>
<tr><th colspan="2">规格与指标</th><th>475</th><th>675</th><th>825</th><th>900</th><th>1100</th></tr>
<tr><td rowspan="9">机械及力学性能</td><td>公称外径(in[mm])</td><td>4¾[120.7]</td><td>6¾[171.5]</td><td>8¼[209.6]</td><td>9[228.6]</td><td>11[279.4]</td></tr>
<tr><td>工具长度(ft[m])</td><td>13.65[4.16]</td><td>13.47[4.11]</td><td>13.84[4.22]</td><td>13.84[4.22]</td><td>15.22[4.64]</td></tr>
<tr><td>适用井眼(in[mm])</td><td>5½～6¾
[139.7～171.5]</td><td>7⅞～9⅞
[200.0～250.8]</td><td>10⅝～11⅝
[269.9～295.3]</td><td>12～18½
[304.8～469.9]</td><td>20～28
[508.0～711.2]</td></tr>
<tr><td>钻头转速(r/min)</td><td>0～220</td><td>0～220</td><td>0～220</td><td>0～220</td><td>0～150</td></tr>
<tr><td>最大钻压(lbf[N])</td><td>31000
[137894]</td><td>180000
[800679]</td><td>270000
[1201019]</td><td>370000
[1645841]</td><td>225000
[1000849]</td></tr>
<tr><td>最大扭矩(ft·lbf[N·m])</td><td>9000
[12202]</td><td>18500
[25082]</td><td>45000
[61011]</td><td>45000
[61011]</td><td>70000
[94907]</td></tr>
<tr><td>最大承拉(lbf[N])</td><td>340000
[1512395]</td><td>1100000
[4893044]</td><td>1100000
[4893044]</td><td>1800000
[8006799]</td><td>2500000
[11120554]</td></tr>
<tr><td>最大通过狗腿度(滑动)(°/30m)</td><td>30</td><td>16</td><td>12</td><td>10</td><td>4</td></tr>
<tr><td>接钻头扣型(母,REG)</td><td>3½</td><td>4½或6⅝</td><td>6⅝</td><td>6⅝或7⅝</td><td>7⅝</td></tr>
<tr><td rowspan="6">流体性能</td><td>流量范围(gal US/min[L/min])</td><td>170～310
[643～1173]</td><td>210～970
[794～3671]</td><td>280～2000
[1059～7571]</td><td>280～2000
[1059～7571]</td><td>280～2000
[1059～7571]</td></tr>
<tr><td>最高钻井液密度(lb/gal US[kg/L])</td><td colspan="5">24[2.88]</td></tr>
<tr><td>最高含砂量(%)</td><td colspan="5">1(体积比)</td></tr>
<tr><td>最大堵漏材料 LCM(lb/bbl[kg/L])</td><td>35[0.13]</td><td>50[0.19]</td><td>50[0.19]</td><td>50[0.19]</td><td>50[0.19]</td></tr>
<tr><td>酸度等级 pH 值</td><td colspan="5">9.5～12</td></tr>
<tr><td>含氧量</td><td colspan="5">1×10^{-6}</td></tr>
<tr><td rowspan="2">温度压力</td><td>最高工作温度(℉[℃])</td><td colspan="5">302[150]</td></tr>
<tr><td>最高承压能力(psi[MPa])</td><td colspan="5">20000[137.9]</td></tr>
</table>

续表

规格与指标		475	675	825	900	1100
测量性能	井斜至工具下端面距离（ft[m]）	6.76[2.06]	7.13[2.17]	7.60[2.32]	7.70[2.35]	9[2.74]
	方位至工具下端面距离（ft[m]）	8.86[2.70]	9.33[2.84]	9.80[2.99]	9.90[3.02]	11.20[3.41]
	方位自然伽马	4 象限				
	平均自然伽马	是				
	自然伽马至工具下端面距离（ft[m]）	5.86[1.79]	6.33[1.93]	6.80[2.07]	6.90[2.10]	8.20[2.50]
	轴向振动测量范围（g_n）	0~35				
	径向振动测量范围（g_n）	0~75				
	冲击测量范围（g_n）	625				
	冲击测量轴数	三轴				
	磁场盲角区	无				
特有性能	自动闭环	垂直				

第二节　垂直旋转导向系统在国内油田的应用

一、垂直旋转导向系统在国内的推广进程

垂直旋转导向系统因其可以自动找回垂直并维持垂直钻进，减少了地面人工干预，增加了纯钻时间，因而提高了机械钻速。特别是在高陡地层中，垂直钻井旋转导向系统可以有效地克服地层倾角带来的不利影响，避免了使用传统钻具钻直井时所必需的轻压吊打，从而释放了钻压，大大提高了钻井效率；同时，使用垂直钻井旋转导向系统还可以避免常规钻井中的纠斜钻井作业，因而可以大幅度减少钻井周期。

塔里木油田山前高陡构造属于易斜区域，地层倾角大多为 15°~80°，且地层各向异性差异大，岩性软硬交错，自然造斜能力极强。为解决高陡构造防斜与提高钻速之间的矛盾，从 1993 年东秋 5 井开始，塔里木油田就开展了高陡构造防斜打快技术攻关，其间也试验了多种防斜方法，在个别山前井上也见到了一定效果，但是山前高陡构造防斜打快问题始终

没有得到根本解决，始终未找到一种高效的、具有广泛适应性的防斜打快新技术。因上部井段井眼质量差造成的一系列工程复杂，如套管磨损、钻具偏磨、钻具先期疲劳失效等问题也时常发生。

2004 年塔里木油田首次引进斯伦贝谢垂直旋转导向系统，在 KL2 气田开发井上进行了应用，其防斜打快效果十分明显，但在应用初期也出现了工具可靠工作时间短等问题。塔里木油田与斯伦贝谢公司共同结合山前构造地层特点及垂直旋转导向钻井工程开展研究，最终解决了垂直旋转导向系统可靠工作时间短的问题。在推广应用过程中，通过开展钻头优选、钻具结构优化、水力参数优化、编制垂直旋转导向系统现场操作规范等方面工作，实现了陡构造地层中既防斜又钻快的目的。垂直旋转导向钻井技术目前已成为山前陡构造地层钻井的主体技术。

垂直旋转导向钻井技术应用取得了以下成果：

(1)形成了以垂直旋转导向钻井技术为核心及与之相匹配的钻井装备、工具、钻头、钻井液及现场操作工艺技术。

(2)应用垂直旋转导向钻井技术保证了井身质量，是防止套管磨损的关键；同时在狗腿度严重井段使用橡胶护箍避免套管与钻杆的直接摩擦，应用特种高密度重晶石钻井液体系或在高密度铁矿粉钻井液中添加减磨剂进一步降低对套管的磨损。通过防磨技术的综合应用，2006—2007 年山前地区钻井中未发生一起套管磨穿现象(图 2－2－2)。

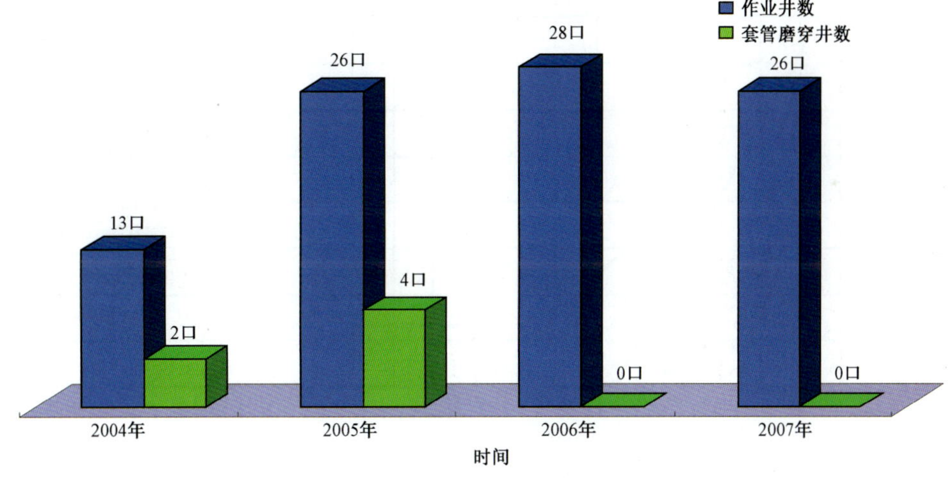

图 2－2－2　垂直旋转导向系统减少了钻井作业中套管磨穿井数

(3)编制完成了适合陆上钻井的垂直旋转导向系统现场操作规范。

(4)在山前构造井上部井段全面推广应用了垂直旋转导向钻井技术。自 2004 年在 KL2 气田首次应用垂直钻井技术以来，在 KL2 山前构造井上部井段应用垂直旋转导向系统钻井总进尺超过 13000m，平均机械钻速达到了 5.45m/h，井斜角基本控制在 1°以内。而未应用垂直钻井技术山前井上部(3500m 以上)大井眼平均机械钻速只有 2.27m/h 且井斜角平均在 3°以上。可见，应用垂直旋转导向钻井技术在提高机械钻速和保持井身垂直方面效果是十分显著的。

图 2－2－3 和图 2－2－4 为使用垂直钻井旋转导向系统打井的井斜和进度曲线与使用传统钻具作业的邻井井斜和进度曲线的对比。

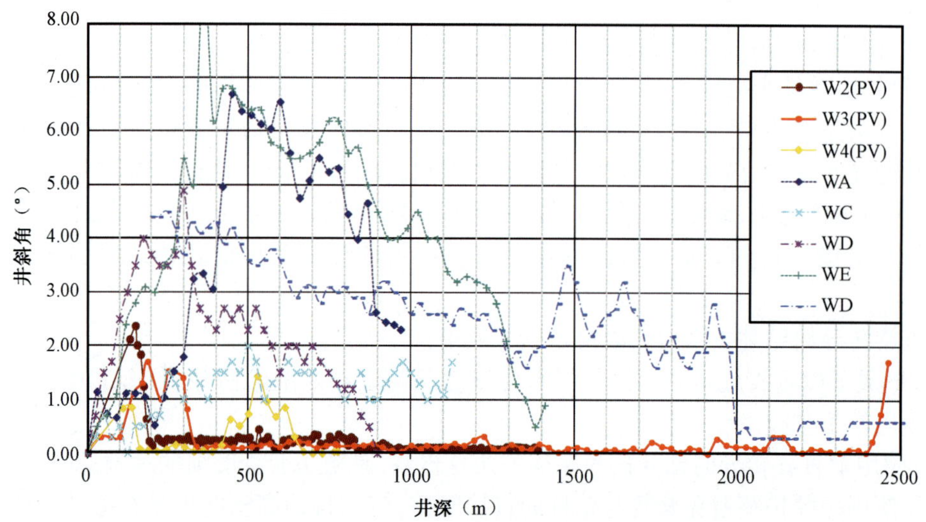

图 2－2－3　PowerV 与常规钻井井斜比较图

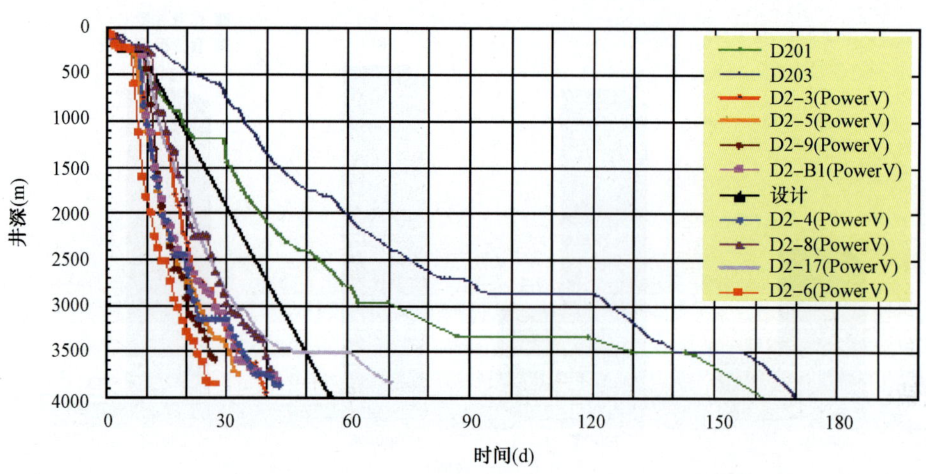

图 2－2－4　PowerV 与常规钻井打井进度比较图

目前,新疆地区已经成为世界上应用垂直旋转导向技术较为成熟的区块。截至 2020 年底,塔里木油田使用垂直旋转导向系统钻井 524 口,共进尺 1208km。

除了新疆地区,垂直旋转导向系统在青海、玉门、长庆、大庆、大港等陆上油田以及我国渤海、南海等沿海油气区块也得到了推广和应用,并在垂直钻井作业中发挥着日益重要的作用。

二、垂直旋转导向系统在国内的应用实例

自从 2004 年中国石油开始在西北地区大规模运用垂直钻井旋转导向系统以来,该系统以其优质高效的服务质量获得了高度评价。《塔里木石油报》为此曾经专门刊登了《油田钻井技

术创新取得突破》的文章(2007年11月26日刊)。文中写道:“垂直钻井技术已成为较为成熟的钻井技术……Power V(即垂直钻井旋转导向系统)在DB、DN、YB等山前井上广泛应用……使得在该区块的钻井活动走出了高成本、低效益的困境……为避免套损和山前井上部井段钻井提速开辟了捷径……山前井平均钻井周期减少19.78天,钻机月速度提高107.64m,增幅21.32%……DN2-8钻至5036m仅用117天,比设计周期节约了72天,成为DN区块钻至5000m用时最短段井”。塔里木油田垂直旋转导向系统应用概况见图2-2-5。

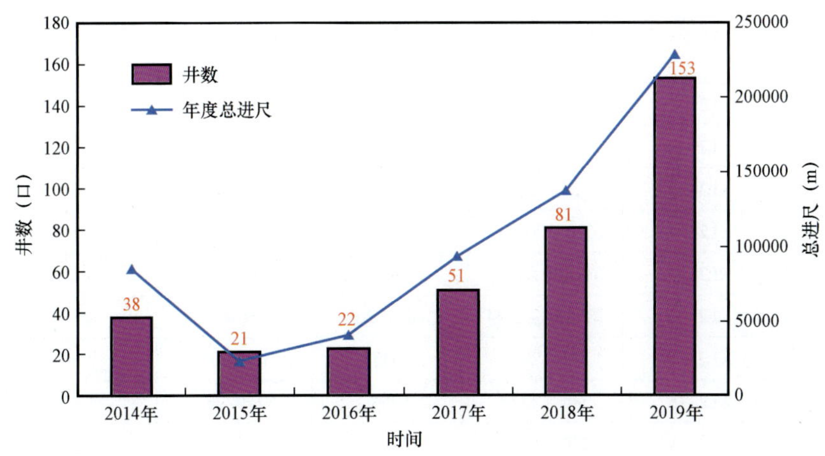

图2-2-5　塔里木油田垂直旋转导向系统应用概况

1. KL2地区垂直旋转导向系统与常规钻井方式应用效果对比

KL2气田作为西气东输的主力气源地,气田储层压力高,单井产量高。上部井段地层倾角一般都高达15°~30°,防斜难度大,因此KL2气田建设对钻井质量提出了非常严格的要求。为了提高山前高压气井的钻井质量,大幅度提高钻井速度,保证西气东输工程的稳定供气,塔里木油田在KL2气田的14口开发井中上部井段全部采用斯伦贝谢公司的Power V垂直旋转导向系统,累计垂直钻井完成进尺26478.14m,平均单井垂直钻井进尺1891.30m,平均机械钻速6.63m/h,井斜基本控制在2°以内,为保障气井安全生产和及时供气奠定了良好的基础。

KL2地区所钻的14口垂直井所钻层位和井身结构,与邻井KL2、KL205井基本相同,对垂直旋转导向系统应用前后的效果对比(表2-2-2)如下:

(1)钻速对比:应用垂直旋转导向系统的14口井累计进尺26477.9m,钻进井段平均机械钻速6.63m/h,采用常规钻井方式所钻两口井累计进尺3644.5m,平均机械钻速1.29m/h,采用垂直旋转导向系统的机械钻速是常规钻井的5.14倍。

(2)如果采用常规钻井方式,平均日进尺21.95m,达到与垂直旋转导向系统钻井所钻进尺26477.9m需要时间为1206天,而实际垂直旋转导向系统所用钻井周期为285天,缩短钻井时间921天。

(3)14口井垂直旋转导向系统总费用为4781379.93美元,约合3893万元人民币。

综合钻井费测算：钻机费 48911 元/d + 井控 2172 元/d + 监督 4 人 ×1100 元/d + 钻井液服务费 1 人 ×820 元/d + 油差 12712 元/d + 录井 5365 元/d + 钻具修理 4900 元/d + 生活费 1883 元/d = 8.12 万元/d。

（4）除在应用初期因仪器故障 KL2 －3、KL2 －14 两口井井斜出现超标外，其他井井斜基本上控制在 2°以内，均达到了设计要求。

表 2 －2 －2　KL2 地区 17½in 和 16in 井眼垂直旋转导向系统与常规钻井方式使用情况对比

钻井方式	井号	井段（m）	进尺（m）	纯钻时间（h）	平均钻速（m/h）	周期（d）
垂直旋转导向钻井	KL2 －1	180 ~2713	2284.45	262.44	8.7	19
	KL2 －2	206.4 ~2081	1873.6	178.92	10.47	12
	KL2 －3	350 ~2675	2320.2	446.41	3.04	28
	KL2 －4	1626 ~2033.5	367.4	129.3	2.84	9
	KL2 －5	178.54 ~1988	1809.46	111.5	16.23	12
	KL2 －6	189.74 ~2044	1854.26	146	12.7	10
	KL2 －7	302 ~2919	2617	1007.06	2.6	67
垂直旋转导向钻井	KL2 －8	344 ~2329	1954	270.28	7.23	18
	KL2 －9	220 ~3526	3186.96	644.34	4.95	45
	KL2 －10	247 ~2283	2036	194.53	10.47	14
	KL2 －11	180 ~1224	1044	58.2	17.94	7
	KL2 －12	189 ~2215.45	2017.33	210.24	9.6	17
	KL2 －13	225.88 ~2129.3	1887.42	242.6	7.78	16
	KL2 －14	581 ~1901.16	1225.82	92.86	13.2	11
	合计		26477.9	3994.68	6.63	285
常规钻井	KL2	101 ~1303	1202	1045.25	1.15	59
	KL205	148 ~2590.5	2442.5	1788.76	1.36	107
	合计		3644.5	2834.01	1.29	166

2. DN2 构造垂直旋转导向系统与常规钻井方式应用效果对比

DN2 气田是近年塔里木油田重点开发和评价的气藏，但该地区地层倾角一般较大，且地层各向异性差异大，自然造斜能力强；岩性软硬交错，导致钻井中易产生较大井斜。DN2 构造目前已有 9 口井在 17½in/16in 井眼中应用垂直旋转导向系统，其使用效果对比见表 2 －2 －3：

（1）应用垂直旋转导向系统的 9 口井，累计进尺 30123.5m，钻进井段平均机械钻速 7.80m/h，采用常规钻井方式所钻的 3 口井，累计进尺 9048.97m，平均机械钻速 1.79m/h，采用垂直旋转导向系统钻井机械钻速是常规钻井机械钻速的 4.36 倍。

（2）如果采用常规钻井方式，平均日进尺 25.85m，完成垂直旋转导向系统钻井所钻进尺

30123.5m 需要时间为 1165.32 天，而实际垂直旋转导向系统钻井所用钻井周期为 291 天，应用垂直旋转导向系统共缩短钻井时间 874.32 天。综合钻井日费仍按 8.12 万元测算，共计节约钻井费 7100 万元人民币。

（3）9 口井垂直旋转导向系统总费用为 4615367.63 美元，共计节约 3638 万元人民币，平均单井节约钻井费 400 多万元。

（4）DN 地区通过攻关上部井段井斜基本控制在 1°以内，DN2 区块 Power V 服务井段井斜分析三年里再没有因上部井眼质量问题而出现套管磨损事故。

表 2-2-3 DN2 区块 16in 井眼垂直旋转导向系统与常规钻井方式使用情况对比

钻井方式	序号	井号	井段（m）	进尺（m）	纯钻时间（h）	平均钻速（m/h）	周期（d）
垂直钻井	1	DN204	230~3996	3699.6	933.3	3.96	68
	2	DN2-1B	246.6~3825	3578.4	492.27	7.27	34
	3	DN2-2	246~3940	3694	368.92	10.01	34
	4	DN2-3	253.42~1908.39	1654.97	109.8	15.07	12
	5	DN2-4	206.8~3860	3649.2	329	11.09	32
	6	DN2-5	256.15~3743	3486.85	391.24	8.91	26
	7	DN2-6	230~3845	3614.91	275.64	13.11	19
	8	DN2-8	210~3680	3470	415.9	8.34	30
	9	DN2-17	238~3513	3275.57	544.52	6.02	36
	合计			30123.5	3860.59	7.8	291
常规钻井	1	DN202	148~2590.5	2442.5	1788.76	1.37	107
	2	DN203	191.9~3500	3308.1	1846.41	1.79	128
	3	DN201	204.63~3503	3298.37	1429.33	2.31	115
	合计			9048.97	5064.5	1.79	350

3. 博孜—大北砾石层应用垂直旋转导向和新型复合片钻头提速效果显著

塔里木油田博孜区块的浅层会钻遇大套砾石层，主要集中在 17.5in 的 400~2000m 井段。如此长井段的砾石层给井下仪器带来巨大的震动，导致仪器失效频繁。斯伦贝谢的抗震动指标为震动峰值（上限 250g）和累计震动数（上限 200000），而在该区块作业时频繁监测到震动峰值 624g，累计震动 406229，由此可见震动带来的挑战。高震动不光使得仪器失效增加，还直接导致钻具断扣事故频发。此外，砾石层钻井的机械钻速也很低，平均只有 2.35m/h。在低机械钻速的情况下，一旦井斜发生偏离，需要使用常规马达定向时，作业效率将会进一步降低。

为了应对这一系统挑战，斯伦贝谢提出了使用垂直旋转导向 PowerV，高性能抗冲击尖锥齿钻头 Z716 和减振器技术作为解决方案。较原有的牙轮钻头方案，平均单趟钻进尺提高了 80%，机械钻速提高了 46%。其中，在 BZ13 井更是使用一只钻头取得进尺 924m，平均机械钻速 4.86m/h，井下纯钻时间达到 190.2h，打到 MWD 仪器电池耗尽才起钻，创造了博孜地区二开砾石层单趟钻最长进尺纪录，如图 2-2-6 所示。同时，为了进一步提高机械钻速，在不含大段砾石的井段增加使用大扭矩螺杆以配合旋转导向进一步提速。从2020年的使用效果上来看,平均机械钻速由原来的2.7m/h,提高37%至3.7m/h,平均日进尺由原来的39m/d增加至58m/d,提速效果显著。

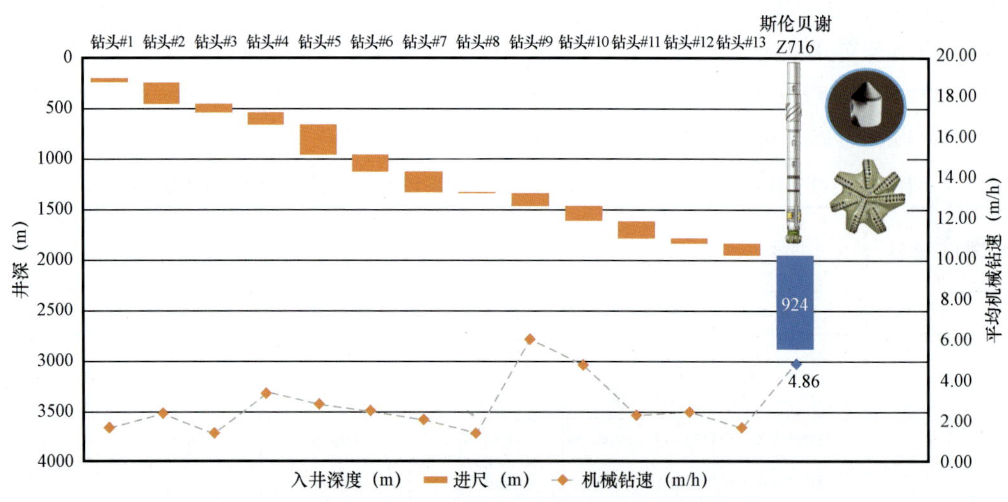

图2-2-6 BZ13井表层砾石段作业时效对比图

4. 垂直旋转导向系统在其他区块的应用情况

随着克深、大北等库车山前深层天然气田的不断开发,为进一步提升垂直钻井应用效果,中国石油与斯伦贝谢公司一道在垂直钻井技术上持续改进、不断推陈出新,应用井深由以前的4000m到目前的7000m以上,并创造了一系列的应用纪录:KS205井17½in井眼垂直旋转导向系统第一趟钻进尺1561.00m,最大单日进尺513.68m;13⅝in井眼垂直旋转导向系统第二趟钻进尺1225.30m,最大单日进尺343.00m,均创造了KSDB区块17½in及13⅝in井眼最大平均单日进尺纪录;KS16井22in井眼单趟进尺1335.5m;DB105-5井17½in井眼单趟进尺2271m;DB101井9½in井眼垂直旋转导向PowerV单趟循环时间412.05h(井下时间483h);垂直钻井应用井深超7000m,其中KS21井服务井深达7425m,等等。此外,垂直钻井在实现全尺寸井眼(17½、16、13⅝、12¼、9½、8½等)应用的基础上,还实现了在油基钻井液下成功穿越盐膏层中,并经受了高温高压考验。其中KS35钻井井深6785m,井底循环温度达到142℃;BZ9钻井井深7107.62m,井底压力达到到171MPa。

除了上述区块,垂直钻井系统在内陆其他油田,沿海的渤海湾、南海等区块都有成功的应用。例如,青海油田在SZG区块地层倾角变化大,变化范围在15~50°之间,使用常规钻具防斜的效果差,如S38井全井纠斜多大17次;为了实现在大倾角地层中防斜打快,自2018年引入垂直旋转导向PowerV以来,累计施工了超过33口井次的垂直钻井导向系统。垂直钻井系统将区块的平均机械钻速提高了70%,平均日进尺提高了102%。还创造了12.25in单趟钻最长进尺纪录2468m,最长单趟钻循环时间纪录373小时,8.5in单趟钻最长进尺纪录2174m,等等。

随着垂直旋转导向系统在塔里木等油田的广泛应用,斯伦贝谢根据油田的需求和新的地

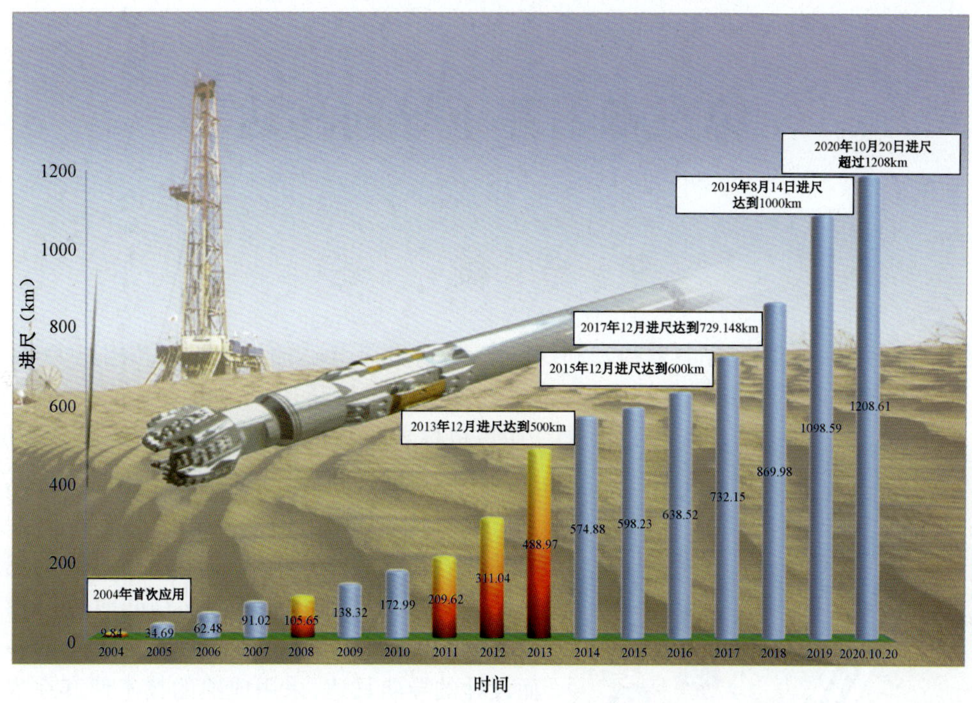

图 2－2－7　PowerV 在塔里木油田进尺的里程碑

质条件，持续优化工具，期间作出了 14 项技术更新，见图 2－2－8。例如，设计新的推靠块以适应非常规井眼尺寸，针对研磨地层研发新的耐磨推靠块，升级钻铤钢级以适应超高压作业环境（井下最高静压 186Mpa），等等。这一系列的优化，不仅提高了垂直旋转导向在油田作业的各项钻井时效和可靠性指标，还为斯伦贝谢工具的研发提供了宝贵的经验。

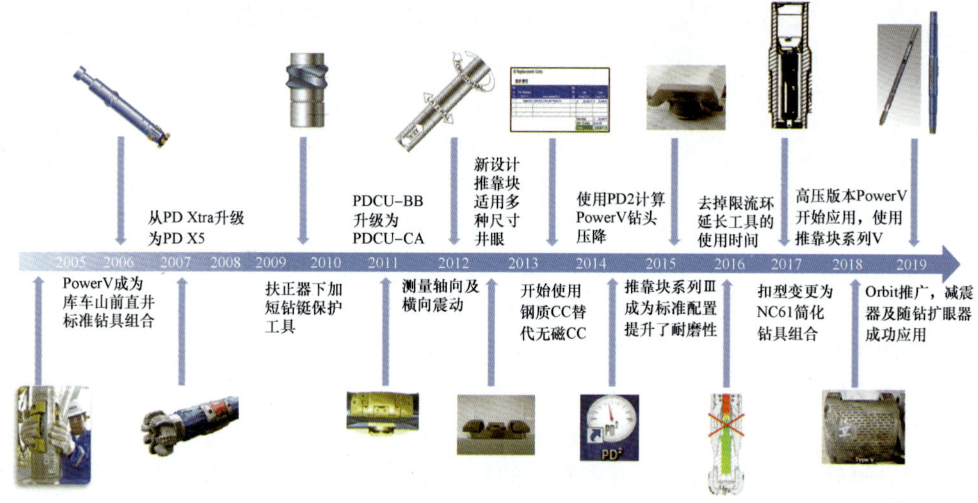

图 2－2－8　Power Ⅴ垂直钻井系统地持续改进优化

第三章 井下导向马达

第一节 概 述

自1873年第一个涡轮钻具获得专利权以来,各种井下马达的设计方案和构思大量涌现。如今,尽管旋转导向系统应用日益增长,带弯壳体的正排量马达(Positive Displacementmotor,PDM)也称导向马达,以其实用、经济等显著优势,在油田的定向井轨迹控制作业中占据主导地位。

导向马达用旋转和滑动钻进相结合的方式定向钻井。在滑动钻井时,钻头朝着弯外壳马达上工具面的方向钻进,因此,在滑动钻井时可以控制井眼方向。PowerPak是一种专为满足定向钻井要求而设计的导向马达,采用成熟的技术使其在现场工作时具备优良可靠的性能。PowerPak马达见图2-3-1。

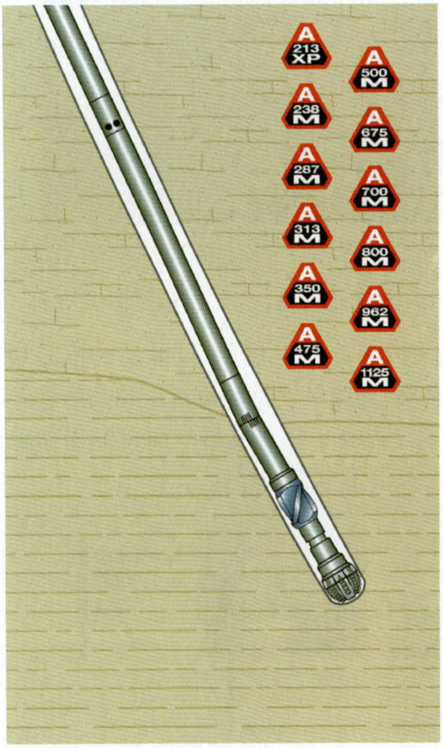

图2-3-1 PowerPak马达

第二节 PowerPak导向马达简介

PowerPak马达自1992年初推出以来,产品在可靠性、工作性能和维修费用等方面都不断达到或超过设计目标,并已制定了新标准,以便进一步提高性能、降低钻井费用。

PowerPak马达主要由旁通阀短节、动力短节、传动短节(含SAB地面可调外壳,Surface Adjustable Bent housing)和轴承短节(含驱动轴)组成,见图2-3-2。根据应用环境分为四大系列:M系统,钻井液润滑轴承;S系列,密封轴承短节、油润滑;XC系列,钻短半径曲线段马达;XF系列,钻超短半径曲线段马达。图2-3-3为4.75in XC马达和4.75in XF马达示意图。

PowerPak马达具有多种转子/定子配置,既可满足低转速/高扭矩要求,也可满足高转速/低扭矩要求。另外还可对大部分尺寸和配置的马达提供加长的动力短节。动力短节主要包括如下型号:SP型,Standard Power,标准动力节长度型;XP型,eXtra Power,加长动力节型,输出扭矩比SP型高30%~40%;GT型,Greater Torque,进一步加长动力节型,最大输出扭矩比XP

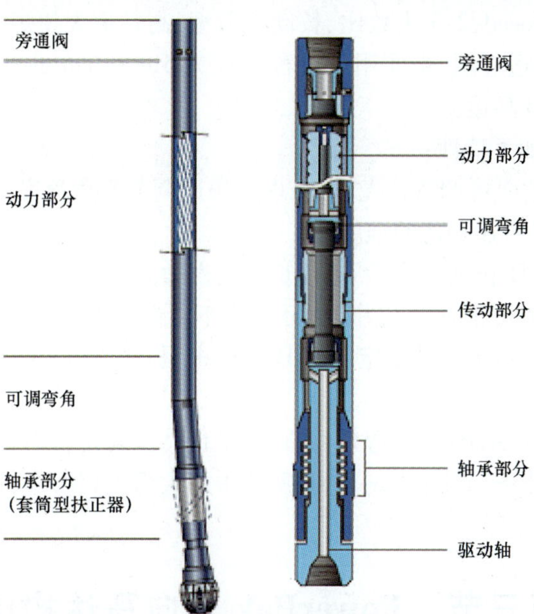

图 2－3－2　PowerPak 马达组成示意图

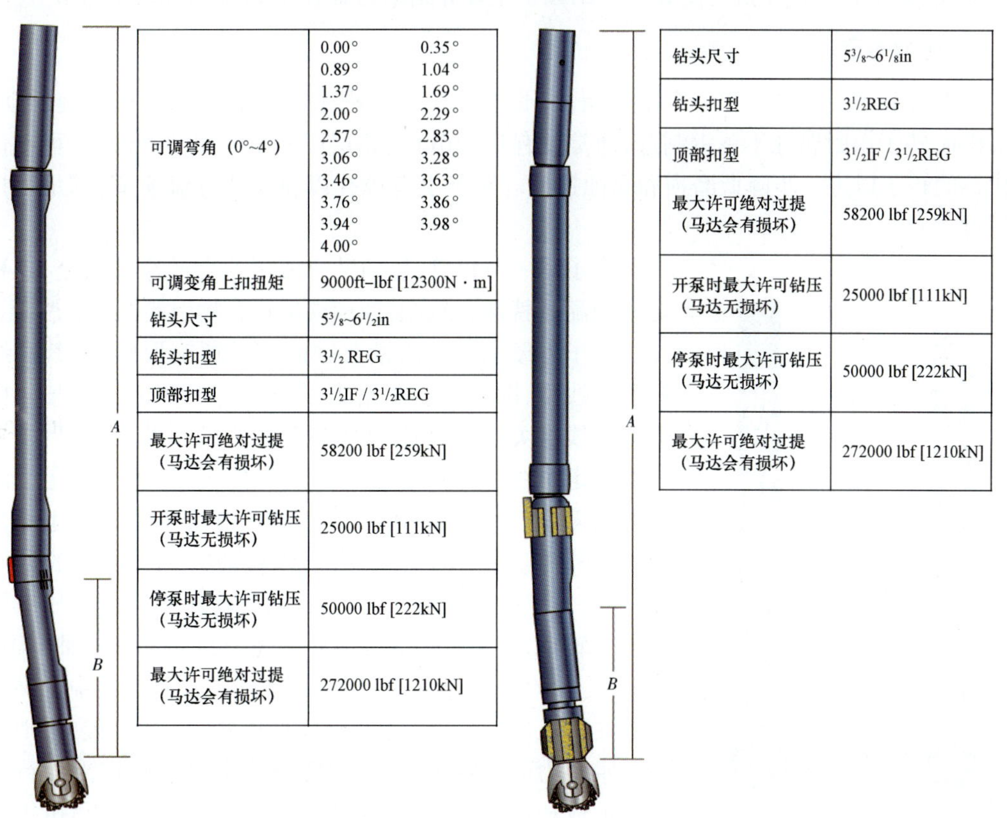

可调弯角（0°~4°）	0.00°　0.35° 0.89°　1.04° 1.37°　1.69° 2.00°　2.29° 2.57°　2.83° 3.06°　3.28° 3.46°　3.63° 3.76°　3.86° 3.94°　3.98° 4.00°
可调变角上扣扭矩	9000ft–lbf [12300N · m]
钻头尺寸	$5^{3}/_{8}$~$6^{1}/_{2}$in
钻头扣型	$3^{1}/_{2}$ REG
顶部扣型	$3^{1}/_{2}$IF / $3^{1}/_{2}$REG
最大许可绝对过提（马达会有损坏）	58200 lbf [259kN]
开泵时最大许可钻压（马达无损坏）	25000 lbf [111kN]
停泵时最大许可钻压（马达无损坏）	50000 lbf [222kN]
最大许可绝对过提（马达会有损坏）	272000 lbf [1210kN]

钻头尺寸	$5^{3}/_{8}$~$6^{1}/_{8}$in
钻头扣型	$3^{1}/_{2}$REG
顶部扣型	$3^{1}/_{2}$IF / $3^{1}/_{2}$REG
最大许可绝对过提（马达会有损坏）	58200 lbf [259kN]
开泵时最大许可钻压（马达无损坏）	25000 lbf [111kN]
停泵时最大许可钻压（马达无损坏）	50000 lbf [222kN]
最大许可绝对过提（马达会有损坏）	272000 lbf [1210kN]

图 2－3－3　4.75in 短半径和超短半径 PowerPak 马达

型高 30%;HS 型,High Speed,2:3 头数比、长动力节型,高转速大扭矩输出;HF 型,High Flow,动力节特别设计、高排量适应型,主要用于公称外径为 5in 和 7in 的马达;AD 型,Air Drilling,用于气体钻井的特殊设计马达。

PowerPak 马达具有如下特性:

(1)马达具有 SAB 地面可调弯外壳,可在现场快速调节弯角角度。

(2)采用锻钢驱动轴增强马达的强度。

(3)密封传动短节可防止钻井液污染,延长马达寿命。

PowerPak 马达既可应用于垂直钻井,也可应用于定向钻井。对于常规的定向钻井,传动短节部分的弯外壳和轴承短节上的稳定器使 PowerPak 马达能够以定向(即滑动)方式钻进,或以旋转方式钻进。

在实际应用中,PowerPak 的可调弯角可在钻台上快速调定。可提供弯角范围 0° ~2°和 0° ~3°两种不同规格的外壳。对于 PowerPak 系列中加大弯度(XC)马达的弯角地面可调范围为 0° ~4°。

第三节 PowerPak 导向马达构成

PowePak 导向马达组成见图 2-3-2,以下主要介绍动力短节、传动短节和轴承短节三部分。

一、动力短节

动力短节由一个转子和一个定子组成(图 2-3-4),把水力动能转化为机械旋转动能。PowerPak 转子由耐腐蚀不锈钢制造,通常镀有 0.010in 的铬层以减小摩擦和磨蚀,也可提供镀碳化钨的转子以进一步降低磨损和腐蚀损伤。转子上有镗孔以便安装分流喷嘴,满足大排量的需求。

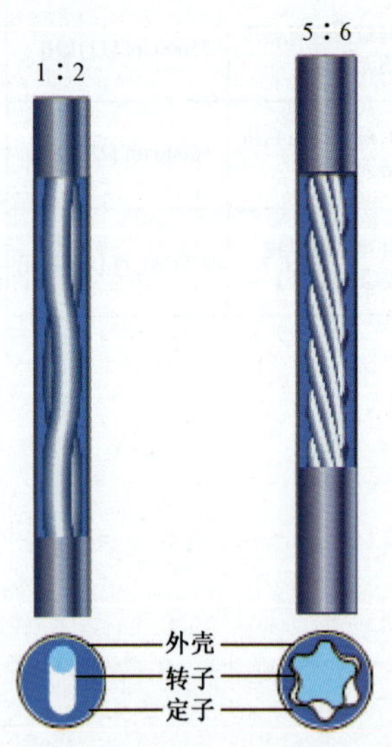

图 2-3-4 动力短节总成

定子是一节钢管,管内壁有模压的合成橡胶衬套,这种衬套橡胶配方特殊,可抗磨蚀和碳氢化合物引起的老化变质。

转子外壁和定子内壁在轴向都是螺旋形曲面,其曲线形状称为线型,图 2-3-4 给出了马达转子和定子在某一横截面上的线型关系,由马达线型理论研究的相关结论可知,转子线型和定子线型是一对摆线类共轭曲线副,转子和定子曲面形成的多个空间共轭封闭腔可容纳工作介质。转子上端是自由端,下端与传动轴相连,由于传动轴约束了转子的轴向运动,当高压钻井液流过马达时,进入共轭封闭腔的高压液体推动转子转动,转子的连续转动使共轭密封腔连续沿轴向下移,保证了工作介质(钻井液)循序向下推进。密封腔中的高压钻井液在由入口(高压侧)向出口(低压侧)下移过程中,消耗自身的水马力而对转子做功,使转子绕定子轴心作平面行星运动并形成转矩,进而通过传动轴和驱动轴将转速和扭矩传递给钻头。

1. 转子、定子头数比

马达转子端面(或横截面)线性的波瓣数(Lobe)称为“头数”。马达转子与定子的头数,从原理上讲,只要二者头数差值为1,均可构成螺杆马达,因此可分为N:(N+1)型和N:(N-1)型两种马达,目前在油气钻井作业中普遍采用的均为N:(N+1)型导向马达。螺杆钻具的动力短节是以转子、定子头数比配置标示的。例如,4:5动力短节的转子有4头,定子有5头。一般来说,头数越多,马达的输出扭矩越大而转速越低。PowerPak马达可提供1:2、3:4、4:5、5:6和7:8几种头数配置。扭矩还取决于级数(定子螺旋线一整圈称为一级)。PowerPak马达可配备标准长度的动力短节,也可提供加长的(XP)动力短节。XP动力短节的级数更多,可提供更大的扭矩而不降低转速。

对于一定尺寸的马达,螺旋弧面的头数增加一般使输出扭矩增大而输出轴转速降低。图2-3-5是动力短节转速和扭矩与头数比之间一般关系的示例。由于功率的定义是速度乘以扭矩,因此增加马达头数并不一定能产生更大的功率。具有更多头数的马达实际上效率更低,因为转子同定子之间的密封面积随着头数增多而加大。

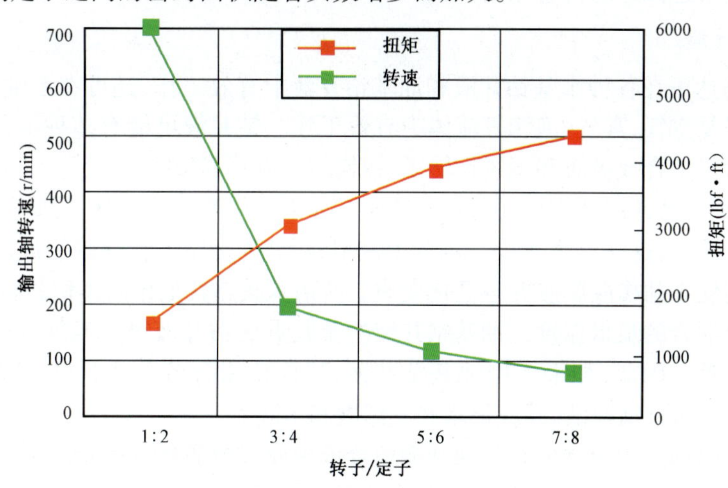

图2-3-5　输入轴转速与转子/定子的关系
(马达转速与排量成正比,随钻井中的负荷增加会略有降低)

2. 螺旋线的单级长度

定子螺旋单级长度(简称级)的定义是:定子里的一条螺旋弧面沿螺旋轨迹绕定子本体旋转360°所需要的轴向长度(图2-3-6)。

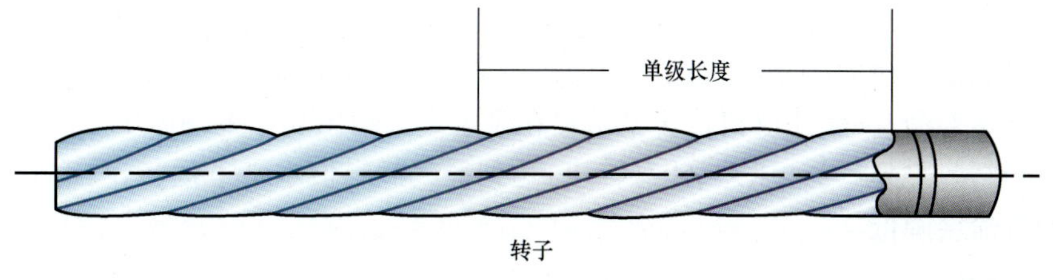

图2-3-6　螺旋单级长度

多级马达通常比单级马达可产生更大的扭矩,但每分钟的转数更少。正如前面已提出的,多级马达的缺点在于,因转子与定子密封面长度随级长加长而加长,密封效率和马达转速都要降低。多级结构马达主要用于空气钻井。

3. 级数

马达采用更多级数的动力短节是提高功率的有效途径。增加级数的 XP 型动力短节可用来产生更大的扭矩,也可用来分散马达的负载,即每一级在较低压降下运转。在较低压降下运转一般可延长定子的寿命。

4. 钻井液温度

根据钻井液循环温度决定装配转子、定子的过盈量。预计的井下温度越高,转子与定子间的压紧力应越小,组装马达时减小的过盈量用以补偿合成橡胶在井下因温度和钻井液特性而产生的膨胀。如果转子与定子间的配合过盈量在运转条件下过大,定子就会受到很大的剪切应力,从而导致疲劳损坏,这种疲劳损坏会引起定子的剥落损坏。未能补偿由井下温度引起的定子膨胀是造成马达损坏的首要原因。

5. 钻井液性能

PowerPak 马达可在各种水基钻井液和油基钻井液中有效工作,还可在混油乳化、高黏度、高密度钻井液以及空气、雾气、泡沫等流体中有效工作。钻井液可能有多种不同的添加剂,其中有些添加剂对定子合成橡胶和不锈钢转子、镀铬转子有不利影响。

众所周知,油基钻井液通常会引起定子膨胀。如果使用油基钻井液,就要考虑井底循环温度和钻井液的苯胺点,这一点很重要。因为 PowerPak 定子是用丁腈橡胶制成的,苯胺之类的芳香族化合物能使丁腈橡胶膨胀并且老化变质。所谓苯胺点就是相同体积的新鲜蒸馏苯胺溶液与石油能完全混合的最低温度。油基钻井液的苯胺点比钻井液循环温度低越多,对橡胶元件的损害就越严重。因此,如果要用油基钻井液,建议使用含芳香族化合物低的、低毒性的(苯胺点高于 200℉的)钻井液,并应记录井底温度和苯胺点。

多种钻杆防腐蚀剂中所含的石脑油基能使合成橡胶过分膨胀,特别是当这些防腐蚀剂成团加进钻杆内时,会使高浓度的石脑油基与合成橡胶接触。

钻井液中的氯化物能严重腐蚀标准转子的镀铬层。这种腐蚀除了损坏转子外,被腐蚀的转子螺旋弧面上产生的粗糙棱角还会割伤定子弧面上的合成橡胶,从而损坏定子,造成转子与定子的密封性能降低,引起低压差下马达停转(可能使定子剥落损坏)。

6. 马达压差

钻具接触井底正常钻进时的立管压力与钻具离开井底空转时的立管压力的差值叫作马达压差。该压差是由马达的转子和定子部分产生的。压差值越大,马达的输出扭矩越大。让马达在达到或接近额定最大压差的状态下持续运转会降低定子寿命。

为延长马达寿命,一般建议给定排量都要在额定最大输出功率的 90% 以下。如果马达在任一参数(泵排量、钻压、马达压差、转盘转速)达到最大额定值水平下运转,马达的总寿命,尤其是定子的寿命会降低。

二、传动短节

传动总成接在转子的下端,它把动力短节产生的转动和扭矩传送给轴承和驱动轴

(图 2-3-7)。它还具有补偿转子转动的偏心运动并吸收其下推力的功能。

转动是通过传动轴传送的。传动轴两端都装有万向节以吸收转子的偏心运动,见图 2-3-8。两个万向节都是密封的,并充有润滑脂以延长寿命。

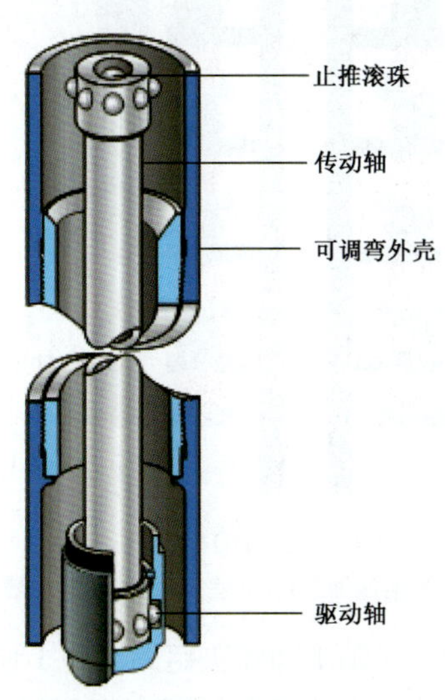

图 2-3-7　传动总成

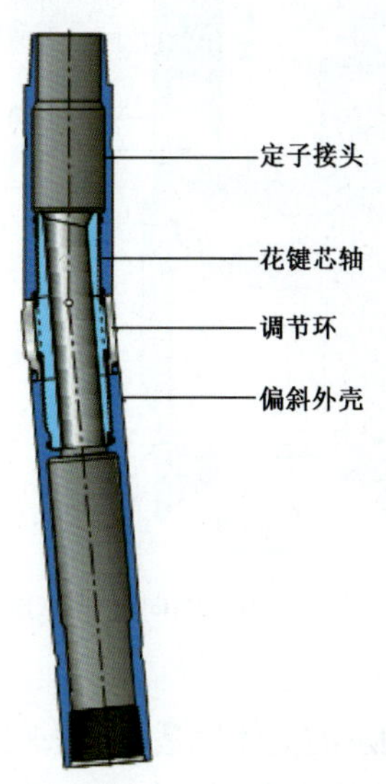

图 2-3-8　SAB 总成

PowerPak 传动短节还包括 SAB 型地面可调弯外壳。大多数马达的传动短节允许可调弯外壳度为 0°~3°;但是,XP 型马达建议的最大弯角为 1.83°,这是因为大扭矩要求轴的直径要大些,从而使转动机构的间隙减小了。如果把弯角调定过大会使 XP 型马达的传动机构与可调弯外壳内径(ID)发生干扰。

三、轴承短节和驱动轴

轴承短节由一根锻钢的驱动轴及支撑驱动轴的轴向轴承和径向轴承组成。轴承短节通过止推轴承和驱动轴将钻压和马达的转速和扭矩传送给钻头。由于轴承短节是螺杆钻具中受载较大且最易损坏的部分,其寿命往往决定了马达的工作寿命,因此在设计 PowerPak 马达时综合考虑了诸如钻井液特性、钻压和侧向载荷、转速、通过钻头的压降等因素,以保证其可靠性。

根据定向要求,在轴承外壳上可以安装可更换的套筒式扶正器,或安装连体扶正器。在设计时提供了各种直径的扶正器以满足不同用途的需要,扶正形状和表面硬度可按用户要求进行调整。

轴向轴承由钻井液润滑的多道滚珠、座圈组成(图 2-3-9)。钻进时,它承受钻压负载;当离开井底循环,或倒划眼作业时,它承受液压下推力和转子以下部分及钻头的重力(图 2-3-10)。

碳化钨径向轴颈轴承安装在轴向轴承的上面和下面,起两方面作用:(1)抵消钻进时钻头上的侧向力;(2)阻止钻井液流过轴承短节,使得总钻井液流量中仅有很少一部分用来润滑径向轴承和轴向轴承。

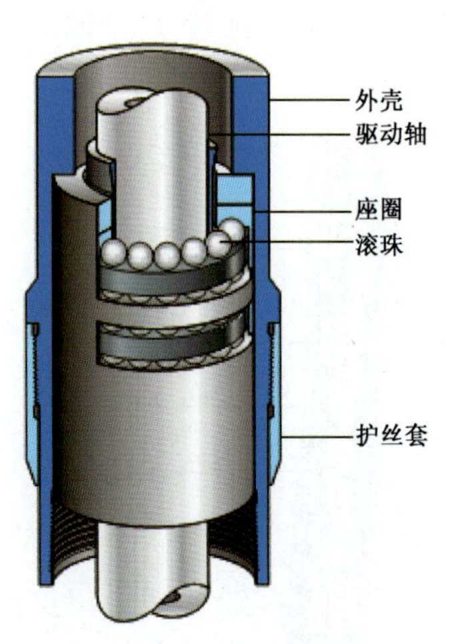

图2-3-9　轴向轴承总成

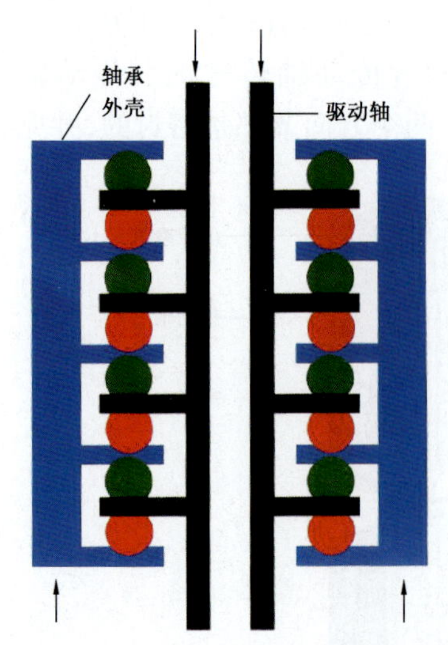

图2-3-10　轴向轴承负荷

(离开井底时,红色滚珠加载;在井底时,绿色滚珠加载)

流过轴承的流体量是由钻头喷嘴所产生的钻头压降和径向轴承间隙决定的。为了使轴承适当冷却,钻头压降必须在2~10MPa范围内。如果钻井水力参数要求钻头压降小于2MPa,马达可安装专用的低钻头压降径向轴颈轴承。

此外,还有一种油密封轴承(通常见于6¾in及以下的尺寸),可以进一步降低钻头压降的需求,其主要应用于如下场景:

(1)欠平稳钻井,尤其是空气钻井,其钻井液对常规轴承润滑性能往往欠佳;

(2)钻头压降过小,不足以提供轴承所需;

(3)钻井液密度高(≥1.68g/cm^3),或低固相含量超过8%,容易加速轴承的磨损;

(4)对橡胶和密封有高腐蚀性的钻井液体系。

第四节　北美马达发展的新趋势

马达依然是北美陆地钻井作业的主力井下定向工具,其高可靠性和低成本使得它在所有井段都有广泛的应用。在北美,它主要应用于直井段,造斜段,较短的水平段以及配合旋转导向作为提速提效工具。

在直井段,除了常规的防斜打直外,由于采用同平台的工厂化钻井作业,往往还使用马达进行小井斜的预斜作业。井斜的大小取决于井口到着陆点的位移,通常在5°~20°之间。因此,在该井段往往使用带有较小弯角的马达(如1.15°或1.25°),以便于可以使用较高的地表转速提高破岩效率。如果中间的稳斜段过长,马达需要频繁调整轨迹,则有可能影响整体时效,尤其在井斜角小的情况下,通常会考虑使用旋转导向替代。

在造斜段,北美页岩气使用较高的设计狗腿度,通常在10°~12°之间。这样设计的目的一来为缩短造斜段,尽可能地延长储层的段长,提高产量。二来可以尽可能快地完成造斜段,减少裸眼段裸露的时长,从而降低井下复杂发生的概率。以二叠纪为例,设计12°狗腿的造斜段只需要 230 ~ 250m 的造斜段，而采用 8°狗腿的设计则需要 330 ~ 350m，段长上就可以节省约 100m 左右。为了达到这样的高狗腿，在马达的选择和使用上就需要做出改变，常见的方案有：

(1)使用更高弯角的马达。更高弯角的马达理论上拥有更高的造斜能力，但实际造斜能力的大小往往取决于地层，扶正器大小，实际钻井参数等等多种因素。以北美二叠纪盆地为例，设计 12°的狗腿度，通常使用 2.38°可调弯角或者 2.25°固定弯角的光马达(不带扶正器)，或者 1.83°带欠 1/4in 扶正器的马达。但是，高弯角也有其缺陷，其旋转能力会受到很大限制，表 2 -3 -1为斯伦贝谢针对 5in DynaForce 可调弯角马达在造斜段和稳斜段许可的最大地表转速。在造斜段，1.5°的弯角最大许可 40 转，而超过 2.38°，则禁止复合旋转。(注：不同的马达生产商针对此项会有不同的标准)因此，在满足造斜能力的情况下，应该使用尽可能小的弯角，保留旋转的能力，以应对各种突发状况。

表 2 -3 -1　斯伦贝谢 5in DynaForce 可调弯角马达许可的最大地表转速

5.00DynaForce™可调弯角马达最大转数												
马达弯角(°)	0.00	0.39	0.78	1.15	1.83	2.12	2.38	2.60	2.77	2.89	2.97	3.00
直井段/稳斜段最大允许转数	100	100	100	100	100	100	40	0	0	0	0	0
造斜段/调整段最大允许转数	90	90	80	50	40	40	40	0	0	0	0	0

(2)使用近钻头弯角马达。根据马达造斜的三点定向原理，钻头离弯角的距离越短，造斜能力越强。如图 2 -3 -11 所示，马达总长度为 A，钻头扣到弯角的距离为 B，钻头扣到扶正器中心点的距离为 C。常规可调弯角马达的 B 长度约为 6.6ft(约 2m)，固定弯角马达的 B 长度约为 5.2ft(约 1.6m)，而斯伦贝谢针对页岩气专门设计的近钻头弯角马达 DynaForce Flex，其 B 长度只有 3.5ft(约 1m)。采用这种设计的马达在造斜能力上要更高，也就是说，在相同设计狗腿下，可以使用更低的弯角。

(3)合理选择马达扶正器或垫片。马达扶正器的选择对马达的造斜能力有着重要的影响，主要因素有扶正器的最大外径，组装结构，扶正棱形状等。常见的外径尺寸为欠 1/8in 或欠 1/4in，具体选择应该视当地的作业经验而定。组装结构上，常见的有套筒式和整体式，套筒式可以适配不同的井眼大小，较常用，但其排泄槽面积较小，在井眼清洁方面不如整体式。扶正棱的形状主要有螺旋式、直棱式和偏斜直棱式，在造斜段，直棱式和偏斜直棱式有助于稳定定向时的工具面，提高造斜能力，而在稳斜段或者配合旋转导向使用时，螺旋式则有助于降低井下振动和粘滑，更为常用。除了常见的扶正器以外，还有一种在马达弯角背面加垫片的设计也可以提高造斜能力。

(4)选择固定弯角马达。固定弯角马达因为结构更简单，其 B 长度较可调弯角马达更短，在相同弯角下有更高的造斜能力，缺点就是不能在现场调节。当对区块的造斜能力有比较好的理解之后，可以考虑使用固定弯角马达代替可调弯角马达。

在时效上，二叠纪盆地整个造斜段的平均钻进时间只有约 12h，连起下钻一起能控制在 24h 以内，其钻进时间的 80% 以上为定向时间。之所以在这么短的时间内完成，主要得益于马达在输出转速和压差上的提升。我们知道，马达在定向时的作业效率往往会显著低于复合作

DynaForce Flex

页岩钻井马达

DynaForce Flex页岩钻井马达为高造斜率水平井提供了一个高效的钻井方案。DynaForce Flex马达的设计目标是一趟钻钻完直井段，造斜段和水平段，从而减少起下钻时间和纯钻时间。除了强化的传动机构，DynaForce Flex还采用了高性能的动力组成，从而增加ROP，进一步减少钻进时间

规格	
造斜能力	17deg/100ft
钻头尺寸扣型	$8^{3}/_{8}$~$9^{7}/_{8}$in
底部扣型	$4^{1}/_{2}$in REG $4^{1}/_{2}$in IF $6^{5}/_{8}$in REG
底部扣型	$4^{1}/_{2}$in IF $6^{5}/_{8}$in REG
名义长度	取决于动力部分长度
钻头母扣到弯角的距离B	3.5ft
钻头母扣到扶正器中心的距离C	2.1ft
作业排量	200~800gal/min
开泵时最大许可钻压（马达无损坏）	55000lb
最大许可扭矩	30000ft·lbf
最大许可绝对过提（马达会有损坏）	820000lb
最大许可工作过提（马达不会有损坏）	192000lb
许可堵漏材料大小	35ppbl medium nut plug
最大含砂量	2%
最大钻井液密度	Max.18 ppg
马达轴承外部扶正器	Slick or IB
马达动力部分长度	

定转子比	级数	长度
4∶5	7.0	$17^{1}/_{2}$ft
7∶8	5.0	$16^{1}/_{5}$ft
7∶8	5.7	21ft

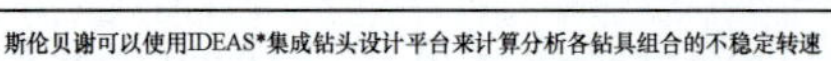
斯伦贝谢可以使用IDEAS*集成钻头设计平台来计算分析各钻具组合的不稳定转速

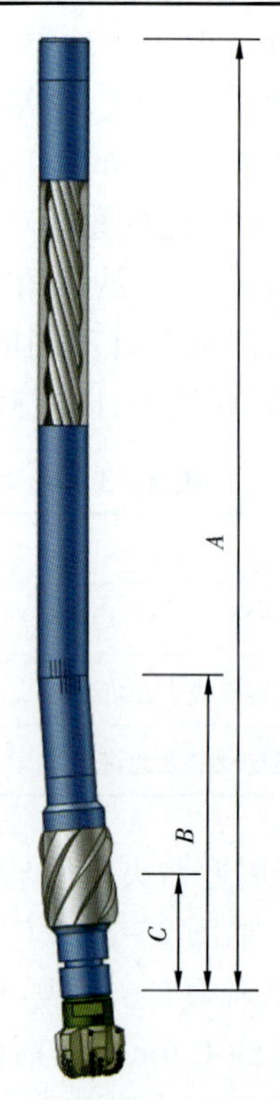

图2－3－11　斯伦贝谢针对页岩气设计的近钻头弯角马达 DynaForce Flex

业，一个重要原因就是马达在定向时只有马达提供动力，钻头的转速等于马达的输出转速，而当马达处于复合作业时，钻头的转速为马达的输出转速与地表转速之和。那么是否能通过提高马达的输出转速来提升马达在定向时的机械钻速呢？答案是肯定的，尤其在页岩这种地层相对单一，夹层较少的情况下。我们以6.75in马达为例：北美常规使用的型号为定转子7∶8，5.0级，钻头的输出转速为0.288r/gal US，在500～600gal US/min排量下，约合140～170r。而新型高转速马达为4∶5，7.0级，其钻头的输出转速为0.497r/gal US，在500～600gal US/min的排量下，约合250～300r。2017年，在北美二叠纪盆地，某作业单位曾经就该两种马达在相同作业条件下进行约70趟钻的横向对比，新型的高转速马达较常用型号提速约30%。转速的提高可以通过较小的定转子数量。由以上例子也可以看到，使用较小的定转子头数比，如4∶5相较于7∶8，就可以带来更高的转速，但我们需要的是在保持一定输出扭矩的前提下提高转速，这样就需要增加马达的级数以提高总的输出。因此，7∶8的马达对应的级数为5.0，4∶5的马达对应的级数为7.0。

在水平段，马达的应用主要分为两类，第一类是常规的单独使用马达，以马达作为主要井下定向工具；第二类则是将马达作为附加动力，配合旋转导向作业，主要用作提速提效的手段。

在单独使用马达进行钻井作业时，以提高马达的输出转速和压差为主要目标，基本和直井段和造斜段马达的优化类似，这里就不复述了。当前在北美页岩油气的水平段，马达更多的是作为旋转导向的附加动力，如何让马达适应旋转导向，优化钻井参数才是当前优化的重点。传统马达作业时只需要驱动钻头，载荷小，但附和式旋转导向的马达在此基础之上还需要驱动旋转导向甚至MWD仪器，额外增加的重量和长度都对马达提出了更高的要求：

(1)首先就是提高扭矩，这里的扭矩有两层含义：一是输出扭矩需要提高，二是马达本身需要提高对高扭矩的应对能力。增大马达头整体尺寸，增大增厚传动轴，优化轴承等皆为常用的方式。图2-3-12为斯伦贝谢各型号马达应对扭矩的能力，常规的PowerPak675马达只能应对最大9000ft·lbf的扭矩，而配合旋转导向的DynaForce 700马达则能应对30000ft·lbf的扭矩，扭矩应对能力提高至常规马达的三倍还多。

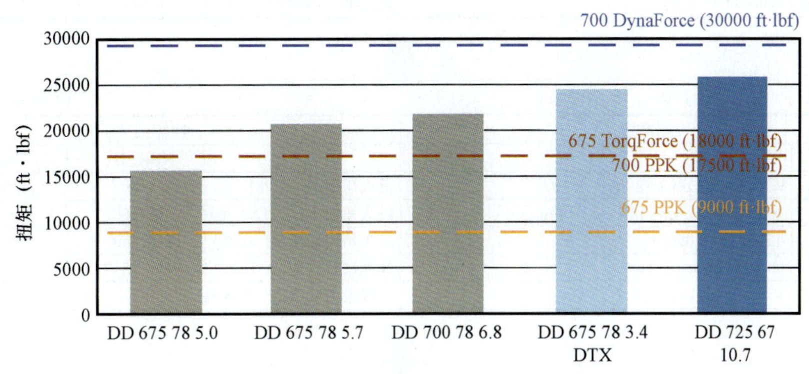

图2-3-12　斯伦贝谢各型号马达能应对的最大扭矩

(2)马达的工作压差不断提高。马达在井下正常工作的一个重要判断依据就是压差是否稳定，压差越大输出给钻头的功率就越高。以小井眼的4.75in马达为例，如图2-3-13所示，北美市场在2017年以前常用的附加动力马达型号为转定子7∶8头、3.8级，最大压差为5.93MPa，而斯伦贝谢推出的新型马达为7∶8头、8.4级，最大压差为13MPa，提高了120%。其在二叠纪盆地实际的应用对比中，机械钻速较原有马达提高了57%。

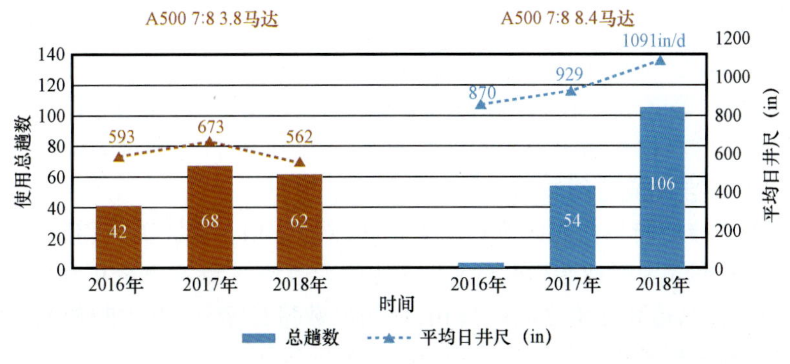

图2-3-13　北美二叠纪盆地6.75in井眼附加动力旋转导向马达使用情况

在 8.5in 井眼中也同样如此,如图 2-3-14 所示,2014 年以前常用的 675 型号 7:8 头、3.3 级马达能提供的最大压差只有 5.1MPa,而 2015 年以来 675 型号 7:8 头、5.0 级马达成为新的主力,其最大压差提高了 53%,达到 7.8MPa,为整体的提速提效做出了突出的贡献。同时,能输出更大扭矩和压差的马达还在不断推出和试验中,比如新型的 725 型号 7:8 头、5.7 级马达,其最大压差达到了 8.8MPa。

6.75in定转子 7:8,3.0级,0.14r/gal

最大压差5.1MPa

性能参数		性能细节		
			NBR-1A	NBR-HR
扭矩输出	19.000ft · lbf/psi 3.736 N · m/kPa	最大压差psi (kPa)	500(3410)	740(5120)
排量范围	300~600gal/min 1140~2270L/min	最大扭矩ft · lb (N · m)	9410(12750)	14110(19130)
转速输出	0.140r/gal 0.037r/L	最大堵转压差psi (kPa)	740(5120)	1110(7680)
转速范围	42~84r/min	最大堵转扭矩psi (kPa)	14110(19130)	21160(28690)
提离井底压差	150psi(1030kPa)	建议最大功率HP (kW)	150(112)	212(158)

6.75in定转子 7:8,5.0级,0.288r/gal

最大压差7.8MPa

性能参数		性能细节		
			NBR-1A	NBR-HR
扭矩输出	9.300ft · lbf/psi 1.829 N · m/kPa	最大压差psi (kPa)	750(5170)	1130(7760)
排量范围	300~600gal/min 1140~2270L/min	最大扭矩ft · lb (N · m)	6980(9460)	10460(14190)
转速输出	0.288r/gal 0.076r/L	最大堵转压差psi (kPa)	1130(7760)	1690(11630)
转速范围	86~180r/min	最大堵转扭矩psi (kPa)	10460(14190)	15690(21280)
提离井底压差	137psi(940kPa)	建议最大功率HP (kW)	229(171)	323(241)

7.25in定转子 7:8,5.7级,0.242r/gal

最大压差8.8MPa

性能参数		性能细节		
			NBR-1A	NBR-HR
扭矩输出	10.698ft · lbf/psi 2.104 N · m/kPa	最大压差psi (kPa)	860(5900)	1280(8840)
排量范围	300~600gal/min 1140~2270L/min	最大扭矩ft · lb (N · m)	9150(12400)	13720(18600)
转速输出	0.242r/gal 0.064r/L	最大堵转压差psi (kPa)	1280(8840)	1920(13260)
转速范围	72~150r/min	最大堵转扭矩psi (kPa)	13720(18600)	20580(27910)
提离井底压差	106psi(730kPa)	建议最大功率HP (kW)	253(188)	355(265)

图 2-3-14 斯伦贝谢各型号马达的最大压差

(3)马达的输出转速不断提高。随着马达级数和压差的提升,转速往往也会进一步提高。和造斜段马达提高转速类似,在水平段中更高的转速对机械钻速和井眼清洁也会有明显帮助。

(4)使用硬橡胶,等壁厚技术。硬橡胶和等壁厚技术可以在同等马达设计下,即相同的定转子头数和级数,提升马达的输出扭矩和工作压差。并且,他们能应对的温度范围更广,更适合于使用同一钻具组合完成造斜段和水平段的作业。

(5)马达下部连接旋转导向方向的扣型由母扣改为公扣。在北美使用附加动力旋转导向时,常见的一种失效形式为因疲劳引起的钻具断扣。经大量实际案例分析和软件模拟,我们认为其失效主要发生在马达和钻头之间的公扣,公扣的数量越多,其发生断扣的可能性就越高。因此,北美页岩气的常规做法是将马达头原有的母扣改为了公扣,以减少马达以下钻具的总公扣数量。

(6)使用油密封轴承。马达的轴承按润滑形式主要为两种:一是钻井液润滑,二是油密封。钻井液润滑结构简单，维护成本低，应用也最为广泛。但是随着轴承不断磨损，它会额外损耗排量，进而降低钻头的转速。油密封可以很好地避免这一类问题，因此它在北美市场应用的比例也逐渐上升。

第四章　NeoSteer 钻头导向系统

斯伦贝谢公司于 2019 年 10 月发布了新一代导向系统—NeoSteer At Bit 钻头导向系统。NeoSteer 是斯伦贝谢公司继马达和旋转导向系统之后推出的最新一代钻井导向系统。NeoSteer相较于旋转导向系统的突出特点是它的推靠力直接作用于钻头上,因此有精准定向的能力,也即在造斜段能实现以高狗腿改变井斜方位,而在水平段和稳斜段又能实现稳定的方位控制,真正实现造斜段、水平段(稳斜段)用一串工具一趟完钻。它还能使轨迹更加平滑,较旋转导向系统井眼质量有着进一步提高(图 2 -4 -1)。

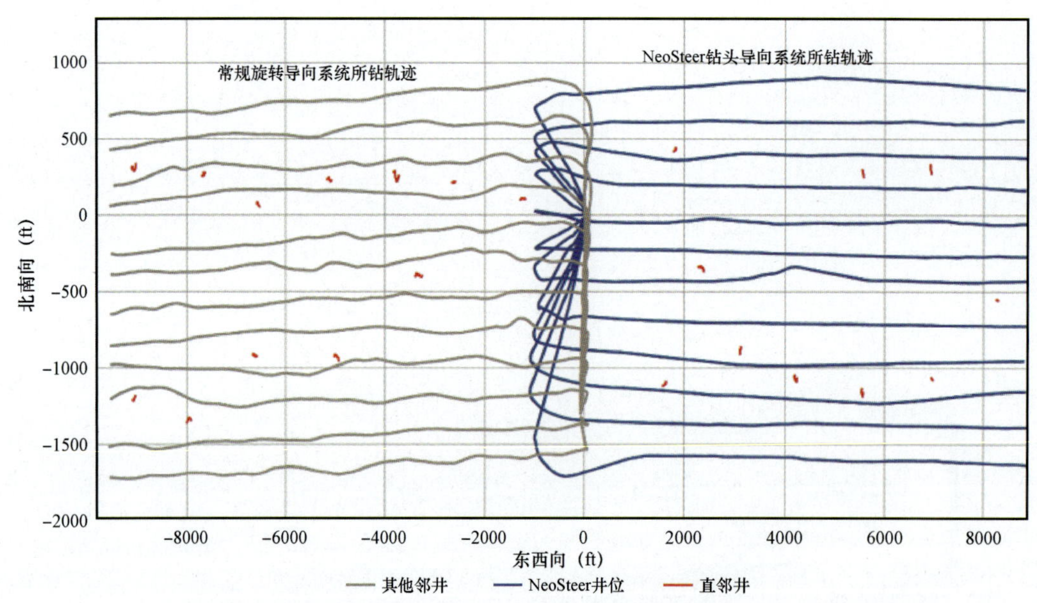

图 2 -4 -1　传统旋转导向系统和 NeoSteer 钻头导向系统所钻轨迹对比

NeoSteer 系统使用布置于钻头上的推靠系统输出持续稳定的侧向力推靠井壁,从而达到改变井斜和方位的目的。它的推靠系统采用双液压驱动活塞,以获得最大的侧向推靠力;其内部单元采用金属对金属的液压密封件,可减少腐蚀并提高密封能力,从而提高工具可靠性。

NeoSteer 系统根据不同的工作需求又可细分为 2 个系列—NeoSteer CL 和 NeoSteer CLx。其中 NeoSteer CL 的钻头冠部通过母扣与推靠系统连接;而 NeoSteer CLx 则是钻头与推靠装置完全一体化,更加适应工业化批量钻井的需求,见图 2 -4 -2。

不论哪种结构,NeoSteer 系统的导向单元都与钻头深度整合以达到旋转定向能力与钻头切削能力的有机融合,而又彼此不相掣肘。NeoSteer 钻头导向系统钻头部分的设计完全遵循常规钻头设计流程,可以根据不同地层灵活的调整切削结构,与 Smith 现有的各型切削齿(锥

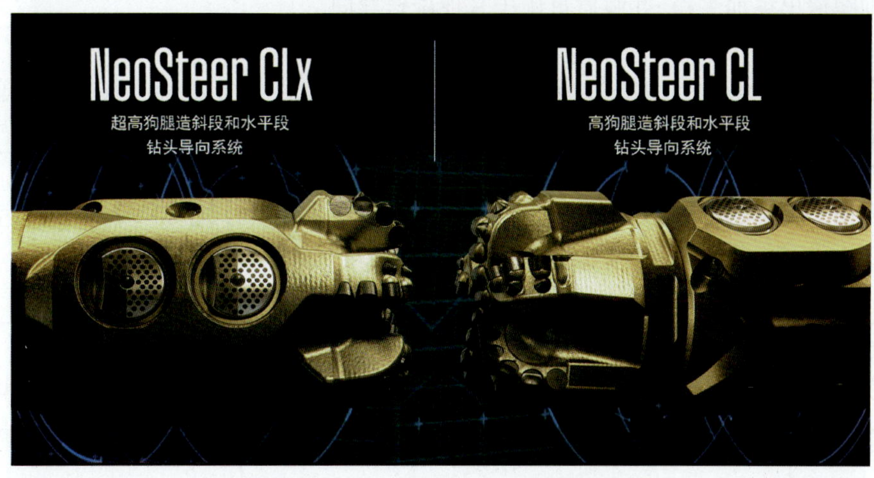

图 2-4-2 NeoSteer 钻头导向系统

型齿、斧型齿、3D 齿等)完全兼容,如图 2-4-3 所示,亦可根据客户需求灵活定制。同时,在进行钻头设计的时候,系统的导向能力是作为一体化设计的一部分加以考量,而不是分开设计完成了之后再进行试配,这也是为什么 NeoSteer 钻头导向系统的轨迹控制能力会优于常规旋转导向系统的原因之一。

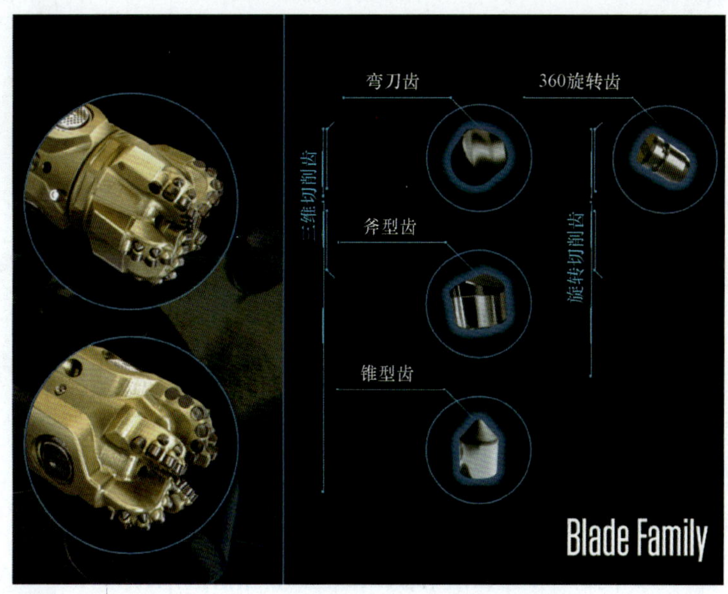

图 2-4-3 与 NeoSteer 匹配的切削齿类型

NeoSteer 的规格和主要性能指标见表 2-4-1 和表 2-4-2。主要应用于高造斜率井段钻井、超长水平井段钻井等,其技术优势主要体现在:

(1)可使用一种钻具组合一趟钻完成垂直段、造斜段和水平段的钻进;

(2)满足高造斜率和狗腿度要求;

(3)狗腿输出更加平稳,井眼质量优于其他旋转导向。

其技术特征主要包括:

(1)定制的 NeoSteer 导向钻头,综合优化井下钻具的稳定性,造斜能力和机械钻速;

(2)双液压驱动活塞,增加作用于地层侧向力;

(3)井斜和方位角闭环巡航模式,提高稳斜段和水平段的钻进效率;

(4)近钻头测量包括井斜、方位角、自然伽马、方位自然伽马,优化轨迹控制,更有利于地质导向。

表 2-4-1 NeoSteer CL ABSS 规格与主要性能指标

公称外径(in)	6¾ 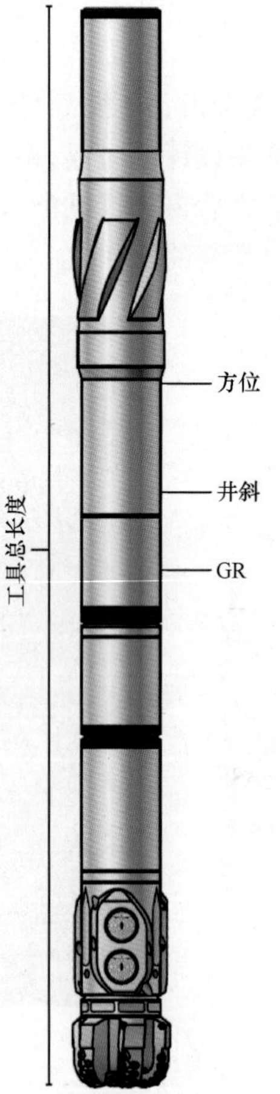
适用井眼(in)	8½
工具长度(ft[m])	13.92[4.24]
工具重量(lb[kg])	1464[664]
上端链接扣型	4½IF(母扣)
最大通过狗腿度(°/100ft[°/30m])	滑动:16[16];旋转:15[15]
最大工作扭矩(ft·lbf[N·m])	16000[21700]
最大工作载荷(lbf[N])	1100000[4900000]
最大堵漏材料 LCM(lb/bbl[kg/L])	1.5[179.74]中等果壳
流量范围(gal US/min[L/min])	210~970[794~3,671]
最高转速(r/min)	350
最高工作温度(℉[℃])	302[150]
最高承压能力(psi[MPa])	20000[138]
推荐钻头压降(psi[kPa])	300~1200[2068~8274]
最高含砂量(%)	1(体积比)
传感器	
自然伽马至钻头底面距离(ft[m])	6.23[1.89]
加速度计至钻头底面距离(ft[m])	7.16[2.18]
磁力计至钻头底面距离(ft[m])	9.25[2.82]
井斜测量精度(°)	±0.11
方位测量精度(°)	±1.8
自然伽马测量精度(%)	4 象限,±5(30s 平均窗口)
径向冲击阈值(g_n)	50±5(峰值±500)

表 2－4－2　NeoSteer CLx ABSS 规格与主要性能指标

公称外径(in)	$6\frac{3}{4}$
适用井眼(in)	$8\frac{1}{2}$
工具长度(ft[m])	13636[4156]
工具重量(lb[kg])	1464[664]
上端链接扣型	$4\frac{1}{2}$IF(母扣)
最大通过狗腿度(°/100ft[°/30m])	滑动:16[16];旋转:15[15]
最大工作扭矩(ft・lbf[N・m])	16000[21700]
最大工作载荷(lbf[N])	1100000[4900000]
最大堵漏材料 LCM(lb/bbl[kg/L])	1.5[179.74]中等果壳
流量范围(gal US/min[L/min])	250～650[946～2460]
最高转速(r/min)	350
最高工作温度(℉[℃])	302[150]
最高承压能力(psi[MPa])	20000[138]
推荐钻头压降(psi[MPa])	300～1200[2～8.3]
最高含砂量(%)	1(体积比)
传感器	W
自然伽马至钻头底面距离(ft[m])	6.98[2.13]
加速度计至钻头底面距离(ft[m])	7.91[2.41]
磁力计至钻头底面距离(ft[m])	10[3]
井斜测量精度(°)	±0.11
方位测量精度(°)	±1.8
自然伽马测量精度(%)	4 象限,±5(30s 平均窗口)
径向冲击阈值(g_n)	50±5(峰值±500)

NeoSteer 自面世以来,在全球的页岩气钻井中取得了优异的表现:

(1)北美 Appalachian 盆地 Northeast Natural Energy 公司使用 NeoSteer CLx 一趟钻完成长稳斜段,高狗腿造斜段以及长水平段钻进(约 3000m);并且在 1.2m 窄窗口内实现钻遇率达 91%(图 2－4－4)。

(2)北美科罗拉多州 DJ 盆地,SRC Energy 公司在造斜段和水平段使用 NeoSteer 一趟钻完钻,机械钻速提高 20%;使用 NeoSteer 的井中有 4 口井为该区块最快;水平段轨迹控制精度更高,能最大限度地保证轨迹在水平段“甜点”中穿行(图 2－4－5)。

(3)在国内,截至 2021 年 4 月,NeoSteer 在四川页岩气高温区块已经完成了 5 口井,7 趟钻的测试,在造斜段实现了 8°/30m 地持续造斜,从容地应对水平段中多夹层带来的轨迹控制难题。作为全新的定向工具,更多的测试和优化还在进行中,我们期待它能继续助力我国的非常规油气资源开发事业。

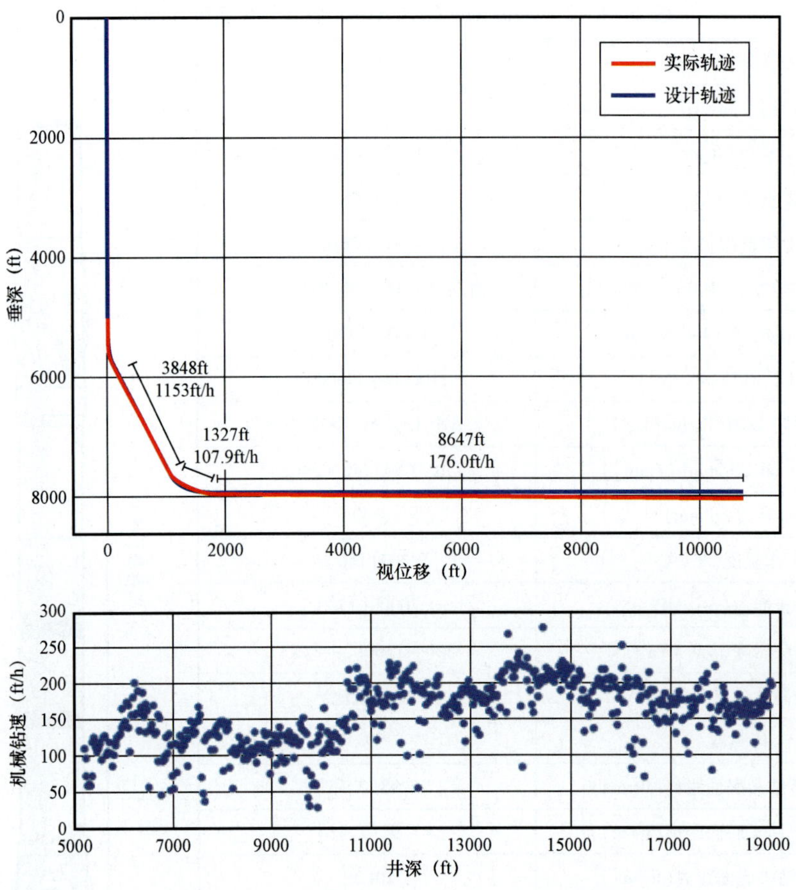

图 2-4-4 Northeast Natural Energy 公司应用案例

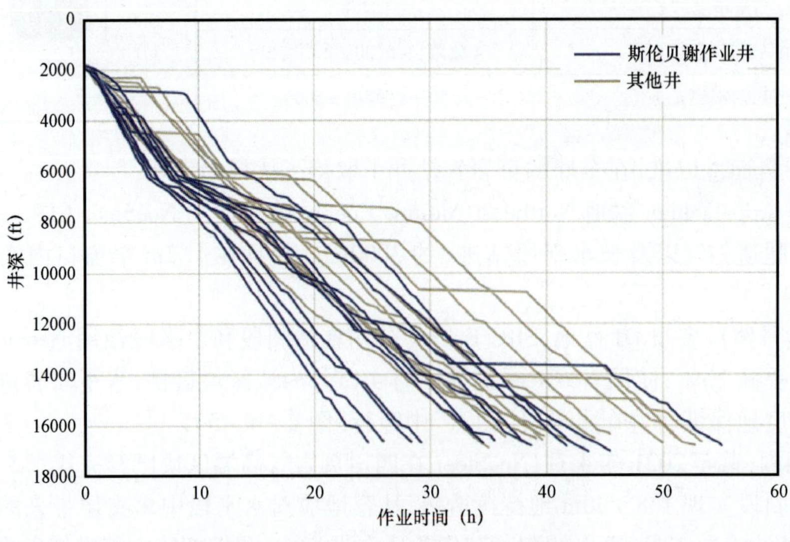

图 2-4-5 SRC Energy 公司应用案例

第五章　随钻扩眼器及旁通阀技术

随着旋转导向、附加动力马达、钻进参数优化等技术的推广和应用,国内各区块在机械钻速和整体时效方面都取得了明显的进步。然而,每个区块的钻井环境都有自己的特点,所面对的钻井挑战也不同。这些钻井挑战往往对钻进时效有较大的影响,且往往需要量身订做的解决方案。通过国内各油田的实践经验,我们在这里介绍两种较常用的井下钻井风险管理工具:扩眼器和旁通阀。

第一节　随钻扩眼器技术

扩眼,即扩大井眼直径,为一种预防或消除建井风险的特殊作业。下面列举几种常采用扩眼作业的情况:

(1)当量循环密度(ECD)管理:通过增加特定井段的井眼直径,可降低环空压耗及ECD,从而控制井漏风险,提高钻井安全性与固井质量。

(2)膨胀变形地层:井筒形成后,部分地层(如泥岩,蒸发岩等)在应力场作用下会产生指向井筒中心的膨胀变形,影响套管安全顺利下入;扩眼可为套管通过提供保障。极端情况下,地层变形还可能导致钻头或扶正器部位遇卡,此时可采取随钻扩眼作业,及时消除井眼缩小引起的卡钻风险。

(3)键槽消除:在弯曲井段,钻具受拉,倾向于与井眼低边产生摩擦从而产生键槽。键槽会显著增加磨阻,乃至提升粘卡风险。扩眼能消除键槽,相关风险也得以避免。

Rhino XS同心扩眼器采用液压驱动,通过投球憋压剪切销钉从而改变钻井液在扩眼器内部的流道,在扩眼器内外压差作用下液压活塞驱动刀翼伸出,实现扩眼(图2-5-1、图2-5-2)。该工具主要具有以下技术优势:

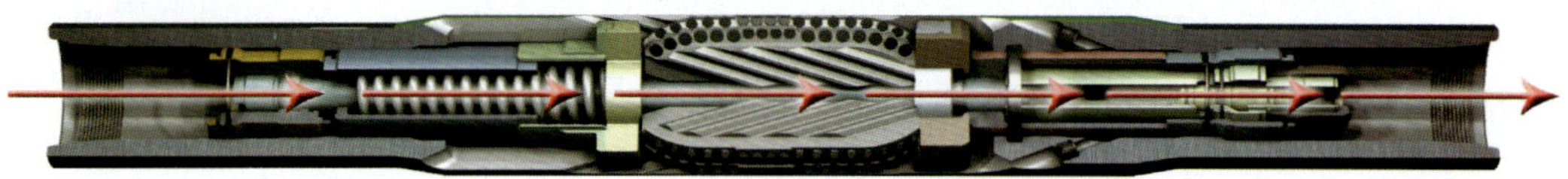

图2-5-1　随钻扩眼器关闭

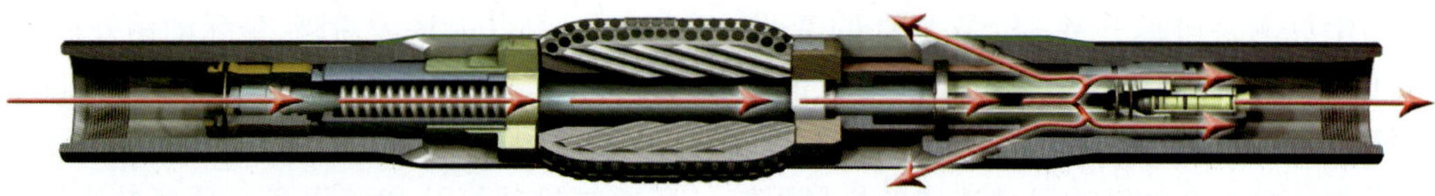

图2-5-2　随钻扩眼器水力液压张开

(1)Rhino XS 扩眼器本体为一体式设计,以获得更高的抗拉、抗扭性能(表 2-5-1)。

表 2-5-1　Rhino XS 系列工具本体抗拉与抗扭强度

工具尺寸	抗拉极限最小值(tf)	拉伸应力弱点位置	抗扭极限最小值(N·m)	扭力弱点位置
5625XS	390	刀翼口袋	19127	母扣
8000XS	737	公扣	81623	母扣
10000XS	846	母扣	119210	母扣
11625XS	1616	刀翼口袋	233412	母扣
14250XS	1664	母扣	233412	母扣
16000XS	1664	母扣	233412	母扣

(2)Rhino XS 扩眼器所有型号均具有三个刀翼,本体—刀翼配合处采用"Z"字槽专利设计,利于刀翼槽自清洁,帮助刀翼回收避免钻具卡钻。自面世以来,从未发生 Rhino 扩眼器因刀翼回收失败而引起工具落井的问题。

(3)刀翼与刀翼之间呈 360°圆周对称分布(每个刀翼相隔 120°),可有效降低扩眼过程中的振动。

(4)Rhino XS 扩眼器内部芯轴有效通径大,能够满足高排量要求。同时,Rhino XS 扩眼器的剪切销钉数量最大可达 12 个。销钉的稳定性和较大的内部通径可有效避免下钻、扫塞过程中扩眼器的意外启动。

(5)Rhino XS 扩眼器所有型号的上部标准接头具有浮阀芯座,并允许使用相对应型号的翻板式浮阀,确保满足井控要求。

(6)Rhino XS 扩眼器可以与其他的随钻工具配合使用。在国内的使用案例中,Rhino XS 曾经在超深井、大位移定向井中与斯伦贝谢 MWD,LWD&PowerDrive 家族旋转导向系统配合使用,顺利完成了随钻扩眼作业。

中国石油塔里木油田,TA-Well-1 井四开 9½in 井眼应用 Rhino XS 同心扩眼器,减少井下阻卡(图 2-5-3),缩短钻井周期(图 2-5-4),且扩眼段井径规则(平均扩大率 18%),见图 2-5-5,为中完下套管、固井创造了良好的井眼条件。TA-Well-1 井随钻扩眼作业有效降低了井底 ECD(密度由 2.45 降至 2.42g/cm^3),固井期间全程未漏,提升了盐层段固井质量,使其固井合格率达到 80.3%,优质率达到 72.6%(图 2-5-6)。

第二节　旁通阀技术

斯伦贝谢公司旗下 M-I SWACO 的 Well Commander 钻井循环旁通阀,是球动钻井循环旁通阀工具,它设计用于安装在有压降要求的钻具(如 MWD、LWD、取心筒和马达等工具仪器)的上方,通过投球并施加特定压力控制旁通水眼打开或关闭,可提高钻井液排量和环空流速,有效缓解钻具组合的结构尺寸造成的排量限制。旁通阀投球打开和关闭旁通循环的次数,由安装在旁通循环工具下方的捕球筒容量决定,捕球筒最多可存放 18 个球,满足一次起下钻实现 9 次打开/关闭循环,灵活满足各种工况需求。

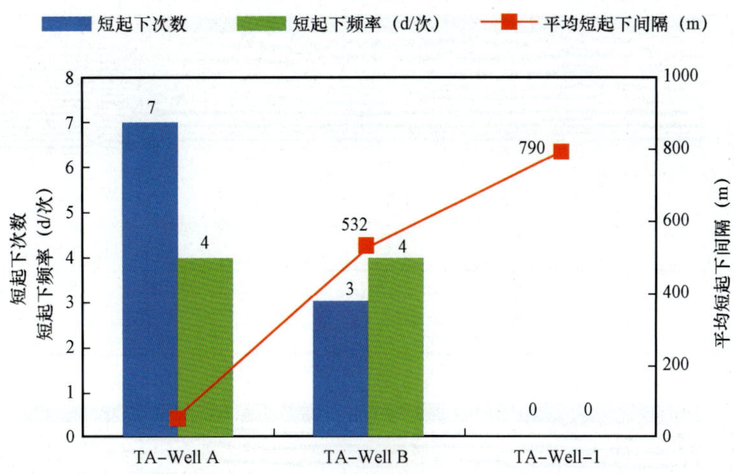

图 2－5－3　TA－Well－1 井与邻井短起下次数、频率对比

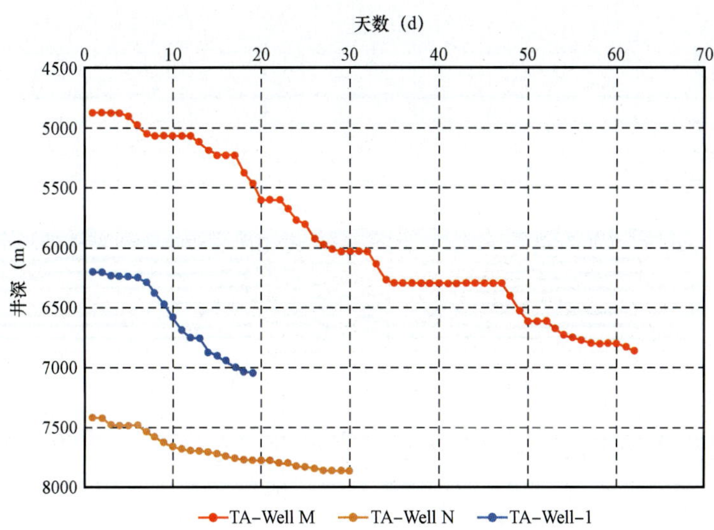

图 2－5－4　TA－Well－1 井与邻井盐层钻井周期对比

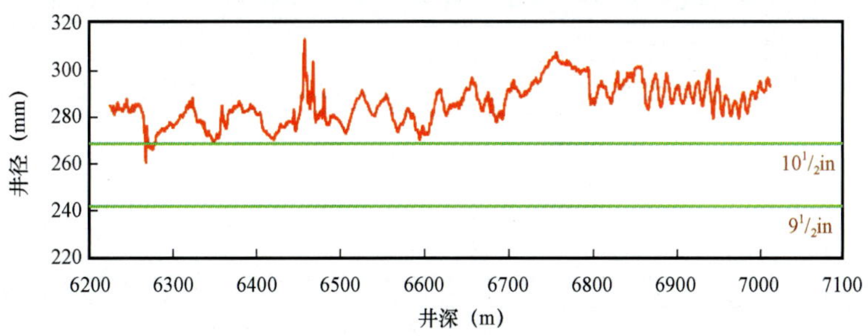

图 2－5－5　TA－Well－1 井四开扩眼段井径曲线

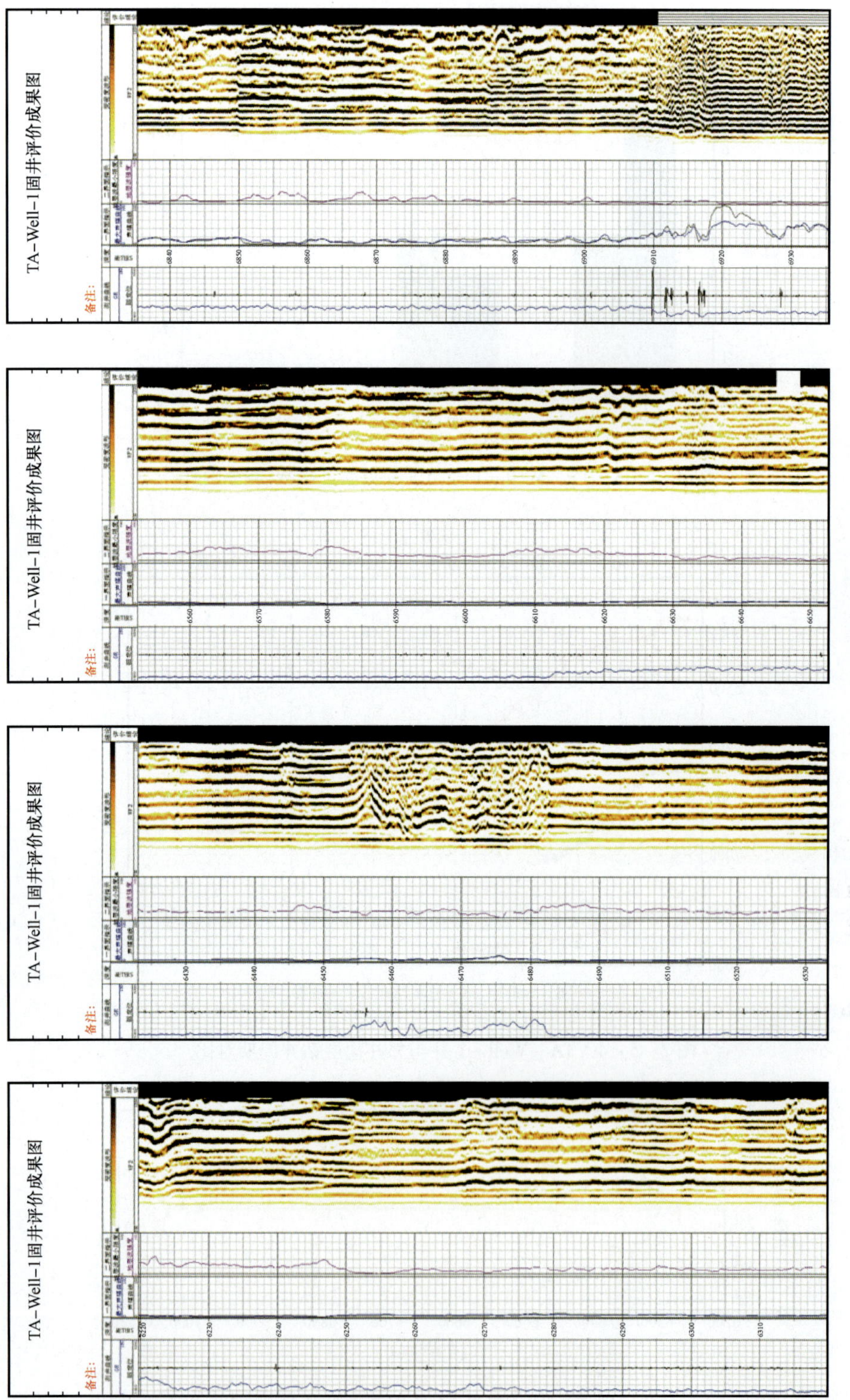

图2-5-6 TA Well-1井盐层段固井质量

钻井作业期间,可能会遇到喷、塌、卡、漏等复杂情况。此外,因井下特定的钻具组合要求,钻进中采用的钻井液排量和环空流速受到限制,无法保障足够的井眼清洁效果,从而造成岩屑堆积问题。井下的钻具组合的结构及尺寸也会限制大颗粒的或高浓度的堵漏材料的使用,无法在遇到漏失垮塌问题时有效开展堵漏作业。这些问题都可以通过使用旁通阀得到有效解决。

旁通阀的三种主要应用场景分别是:

一、大排量清洁井眼,或大排量对井内钻井液进行处理和顶替作业

在钻井或完井作业期间,打开旁通可实现短路循环,提高环空流速,改善井眼清洁。这样做是要防止或消除岩屑堆积,提高钻井液顶替效率或者简化反循环。旁通阀工具提供了可转换的循环途径,降低钻井风险,通过增加环空流速,防止岩屑床的形成;旁通阀工具在井下打开旁通可以实现以大排量在钻具或顶替钻具中处理调整钻井液;在旁通孔打开时,将旁通阀工具下入到合适位置可以有效清洗防喷器。

二、实施定点堵漏作业或加重压井液

在遇到问题地层,打开旁通后可快速注入堵漏材料,避免了下部特定钻具组合对堵漏材料尺寸浓度等的限制。在大位移钻井或其他可能会影响破裂压力的钻井过程中,旁通阀工具有助于在异常层段从旁通定点注入井下稳固材料颗粒,无需让处理剂通过下部钻具组合和钻头。需要注意的是旁通阀工具应放在其他投球工具上方,比如扩眼器等。

三、其他应用

安装在排量受限的钻具组合上方,通过旁通水眼,使得小直径钻具在起钻期间可以轻松排出钻井液,避免了钻井液的溢出,保证了良好的作业环境。在起下钻期间帮助钻具灌液或者排液,控制激动压力或抽汲压力,将钻井液排出量减到最少,从而可以优化起下钻作业。在欠平衡和控压钻井(UBD/MPD)应用中,旁通阀工具允许在起下钻和钻进开始前,在垂直井段中定点注入或者移除加重压井液。极端情况下,在井底无法循环时,可通过打开旁通建立循环,避免重大事故的产生。

旁通阀正常作业一般安装在底部钻具组合(如 MWD/LWD 工具、马达或小直径钻柱等)的上方。通常下钻时处于关闭位置,在正常作业期间,工具旁通无需开启。

当需要打开旁通循环水眼时,先投入一个功能球并开泵追球,功能球坐到球座上逐渐施加既定压力,工具就会打开。继续增加压力驱动功能球通过球座,落入到捕球筒。此时可以观察到压力下降,工具打开状态被锁定。旁通水眼打开后,可以提高泵冲,增加环空流速。注意:此时仍有少量钻井液进入井下钻具中循环,使其得到润滑。在此状态下,可通过旁通阀进行定段注入堵漏材料或井壁加强剂。如果这些材料有可能损坏井下钻具组件,则投入更小的隔离球,以阻止钻井液流向钻头。

当需要关闭 Well Commander 并使所有钻井液恢复流向井下钻具时,则投入另外一个功能球,开泵追球至球座。当功能球坐放在球座时,增加泵压,此时工具关闭,继续加压则功能球会将隔离球一起送入捕球筒。此时工具恢复到初始状态。

旁通阀打开关闭操作步骤如下:

（1）投球，开泵追球，球坐放在球座上时，泵压会上升（图2-5-7）；

（2）压力超过剪切力时，旁通打开，球继续落入工具下方的捕球筒（图2-5-8）。

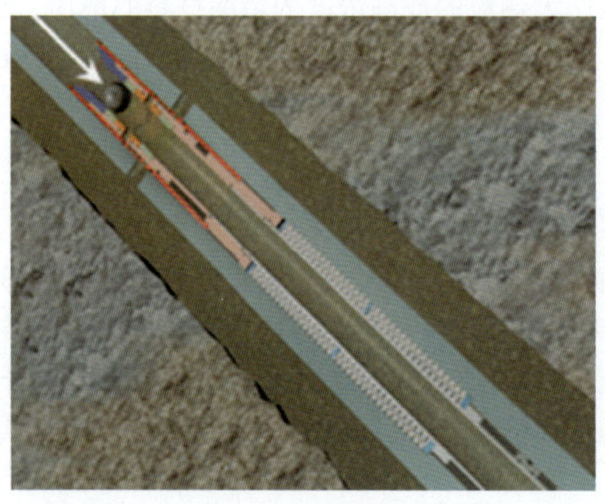

图2-5-7　球坐封

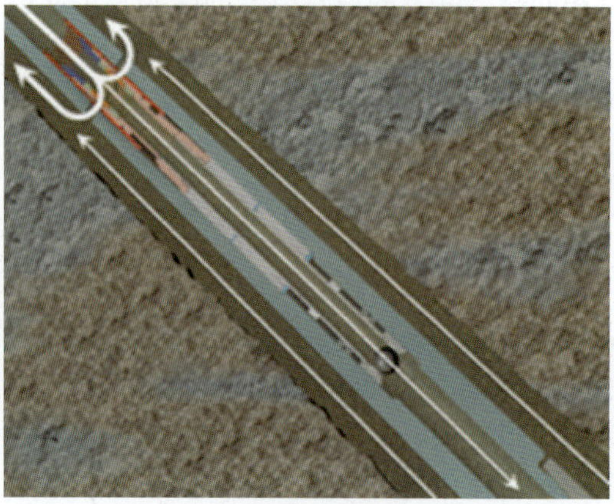

图2-5-8　旁通打开

（3）多数钻井液旁通，在高泵冲循环时，泵压上升很低，同时，少部分的钻井液流向井下钻具，保证钻头的润滑（图2-5-9）。

（4）隔离球能坐在下球座上，防止在处理地层问题时，堵漏材料或井壁加强剂进入井下钻具（图2-5-10）。

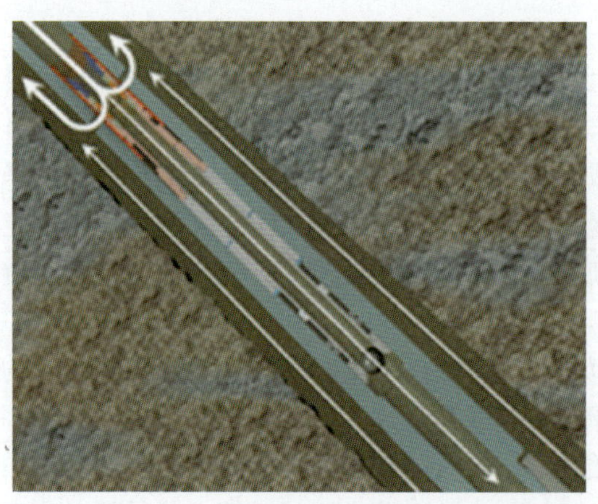

图2-5-9　开式循环

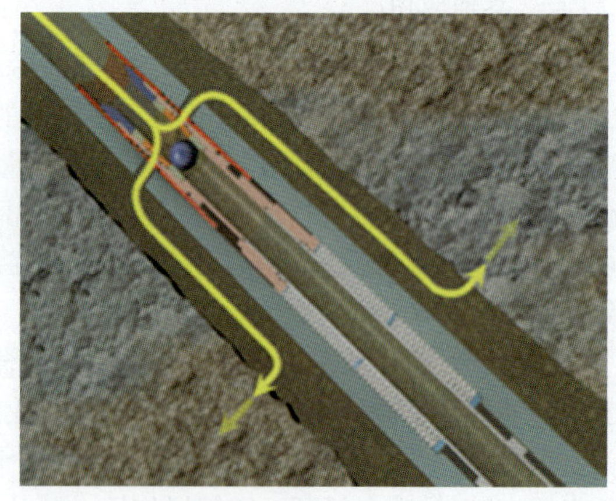

图2-5-10　BHA 隔断

（5）再投入功能球，加压，关闭旁通孔（图2-5-11）。

（6）在关闭旁通孔的同时，隔离球同时和功能球一起进入到下面的捕球筒中（图2-5-12）。

（7）捕球筒捕获功能球和隔离球，放在侧边上，以最小的压降实现大排量，同时还可以允许较小的球通过它（图2-5-13）。

（8）其他工具较小的功能球可以通过，并且不会对 Well Commander 旁通阀产生影响（图2-5-14）。

（9）用于这些工具的功能球通过捕球筒（图2-5-15）。

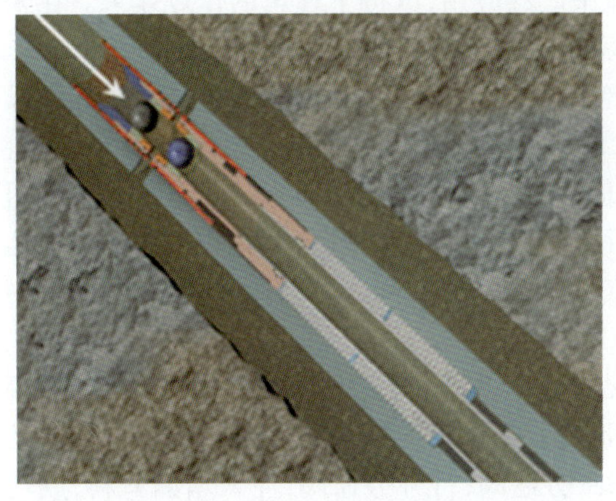

图 2 - 5 - 11　旁通关闭

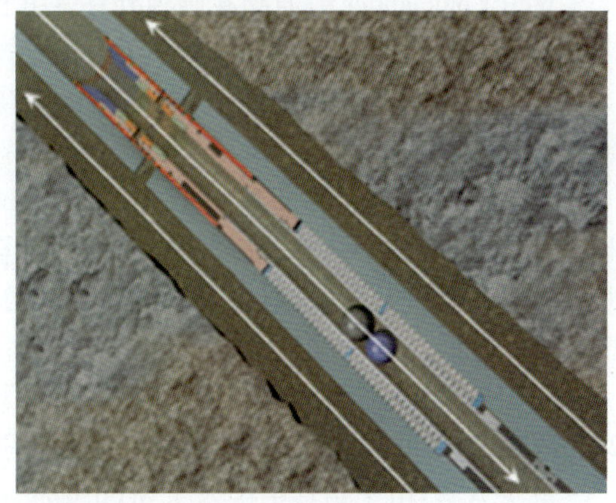

图 2 - 5 - 12　隔离球移走

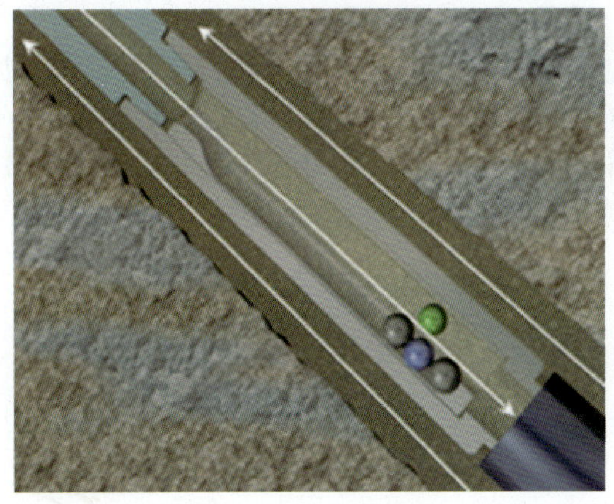

图 2 - 5 - 13　捕球筒

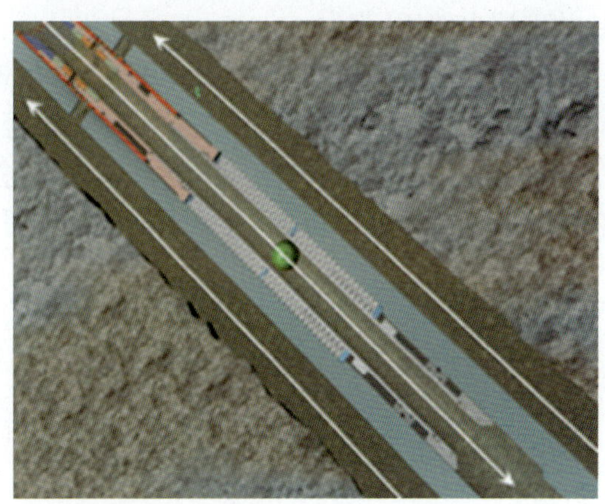

图 2 - 5 - 14　其他工具的功能球

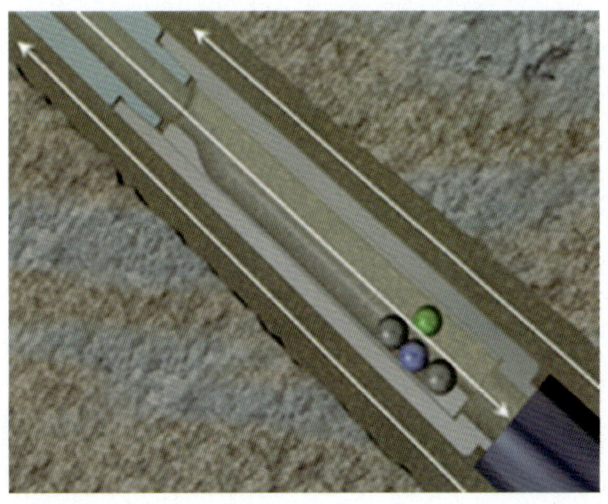

图 2 - 5 - 15　球通过

Well Commander 旁通阀在国内外钻完井作业中广泛应用,取得了理想的作业效果。在未来钻井作业中旁通阀可以成为钻具组合的标配,实现成本节约与高效钻井的目标。

应用案例 1:库页岛某井,井深 5367m(井斜 80°),大井斜,容易井眼沉砂,造成严重井下风险。

解决方案:在组合钻具中接入 Well Commander 旁通阀。钻进过程中,根据需要打开旁通阀,然后泵送高黏钻井液携带沉砂,提高泵排量后,泵压较之前钻井时低,可以以较大排量清洁井眼。旁通阀打开后,岩屑量是正常钻井时的 170%。同样的实例还应用在康菲中国、壳牌中国,中国海油。

应用案例 2:巴西海上作业,2011 年 2 月,钻 8½in 井眼,低固相水基钻井液体系,井深 2970m,在 2145m 和 2883m 两次发生井漏,漏失量高达 95.4m^3/h 和 47.7m^3/h。

解决方案:由于钻具中接入了 Well Commander 旁通阀,打开旁通阀,注入堵漏材料,成功堵漏,漏失量从 95.4m^3/h 和 47.7m^3/h 分别降低到 7.95m^3/h 和 4.8m^3/h,使得漏失降低到可接受水平,进而继续钻进直至完钻,节约 30 万美元非生产作业费用(24h),并节约 70 万美元钻井液漏失费用。

应用案例 3:四川壳牌某井,2012 年 9 月 3 日,钻进井深 3201.31m,立压突然上升,不能建立正常循环,判断为马达故障。气测值上升至 100%,火焰高度 0.8m,池体积增长 6.9m^3。

解决方案:打开钻井循环旁通阀,重新建立循环后处理钻井液,起钻后发现是钻头水眼被杂物堵塞。由于处理得当,避免了该井况下恶性事故的发生,防止了井喷、卡钻事故的发生。

第三篇
随钻测量与测井测试技术应用及发展

第一章 随钻测量技术

第一节 随钻测量技术概况

一、随钻测量技术的组成

随钻测量(MWD)技术主要由地面系统和井下系统(图 3-1-1)所组成。其地面系统主要包括以下三部分:

(1)地面钻井参数测量:结合地面传感器测量用于深度计算;

(2)地面传感器:接收井下 MWD 仪器发出的信号;

(3)地面计算机:数据解码和数据处理。

井下系统主要包括供电、井下测量、井下信号的发生和井下数据转换传输四部分:

(1)供电部分:提供电池电源或井下替代电源(涡轮发电),为井下仪器串提供动力。使用电池可以在停泵状态下仍然能够提供电力,但是其作业时间受制于电池电量。采用涡轮发电则只需要在开泵状态中就能保证电力供应。

(2)井下测量部分:主要是对井眼轨迹形态和井下钻具基本状态进行测量,包括井斜、方位和工具面等,其主要目的是为定向钻井专家提供基本参数来控制和调整井眼轨迹。另外,MWD 仪器通过加装测量短节,还可以实现其他可选参数的测量,如自然伽马、井下钻头钻压、井下钻头扭矩、环空温度和环空压力。

(3)井下数据转换传输部分:主要是将模拟信号转换成数字信号,再将这些数字信号转换成压力脉冲波。

(4)井下信号发生部分:主要通过转子和定子之间过流通道的闭合和开启产生压力脉冲波,作为信号传输载体,实现数据传输。

MWD 井下这四个部分功能紧密配合,在随钻过程中为定向井提供实时井下信息;钻井工程师和定向井工程师依据这些信息及时调整钻井参数,规避钻井风险,安全高效地实现钻井目标。

二、MWD 随钻测量技术的发展

四十多年来斯伦贝谢通过工程技术研究及现场的实际应用经验积累,先后研发并向市场推出了同时代业界内传输速率最快、性能最可靠的 MWD 仪器系列(图 3-1-2)。

1980 年,斯伦贝谢推出了业界第一支 MWD 仪器 M1,能够提供井斜方位和工具面测量,由此定向钻井进入快速发展的时代。1993 年,斯伦贝谢推出了高速泥浆脉冲 MWD 仪器

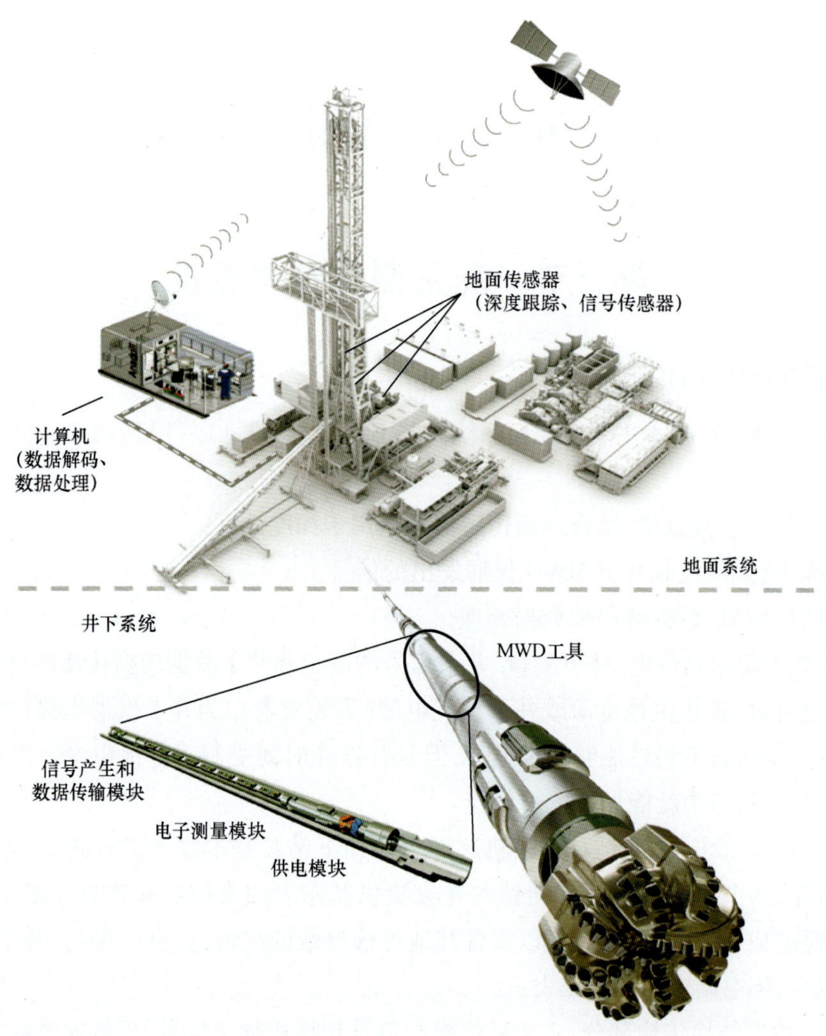

图 3-1-1 MWD 组成部分

PowerPulse(俗称 M10),该仪器能够获得稳定且高速的钻井液传输信号,传输速率最高可达 16bit/s;相比上一代仪器,其最大优势是"更高的可靠性、更低的维护费用和更高的传输速率",同时它还具有"长度更短、更加耐磨、工作频率可调、更好的抗震性、工作排量范围更广"的优势。1996 年,推出了满足小井眼定向井需求的 MWD 仪器 ImPulse,它是"小尺寸的 PowerPulse",但 ImPulse 同时具有 MWD 和 LWD 的功能,该仪器可以与其他小井眼随钻测井仪器和旋转导向工具配合使用。

进入 21 世纪以来,定向钻井对 MWD 随钻测量技术的要求越来越高,见图 3-1-3,油田专家对"MWD 随钻高实时传输速率"的期望仅次于对"近钻头"的要求。为了满足市场需求,2005 年斯伦贝谢推出了新一代泥浆脉冲 MWD 仪器 TeleScope,为随钻实时信息数据的质量控制和快速传输创立了新的标准。

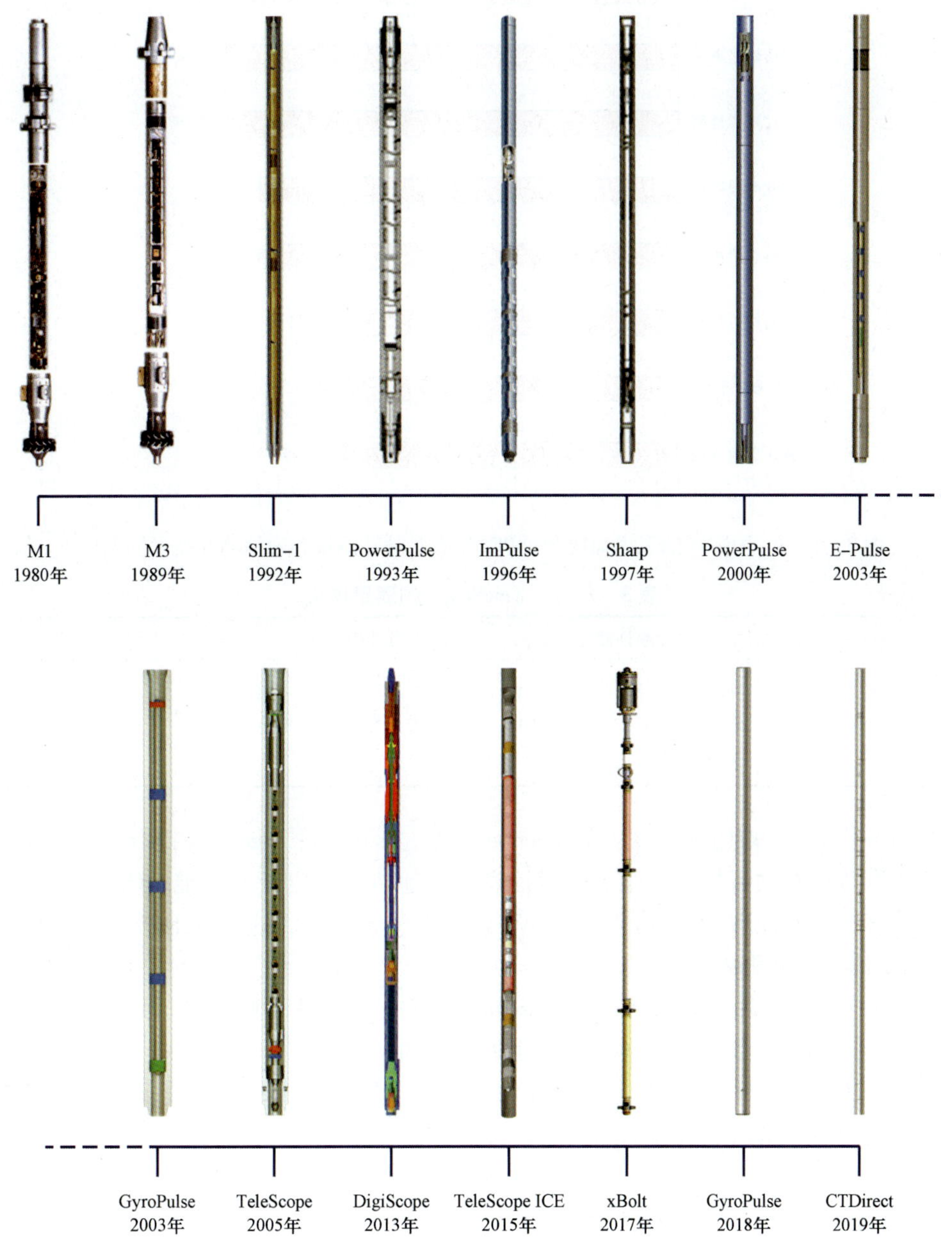

图3-1-2　斯伦贝谢MWD随钻测量技术的发展简史

三、泥浆脉冲遥测仪器

在PowerPulse成熟技术的基础上，TeleScope采用110W三源供电板电源替代PowerPulse仪器的LTB(Low Tool Bus)电源，采用2M内存的双核处理器芯片替代了原来PowerPulse仪器的控制板。TeleScope基本的测量项目见表3-1-1。

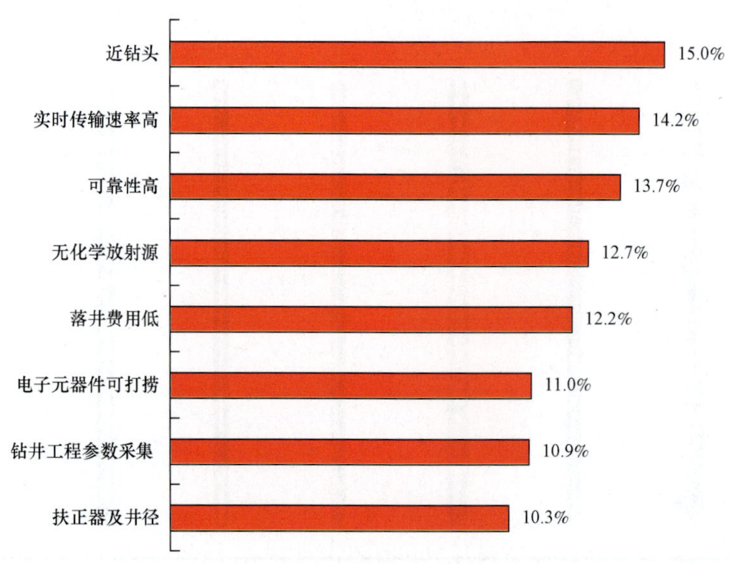

图 3-1-3 国际石油工程师协会(SPE)年会对随钻测量和随钻测井技术的期望

表 3-1-1 TeleScope 的测量项目

测斜	诊断性测量	可选项测量	其他测量
方位、井斜、旋转状态下方位、旋转状态下井斜、磁工具面、重力工具面	MWD 状态字、油量警告、涡轮转速 LWD 状态字、LTB 重试状态字	自然伽马,轴向、径向、周向振动,井下钻头钻压和钻头扭矩	井下温度,标准横向振动和冲击

这些新一代的随钻测量服务,从 TeleScope 开始,到小井眼 DigiScope,和超高温 TeleScope ICE,正在不断为数据质量控制和随钻实时信息的快速传输制定新的标准。Orion 遥测平台有效利用泥浆脉冲遥测原理,提高信号检测和有效数据传输速率。这显著地增加了实时可用的信息量,以及信号传播距离。

第一代的 Orion 平台于 2005 年与 TeleScope 仪器一起推出,2009 年发布了性能更好的第二代 Orion 平台。Orion 技术主要体现在以下四个方面:

(1)DSPT 技术:即在信号源处直接将信号数字化,排除了电噪音影响;

(2)HSPM 技术:采用了改进的分集接收技术和新的贝叶斯接收技术及宽频去噪技术;

(3)连续波调制技术:可实现 36bit/s 的硬件遥测传输速率;

(4)高效数据压缩技术:有效传输速率最高可达 140bit/s。

由于新一代的 MWD 泥浆脉冲仪器采用了 Orion 技术,遥测性能更好,可以进一步提升实时传输速率。各种 MWD 的遥测性能特点见表 3-1-2。

表 3-1-2 新一代的 MWD 遥测性能参数

MWD 仪器	遥测类型	遥测速率(BPS)
TeleScope	QPSK/CPMSK	0.5,0.75,0.8,1,1.6,1.5,2,3,3.2,6,6.4,8,12,16,20
DigiScope	CPMSK/DQPSK/D8PSK/DQSPIK/D8SPIK	0.25,1.5,1.6,3,3.2,4.5,6,6.4,8,9,9.6,12,16,18,24,36
TeleScope ICE	QPSK/DQPSK/D8PSK	0.5,0.75,1,1.5,2,2.25,3,4.5,6,9,12,18

通过使用 TeleScope 超高速实时传输，可实时获取各种井下数据，包括两种成像数据、自然伽马、四条电磁波电阻率、四条侧向电阻率、中子孔隙度、无源密度、井径、元素俘获谱数据体及西格玛热中子俘获截面曲线，使用这些实时资料，油藏专家可以实时地更全面地开展储层评价，中国应用实例见图 3－1－4。

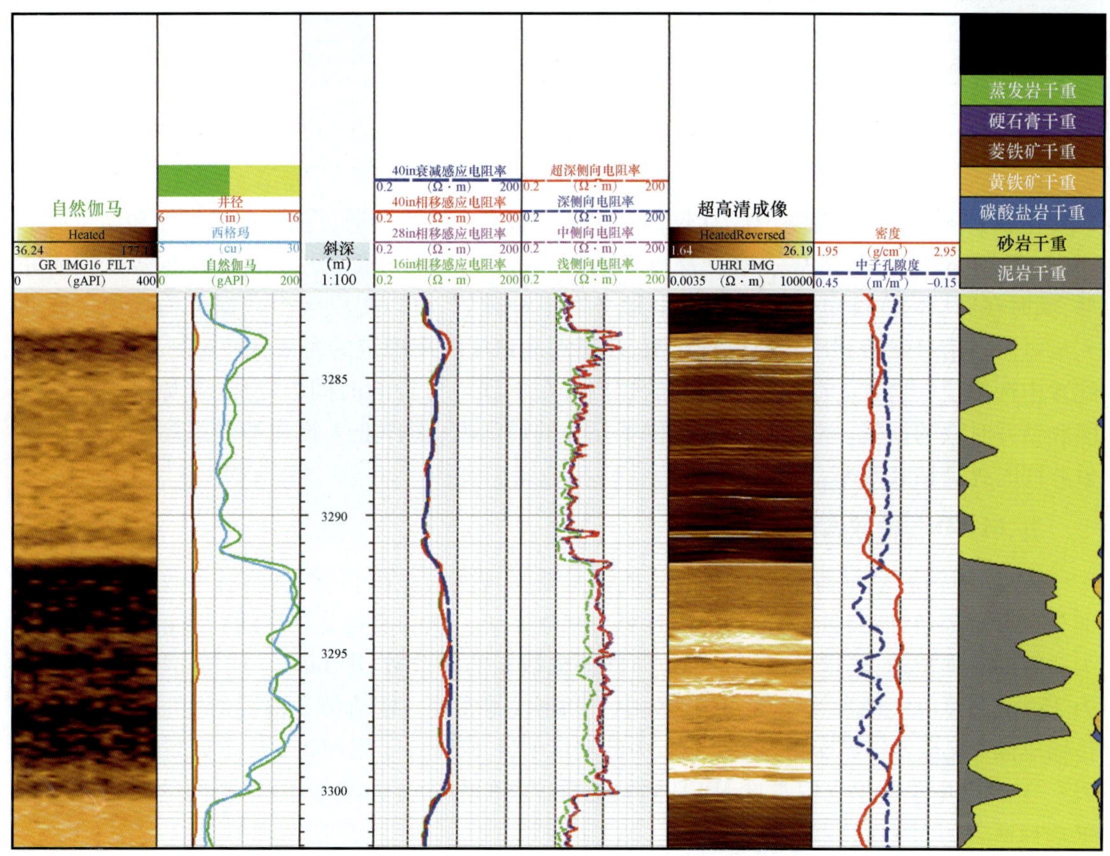

图 3－1－4　TeleScope 超高速实时传输实例

四、电磁遥测 MWD 仪器

除常规的泥浆脉冲遥测外，电磁系统通过向地层发射电磁信号并在地面接收信号来获取井下信息。自 2003 年第一款电磁 MWD 仪器 E－Pulse 上市以来，其信号传输强度和数据传输率不断提高在陆地钻井作业中的应用。也不断扩大为确保定向钻井应用的可靠性和效率，此仪器可提供井斜、方向、工具面，伽马和井下压力测量。E－Pulse 数据传输率最高能达 12bit/s，使用专用系统接收和解码电磁信号，并提供高信噪比测量。

电磁遥测仪器可以在钻井作业的所有阶段测量和发送数据，包括连接钻杆、起下钻以及在复杂井况，如井漏。电磁遥测 MWD 仪器在连接钻杆期间测量，无须等待测斜时间，见表 3－1－3。电磁遥测 MWD 的其他应用场景包括：

（1）用气体、空气或泡沫进行欠平衡钻井；

（2）严重井漏。

(3)嘈杂的泥浆脉冲环境。

(4)起下钻和钻杆连接时的数据传输。

(5)高速钻井作业。

表3-1-3 EM随钻测量仪器遥测性能参数

MWD仪器	遥测类型	最高遥测速率(bit/s)
E-Pulse	电磁	12
xBolt	电磁 泥浆脉冲	16 4

在2017年,xBolt双遥测MWD仪器首次推向市场。该仪器通过强大的可靠性和高速通信速率,最大限度地提高钻井效率以及与其他LWD服务的兼容性,使操作人员能够更快地完井,同时在储层内准确定位轨迹。xBolt服务有三种配置,可以提供多个数据传输选项。作业人员可以在信号强区利用高速电磁遥测,在更深的地层利用稳定的泥浆脉冲遥测,或在双遥测配置中选用任一模式。遥测模式之间的切换可在不到一分钟的时间内完成,避免了起下钻时间和钻井时效的损失。双遥测配置提供了充分的灵活性,使作业人员能够获得高实时数据质量并同时提高钻井效率。

五、MWD传输速率讨论

MWD随钻测量仪器一项重要的功能就是要实现实时数据传输,即将井下仪器测量到的部分或者全部信息实时地传输到地表计算机采集系统。该功能也是评定随钻测量仪器性能最为关键的一项指标,其定量指标是单位时间传输数据的字节数,即bit/s。通常,使用传输速率为3bit/s就可以实现自然伽马、电阻率、中子和密度等常规三组合测井曲线的实时传输。如果传输成像资料或者边界探测等数据量较大的测量项目,则需要采用6bit/s甚至更高的传输速率。表3-1-4列出了斯伦贝谢常见MWD随钻测量仪器的数据传输速率,根据不同的实时传输需求选择适当的MWD仪器。

表3-1-4 不同速率MWD仪器的数据传输速率

MWD仪器名称	数据传输速率(bit/s)
xBolt	24(电磁),4(泥浆脉冲)
DigiScope	0.25~36(通常12),有效传输速率最高可达140
TeleScope	0.5~20(通常12),有效传输速率最高可达120
E-Pulse	0.25~12(电磁)
PowerPulse	0.5~16(通常6)
ImPulse	0.5~12(通常6)
SlimPulse	0.25~1(通常0.5)

MWD仪器的高传输速率对定向钻井和随钻测井意义明显:定向作业时,更快的井下信息更新有助于轨迹的精细化调整;而当随钻测井项目较多时,高传输速率可以保证各项测量的实时密度,避免了人为降低机械钻速以保证测量精度的情况。如图3-1-5所示,通过斯伦贝谢

新一代 MWD 仪器 TeleScope 与目前行业中常用 MWD 速率的对比，可以看到，在机械钻速相同的条件下（例如机械速度 = 100ft/h），TeleScope 可以实时传输 25 条随钻曲线，而其他 MWD 仅能实时传输 6 条随钻曲线。如果在相同数据量情况下（以 6 条曲线为例），使用 3bit/s 传输速率的话，机械钻速最高不能超过 100ft/h，而使用 TeleScope 12bit/s 传输速率，机械速度最高可达到 450ft/h。

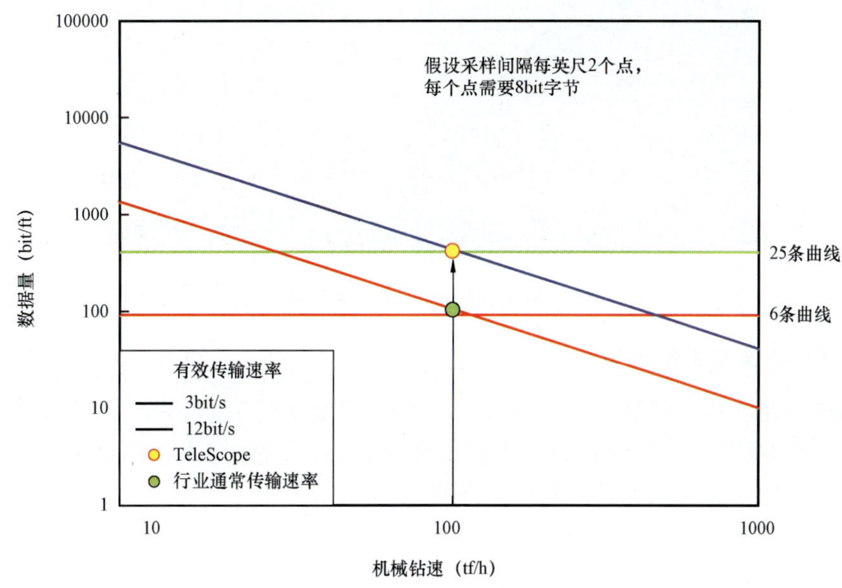

图 3－1－5　通常 MWD 与 TeleScope 传输速率的差异对实际应用的影响

随着定向钻井技术的发展，机械钻速会越来越快，同时复杂的井下情况要求采集的实时井下信息也越来越多，常规 MWD 技术的传输速率限制对随钻技术以及钻井技术的制约将越来越大，因此 TeleScope 高速传输优势在现代钻井技术中的应用优势和作用将越来越明显。

六、随钻陀螺测量服务

陀螺服务响应了油公司对更快、更耐用的随钻测量需求，而且陀螺测量在降低钻井风险的同时还提高了高磁干扰环境下的钻井效率。作为微机电系统（MEMS）技术在油田随钻陀螺测量中的首次应用，GyroSphere 陀螺传感器比常规系统具有更快的陀螺测量速度，避免了重复校准。固态技术使陀螺传感器能够承受钻井过程中超出现有陀螺技术限制的井下冲击和振动。

GyroSphere 随钻陀螺测量服务必须与 TeleScope 一起运行，因为它没有实时数据传输功能。即使在有振动干扰的情况下，陀螺仪也可以提供精确的测量。该仪器的应用包括井眼防碰、救援井、套管内或套管附近侧井。实例分析表明，陀螺服务可以使井斜误差椭圆的不确定性降低 45%。GyroSphere 可以应用于全井段的各种井斜，如图 3－1－6 所示，扩大了应用范围，提高了整体作业的效率。

通过在北海、厄瓜多尔、非洲和俄罗斯进行的广泛测试和现场试验，证明了陀螺服务的可靠性。在俄罗斯，陀螺仪服务帮助作业者在从当前深度进入储层时避免了井眼碰撞，消除了传统陀螺仪测量相关的钻井风险。

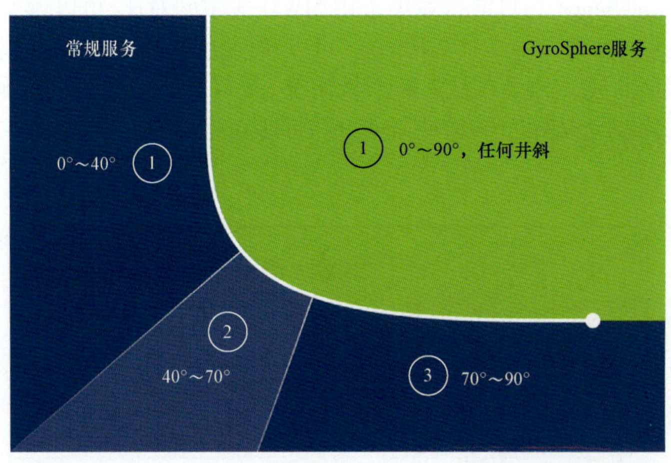

图3-1-6 陀螺仪可在任何倾角或深度作业,运行之间无校准

七、CTDirect 连续油管服务

作为斯伦贝谢连续油管服务的一部分,CTDirect 连续油管定向钻井系统最大限度地提高了短半径定向钻井应用。CTDirect 系统专门设计用于在欠平衡、短半径和直通油管再入钻井,以获取被忽略的地质储量或延长井的生产周期,在不移除现有完井或生产油管的情况下最大限度地扩大储层接触,同时采出其中的油气,并将地层损害降到最低。

CTDirect 系统测量井下钻井力学数据、冲击和振动、井斜、方位和工具面。这些数据被实时地传输到地面,并在井场对其进行连续监测,以实现精确的定向转向和电机立即失速检测。

在欠平衡或有管理的压力钻井作业中,采用闭环系统将井底压力保持在地层孔隙压力以下,消除了钻井液侵入,保护了储层的生产潜力。CTDirect 系统在保证油井正常运行的同时,最大限度地降低了储层损害的风险。与常规欠平衡钻井相比,CTDirect 系统欠平衡钻井具有增产效果好的特点。

采用 CTDirect 系统的直通油管再入,避免了使用额外地面设备所带来的时间和成本,从而带来更大的安全性和更高的效率。在海上和其他难以进入的地点,该系统占地面积较小,安装速度快。

八、超高温 MWD 仪器

TeleScope ICE 仪器采用斯伦贝谢专有的超高温等级电子产品设计,在恶劣的钻井条件下可靠地高速传输测量和地层评价数据。TeleScope ICE 服务通过提供方位自然伽马测量、连续井斜和方位以及环空压力,可以进行地质导向并降低在高温和超高温油藏的钻井风险(图3-1-7)。该服务可最大限度地利用可用信息,实时优化油井轨迹。

TeleScope ICE 服务经过验证,可在200℃和2000000 次震动以下正常工作。TeleScope ICE 服务提供的实时测量可改善井位并降低钻井成本。MWD 服务也由涡轮提供动力,从而消除了更换电池的麻烦。

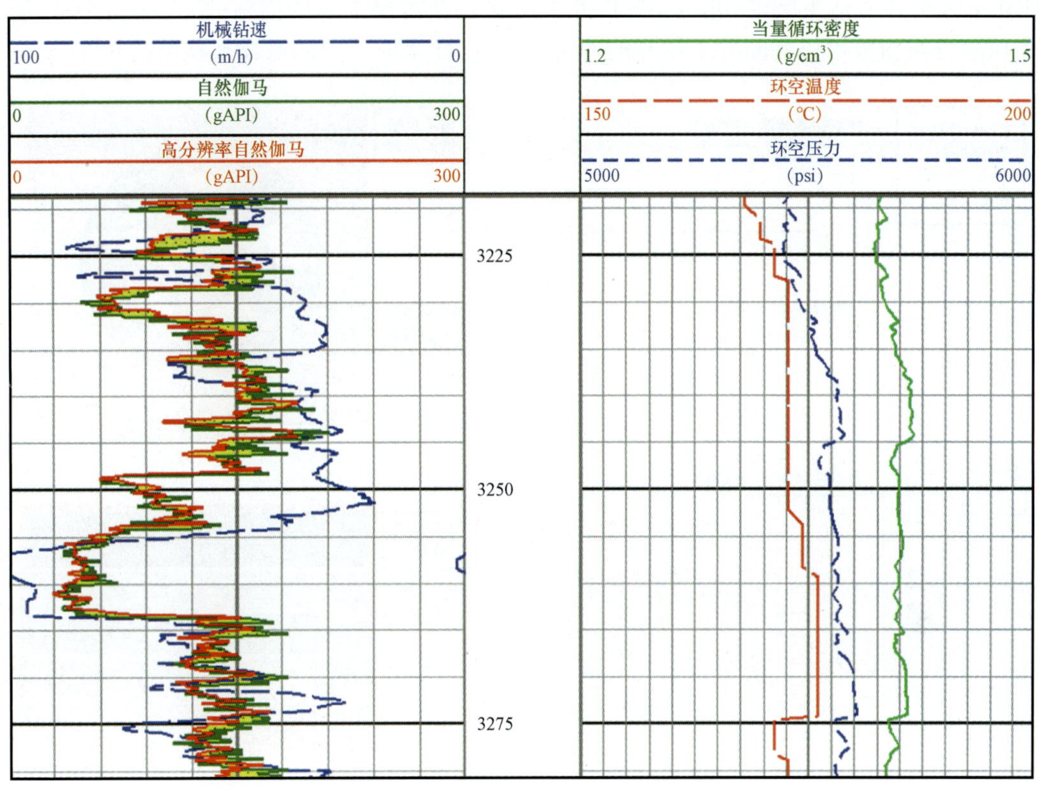

图3-1-7　TeleScope ICE实时数据实例

第二节　随钻测量技术的应用

随钻测量技术具有广范的应用，主要体现在以下三个方面：

(1)为定向井专家提供实时井斜、方位和工具面等基本定向信息，实现实时轨迹监控和调整；

(2)为油藏地质专家传输实时储层评价信息，实现实时地质决策；

(3)为钻井专家提供和传输实时钻井工程参数，以便采取有效措施实现安全钻井和钻井优化。

前面两方面属于MWD随钻测量技术最基本的应用，已经广范应用在石油行业，这里不再赘述。下面主要介绍一下MWD随钻测量技术在安全钻井和钻井优化方面的应用。

随钻测量技术在安全钻井和钻井优化方面的应用，主要是通过实时井下工程参数分析，监控井下钻具工作状态及可能存在的安全隐患，及时采取措施规避钻井风险，调整合适的参数进行钻井优化。

图3-1-8(a)通过分析井下钻具转速CRPM来监控粘滑指数的变化，判断井下钻具的粘滑指数变化与钻井事件之间的关系，确定井下安全状态，也可以根据此关系调整钻井参数，降低钻井风险；图3-1-8(c)为卡钻这一钻井事件下CRPM的特征；图3-1-8(b)通过分析

CRPM 来分析井下钻头反转,进一步分析井下的状态及需要采取的措施;图 3-1-8(d)通过冲击风险分级指数可以判断井下钻具的冲击状态,据此采取一定的措施来确保钻井安全。

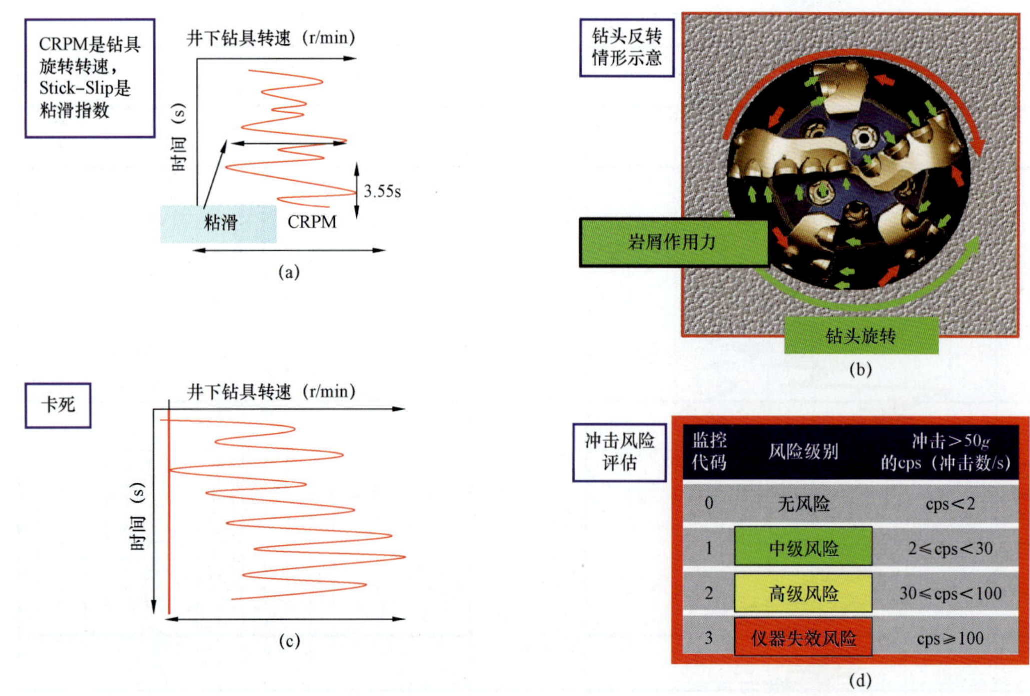

图 3-1-8　MWD 随钻测量参数基本应用分析监控井下安全

一、随钻测量技术监控钻井状态应用实例

随钻测量仪器能够测量大量与井眼和钻井相关的参数,包括井眼轨迹参数(井斜、方位)、温度、钻压、钻具转速、扭矩、钻井液密度(循环当量密度和静止当量密度)、排量、涡轮转速、振动等。这些参数可以很好地应用在钻井作业中,进行钻井参数监控和实时调整,确保钻井安全,实现安全高效钻井。下面用实例来说明这些参数的应用。

图 3-1-9 为随钻测量的随时间变化的工程曲线图,图中展示了部分随钻测量参数随时间变化的随钻实时曲线,是随钻实时工程监控的主要资料。钻井工程师和定向井工程师依据这些曲线的变化情况,判断井下扭矩、振动、压力、排量等参数是否存在异常,某一段时间内有没有发生变化,与邻井的变化趋势是否一致等。钻井工程师和定向井工程师以及钻井监督在钻井作业过程中 24h 全天候地监控这些参数变化,分析每一段曲线的变化细节,从而确保钻井的安全和优化,实现高效钻井。

如图 3-1-9 所示,在 8 月 7 日凌晨 4 点到 6 点这段时间内,工程钻进顺利,钻速 8m/h,粘滑指数相对较低、钻压稳定、泵压稳定、井下 MWD 涡轮转速稳定,钻井工程师根据这些信息,可以判断目前井下一切正常,可继续安全钻进。

二、MWD 随钻测量技术进行钻具刺漏探测应用实例

随钻钻井刺漏探测技术是指在随钻过程中,通过 MWD 随钻测量参数的变化,判断井下钻

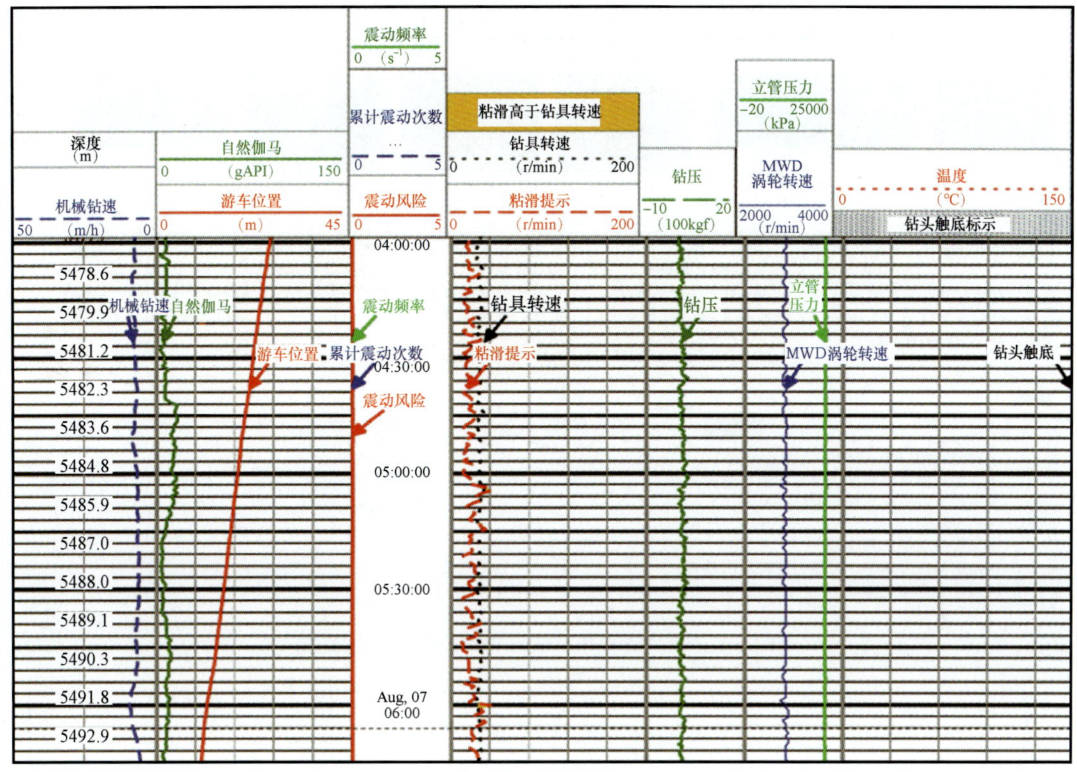

图 3－1－9　随钻时间域工程参数曲线图

（第一道蓝色虚线为钻速，单位 m/h；第二道绿色为自然伽马，红色为大钩负荷；第三道即时间道中绿色是冲击率，单位为每秒钟的冲击次数，红色是冲击风险级别，蓝色是仪器生命周期内累积冲击风险级别；第四道黑色虚线为钻具本体旋转速度，单位，转每分钟，红色为粘滑指数，单位，转每分钟；第五道绿色为地面钻压，单位吨；第六道绿色为立管压力，单位 kPa，蓝色为 MWD 涡轮转速，单位，转每分钟；第七道红色虚线为测斜传感器温度）

具是否发生刺漏及发生刺漏的相对位置的一项实用技术，其基本流程如图 3－1－10 所示。此项技术主要包括识别、评估、决策三部分。

1. 利用刺漏探测技术避免严重事故实例

如图 3－1－11 所示，根据现象“泵压（最右边一道红色虚线）和涡轮转速（最右边一道黑色虚线）的下降而排量不变”，判断出钻具刺漏的发生，及时起钻检查钻具发现钻杆刺漏（图 3－1－12）。

同时，根据随钻测量参数及钻井参数综合分析，还可以进行事故调查，本实例事故调查结果显示以下原因导致了本次钻具刺漏：

（1）钻具振动太大，导致加重钻杆疲劳；

（2）钻井液系统含砂量高于平均值；

（3）高排量使用；

（4）没有配备固相含量控制设备；

（5）钻杆维护管理差。

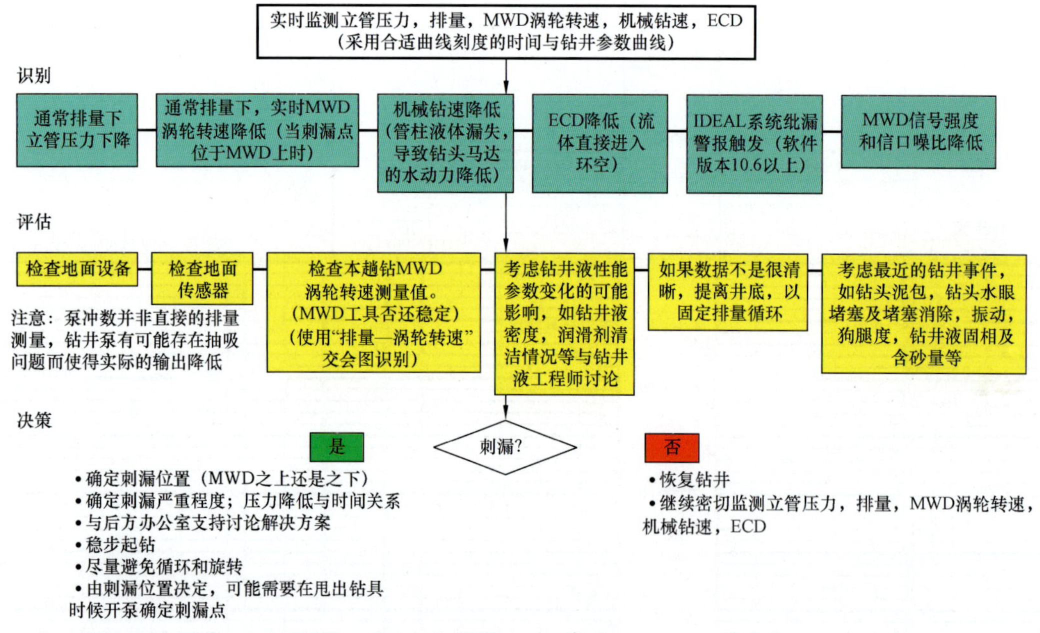

图3-1-10　随钻井下钻具刺漏监测和识别流程

图3-1-11　根据泵压涡轮转速及排量信息监控刺漏征兆

2. 忽视随钻钻具刺漏探测导致落井事故实例

相反,没有很好使用钻具刺漏探测技术,不能及时发现钻具刺漏,会导致落井事故的发生。事故第一阶段见图3-1-13,曲线反应正常(立管压力变化不大,涡轮转速变化不大),还未出现任何刺漏的征兆。

图 3－1－12　刺漏的钻杆图片

游车位置 0 (ft) 110
机械钻速 200 (ft/h) 0
大钩载荷 0 (klbf) 300
钻头位置 (ft)
地面钻压 0 (klbf) 50
井底钻压 0 (klbf) 15
12:00 29Mar
13:00 29Mar
14:00 29Mar
地面扭矩 0 (kft · lbf) 25
井底扭矩 0 (kft · lbf) 10
SRF RPM
地面转速 (r/min) 200 0
总排量 (gal/min) 800 1200
涡轮转速 (r/min) 1000 4000
立管压力 2000 (psi) 4000

图 3－1－13　第一阶段随钻工程参数曲线图

事故第二阶段见图 3－1－14，此时，在总排量不变的情况下，曲线开始发生变化，具体表现为立管压力 SPPA 下降，同时，MWD 井下涡轮转速下降，开始出现刺漏的征兆，但是现场工作人员没有采取任何补救措施。

事故第三阶段见图 3－1－15，此时总排量不变情况下，曲线发生明显变化，具体表现为：立管压力 SPPA 明显下降，同时 MWD 井下涡轮转速明显下降，已经可以证实出现刺漏，但现场工作人员仍然没有采取措施。

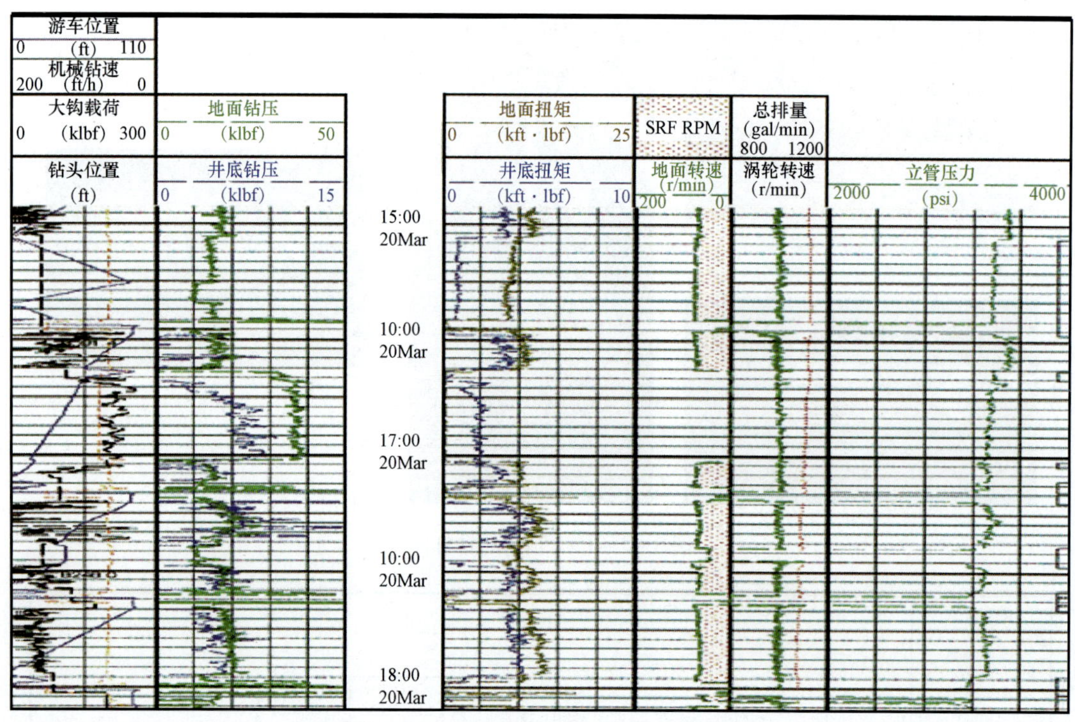

图 3－1－14　第二阶段随钻工程参数曲线图

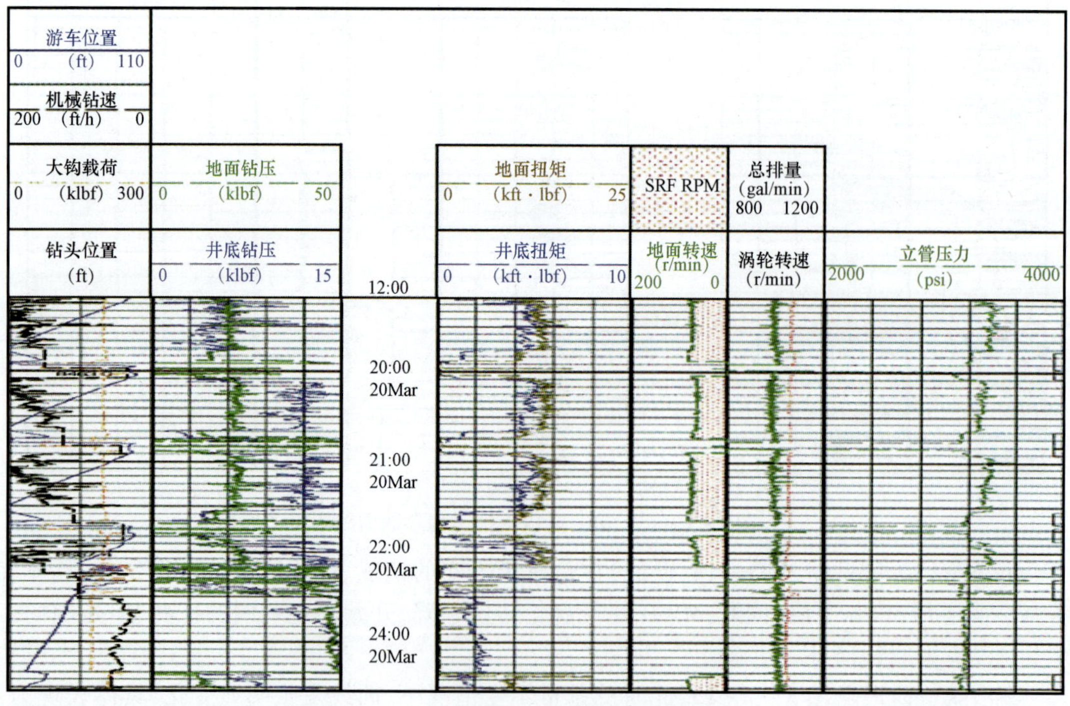

图 3－1－15　第二阶段随钻工程参数曲线图

事故第四阶段见图 3－1－16，此时总排量不变情况下，曲线发生快速变化，具体表现为：立管压力 SPPA 快速下降，同时 MWD 井下涡轮转速快速下降，已经可以证实出现刺漏，现场工作人员注意到异常，开始起钻，并检查刺漏点位置。然而，由于采取措施的时机太晚，在起钻过程中钻具断落井底造成了严重的后果。

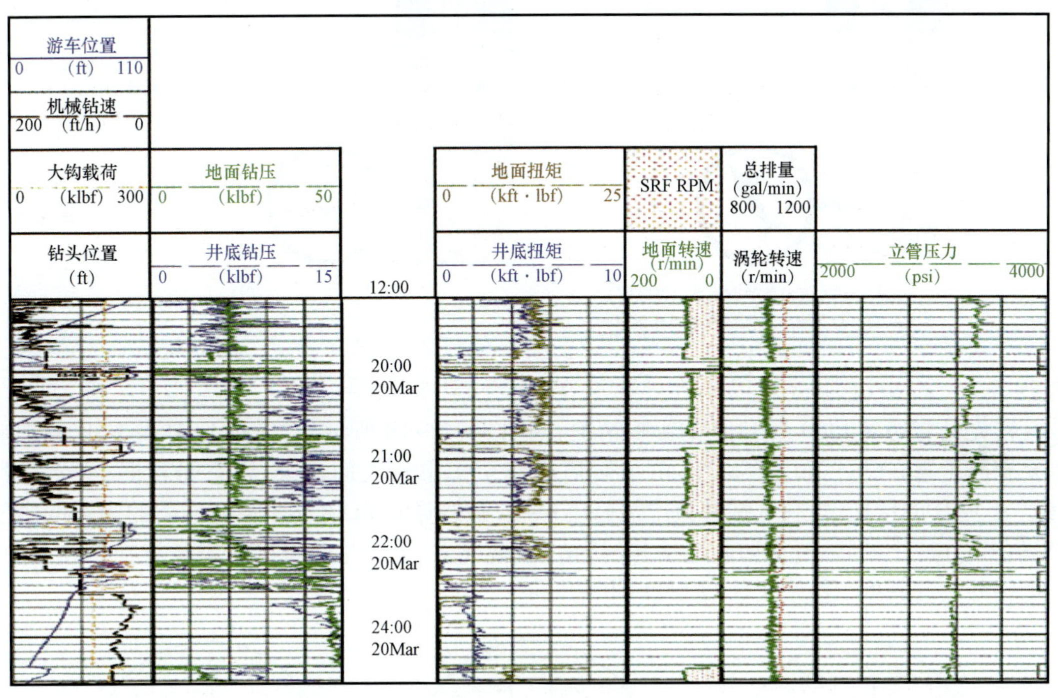

图 3－1－16　第一阶段随钻工程参数曲线图

通过以上两个实例分析可以看到：

(1)多参数 MWD 随钻测量技术为钻具刺漏探测提供了基础；

(2)综合应用钻具刺漏探测技术是关键；

(3)钻具刺漏探测技术应用到实际生产中可以“花小钱，办大事”。

三、利用 ECD 随钻测量技术进行优快钻井的应用实例

当量循环密度 ECD(Equivalent Circulating Density)是通过环空压力进行当量计算出来的，如图 3－1－17 所示，通过压力传感器可以实时测量环空液柱的压力，当钻井液静止时，该压力就是由井筒内钻井液柱的水头压力；当开泵循环后，井眼压力会有相应的升高，这是因为钻井液与井眼及钻具存在摩擦，摩擦作用会形成一个压力消耗(环空压力降)，这样就需要更高的压力才能确保钻井液正常循环起来，这样实际的环空液柱压力就要高于井筒钻井液的水头压力，把此时传感器测量到的环空液柱压力按照水头压力计算的钻井液密度就是钻井液当量循环密度 ECD，可以清楚地看到，钻井液当量循环密度 ECD 要大于钻井液当量静态密度 ESD。在钻井作业过程中，ECD 的测量对钻井作业尤其重要，因为它反映了井下实际压力的变化情况，而井下压力的变化常常是由某种井下异常情况所导致的。下面来具体看一下，井下哪些因素会导致 ECD 及 ESD 的变化，从而在实际应用中更好地使用 ECD 及 ESD 来诊断井下情况，实现安全高效钻井。需要注意的是，当分析某一项因素影响的时候，我们总是假定其他影响因素不变。

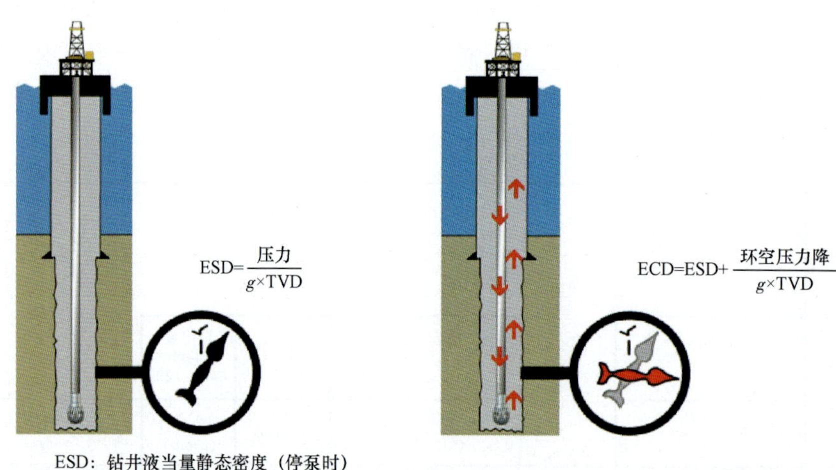

图 3－1－17　随钻 ECD 及 ESD 定义示意图

首先是岩屑对 ECD 及 ESD 的影响情况，如图 3－1－18 所示，岩屑对 ECD 及 ESD 的影响主要取决于它在钻井液中的状态，由于岩屑是属于比重较大的成分，当它悬浮时，必然导致 ECD 及 ESD 的增加；当它从钻井液中沉降下来时，必然降低 ECD 及 ESD。岩屑的影响取决于岩屑在钻井液中的状态，比如高速钻井（快钻时）情况下，会产生大量的岩屑悬浮在钻井液中，增加钻井液的密度，导致 ECD 及 ESD 同时升高。

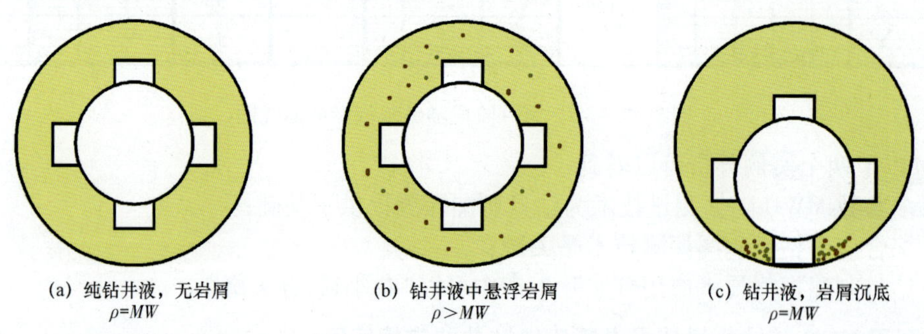

图 3－1－18　岩屑对 ECD 及 ESD 的影响示意图

其次是排量变化及井眼状况对 ECD 及 ESD 的影响，如图 3－1－19 所示，排量及井眼尺寸对 ECD 的影响主要是由钻井液流速大小决定的，即这两个参数的变化对 ESD 没有影响，仅对 ECD 产生影响，影响特性如下：

（1）排量升高，ECD 升高，排量降低，ECD 降低；

（2）井眼扩径段 ECD 降低，井眼缩径段 ECD 升高。

另外，钻进方式对 ECD 也有影响，如图 3－1－20 所示，当钻进方式为旋转和滑动相结合的时候，ECD 的变化比较大；当钻进方式为均匀滑动钻进的时候，ECD 非常平稳。这个现象跟岩屑对 ECD 及 ESD 的影响是相关的，当均匀钻进的时候，岩屑均匀地悬浮或者沉积在井眼中，钻井液本身的密度保持稳定；而当旋转和滑动钻进相结合的时候，大量岩屑一会儿沉积在井底，一会儿又被扰动悬浮起来，导致钻井液密度的变化异常。在实时监控 ECD 时，也要考虑

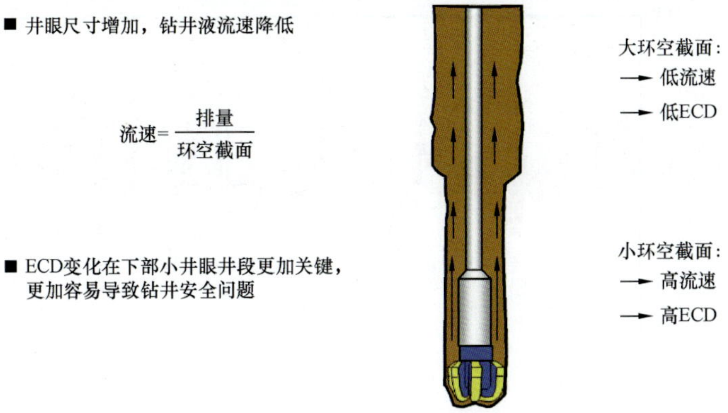

■ 井眼尺寸增加，钻井液流速降低

$$流速=\frac{排量}{环空截面}$$

■ ECD变化在下部小井眼井段更加关键，更加容易导致钻井安全问题

大环空截面：
→ 低流速
→ 低ECD

小环空截面：
→ 高流速
→ 高ECD

图 3－1－19　排量及井眼尺寸对 ECD 及 ESD 的影响示意图

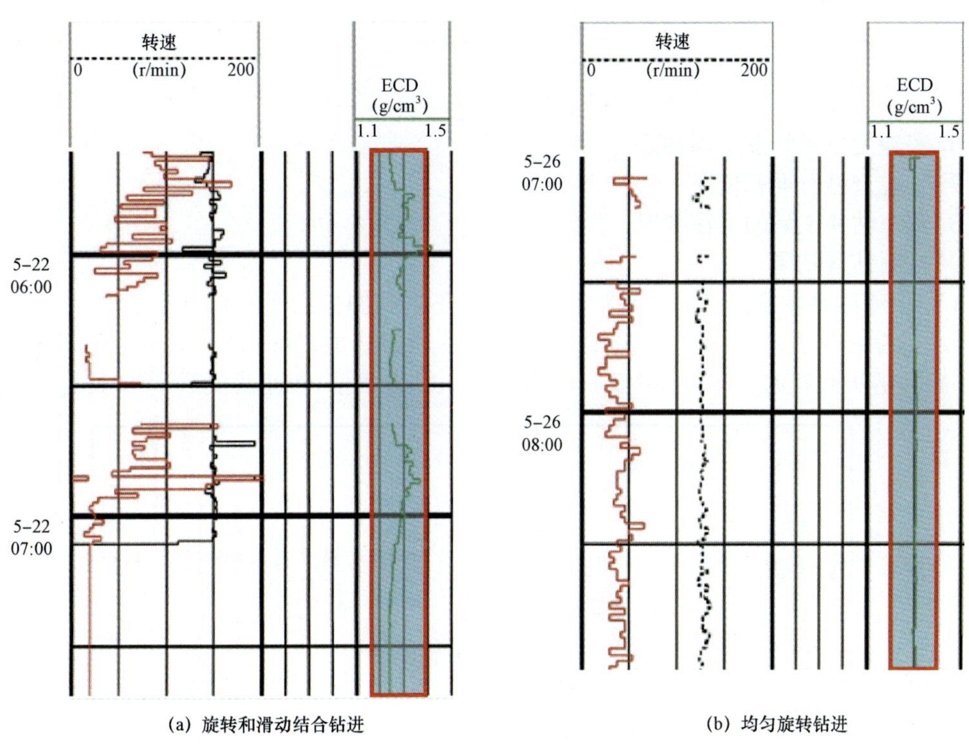

(a) 旋转和滑动结合钻进　　(b) 均匀旋转钻进

图 3－1－20　钻进方式对 ECD 的影响示意图

钻进方式的影响。

以上分析了 ECD 及 ESD 的影响因素，下面基于这些影响因素，引出 ECD 在钻井中的应用，如图 3－1－21 所示，可以简单归纳出这 9 个方面的应用，即：

(1)控制钻井作业过程中的井筒压力相对稳定；

(2)井眼清洁状况监控和管理；

(3)提前检测浅层出水；

(4)检测井涌和溢流等复杂情况；

(5)区分溢流和漏失；

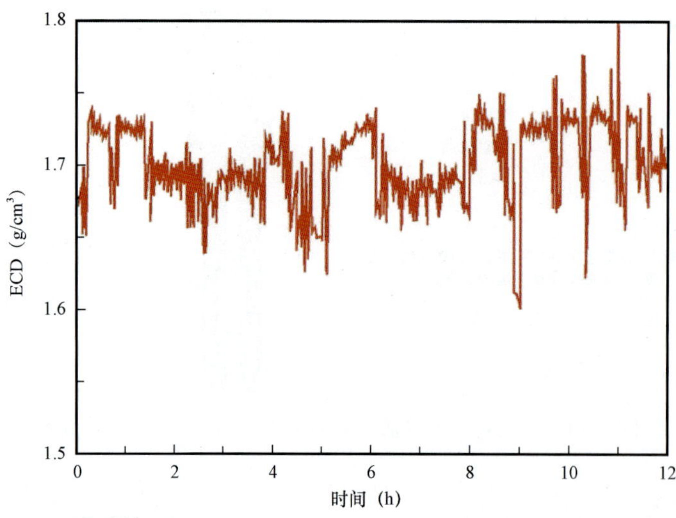

图 3-1-21　单独使用 ECD 无法指导钻井

(6)实施欠平衡和近平衡钻井;

(7)监控重晶石堆积情况;

(8)跟踪钻井工具的工作状况;

(9)检测钻具刺漏。

由于影响 ECD 的因素很多,单纯的 ECD 曲线不给我们提供任何有用信息,必须对各种可能因素进行综合分析,判断 ECD 的变化特征与哪些因素相关,从而确定钻井安全方面需要考虑的问题和解决问题的方向。如图 3-1-22 所示,结合排量、转速及模拟 ECD 就可以相对清

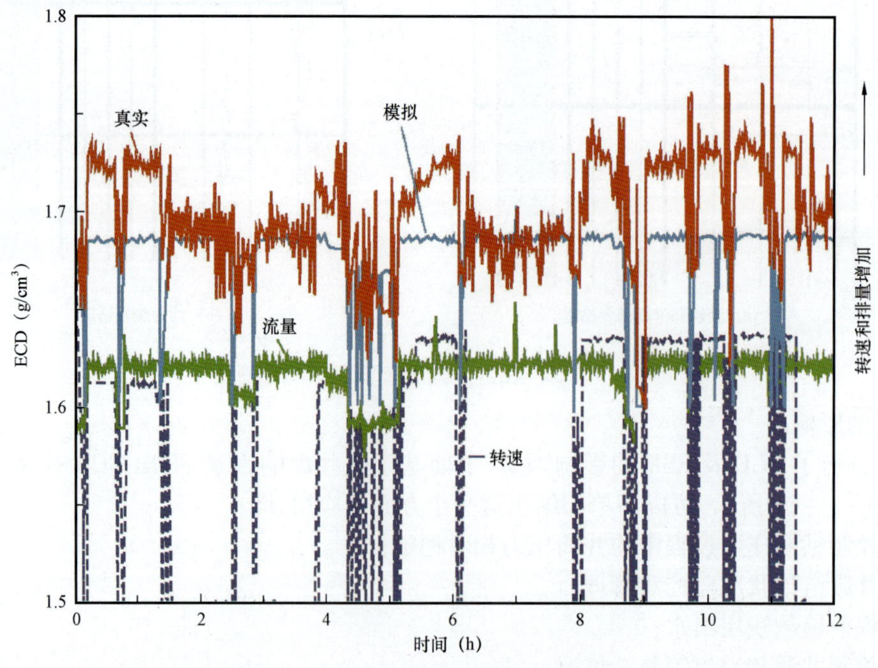

图 3-1-22　综合使用 ECD 有效指导钻井

晰地看到 ECD 的几次低峰都和排量变化相关，而后面几次高峰值区间对应了转速的提高，这一段 ECD 的变化都与这些基本钻井参数相关，井下情况应该是稳定的，存在安全风险的可能性较低，可以继续正常钻进。表 3 -1 -5 钻井事件与 ECD 变化关系表。

表 3 -1 -5　钻井事件与 ECD 变化关系表

事件/作业流程	ECD 变化	其他指示	结论、建议
胶质钻井液的胶化，开泵	突然的、短暂的压力振荡	类似的突然泵压振荡	缓缓开泵和旋转，可避免振荡
岩屑增多	增加后稳定在一个值附近	地表观察到岩屑量增多	旋转时 ECD 可能进一步升高
环空堵塞	间歇性振荡增强	立管压力振荡增多 扭矩/转速值变化大 大钩载荷增加	也可能是地层（井壁）垮塌造成这一现象，不一定就是环空堵塞
岩屑床形成	缓慢升高	地层岩屑量锐减 扭矩增大 机械钻速降低	在形成阻塞之前，压力变化很大
ECD 传感器以下堵塞	当 ECD 传感器通过堵塞位置时读数会突然升高，之前无明显变化	大钩载荷增加 立管压力稳步上升	监测立管压力和 ECD 的变化
气窜	关开后压力上升	关井后立压接近线性上升	根据气窜速度，做出相应的反应预案

我们将通过实例展示应用 ECD 测量进行风险控制钻井技术（NDS）解决窄压力窗口的钻井技术难题。在塔里木油田 DN204 井的钻井过程中，使用了斯伦贝谢公司随钻测量仪器，随时监测地层孔隙压力、地层漏失压力、地层破裂压力和当量循环钻井液密度（ECD），减少了井漏次数和钻井液漏失量。

1. NDS 降低风险优化钻井技术

NDS 降低风险优化钻井技术由斯伦贝谢钻井服务部门提出。应用斯伦贝谢随钻测量和测井设备，通过采集地面、地下工程参数，及时分析解释井下情况，提出有效技术措施或建议，从而优化钻井措施，减少井下事故，提高钻井效率。它包含了钻井工程的各个方面，例如实时数据测量和监测、现场风险预测及决策、钻井设计优化、地质力学模型的建立及实时更新。

NDS 优化钻井服务的主要目标是通过在钻进过程中对地层和井下钻井参数的监测，提前发现异常现象和井下复杂情况，避免钻井风险和降低非作业时间。斯伦贝谢公司的随钻测量和随钻测井仪器可以提供井下钻井参数的监测。NDS 工程师的主要任务就是对钻井时井下仪器采集到的地下工程数据、录井和钻井观测收集到的所有相关数据进行分析。通过对这些数据做出分析和提炼，进行钻井风险和复杂情况预测。NDS 整个工作流程见图 3 -1 -23。

具体来说，NDS 工作流程包括钻前设计、钻进实施和钻后评价三个阶段。

1）钻前设计阶段

在钻前设计阶段，通过与油田的沟通交流，明确钻井中存在的风险和难点。收集该区块邻井的所有相关资料，包括地质资料、测井数据、录井数据、钻井日报及钻头使用信息，对数据资料进行处理、审查，对其中可信度比较差的数据筛选掉。在此基础上建立邻井钻井风险数据

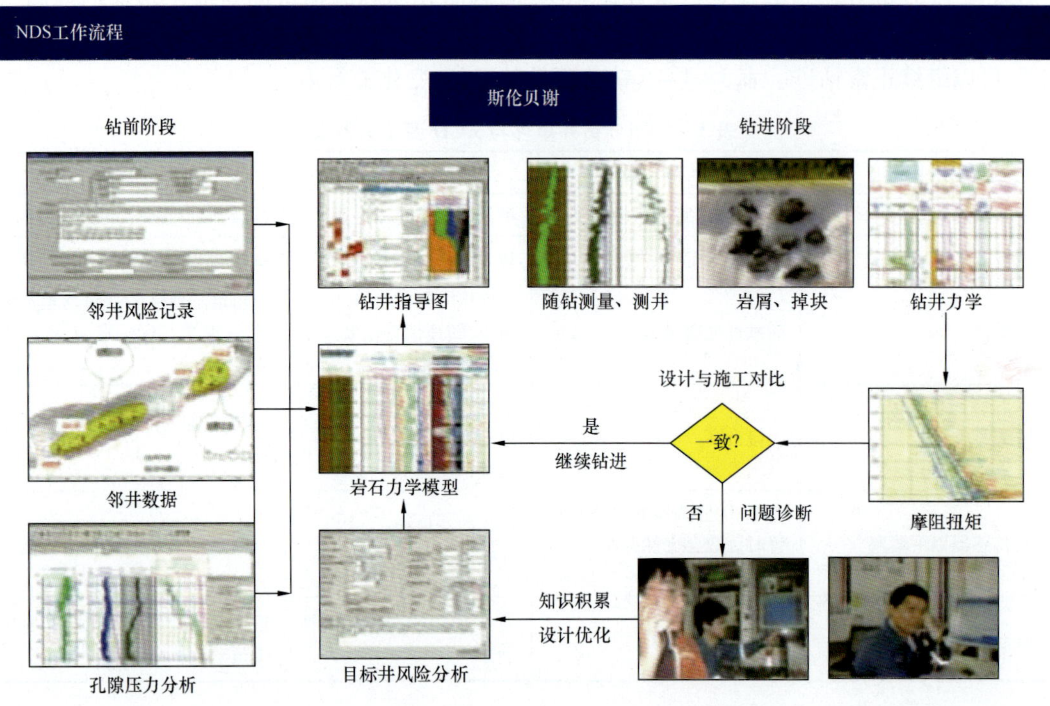

图3-1-23　NDS工作流程图

库、钻井指导图及地质力学模型。

地质力学模型(Mechanical Earth Model,MEM)是一个油田(区块)所有地质力学特征数据模型的集合。通过对岩层地质力学性质的分析,它能够有效地为钻井优化、压裂设计、定向井设计、套管设计、防砂完井等提供支持和帮助。

2)钻进实施阶段

在钻进过程中,通过对地面和井下钻井参数进行监测,例如地面及井底钻压的变化、地面及井底扭矩的变化、环空压力和钻井液当量循环密度的变化、憋钻滑钻指数及井底振动的变化,来判断井下钻具和钻头的工作状况,提前发现异常现象和井下复杂情况,避免钻井风险和降低非作业时间。

3)钻后评价阶段

钻后评价阶段主要是对钻井过程中出现的问题作进一步对比分析,同时借鉴斯伦贝谢公司和油田专家的丰富经验,找出合理有效的解决方法。同时把这些经验教训在钻井风险记录和综合钻井指导图中进行更新,为以后该地区或具有相似地质情况的区域提供宝贵的经验。

斯伦贝谢公司使用的地质力学模型是某个区域的地层应力与岩石力学特性相关信息的逻辑汇编组合,提供了一种能够快速更新这些信息的手段,并利用这些信息指导钻井作业和油藏管理。在目前许多复杂的钻井、完井和开采作业中,都需要进行岩石力学分析来降低风险。井眼稳定、井位优化、定向射孔、防砂预测与完井、压裂改造、油藏模拟等设计都需要建立在岩石力学基础数据(如地质构造、力学层序、岩石力学参数、孔隙压力、地应力等)的研究分析之上。

如果与岩石力学有关的数据保存在不同的数据体中，比如邻井的信息保存在一个数据体中，地震解释结果放在另一个数据体中，而随钻测量的压力又被放入另一个数据体中，它们所用的模型可能不相干甚至不一致，那么将很难对一个区域的情况进行深入的了解并形成统一的认识。并且当新的数据不断从井场或平台传来时，如何去更新已有的数据都存在很多问题。为此，斯伦贝谢公司开发了一套建立地质力学模型 MEM 的程序（图 3－1－24），使得建立、管理并实时更新这套庞大的岩石力学知识体系成为可能。图 3－1－25 是典型的地质力学模型建立流程图。

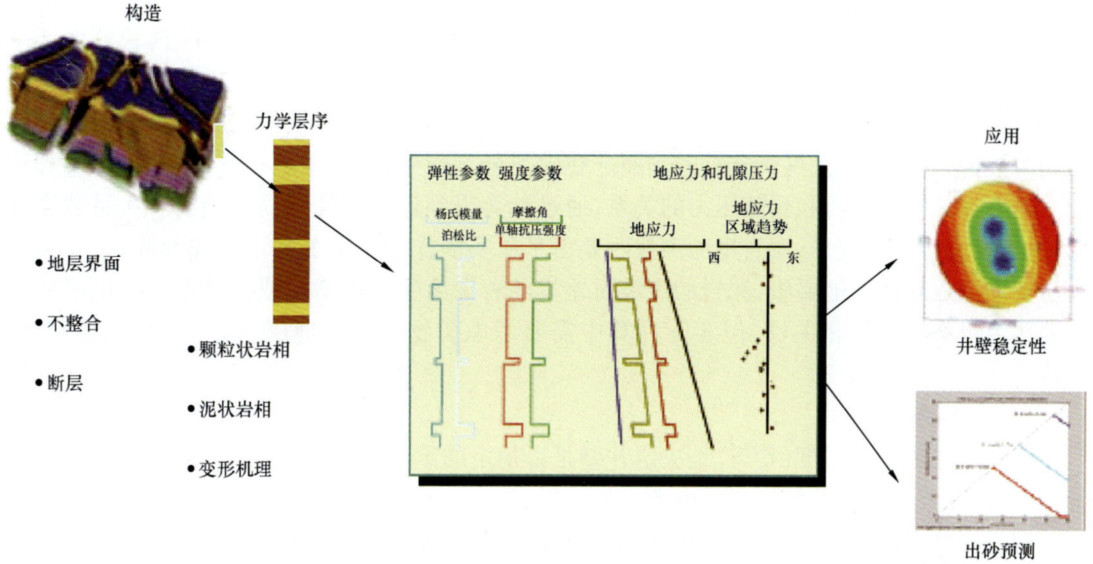

图 3－1－24　NDS 地质力学模型

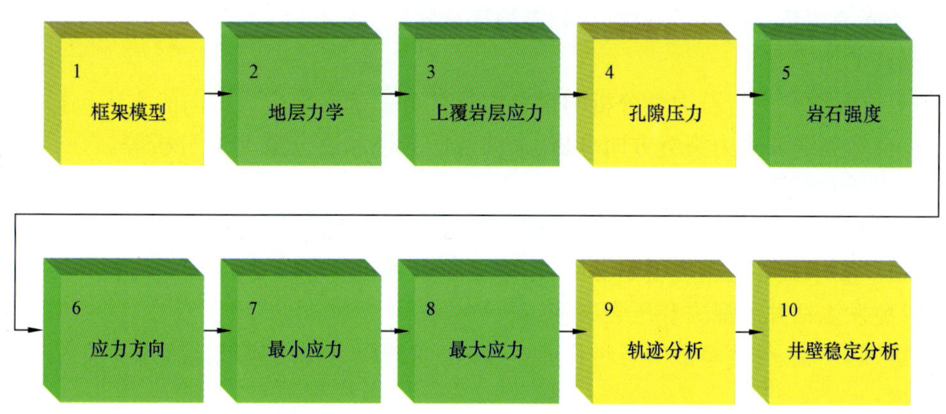

图 3－1－25　NDS 地质力学模型建立流程图

（1）上覆压力。

上覆压力通过对地层密度进行积分计算得到。典型的地层密度通过电缆测井得到，也可以利用岩心的密度，在没有密度测井或测井质量差的层段利用指数曲线外推。

(2)水平应力。

给定深度处的最小水平主应力 σ_h可以通过扩展的漏失试验(XLOT)、微压裂或利用 MDT 仪器直接测量得到。σ_h也可以通过测井资料计算得到,但需要一种直接值进行刻度。

最大水平主应力 σ_H不能直接测量,利用测井资料计算出最小水平主应力、岩石强度和孔隙压力后,可以应用井眼图像和岩石破坏模型来大致刻度 σ_H的大小。对于井壁崩落可以应用剪切破坏模型。对于水力裂缝可以应用拉张破坏模型。

(3)地层压力。

地层压力是地质力学模型的核心参数之一。地层压力评价的目的是为了确定地下超压地层的深度及压力大小。对于已钻过的井,可用 RFT(重复地层测试仪)或 MDT(模块式地层动态测试仪)等仪器测量岩体内的孔隙压力,也可通过试油获得地层压力。如果钻井时发生溢流,还可以参考溢流时的当量钻井液密度来评价地层压力。这种方法得到的数据直接、可靠,但通常数据点很少,不能得到连续的剖面。在砂泥岩剖面中,可利用测井资料,根据压实理论建立岩石物理力学性质和孔隙压力的关系,通过计算得到连续的孔隙压力剖面。大量数据证明,在正常的压力梯度下,泥岩里的声波时差由于压实的作用会随着深度增加而降低,在由于欠压实而造成超压的地层里,泥岩的声波时差将随着深度变大而增加或保持不变。电阻率与孔隙压力也有类似的相关性,但实际计算中需要考虑矿物组分和地层水矿化度对电阻率的影响。

(4)岩石强度。

岩石的单轴抗压强度(UCS)是决定井壁是否稳定的重要条件。UCS 可以根据测井曲线计算得到,但需要用岩心单轴抗压强度测试的结果进行标定。

根据测井曲线计算 UCS,需要先得到岩石弹性参数,如杨氏模量和泊松比等。从测井资料直接计算得到的弹性参数是动态的。然而,在进行井眼变形与破坏分析时需要静态参数。因此,需要应用专有的公式对动静态杨氏模量进行转换,计算得到岩石强度。由于动静态泊松比没有很好的相关关系,所以难于进行动静态泊松比转换。

(5)地应力方向。

地应力方向研究是岩石力学分析的重要组成部分。确定地应力方向的方法包括井眼崩落方向分析、自然裂缝和水力裂缝方向分析、横波各向异性和三分量 VSP 分析等。

(6)钻井液密度安全窗口。

地质力学模型一旦建立,可以在此基础上进行井壁稳定性分析,给出安全钻井所需的钻井液密度窗口。要求钻井液密度要足够高,以避免溢流和井壁坍塌发生,但同时钻井液密度又不能太高,以免发生钻井液漏失和压裂破坏。

在钻进、起下钻、处理事故等各种作业中,环空内的压力梯度应该始终保持在钻井液安全窗口范围内:

① 钻井液密度低于井涌压力梯度,会发生井涌。

② 钻井液密度低于井壁崩落(或称坍塌)压力梯度,会发生井壁崩落。

③ 对于存在天然裂缝或已经被压开的地层,钻井液密度大于漏失压力梯度,会发生钻井液漏失。

④ 对于原状地层,钻井液密度大于破裂压力梯度,会发生压裂破坏。

2. 塔里木 DN 井优快钻井 NDS 实例

1)DN 井钻前地质力学模型的建立

DN 井是 DN2 井区块的一口评价井,该井钻探对 DN 区块下一步开发意义重大。在 DN2 区块已完钻的井中,都存在着钻井液当量密度稍高即漏、稍低即溢的现象。这给 DN 井的钻探工作带来了巨大的挑战。

为了保证给 DN 井的安全钻探提供有效的技术支持,必须合理确定安全稳定的钻井液密度窗口。在分析总结 DN2 区块已完钻井的地质力学信息的基地上,建立了 DN 井的钻前地质力学模型。由于存在不确定因素,本模型仅仅是对 DN2 区块已钻井地质力学信息的总结和高度概括,虽然对钻井未知风险有一定的预见性,但还不能对钻井的所有未知风险进行预测分析。因此,在钻井过程中还需要根据新采集到的资料对其不断进行修正和完善。DN 井钻前地质力学模型的建立主要选择邻井 1 井(距 DN 井东北约 5.5km)和邻井 2(距 DN 井南约 2.4km)的已钻井地质力学信息。从地震剖面上对比分析,DN204 井与 DN201 井及 DN2－3 井都有很好的层位对应关系,在井位之间没有大的构造和断层分布。考虑到 DN2－3 井在吉迪克组底砾岩段完井,没有深部储层的有关信息和数据,因此本模型的建立主要基于 DN201 井的地质力学信息和有关数据。

钻前地质力学模型的建立包括以下步骤:

(1)确定层位对应关系;

(2)将邻井(DN201 井)各个层位岩石性质映射到新钻井;

(3)估算上覆岩层压力和孔隙压力;

(4)采用邻井中计算水平应力的公式和参数计算新钻井的水平应力;

(5)建立新钻井的安全钻井液密度窗口。

2)DN204 井钻井指导图的绘制

钻前地质力学模型的最主要成果就是目标井的钻井液密度窗口,通常绘制在钻井优化及风险管理综合成果图(Drill Map)中。

钻井优化及风险管理综合成果图通常包括如下几部分:

(1)常规钻井参数,如井位、设计井深、钻头、钻杆参数等;

(2)地质力学模型钻井液密度窗口;

(3)钻井优化及风险管理。

根据该综合成果图,提出了 DN204 井避免漏失的以下建议和对策:

(1)结合随钻测井数据(自然伽马,电阻率),做好地质预报,卡准地层。DN 地区储层钻井是否发生漏失,在很大程度上取决于天然裂缝的发育情况,因此要做好与已钻邻井的对比工作。

(2)监测 ECD 变化,并与根据邻井电测建立的漏失压力和破裂压力剖面相比较,防止漏失的发生。

(3)根据随钻自然伽马和电阻率以及地表观测到的数据(如单根气、钻井液池液面变化等),实时更新孔隙压力剖面,确保钻井液密度始终高于地层孔隙压力。

(4)实时分析环空当量循环钻井液密度(ECD)、当量静态钻井液密度(ESD)和钻井液密度的关系,及时发现井底气侵和溢流的情况。

(5)吉迪克组底砾岩段为高压气层,孔隙压力高,天然裂缝及断层发育,岩石物性好,应控制好钻井液密度,使其略高于孔隙压力,同时调整钻井液性能,以保证形成好的滤饼,防止天然裂缝渗透性漏失。

(6)在吉迪克组底砾岩段,为了防止井喷和避免井漏,建议钻井液密度控制在 2.15 ~ 2.23g/cm^3,ECD 控制在 2.20 ~2.30g/cm^3。在钻穿吉迪克组底砾岩段后,在确保不发生井涌的情况下,可适当降低钻井液密度。

(7)古近系地应力水平高,应力不平衡性强,地层破裂压力低,井壁很容易产生钻井诱导缝。如果钻井诱导缝跟天然裂缝连通,就很容易发生漏失。建议钻进中钻井液密度控制在 2.10 ~2.23g/cm^3,ECD 控制在 2.20 ~2.30g/cm^3,进入 E6 层位前可根据气测情况适当降低钻井液密度。

(8)每次起钻前测后效、计算油气上窜速度。如果油气上窜速度过高,可注入一定量的重钻井液,以保证起下钻安全。

3)DN204 井钻前地质力学模型在钻进中的更新和应用

钻前地质力学模型(MEM)是基于邻井的资料建立的,与本井的实际情况肯定存在一定的差异。由于本井存在窄钻井液密度窗口的钻井难题,所以很有必要在钻进中实时对模型进行更新。

实钻中,根据随钻测井(LWD)和随钻测量(MWD)提供的数据以及取心、录井等资料,实时更新模型中的岩性剖面和地层孔隙压力剖面。由于没有随钻声波,不能据此实时计算坍塌压力、漏失压力和破裂压力剖面,只能根据邻井 1 的测井资料和最新的地层界面信息估算本井的这几个压力剖面。

钻进中通过对返出钻屑进行分析,有助于判断井壁稳定状态。钻屑中可能会出现角状、板状或碎片状掉块。这些掉块可以指示井壁的稳定情况。角状掉块是由于井壁剪切破坏形成的多面状的岩石碎块崩落,主要是由于钻井液密度低于井壁崩落梯度造成的。板状掉块是由于地层存在天然裂缝或其他弱胶结面而造成的岩石碎块脱落掉入井底,与钻井液密度关系较小,主要受钻井液性能和钻井操作的影响。而碎片状掉块(细长形)是由于井壁的张性破坏形成的,是钻进低渗透率的泥岩时钻速太快或欠平衡引起的孔隙弹性反应。

在 DN204 井四开井段的钻进过程中,为更新模型,收集和整理了大量的数据,这些数据包括:

(1)随钻测井(LWD)和随钻测量(MWD)数据,包括自然伽马、电阻率、当量循环钻井液密度(ECD)、当量静态钻井液密度(ESD)、井底温度、井底钻压、井底扭矩等;

(2)取心、岩屑和录井资料;

(3)压裂试验数据;

(4)钻井事件、钻井日报、钻井液报告等。

钻进中通过压力窗口的监测,可以把当量循环钻井液密度控制在合理的范围内,为钻井液密度的调整提出合理化建议。图 3-1-26 分析了钻进过程中漏失、ECD 和安全密度窗口之间的关系,说明了降低钻井液密度的必要性和合理性。该井自井深 5146m 开始降低钻井液密度后,正常钻进中没有再发生严重的漏失。

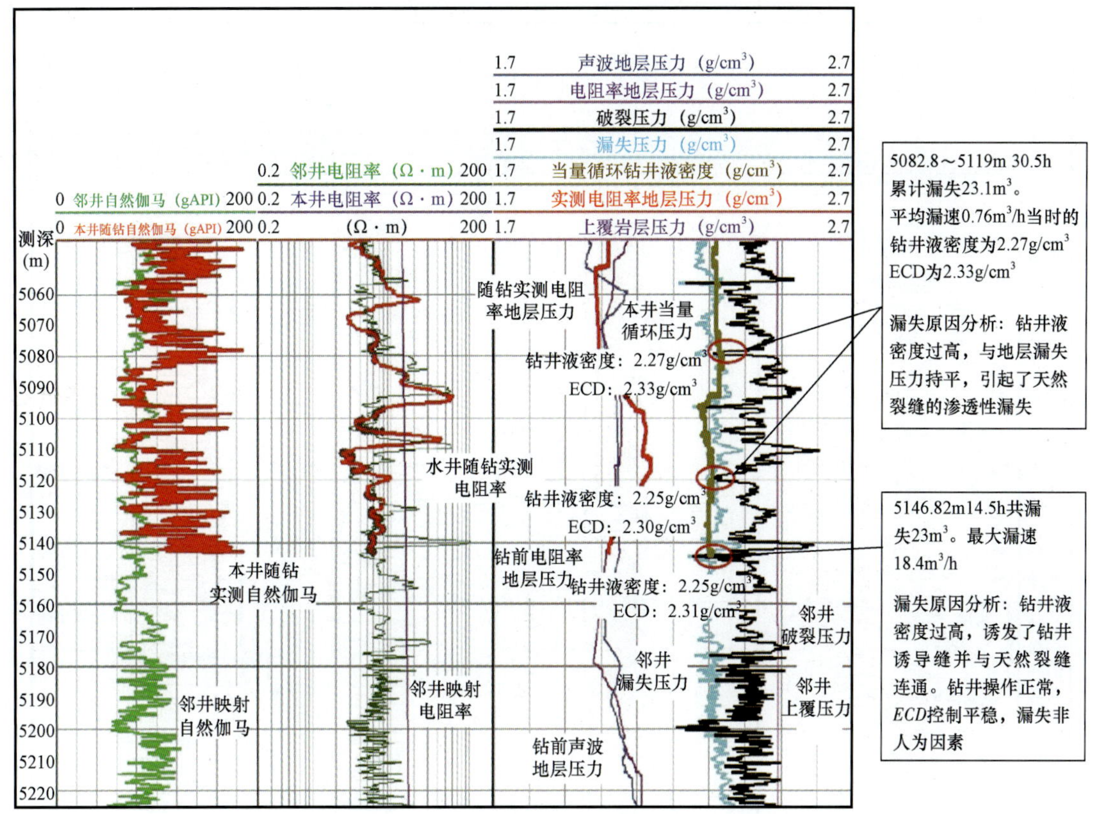

图 3-1-26　DN204 井钻进时地质力学模型与漏失具有很好的对应关系

综上所述，NDS 服务中的地质力学模型不是一个静止的模型，而是一个动态的不断更新的模型。在一口井开钻前，由于对地层情况的了解有限，钻井过程中存在着大量的不确定因素，地质力学模型综合了该区块所有已知的地质力学现象和数据，提供了一个初步的理论基础。随着一口井的钻进，更多的数据被采集起来，如随钻测井参数、录井资料、钻井报告等，这些数据可用来校正和补充最初的地质力学模型，使之更加完善，进一步减少钻井中的不确定因素，为安全钻进提供指导和帮助。图 3-1-27 是完钻时根据随钻测井计算的地质力学模型。钻进使用的钻井液密度为 2.10～2.20g/cm³，当量钻井液密度（ECD）最大值为2.25g/cm³。在当前情况下，这一钻井液密度能够保证顺利钻进。

井段 4996～5380m 储层段地质力学模型显示：

（1）储层段孔隙压力异常，孔隙压力系数为 1.80～2.15；

（2）储层段最大水平应力大于上覆岩层压力大于最小水平应力，应力水平高；

（3）储层段应力不平衡性高，最大和最小水平应力之比为 1.14～1.2，随着深度增加逐渐增大；

（4）储层段坍塌压力系数与孔隙压力系数相当，为 1.80～2.15g/cm³；

（5）储层段破裂压裂梯度分布受裂隙分布、岩石强度等众多因素影响，完整岩石破裂压力系数最低值约为 2.30，在某些岩石强度较低的层位破裂压力梯度还有可能更低。

结合本井的地层特点，综合分析井壁稳定（没有严重的井壁崩落和压裂破坏）和水力安全

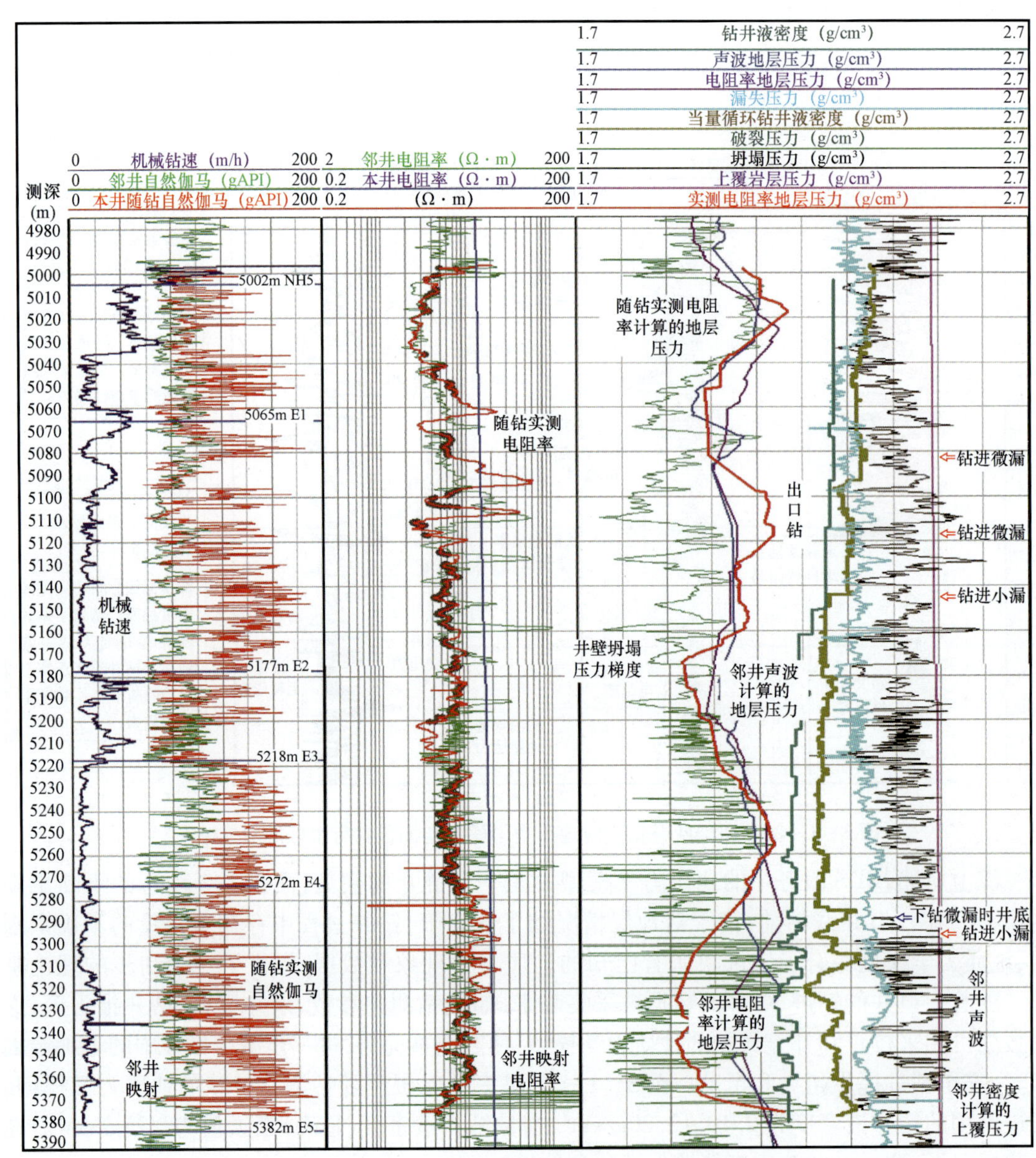

图 3-1-27　DN204 完钻时的地质力学模型

(不发生溢流和漏失)的要求,在钻进、起下钻、处理事故和其他各种作业中,储层段环空压力当量循环钻井液密度 ECD 始终保持在 2.10 ~ 2.30g/cm³,可保证安全钻井的要求。

实钻中,井段 4996 ~ 5380m 所发生的岩石力学问题分为漏失和井壁崩落两种,没有出现溢流问题。本井段共发生 5 次井漏,漏失原因为钻井液密度和黏度变化剧烈,引起了环空压力的波动。井底环空压力的最大值超过了裸眼段最小的漏失梯度而引起漏失。

井壁崩落主要发生在 E5 段,该段岩石强度变化大,井壁坍塌压力系数最高为 2.19(图 3-1-28),易发生井壁崩落。因此在钻井措施上,要求钻进时钻井液密度应尽量保持在不低于 2.14g/cm³,防止发生进一步的井壁崩落造成角状掉块。避免倒划眼、过高的转速和钻柱振动，平稳操作，防止发生更多的板状掉块。此段要尤其注意保持井眼清洗良好，并尽量降低液体漏失系数。由于井壁崩落发生的程度轻微，对钻井和将来的测井、固井影响较小，钻井液密度还有进一步降低的可能性，但应保持在 2.10g/cm^3 以上。

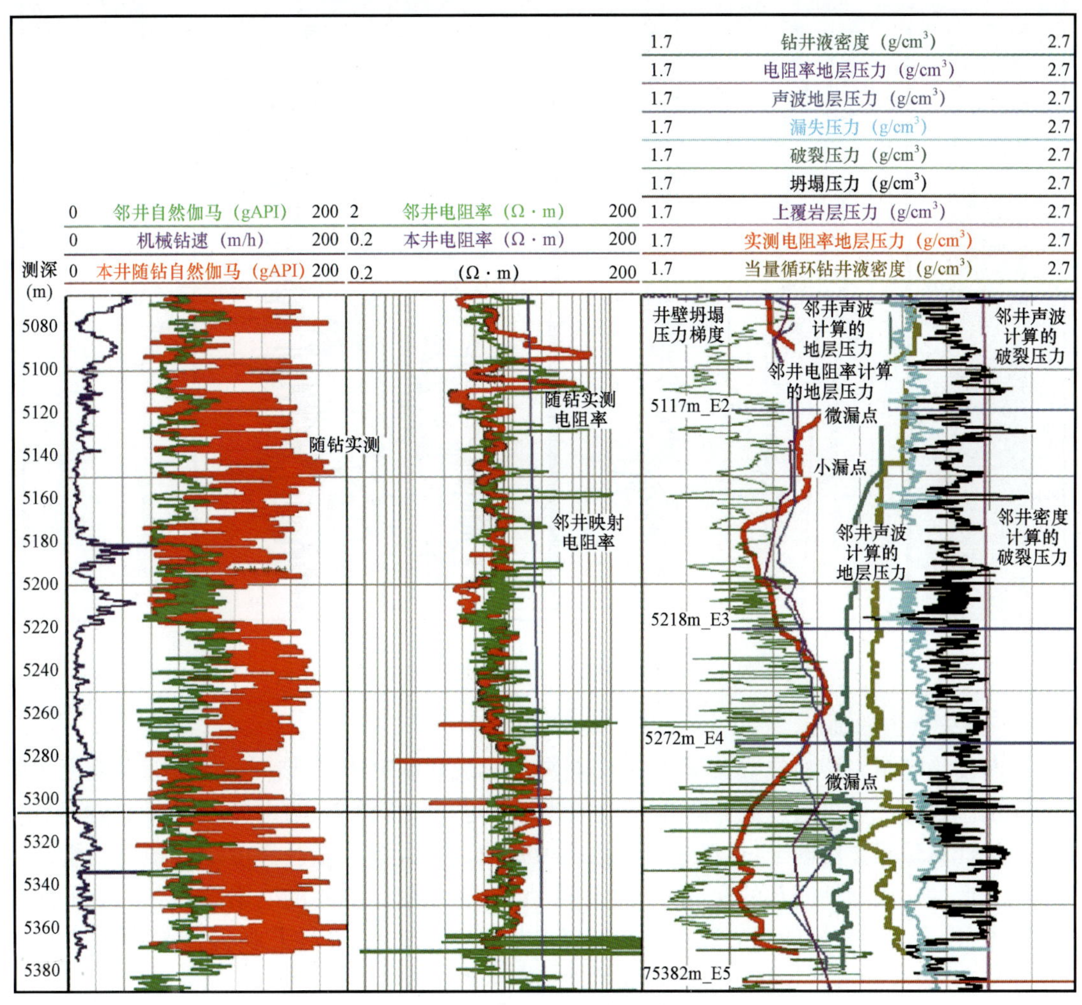

图 3-1-28　DN204 井 5070～5380m 地质力学模型

4）DN204 井地质力学模型（MEM）钻后评价

（1）钻后 MEM 模型。

DN204 井测井方法得到了常规测井资料、DSI 声波测井资料和 FMI 电阻率成像资料。应用声波纵波资料计算的地层孔隙压力更为可靠（应用电阻率资料计算的地层孔隙压力易受矿化度和温度的影响），应用纵波和横波资料计算本井的地应力，从而计算井壁稳定窗口。FMI 的成像资料显示的井壁崩落和钻井诱导缝，为模型的进一步精细刻度创造了条件。成像显示的天然裂缝使我们更清楚地了解了地层，有利于进一步研究漏失机理。综合钻后测井资料，形成了钻后的地质力学模型，见图 3-1-29。

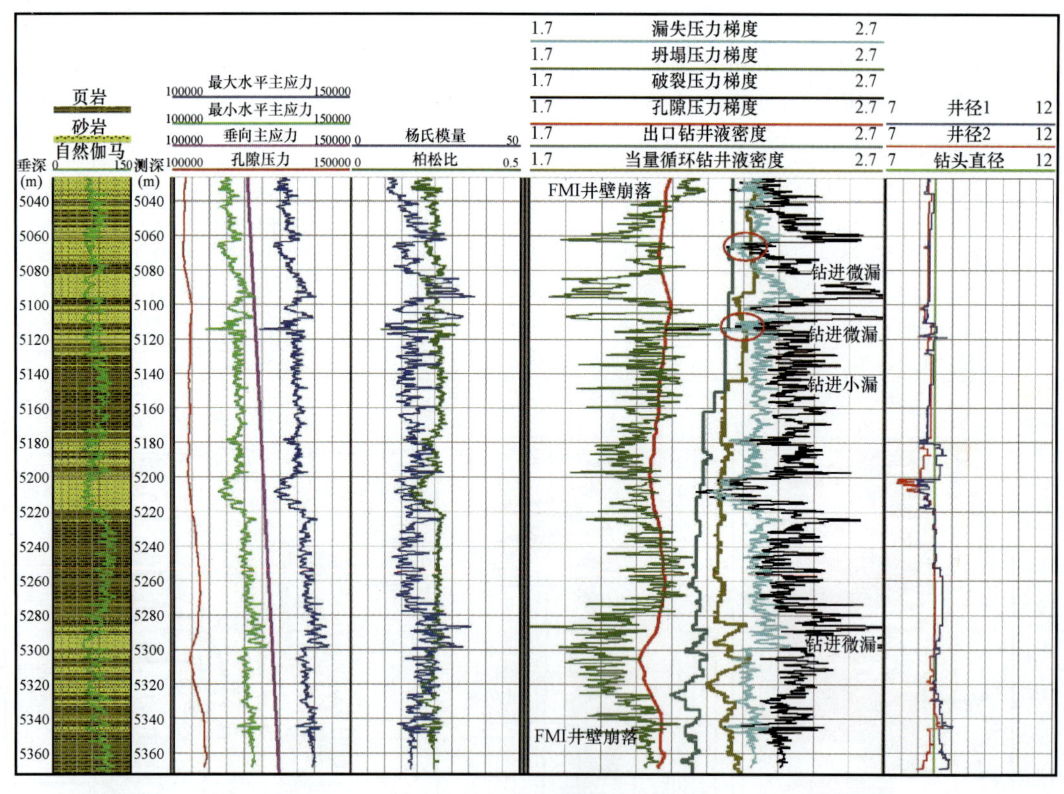

图 3-1-29　DN204 井钻后地质力学模型

(2)漏失层位的确定。

判断和确定漏失层的位置及深度,对分析漏失机理和制定防漏、堵漏施工对策有着至关重要的作用。找漏一般可通过成像测井、井温测量、放射性示踪测量、热电阻测量、传感器测量、转子流量计测量等方法确定,也可通过观察机械钻速、岩心、漏失量及深度结合地质力学模型来推测。通过对比随钻测井的深、中、浅电阻率,以及对比随钻测井的电阻率和钻后电缆测量的电阻率,没有发现较好的漏失层指征。根据本井的实际情况,最终采取实时观察井漏、地质力学建模、井眼成像测井相结合的手段来推测地层的漏失层位。

钻后 MEM 显示,5061~5082m 和 5100~5120m 这两个井段的破裂压力和漏失压力较低,钻进时当时的 ECD 值均都超过了这两个井段的破裂压力和漏失压力。从 FMI 图像上也显示这两个层段存在明显的天然裂缝和钻井诱导缝(图 3-1-30),说明这两个层位为可能的漏失层,而钻至井深 5146m 处发生的小漏,由于此处的漏失压力和破裂压力均较高,分析有可能是把上部的这两个薄弱层又压开了而发生的漏失。

(3)DN204 井岩石力学问题及 NDS 施工效果。

① DN204 井四开井段(4996~5380m)岩石力学问题。

DN204 井四开井段环空压力当量钻井液密度保持在 2.10~2.30g/cm^3 时可保证井壁稳定和水力安全。要求钻进、起下钻、处理事故和其他各种作业中,根据钻井液的性能、工况,平稳地调整钻井液密度,保证环空压力始终保持在此安全窗口范围内。

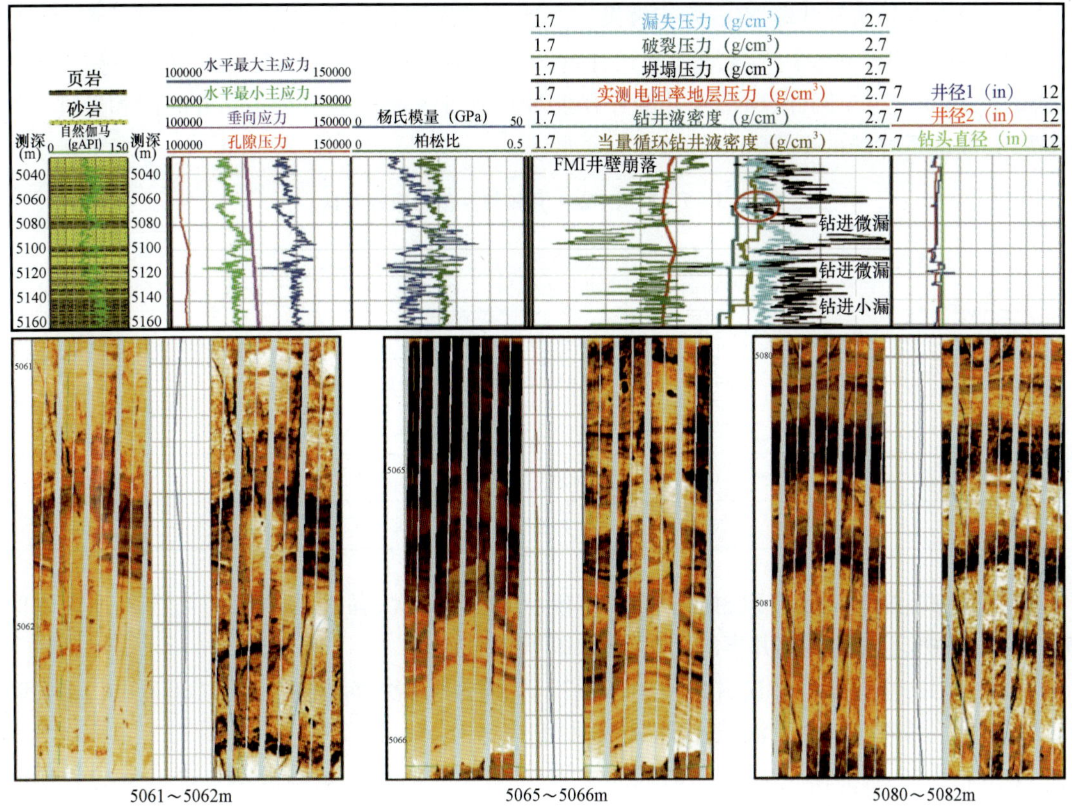

图 3－1－30　井段 5061～5082m 可疑漏失层位

四开井段的岩石力学问题主要为钻井液漏失(共漏失 86.51m^3)、井壁崩落(主要发生在井段 5033～5036m,5354～5362m)和井壁压裂破坏(钻井诱导缝普遍存在)。井壁崩落较轻微,对钻进工程没有造成大的影响。古近系下部地层钻井诱导缝很普遍且很明显,因此实钻中把工作的重点放在了防止钻井液漏失上。四开井段之所以没有引发大的井漏,得益于把当量钻井液密度精确地控制在了钻井液漏失压力梯度之下。DN204 四开钻井液漏失统计见表 3－1－6。从表 3－1－6 可以看出,自 9 月 6 日降低钻井液密度后,直至钻至完钻井深仅漏失钻井液 0.8m^3。

表 3－1－6　DN204 四开钻井液漏失统计表

井深(m)	井眼(in)	当日漏失量(m^3)	钻井液密度(g/cm^3)	当日作业	日期
5107	8½	15	2.26	钻进	8 月 17 日
5131	8½	8	2.25	NDS 钻进	8 月 18 日
5147	8½	18	2.25	NDS 钻进	8 月 19 日
5147	8½	33.7	2.24	NDS 钻进	8 月 20 日
5288	8½	11	2.2	下钻	9 月 6 日
5296	8½	0.8	2.18	NDS 钻进	9 月 7 日

② DN204 井四开井段 NDS 施工效果。

DN204 井四开井段钻井液漏失量只有 86.51m^3,而邻井漏失量均为几百立方米到几千立方米(表 3-1-7)。因此,DN204 井四开井段 NDS 作业大幅度地节约了钻井时间和处理事故的费用,保证了井眼的平滑和良好的井身质量。

表 3-1-7 DN204 井与邻井复杂事故对比

井号	阻卡		井漏		其他	
	次数	损失时间(d)	漏失量(m^3)	损失时间(d)	次数	损失时间(d)
DN204	0	0	86.51	3	0	0
DN201	2	9.44	414.1	5.17	3	—
DN202	2	34.71	1180.04	24.1	8	81.5
DN22	1	0.5	1360.8	—	2	2.4
DN2-3	4	20.44	1162.6	93.6	2	2.35

DN201 井:全井卡钻 2 次,损失时间 9.44 天;井漏 2 次,漏失钻井液 414.1m^3,损失时间 5.17 天。另外还有钻具落井事故 2 次,堵水眼事故 1 次。

DN202 井:全井卡钻 2 次,损失时间 34.71 天;井漏 15 次,漏失钻井液 1180.04m^3,损失时间 24.1 天。另外还有井下溢流 8 次,损失时间 81.5 天。

DN22 井:全井卡钻 1 次,损失时间 0.5 天;井漏 15 次,漏失钻井液 1360.8m^3。另外还有井下断钻具和溢流事故各 1 次,损失时间 2.4 天。

DN2-3 井:全井卡钻 4 次,损失时间 20.44 天;井漏 6 次,漏失钻井液 1162.6m^3,损失时间 93.6 天。另外还有井下断钻具和井下落物事故各 1 次,损失时间 2.35 天。

DN204 井:8½in 井眼应用所建立的地质模型和使用 NDS 服务,发生井漏 5 次,漏失钻井液 86.51m^3,损失时间约 3 天。

3. 新疆油田 H003 井优快钻井 NDS 应用实例

H003 井是准噶尔盆地霍尔果斯构造上的一口重要探井,该井钻探对南缘霍尔果斯区块乃至整个南缘地区下一步勘探均有重大意义。但在霍尔果斯区块已完钻的探井中,都存在着钻井周期长、复杂事故多、钻井成本居高不下,尤其是安集河海组钻探过程中存在着钻井液当量密度稍高即漏、稍低即溢的现象,漏失、卡钻事故十分突出,严重影响钻井进程。如 H10 井从 1991~2711m 由于发生窄密度窗口漏失导致恶性起钻事故发生,720m 井段发生 9 次恶性卡钻事故,损失时间 210d,给 H003 井的钻探工作带来了巨大的挑战。

1)钻井地质难点及钻井井下复杂情况预测

(1)井壁稳定性差。

霍尔果斯构造位于盆地南缘第二排构造带霍—玛—吐构造的西段,基本形态为近东西向延伸、两翼较陡的长轴背斜。受山前构造运动的作用,形成了诸多断层,主要复杂地层安集海河组存在长距离的滑脱断层,中上部地层十分破碎,而且 50°左右的地层高陡倾角,井壁围岩强度最低,在强地应力作用下钻井井壁稳定性难度最大(图 3-1-31)。

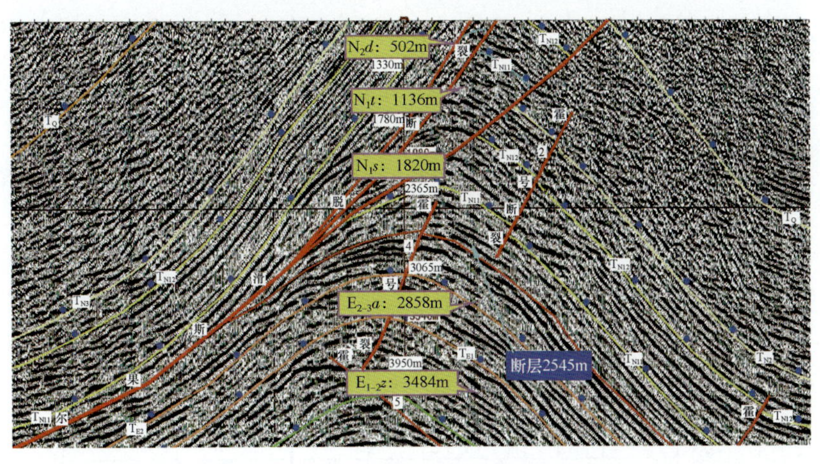

图 3-1-31 霍尔果斯背斜地下特征

(2)地层压力系统复杂。

通过邻井资料地质力学模型可以看出,该地区的地层压力比较复杂。水平最大地应力大于上覆应力大于水平最小地应力(图 3-1-32),属强地应力地区。安集海河组、紫泥泉子组地层压力高,最高压力系数达到 2.46。高密度钻井液的配制与维护难度大。邻井孔隙压力预测图见图 3-1-33。

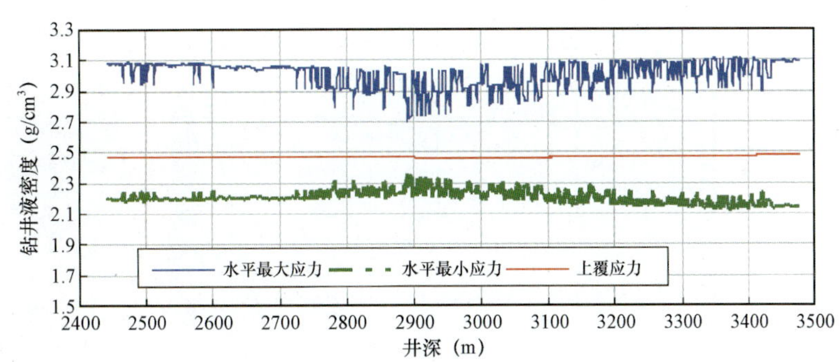

图 3-1-32 邻井三个地应力剖面

(3)钻井液安全密度窗口小,井漏频发(图 3-1-34)。

坍塌压力与漏失压力互相交替,安全钻井液密度窗口几乎不存在。钻遇这些层位时,要密切注意钻压、扭矩和机械钻速的变化。过高的钻井液正压差可能会压裂地层,造成循环漏失,接着发生卡钻甚至恶性卡钻。有时抽吸或激动压力会产生裂缝,钻井液也会通过这些裂缝发生漏失,易发生压差卡钻。

2)地质力学模型概述和地层压力预测

根据随钻测井的数据及邻井(H002 井)的测井数据,我们对 H003 井的地质模型进行了更新。

更新的地质模型采用了随钻测井中的自然伽马、电阻率以及当量循环钻井液密度。

根据自然伽马和岩屑的分析,三开已钻井段以泥岩为主。

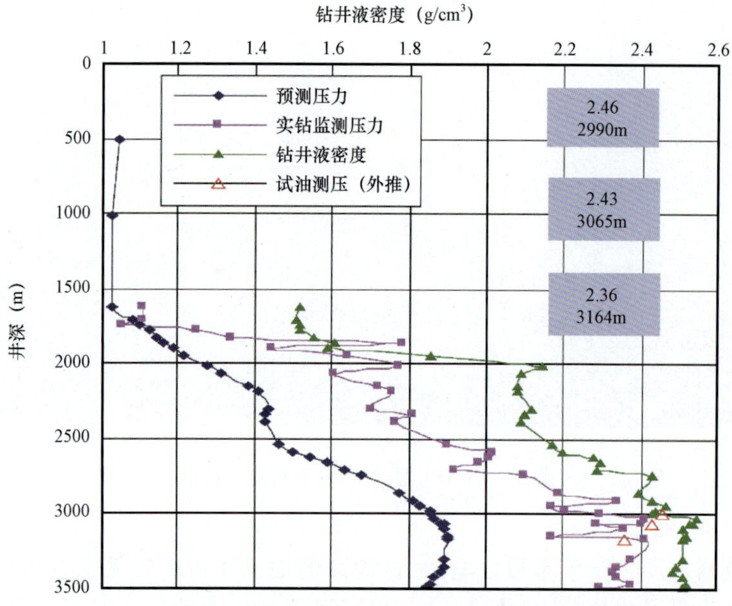

图 3-1-33 邻井孔隙压力预测图

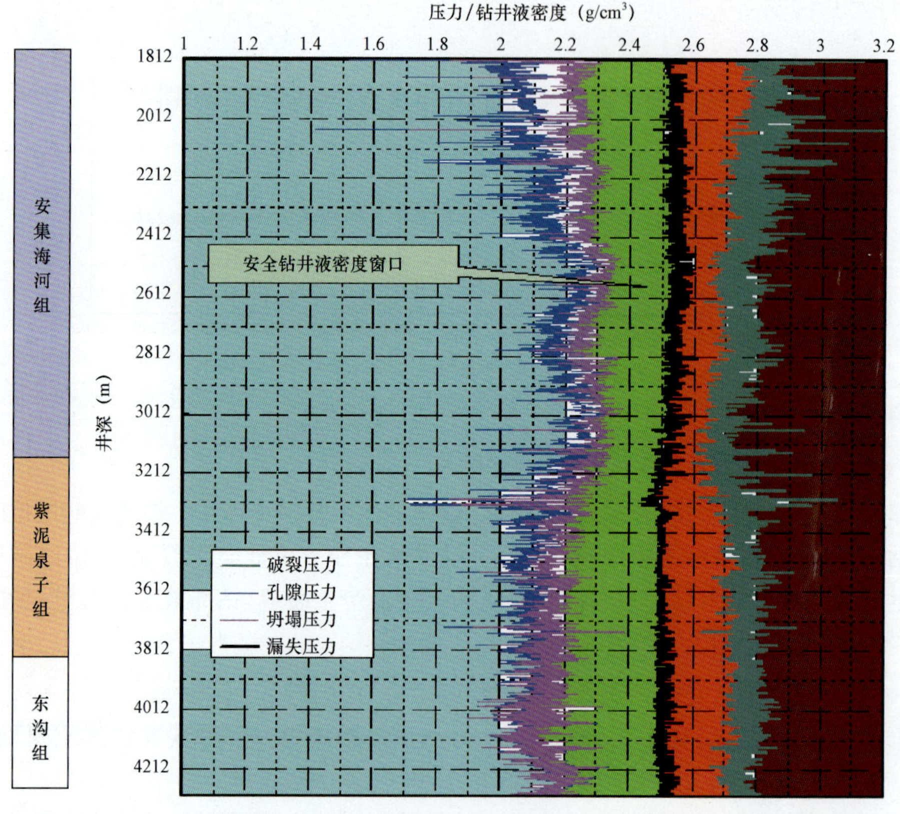

图 3-1-34 H002 井安全钻井液密度窗口

电阻率的测井结果和上部井段及邻井数据接近，所以直接采用了随钻测井的数据用于分析计算。

当量循环钻井液密度表征了钻进过程中钻井液密度的大小。参照钻井液密度窗口与当量循环密度的大小，分析了钻井现象，并与模型进行对比分析。

图 3－1－35 至图 3－1－37 共显示了四道数据，每一道的意义解释如下：

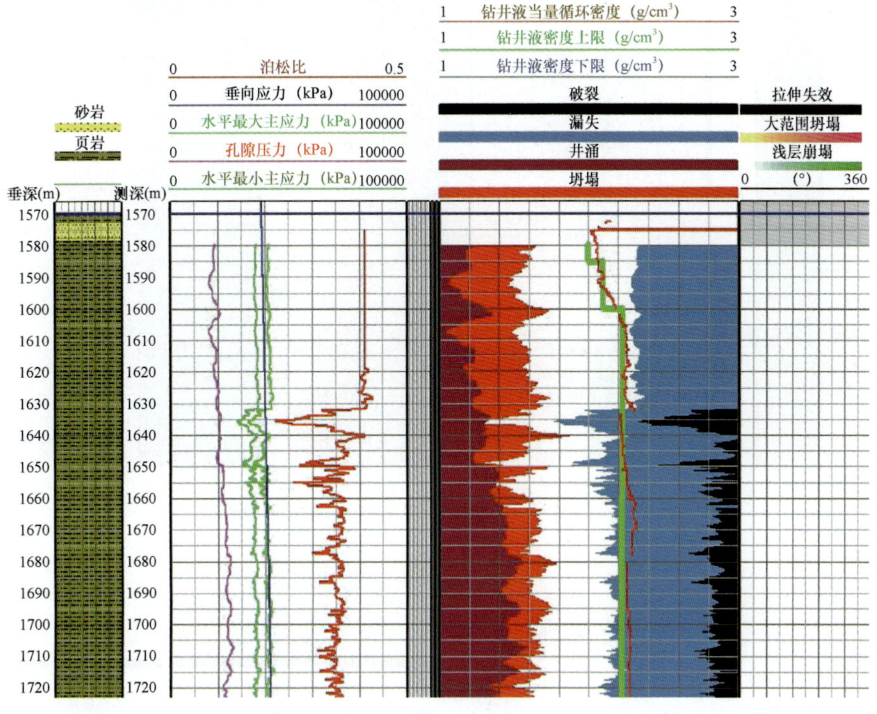

图 3－1－35　钻井液窗口成果图(1570～1720m)

第一道是岩性分析，本模型中三开井段以泥岩为主。

第二道显示的是地应力成果，包括垂向应力、最大水平主应力、最小水平主应力和孔隙压力。泊松比也显示在这一道。

第三道是钻井液密度窗口，此窗口显示了根据力学模型计算成果得到的、保证安全钻进的最大/最小钻井液密度的窗口。钻进过程中实际采用的钻井液密度和当量循环密度也显示在这一道。

若实际钻井液密度（当量循环密度）在棕红色区域内，则钻井液密度低于孔隙压力，发生井涌。

若实际钻井液密度（当量循环密度）在红色范围内，则可能出现井壁垮塌。

若实际钻井液密度（当量循环密度）在蓝色区域内，如果在该深度地层存在天然裂缝，则会有钻井液漏失的危险；如果该处地层完整，则不会观察到漏失现象。

若实际钻井液密度（当量循环密度）在黑色区域内，表明钻井液密度过高，将原本完整的裂缝压开，产生新的裂缝，若新产生的裂缝与天然裂缝贯穿，则可能产生严重漏失。

只有当钻井液密度（当量循环密度）位于白色区域内时，井壁才是稳定安全的。

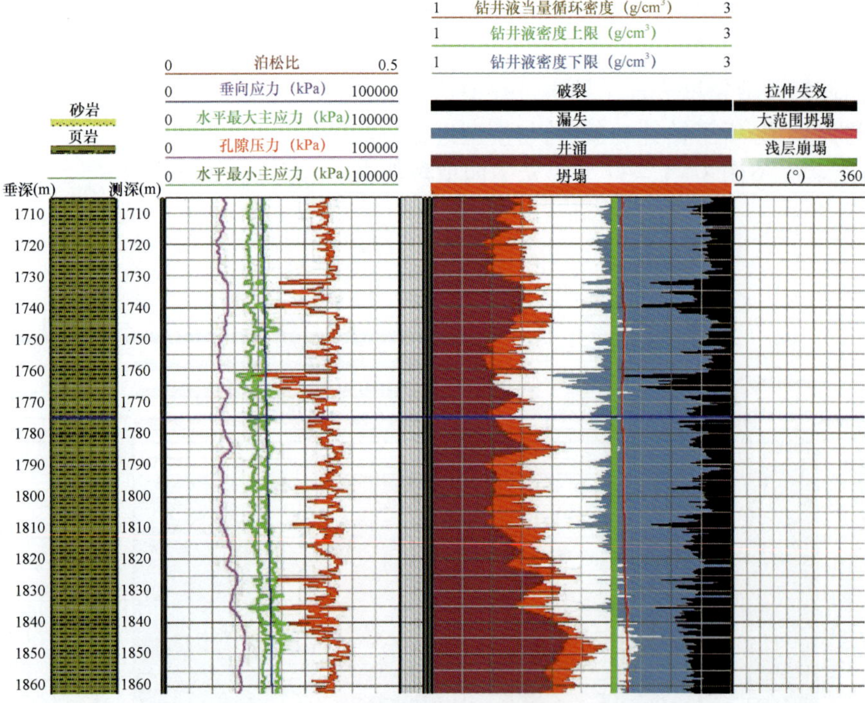

图 3-1-36　钻井液窗口成果图(1710~1860m)

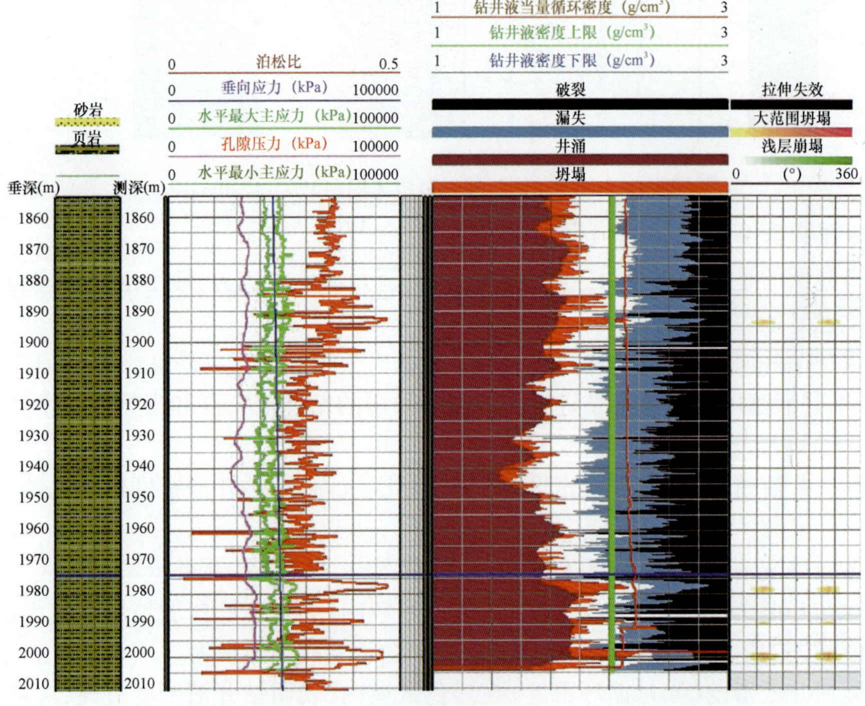

图 3-1-37　钻井液窗口成果图(1860~2010m)

第四道显示的是井壁破坏模式、方位及严重程度，颜色越深表明破坏越严重。岩石力学模型成果分析：

1.57g/cm³的钻井液密度较合理，当量循环密度控制有效。尽管在整个钻进过程中钻井液密度曲线落在蓝色区域内，但由于地层相对完整，岩石强度较高，不会出现严重的钻井液漏失。

1885～1910m，岩石强度较低，可能出现井眼垮塌。在钻进过程中井眼破坏的可能性存在。当钻进停止时，静止的钻井液密度可能造成更为严重的垮塌。但总的来说，这类垮塌可以通过对ECD的监测和清洁井眼来解决，不会造成严重问题。

1973～2008m，据随钻测井曲线及录井解释推测，接近或进入断层破碎带。在这一深度，孔隙压力升高，岩石完整程度下降，极易出现垮塌和压裂漏失同时存在的现象。从对岩屑的分析中发现了这种可能性。处理这些事故仅靠提高钻井液密度是无法完全控制的，特别是在断层破碎带附近，过高的钻井液密度可能大范围压裂井壁，造成钻井液大量漏失。

3）使用ECD进行优快钻井的典型事件分析

（1）实时当量循环密度监测（图3－1－38和图3－1－39）。

斯伦贝谢公司在施工前根据邻井资料提出了H003井的地质力学模型。对地层孔隙压力、漏失压力、坍塌压力做出预告图，施工中根据随钻测井数据不断调整地质力学模型，由于霍尔果斯特殊的地质条件，钻井液密度安全范围很小，施工中除了严格控制钻井液密度外，还要控制好当量循环密度。钻井液当量循环密度的变化，一是由于钻井液密度和黏切的变化引起的，二是由于机械钻速快、钻屑多，或是地层垮塌，即井眼的不清洁而导致当量循环密度上升，这种风险要降到最小，在井深1744.60m时，钻速高达12m/h，钻井液密度2.23g/cm³，当量循环密度2.39g/cm³，停钻循环后，ECD稳定，但没有降至最低值，根据以前经验判断认为这可能是由于塑性黏土黏附在钻具上，减少了环空面积，从而引起钻井液当量密度的增加（图3－1－38）。作业负责人决定如果ECD居高不下，钻完当前立柱后，就应短起通井。晚上9:00，实施短起通井，在套管内也遇阻100kN，短起后循环时振动筛返出较多钻屑，短起效果见图3－1－39。

H003井三开井段施工中，针对ECD的控制PERFORM工程师提出11份异常预报。

在10月27日晚上8:00，ECD值升高到2.44g/cm³。建议循环，活动钻具清洗井眼。23:00，一柱打到底，活动钻具并大排量清洗井眼，但是ECD没有降低。次日凌晨3:00，ECD值升高到2.47g/cm³。通过增大排量，控制住了ECD上升趋势，过高的ECD值会对上部井段的稳定性产生影响（图3－1－40）。8:00，决定起钻，但是上提下放都很困难。

（2）对井下复杂情况的判断。

10月10日，井深1812m，ECD呈上升趋势，分析认为是钻屑和塑性黏土引起的，采用提离井底循环、活动钻具、增加排量等措施后，ECD由2.33g/cm³增加到2.39g/cm³，决定短起下，当起至1715m时卡钻，震击解卡后上提，下放到底继续打钻，当钻至2000m时，钻井液密度2.22g/cm³，而ECD由2.39g/cm³上升到2.43g/cm³，再上升到2.59g/cm³，地层垮塌掉块极不稳定，采取措施如下：

① 开大泵排量清洁井眼，排量由设计40L/s提高到43L/s。

② 尽量正划眼，不要倒划眼。

③ 司钻操作要平稳，尽量减少对井眼的破坏。

④ 放慢钻进和起下钻速度，以避免钻具与破碎带的相互作用。

⑤ 随时监测地层压力与井底温度的异常变化。

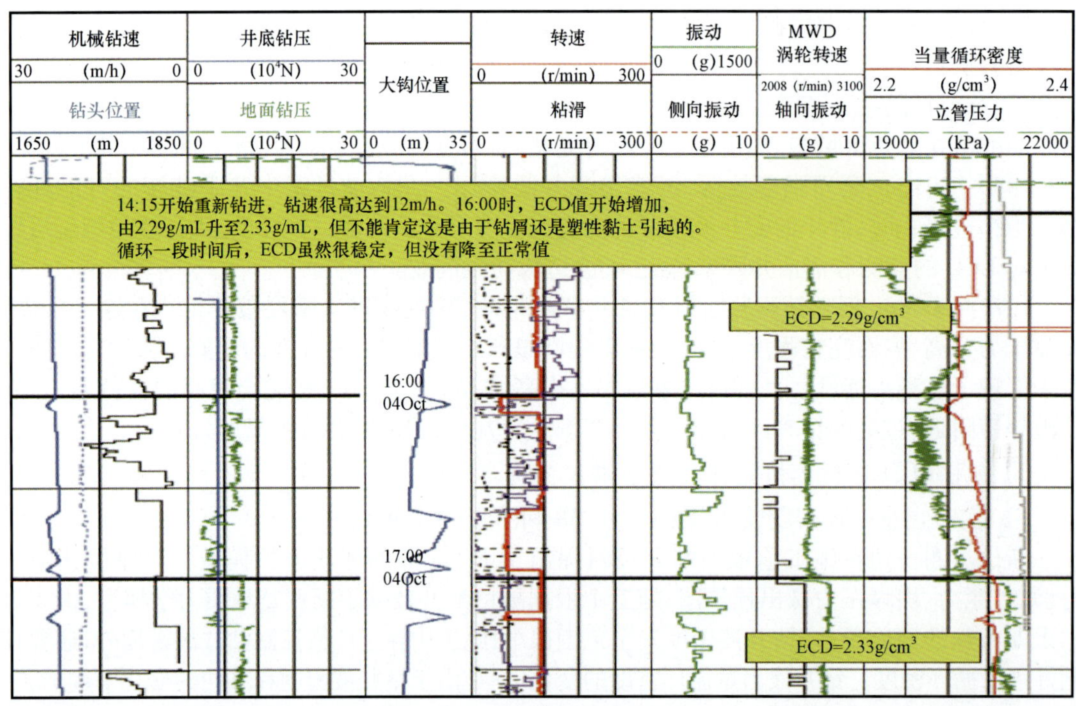

图 3-1-38 钻屑引起高 ECD

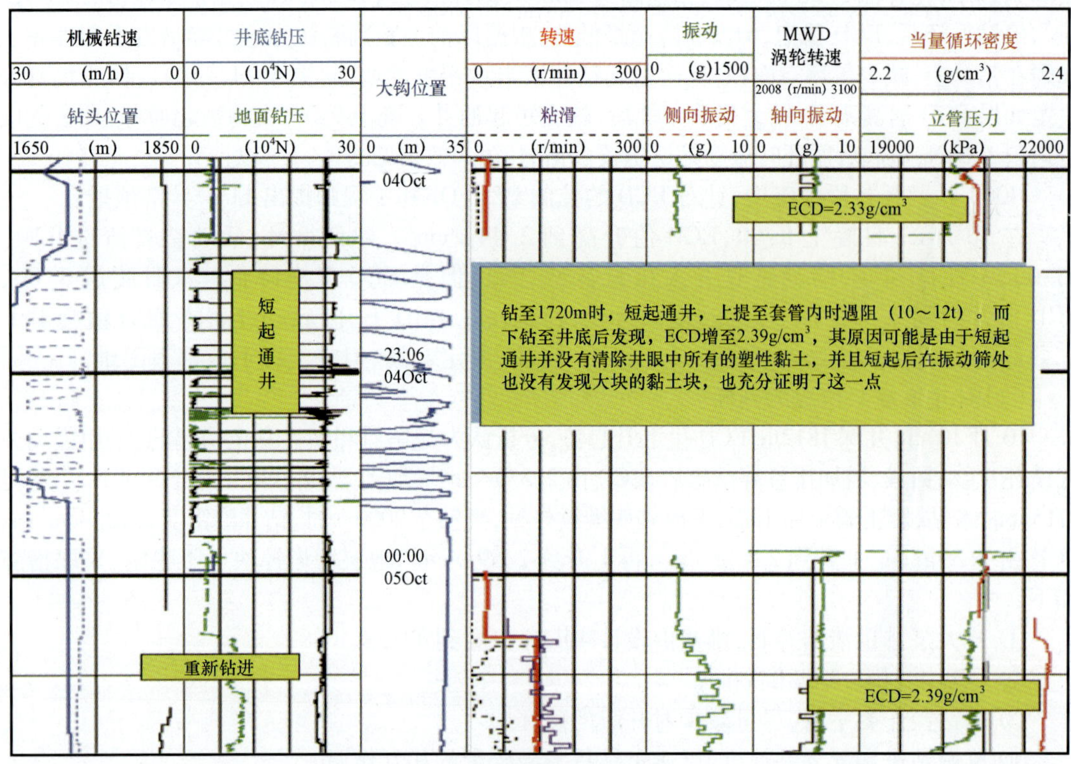

图 3-1-39 塑性黏土引起高 ECD

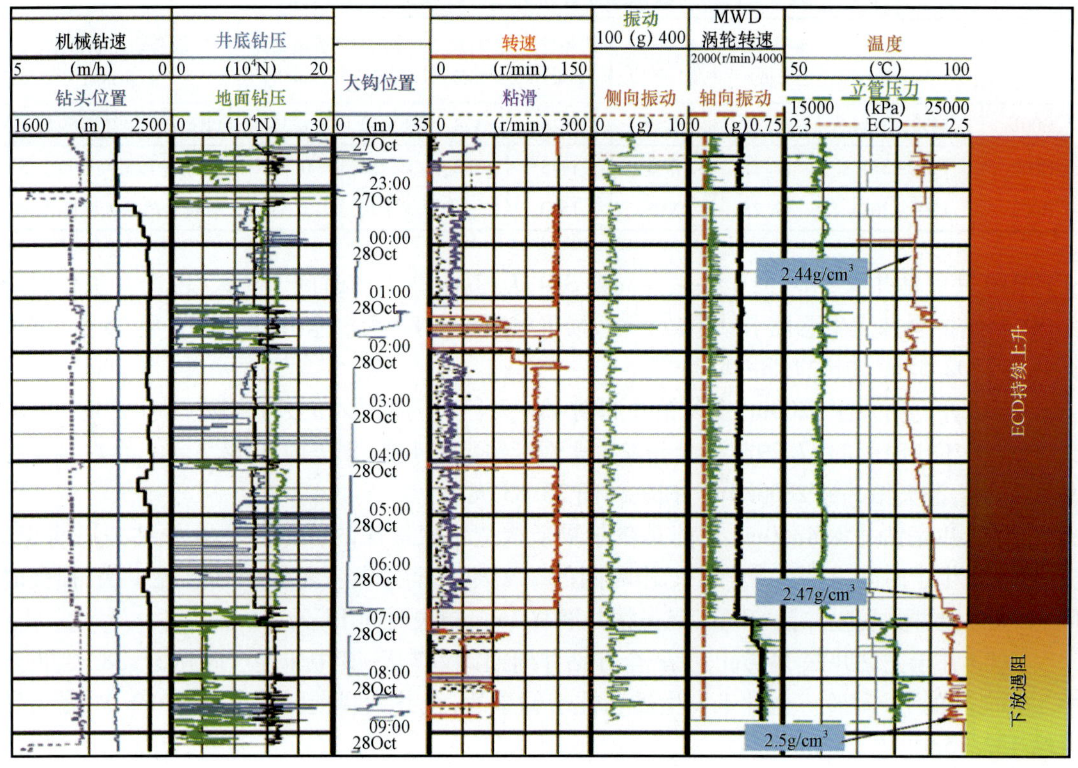

图 3－1－40　高 ECD 引起下放钻具遇阻

4）应用效果分析

H003 井在三开（1580～3083m）井段中应用基于 ECD 测量的一整套 NDS 无风险钻井技术，大幅度缩短了该井段的钻井时间，与邻井 H001 井和 H002 井相比钻井时间分别缩短 82 天、46 天，三开段的最高钻井液密度分别降低了 0.24g/cm³、0.11g/cm³，由于选择了合理的钻井液密度，大幅度减少了井漏（图 3－1－41）、卡钻等井下复杂事故，这也是本地区钻井表现最好的一口井了，综合效果十分明显。霍尔果斯评价井三开段机械钻速对比见表 3－1－8。

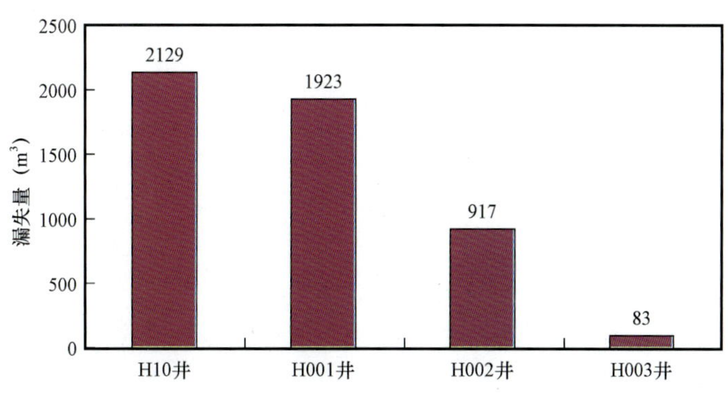

图 3－1－41　霍尔果斯地区已钻井漏失量对比图

表3-1-8　霍尔果斯评价井三开段机械钻速对比表

井号	井段 (m)	钻头尺寸 (in)	钻具组合	钻井进尺 (m)	时间 (d)	钻压 (t)	机械钻速 (m/h)	最高钻井液密度 (g/cm^3)
H001	1498~3114	12.25	常规	1616	174	6~12	1.35	PRT体系最高密度1.63
H002	1860~3338	12.25	常规	1478	138	8~16	0.87	有机盐体最高密度2.5
H003	1580~3083	12.25	NDS	1503	92	8~20	1.35	有机盐体最高密度2.39

H10井完钻井深3484m,全井钻井周期354天,其中非生产时间139天,占全井工作时间的39.44%。全井发生恶性卡钻事故9次,损失时间112.83天。全井共发生井漏35次,漏失钻井液2702.35m^3,损失时间15.34天。

H001井完钻井深4200m,全井钻井周期433天(含中途测试9天),其中非生产时间161天,占全井工作时间的37.29%。全井发生恶性卡钻事故4次,损失时间92.8天。全井共发生井漏73次,漏失钻井液2803.5m^3,损失时间23.63天。

H002井完钻井深4360m(目前是霍尔果斯构造钻探最深的一口井),全井钻井周期382天,其中非生产时间30天,占全井工作时间的7.97%。全井发生恶性卡钻事故1次,损失时间12天。全井共发生井漏69次,漏失钻井液904m^3,损失时间13天。

H003井于完钻井深3446m完钻,全井钻井周期212.7天,其中非生产时间31.38天,占全井工作时间的14.75%。全井未发生过恶性卡钻事故,全井到目前共发生井漏10次,漏失钻井液132.15m^3。

第二章　随钻测井技术

随着大斜度井、水平井及大位移井的不断增多，采用在传统直井中广泛应用的电缆测井技术对这些井进行测井遇到越来越多的挑战和风险，譬如测井仪器入井困难、钻杆传输测井费时费力等。一种能够将测井仪器组合在钻具中，在随钻过程中能够实现常规电缆测井项目（如自然伽马、电阻率、密度中子、光电截面指数、声波等），并且能够实时传输数据到地面的测井技术，即 LWD 随钻测井技术，逐渐发展成熟，成为钻井专家和油藏地质专家在高风险井的首选测井技术。目前，LWD 几乎可以实现全部的传统电缆测井项目，涵盖了常规测井、成像测井、声波测井、核磁共振测井及地层测试等各个项目。

随钻测井作业方式区别于传统电缆测井，具有更广泛的应用，见图 3－2－1，主要有如下三个方面的应用：

图 3－2－1　随钻测井技术应用

（1）储层评价：随钻测井实现了在钻井的同时对地层进行测井作业和储层评价。在满足储层评价应用的基础上，可以省掉部分或全部钻后电缆测井环节，节省了钻机时间，降低了成本，同时避免了电缆测井带来的作业风险。

(2)钻井优化:通过随钻测井采集地下地质信息和工程信息,钻井专家可以实时监控井下钻井状况,从而实现安全、高效、优化钻井。

(3)地质决策:通过实时随钻测井采集地下储层信息,油藏地质专家可以实时了解地下储层情况、做出实时地质决策,可以进行实时地质停钻和地质导向。这可以充分发挥地质人员和工程人员的主观能动性,对于高效勘探和开发复杂油气藏具有重要意义。

随钻测井技术是完成大斜度井与水平井钻井设计、实时井场数据采集、解释和现场决策以及地质导向的关键技术。同时,随钻测井技术可以实现随钻随测,最大限度降低了测井数据受环境的影响,为勘探开发的测井地层评价,尤其是重难点储层的测井评价提供了有力的数据支撑。

斯伦贝谢 LWD 随钻测井技术,在斯伦贝谢电缆测井技术的基础上发展而来,经历 40 多年的积累和发展,已经成为日常油田测井作业中重要组成部分。

第一节　随钻测井技术概况

一、随钻测井技术发展历程

1977 年斯伦贝谢公司开始随钻测井技术研究,1984 年开发出随钻测井仪器样机。之后通过 4 年的现场测试及改进,1988 年正式推出第二代随钻测井仪器家族中的补偿电阻率自然伽马仪器 CDR 和补偿中子密度仪器 CDN,首次实现了常规三组合随钻测井,即随钻自然伽马、电阻率、随钻密度中子和光电截面指数等。

1990 年,通过 MWD 仪器(M3)实现了 CDR 和 CDN 这两种随钻测井仪器的实时测量,随钻测井进入了真正的实时数据时代。1993 年,第一种随钻侧向电阻率测井仪器 RAB 及第一种随钻地质导向仪器 GST 投入市场,可以提供侧向电阻率测井和自然伽马测井。更为重要的是基于随钻测井技术的地质导向技术也开始发展起来,给随钻测井技术带来了更广阔的发展空间,也使随钻测井技术得到了更多的关注。此时,其他油田服务商也开始着手研发随钻测井技术,随钻测井技术进入了高速发展时期。

1994 年,斯伦贝谢 VISION 系列随钻测井技术开始投入商业化应用,相比较第二代补偿型随钻测井仪器,VISION 系列在测量精度、探测深度及成像等方面大大提高了。以此为分界点,随钻测井技术结束了电缆测井技术在储层评价技术中“一统天下”的局面,随钻测井储层评价技术发展成为一种独立的储层评价技术手段(图 3-2-2)。

VISION 系列包括六种仪器:

(1)arcVISION 随钻阵列补偿电磁波传播电阻率测井,该仪器主要测量项目为电磁波传播电阻率和自然伽马,同时可以对地层各向异性及钻井液侵入、介电效应等进行评价和校正,并可以反演出原状地层电阻率。

(2)geoVISION 随钻侧向电阻率测井,该仪器主要测量项目为侧向电阻率、自然伽马与电阻率成像及自然伽马成像,同时可以对钻井液侵入进行校正以及反演出原状地层电阻率。

(3)adnVISION 随钻方位密度中子测井,该仪器主要测量项目为中子、密度、光电截面指

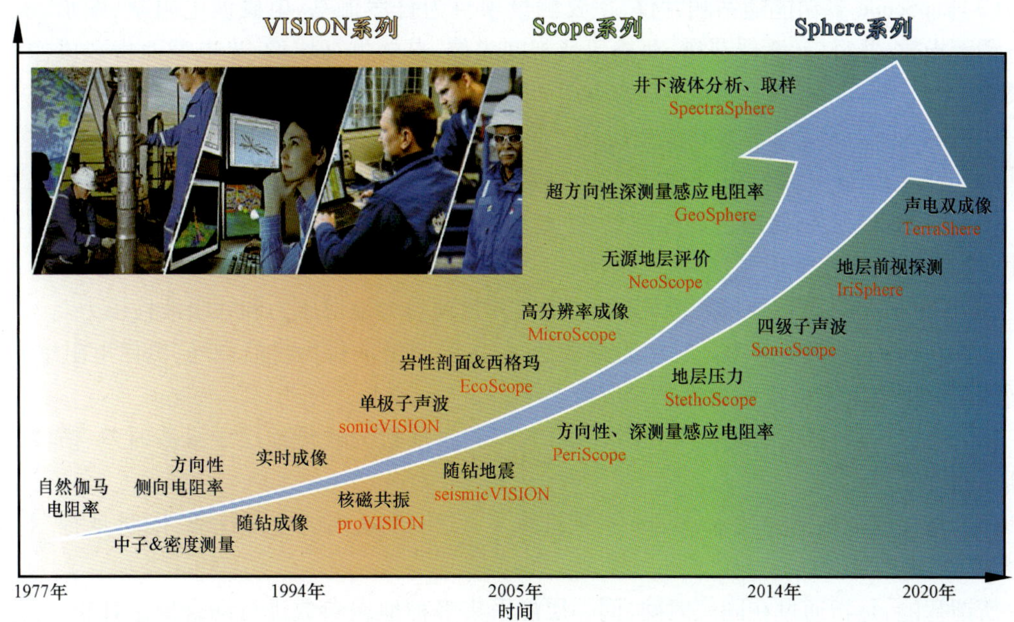

图 3－2－2　随钻测井技术发展历程

数、井径以及密度成像、光电截面指数成像和井径成像。

（4）proVISION Plus 随钻核磁共振测井，该仪器主要测量项目为核磁总孔隙度、束缚水孔隙度和 T2 谱等核磁共振测井项目。

（5）sonicVISION 单极子随钻声波测井，该仪器主要测量项目为快慢地层中的纵波声波时差和快地层中的横波，适当条件下可采集斯通利波。

（6）seismicVISION 随钻地震测井，该仪器采用地面放炮井底接收的方法进行垂直井眼地震（VSP）测井，获得时深关系和 VSP 成像。

VISION 系列几乎包括了全部的常用测井项目，如自然伽马、电磁波电阻率、侧向电阻率、中子、密度、光电截面指数、声波、核磁共振、垂直井眼地震（VSP）等，可以为开发井、探井提供全套的测井数据，广泛应用在全球各大石油公司的勘探开发作业中，并取得了很好的应用效果，至今仍然是随钻测井技术领域的“标杆”。

进入 21 世纪，石油钻井技术的“高效、高产钻井”需求越来越迫切，斯伦贝谢随钻测井研发团队针对这一需求，广泛征集全球范围内石油界技术专家的意见及需求，开始研发新一代随钻测井技术。

从 2005 年开始先后推出了 Scope 系列随钻测井仪器，到目前为止，Scope 系列共推出了两种随钻测量仪器与六种随钻测井仪器：

（1）TeleScope 高速随钻测量传输系统，是 Scope 系列匹配最好的 MWD 仪器，提供常规的 MWD 测量和超高速实时传输速率。

（2）DigiScope 小井眼高速随钻测量传输系统，是 6in 井眼的 MWD 仪器，提供常规的 MWD 测量和超高速实时传输速率。

(3)EcoScope 多功能随钻测井仪,主要测量项目为自然伽马、电磁波电阻率、中子、密度、光电截面指数、井径、元素俘获谱、西格玛及密度成像、自然伽马成像、光电截面指数成像和井径成像。

(4)NeoScope 无化学源多功能地层测井仪,主要测量项目为自然伽马、电磁波电阻率、中子、无源密度、井径、元素俘获谱、西格玛、自然伽马成像和井径成像。

(5)PeriScope 随钻储层边界探测仪,主要测量项目为自然伽马、电磁波电阻率、方向性探测曲线和储层边界反演成像。

(6)StethoScope 随钻地层压力测试仪,主要测量项目为地层压力和井眼液柱压力。

(7)MicroScope 高分辨率随钻电阻率成像仪,主要测量项目为自然伽马、侧向电阻率、4 种不同探测深度电阻率成像和自然伽马成像。

(8)SonicScope 多极子随钻声波测井仪,主要测量项目为快慢地层中纵波时差、横波时差和斯通利波时差。

作为新一代随钻测井技术,Scope 系列继承了 VISION 系列的全部优势,同时具有“智能、安全、高效”的特点。

所谓智能,是指通过在同一时间、同一层位采集多种地层参数进行综合储层评价,尽最大可能降低储层评价的不确定性,通过客观数据采集来降低人为主观因素在储层评价中的影响。例如在 EcoScope 随钻多功能测井中,通过采集常规测井曲线以及元素俘获谱,就可以直接定量确定储层岩性剖面,进而可以根据定量岩性骨架参数进行变骨架参数孔隙度评价。求准了岩性和孔隙度,再利用电阻率和西格玛两种不同含水饱和度评价结果,可以进一步求准饱和度参数。这样就更加准确地完成了储层综合评价,获得了受主观影响较小的孔渗饱参数,为油藏评价提供了更加准确的基础资料。

所谓安全,是指在随钻过程中通过仪器设计及参数测量来尽可能降低作业风险、环保风险及其他经济成本。例如 EcoScope 多功能随钻测井技术可以采集很多钻井作业参数,比如环空压力和三轴振动等,通过实时传输这些作业参数并配合常规测井,钻井专家就可以实时监控井下安全情况,采取相应措施降低卡钻和落井风险等。EcoScope 采用了 PNG 中子管替代了传统测井中的化学中子源,是随钻测井技术中唯一不采用放射性中子源的仪器,其环保风险是业界内最低的。

所谓高效,是指在随钻过程中,从仪器组装到随钻测井实施、再到钻后测井数据提取都注重时效,可以最大限度减少平台占用时间和项目实施时间。例如 EcoScope 多功能随钻测井仪通过集成设计多传感器,减少了钻具组合的接头数量,减少了组合钻具和拆卸钻具的时间。由于其采用了无化学源的设计,可以节省传统放射性测井仪器的装源时间及井场清场时间,减少平台占用时间。同时,由于 Scope 系列的高速传输和采集特点,在随钻过程中钻井速度不再受随钻测井数据采集要求的限制。

2014 年,第一种 Sphere 系列随钻测井仪器上市。到目前为止,Sphere 系列共推出了六种仪器:

(1)GeoSphere 随钻油藏描述技术,利用多分量电磁信号的方向敏感性和深探测能力对地层几何形态进行模拟并对相关特性进行三维描述。

(2)SpectraSphere 井下流体分析与取样,具有随钻测压仪器的全部功能,同时能够实时完成井下地层流体类型识别、组分计算等流体分析和取样工作。

(3)IriSphere 地层前视探测技术,基于电磁波电阻率实时反演方法准确探测钻头前方的地层特征。

(4)TerraSphere 声电双成像仪,业界第一个油基钻井液电成像随钻仪器,同时可以提供水基和油基钻井液高分辨率声波成像和井径数据。

(5)OmniSphere RGM/DN/SGR 新一代小井眼地层评价工具,可以提供自然伽马、电磁波电阻率、密度中子和自然伽马能谱数据。

(6)GyroSphere 随钻陀螺仪,通过 MEMS 微机电系统测量准确的井斜方位数据。

二、随钻测井技术现状

目前,全球范围内广泛使用斯伦贝谢随钻测井 VISION 系列和 Scope 系列来满足不同的测井和钻井需求。在国内应用较多的主要是 arcVISION、geoVISION、adnVISION、sonicVISION、EcoScope 多功能随钻测井仪、PeriScope 随钻方向性地层边界探测仪、StethoScope 随钻地层压力测试仪和 MicroScope 高分辨率随钻侧向电阻率成像仪。表 3-2-1 统计了截至 2020 年 6 月,各个油田随钻测井仪器的使用情况。三大随钻测井系列几乎都广泛地应用到了国内各大主要海上油田和陆地油田。

通过随钻测井获取各种基本测井参数,综合各种随钻测井曲线,可以进行 ELAN Plus 综合地层评价以及图像处理解释。ELAN Plus 综合地层评价包括岩性识别、储层参数定量计算以及流体识别等。另外,基于随钻成像测井的成像处理解释结果,包括井眼轨迹分析、地层与岩性分析、井旁构造分析、裂缝产状分析及古水流方向分析等,可进一步为油田地质研究提供可靠数据。表 3-2-2 所示为截至 2019 年 12 月斯伦贝谢公司数据咨询和服务部提供的基于随钻测井的储层评价单井服务统计表,可以看到基于随钻测井的储层评价技术已经广泛的应用到了各大主要油田中。

三、随钻测井技术应用范围

随钻测井作为电缆测井的一种有力补充,可以解决很多棘手的测井问题。它不是要替代电缆测井,而是寻求一种最优的测井方式解决实际的测井问题,实现勘探开发的目标。优化测井方式,即针对具体的测井问题,选择电缆测井还是随钻测井,应该考虑以下五个方面的关键因素:

(1)平台作业费用。通常平台作业费用较高的井使用随钻测井相对比较经济;

(2)测井费用。

(3)井身结构及井斜。通常井斜较高、井身结构较复杂的井尽量采用随钻测井,见图 3-2-3;

(4)需要的测井项目。需要考虑随钻测井是否能够提供必测的测井项目;

(5)井眼安全(稳定性,地质导向等)。井眼安全问题较多的井可采用随钻测井解决测井难问题。

表3-2-1　国内各油田应用随钻测井技术应用概况

随钻工具		中国海油湛江	中国海油深圳	中国海油天津	中国海油上海	上海天然气SPC	广海局GMGS	Husky南海	中国石油大庆	中国石油辽河	中国石油吉林	中国石油大港	中国石油冀东	中国石油西南	中国石油新疆	中国石油塔里木	中国石油吐哈	中国石化江汉	中国石化胜利
VISION系列	arcVISION 阵列电磁波传播电阻率	✓	✓	✓	✓	✓	✓	✓	✓	✓	✓	✓	✓	✓	✓	✓	✓		✓
	geoVISION 侧向电阻率、电成像	✓	✓	✓	✓		✓		✓	✓	✓		✓	✓	✓			✓	✓
	adnVISION 方位性密度及中子	✓	✓	✓	✓		✓	✓	✓	✓	✓	✓	✓	✓	✓	✓			✓
	proVISION Plus 随钻核磁共振	✓		✓	✓		✓												
	sonicVISION 随钻声波	✓	✓	✓	✓	✓	✓	✓	✓	✓	✓	✓	✓	✓	✓	✓			✓
	seismicVISION 随钻地震	✓		✓												✓			
Scope系列	EcoScope 多功能随钻测井	✓	✓	✓	✓			✓	✓	✓	✓	✓	✓	✓		✓			
	NeoScope 无化学源多功能地层评价	✓	✓	✓	✓		✓					✓				✓			
	PeriScope 储层边界探测	✓	✓	✓	✓	✓			✓	✓		✓		✓	✓	✓	✓		
	StethoScope 地层压力测试	✓	✓	✓	✓	✓		✓											✓
	MicroScope 侧向电阻率、高分辨率电成像	✓	✓	✓			✓							✓	✓	✓			
	SonicScope 多极子随钻声波	✓	✓	✓	✓	✓	✓					✓		✓					
Sphere系列	GeoSphere 随钻油藏描述	✓	✓	✓								✓							
	SpectraSphere 井下流体分析、取样																		
	IriSphere 地层前视探测	✓														✓			
	TerraSphere 声电双成像		✓																

表 3-2-2　斯伦贝谢数据和咨询服务部提供随钻测井储层评价的作业量统计表　单位:口井

服务项目	2008 年	2009 年	2010 年	2011 年	2012 年	2013 年	2014 年
地质导向	124	71	146	118	159	175	168
ELAN Plus	0	22	53	51	7	4	9
成像处理	30	6	4	1	7	2	0
声波处理	6	8	6	20	2	3	6
地震处理	0	0	0	0	0	0	2
核磁处理	0	0	0	0	0	0	0
油藏评价	0	1	3	1	0	0	0

服务项目	2015 年	2016 年	2017 年	2018 年	2019 年	总井数
地质导向	81	73	103	160	164	1542
ELAN Plus	4	2	0	0	0	152
成像处理	0	1	3	1	1	56
声波处理	2	2	0	0	0	55
地震处理	10	0	0	0	0	12
核磁处理	0	0	0	0	0	0
油藏评价	0	0	0	0	0	5

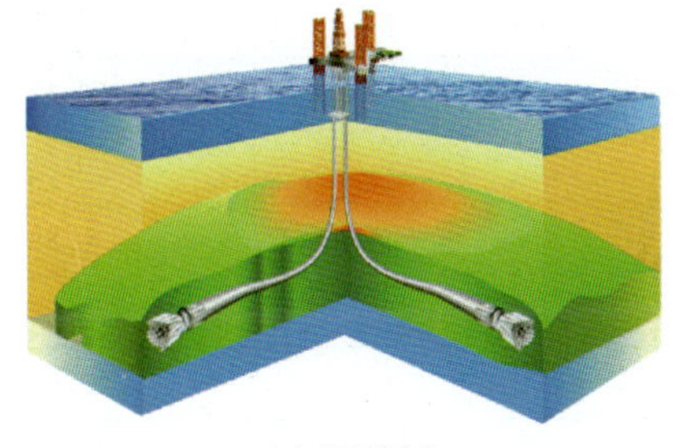
(a) 随钻测井

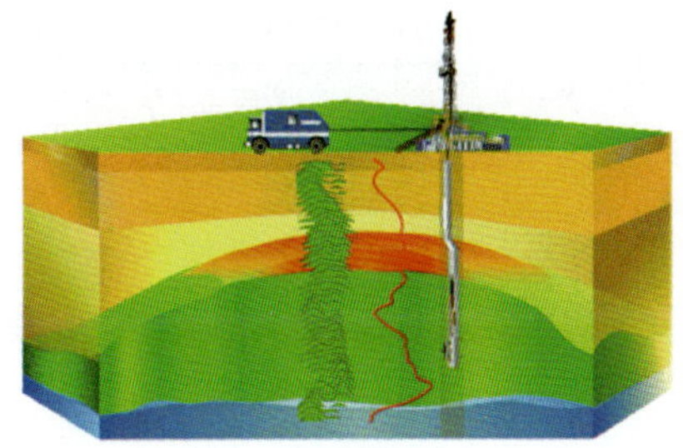
(b) 电缆测井

图 3-2-3　不同井型分别采用不同的测井方式示意图

可见,在优化测井方式方面的考虑可以归纳为三大类,即经济、安全、测井项目。

首先,表 3-2-3 是经济方面考虑的实例,在一个开发区块,关于是选择随钻测井还是传统电缆测井,项目部做了一个大概的统计,如果使用常规电缆测井,四开需要 5.04 天,如果采用随钻测井,见表 3-2-4,在多采集一趟时间推移测井资料的情况下,四开只需要 3.38 天(如果不需要时间推移测井数据,还可以再节省 14h)。本实例中,使用随钻测井的优缺点主要体现在下面四个方面:① 省去电缆测井和通井时间;② 增加组合钻具和倒划眼测井时间;③ 综合考虑节省作业时间 1.66 天左右;④ 多采集了一套时间推移测井数据。这在经济成本上考虑,相当于节省了 1.66 天的平台时间,也就是节省了 1.66 天的平台日费和其他相关费用,具有较好的经济效益。

表 3-2-3　使用常规电缆测井作业时间统计表

序号	作业项目	作业时间(h)	累计时间(d)
1	三开钻进至 2700m,机械钻速 30m/h	0	0.00
2	循环	3	0.13
3	投测,起钻换钻头	10	0.54
4	下钻	6	0.79
5	三开钻进至完钻井深 3000m,机械钻速 20m/h	24	1.79
6	循环	3	1.92
7	短起下钻至 13⅜in 套管鞋	9	2.29
8	下钻至井底	6	2.54
9	循环处理钻井液	4	2.71
10	起钻	9	3.08
11	电测	24	4.08
12	组合通井钻具组合,下钻通井至井底	10	4.50
13	循环钻井液	4	4.67
14	起钻	9	5.04

表 3-2-4　使用随钻测井作业时间统计表

序号	作业项目	作业时间(h)	累计时间(d)
1	三开钻进至 2700m,机械钻速 30m/h	0	0.00
2	循环	3	0.13
3	投测,起钻换钻头和 LWD	12	0.63
4	下钻	6	0.88
5	三开钻进至完钻井深 3000m,机械钻速 20m/h	24	1.88
6	循环	3	2.00
7	短起至 2700m,倒划眼 LWD 测井至套管鞋	14	2.58
8	下钻至井底	6	2.83
9	循环处理钻井液	4	3.00
10	起钻	9	3.38

另外,在上面的实例中不光考虑到了测井方案的经济性,还涉及测井效果,即多采集了一套时间推移测井数据。在优选测井方式时,还需要考虑测井方式能否更加有效地评价储层,实现智能储层评价。储层评价需要考虑测井资料可能受到的各种影响及其对最终评价结果的影响。通过随钻测井与电缆测井资料对比,可以发现随钻测井在储层评价方面主要有两大优势:

(1)随钻测井受侵入的影响较低,资料更真实地反映原状地层特征;

(2)随钻测井受井眼条件影响相对较小,资料更可靠。

首先,钻井液侵入的影响如图 3-2-4 实例所示。斯伦贝谢公司对冀东油田某井进行了

arcVISION 随钻电阻率测井，完钻后用相同的仪器重复测量了电阻率。通过电阻率对比发现，同一探测深度的钻后测量电阻率明显较随钻电阻率低，且探测深度越浅的电阻率降低越明显（水基钻井液）。arcVISION 电阻率反演同样表明钻后电阻率受侵入的影响较大，图中第三道黑色充填代表钻头直径，蓝色充填代表随钻电阻率反演得到的侵入剖面，灰色充填代表钻后电阻率反演得到的侵入剖面。对比结果表明，随钻测井曲线受侵入的影响较小，而钻后测井曲线反演得到的侵入带范围明显较大。

在测井资料受井眼条件影响方面，随钻测井可以很好地应用在如下两个实际领域：

（1）随钻随测确保在井眼条件“恶化”前测井，获得真实有效的测井资料；

（2）钻后划眼复测，确保井眼复杂情况下的测井资料采集。

图 3－2－5 为在同一区块的相邻两口井中的随钻和钻后测井曲线对比图，图 3－2－5（a）为随钻随测的三组合曲线，右图为钻后复测密度中子的三组合曲线。从第三道密度中子曲线可以看到：随钻随测时，该地层的井眼相对比较好，孔隙度曲线很好地反映了地层信息；而钻后复测的这口井在相同层位，井眼发生了严重的垮塌，孔隙度曲线受到了很大影响，局部层段完全失真。同样的地层，在其他相邻井中使用电缆测井过程中，发生了多次挂卡事故，造成了两套电缆仪器落井（包括放射源落井）。

从上面的实例可以看出，随钻随测可以第一时间获得资料，这在关键井以及一些探井中，具有得天独厚的优势，是解决部分重点区块储层评价及钻井优化问题的有效手段。

同时，使用随钻测井仪器进行钻后复测可以解决“复杂井况下测井难”的问题，也是一种行之有效而又具有很好经济效益的解决方案。在大庆某井的电缆测井过程中，发现井况较差，在电阻率及声波电缆测井过程中发生挂卡，电缆测井作业风险较高，特别是本井为探井，还需要获取密度中子等放射性测井参数资料。大庆勘探公司项目部采用斯伦贝谢随钻测井技术人员的建议，实施随钻放射性测井仪器钻后划眼复测的办法，解决了这一难题。

后续随钻划眼成像资料显示本井部分井段井眼崩落情况严重（图 3－2－6），椭圆井眼普遍存在，如果采取常规电缆放射性测井，不仅测井风险高，其测量结果受井眼影响可能失真，误导综合评价结果。而通过随钻测井，能够很好地观测到井眼的实际情况，并且可以进行有效的井眼校正，获得可靠的密度中子测井信息，完成了本井的测井储层评价目标，测井评价结果见图 3－2－7。

作为常规电缆测井的有力补充，随钻测井在塔里木以及冀东、西南等存在井眼问题的一些深井、斜井中具有较好的实际应用价值和应用前景。见图 3－2－8，从近年来钻后划眼测井解决困难井测井难问题的不完全统计情况可以看到，这一技术在国内的应用已经相当成熟，是一种有效的解决油田实际问题的测井技术。

随着石油工业的不断发展和油气勘探开发难度的不断增大，勘探开发地质对象已逐渐转向规模更小、油层更薄、物性更差、非均质性更强的油气藏。随钻测井作为一种新型的测井技术，能够在钻开地层的同时，实时测量各种地层岩石物理信息，具有得天独厚的优势，具体表现在：

（1）能够实时测井，获得原状地层信息；

（2）随钻测井采用仪器连接在钻具组合上的作业方式，可以在使用电缆测井困难或甚至不可能的环境下（如大斜度或大位移水平井中）进行测井作业，取全地层资料；

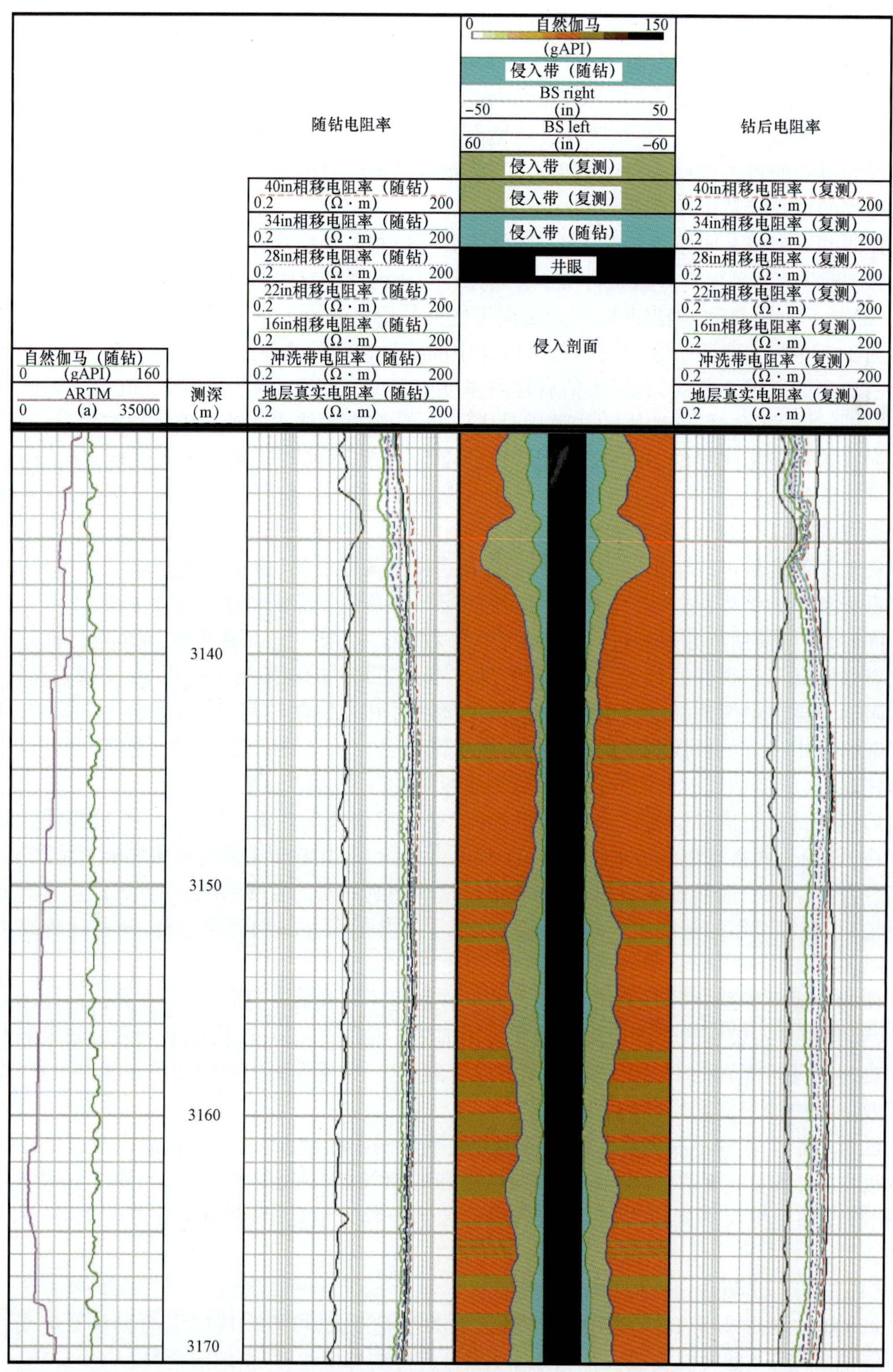

图3-2-4　南堡某井不同测量时间的电阻率对比

1450
1475
GR_ARC
RPM_ADN
TAB_ARC_RES
TAB_DEN
P40H
A40H
P16H
P28H
POBB
TNPH
DRHB
ROP5_RM
RPM_AON
TAB_ARC_RES
TVDE
1425
P22H
P34H

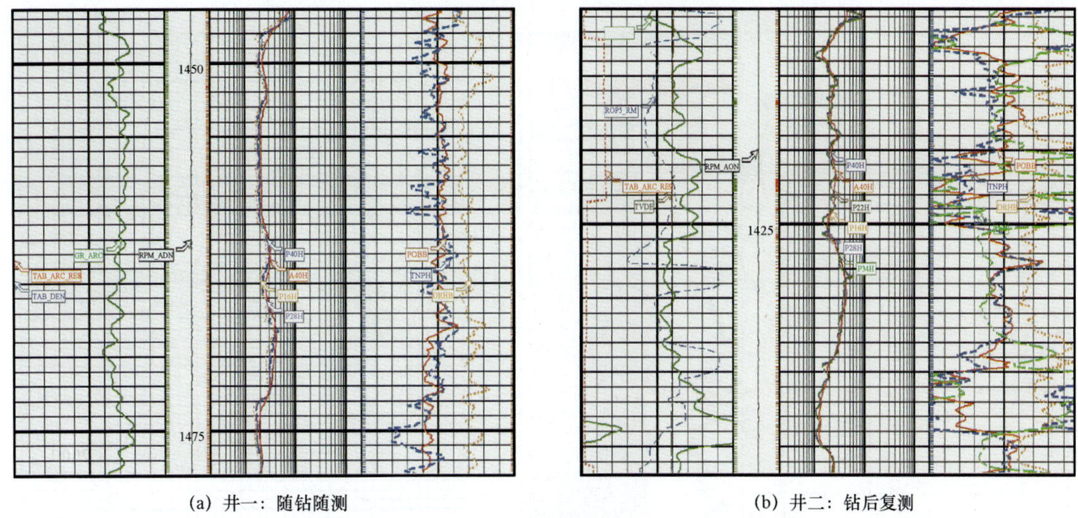

(a) 井一：随钻随测　　　　(b) 井二：钻后复测

图 3－2－5　渤海湾某区块两邻井中子密度测井反应井眼状况对比

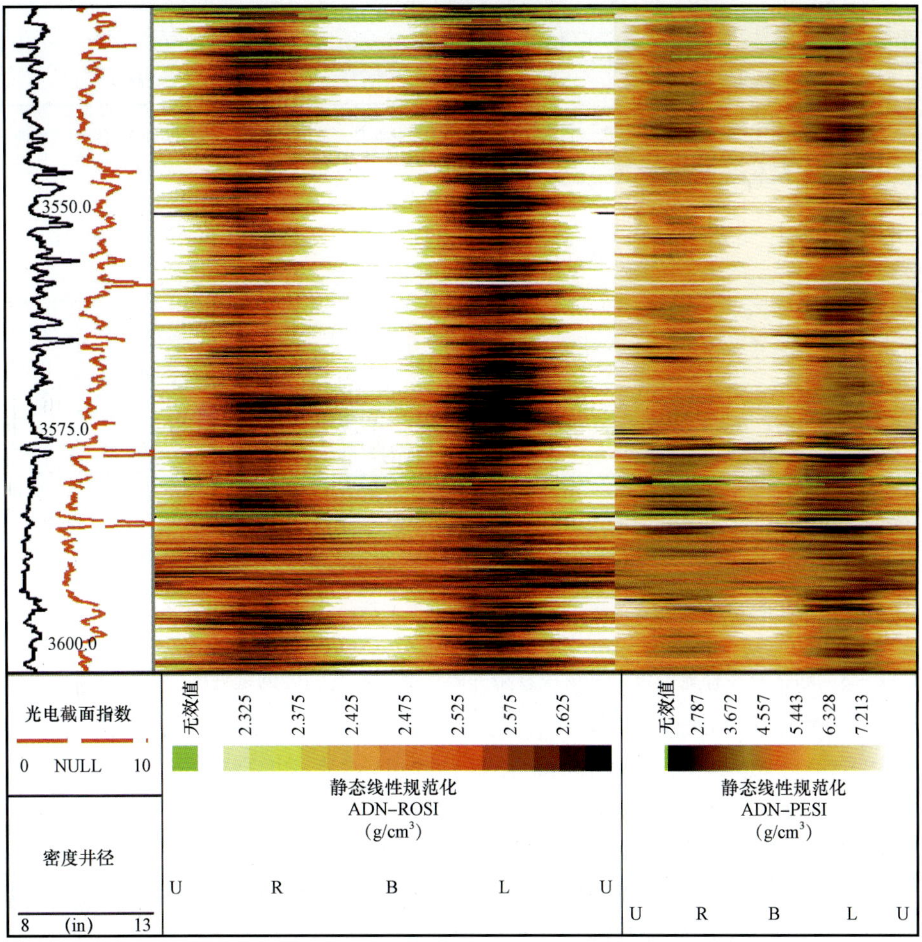

3550.0
3575.0
3600.0
光电截面指数
0　NULL　10
密度井径
8　(in)　13
无效值
2.325
2.375
2.425
2.475
2.525
2.575
2.625
静态线性规范化
ADN-ROSI
(g/cm³)
U　R　B　L　U
无效值
2.787
3.672
4.557
5.443
6.328
7.213
静态线性规范化
ADN-PESI
(g/cm³)
U　R　B　L　U

图 3－2－6　大庆某井钻后划眼测井显示的井眼状况

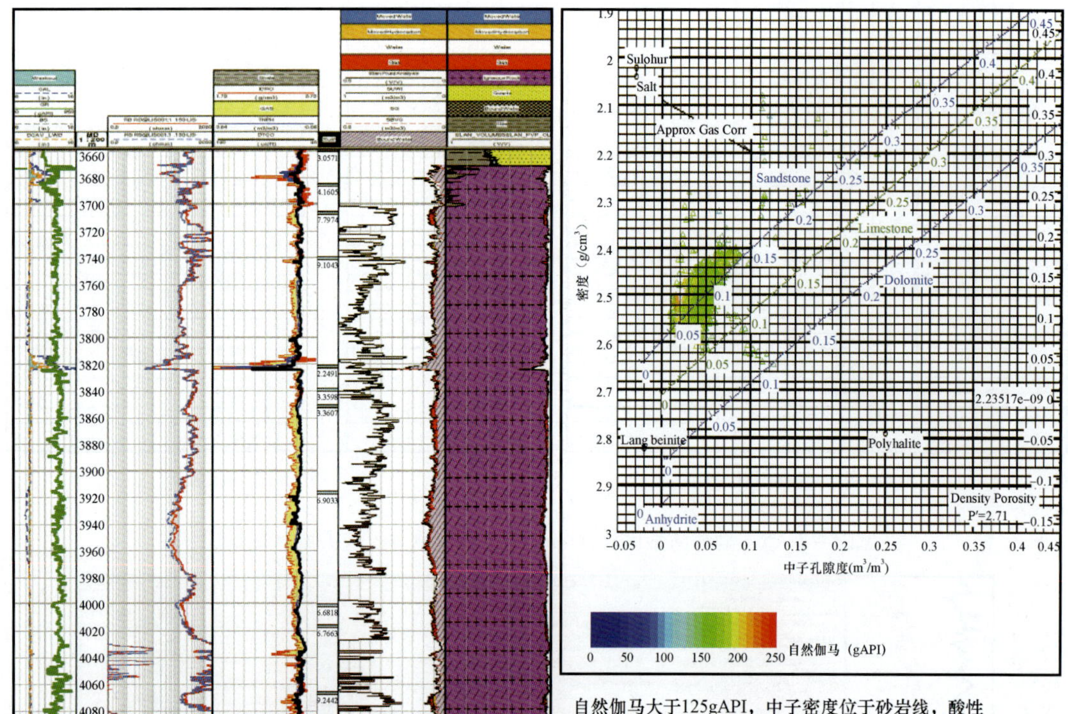

图3－2－7　大庆XS44井恶劣井眼条件下随钻划眼测井综合评价ELAN Plus成果图

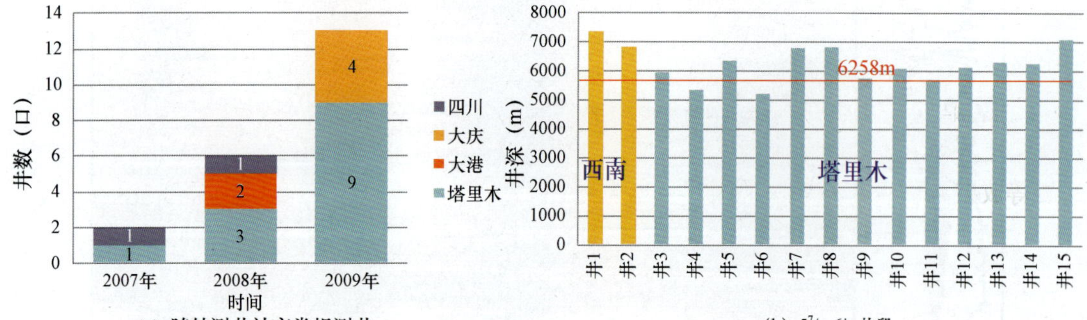

井数（口）
四川
大庆
大港
塔里木
2007年　2008年　2009年
时间
(a) 随钻测井补充常规测井

井深（m）
6258m
西南
塔里木
井1　井2　井3　井4　井5　井6　井7　井8　井9　井10　井11　井12　井13　井14　井15
(b) $5^{7}/_{8}$~6in井段

图3－2－8　随钻测井补充电缆测井解决复杂井眼情况测井难问题的统计图（截至2009年12月）

（3）随钻测井作为实时地质决策的依据，可以降低地质和工程两方面的不确定性，提高大斜度井或水平井钻井效率，节省钻机时间，降低钻井风险，从而提高经济效益；

（4）可进行时间推移测井，通过比较多次测井曲线，可获得钻井液侵入程度、油气水层等宝贵信息，见图3－2－9。

这些优势得到了广大测井分析师的认可，正是由于随钻测井所具有的众多优点，这项技术才取得了迅猛的发展，并在开发井中得到广泛的应用。

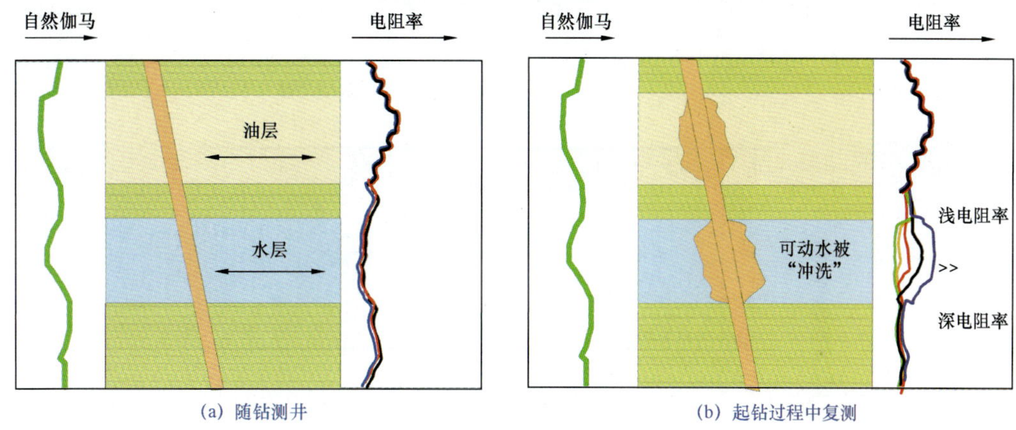

(a) 随钻测井　　(b) 起钻过程中复测

图 3-2-9　通过随钻随测和钻后复测的时间推移测井方式判断油气层

第二节　随钻自然伽马测井技术

自然伽马测井是所有测井项目中最基本的测井项目之一，在随钻测井中也是非常重要的一项，不仅可以作为随钻测量指示，进行井数据质量跟踪，还可以进行不同井间及不同趟测井之间的深度对比。随钻测井仪器中大部分都可以提供随钻自然伽马的测量，有些旋转导向的工具亦可。可以提供自然伽马测量的工具包括：PowerDrive（PowerPrive Xceed 除外），ImPulse/ShortPulse，TeleScope，geoVISION，MicroScope，NeoScope/EcoScope，PeriScope 和 arcVISION。

一、自然伽马测井技术

1. 概述

自然伽马测井是测量地层的自然放射性。在沉积岩地层中，一般情况下它反映地层的泥质含量。因为放射性元素往往趋向于聚集在黏土和泥岩层中。除了在地层中含有火山灰或花岗岩等放射性含量较高矿物或地层水中溶有放射性杂质之外，通常泥质含量低地层天然放射性微弱。

自然伽马射线是一些放射性元素自然发射的高能电磁波，在地球上测到的伽马射线几乎都是由原子量为 40 的放射性同位素钾，以及铀和钍系列的放射性元素产生。上述元素都可以释放伽马射线，但每种元素释放的数量和能量是不同的。图 3-2-10 表示释放伽马射线的能量，钾释放 1.46MeV 单一能量的伽马射线，而铀和钍系列则发射多种能量的伽马射线。

沉积岩中的放射性取决于岩石中微量放射性元素的含量，如铀、钍及其衰变产物和钾的放射性同位素的含量，一般沉积岩的放射性强弱主要取决于黏土含量，黏土含量越多放射性越强，因为黏土颗粒细，有较大的比表面积，吸附放射性元素的能力大，而且沉积时间长，有充分的时间与放射性元素接触，同时黏土中含钾矿物（水云母、正长石）较多，钾含量也随之增多。

伽马放射性的测量一般采用装有闪烁计数器的伽马探头，由于该计数器的高效率，可以获得较好的薄层信息。由于不同仪器性能的差异（伽马探头的探测效率、仪器结构、线路等），在

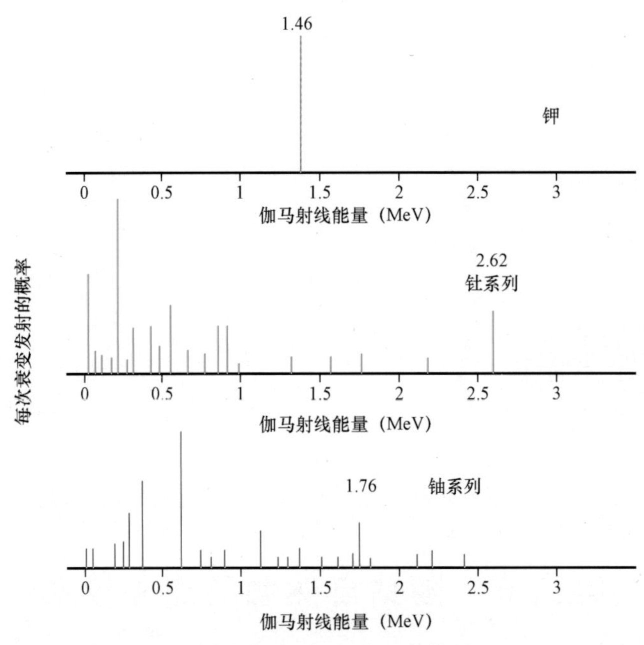

图 3-2-10 铀、钍、钾伽马射线谱

同一地层中不同仪器的自然伽马测量结果并不完全相同,即使同一类型不同种仪器的测量结果也有差异。为克服仪器性能的差异,测井仪器都会进行标准化刻度,刻度分为两级,仪器出厂前在标准刻度池中的一级刻度和在井场测井前、后用点状标准伽马源进行的现场刻度(二级刻度)。

一级刻度在标准刻度池中完成,美国石油学会(API)于 50 年代在休斯敦大学建立伽马刻度井,按照 4% 钾含量、13×10^{-6}铀含量和 24×10^{-6}钍含量释放的伽马射线的总强度为 200API 单位的标准,所有仪器在出厂前均在标准刻度池中进行初始刻度。为确保不同仪器在不同测井环境下得到一致的测量数值,需要在车间对仪器进行二次刻度,使用伽马毯对仪器进行二次刻度。在每次维修后,或者仪器有任何损坏或者改变时,或者仪器超过有效的刻度期,都要对仪器进行二次刻度(图 3-2-11)。

自然伽马的测量一般会受到钻井液中所含钾离子的影响,同时也会受到钻井液密度、井筒大小的影响。因此,自然伽马的测量需要做的环境校正包括:钻井液钾离子含量、钻井液密度和井眼大小等。

2. *应用及实例*

由于不同地层具有不同的自然伽马射线强度,因此用自然伽马曲线可以划分岩性,确定储层的泥质含量,并可指导地层对比以及射孔层段的深度定位等。

(1)划分岩性。

利用自然伽马曲线划分岩性,主要是根据岩层中泥质含量的不同进行的,在利用自然伽马曲线划分岩性时,要总结和遵循地区特点和规律。一般性的规律是:在砂泥岩剖面中,砂岩显示为低值,黏土(泥岩、页岩)显示为高值,粉砂岩、泥质砂岩、砂质泥岩介于中间;在碳酸盐岩中,黏土(泥岩、页岩)的自然伽马值最高,纯的石灰岩、白云岩自然伽马值最低,而泥灰岩、泥

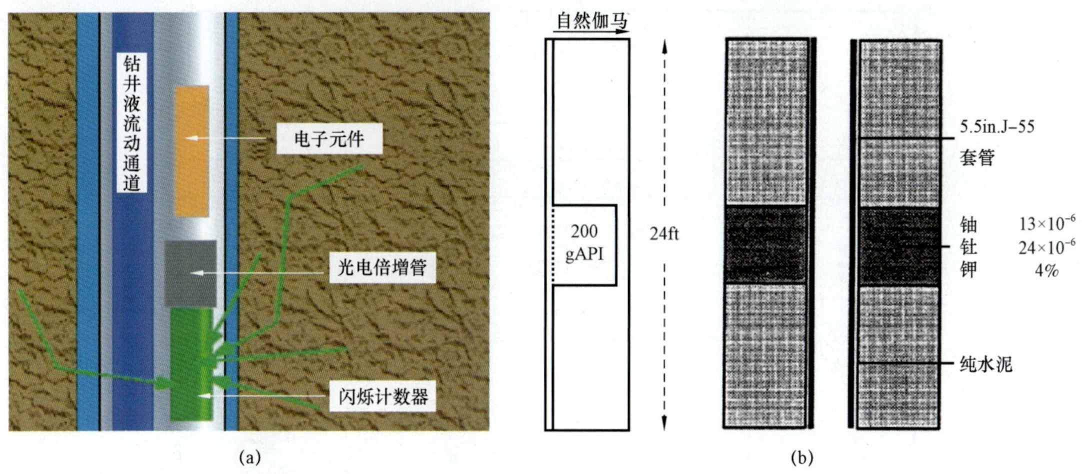

图 3－2－11　自然伽马标准刻度井示意图

质石灰岩、泥质白云岩自然伽马数值居中，且随泥质含量增加而增加。

(2)计算泥质含量。

当储集层除泥质以外没有放射性矿物聚集时，利用自然伽马曲线可以确定泥质含量 Vsh，简单的计算方法如下：

$$\mathrm{Vsh} = \frac{\mathrm{GR} - \mathrm{GRsand}}{\mathrm{GRshale} - \mathrm{GRsand}} \tag{3-2-1}$$

式中　GR——目的层自然伽马测井值；

GRsand——纯净砂岩自然伽马测井值；

GRshale——纯泥岩中自然伽马测井值。

(3)地层对比。

与以自然电位和电阻率曲线开展的地层对比不同的是，利用自然伽马曲线对比有以下优点：自然伽马曲线与地层孔隙流体类型(油、气、水)无关；与钻井液和地层水矿化度无关；容易找到标准层、标志层。因此，在油水过渡带、盐水钻井液及膏盐剖面中，利用自然伽马曲线进行地层对比有其独特优势。

图 3－2－12 展示在同一个钻具组合中不同仪器测量的自然伽马曲线对比实例。该实例中使用的随钻仪器包括 PeriScope 和 NeoScope，PeriScope 更靠近钻头且在钻具组合的下方，NeoScope 在钻具上方。在该实例中，PeriScope 和 NeoScope 的组合实现了利用 PeriScope 边界探测仪器进行地质导向的目的，利用 NeoScope 提供实时自然伽马、西格玛、密度中子，进行储层评价的地质目的。两者结合可以将井眼轨迹控制在物性较好的储层内部。图 3－2－12展示了两根仪器测量的自然伽马曲线，红色为 NeoScope 测量自然伽马曲线，蓝色为 PeriScope 测量自然伽马曲线，其余曲线道为相移电阻率和衰减电阻率曲线以及 NeoScope 密度中子曲线。首先两根仪器测量的自然伽马曲线重复性非常好，证明仪器刻度合格、环境校正量一致。利用自然伽马曲线可以进行泥质含量的计算，区分泥、砂层。自然伽马曲线明显偏低的层位(如 3200～3204m)，自然伽马数值降低，密度中子曲线表现出一致性特征，也表明泥质含量降低。

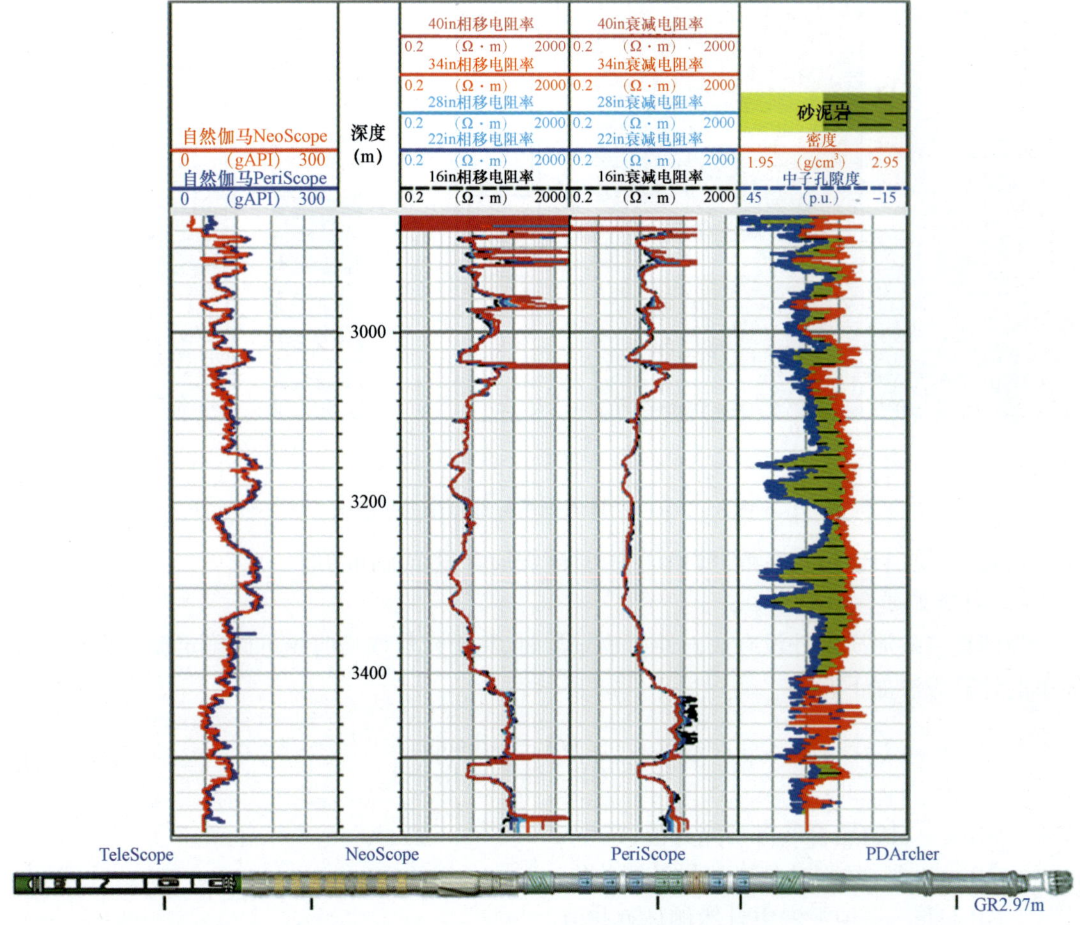

图 3-2-12 PeriScope-NeoScope 综合测井图

二、自然伽马能谱测井技术

1. 概述

自然伽马能谱测井也是测量地层的自然放射性,与自然伽马测井只测量总的放射性不同,自然伽马能谱测井可以测量到各个能级的伽马射线能量,再进一步确定地层中主要的放射性元素铀、钍和钾的含量。准确区分出三者的含量有重要的意义,因为在一些特殊地层中,如非泥质储集层的自然伽马数值偏高,这种情况多半是由于铀的含量较高造成的。

铀、钍、钾衰变时所放射的自然伽马射线能谱是不同的,如图 3-2-13 所示。自然伽马探测器探测到的是铀、钍、钾的混合谱,要从中确定铀、钍、钾的含量,首先要选取特征伽马射线的能量,通过对所探测到的与伽马光子能量成正比的计数脉冲做幅度分析,解谱后即可获得铀、钍、钾含量的曲线。

2. 应用及实例

自然伽马能谱测井的主要用于研究源岩的有机碳含量,寻找泥岩储集层(裂缝),识别高放射性的碎屑岩和碳酸岩盐储层,用 Th/U 比值研究沉积环境、识别油井的放射性积垢以及计

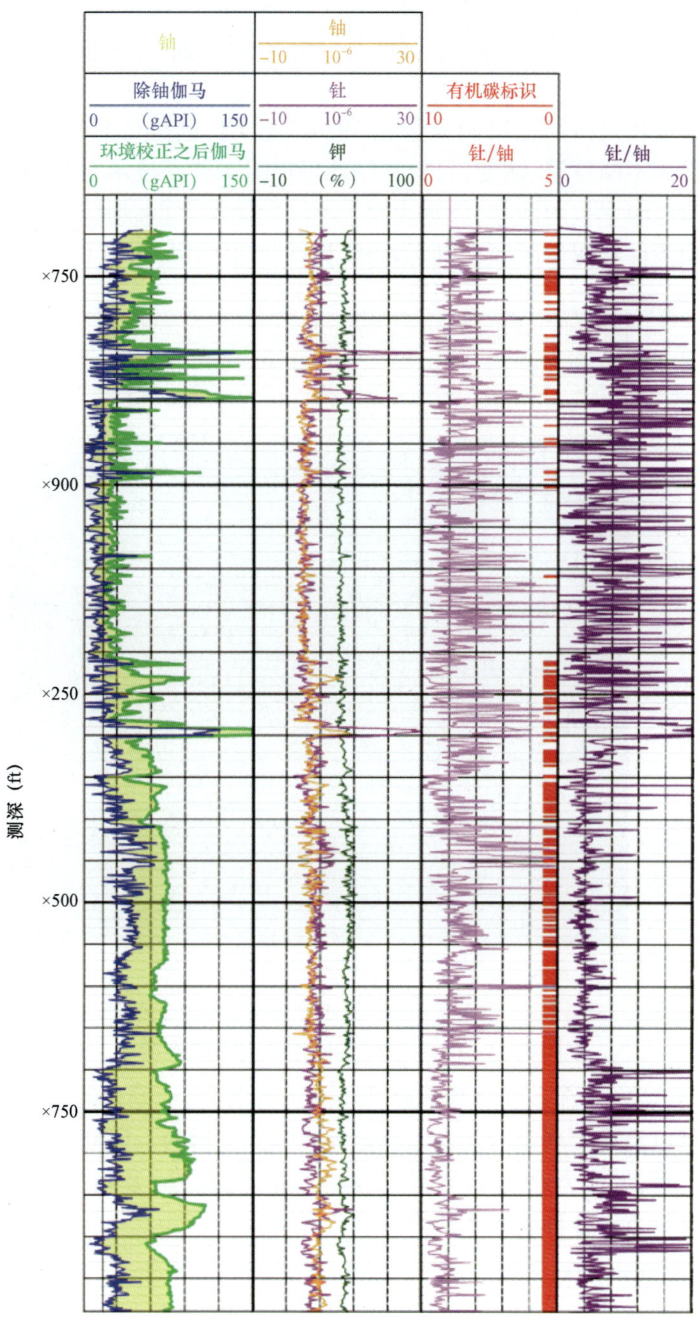

图 3－2－13　自然伽马能谱测量示例

算储层的泥质含量等。

斯伦贝谢公司推出的小尺寸岩石物理评价仪器 OmniSphere SGR 可以实时提供自然伽马能谱的测量，该仪器可以提供高精度铀（U）、钍（Th）、钾（K）含量、总伽马（SGR）以及除铀伽马（CGR）含量。该仪器是无源仪器，无须电池供电。

第三节　随钻地层电阻率测井技术

电阻率的测量最初是由斯伦贝谢兄弟在1928年发明,也是目前石油行业测井技术的鼻祖。随着测井技术的不断发展、演变,目前随钻地层电阻率测井技术主要包含电磁波传播感应电阻率技术和侧向电阻率技术两类,分别应用于不同的储层类型以及钻井液类型,两种不同的电阻率测量的应用条件和测量范围也有所差异,见图3-2-14。

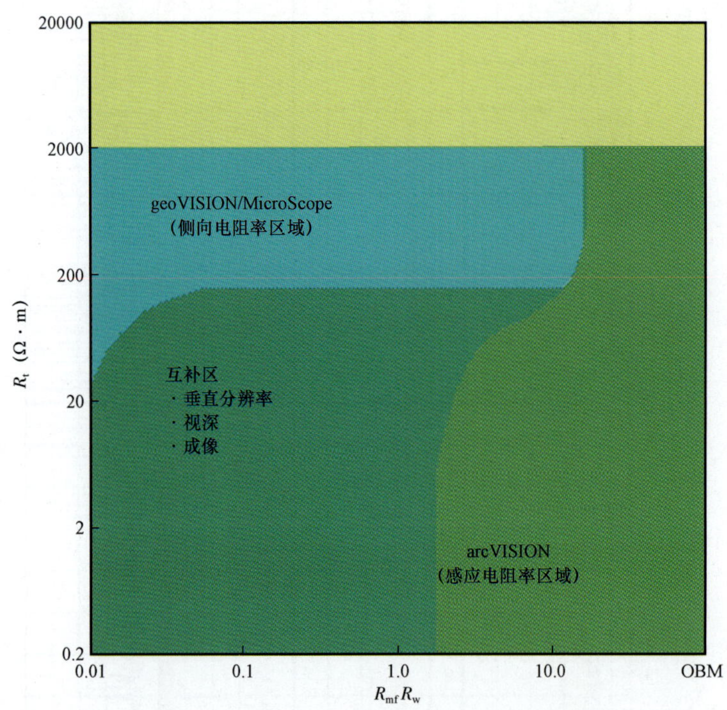

图3-2-14　随钻电阻率仪器适应性图版

除了测量地层电阻率数值之外,基于地质导向的需求,在不同地质条件下,还需要实时提供方向性测量信息以及成像测量的信息以满足地质导向的目的。因此随钻电阻率测井系列在满足地层评价的同时,可以为地质导向提供关键的方位性信息以及用于地质评价的成像数据。后面的内容中将分章节对各种电阻率的测量进行详细叙述。

一、感应电阻率测井技术

1. 概述

随钻仪器的感应电阻率测井技术,是基于电磁感应原理设计的,因此又称为电磁波传播感应电阻率,简称为感应电阻率。测量原理(图3-2-15)可以简要概括为发射线圈T中变化的电流将会在接收线圈R_1和R_2处产生不同的次生磁场以及次生的电流,在不同位置处的接收线圈上记录电流信号的幅度衰减和相位角度都有差异,电流信号幅度衰减和相位角度的差异与线圈处对应地层的电阻率有关,因此可以将相位角度和幅度衰减的差异转化为相位移和衰减电阻率，具体转化和响应图版见图 3 - 2 - 16，感应电阻率仪器一般采用两种不同频率（2MHz 和 400kHz），发射线圈和接收线圈采用多种间距补偿式设计，以实现多种不同探测深度井眼补偿测量模式。因此不同仪器、不同频率的相移和衰减电阻率的转换关系有不同的转换图版，具体可查阅斯伦贝谢图版集电阻率部分。

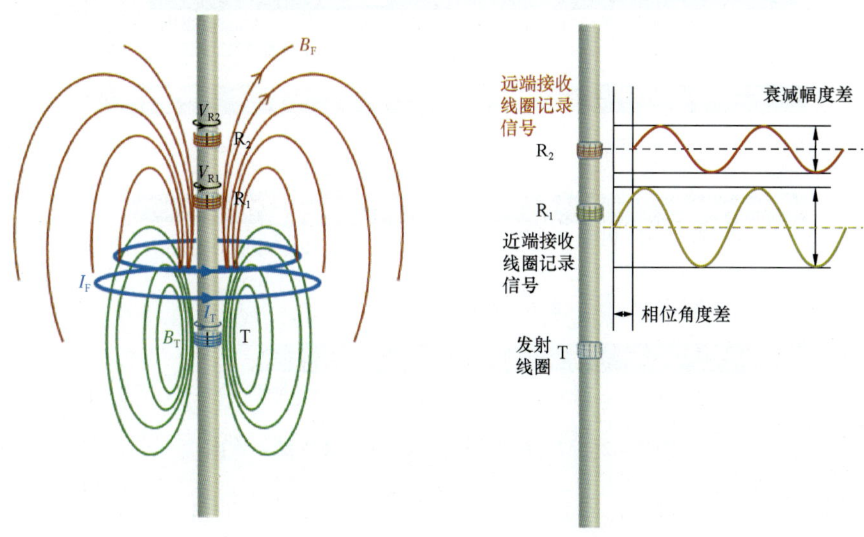

图 3 - 2 - 15　随钻感应电阻率测量原理示意图

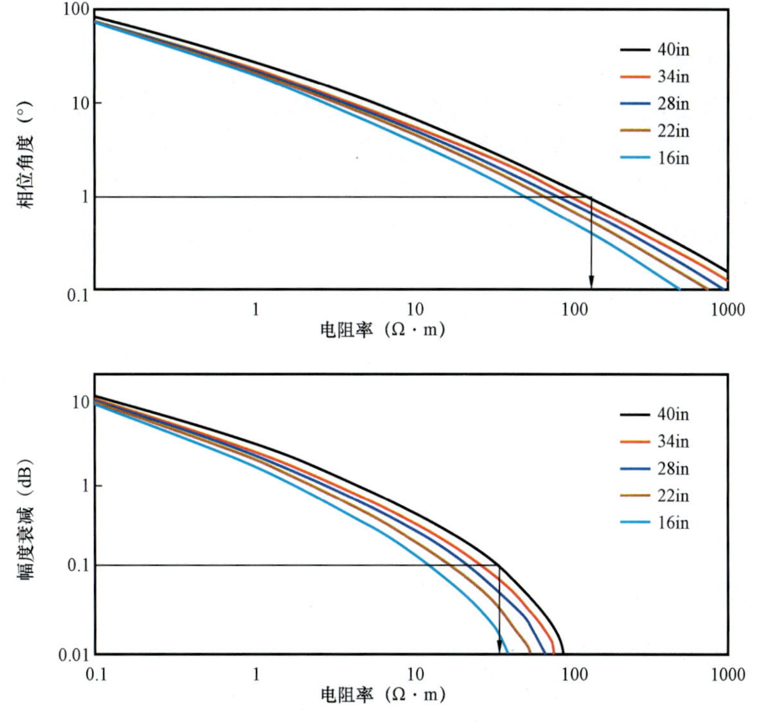

图 3 - 2 - 16　相位移及幅度衰减与电阻率对应关系图版

斯伦贝谢的随钻测井系列中,可以提供随钻感应电阻率测量的仪器有很多,而且可以在不同的井眼尺寸中实施测量。现有仪器主要有:arcVISION、ImPulse、PeriScope、EcoScope 和 NeoScope,主要仪器外观及型号见图 3-2-17。

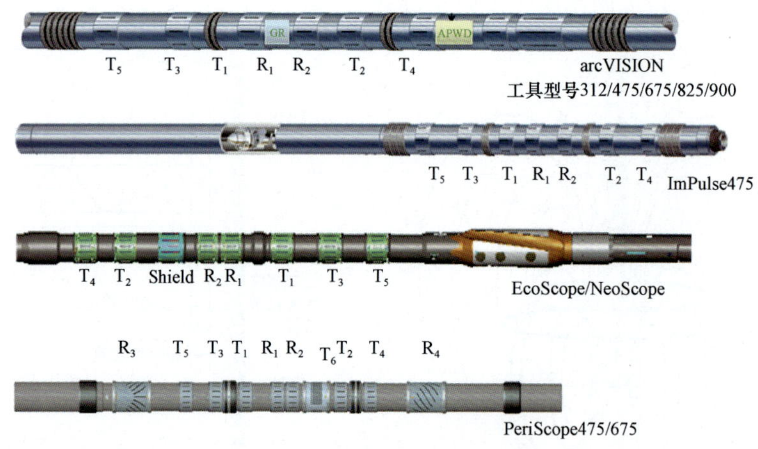

图 3-2-17 随钻感应电阻率测量仪器一览图

2. 应用及实例

随钻感应电阻率测井的应用相当广泛,自 20 世纪 90 年代初引进国内以来得到了广泛的认可,几乎成为随钻电阻率的代名词,其电阻率测井的应用优势是“获取新鲜地层电阻率,从而快速判断油气层”。

1)规避钻井液侵入影响应用实例

钻井过程中,钻井液侵入是不可避免的。为尽可能减少钻井液侵入的影响,测井过程中,尽可能采用探测深的测井方法和随钻测量的方式采集数据,规避钻井液侵入对测井曲线的影响。感应电阻率的探测深度普遍较深,其探测深度随地层电阻率的变化而不同,基本都在几十厘米甚至一米多范围内。在有钻井液侵入的情况下,不同探测深度电阻率曲线有明显差异特征,可以反映地层的渗透性和侵入特征。

图 3-2-18 展示塔里木某口井在随钻和复测的过程中,使用感应电阻率测量不同时间点电阻率的差异。图中自左到右分别是自然伽马成像、井径、方位自然伽马曲线、深度和电阻率曲线。在电阻率曲线道中,显示了本井在随钻过程中使用的 PeriScope 仪器测量电阻率曲线(PXXH_Peri)和复测过程使用 NeoScope 仪器测量电阻率曲线(PXXH_Neo)的对比。从图中可以看出,在上部泥岩段非渗透层段(5250m 以上),由于基本不存在钻井液侵入,PeriScope 随钻测量和 NeoScope 复测测量电阻率曲线基本重合,没有差异。在 5300m 以下的储层段,NeoScope 复测时的电阻率曲线明显比随钻时 PeriScope 的电阻率曲线高。PeriScope 和 NeoScope 都是基于电磁波感应原理的感应电阻率,在地层条件都完全一致的情况下,测量电阻率应该完全吻合。复测和随钻时电阻率的差异,主要是因为本井发生卡钻事故,中间有 15 天的处理卡钻时间,而且在解卡的过程中,钻井液中加入了柴油、乳化剂等解卡剂,钻井液性能和随钻时发生很大变化,在处理解卡的时间内,钻井液侵入加剧,从而造成在复测时测量电阻率曲线主要反映钻井液信息,比原始电阻率数值偏高。随钻 PeriScope 测量的不同探测深度电

阻率曲线显示，深、浅电阻率曲线呈现高侵特征，探测越深的电阻率数值越低，本井使用水基钻井液而本区属于地层水矿化度极高的情况，说明该层含水的可能性极大，而且在钻开地层的过程中，就发生了明显的侵入现象，说明该层物性较好，易形成较深侵入。该典型实例中显示了钻井液侵入对测井曲线的影响。为了规避钻井液侵入的影响，更真实地反映地层信息，建议采用随钻测量的方式，采集新钻开地层的信息，可以更准确评价储层。

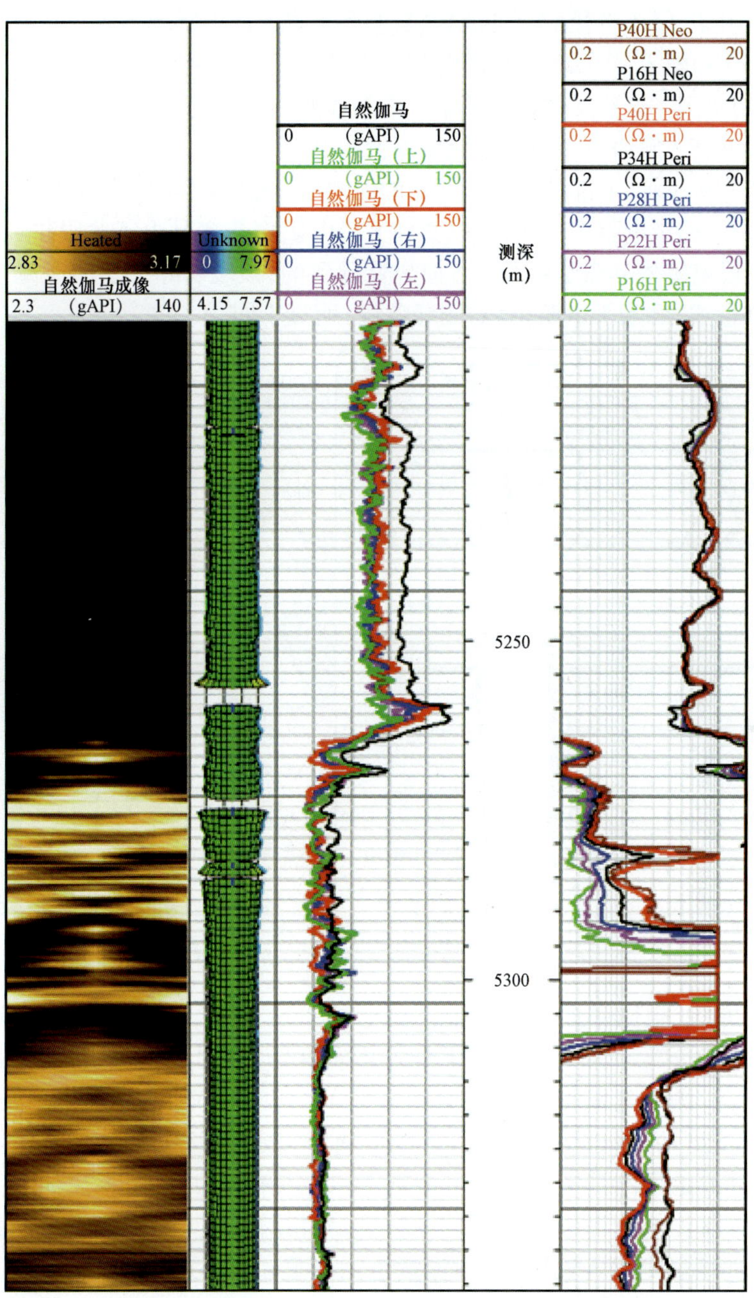

图 3-2-18 塔里木某井随钻和复测感应电阻率对比

2)疑难储层评价应用实例

在水平井及大斜度井等更加复杂的井型中,由于电阻率测井(电缆电阻率或随钻电阻率)会受到更多的环境影响,出现一些特殊的“效应”,需要进行电阻率反演获得地层真电阻率。与电磁波传播电阻率仪器匹配的 ARCWizard 是一种专门针对随钻电磁波传播电阻率反演的软件。它可以对电磁波传播电阻率测量结果进行处理,得到更多有用的地层信息,如地层真电阻率、冲洗带电阻率、侵入半径、水平方向电阻率和垂直方向电阻率等。

图 3-2-19 和图 3-2-20 是利用电磁波传播电阻率实现复杂储层地层真电阻率确定及疑难储层评价的实例。这些实例说明随钻电磁波传播电阻率测井通过获取不同探测深度和分辨率的电阻率,可有效解决复杂电阻率储层评价问题。

如图 3-2-19 所示,上部的水层和下部的泥岩层,电阻率均出现了分离现象,说明电阻率测量受到了影响。通过电阻率反演,可以看到上段电阻率分离是由于井眼扩径严重仪器不居中导致的,而下段电阻率分离是由泥岩各向异性导致的,该段实际上是砂泥薄互层,其垂向电阻率(右图淡红色线)和水平电阻率(右图绿色线)明显不同。

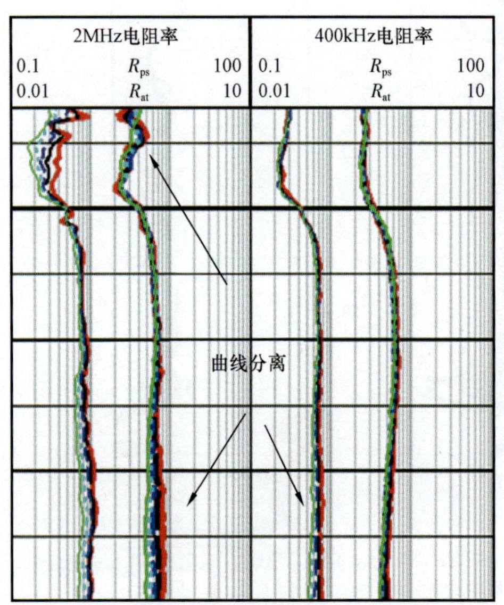

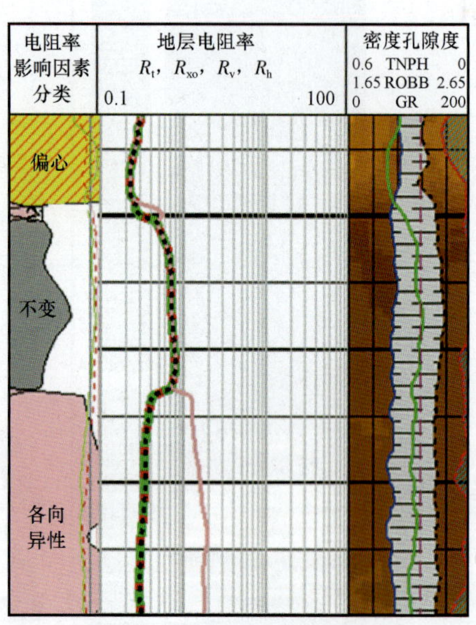

图 3-2-19 ARCWizard 处理成果实例(仪器偏心和各向异性)

图 3-2-20 中,电阻率曲线显示上下层电性明显不同,电阻率分离现象也不同,上段浅探测电阻率曲线分离而深探测电阻率曲线几乎重合,且明显高于下段;下段浅探测电阻率曲线重合而深探测电阻率曲线分离,且明显低于上段。说明电阻率测量受到环境影响很大,且上下两段受到的影响程度不一样,可能伴随着一定的测量环境的变化,必须进行适当的环境校正来还原地层的真实电阻率。如图 3-2-20 所示,电阻率反演显示上段浅探测电阻率分离而深探测电阻率重合,是由于侵入深度相对较浅(图中深黄色阴影显示侵入半径小于 35in),而下段则侵入较深(图中深黄色阴影显示侵入半径大于 70in)。而上下两段是同一个层,均为油层,上下两段的差别主要源于钻井液侵入的时间不同,而追根溯源,通过检查作业日报发现,在该层段进行过起下钻,下段测量到的是上趟钻钻开而在下趟钻电

阻率传感器才测量到的井段。如果没有随钻电磁波电阻率及配套的反演技术，对该层的评价就很容易发生偏差。

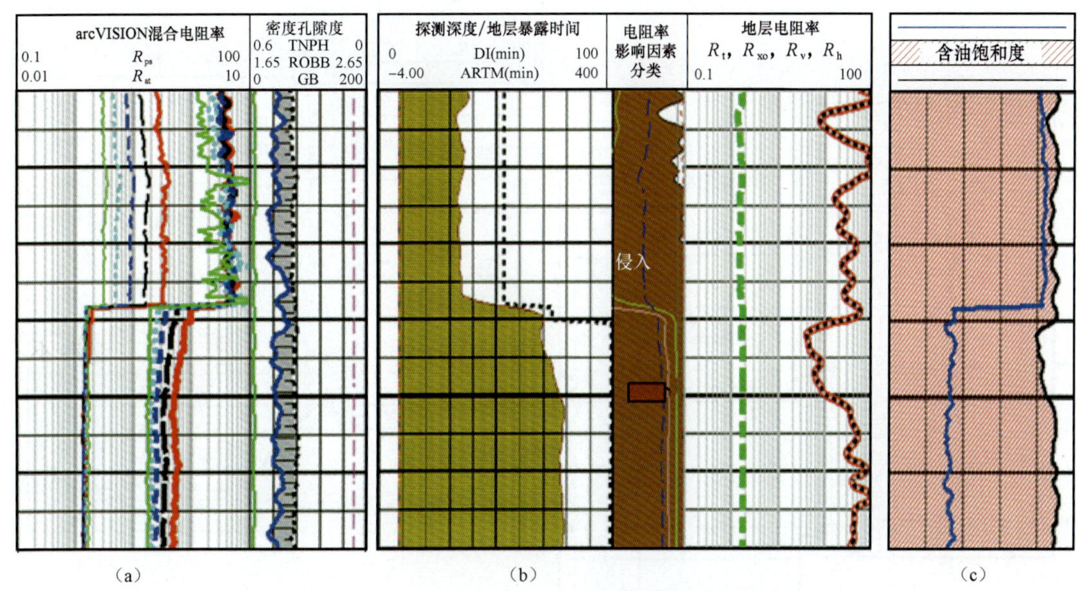

图 3-2-20　ARCWizard 处理成果实例（钻井液侵入影响）

如图 3-2-21 所示，同一平台相邻 4 口井的随钻电磁波电阻率、孔隙度及自然伽马综合曲线图，下部（深绿色虚线划分的段内）显示泥岩段电阻率特征井间存在较大差异，给储层解释带来不小的困惑。根据电阻率测量的差异性，说明这 4 口邻井钻遇了不同地层，这有悖于区域地质结论。从自然伽马、中子、密度等岩性测井来看，岩性应该是类似的，说明电阻率测量可能受到了环境影响，需要进行电阻率反演，研究本区块该层段的电性特征。如图 3-2-22 所示，4 口井对应的电阻率反演结果解释了上面提到的矛盾。由于该泥岩段存在各向异性，不同探测深度的电阻率受到地层各向异性影响而存在差异，电阻率曲线呈现曲线分离特征，反演结果显示 4 口井钻遇的是同一性质泥岩，其垂向电阻率和水平电阻率均一致，并非 4 口井钻遇不同泥岩，这为整个区块的地质研究解决了最大的难题。如果没有随钻电磁波电阻率及配套的反演技术，则该层的测井评价及区块综合评价会存在不确定性。

二、侧向电阻率测井技术

感应电阻率具有较深的探测深度，可以应用于水基和油基钻井液中，但在高电阻的地层中因其测量量程（最大可到 3000Ω · m）的限制，在高阻地层如碳酸盐岩地层、火山岩、变质岩和基岩等地层中使用受到了很大限制。斯伦贝谢在发展电磁波感应电阻率的同时，从 19 世纪 90 年代开始，开始了侧向电阻率仪器的研发。侧向电阻率仪器具有分辨率高、量程范围广（最大可到 20000Ω · m），同时具有成像功能，形成了对感应电阻率测量系列的有益补充，使斯伦贝谢具备了全电阻率测量能力。在不同的地层特征和导向需求下，可以选择不同的测井系列。表 3-2-5 是两种不同电阻率仪器优势以及局限性的对比，也说明了不同类型电阻率仪器的特点以及适用性。

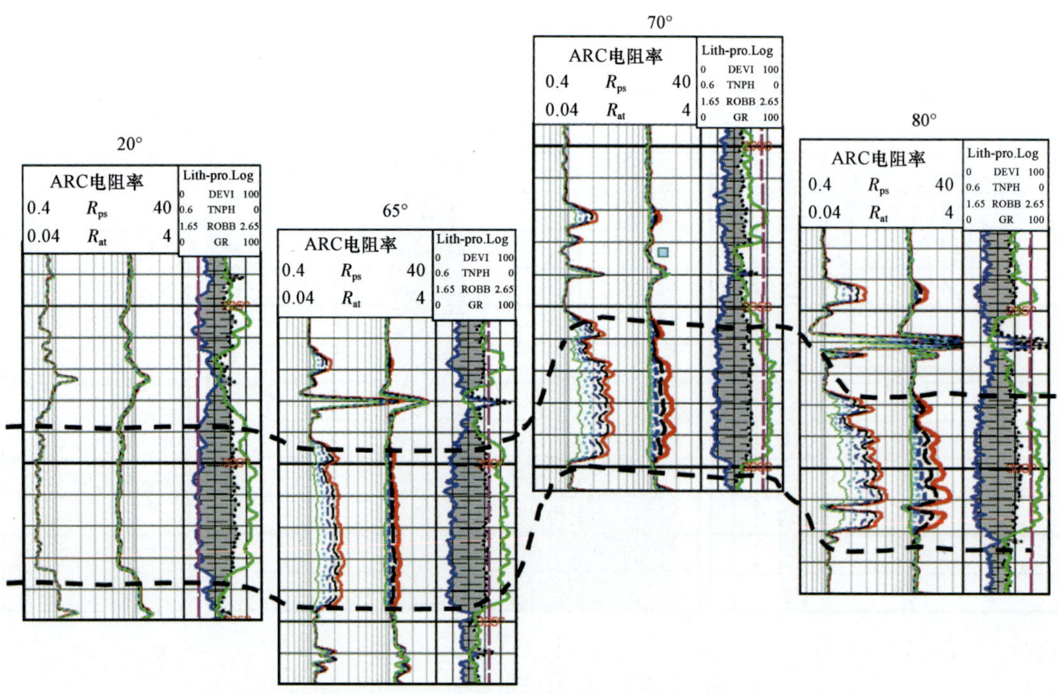

图3-2-21 4口邻井综合测井曲线组合图

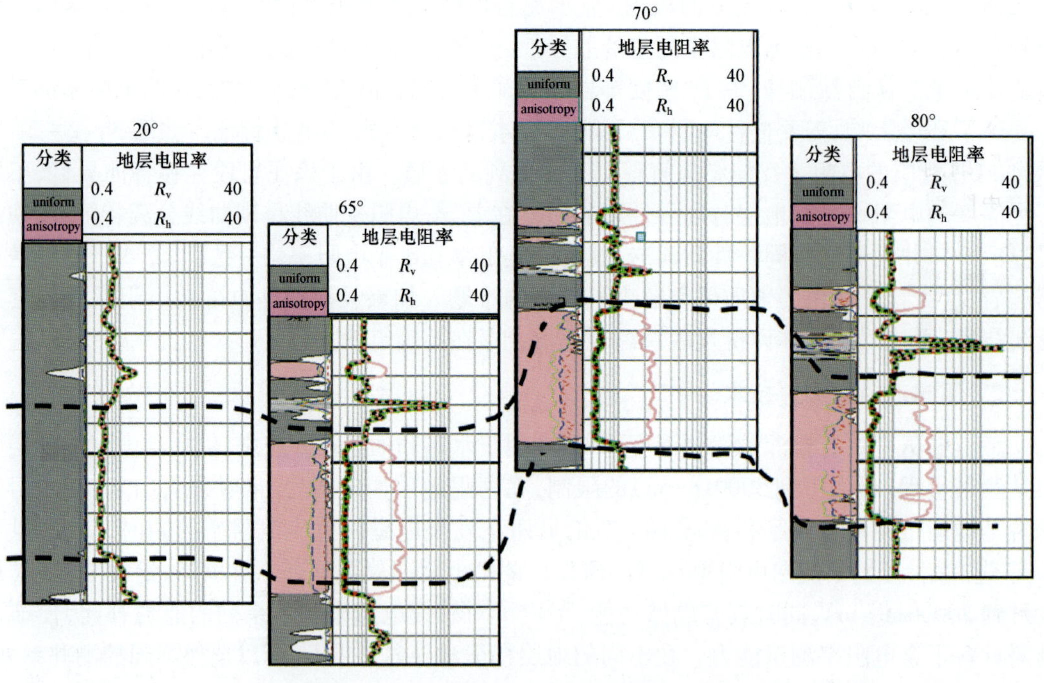

图3-2-22 ARCWizard处理成果实例(泥岩各向异性)

表 3-2-5 感应与侧向电阻率优劣势对比

仪器类型	优势	局限性
电磁波感应电阻率	探测深度较深； 可以在高阻钻井液中测量； 可进行各向异性处理	纵向分辨率较差； 非方向性测量； 受高角度、层理等影响； 测量量程较小(<3000Ω·m)
侧向电阻率	高纵向分辨率； 测量量程较高(最大 20000Ω·m)； 方向性测量、可以提供成像、受极化角及各向异性影响小	探测深度较浅； 高阻钻井液中测量受限

1. 概述

从 1993 年第一种随钻侧向电阻率成像仪器 RAB 诞生至今，侧向电阻率仪器不断技术迭代和更新，迄今为止经历了三代的发展。1999 年可以实时提供地层倾角及成像的第一代侧向电阻率仪器 geoVISION 应运而生，不仅可以提供三种不同探测深度的电阻率曲线，同时可以提供成像及地层倾角，满足地质导向的需求。2012 年，第二代侧向电阻仪器 MicroScope 诞生，可以提供四种探测深度高分辨率电阻率曲线和电阻率成像，同时提供钻头电阻率和钻井液电阻率的测量。2013 年，研发出第三代超高分辨率成像技术 MicroScope HD 仪器，更小的纽扣电极可以提供更高分辨率的电阻率曲线和电阻率成像。

随钻侧向电阻率仪器与电缆侧向电阻率仪器原理一样，利用欧姆定律进行电阻率的测量，通过测量电极到发射线圈的不同距离实现不同的探测深度测量，除了提供不同探测深度的纽扣电极电阻率之外，侧向电阻率仪器还可以提供钻头电阻率、方向性自然伽马以及井斜、方位等数据。满足储层评价、地质导向、地质停钻等不同的地质任务要求。侧向电阻率仪器都可以提供成像测井资料，关于成像部分的介绍将在电阻率成像测量章节详细叙述。

1) geoVISION 随钻侧向电阻率仪器

随钻侧向电阻率仪器可以测量 5 种电阻率数值(钻头电阻率、环电极电阻率和三个纽扣电极电阻率)和自然伽马。仪器上下有两个发射器，顶部发射器下方有三个直径为 1.5in 的纽扣电极，沿轴向镶嵌在仪器的一侧。在发射器以及环电极旁边设计有监督电极，监控电流径向流向地层，当仪器旋进时，测量电极扫描井壁一周，即可产生 56 个象限电阻率数值。三个纽扣电极距离发射器位置不同，探测深度也有所差异，分别为 1in、3in 和 5in。不同探测深度电阻率曲线可以分析钻井液侵入情况，进行储层饱和度评价。

同时 geoVISION 侧向电阻率仪器还可以为随钻地质导向提供以下帮助：① 电阻率包括近钻头、环形电极以及 3 个纽扣电极电阻率；② 高分辨率测井减小了邻层的影响；③ 可以应用于导电性钻井液环境；④ 钻头电阻率可以有助于实时下套管和取心点的选择；⑤ 三个方位纽扣电极可以有助于实时下套管和取心点的选择；⑥ 实时成像可识别构造倾角和裂缝，可以更好地进行地质导向；⑦ 实时方位性自然伽马测量(图 3-2-23)。

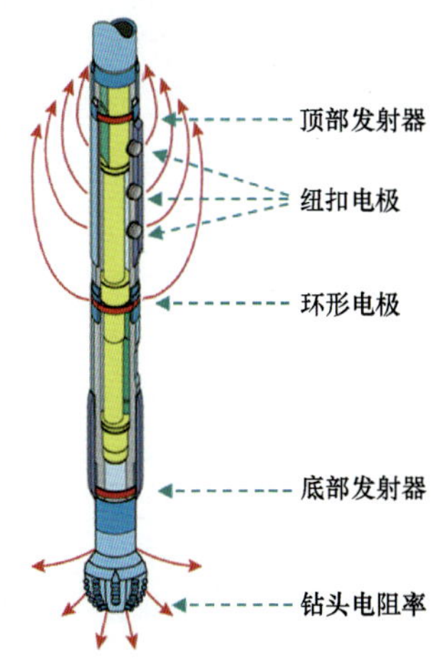

图 3-2-23 geoVISION 仪器示意图

2)MicroScope 随钻高分辨率侧向电阻率成像仪器

MicroScope 随钻高分辨率侧向电阻率成像仪器,在 geoVISION 基础上的改进,180°方位上有 2 个纽扣电极,电极尺寸进一步缩小为 1in,五个发射线圈对称分布在测量电极的两侧,提供四种不同探测深度的高分辨率电阻率曲线以及高分辨电阻率成像。仪器在测量过程中旋进不受溜钻、滑钻影响,是可靠的实时成像技术(图 3-2-24)。

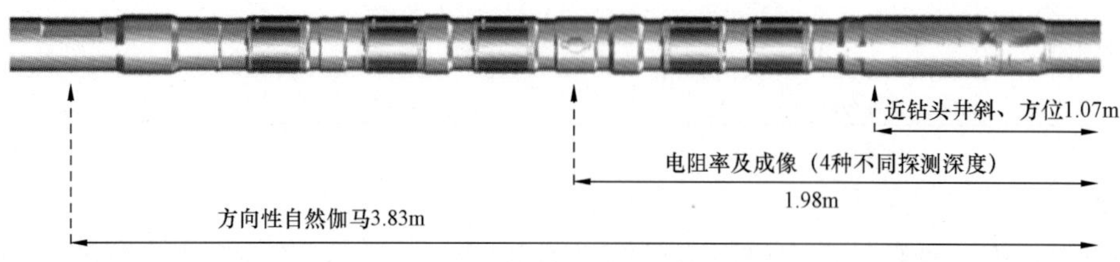

图 3-2-24 MicroScope 仪器示意图

仪器主要提供以下数据:

(1)4 个探测深度高分辨率电阻率成像。

(2)4 个探测深度聚焦侧向电阻率。

(3)窝旋电阻率(非方向性)。

(4)钻头电阻率和近钻头井斜。

(5)方位自然伽马。

其中,浅、中、深、超深纽扣电极的探测深度分别为 1.5in、3in、5in、6in,通常浅、中成像电阻率受井眼影响较大,因此 MicroScope 电阻率成像解释基于超深成像电阻率成像,同时参考浅、中、深电阻率成像。MicroScope 的高分辨率侧向测井减小了邻层的影响,可应用于高导电性钻井液环境,而且钻头电阻率有助于实时下套管和取心点的选择。同时,MicroScope 的高分辨率随钻成像可以帮助解决复杂的地质解释问题,如识别构造倾角和裂缝,有助于更好地进行地质导向和进行储层评价。

高分辨率侧向电阻率仪器目前已经进一步发展为可以提供超高清电阻率成像(UHRI)的版本,其亮点主要体现在成像测量上,详细内容将在成像测井部分介绍。两种不同分辨率的侧向电阻率仪器的主要性能指标和仪器尺寸等参数参照表 3-2-6。

表 3-2-6 随钻侧向电阻率成像仪器性能指标

性能指标		geoVISION	MicroScope(HD)	MicroScope(HD)
仪器尺寸(in)		6.75	4.75	6.75
井眼大小(in)		8~9.875	5.875~6.5	8~9.875
电极电阻率测量量程(Ω·m)		0.2~20000	0.2~20000	0.2~20000
电极电阻率测量精度	0.2~250Ω·m	5%	5%	5%
	250~500Ω·m	10%	10%	10%
	500~1000Ω·m	20%	10%	10%
电极电阻率探测深度(in)		1~3~5	1.5~3~5~6	1.5~3~5~7
电极电阻率分辨率(in)		2~3	1	1

续表

性能指标	geoVISION	MicroScope(HD)	MicroScope(HD)
超高分辨率图像分辨率(in)	不提供	0.4	0.4
耐温(℃)	150	150	150
耐压(psi)	20000	20000	20000
狗腿度(°/30m)	4.5(旋转)	15(旋转)	8(旋转)

2. 应用及实例

侧向电阻率仪器可以在灵活的多配置模式下工作，为地层评价和地质导向提供多条不同类型的电阻率曲线以及成像和自然伽马测量。其中的方位性系统利用地磁场作为参考系来判断钻具旋转时仪器的方位角，开展方位性电阻率和自然伽马的测量。仪器附带的其他传感器则专门用于探测纵向振动与温度。近钻头电阻率测量是本仪器的最大优势之一，通过MWD实时传输，钻头电阻率能够实时给出有关地层变化的最直接、最及时的信息。本部分内容主要针对钻头电阻率在地质停钻的应用，以及不同探测深度电阻率曲线对于储层评价方面的应用。侧向电阻率成像测井在地质导向及地质评价方面的应用及实例将在成像测井章节中详细展开。

3. 钻头电阻率地质停钻应用及实例

如图3-2-25所示，在一口存在压力异常的直井中，下部砂岩层(特征为低自然伽马，电阻率顶高底低)的压力系数较低，上部地层压力系数相对较高，在钻井过程中，需要在揭开砂岩层的时候及时停钻下套管固井，再继续下一开的钻井作业。停钻位置确定非常关键，过早停钻会带来下一开井钻井问题(由于设计的钻井液密度较低，可能会出现井涌甚至井喷)；而停钻太晚，钻入低压砂岩层后，又可能导致大型井漏甚至卡钻。这时，参考geoVISION钻头电阻率的变化(图3-2-25中电阻率明显升高)，可以第一时间确定钻遇砂岩层，及时精确地质停钻，很好地解决地质停钻问题。

利用钻头电阻率进行地质停钻具有很多有实际意义的应用，比如准确下套管深度，合理设计取心位置等等。利用钻头作为测量点，直接获取最新钻揭地层的电阻率数值，能够更准确、更快速知道地层的变化，以达到地质停钻的目的，减少钻井作业的风险。

4. 高分辨率电阻率曲线储层评价应用及实例

侧向电阻率曲线以其量程大、分辨率高的优点，在储层评价方面体现出其独特优势，可以在高阻储层、薄层储层中提供多种探测深度的电阻率测量。侧向电阻率能更有效地消除围岩以及薄层等对电阻率测量的影响，获取地层真电阻率。

电磁波感应电阻率的测量探测范围比较深，同时由于电磁波感应的原理，在地层边界附近，会出现极化角现象，引起电阻率的升高。因此在薄层或者大斜度地层界面附近，会出现电阻率极高的假象，这种情况不会出现在侧向电阻率的测量中。因此，测井、地质和钻井技术人员就可以实时直观地看到地层电阻率的变化，实时安排技术方案和措施。

图3-2-26展示的是在新疆吉木萨尔某口水平井中，使用MicroScope高分辨电阻率曲线与感应电阻率arcVISION的对比。从图中可以清晰看出，在同一组地层中，感应电阻率和侧向

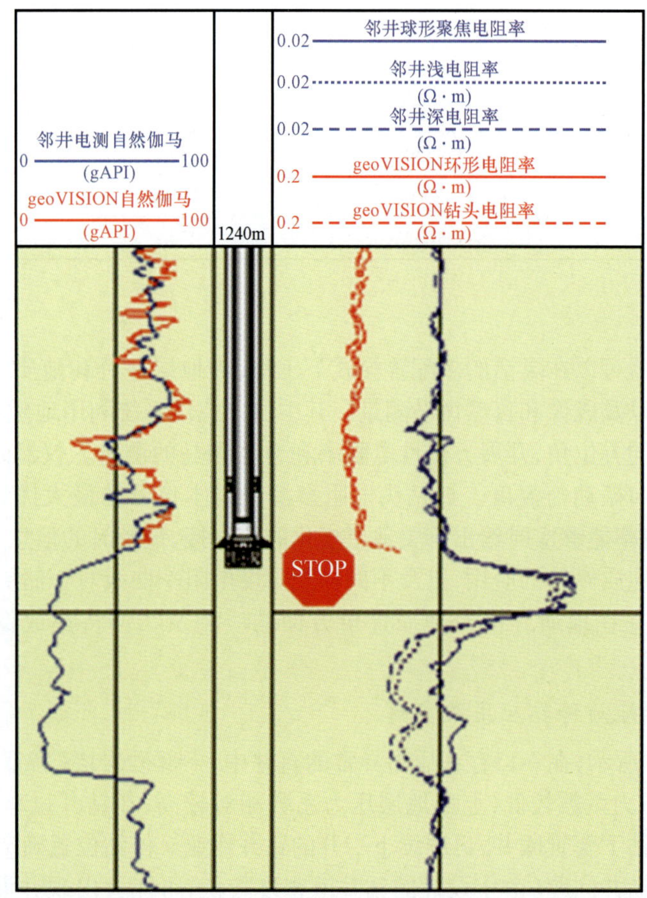

图 3-2-25 近钻头电阻率地质停钻确定实例

(左一道为自然伽马,其中蓝色为邻井同层位地层电缆自然伽马,红色为本井随钻自然伽马;右一道为电阻率,其中蓝色分别为邻井同层位地层电缆深浅电阻率,红色为本井随钻电阻率,红虚线为钻头电阻率,红色标注位置为实际地质停钻位置)

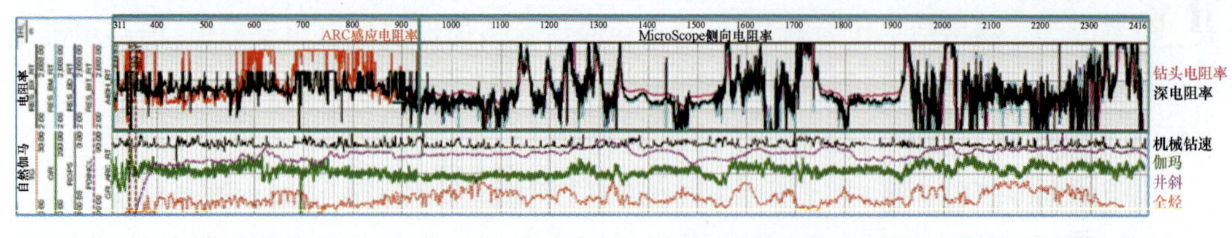

图 3-2-26 高分辨侧向电阻率曲线与感应电阻率对比实例

电阻率的响应对比情况。本井在前半段着陆阶段使用 arcVISION 仪器,可以看出很多小层段的电阻率呈现平头现象,达到感应电阻率测量的极限。这并不是因为地层电阻率非常高引起。一方面感应电阻率的量程较低(相位电阻率最高可到 3000Ω · m,衰减电阻率最高可达 50Ω · m),另外一方面主要是因为地层有很多小夹层,在地层界面处有非常多的极化现象引起的电阻率异常高值假象,这导致不能准确判断地层真实电阻率情况,会给地质导向工作造成非常大的困扰。在后半段的地层中,更换为侧向电阻率仪器,在同一套地层中,可以看出侧向电阻率的测量没有再出现电阻率平头现象而且地层电阻率局部可以达到很高的数值(大于 2000Ω·m),侧向电阻率分辨率高,探测深度相对较浅,不容易受围岩影响,能够反映地层真实电阻率数值,有利于储层评价和地质导向。

侧向电阻率的高分辨率特点,在薄层评价中也体现出其独特优势,对于在非常规储层中精细评价和发现潜力储层有重要意义。图 3-2-27 展示的是大庆某探井中使用 geoVISION 高分辨率侧向电阻率及电阻率成像识别薄互层的实例。图中在常规曲线如自然伽马和密度中子测井中,该段地层曲线特征平缓,显示为简单的泥岩特征;geoVISION 高分辨率电阻率成像清楚地显示此段为薄砂泥岩互层,通过进一步的基于 geoVISION 高分辨率电阻率的测井高分辨率处理,可以判断储层的含油气性,这一应用在当前页岩气的勘探开发中具有重要意义。

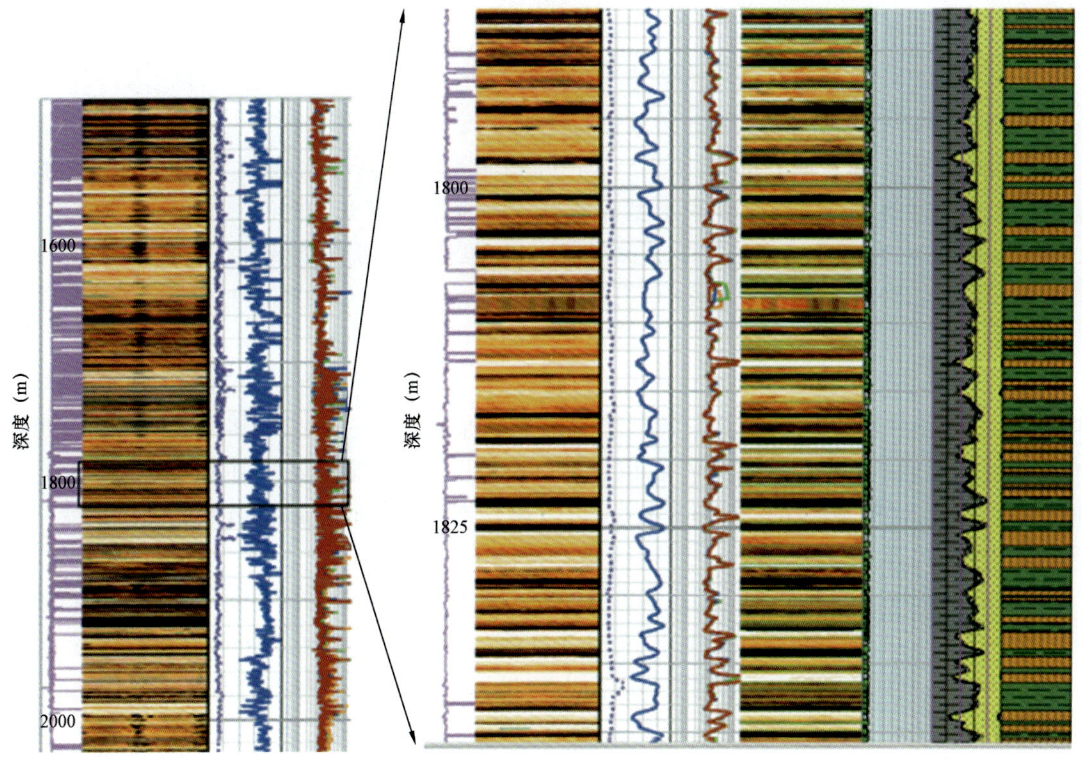

图 3-2-27　geoVISION 图像砂泥岩薄互层识别

(右一道为解释岩性,黄色表示砂层,绿色表示泥岩层;右二道为常规 ELAN 解释剖面;右三道为层界面;右四道为 geoVISION 电阻率动态图像;右五道为 geoVISION 电阻率;右六道为中子孔隙度;右七道为 geoVISION 电阻率静态图像)

三、方向性电磁波电阻率测井技术

1. PeriScope 储层边界探测技术

PeriScope 是一种新型的提供多种线圈距、多种频率的方向性电磁波传播测量的地质导向仪器,通过电阻率测量和方向性曲线作为输入,进行储层边界反演,提供地层边界距离和边界方位的实时信息从而进行地质导向精确调整轨迹。该仪器还能提供电阻率测量(与arcVISION一样)、环空压力测量和方向性自然伽马测量及成像。

PeriScope采用了新的测量方法和测量手段,改变了传统的电磁波传播电阻率的测量理念,引入了非轴向传感器这一重要技术革新。电磁波传播电阻率采用轴向感应线圈和轴向接收器,这些测量都不具备方向性。非轴向(斜向或者横向)发射器(或接收器)能够提供更多有用的地层测量信息,其主要优势在于拥有地层电阻率的方向性敏感度,为地质导向提供最有用的方向性信息,有助于做出正确的导向指令。PeriScope采用了与轴向成45°夹角的一对彼此垂直的接收器,来实现方向性测量(图3-3-28)。

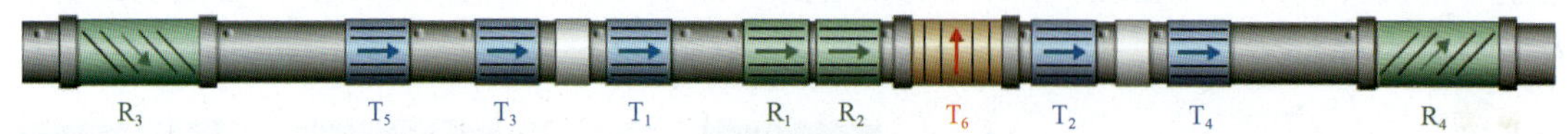

图3-2-28 PeriScope仪器线圈示意图

在地质导向中常规的LWD电磁波传播电阻率是不具有方向性的,无法识别是由下到上接近围岩,还是由上到下接近围岩。这种随钻测量的模糊性给地质导向带来巨大的风险,尤其是在目的层为薄层或者底水型油藏及其他复杂油藏开发过程中的地质导向作业。而对于具有方向性测量能力的井眼成像仪器来说,虽然可以消除对地层上下围岩方向性判断的模糊性,但是由于探测深度较小,当井眼成像显示钻遇储层边界的时候,实际钻头早已钻出目的层。

PeriScope仪器通过本体上倾斜和横向传感器,具有提供距离电阻率界面远近以及相对方向的能力,在钻井作业期间,通过对储层边界反演成像,见图3-2-29,其反演结果通过可视化界面不仅可以显示出距离电阻率界面的远近,还可以显示电阻率界面在井眼轨迹的哪个方向,这种实时显示的地层结构和构造模型,可以很好地用来实时监控钻遇地层的构造变化情况,做出导向决策。

目前,PeriScope已经广泛应用在国内各个重点油田的开发中,图3-2-30为中国石油新疆油田成功应用实例。在该井的作业中,通过实时监控储层顶界面距离井眼轨迹的远近,微调轨迹实现了精确地质导向(距离储层顶界面大约0.5m),很好地控制了含水率,取得了很好的产能效果。

2. GeoSphere随钻油藏描绘技术

GeoSphere随钻油藏描绘服务使用深探测方向性电磁测量来探测距井筒30m以内的流体界面和多个地层界面。这个油藏尺度的测量结果为指导作业者做出实时地质导向决策提供及时的数据。地质导向人员使用GeoSphere技术准确进行着陆,避免意外钻出储层,同时对多个地层进行成像,对储层构造进行解释,这可以降低钻井风险,与此同时降低对钻领眼井的需求。通过GeoSphere油藏描绘与地震数据相结合,可以细化储层结构和完善储层模型,改变油田开发策略(图3-2-31)。

GeoSphere仪器串由一个发射器短节和两或三个接收器短节组成。发射器短节有一个倾斜的天线,能够以低于100kHz的六种频率向地层发射电磁波信号。选择这些频率可以得到

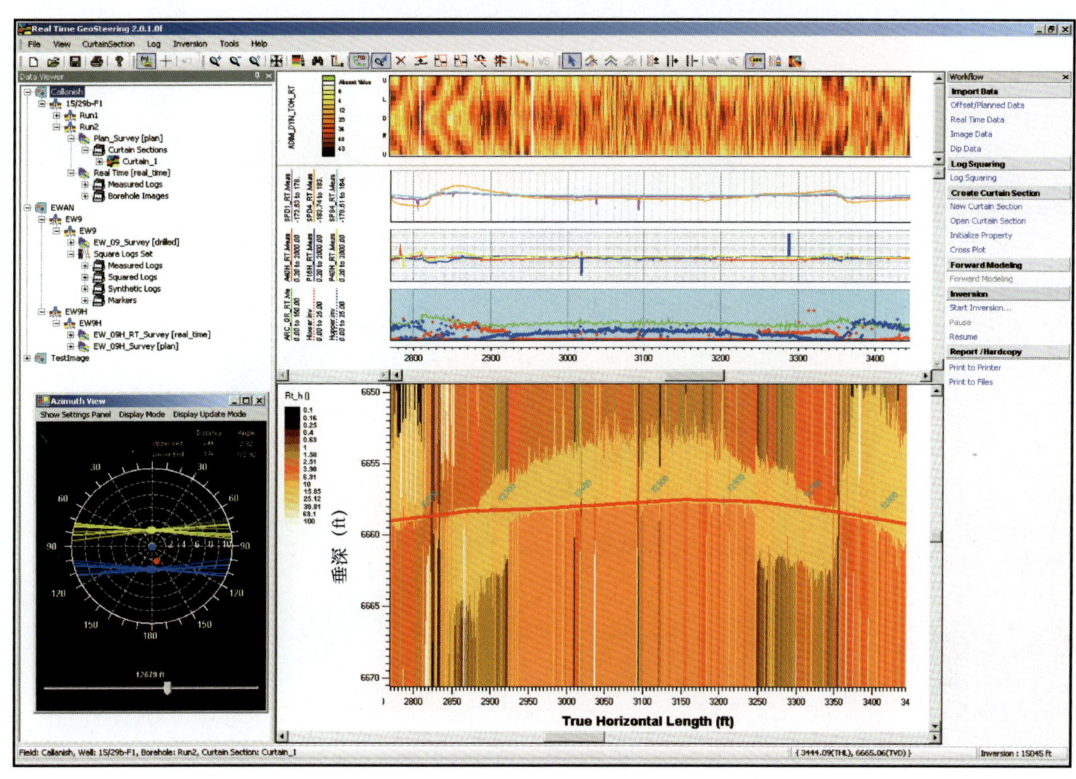

图 3－2－29　PeriScope 储层边界反演成果图

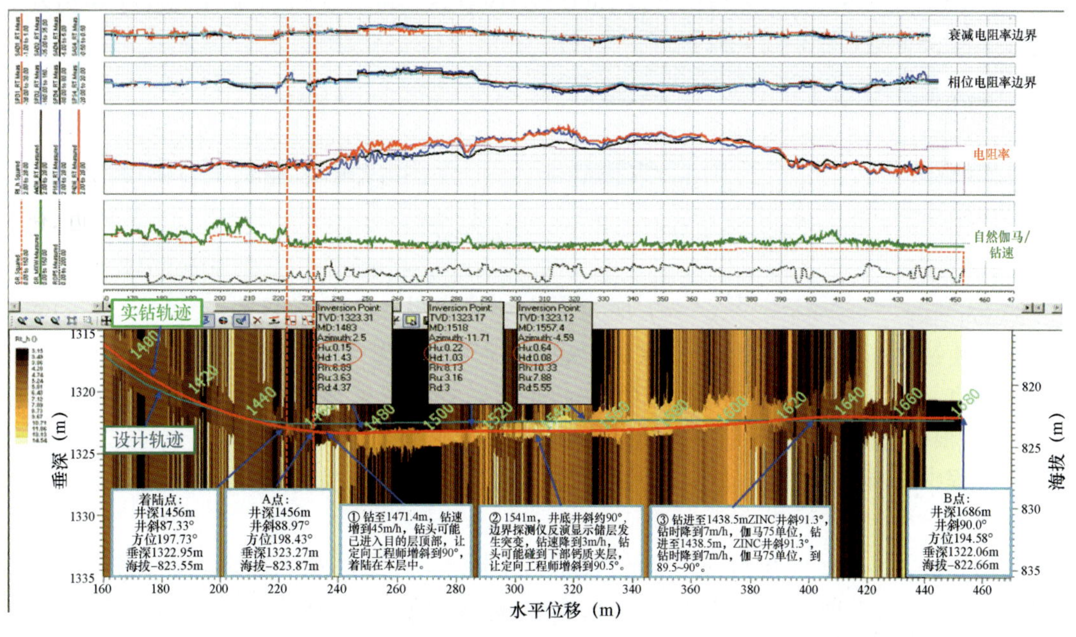

图 3－2－30　新疆油田陆良区块某井 PeriScope 地质导向模型图

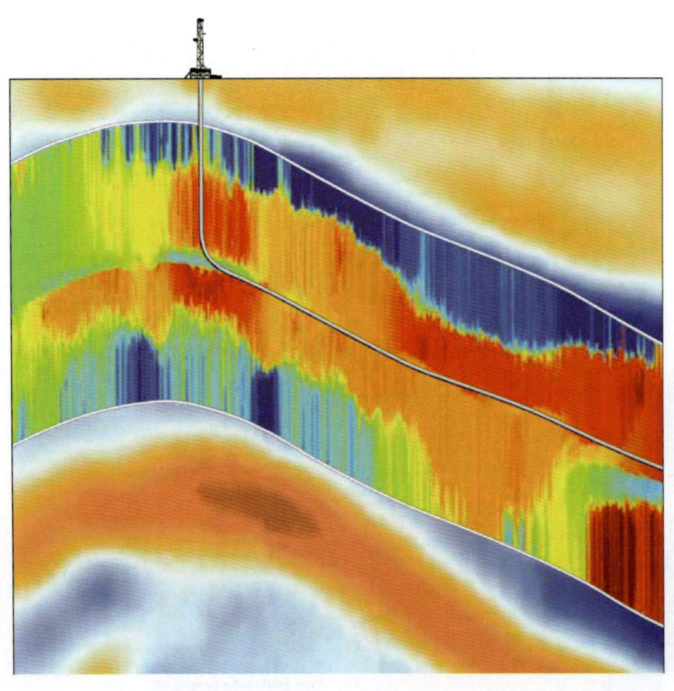

图 3 - 2 - 31　GeoSphere 油藏描绘与地震数据相结合更新储层模型

最优信噪比和测量敏感度。每个接收器短节有三个倾斜天线进行方向性探测。这些短节可配置安装在 BHA 的不同位置,并可由其他 LWD 或 MWD 仪器隔开;接收器短节可位于距离发射器短节 5 至 35m 处(图 3 - 2 - 32)。

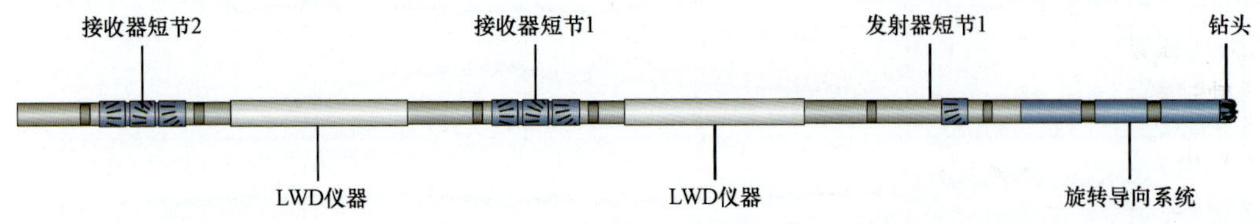

图 3 - 2 - 32　GeoSphere 仪器串可安装在 BHA 上的任何位置

为了使钻遇率最大化,地质导向人员在钻井过程中必须密切监控地层构造并根据岩性变化做出反应。利用实时随机反演算法对 GeoSphere 数据进行处理,以建立多层地层电阻率模型。此外,根据模型还可以评估井筒周围地层电阻率各向异性、倾角和其他构造特征。该模型在钻井过程中不断更新,使地质导向专家在识别流体界面或其他地层边界的同时能够跟踪钻井进展情况。

目前,GeoSphere 已经在国内几个油田用过。图 3 - 2 - 33 为海上油田成功应用实例。在该井的着陆中,GeoSphere 提前 27m 垂深探测到目的层的顶部。通过实时监控井身轨迹,成功着陆。同时,反演结果还显示了目标层的厚度。

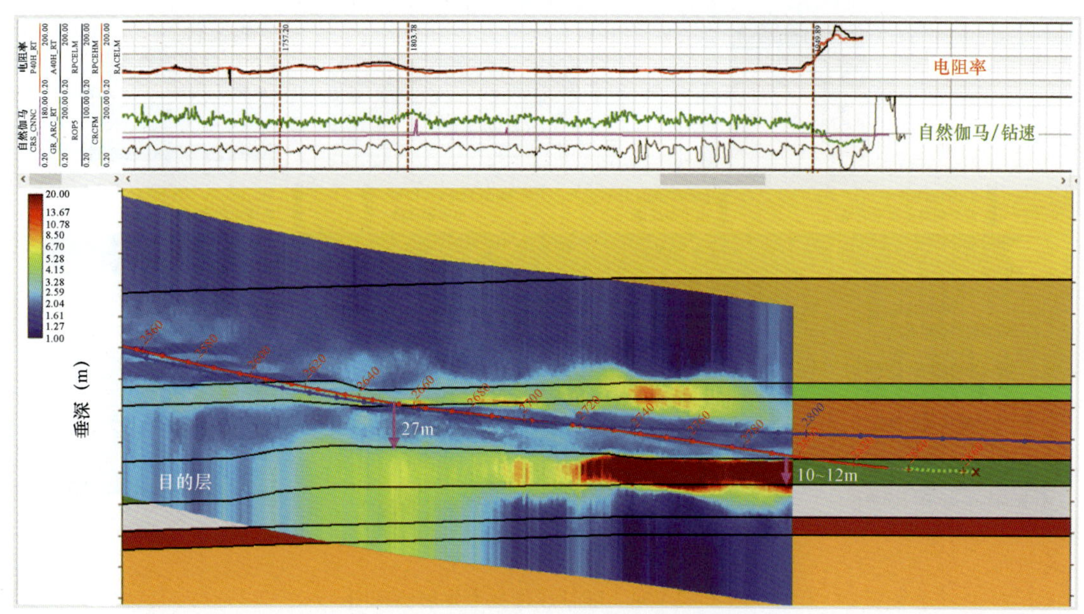

图 3-2-33　海上油田 GeoSphere 地质导向模型图

第四节　随钻成像测井技术

在现代的油田地质研究中，测井技术所要解决的任务不仅限于分层、提供孔隙度、渗透率、含有饱和度等传统的地质参数，而且要求对储集层的性质、成分、结构、构造、沉积环境及区域发展等方面做出综合评价和研究。同时随着大斜度井、水平井和小井眼多侧向延伸井的大规模应用，在钻井过程中，需要提供随钻的方向性测量和成像资料，对井轨迹进行精确控制，以便将井轨迹更好的控制在优质储层内部，因而随钻成像测井技术应运而生。随钻成像资料的应用不仅能进行岩石物理分析，也可用于地质导向和地质解释。

斯伦贝谢随钻成像测井技术主要包括侧向电阻率成像技术，自然伽马、密度和光电截面指数成像技术和声波成像技术。从 1992 年第一个随钻侧向电阻率成像仪 RAB 的诞生，迄今为止，随钻成像仪器主要包括侧向电阻率成像仪器（geoVISION、MicroScope、MicroScope HD）、带有自然伽马成像功能的仪器和密度及光电指数成像仪器（adnVISION、EcoScope、NeoScope）。最新一代的油基钻井液声电双成像技术 TerraSphere 在油基钻井液中提供高分辨率的声幅、声波旅行时成像和电阻率成像，在水基钻井液中亦可提供声幅、声波旅行时成像。随钻成像仪器的发展历程、适用钻井液及典型图像特征见图 3-2-34，详细的各个代表技术的介绍在下面的章节中展开介绍。

一、自然伽马成像测井技术

1. 概述

随钻自然伽马成像测井技术主要由三类工具提供：旋转导向工具（PowerDrive），MWD 仪

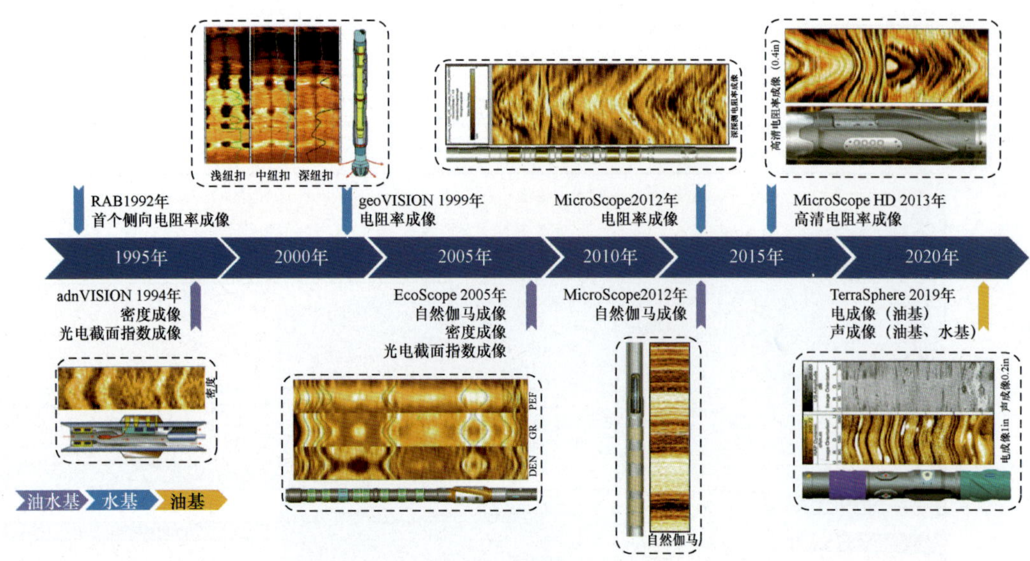

图3-2-34　随钻成像技术发展历程图

器(ImPulse 和 ShortPulse)和随钻测井仪器(geoVISION、MicroScope、EcoScope 和 NeoScope)。方位性自然伽马测量可以提供上、下、左、右四个象限自然伽马以及自然伽马成像,不同工具的自然伽马成像精度不同,旋转导向工具 PowerDrive 的自然伽马测量仅限于定性测量,主要用于不同趟测井或者不同井之间对比。ImPulse 和 ShortPulse 的自然伽马测量具有方位性,但其自然伽马成像精度较低,可以用于实时地质导向。随钻测井仪器 geoVISION、MicroScope(HD)、EcoScope、NeoScope 测井仪器可以提供方位自然伽马曲线以及十六象限自然伽马成像,精度进一步提高。下面的内容中着重介绍分辨率比较高的随钻测井仪器提供自然伽马成像测井的原理及应用。

2. 随钻测井仪器的自然伽马成像技术

大部分随钻测井仪器的自然伽马探测器位于仪器的下部,满足利用自然伽马成像进行地质导向、邻长更短更靠近钻头的要求。以 EcoScope/NeoScope 自然伽马成像测井原理为例,其采用光电倍增管的闪烁计数器为伽马探头,使用了更大尺寸伽马检测探头,该仪器中伽马探测上限可以达到1000gAPI。同时仪器采用局部聚焦和薄探测窗口的设计,使得其探测更具方向性,精度也更高,可以得到十六象限自然伽马成像,可以满足地质导向及地层构造分析的要求。高测量上限的优势,亦可满足高放射性储层的识别要求,如页岩气地层(图3-2-35)。

3. 自然伽马成像测井应用与实例

在水平井中,成像特征可以表征井轨迹与地层的接触关系。如图3-2-36所示,井轨迹在地层中穿行时,井轨迹向下钻开地层,仪器底部先接触地层,再到仪器的顶部接触地层,在水平井中,一般情况下都是由顶部展开成像,因而向下钻穿地层时,成像两边低、中间高,呈现出向下的“哭脸”特征。相反地,井轨迹向上钻开地层时,仪器顶部先接触地层,底部后接触,因而成像展开是两边高、中间低,呈现出向上的“笑脸”特征。仪器在和地层平行时,顶部、底部

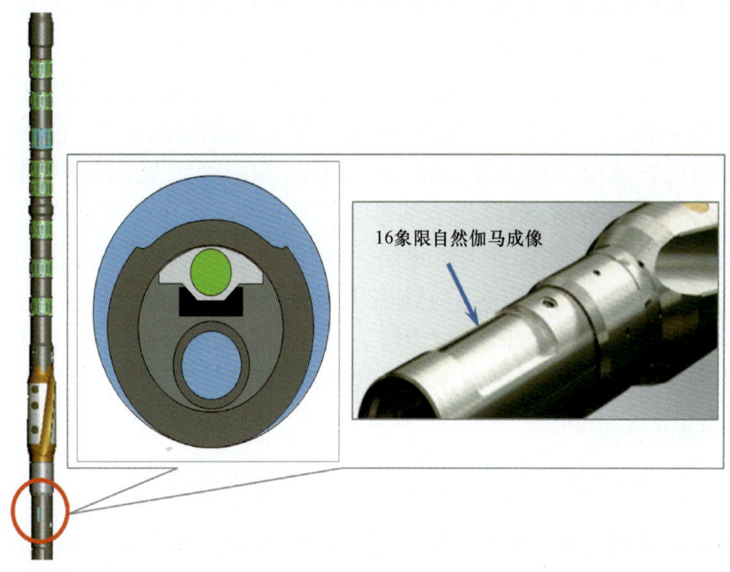

图 3 -2 -35　EcoScope/NeoScope 自然伽马成像探测器示意图

都不接触地层界面，呈现出夹在“哭脸”和“笑脸”之间的类似牛眼睛特征。从以上的典型成像特征中，可以判断井轨迹和地层接触关系，一方面可以利用成像的特征进行地质导向的工作，另一方面可以结合成像的特征，对有些曲线的响应特征进行解释，更清楚地理解曲线的响应。

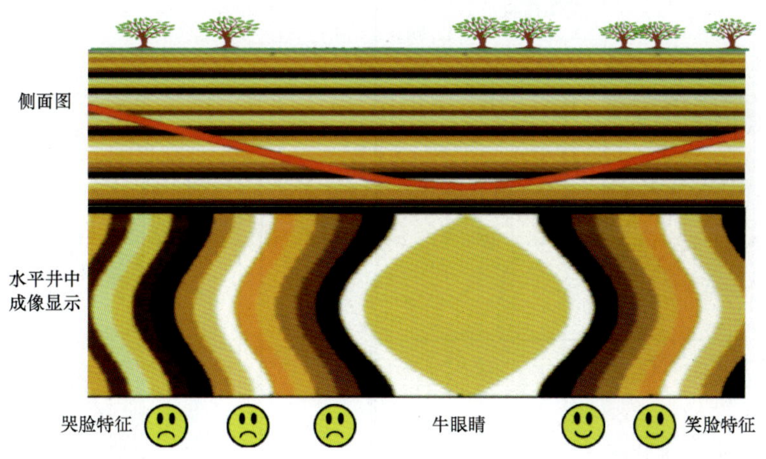

图 3 -2 -36　水平井中成像特征与井轨迹关系展示图

图 3 -2 -37 实例中展示的是 EcoScope 测量的自然伽马成像的实例，图中最左边一道为上（绿色）、下（红色）、左（粉色）、右（蓝色）方位自然伽马曲线，左二道为自然伽马成像图，右边两道分别显示平均自然伽马曲线、井径曲线、arcVISION 电阻率钻后时间以及仪器钻速和井斜曲线。图中显示有四个砂岩薄层，自然伽马曲线明显低值，自然伽马图像显示亮色条带状。仔细分析四个砂岩薄层，特征各不相同。前两个薄层特征相似，整体呈现小角度的“哭脸”特征，代表井轨迹正向下穿过该薄层，不同方向上的方位自然伽马曲线数值相近，看不出明显分

异。下面两个相对较厚的砂岩,成像特征和曲线特征明显不同。5300m 附近成像上也显示出“哭脸”特征,但是该亮色条带顶部较陡、底部较缓,代表了该层内在顶部与底部井轨迹与地层接触角度不同,有可能是因为地层情况发生变化也有可能是该层的厚度发生变化。放大的细节图显示在该层的顶部,上自然伽马(绿色)曲线比下自然伽马曲线(红色)数值高,也证明了井轨迹是由上部的泥岩地层下穿至下部的砂岩地层,和图像上展示的“哭脸”特征一致。在5350m 附近的“笑脸”成像特征,刚好和上部砂岩层位的特征相反。“笑脸”的成像特征,表明在该层井轨迹向上钻穿地层,底部为泥岩地层,上部为砂岩地层,不同方位的自然伽马曲线特征应该表现为,下自然伽马曲线(红色)应该高于上自然伽马曲线(绿色),方位曲线道内曲线特征正好与该特征相符。再一次印证,成像特征和方位曲线结合起来,可以更好地解释井轨迹与地层的接触关系,同时更综合的解释不同曲线的响应特征。

二、密度成像测井技术

1. 概述

可以提供密度成像测量的随钻仪器有两种,分别是 adnVISION(ADN)和 EcoScope。两根仪器测量密度成像的原理相同,都是通过铯 137 同位素(137Cs)释放伽马射线,通过长、短源距接收器接收限定能量窗射线,进行密度计算。探测器装在仪器一侧,通过仪器旋转一周,记录不同方向密度测量值,最终可得到密度图像数据。密度成像资料,可以完成对储层物性评价、不同方位密度数值比较,以及基于密度成像进行地质导向等工作(图 3-2-37)。

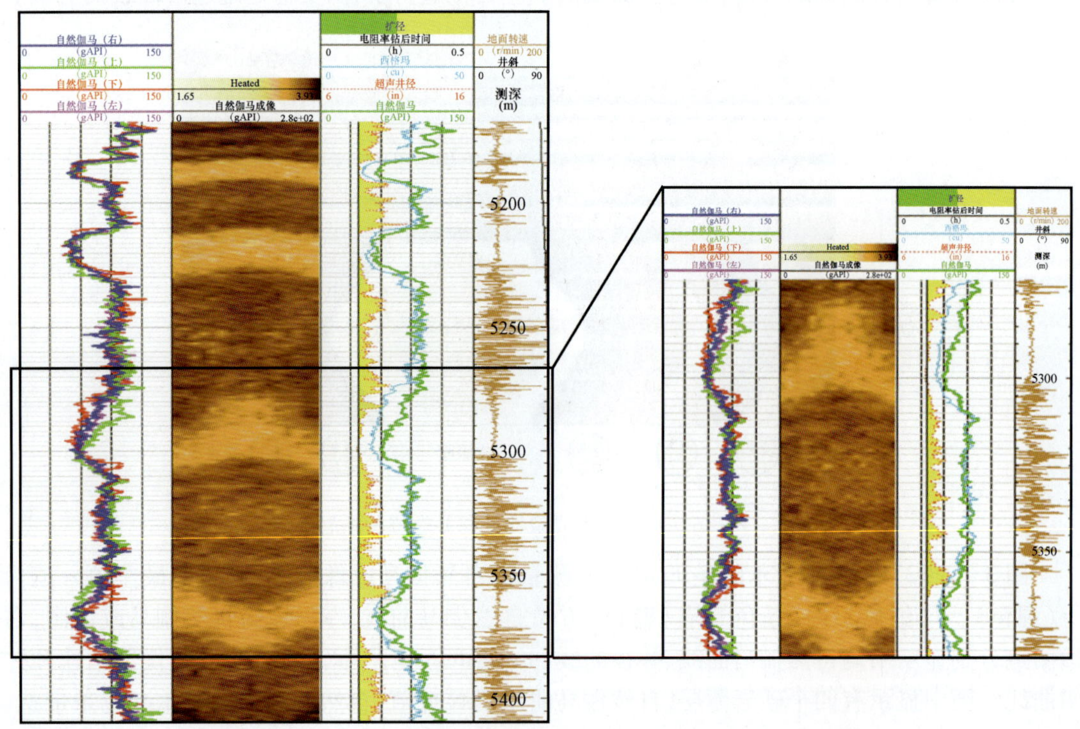

图 3-2-37 EcoScope 自然伽马成像在水平井中特征实例展示图

2. adnVISION 方位密度中子测井—密度成像测量

adnVISION 第一代方位性密度中子测井仪，测量精度和准确性得到很大提高，仪器尺寸齐全，可以满足不同井眼尺寸中对中子、密度、密度成像测量的需求。仪器设计兼顾钻井要求和测量需求，光钻杆的设计可以在钻井施工中有较好的通过性，但是在井斜较大情况下，测量精度受影响；带扶正器或者可换套式扶正器的仪器在复杂井况下，增加通过性难度，但是可以保障较好的测量精度（图 3－2－38）。

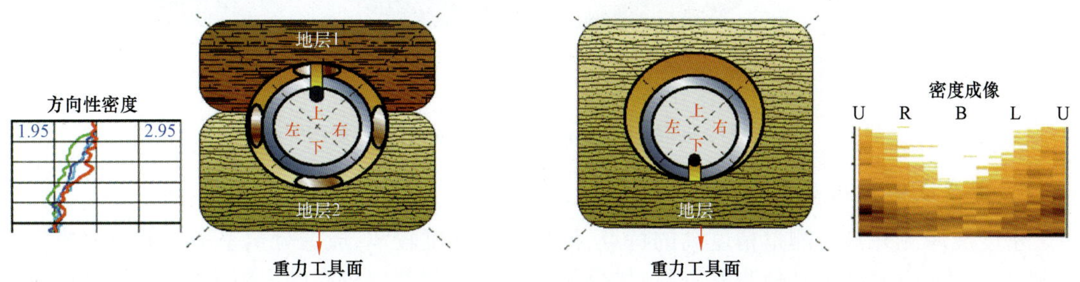

图 3－2－38　adnVISION 探测器示意图

密度接收器位于仪器一侧，在仪器旋转一周情况下，可以测量不同方位上密度值，分为 4 个象限，可以分别得到上、下、左、右四个密度数值以及进一步细分的十六象限密度图像。测量数据精度和成像也会受扶正器影响，带扶正器情况下平均密度质量较高，但有时也受到其他影响。四象限密度数据通常用于地质导向，不带扶正器情况下，除底部测量密度，其他象限测量容易受钻井液影响（图 3－2－39）。

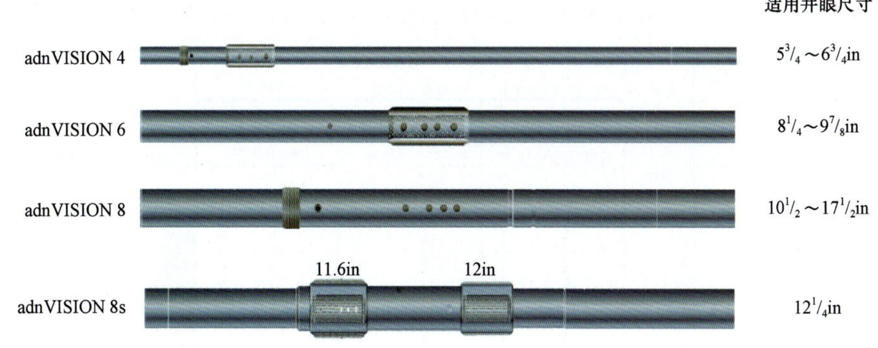

图 3－2－39　adnVISION 不同尺寸仪器展示图

3. EcoScope 多功能综合测井—密度成像测量

EcoScope 仪器是一个可以提供多种测量的多功能综合测井仪器，可以提供方向性自然伽马、井下动态数据、密度及超声波井径、方位密度和光电截面指数、感应电阻率、中子孔隙度、西格玛和元素俘获谱等用于储层综合评价的多种测量曲线。方位密度及密度成像的测量集中在仪器的下部，通过侧向装配的铯 137 伽马源，采用和 adnVISION 相同的测量原理，可以得到方位密度以及密度图像（图 3－2－40）。

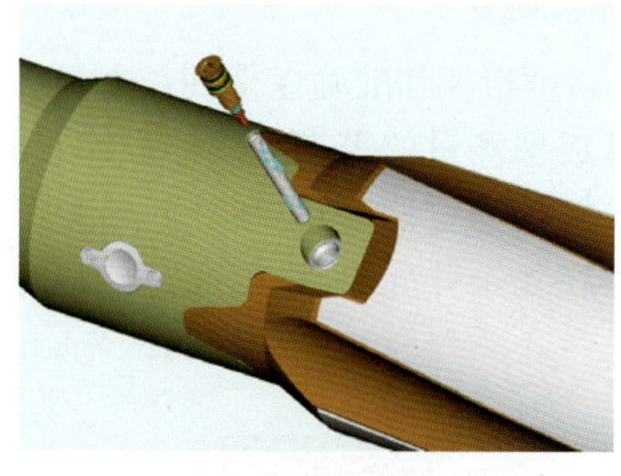

(a) 侧向装卸源

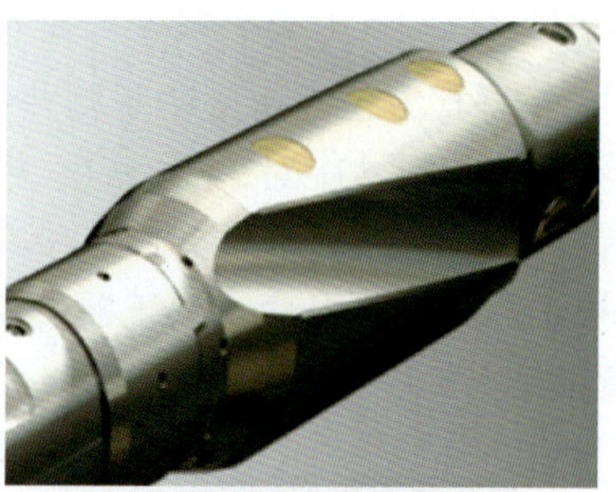

(b) 可调整大小扶正器

图 3－2－40　EcoScope 密度成像探测器示意图

4. 密度成像应用及实例

密度成像测井具有测量精度高的特点,但其探测深度较浅,成像分辨率不及电阻率成像分辨率高。密度成像结合其他测井资料,如分辨率和探测深度比较高的电阻率曲线或者成像,可以完成对地层的综合评价,对井眼径向特征的认识也有一定的帮助。

图 3－2－41 EcoScope 多功能测井综合示意图展示的是某油田利用 EcoScope 综合测井仪在 8.5in 井眼中水平段测量的综合数据,图中左边第一道井径数据显示,在5840～5880m深度范围内,井眼扩径严重,同时电阻率曲线上也显示侵入特征,第四、五道浅探测高频相移电阻率和深探测低频相移电阻率曲线道,不同探测深度的电阻率曲线有侵入的特征,由此可见由井眼垮塌导致钻井液侵入。同时最右边道为方位密度曲线道,不同颜色显示的密度曲线代表不同方位上密度数值,在该深度范围内,不同方向上密度数值震荡变化,受井眼影响比较大,同时右二道密度图像上可以看出呈现对称分布的亮色条带状特征。从各种曲线显示的信息可以

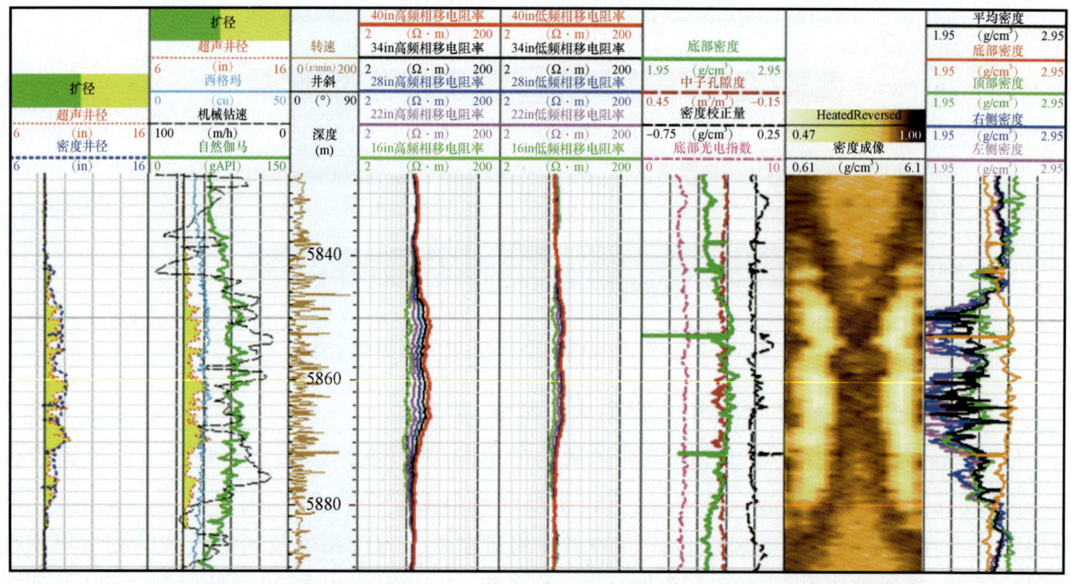

图 3－2－41　EcoScope 多功能测井综合示意图

综合判断出，受井眼扩径影响，电阻率曲线应该选择探测深度较深的曲线作为原状地层电阻率数值，不同方向上密度测量值也同样受到影响，平均密度测量数值不能作为合理数值代表地层密度，底部密度更能反映真实地层的密度数值。

密度测井的探测深度较浅，容易受到泥岩以及仪器井下震动的影响，图3-2-42展示的也是EcoScope测井在测量过程中，从各种测井信息综合分析井下状况以及合理选择测井资料的实例。在该图中依次展示EcoScope测量中提供的自然伽马图像（第一道）、三维超声波井径（第二道）、自然伽马—井径—机械钻速（第三道），深度-仪器钻速和井斜（第四道）、相移电阻率（第五道）、衰减电阻率（第六道）、三孔隙度—光电截面指数（第七道）、密度成像（第八道）和方位密度曲线道（第九道）。图中显示有两处扩径比较厉害的层段5640～5680m和5840～5870m，在扩径严重的层段，同时对应井下的高粘滑（stick&slip），从仪器转速可以看到，在该层段转速在较大范围内变化，表明仪器在井下遇到比较强的粘滑，因为在该层段各种曲线

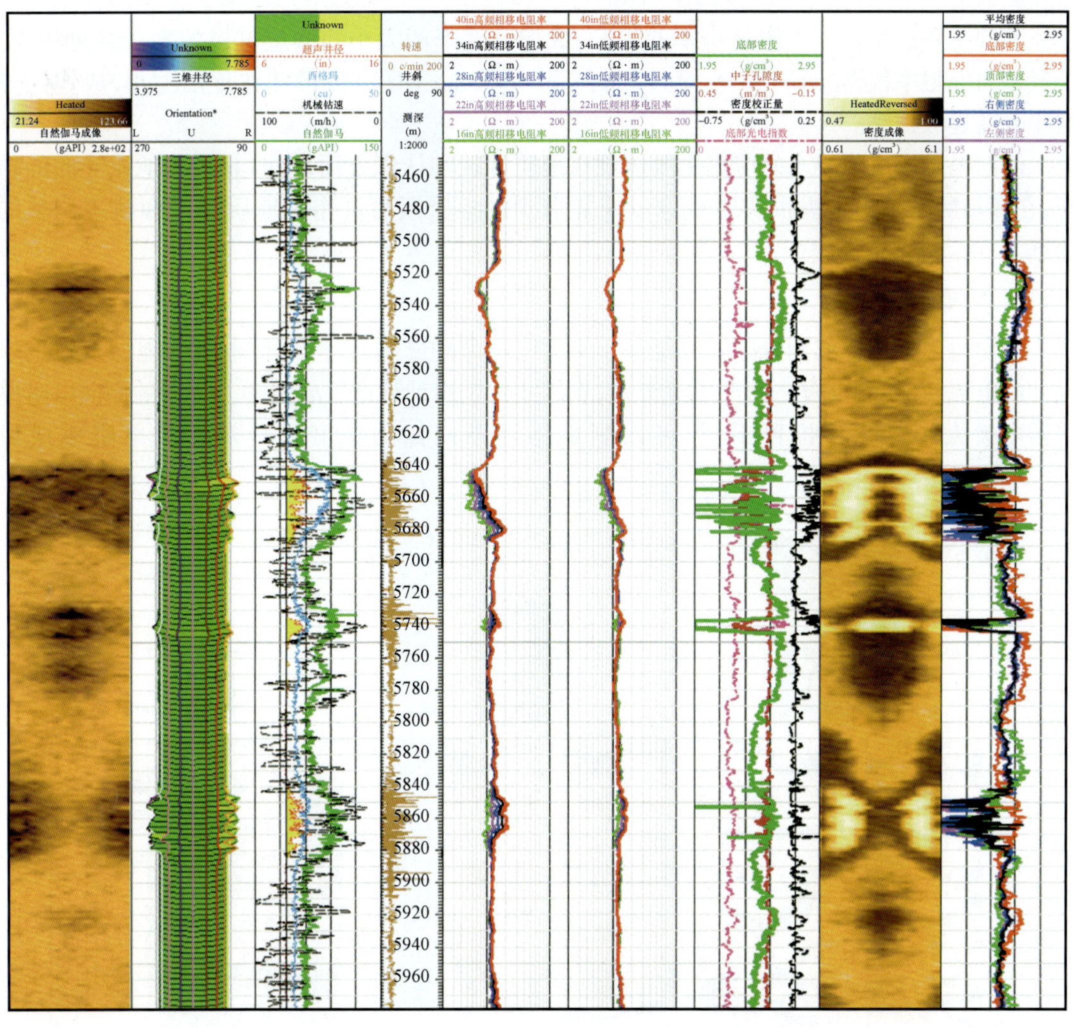

图3-2-42　EcoScope多功能测井综合示意图

响应都显示出测井曲线受到影响,同时密度成像显示更为直接和明显(因为密度探测较浅,受影响相对更严重),密度成像显示密度测量受钻井液影响,显示为亮色低密度数值,上部 5640 ~ 5680m 受影响更大,主要反映钻井液信息。在这种情况下,需要选用底部密度和探测较深的电阻率曲线数值代表原状地层的信息进行综合储层评价。

三、侧向电阻率成像测井技术

1. 概述

在 20 世纪 80 年代初期,随钻测井只能测量简单的电阻率曲线,主要用于曲线对比。随着大斜度井、水平井和小井眼多侧向延伸井的出现,也由于 LWD 测井质量不断提高和种类多样化的快速发展,随钻电阻率测量技术也由单一电阻率曲线逐渐发展到有不同探测深度的电阻率曲线及电阻率成像,而且成像的分辨率在一步步提高。提供随钻电阻率成像技术的主要仪器和侧向电阻率测井技术的仪器是一体的,具体的发展历程可见第二章第三节中的介绍。成像技术的主要进步在于成像分辨率的提高,成像分辨率的大小和测量电极的大小息息相关。三代侧向电阻率仪器 geoVISION、MicroScope、MicroScope HD 电极尺寸在逐渐缩小,成像的分辨率也在逐级提高。

侧向电阻率成像技术的应用主要体现在地质评价和认识方面,同时兼具了地质导向的功能,在随钻测量过程中提供实时成像以及提取到的地层倾角可作为地质导向和轨迹调整的依据。

2. 测量原理

侧向电阻率成像的测量原理都是基于侧向电阻率的欧姆定律,通过电极向地层发射聚焦设计的电流,在不同电极之间形成电势差,利用欧姆定律计算地层电阻率。不同的侧向电阻率仪器电极大小、数目、位置不同,可以测量得到不同探测深度和分辨率的电阻率成像(图 3 - 2 - 43)。

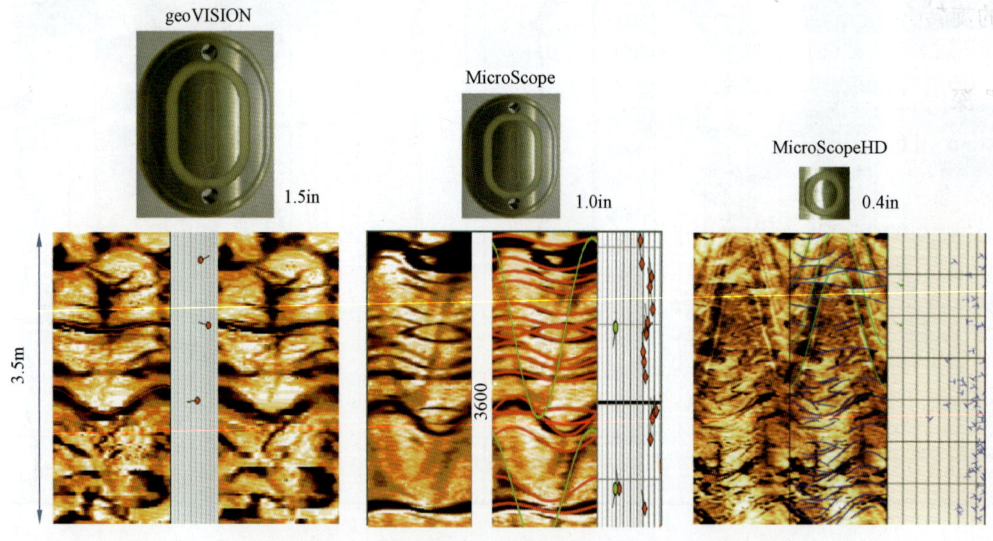

图 3 - 2 - 43　侧向电成像测量电极和图像对比图

geoVISION 仪器测量电极有三个，位于仪器的一侧，随着仪器的旋转，仪器通过内置的重力计或者磁力计判断方向，并获取 56 个扇区的电阻率成像，以及四个象限的电阻率数据和平均电阻率。三个探测电极分别可以得到不同探测深度（探测深度分别为 1in、3in 和 5in）电阻率成像，在有钻井液侵入的情况下，可以反映不同侵入状态下电阻率径向特征（图 3－2－44）。

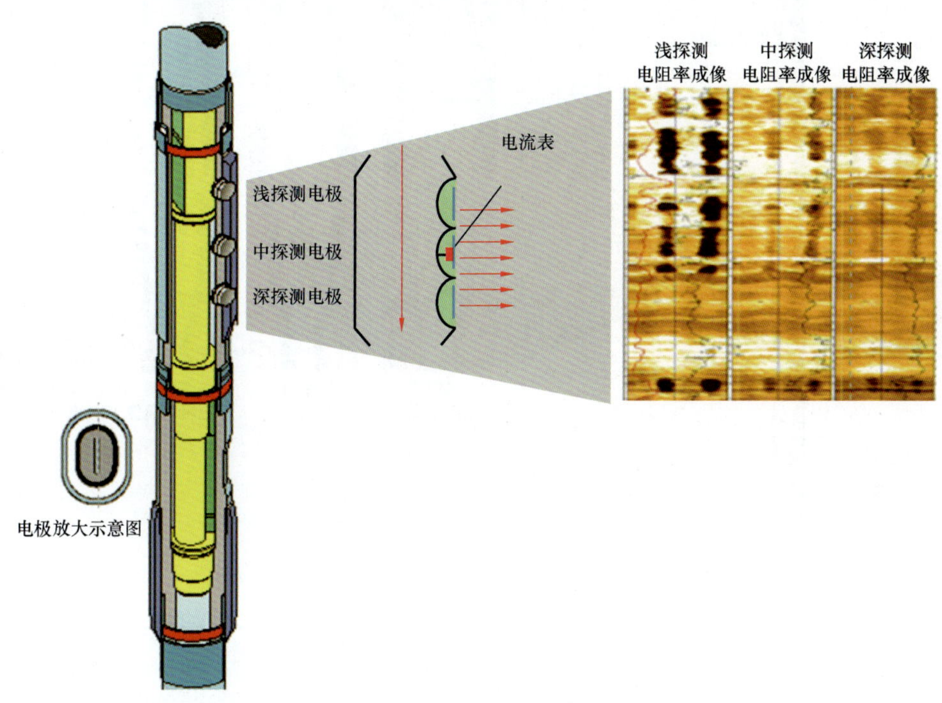

图 3－2－44　geoVISION 电成像测量电极和图像示意图

MicroScope 高清侧向电阻率成像仪器有两个测量电极 180°对称分布在仪器两侧，随着仪器的旋转，仪器通过内置的重力计或者磁力计判断方向，并获取 56 个扇区的电阻率成像。MicroScope 仪器的发射线圈对称的分布在测量电极的两侧，交替发射电流，可以得到 4 条不同探测深度（浅、中、深和超深）的电阻率曲线以及高分辨率电阻率成像，探测深度分别为 1.5in、3in、5in 和 6in（475 仪器，或 7in 675 仪器）。仪器型号目前有 475 和 675，适合在 5.875～6.5in 和 8.5～9.875in 井眼中使用（图 3－2－45）。

MicroScope HD 超高清侧向电阻率成像仪器是在 MicroScope 仪器的基础上增加了超高分辨率的高清套筒，在套筒上有 8 个 0.4in 纽扣电极。随着仪器旋转，可以得到 208（675 仪器）和 160（475 仪器）个扇区的超高清电阻率图像。MicroScope HD 仪器目前也有两个型号 475、675 的仪器，475 仪器的超高清套筒有四种不同大小尺寸，适用于 5.875～6.875in 井眼（图3－2－46）。

3. *应用及实例*

侧向电阻率成像测量的应用和主要价值体现在三个方面，首先是对于储层评价的地质认识，尤其是对于以裂缝、溶蚀为主要储集空间的储层中，可以有效评价储层的存储和渗透空间，对储层沉积、构造、裂缝有效性等有更全面的认识；其次体现在地质导向方面的重要作用，成像

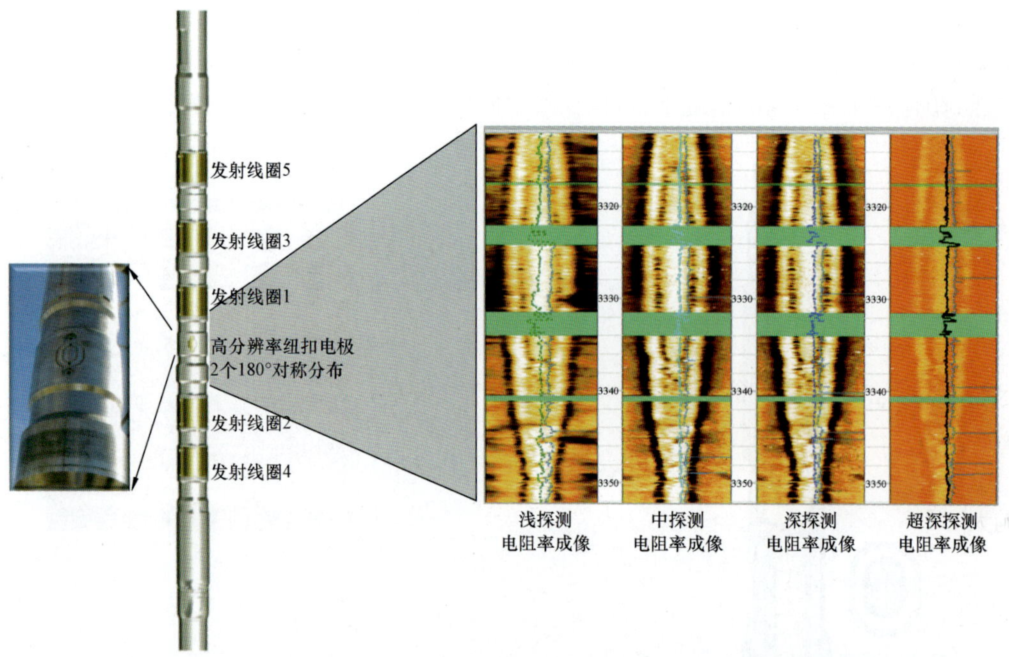

图 3-2-45　MicroScope 电成像测量电极和图像示意图

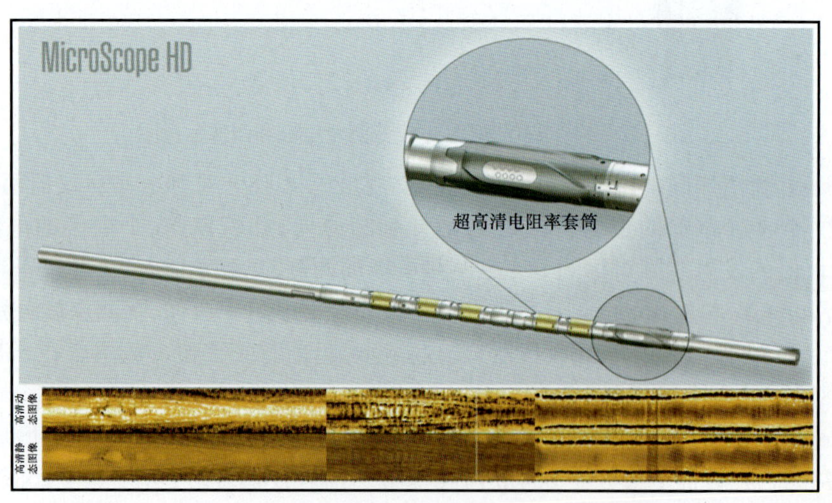

图 3-2-46　MicroScope HD 超高清电成像测量电极和图像示意图

导向技术以实时测量图像以及拾取的地层倾角为主要参考信息,调整井眼轨迹,将轨迹控制在优质储层段内,具体应用实例和成像测井提供的价值在地质导向章节有详细介绍。最后基于成像测井提供的详细信息,如裂缝宽度、密度、裂缝集中发育层段等为后期完井施工提供有效的设计依据和参考,使后期的酸化、压裂等工作有的放矢、提质增效。下面将成像测井在储层综合认识方面的两个典型案例展开详细描述。

（1）不同探测深度电阻率图像综合解释钻井液侵入现象。

侧向电阻率的探测深度一般较浅，不同探测深度的电阻率差异可以反映钻井液径向侵入剖面。一般情况下，推荐随钻过程中使用侧向电阻率仪器，可以更真实反映原状地层的信息，在侵入较深的情况下，侧向电阻率有可能不能获取地层真实信息，同时侵入的深浅也可以侧面反映储层的渗透性好坏。图3－2－47为在钻井之后，在碳酸盐岩地层中利用MicroScope复测采集电阻率曲线和电阻率成像的实例，在该实例中不同层段钻井液侵入深度不同，电阻率曲线以及电阻率成像呈现不同特征，两者相互结合，可以非常清楚地分析钻井液侵入深度的不同。

图3－2－47展示的是MicroScope原始测量的不同探测深度的静态成像，静态成像在整个测量段内采用统一色标显示，可以进行整体对比，显示不同层段差异。不同探测深度的电阻率成像图显示，在不同位置，钻井液侵入深度不同，成像显示特征不同，电阻率曲线的响应特征也不尽相同。在同一张图中，显示了三种不同侵入深度的典型代表情况：① 侵入深的层段，超深电阻率和深电阻率曲线重合，电阻率数值偏低，图像呈现暗色，反应钻井液信息。② 侵入较浅的层段，超深电阻率和深电阻率曲线重合，超深和深图像都呈现高阻亮色，但浅－中电阻率受影响大。③ 侵入中等的层段，超深电阻率和深电阻率曲线分异，超深图像呈现高阻亮色，而

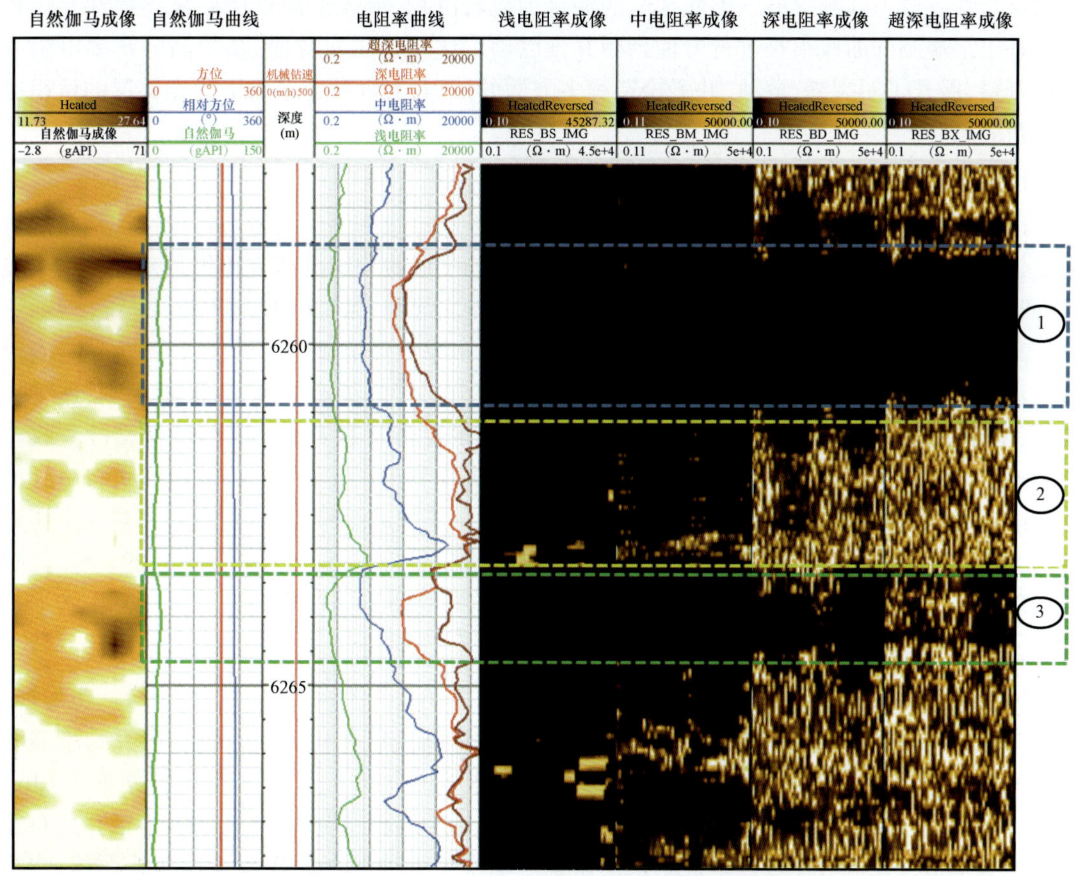

图3－2－47　MicroScope电成像测量电极和图像示意图

深图像显示部分或者全部暗色。第三种情况代表钻井液侵入深度大约介于深探测和超深探测深度之间,如果没有电阻率成像资料,很难理解电阻率曲线的特征。在该深度范围内,超深电阻率曲线(电阻率曲线道深红色曲线)的响应特征和其他的电阻率曲线响应特征相反。仅靠电阻率曲线很难解释这一现象,但是结合四种图像特征,可以清楚地展示,浅、中电阻率成像都呈现暗色的钻井液信息,深电阻率成像也大部分反映钻井液信息,超深电阻率成像有地层和钻井液信息。因而可以判断钻井液侵入的深度介于深电阻率和超深电阻率探测深度之间,两者反映的信息不同,因为电阻率曲线响应特征不同。

(2)储层精细评价与综合认识。

基于成像测井资料可以开展精细的储层评价和丰富的地质认识,尤其超高分辨率的 MicroScope HD 的测量,除了常规定性的裂缝分析、溶蚀分析、井旁构造分析,还可以进行裂缝参数的定量计算,如裂缝宽度、密度、长度、裂缝孔隙度等参数的计算。以上基于高分辨成像资料的精细储层评价和认识,对于非常规储层如致密油、页岩油、碳酸盐岩等地层的储集空间和渗透通道的认识非常关键,同时也为区域内构造、物源、地应力等认识提供有用信息。

吉木萨尔芦草沟组下甜点储层为一套深湖—浅湖相沉积,岩性较为复杂。芦草沟组下甜点储层岩性主要为陆源碎屑—碳酸盐岩的混合细粒岩沉积,造成下甜点储层整体物性变化较大。基于常规测井曲线很难进行岩性判断并难以确定优质储层发育段,基于高分辨率电阻率成像资料,展开了对裂缝、溶蚀、井旁构造等多方面的认识,对区域芦草沟下甜点储层的认识提供了新的思路。

1)裂缝特征

以随钻高分辨率电阻率成像为手段对芦草沟组下甜点致密储层裂缝进行定性识别与定量表征,总结下甜点储层裂缝发育特征,为下甜点储层油气成藏规律的研究提供了基础。结果表明,研究区下甜点储层共发育三种类型的裂缝,分别是高导缝、微裂缝和半开缝。

高导缝属于以构造作用为主形成的天然裂缝,电阻率成像上显示为黑色条带,为钻井液侵入或泥质、导电矿物充填所致,可拟合为正弦曲线,部分层段沿缝有溶蚀,界面不规则,连续性较好,对于储层的形成和改造具有重要作用,对油气的储渗具有意义。微裂缝包括冷凝收缩缝、炸裂缝或节理缝等,它们一般与裂缝成因和岩石类型具有一定关系,由于这些微裂缝延伸很有限,对储集空间的贡献有限。半开缝不能用完整的正弦曲线来拟合,裂缝并不是完全切穿井筒,只是部分切穿井筒,电阻率成像显示半开缝也为高导特征;若半开缝为开启的裂缝,其对储层的储集及油气的运移也是具有一定意义的(图 3-2-48)。

2)溶蚀特征

下甜点储层存在一定的碳酸盐矿物,因此在遭受后期大气淡水的淋滤过程中会产生溶蚀,形成溶蚀孔洞作为油气的储集空间,因此对次生溶蚀的研究就显得尤为重要。研究结果表明芦草沟组下甜点储层次生溶蚀发育较少,面孔率一般为 10% 以下,孔洞大小主要分布在 $10in^2$ 以内,高角度裂缝切穿低角度地层,裂缝面宽窄不一,沿裂缝面发育次生溶蚀孔,溶蚀孔分布段的视面孔率值及孔洞大小较高。此结果定量确定了次生溶蚀的视面孔率及视面孔面积,弥补了之前只能依据核磁测井确定总孔隙度和有效孔隙度的不足,为后期完井方案的设计提供了理论基础(图 3-2-49)。

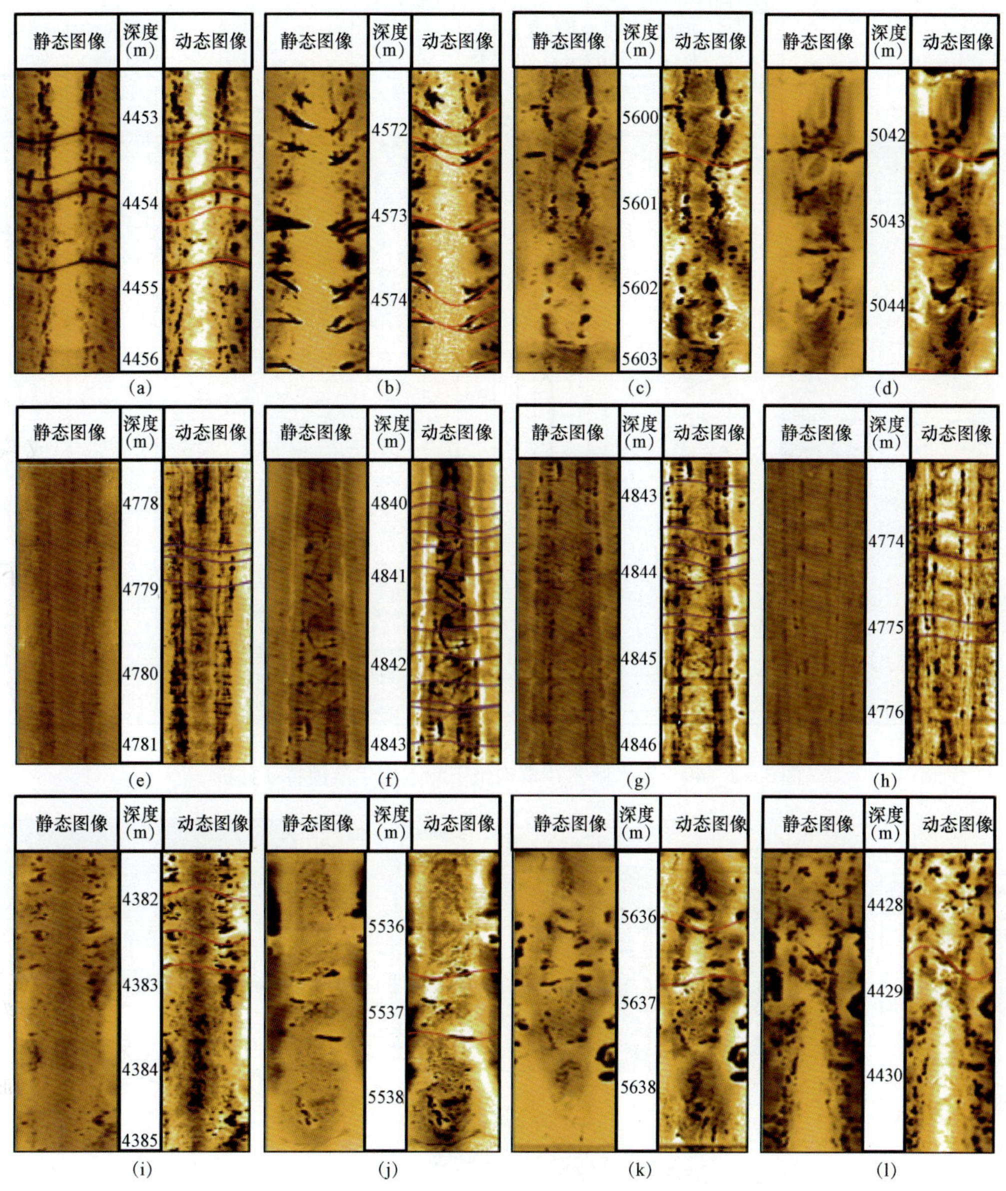

图 3－2－48　吉木萨尔芦草沟组下甜点裂缝随钻电阻率成像特征

3)近井构造特征

成像测井除了提供裂缝及次生溶蚀的定量表征信息之外,更为重要的是可依据成像测井提取的地层倾角信息来进行近井构造分析,确定本井井眼之外的地层展布信息,可为今后的钻井方案的设计提供基础。以研究区 A 井为例,该井水平段井轨迹为近西向,依据高分辨率电阻率成像提取的地层界面倾向主要为近西向,走向为近南北向,倾角大小集中分布在 0.5°~6.5°之间,倾角主频为 2.6°,沉积倾角的倾向和角度变化较小,整体较为稳定。根据地层倾角与钻井方向的关系建立了二维井旁构造,结果表明该井处于西向的平缓单斜中,与地震剖面分析的结果相一致(图 3－2－50)。

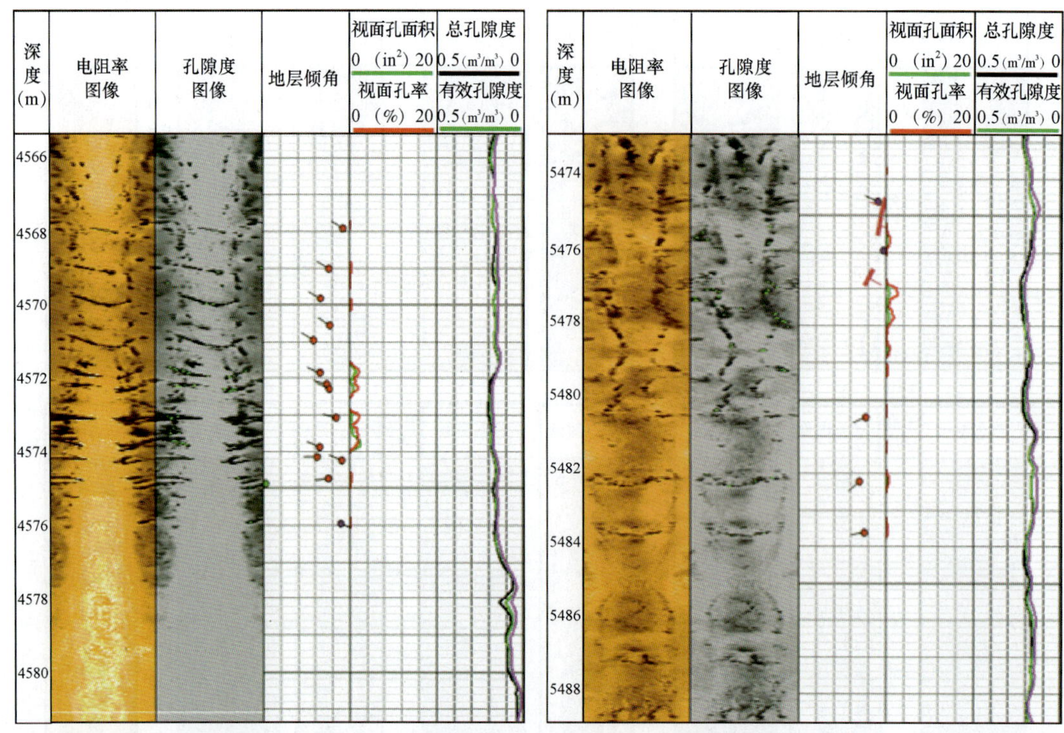

图 3-2-49　吉木萨尔芦草沟组下甜点次生溶蚀特征分析

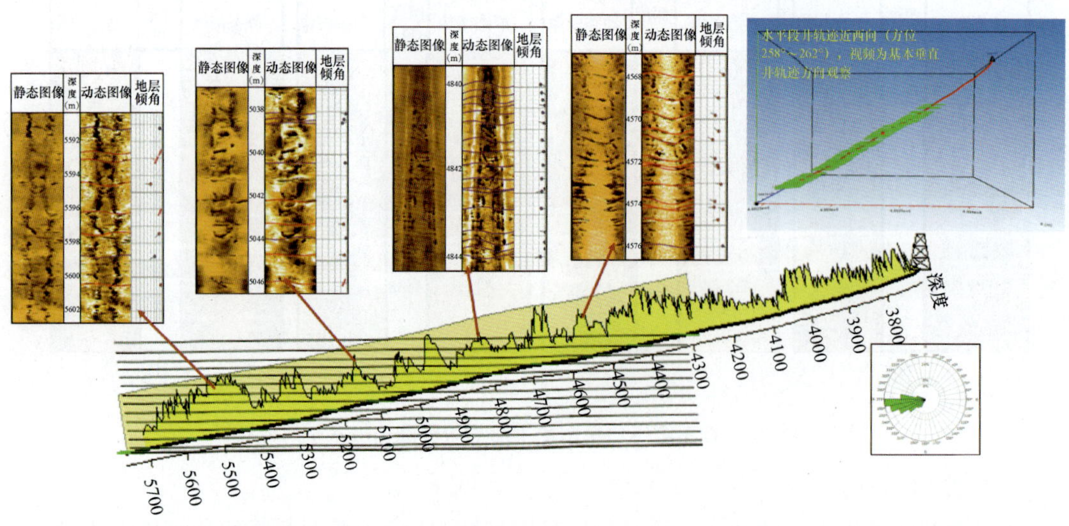

图 3-2-50　吉木萨尔 A 井芦草沟组下甜点井旁构造特征及气测显示分析

四、油基钻井液声电双成像测井技术

1. 概述

TerraSphere 油基钻井液声电双成像仪器是业界第一根随钻双成像(声成像和电成像)测井仪器,如图 3-2-51 所示。在油基钻井液中随钻仪器要克服仪器和井壁之间油基钻井液的干扰获得地层电阻率的信息,在技术上实现了突破,可以在任何井型油基钻井液环境中采集高质量的电阻率图像、超声波成像以及三维井径曲线。电阻率成像的分辨率可以达到1in,超声波成像分辨率0.2in,将两种成像仪器结合在一根仪器中,采集的电成像和声成像资料结合,可以从声学属性以及电学属性的角度,互为补充地认识裂缝有效性、层理、界面等不同的地质现象。仪器在随钻的过程中,还可以完成地质导向、地质学以及地质力学和钻井优化等不同方面的工作。

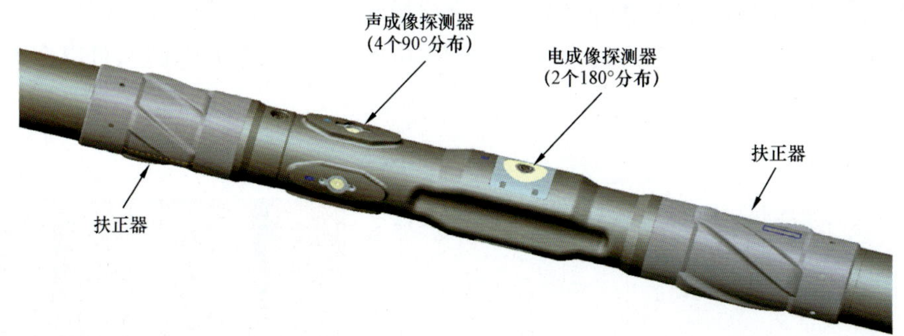

图3-2-51　TerraSphere 油基钻井液声电双成像仪器示意图

2. 测量原理

(1)电成像测量原理。

TerraSphere 测量电阻率成像利用电磁波电阻率的测量原理,采用聚焦设计,利用监督电极使电流更聚焦流向地层,同时使用了更宽的频率范围,确保电流穿过钻井液进入地层。高频的电磁波脉冲从探测器穿过钻井液经地层返回接受电极,通过计算压降变化和电流的比值,可以得到地层视电阻率图像。宽频带的激发设计可以覆盖不同电阻率数值的地层,如碎屑岩、碳酸盐甚至高阻的蒸发岩类。在不同的岩性地层中都有较好的适用性,可以获得高质量的电成像资料。电成像的图像分辨率可达1in,72扇区(图3-2-52)。

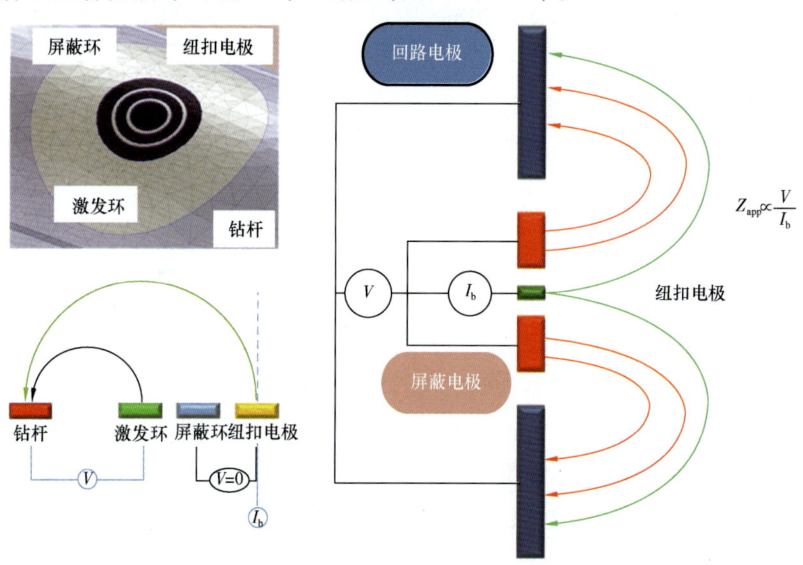

图3-2-52　TerraSphere 电成像测量原理示意图

(2)声成像测量原理。

TerraSphere 声成像是由 4 个成 90°均匀间隔分布在仪器扶正器上的超声波传感器测量得到。压电陶瓷传感器产生短的压力脉冲,传递到井壁再由传感器接收由井壁弹回的声波,将其声波幅度和旅行时差记录并转化为电流信号,由仪器记录并处理,生成两种成像即声波幅度成像和声波旅行时成像(图 3-2-53)。两种成像信息上可以清楚反映井壁的光滑程度,记录井壁特征,如裂缝、地层界面、井壁崩落等信息。声成像分辨率可达 0.2in,180 象限。声波传感器工作频带范围较广,这一性能和设置,使得可以使用的钻井液密度范围较广,可以在 $1.92g/cm^3$ 以上的钻井液密度中使用。

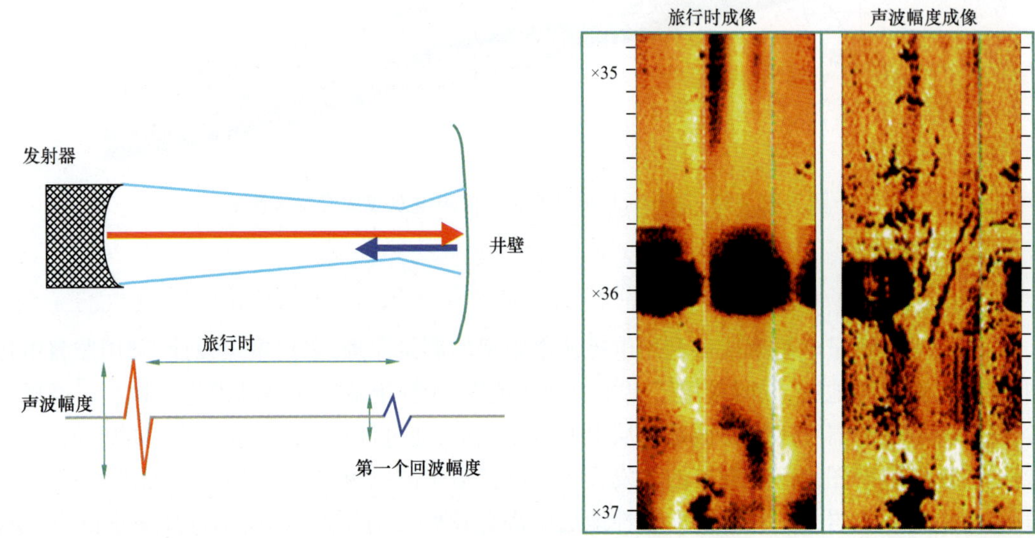

图 3-2-53　TerraSphere 声成像测量原理示意图

(3)井径测量原理。

TerraSphere 井径测量和声成像测量采用同样的声波传感器,声波传感器随仪器旋转一周,可以记录井筒一周的声波旅行时,根据声波旅行时即可计算井眼井径大小,可以得到 8 条井径和 180 象限的井径图像。

3. 应用及实例

油基钻井液声电双成像测井技术,提供高清电成像和声成像资料,可以满足在油基钻井液条件下对地质导向、地质学分析以及实时钻井优化的需求,提供在油基钻井液钻井环境中的导向、测井和地层综合评价的解决方案。该仪器的市场化应用,为油基钻井液环境中提供了有效的解决方案,尤其对页岩油、页岩气、碳酸盐岩地层中利用成像技术作为地质导向和裂缝评价及认识为首要手段的棘手环境中,提供了新的解决思路。

TerraSphere 油基钻井液声电双成像仪器是 2019 年 10 月商业化的最新一代仪器(图 3-2-54),截至定稿前国内还没有在油基钻井液中应用的实例,以下引用的实例是 2018 年发表在 SPWLA 石油工业年会上国外油田应用的实例(SPWLA 59th 2018,ID1533)。

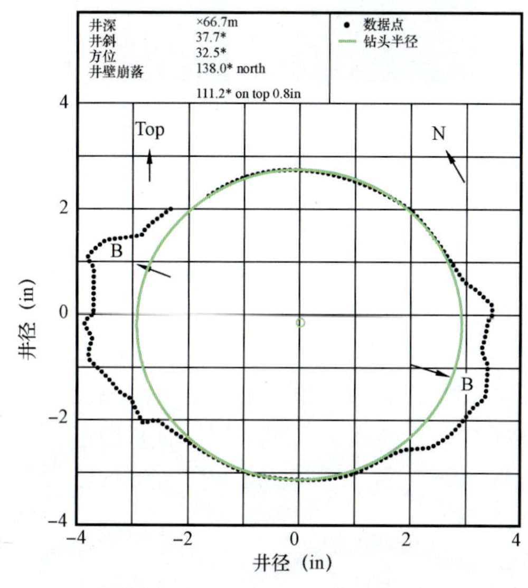

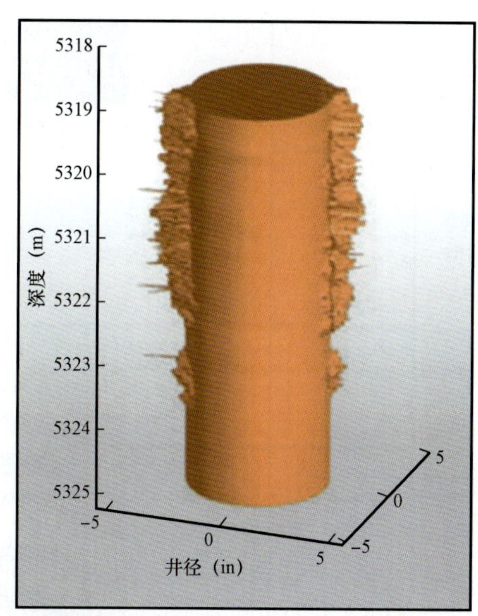

图 3－2－54　TerraSphere 井径测量原理示意图

(1)薄层识别。

TerraSphere 油基钻井液声电双成像仪器具有很高的成像分辨率，电成像的分辨率可以达到 1in，超声波成像分辨率 0.2in。对于薄互层以及微观地质现象有很好的识别能力。

图 3－2－55 展示的是一个识别薄层的实例，而且层厚向上逐渐变厚的特征从图像上可以清晰看出。图中依次展示的是深度道、自然伽马和井径曲线道、电阻率曲线道、打钻和复测电阻率动态成像道、电缆测量电阻率成像道。图中主要对比了电缆测量电阻率成像(最右道)和 TerraSphere 测量电阻率成像。展示的层段内，平均电阻率数值约 4Ω · m，不同层电阻率数值在 3 ~5Ω · m 间变化，在 ×267.5ft 附近层厚小于 1in，TerraSphere 测量电阻率成像可以清晰看到薄层特征，和电缆测量电阻率图像(NGI)的分辨率相当。通过打钻和复测电阻率成像特征的对比(第一、第二道成像)，可以看出在不同测量环境下成像的稳定性，打钻和复测时都可以测量得到相同的成像特征。复测成像中在 180°附近出现的垂直暗色条带是由于钻具长时间往复的刮擦井壁产生的沟槽。

(2)声电成像综合储层分析。

TerraSphere 仪器同时提供电阻率成像和声波成像，可以从储层电学属性和声学属性两个不同的方面进行综合储层评价，电阻率成像反映因电阻率数值差异引起的成像特征，如裂缝、溶蚀、层理界面等，声成像反映的由井壁声阻抗差异引起的声波幅度和声波旅行时成像差异，如开启裂缝、井壁崩落等特征。将两者结合起来，可以进行综合地质分析，评价裂缝的有效性。

图 3－2－56 展示的是水平井中砂岩侵入体的实例，从右侧图中可以看到，在 ×402ft 左右，自然伽马数值减小，电阻率成像上可以看到清晰的由于电阻率差异引起的界面特征，而在声波幅度成像上没有看到明显的特征，这是由于此处砂岩和泥岩声阻抗的差异很小。在 ×407ft、×416ft 和 ×430ft 三个自然伽马小高尖的地方，声幅度成像可以清晰显示内部丰富的细

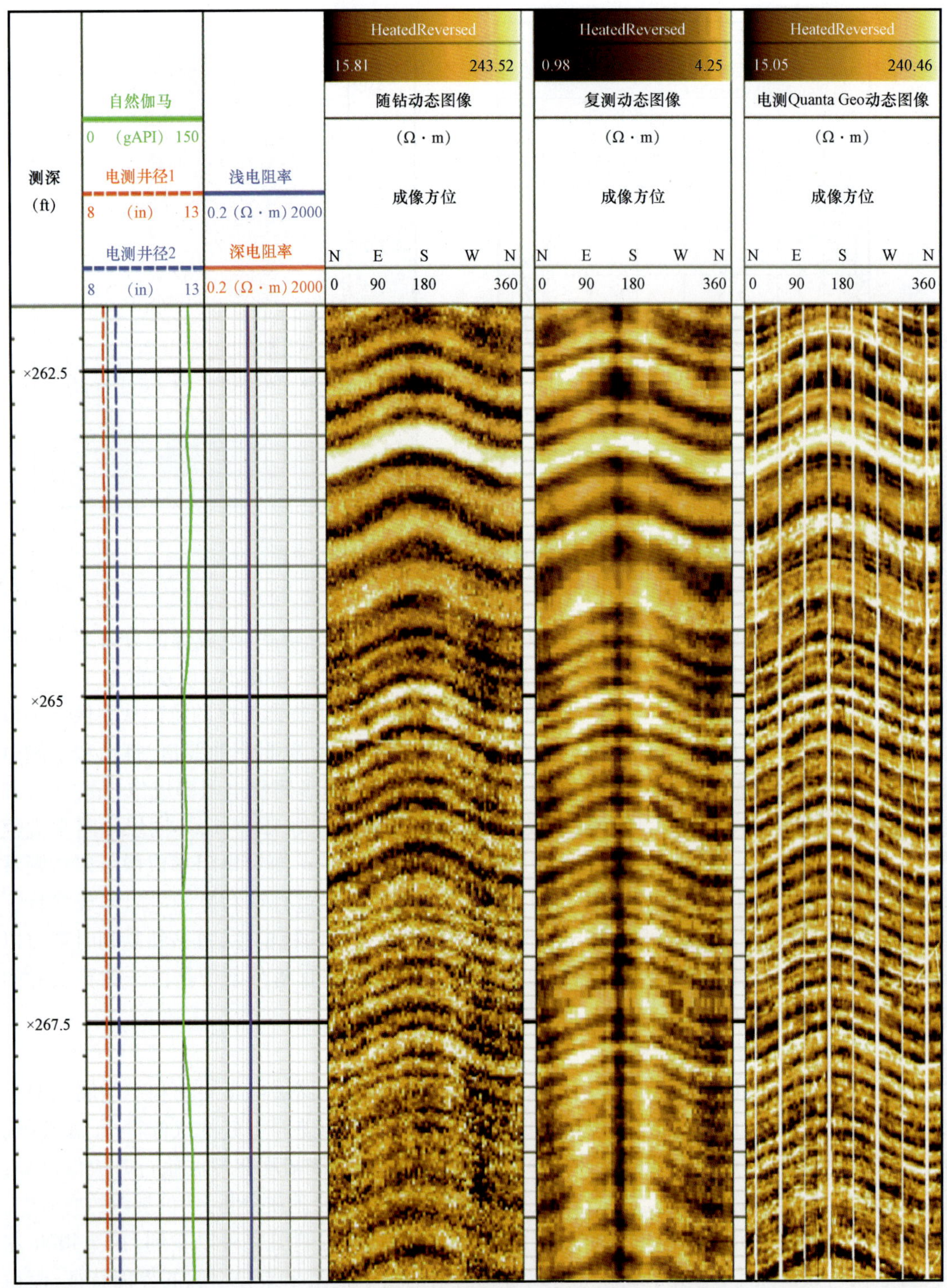

图 3-2-55 TerraSphere 电成像薄层图像实例

节特征。从放大的图中可以看到，高自然伽马泥岩薄层在声幅度成像上显示为高角度、不规则形态的结合面，由此分析 ×400ft 处近 40ft 的砂体是泥岩中的侵入体，局部的泥岩薄层是和泥岩主体隔离的，不会对地层流体的流动造成主要障碍。右侧图是对 ×407ft 泥岩高尖的细节展示图，从电阻率图像上可以看到砂和泥的电阻率差异引起的界面图像特征，而声幅成像上可以看到泥岩内部的细节结构特征。

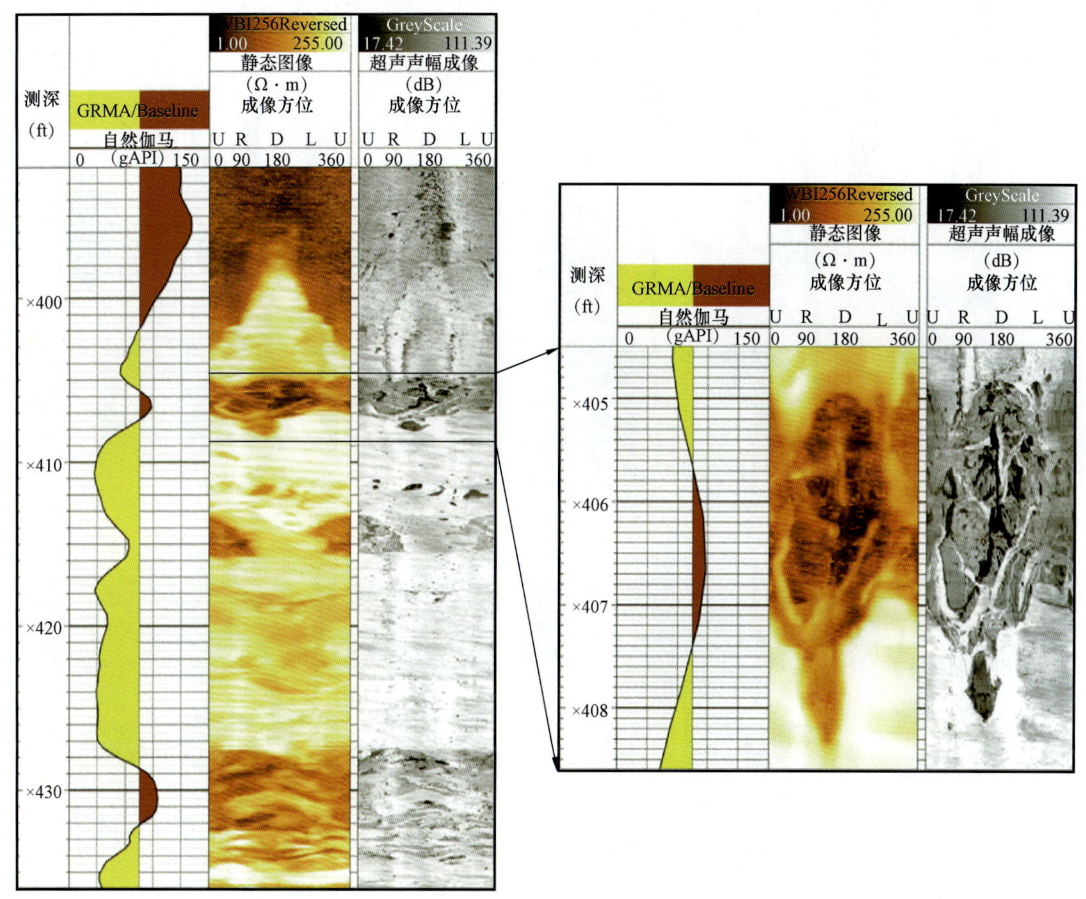

图 3－2－56 TerraSphere 油基钻井液声电双成像砂岩侵入体实例图

图 3－2－57 展示的是 TerraSphere 碳酸盐岩地层中随钻实例，从图中可以看到两种类型的特征，一种是低角度和井壁相交的缝合线，另一种是高角度的、和井壁近乎平行的裂缝。缝合线呈现高阻特征，穿过井壁，在声幅度成像上呈现出锯齿状特征。成像中分布的一簇低阻正弦曲线特征的裂缝，这些裂缝在声幅度成像和旅行时成像很难观察到，很有可能是因为裂缝闭合或者被泥质充填。另外一组裂缝和井壁近似平行，而且从声波幅度和旅行时上可以清楚地看到裂缝特征，表明这组裂缝是开启的，在电阻率成像上仅可以看到部分裂缝的特征，表明裂缝可能部分被油基钻井液充填。单一一种图像很难全面解释如此丰富的地质现象，将两种图像结合一起，可以更完整、更有信心给出合理的地质解释和地质认识。

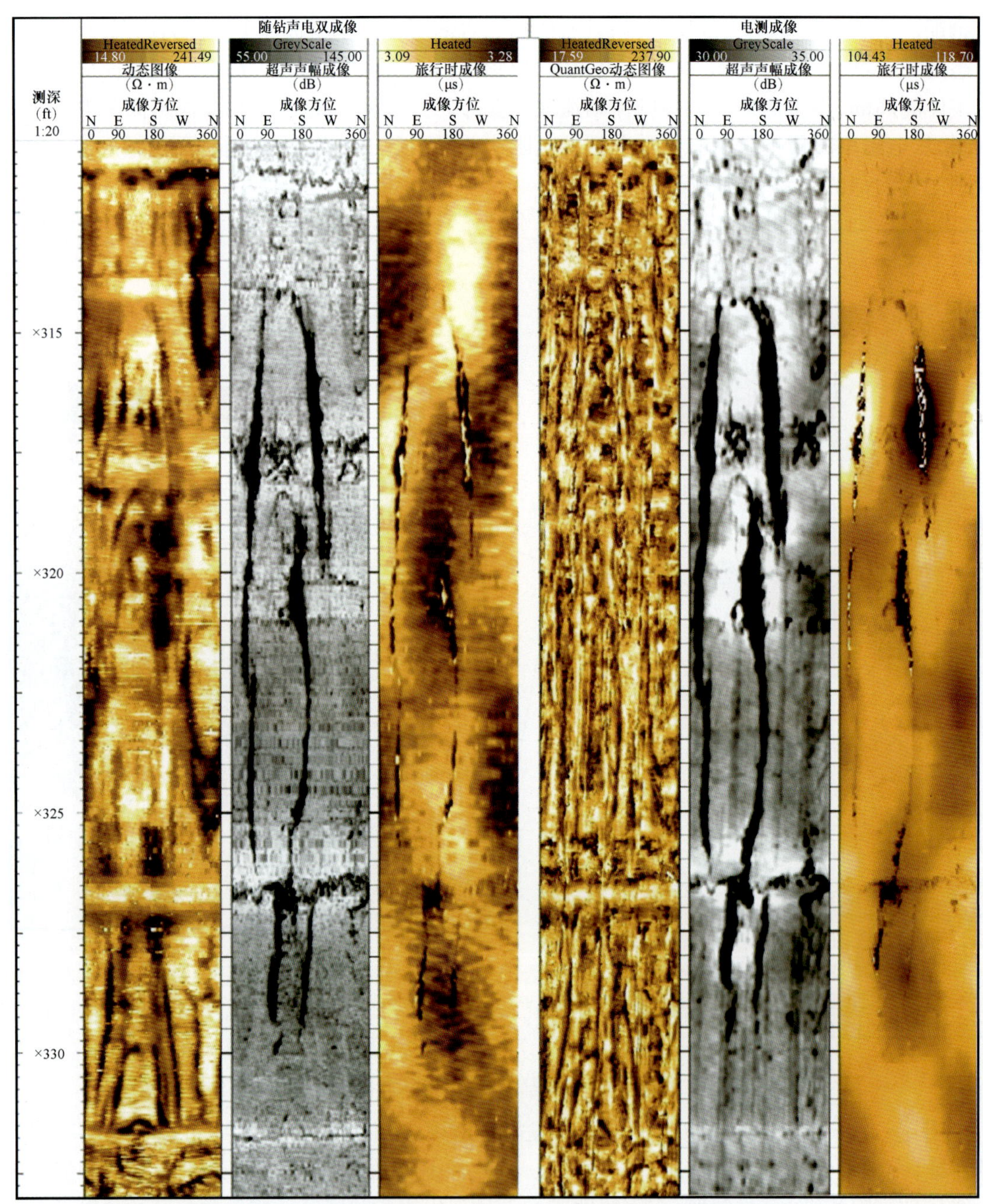

图 3-2-57 TerraSphere 油基钻井液声电双成像碳酸盐岩实例图

第五节 随钻井径测井技术

一直以来,井径测量都是石油测井领域的一项重要内容,对于测井质量控制、钻井安全、完井方案等多领域的决策制定有着重要的指导作用。传统上,井径测量采用电缆钻后传输的方式通过机械臂进行测量，提供钻后井径数据。而由于钻井时条件复杂恶劣，实时井径数据无法通过机械臂测量的方式获得，因而随钻测井井径测量，是通过对随钻测井数据进行反演获得的。目前，应用最广泛的两类随钻井径测量为超声波井径测量及密度井径测量。斯伦贝谢随钻测井仪器中，adnVISION 系列(475 无超声井径)，EcoScope 随钻多功能测井仪都能够同时提供密度井径及超声波井径，NeoScope 随钻多功能无源测井仪及 2019 年最新商业化的随钻双成像测井仪 TerraSphere 都能够提供超声波井径。

一、超声井径测井技术

1. 概况

斯伦贝谢超声井径测量主要内置于放射性测井系列中(TerraSphere 无放射性)。在方向性密度中子测井仪 adnVISION675，adnVISION 825 及 adnVISION 825s 中配置了一个超声井径探头。在仪器旋转时，可以扫描整个井周，提供八象限超声井径成像及四象限超声井径，但在仪器滑动时，则无法提供井径数据。新一代的随钻多功能测井仪 EcoScope 及随钻多功能无源测井仪 NeoScope 则配备两个 180°分开超声井径探头(图 3－2－58)，在仪器旋转时，提供十六象限超声井径成像及八个方向的三维超声井径，井眼形状和井眼质量更加清晰。同时在仪器滑动钻进时，同样可以提供单轴方向井径。特别值得一提的是，在 2019 年刚刚商业化的随钻声电双成像测井仪 TerraSphere 中，除具备油基钻井液电成像及超声波成像的功能外，由于配备了更先进的四方向、双频超声井径探头，可以在转动过程中提供 180 象限的高精度超声波三维井径。

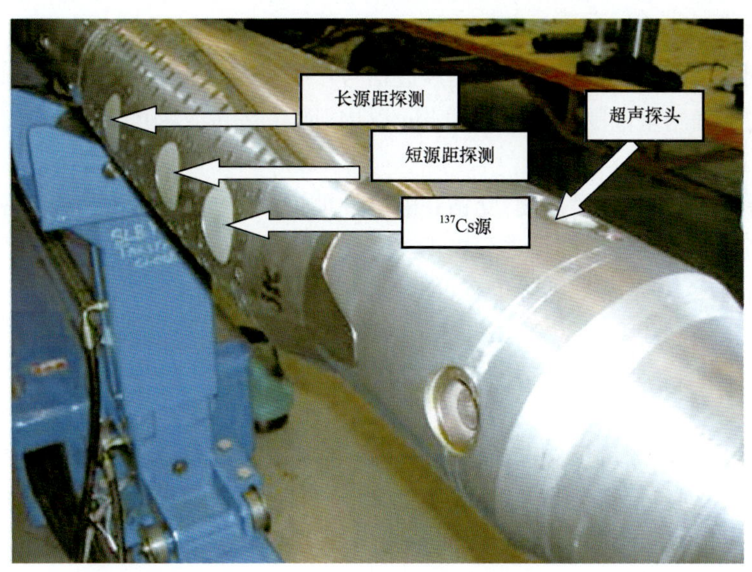

图 3－2－58　EcoScope 密度测量及超声井径测量窗口图片

2. 测量原理

超声井径测量主要是利用超声波信号在井筒中的传输与反射实现的。在仪器内部，通过电信号控制压电陶瓷元件产生超声波信号，该信号通过钻井液并在钻井液与地层界面形成反射(图 3-2-59)。通过测量得到的超声波往返时间除以超声波在钻井液中的传播速度就可以得到该方向上仪器到井壁的距离。结合随钻仪器内部重力计及磁力计测量得到超声探头指向方向,该距离可以转换成针对不同方向的井径测量。

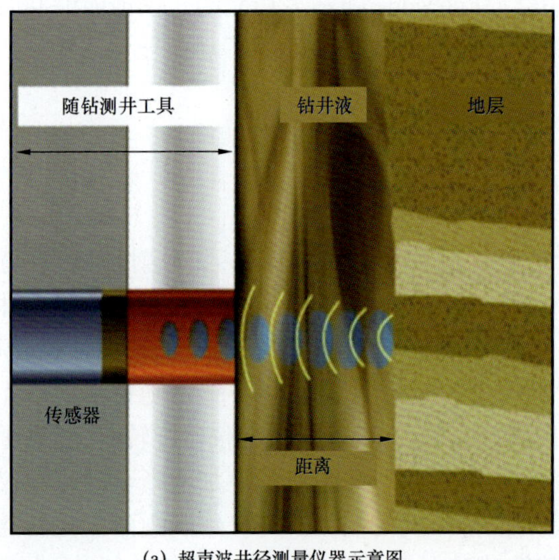

(a) 超声波井径测量仪器示意图

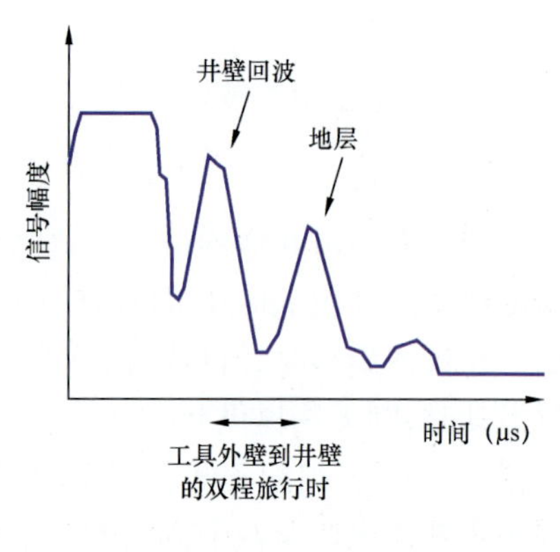

(b) 超声波信号响应图

图 3-2-59

通常情况下,超声波井径和传统的机械臂井径测量结果非常接近,准确率可以达到 ±0.1in。但以下几种主要的影响因素也会影响超声井径的测井准确度:

钻井液密度:钻井液密度过重使对超声波信号产生衰减。在钻井液密度 1.2g/cm^3 的情况下,超声井径的准确测量范围为仪器外壳 3in 以内,而在钻井液密度 1.68g/cm^3 情况下,该测量范围下降至 1.5in。

超声波在钻井液中的传播速度:受钻井液属性的影响,传播速度一般没有固定值,需通过在确定井径部分,例如套管内部等进行校正。

不居中、岩屑床、井壁不规则等也有可能影响超声测量数据。

二、密度井径测井技术

1. 概况

斯伦贝谢密度井径测量仪器包括,adnVISION 系列仪器以及随钻多功能测井仪 EcoScope。由于 adnVISION 系列包括 4.75in、6.25in 及 8.25in 三种尺寸,所以密度井径的测量覆盖范围比较广。而随钻多功能无源测井仪 NeoScope 由于采用脉冲中子激发器进行无源密度测量,因而不能提供密度井径数据。

2. 测量原理

密度井径测量与密度测量采用的传感器设置一样,是通过近源距、远源距双伽马检测探头的密度测量数据计算获得(图 3-2-60)。受滤饼、钻井液及仪器与井壁之间距离的影响,在钻井液密度较低情况下,不论长源距还是短源距密度测量都低于地层实际密度,需要经过校正

获得地层真实密度，如公式(3－2－2)

$$\rho_b = \rho_{ls} + \Delta\rho \qquad (3-2-2)$$

式中，ρ_b为地层体密度；ρ_{ls}为长源距密度；$\Delta\rho$ 为密度校正量，通过长源距密度与短源距密度的差值计算获得。$\Delta\rho$ 的大小与仪器与井壁之间的距离成比例，因此通过进一步计算，可以通过密度推导出井眼实际大小，即密度井径测量。

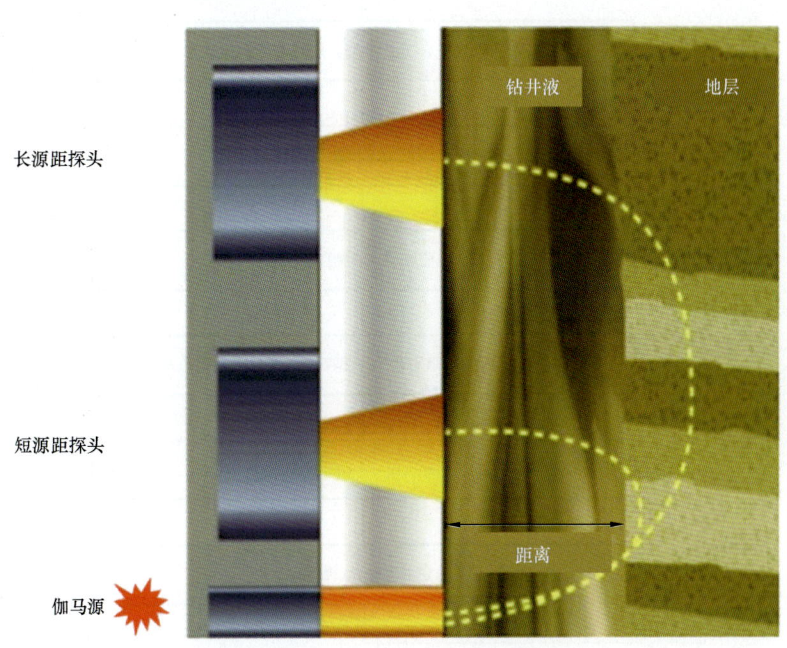

图3－2－60　密度井径测量原理示意图

密度井径作为放射性伽马测井的主要成果之一，应用非常广泛，准确度较高。但由于密度测量本身的局限性，密度井径测量也会受到以下几个方面的影响。

长短源距探测器在高角度穿层或井壁不光滑情况下，测量到的信息存在差异，可能会被错误的反映在密度井径数据上。如钻井液中含有大量重晶石导致伽马射线在钻井液中被大幅度吸收，也可能影响密度井径测量。

三、其他随钻井径测井技术

除了前面介绍的两类最常用的随钻井径测量方式外，也可以通过其他测量方式获得井径数据。例如中子井径，即通过结合长短源距的中子测量进行反演得到的井径数据，相对于前两种井径测量，中子井径最大的优势是无须旋转，但只能获得井筒的平均井径，不能获得不同方向井筒的变化情况，同时也无法判断仪器的居中情况，目前应用较少，且仅适用于 adnVISION 测量数据，不适用于 EcoScope 及 NeoScope 测量的中子数据。而通过感应电阻率或者侧向电阻率分布，可以反映井眼的变化情况。但实际应用中，由于电阻率所受影响因素较多，反演井径结果误差相对较大。目前基于电阻率反演井径的研究还在继续，并在一部分大井眼井中获得了较好的应用效果。图3－2－61 所示为斯伦贝谢通过随钻电磁波电阻率进行地层电阻率

R_t、井眼尺寸 D_h 及钻井液电阻率 R_m 解释的主要工作流程。即由原始输入数据预估初始模型,再通过调整模型,通过 Levenberg - Marquardt 非线性回归最小算法来得到最优解并输出相应的模型参数及对应误差。

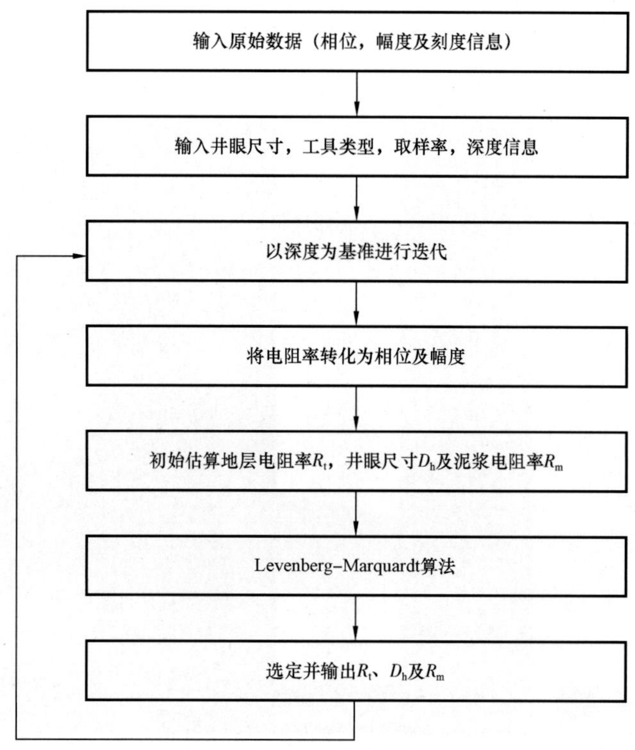

图 3-2-61 水基钻井液随钻电磁波传播电阻率井径计算过程

图 3-2-62 为上述方法在国外一口超深水井中的应用。该井段采用了 17in 钻头钻进,19in 扩眼器进行同步扩眼。随钻电阻率仪器位于扩眼器下方,为同步观察井筒在扩眼前后的井眼尺寸,确定扩眼效率及成功率,进行了电阻率井径解释。电阻率井径证明在随钻时(第四道蓝色实线)正确刻画了井筒形态,井筒基本保持在 17in 左右正常范围。而在复测时,电阻率井径(第四道红色实线)明显显示在本段底部井径仍然接近 17in,表明扩眼器并未正常工作。而在储层顶部井径大约为 21in,存在进一步扩大情况。基于电阻率井径的数据,在下入 16in 套管之前,本井又一次下入电缆机械臂井径测量,再一次验证了电阻率测井的结果(第五道电缆测井短直径边与随钻电阻率井径对应良好)。第四道为随钻及复测电阻率井径对比,第五道为电阻率井径与电缆井径对比。

四、超声及密度井径应用实例

不仅局限在测井评价方面,井径测量在很多领域都起到了非常关键的指导性作用。在地质研究领域,通过井径识别井眼形态,可以判断岩石的力学特性,利用井径判别诱导缝及井壁垮塌等可以进一步认识区域应力分布。在钻井领域,通过实时井筒的形态及随时间的变化信息,可以及时地调整钻井参数,优化钻井组合实现高效钻井的目的。

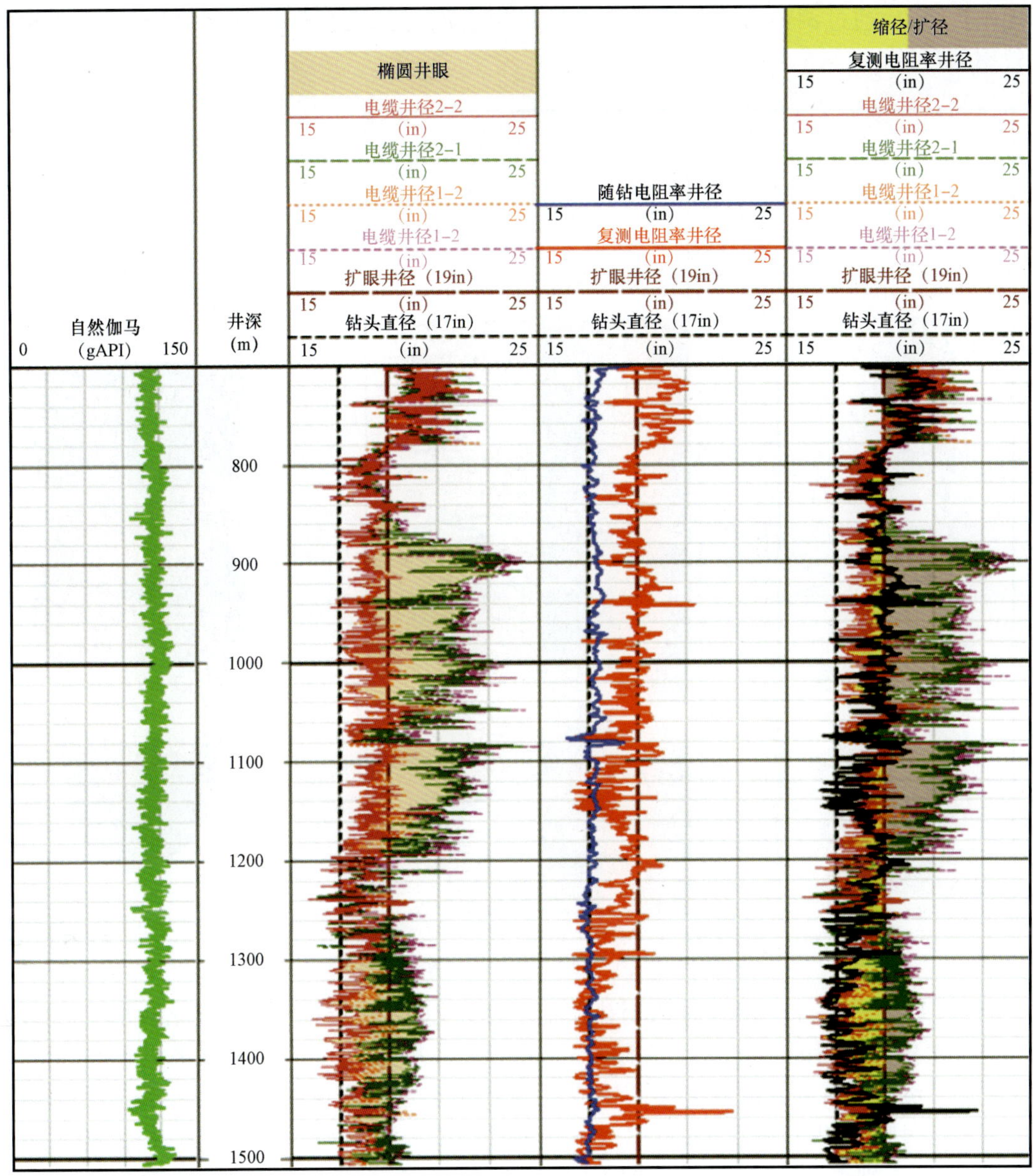

图 3 - 2 - 62　电阻率井径成果展示

1. 随钻井径在钻井优化方面的应用实例

图 3 - 2 - 63 为利用超声井径优化钻井参数的实例。本井储层为胶结良好的砂岩及泥岩交互储层。在局部泥岩段，观察到严重的井径扩大且不规则现象，单纯通过井径测量，很容易得出局部泥岩较薄弱，容易垮塌的结论。然而，对比钻具钻进方式，发现井眼垮塌与马达滑动区间高度相关。通过分析，认为本井井眼扩大的情况不应归结于泥岩强度问题，而应与钻井作业方式有直接关系。进一步了解钻井参数，发现本井段由于地层较硬，司钻在

滑动时采取了冲击钻井的方式,且在钻井过程中并未控制马达弯角的方位,造成局部井段不规则扩径,应通过调整钻井参数或更换钻具组合的方式来达到提高井筒稳定性、提高钻井效率的目的。

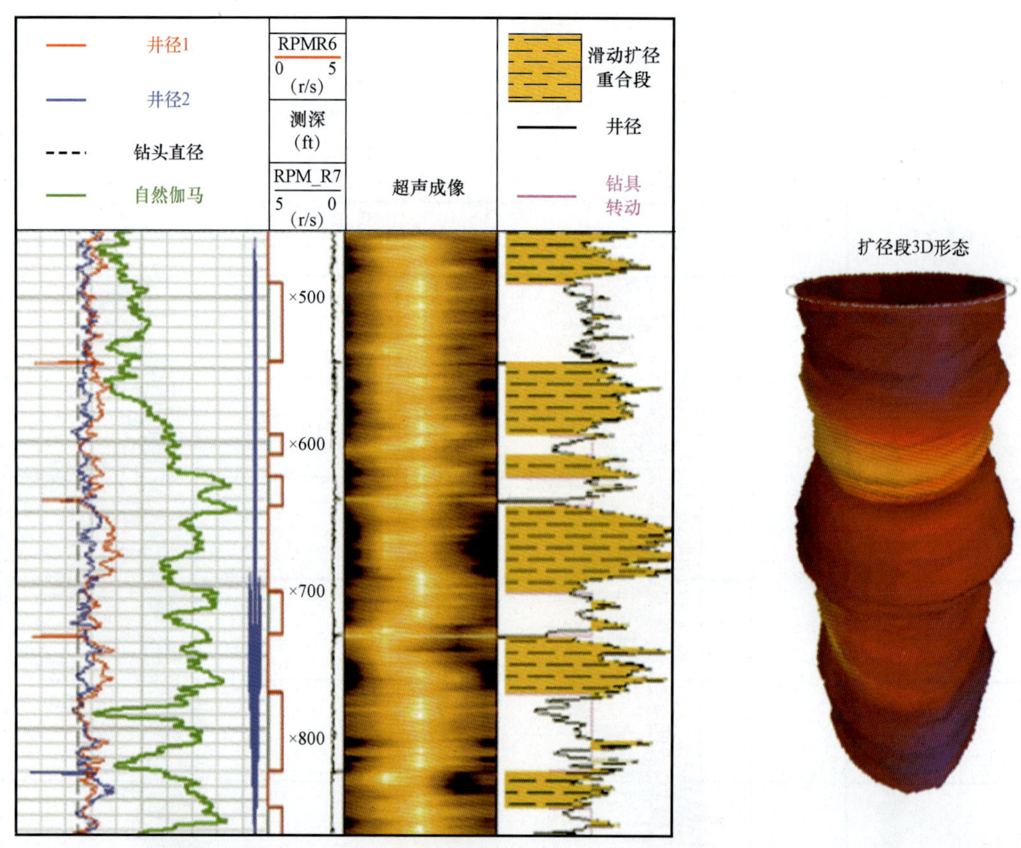

图 3-2-63 超声井径扩径实例展示图

图 3-2-64 为一口利用不同时期井径曲线的变化确定储层特性从而优化钻井液的实例。本井是位于墨西哥湾的一口海井,井眼尺寸为 9.75in,井斜 0°~45°。随钻采用adnVISION提供密度中子测量及密度井径测量,钻完四天后采用电缆进行成像测量,通过电缆提供钻后井径。在随钻过程中,即观测到 adnVISION 水平井径(第一道黑色实线)及垂直井径(第一道红色实线)之间差别较大,存在明显的椭圆井眼状况,常规岩性层段与电缆井径结果对比好,可以作为区域应力分析的重要依据。而在 ×135 到 ×185ft 左右,钻遇盐层,钻后电缆井径与随钻密度井径测量相比,严重扩大,可见四天后,岩层部分井筒已经发生严重扩径,并且在垂直方向的井眼扩大程度大于水平方向,疑为应力导致的各向异性,这与本井位于盐丘侧面,高度倾斜及褶皱的地层特征相吻合。本井测量表明,在盐层段,采用水基钻井液,井筒破坏严重,不仅密度测量数据受到严重影响,也大大增加了钻井风险。因此在下一口井中,项目更换为油基钻井液,实际效果如图 3-2-65 所示,在岩层钻井中,保证了井筒的稳定性,避免了由于井筒情况造成的一系列风险。

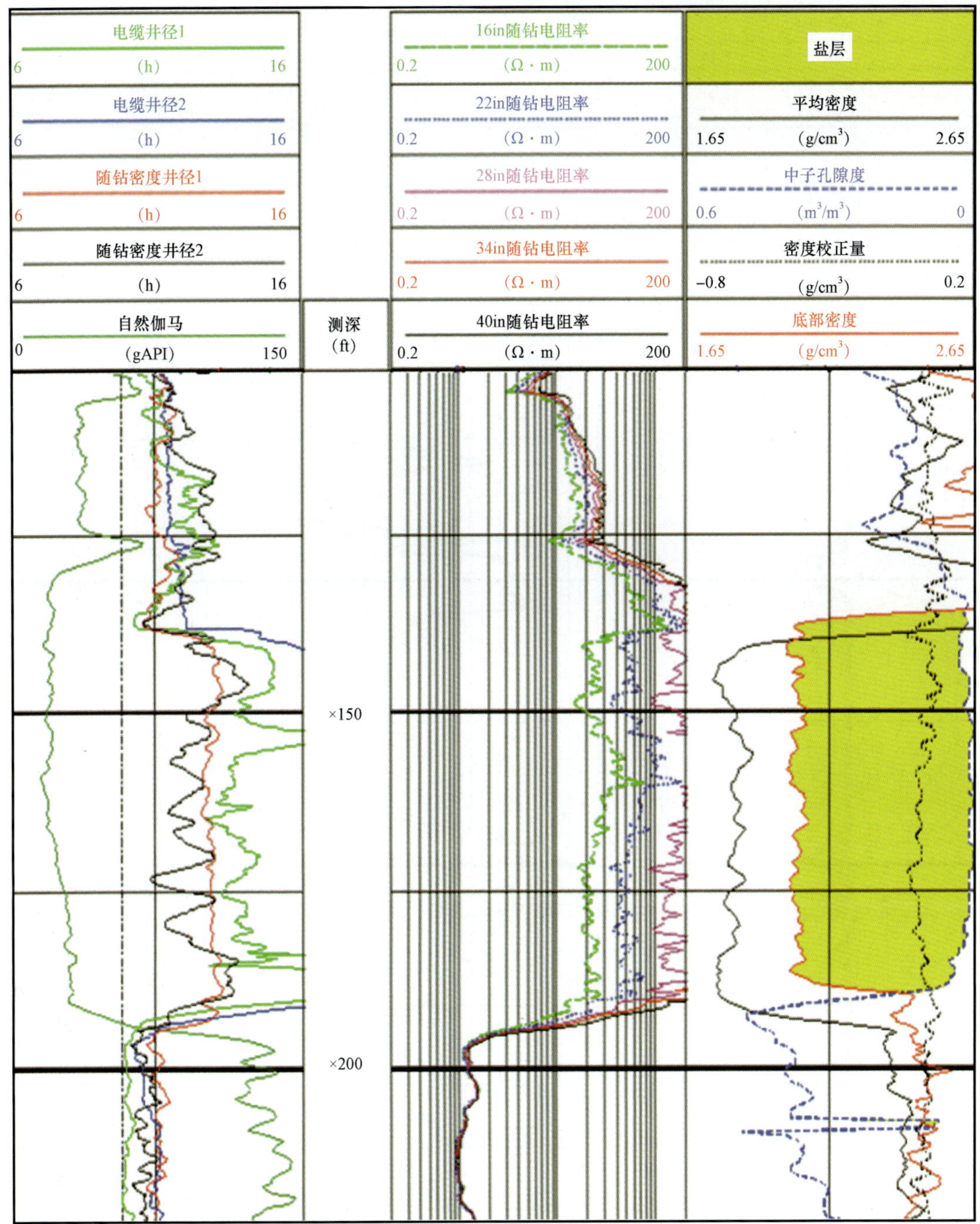

图 3-2-64　水基钻井液盐下钻井曲线图

（第一道自然伽马，井径包括随钻密度井径及电缆机械臂井径；第二道电阻率；第三道：中子/密度）

2. 随钻井径在完井优化方面的应用实例

图 3-2-65 同样是墨西哥湾的一口大斜度井，本井计划通过随钻井径判定井眼大小及几何形态，并据此对完井设计进行优化，尽可能保证固井质量，同时对关键层位进行有效封隔。

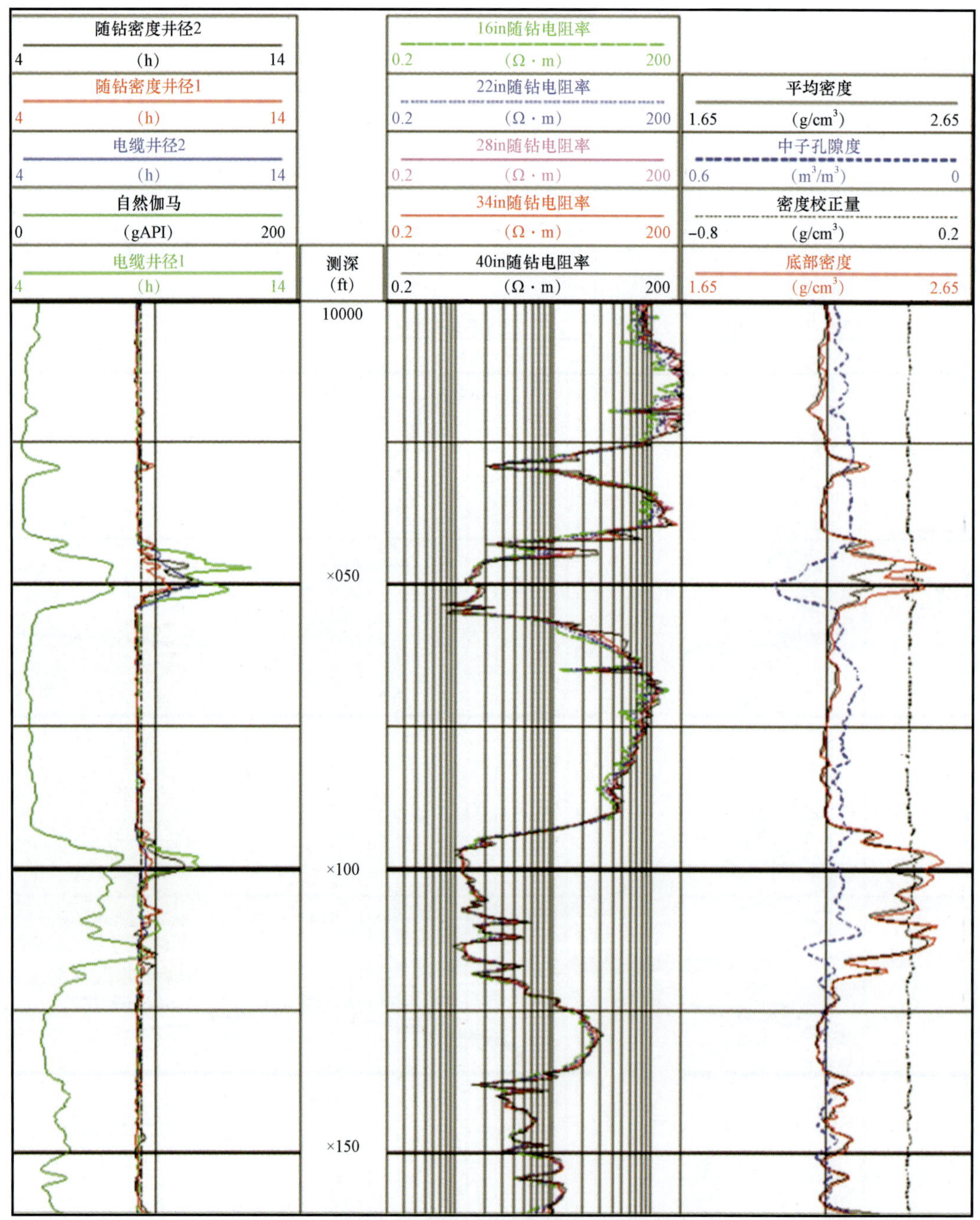

图3-2-65 油基钻井液盐下钻井曲线图

(第一道自然伽马,井径包括随钻密度井径及电缆机械臂井径;第二道电阻率;第三道:中子/密度)

随钻时期的井径(灰色覆盖区域)在储层砂岩段上部井况良好,储层下部含水砂岩扩径比较严重,为钻井时钻井液主要漏失点。同时储层上部及下部泥岩段也存在一定程度扩径。钻井完成后,再一次的井径测量表明,上下部泥岩的扩径情况有进一步加深,局部可达16in。

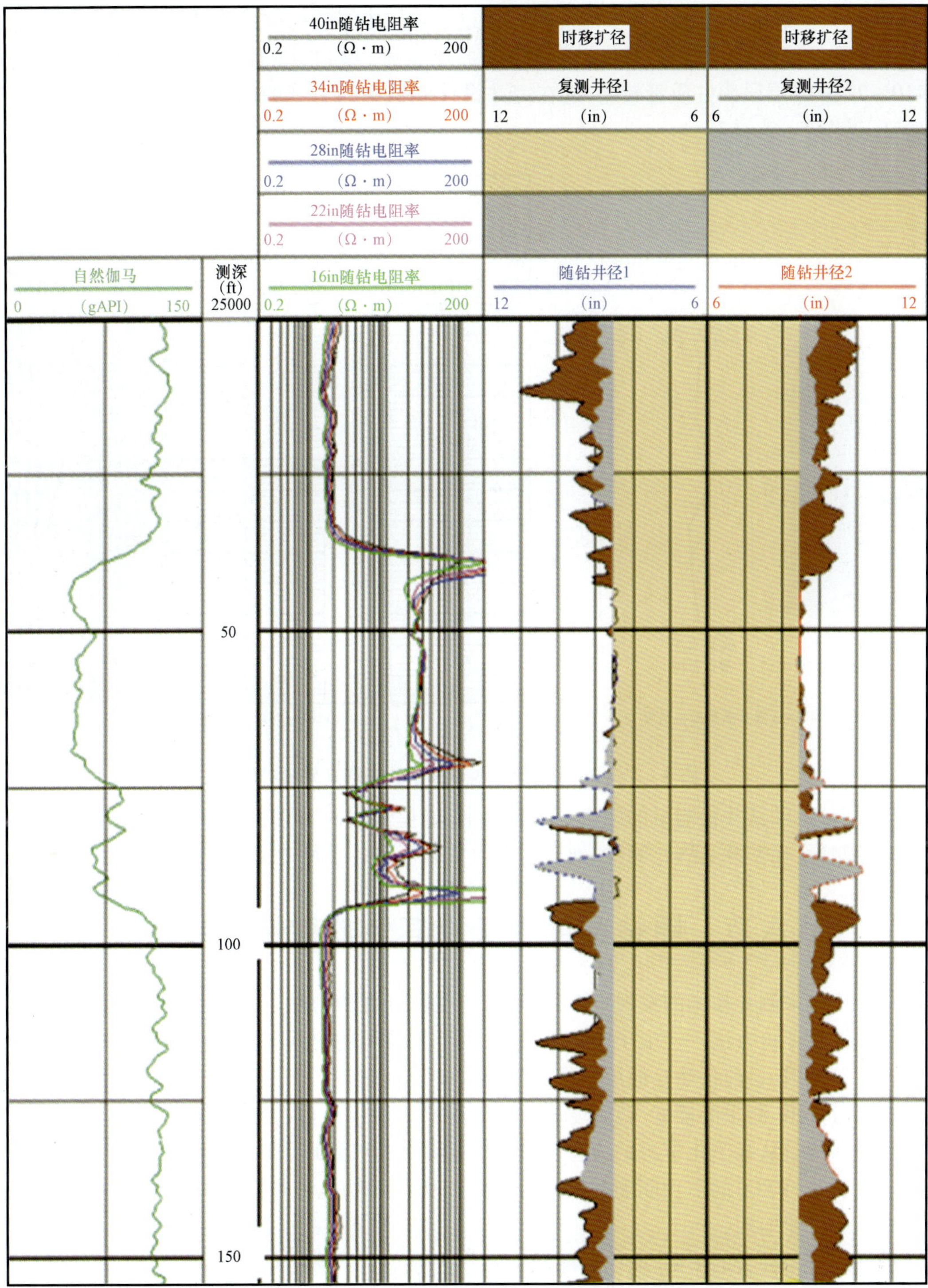

图 3-2-66　随钻及复测密度井径时移特性图

通过将第二次测量的井径数据对固井情况进行分析,发现在本井井眼严重扩径且井斜较大的情况下,全优固井质量难以实现。只有通过套管居中器的优化设置,尽可能保证目标层段的固井质量目标。通过优化完井设计,除局部层段外,整口井的固井目标顺利达成,仅在22410~22490ft层段固井质量较差,这在完井设计模拟中和后续的固井质量评价中也都得到了验证,见图3-2-67。

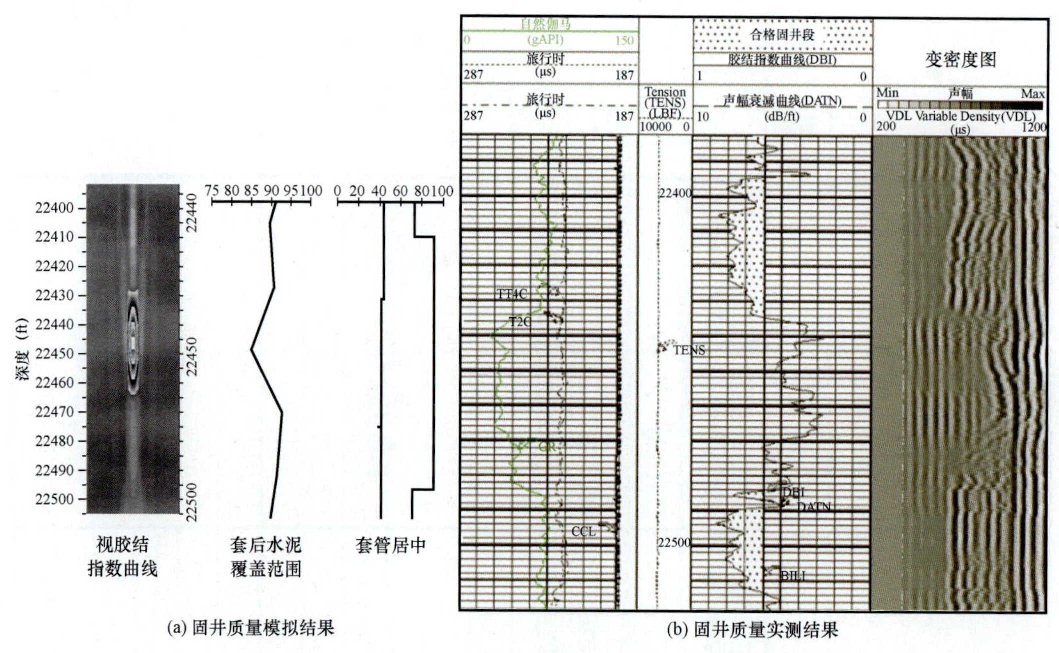

(a) 固井质量模拟结果　　(b) 固井质量实测结果

图3-2-67　固井质量模拟图及实测固井质量对比

综上所述,随钻井径测量的测量方式较丰富,能提供实时、钻后等各个不同时期的全井周三维井径测量,在钻井、完井、测井、地质岩石力学分析等各学科中发挥着越来越大的作用。

第六节　随钻密度中子及其他放射性测井技术

尽管近年来测井技术的发展日新月异,新的孔隙度评价方法也不断涌现。但作为最传统的地层孔隙度评价方法——中子及密度测量,由于其应用的时间久,研究范围广,和岩心对比资料齐备等原因,目前仍然是储层定量评价的重要手段之一。而随钻中子及密度测量近年来不论在测量范围、测量准确度、精确度等方面都逐步获得了认可,得到了广泛应用。斯伦贝谢随钻放射性测量从基于化学源的方位密度中子测量adnVISION,到近年来逐步发展的基于脉冲中子发射器(PNG)的多功能测井仪EcoScope及无源多功能测井仪NeoScope,走在了放射性测井技术的行业前列。

根据放射源种类的不同,斯伦贝谢随钻测井—密度中子测量可以分为以下三个类型:

(1)通过镅—铍(241AmBe)化学源释放中子与地层作用测量地层中子孔隙度,通过铯137同位素(137Cs)释放伽马射线进行密度测量——adnVISION。

(2)通过脉冲中子发射器(PNG)释放高能中子与地层作用测量地层中子孔隙度,通过铯137同位素(137Cs)释放伽马射线进行密度测量—— EcoScope。

(3)通过脉冲中子发射器(PNG)释放高能中子与地层作用测量地层中子孔隙度,通过PNG高能中子激发地层释放伽马射线作为二次源进行密度测量——NeoScope。

下面我们就这三种仪器的原理及应用领域进行具体说明。

一、基于化学源的密度中子测井技术

1. 概况

adnVISION,简称ADN,斯伦贝谢方位密度中子测井仪。2000年左右投入市场,目前仍是应用最广泛的密度中子测井仪之一,根据井型不同,adnVISION可选择不同的扶正器配置,更好地满足紧贴地层测量的需求。仪器外径涵盖4.75in、6.75in及8.25in三个型号。能够覆盖大部分井眼条件的放射性测井需求(图3-2-68)。

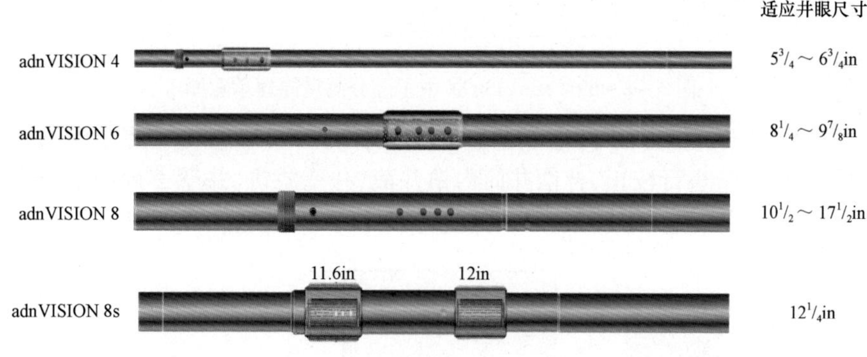

图3-2-68　adnVISION测井仪示意图及适应井眼尺寸

2. 中子测量原理

adnVISION中子测量采用的基于化学源的补偿中子测井。利用241AmBe化学源发射快中子与地层发生非弹性碰撞,损失能量直至被位于仪器远端及近端两个热中子探测器所识别,通过远近探测器得到的中子数目比值,计算获得地层中的氢分量(HI)值(图3-2-69)。

远近探测器相结合,可以有效地避免井壁不规则、滤饼等浅部位介质对中子测量的影响,更大程度上获取真实地层信息。但由于热中子在转化成孔隙度的过程中,受到多方面的影响,补偿中子孔隙度还需要进行以下几种环境因素矫正。

(1)井眼尺寸。

(2)温度。

(3)钻井液氢分量。

(4)矿化度。

(5)岩性。

3. 密度测量原理

adnVISON密度测量同样采用化学源,利用化学源137Cs发射伽马射线与地层碰撞产生的康普顿散射效应,通过长短源距两个伽马探测器的共同作用,获得探测区的整体补偿密度值。

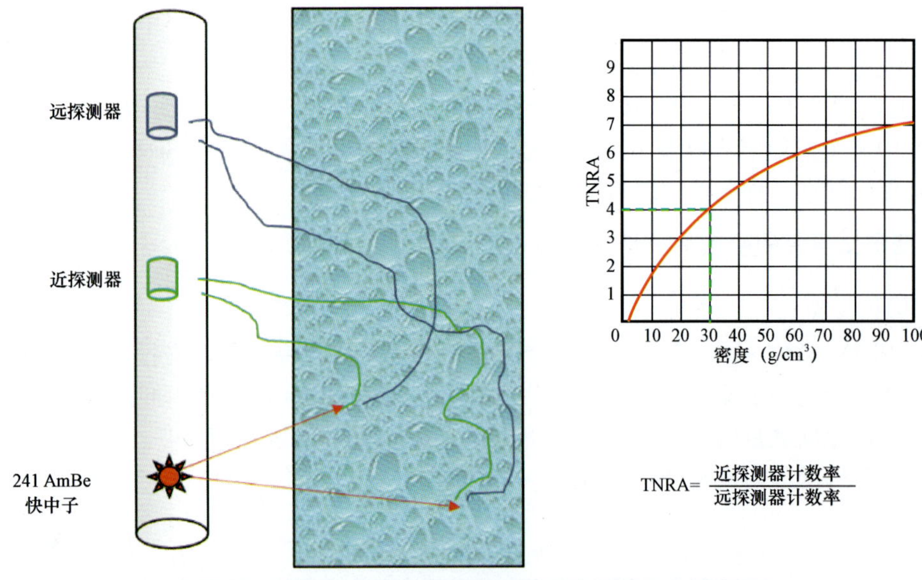

图 3-2-69　adnVISION 中子部分测量原理示意图

adnVISION 密度测量的补偿方法采用的是经典脊—肋图方式,通过长短源距探测密度的差异特征对长源距密度测量进行校正,补偿井筒内钻井液、井壁滤饼、井壁不规则等对密度测量的影响,获得更接近地层的真实密度值,无须再进行额外的环境参数校正(图 3-2-70)。

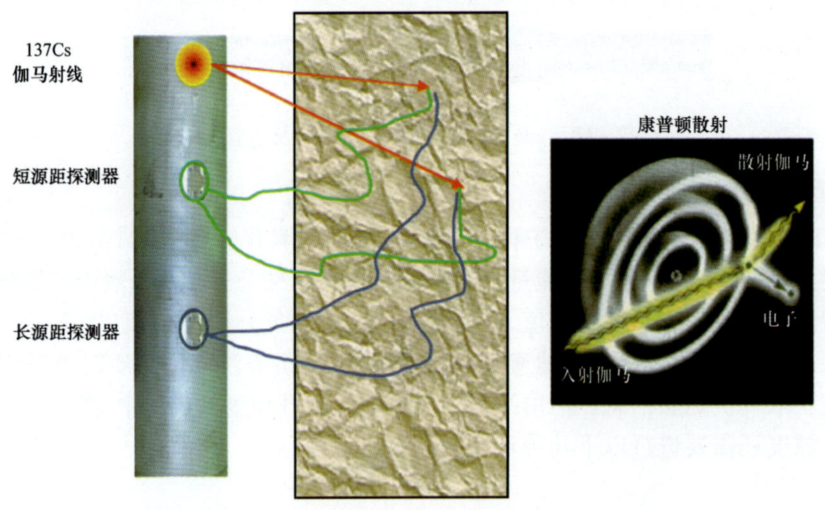

图 3-2-70　adnVISION 密度部分测量原理示意图

4. 放射源可打捞

在放射源的设计及操作上,adnVISON 具有独特的优势,即化学源可打捞。adnVISON 中子源及伽马源通过一根柔性聚合物杆固定在同一源杆上(图 3-2-71)。源杆顶部可通过专用仪器进行抓取。化学源的安装及拆卸均在外置源箱情况下通过仪器内部进行,避免放射源直接暴露,减少人员辐射风险。在发生仪器遇卡甚至落井等特殊情况时,也可以通过电缆或连续油管连接放射源打捞设备从仪器内部打捞化学源。避免由于放射源落井对油田造成污染，影响进一步生产开发方案实施。

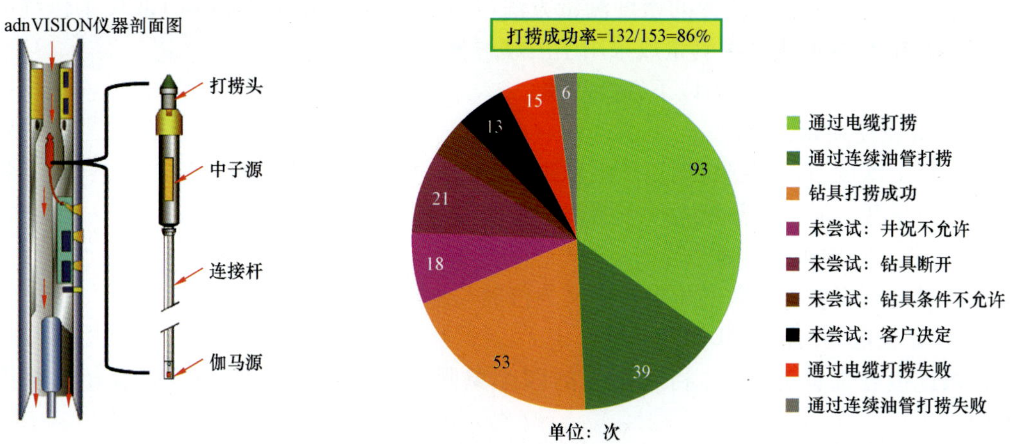

图 3-2-71　adnVISION 放射源剖面图及 2010—2017 年全球放射源打捞情况统计

根据斯伦贝谢 2010—2017 年在全球全系列 adnVISION 仪器打捞情况统计，综合不同井型、不同井眼尺寸，adnVISION 放射源的打捞成功率达到 86%。

5. 应用及实例

(1)成像导出密度 IDRO 实例。

由于密度测量具有集中度高、探测较浅的特点，当仪器在井筒中转动时，通过对井周进行 360°扫描，除平均密度测量外，还可以提供四象限方位密度测量及十六象限密度成像测量。

在斜井及水平井中，根据仪器的方位，十六象限密度数据可以进一步组合成上下左右四个象限，见图 3-2-72。在有一定井斜情况下，通常底部密度 ROBB 和井壁接触最佳，可作为标

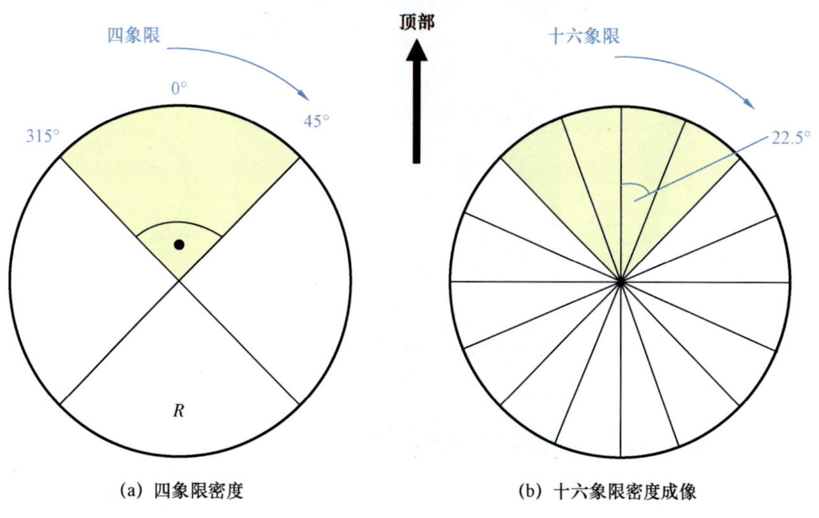

图 3-2-72　密度方向性测量截面图

准密度测量成果提交。但在某些特殊情况下,由于井眼形态不规则、井下钻具受力等情况,密度探测器与井壁的最优接触部位可能会发生改变。在这种情况下,一种基于十六象限密度成像的特征来判断最优接触位置的密度测量方法(IDD:Image Derived Density)取代了传统的底部密度 ROBB,作为最优密度测量成果用于后续解释。

实现 IDRO 算法主要分为以下四个步骤:

① 计算密度质量系数。

针对每个深度、每个象限,利用长短源距密度、光电截面指数等通过经验公式计算其相应的密度质量系数。质量系数越大代表密度测量质量越好。

② 确定仪器与地层接触路径。

具有最高密度质量系数的位置被定义为仪器与地层的最优接触位置。

③ 计算成像导出密度 IDD。

以最优接触位置为中心,利用相邻的四个象限密度数据取均值获得成像导出密度结果 IDD。

④ 确定最优密度解 IDRO。

IDRO 的结果是通过对比 IDD 四个象限的质量系数及底密度四个象限的质量系数相对关系得到的。数据分析人员通过设置阈值有选择地组合 IDD 和 ROBB 作为 IDRO 最终输出结果。

图 3 - 2 - 73 为仪器与地层贴靠位置发生变化时,底密度与成像导出密度实例对比图,在深度 ×831 ~ ×855ft 处,底密度测量明显偏低,且密度成像显示仪器和地层的接触位置偏离仪器底部,测量更浅的光电截面指数成像上这种偏离情况更为明显,通过计算十六象限密度质量

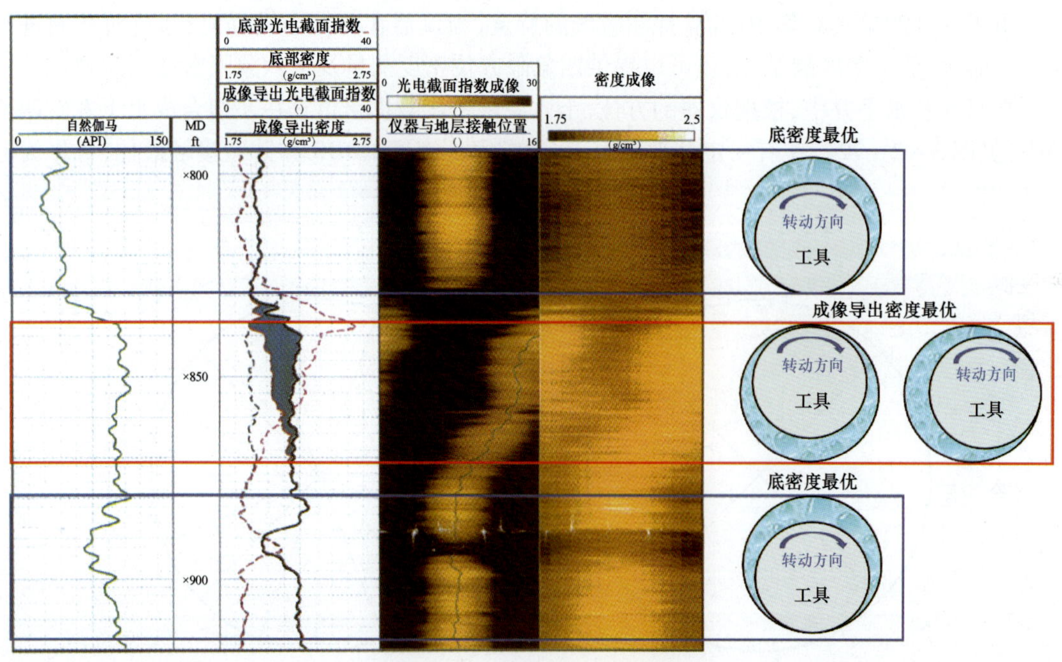

图 3 - 2 - 73　成像导出密度实例图

(第一道:自然伽马;第二道:深度;第三道:光电截面指数—底,密度—底,光电截面指数—成像导出,密度—成像导出;第四道:光电截面指数成像,仪器与地层接触路径;第五道:密度成像)

系数，确定仪器和地层的接触路径和成像指示情况一致。在此基础上计算得到的最优密度测量 IDRO 密度正常，可以提供地层真实密度值，用于进一步的储层评价。

(2)螺旋井眼密度矫正实例。

螺旋井眼是在钻井过程中一个比较常见的现象，产生机理涉及诸多因素例如岩层可钻性、地层各向异性、钻头切屑能力等。虽然在钻井前期可以通过软件模拟钻具组合，或调整钻井参数避免螺旋井眼的产生，但在实际钻井过程中，受到效率、安全、成本等方面考虑，还是有部分井会受到影响。受影响井段井径会出现不规则波动，对测井数据的准确性带来较大的影响。对需要贴靠井壁且探测深度较浅的测量项目(密度、光电截面指数等)影响尤其严重。

如图 3-2-74 所示，在螺旋井眼环境下，密度数据受到螺旋的正弦槽距和密度源到探测器间距的影响。当正弦槽距大于密度源到探测器间距时，仪器与地层有良好的接触，这时候数据基本能够正常反映地层密度。反之，如果正弦槽距小于密度源到探测器的间距，无法通过长短源距补偿作用矫正螺旋井眼效应，对密度测量会造成较大的影响。

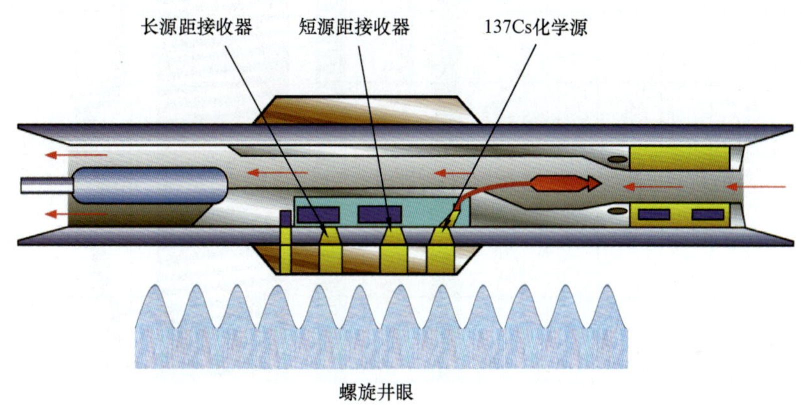

图 3-2-74　螺旋井眼井壁情况及仪器接触示意图

图 3-2-75 为中国海油深圳分公司一口实测井资料，在 1970～2035m 近 300m 的层段内密度测量出现了明显且持续的周期波动现象，其中以贴靠底部的底密度测量 ROBB 波动最为剧烈。密度成像测量呈现螺旋形周期变化，且螺距较密，综合体现为明显的螺旋井眼特征，严重影响密度数据测井质量。

为了在螺旋井眼中获得良好的地层密度，斯伦贝谢随钻密度测井采用如下的螺旋井眼处理方法消除螺旋井眼对密度测量的影响。首先，在长源距密度和短源距密度曲线上应用过滤，以消除地层密度不好时出现的周期性噪声。然后，从原始信号中减去滤波后的信号，产生一个“噪声信号”。这个噪声信号被添加到过滤器中，可以得到一个校正后的独特检测曲线—校正后的密度曲线。相比校正前数据，校正后密度数据去除了周期性的正弦波动，能够提供更准确的地层密度数据，而不受井壁情况的干扰。图 3-2-76 展示了通过螺旋井眼校正后的密度测量结果。经校正，底密度 ROBB 结果不再有周期抖动的现象，能够反映地层的真实信息，并和电缆测井密度数据相吻合。

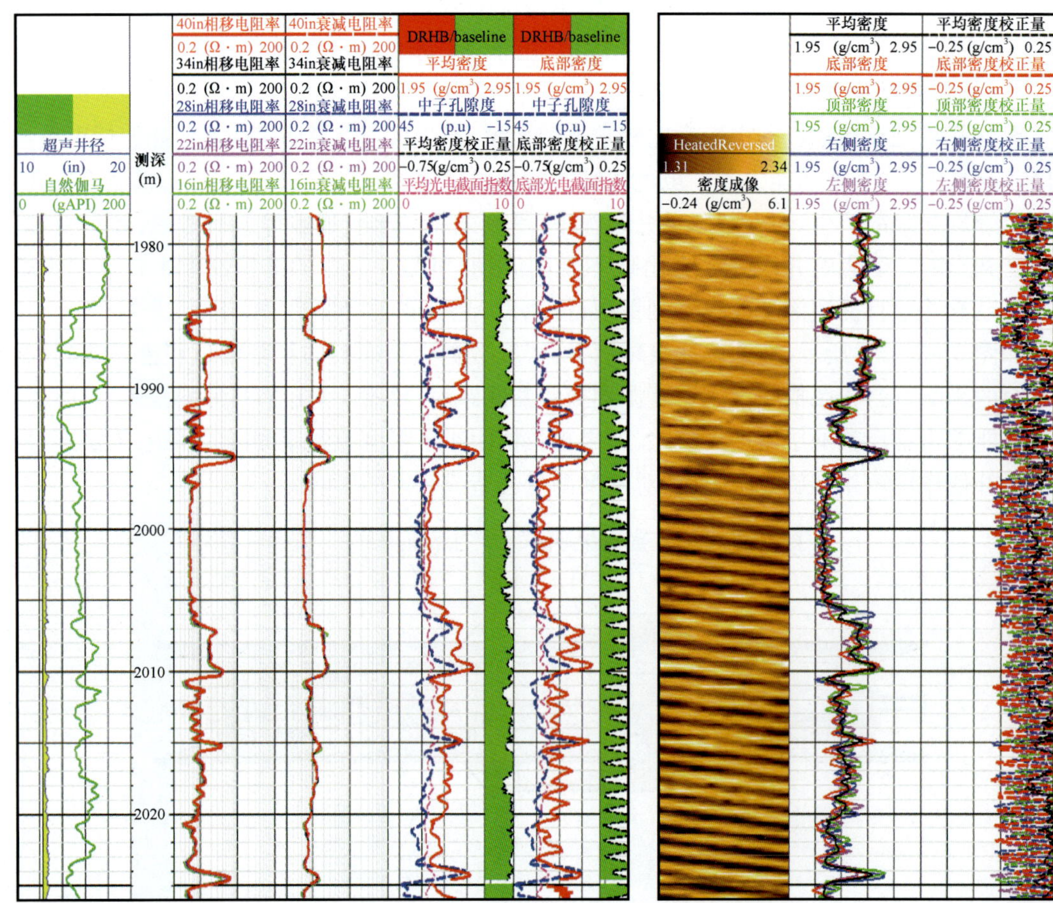

图 3-2-75　中国海油深圳分公司螺旋井眼实例

方位密度曲线(图中第 8 道)和方位密度校正量(第 9 道)显示周期性波动,
密度图像(第 7 道)呈现正弦模式

二、脉冲中子发生器(Pulse Neutron Generator:PNG)测井技术

1. 概况

脉冲中子发射器作为化学中子源更安全的替代方案,最先被斯伦贝谢引入到随钻测井领域,并于 2007 年商业化了基于 PNG 的随钻多功能测井仪 EcoScope。EcoScope 是一具高度集成的随钻测井仪器,可以同时提供自然伽马、感应电阻率、中子、密度测量、元素俘获谱及热中子俘获截面(西格玛 Σ)等十几种测量。在此基础上,2012 年 NeoScope 多功能无源测井仪也研发成功并进入市场,彻底实现了无化学源储层评价。至今仍然是业内唯一的无化学源测井仪器,也是斯伦贝谢应用最广泛的测井仪器之一。

2. 脉冲中子发生器测量原理

图 3-2-77 为 EcoScope 和 NeoScope 仪器的核心部分—脉冲中子发生器(PNG)。核心部分是位于 PNG 中间的小型粒子加速器。该加速器在加电情况下可以产生一束氢同位素-氘

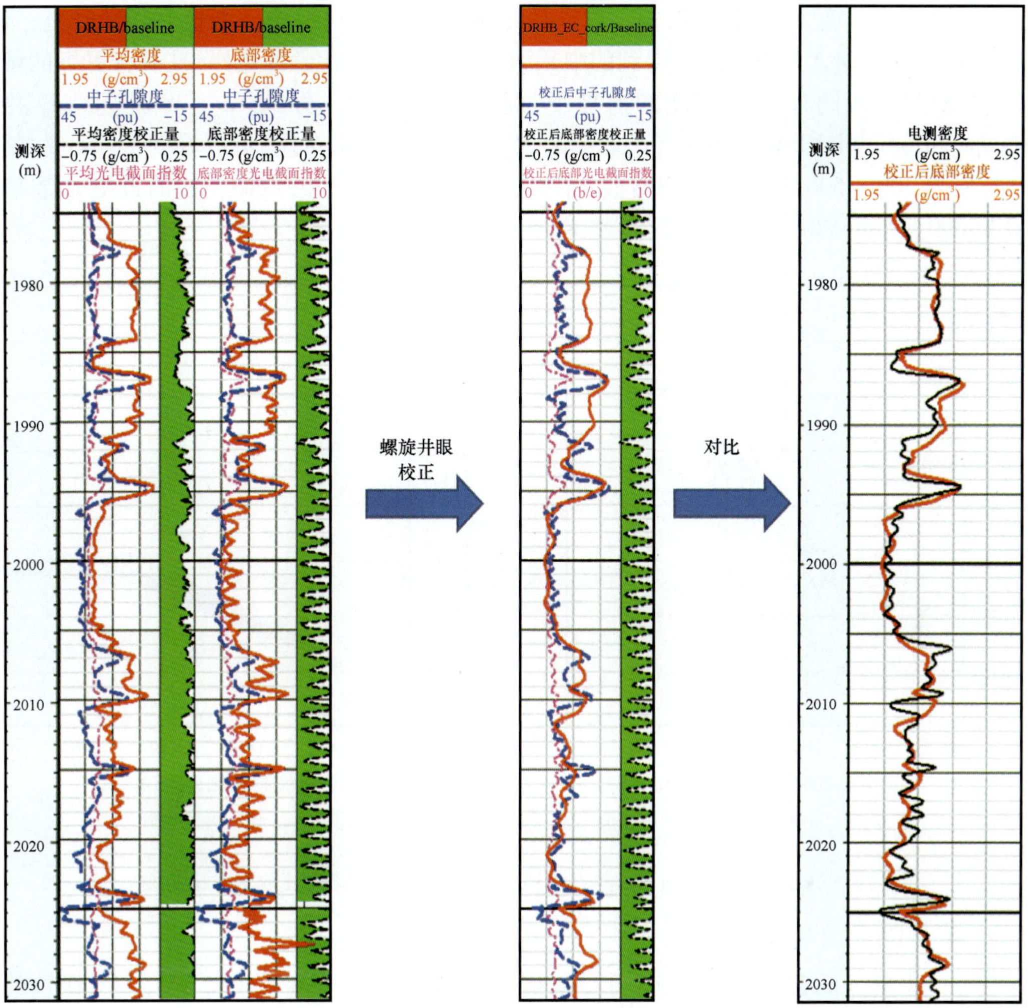

图 3－2－76　螺旋井眼矫正结果展示(中国海油深圳分公司)

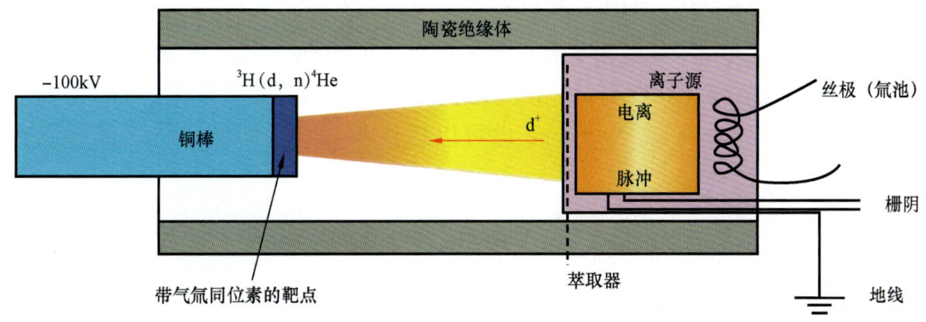

图 3－2－77　电子脉冲中子源 PNG 工作示意图

离子并将其加速至 80keV，击打覆盖氚同位素的靶点，生成氦元素并释放出高能中子。不加电情况下，对外不具有放射性，安全性大大优于传统化学源测井。

在测井质量方面,PNG输出的中子数量是传统化学源的五倍,中子能量更是提升至三倍。由中子能量高、数量大,通过PNG得到的中子测量探测深度较化学源更深,且具有更好的统计优势,能够在保证同样测量精度的前提下,提高测井速度。图3-2-78是同一口井的EcoScope和传统adnVISION测量同一地层的远、近中子计数率对比,可以看到EcoScope的远端计数率为300~600,而adnVISION的远端计数率为100~300;EcoScope的近端计数率为7000~9000,而adnVISION的近端计数率为1600~2200。

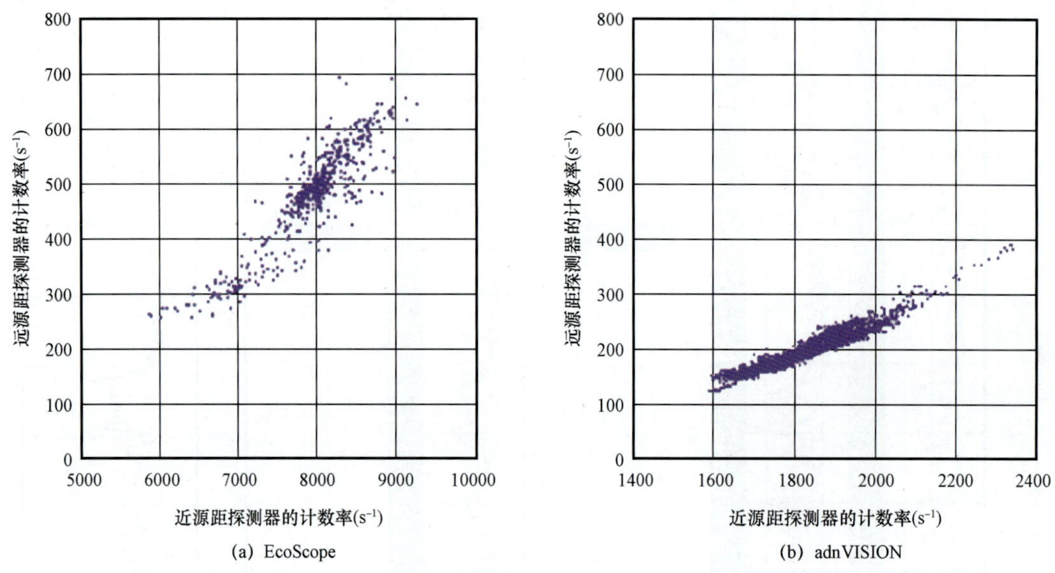

图3-2-78 EcoScope和adnVISION中子测量远近探测器计数率对比实例

3. 基于PNG的中子测井

地层的密度高低会影响地层对中子的吸收情况,尤其在中子能量较高,地层视孔隙度较高(例如泥岩)的情况下,影响较大。由于PNG的中子发射能量接近化学源的三倍,因此基于PNG的中子测量受到地层密度的影响也更大,需要通过进一步的密度补偿来获得地层中真实的HI指数。经过密度补偿后的中子测量值被称为最优孔隙度测量(BPHI),与传统测量TNPH相比,更接近地层真实HI数值,几乎不受到岩性的影响。尤其在泥岩中,BPHI不受泥岩中化学成分影响,读值较TNPH更低。但考虑到与化学源测井TNPH数据的对比性,通过仅进行部分密度补偿,EcoScope或NeoScope也可以提供与adnVISION中子测量一致的TNPH结果。

图3-2-79为EcoScope BPHI(蓝色)、EcoScope TNPH(绿色)及电缆测井超热中子APS-APSC的测量对比结果。如图所示,BPHI更接近于超热中子测量得到的中子值,反映地层实际氢分量HI含量,在泥岩段,由于受到泥岩效应影响,TNPH测量较地层真实HI值偏高。

4. 基于PNG的脉冲中子伽马密度(Sourceless Neutron Gamma Density:SNGD)测井

在EcoScope多功能测井平台中,密度测量仍然采用的是活度1.7居里的137Cs化学源,与adnVISION密度测量原理基本相同,两种仪器之间的主要差异在于放射源在仪器内放置的

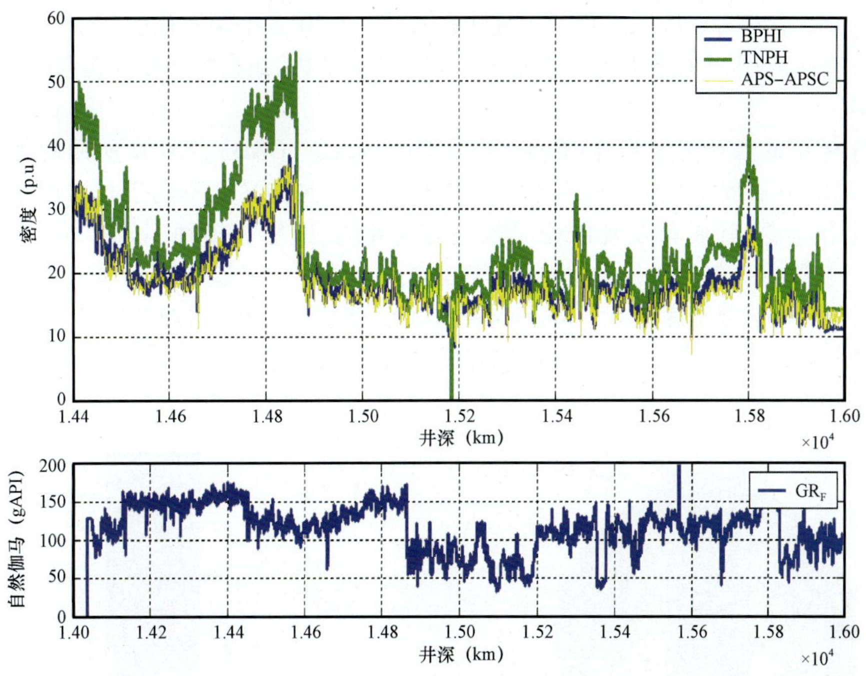

图 3-2-79　BPHI、TNPH 及电缆超热中子 APS-APSC 测井对比

位置。EcoScope 的放射源是从仪器侧面加载，这就能使放射源更接近地层，因此在相同环空间隙下，EcoScope 仪器比 adnVISION 有更高的计数率，如图 3-2-80 所示，在同一口井同一地层中，EcoScope 的远端 GR 计数器普遍为 800～1200，而 adnVISION 为 400～600。显然，高计数率使得 EcoScope 具有更好的统计精度，因此 EcoScope 有源密度比传统 adnVISION 密度测量具有更好的准确性与可靠性。

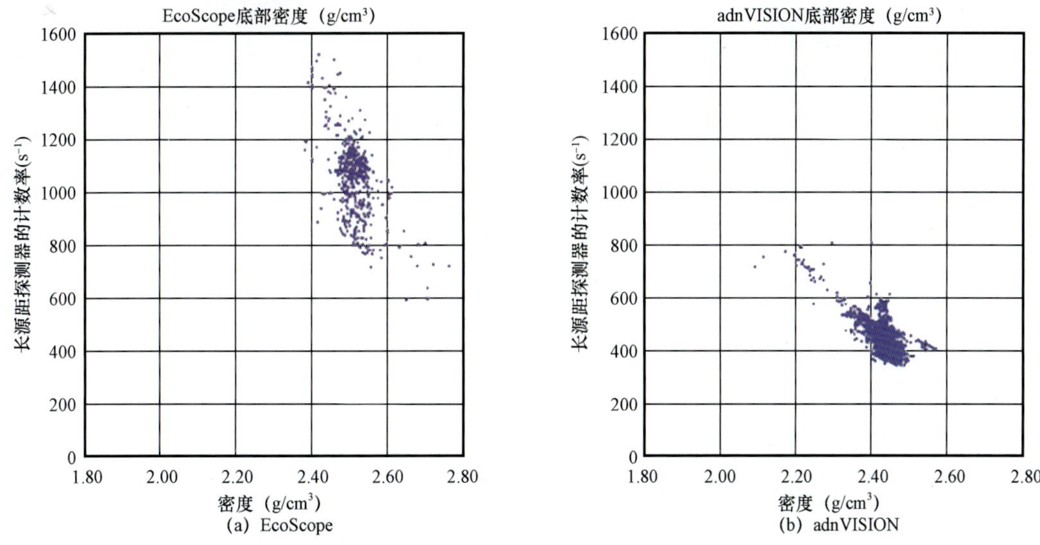

图 3-2-80　EcoScope 和 adnVISION 密度测量探测窗口 LSW3 的计数率对比实例

而 SNGD 无化学源密度则采用了更先进的技术,在 2012 年商业化的 NeoScope 无源多功能测井仪中首次应用,全面取代化学源密度。至今仍是业内,包括电缆测井在内唯一的无化学源密度测井。

不同于传统的伽马密度测井(Gamma Gamma Density,GGD),SNGD 所用的伽马射线来源于 PNG 高能中子激发地层释放出的二次伽马源。二次伽马源不同于具有固定的范围及发射效率的化学源,其展布及发射粒子数量受到井筒、地层等多种因素影响,响应非常复杂。斯伦贝谢通过多年的研发及实验,终于找到了补偿快中子运移对无源密度测量影响的方法,实现了无化学源密度测井。NeoScope 在 2012 年进入市场后,即获得了广泛的应用,迄今为止在中国区域完成了四百余口井的测井任务,在测井评价及钻井安全领域都获得了广泛的认可(图 3-2-81)。

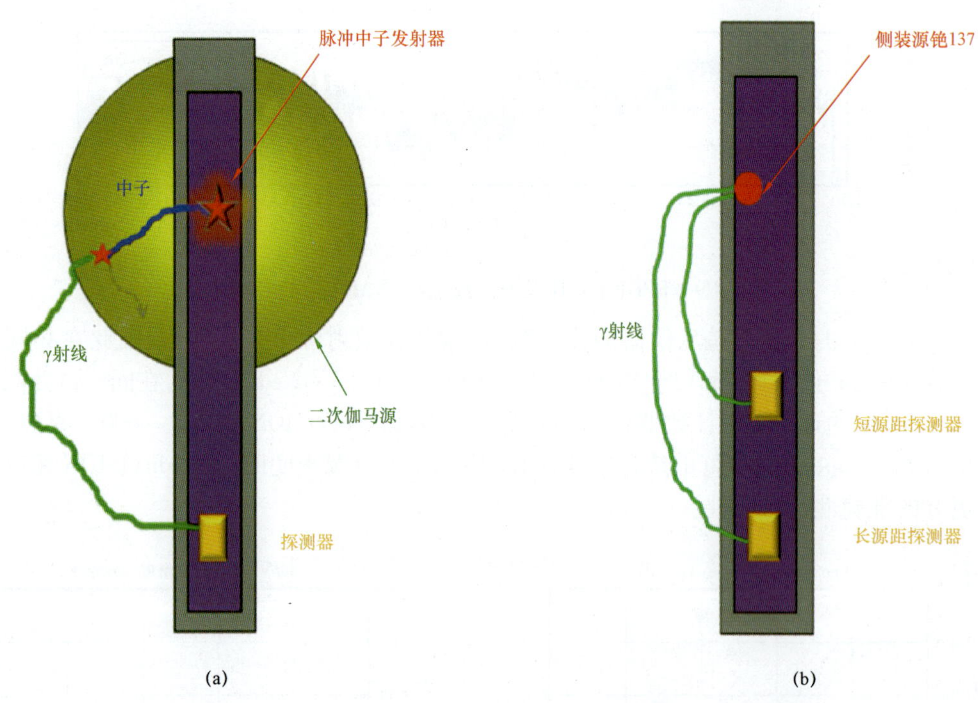

图 3-2-81　SNGD 二次伽马源(a)与化学伽马源工作示意图(b)

与 GGD 相比,SNGD 的主要特点包括:

(1)无化学中子源,大大减小钻井风险(卡源),减少钻井等待时间(无须装源)。

(2)更深的测量深度。

(3)与其他测量实现同时同位。

(4)平均测量,不具有方向性。

(5)不能提供密度成像测量。

(6)不能提供光电截面指数测量。

(7)仅适用 8.5in 井眼测井,井眼扩径超过 9in 时,测量准确率下降。

(8)测量范围较 GGD 略低(SNGD:1.7~2.9g/cm^3;GGD:1.7~3.05g/cm^3)。

(9)轴向分辨率略低。

由于SNGD测量仅采用长源距探测结果而非补偿密度测量方式,SNGD的测量会受到近井范围环境条件的影响,需进行以下环境矫正:

(1)井径。

(2)钻井液密度。

(3)西格玛—地层热中子吸收截面。

5. 应用及实例

图3-2-82为东南亚一口砂泥岩储层的实测情况。本井主要目的层为含油气的砂泥岩互层,间断性发育致密夹层,底部发育两套薄煤层。第二道超声井径蓝色虚线显示井眼状况较好,最高扩径至9in。通过观察第六道化学源平均密度(红色曲线)及无源密度(黑色曲线),可以判断在本井的整个测量区间,包括泥岩段、砂岩段及煤层段,两者对比关系良好,能够反映地层的真实情况,仅在部分薄层状地层中,观察到化学源平均密度较无源密度的轴向分辨率略高。

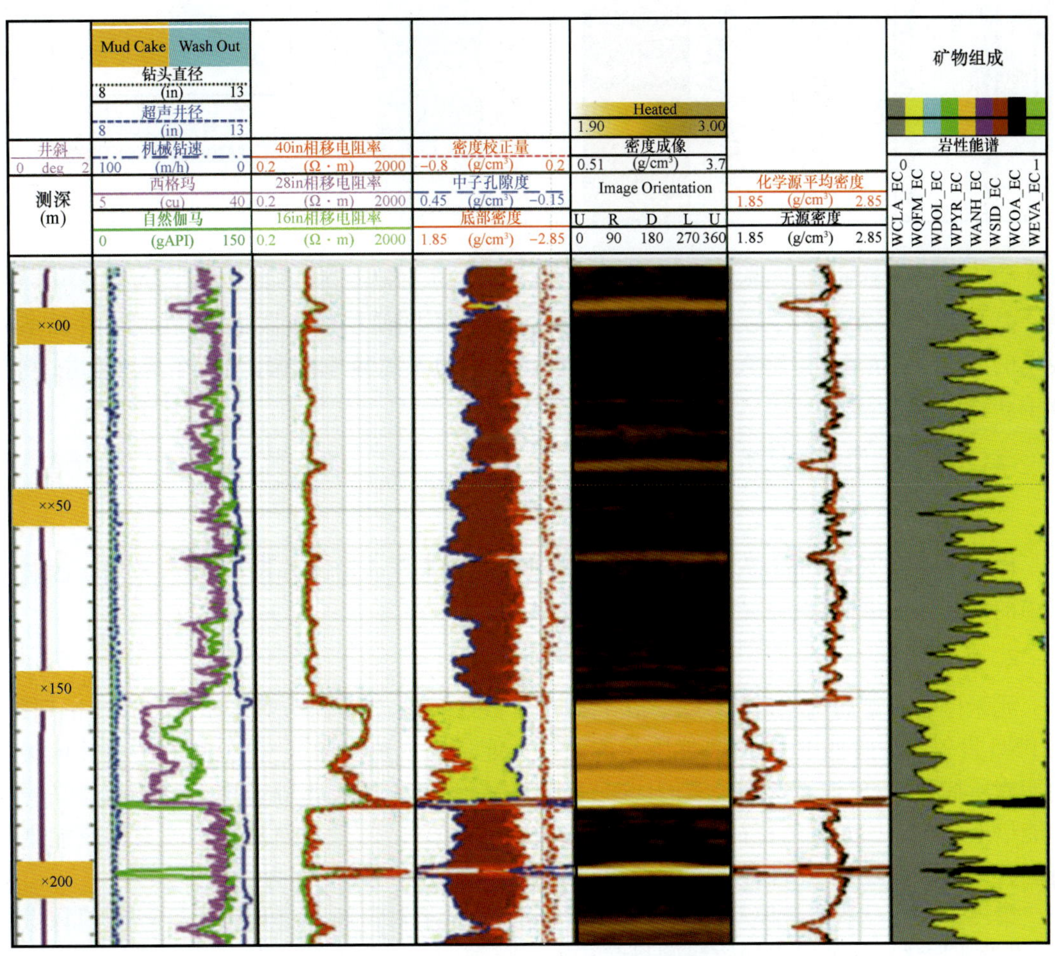

图3-2-82 砂泥岩储层无源密度与化学源平均密对比情况(第六道)

图3－2－83为东南亚一口碳酸储层的实测情况。本井主要岩性以碳酸盐为主,含少量泥质,井眼状况具有存在扩径,最大至9～10in。通过对比,除局部井眼状况较差区域外,整口井无源密度与化学源平均密对比情况良好。即使在2.75～2.8g/cm^{3}的高密度层段,无源密度都能够准确反映地层真实密度。

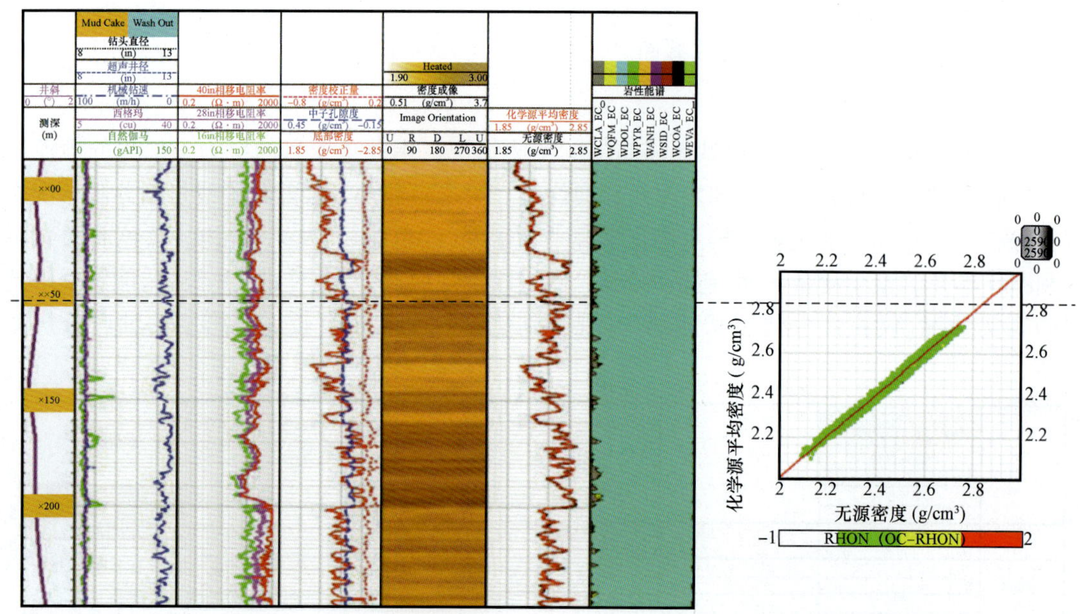

图3－2－83　碳酸岩储层无源密度与化学源平均密对比图(左)及无源密度与化学源平均密对比交汇图

总之,2012—2021年,无源密度测井在多个油田,不同储层的实践证明:在满足井筒条件要求的前提下,NeoScope绝大部分时候都能提供可靠的无源测井数据,尤其在高风险井、复杂井中获得了广泛应用。

三、元素俘获谱测井技术

1. 概况

EcoScope及NeoScope提供的一项新测井项目是元素俘获谱测井技术,该技术用于测量地层中的元素组分进而获得岩性定量分析结果。

2. 基本原理

元素俘获谱是通过测量地层元素进行热中子吸收释放出的伽马射线能量分布所得到的。在PNG发射高能脉冲中子后,高能中子逐渐损失能量变成热中子,一部分热中子会被地层中的元素所捕获,生成该元素同位素的同时,释放伽马射线,不同元素俘获中子释放的伽马射线在能谱上仍具有该元素的特征,如图3－2－84所示。第一步,通过对比不同元素俘获能谱的特征,可以获得地层中几种常见元素的相对产额,整个过程可以简称为“剥谱”。

第二步使进行氧闭合模型处理计算元素干重,即从相对产额导出元素干重含量,具体做法是,将未被直接测量的元素和直接测量的元素(硅、钙、铁、硫、钛、钆)通过矿物的氧闭合模型联系在一起,得到各种元素实际存在的干重含量。

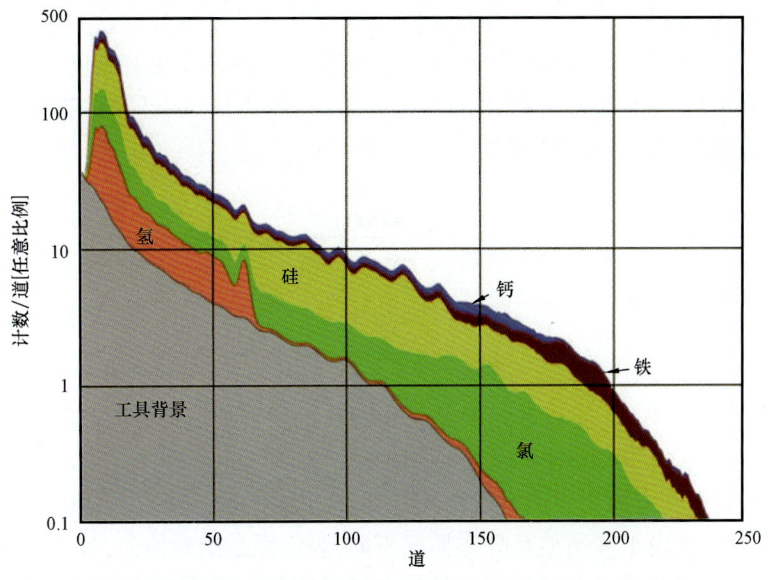

图 3-2-84 几种不同元素的俘获谱特征值

第三步,确定岩性剖面。利用常见岩石的岩性方程式和一些已知元素干重进行计算,并假设仅由这些元素构成主要岩石骨架,就可以用于确认地层岩性[黏土、碳酸岩、石英—长石—云母(Q—F—M)、硬石膏、黄铁矿和菱铁矿等],实现岩石剖面定量确定。

3. 应用及实例

图 3-2-85 为中国石油塔里木油田东河塘区块的一口细砂岩常规油气藏实例。结合 EcoScope 元素俘获测井及电缆测压结果,本井成功提供了连续可靠的储层渗透率结果。通过

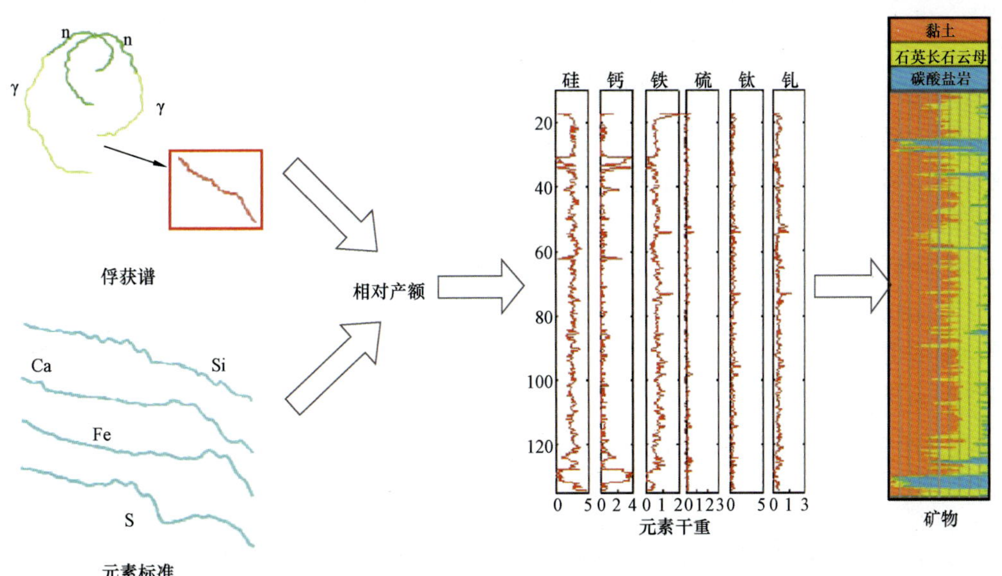

图 3-2-85 元素俘获谱测量原理示意图

EcoScope 随钻测量,获得了常规测井及元素俘获谱数据用于提供硅质、钙质、泥质等主要矿物密度。钻后进行电缆测压作业,测量得到的地层流度通过钻井液滤液黏度转化为地层渗透率数据。根据 Herron 等人在 2002 年提出的渗透率 K_Λ 计算方法,在已知矿物组分的情况下,地层渗透率可以通过式(3-2-3)获得:

$$K_\Lambda = \frac{200000\,\varphi^{m^*+2}}{(1-\varphi)^2 \rho_{ma}^2 (6\,W_{cla} + 0.22\,W_{QFM} + 2\,W_{car} + 0.1\,W_{pyr})} \qquad (3-2-3)$$

式中 φ——总孔隙度;

m^*——岩石胶结指数;

$W_{cla}, W_{QFM}, W_{car}, W_{pyr}$——通过元素俘获能谱获得的泥质含量、硅质含量、钙质含量及黄铁矿密度。

各矿物前系数定义为矿物表面系数S_0,在实际应用中,由于硅质、钙质等物质的矿物表面系数比较稳定,而泥岩由于其类型及分布情况不同,表面系数绝对值大,且差异较大,主导了地层实际渗透性,因此需要通过有效的渗透率数据进行刻度。在本井中刻度依据采用的是电缆测压转化得到的地层渗透率。根据岩石的物性,本井主要目的层被划分为三个单元,通过拟合最佳匹配渗透率,确定三个单元的泥岩表面系数S_0,见表 3-2-7。

表 3-2-7 三个单元内的泥岩表面系数

单元	测压点数量	校正后泥岩表面系数(m^2/g)
1	12	59.96
2	4	79.1
3	20	149.9

图 3-2-86 为本井 3 号单元的处理结果,其中第五道为元素俘获谱处理得到的矿物干重。3 号单元的矿物组分主要是以硅质为主,含 10% ~15% 的泥质组分,同时顶部发育钙质,为致密层。第六、七道为K_Λ(棕黄曲线)与测压计算渗透率(蓝色点)的对比情况,其中第六道为未经过岩性校正,第七道为经过岩性校正的结果。如图所示,经过岩性校正得到的K_Λ与实测结果吻合更好,能够持续地反应地层的真实情况。

总之,通过结合 EcoScope 元素俘获谱获得可靠的地层渗透率,不仅避免了仅通过总孔隙度回归渗透率造成的误差,也无须进行大量的取心实验等作业,节约了时间与成本。本实例具体内容发表在 2015 年 JFES 会议。

四、热中子俘获截面(西格玛 Σ)测井技术

1. 概况

EcoScope 及 NeoScope 提供的另一项新测井项目是热中子俘获截面(西格玛 Σ),由于不同岩性以及油、气、水三相在西格玛测井维度上具有差别,所以西格玛经常被用作独立于自然伽马测量的泥质含量指示和非电法的饱和度求取途径。

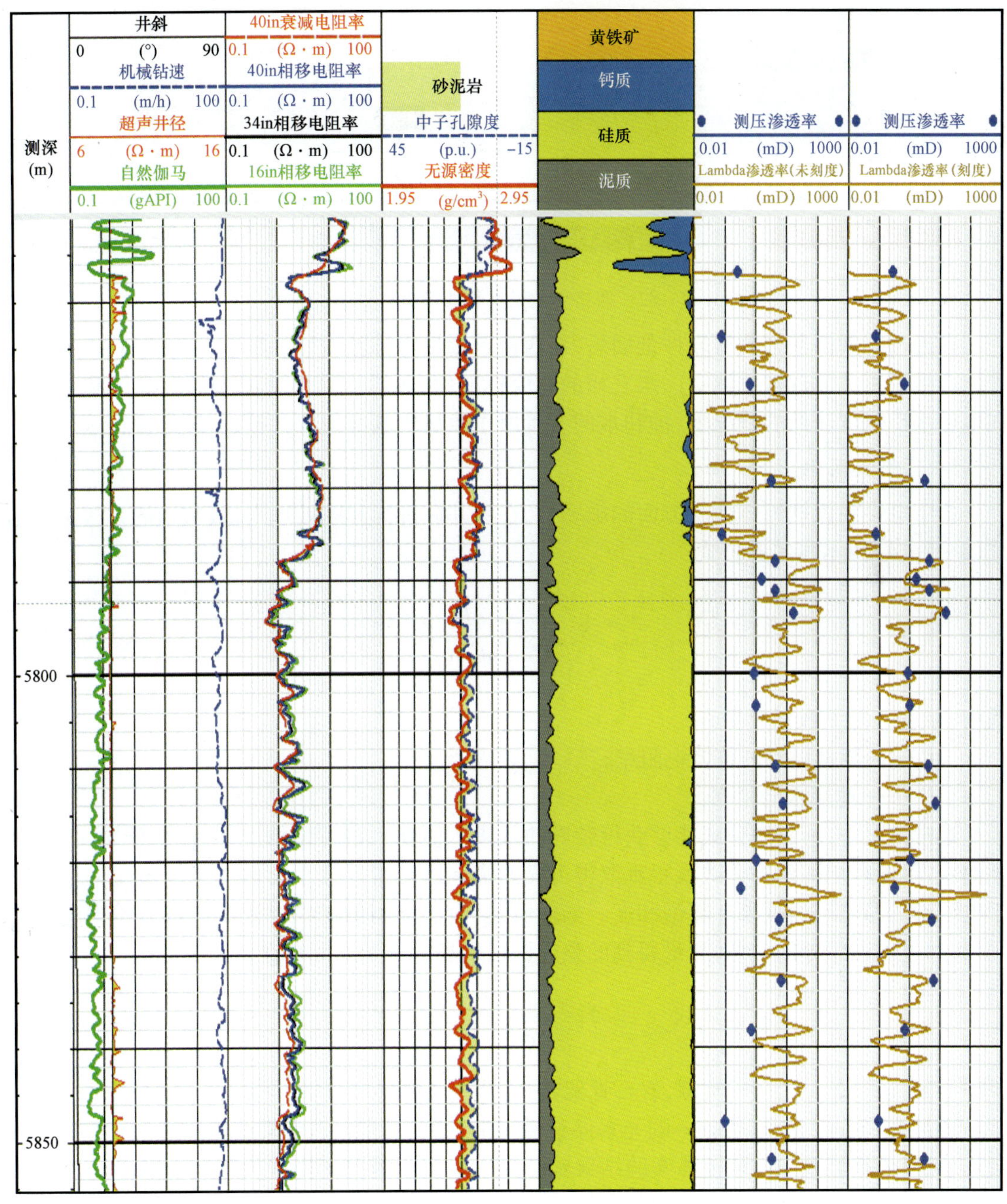

图 3－2－86　渗透率处理结果对比

2. 基本原理

西格玛测量物理意义为地层热中子吸收作用的吸收截面，是通过测量热中子吸收后在西格玛衰减时间段内所释放伽马射线的消亡时间 τ 来确定的。通过大量实验结果总结，各种不同岩石骨架、流体均具有特定的西格玛值，见图 3－2－87。

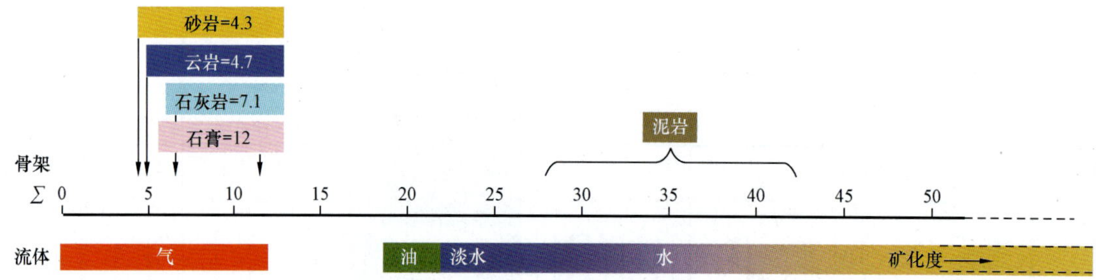

图 3-2-87　西格玛测量在骨架及流体中的特征值

在通过元素俘获谱获得岩性剖面后，在西格玛测量中排除岩性的影响，即可以获得地层中流体西格玛值。通过对比油、气、水三相的相应标准值，可以计算出地层中的含油饱和度。但在地层水矿化度较低的情况下，油和水的含量由于西格玛基准值非常接近，较难进行区分。

3. *应用及实例*

由于电性在识别流体性质方面的敏感性，在测井评价饱和度处理中，最常用的方法是采用式(3-2-4)所示阿尔齐公式：

$$S_{w,res} = \left[\frac{aR_w}{\phi^m R_t}\right] \qquad (3-2-4)$$

式中　m——岩石胶结指数；

R_t——测量得到的整体电阻率；

R_w——地层水电阻率。

通常情况下，阿尔齐公式能够获得较好的效果。而在一些特殊情况下，比如低阻、低对比度储层，单纯利用阿尔齐公式就很难取得可靠的饱和度结果。这个时候就可以考虑采用独立于电阻率的西格玛测量来计算饱和度。如前所述，由于不同的矿物以及流体具有不同的西格玛值，通过不同组分的含量，测量得到的整体西格玛和各分量之间存在以下关系：

$$S_{w,sig} = \frac{\Sigma_{log} - \Sigma_m(1-\phi) - \Sigma_{hc}\phi}{\phi(\Sigma_w - \Sigma_{hc})} \qquad (3-2-5)$$

式中　Σ_{log}，Σ_m，Σ_{hc}，Σ_w——实测，岩石骨架，油气部分及地层水西格玛值。

通过 EcoScope 或 NeoScope 的元素俘获谱测量，可以确定岩石骨架西格玛Σ_m、Σ_{hc}变化范围较小，可以依据经验或区域流体实验结果确定。Σ_w地层水西格玛则很大程度上受到地层水矿化度的影响，在明确地层水矿化度的前提下，直接依靠式(3-2-5)即可以求取未知数$S_{w,sig}$。

本实例为塔里木油田某区块的四口水平井。储层为细到极细石英砂岩，含少量泥质。原始地层水矿化度较高，约为 226mg/L。生产后注水矿化度偏低，因而在整体上，该区块面临油层水层对比度低(油层 2~5Ω·m，水层 1Ω·m)和现今地层水矿化度不确定两大难题。单独通过电阻率或者西格玛都无法解决，因此在本区块采用了电阻率及西格玛结合的方式同步处理饱和度及地层水矿化度两个问题。简单来说就是通过预设地层水矿化度，求取 R_w 及 Σ_w，不断优化直至该设定同时满足式(3-2-4)及式(3-2-5)，最终同时得到饱和度及地层水矿化度两个未知量。

图 3-2-88 为采用西格玛及电阻率联合处理方法得到两口井结果。很明显井 1 及井 2 的物性比较接近，电阻率差异不大。常规方法处理饱和度存在困难。西格玛测量井 1 较井 2 明显增高，通过联合处理，发现井 1 的地层水矿化度约为 159mg/L，较原始状态明显降低，应为后期注水水淹，含水率接近 100%。而井 2 通过计算，地层水矿化度接近原始状态，水饱和度显示实际流体为油水共存。通过后期试井，1 号井证明 100% 产水，而 2 号井的产量分布如图 3-2-89 所示。验证了二号井为油水同层。

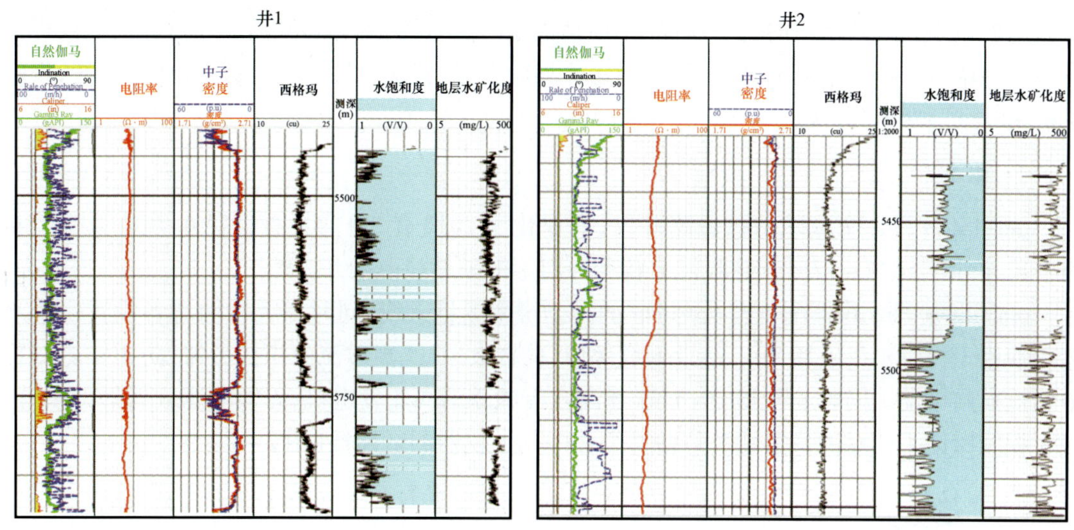

图 3-2-88 采用西格玛联合电阻率处理方法在两口井中的应用成果

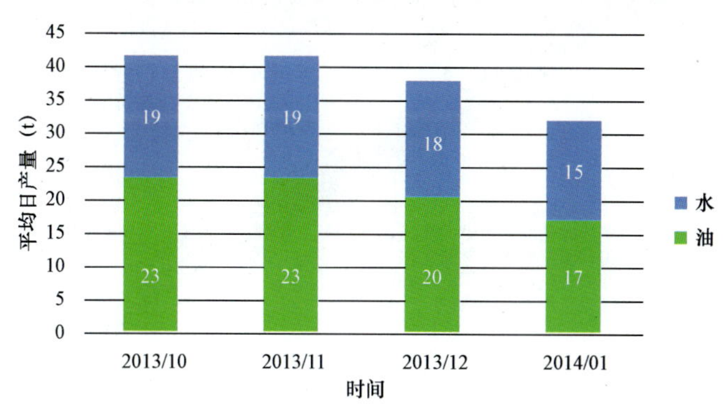

图 3-2-89 井 2 生产数据

总之，西格玛测量为储层饱和度评价提供了新的方法，电阻率与西格玛结合的方法可以用于处理地层水矿化度不明或者变矿化度等复杂情况下的处理解释。更进一步，通过 EcoScope 或 NeoScope 提供的 HI 氢分量测量 BPHI 及密度测量，还可以进一步获得油气的 HI 氢分量及密度值。

第七节　随钻核磁测井技术

核磁共振技术作为油田测井的重要手段之一,一直以来在电缆测井领域应用比较广泛。而随钻核磁测井技术由于钻井条件的复杂性等原因,起步较晚。斯伦贝谢随钻核磁测井仪器proVISION Plus,依托于斯伦贝谢在电缆核磁测井领域的先进技术,逐步克服了钻井环境对核磁测量的影响,自2012年问世以来,应用稳步提升。尤其在近几年,随着proVISON Plus的测量数据的积累和对其认识的进一步提升,随钻核磁的实时性、无化学源储层评价等优势获得了进一步的认可。结合常规测井,可以应用于非均质性强、特殊岩性、复杂流体等多个领域,提供了解决复杂问题的新方法。

一、概况

proVISON Plus全称随钻核磁测井仪,商业化于2012年,目前具有直径6.75in及8.25in两个尺寸,适用8⅜~12⅝in井眼尺寸各种井斜下的随钻核磁测井。

proVISON Plus仪器配备有径向4in的高分辨率测量天线,同时在天线两端各设置一块永久磁铁用于提供永久磁场B0。接近天线部位,放置大尺寸、高过流面积扶正器,防止钻进过程中钻铤横向运动。同时proVISION Plus还配置有独立的涡轮发电机,无须电池或者外部供电,极大程度保证了仪器的稳定性及与钻具组合中其他仪器的适配性(图3-2-90)。

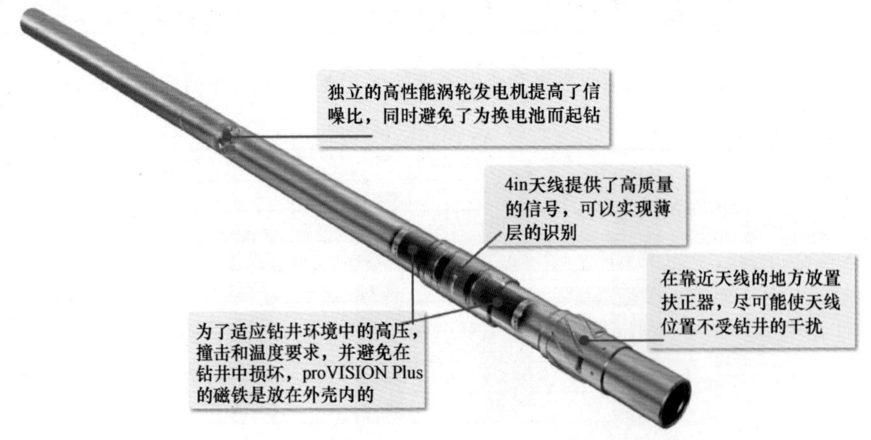

图3-2-90　随钻核磁proVISON Plus仪器示意图

由于核磁共振的探测深度相对较浅,因此在电缆核磁测井中采用贴壁测量的方式。但为满足钻井过程中同时测井的需求,proVISION Plus采用居中测量方式,同时针对钻井过程中的运动问题进行了以下改进:

(1)双磁铁设置使磁力线能够最大限度的入射地层,实现居中测量的同时达到更深的探测深度。以仪器中轴为起点,proVISON Plus 675的探测直径为14in,在8.5in井眼居中情况下,可以实现2.75in的地层探测深度,见图3-2-91。proVISION Plus 825的探测直径为17in,在12.25in井眼居中的情况下,可以实现2.35in的地层探测深度。

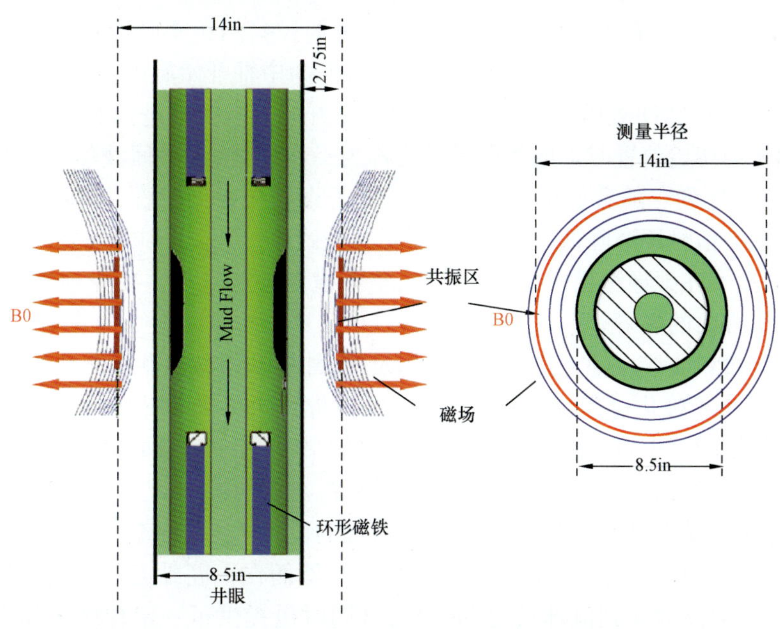

图 3-2-91　随钻核磁 proVISON Plus 675 仪器内部示意图

(2)低梯度磁场设置,降低由于钻井过程中的横向运动干扰核磁测量区域造成的测量噪声。

二、核磁共振测井原理

核磁共振测井简单来说就是通过外加磁场,控制地层流体中的氢质子运动方式,从而获得地层流体中总的氢分量(Hydrogen Index:HI)及孔隙分布、地层渗透率等用于地层评价。

具体来说,核磁共振的测井过程可以分为以下几个步骤:

(1)初始状态:地层中的氢质子由于自旋呈现磁性,可以视为若干小的磁铁棒,在初始状态下,由于自旋方向随机性,整体对外不具有磁性,见图 3-2-92(a)。

(2)极化过程:通过外加永久磁场 B0 使随机方向的氢质子向同一方向排列,排列氢质子百分比与 B0 作用时间(也称等待时间)呈指数关系。公式$HI_{Polarized\%}=1-e^{-t/T_1}$,公式中 T_1 被称为极化时间,表征氢质子在被极化过程中的特征参数。主要受到表面弛豫及体积弛豫两个因素的作用,见图 3-2-92(b)。

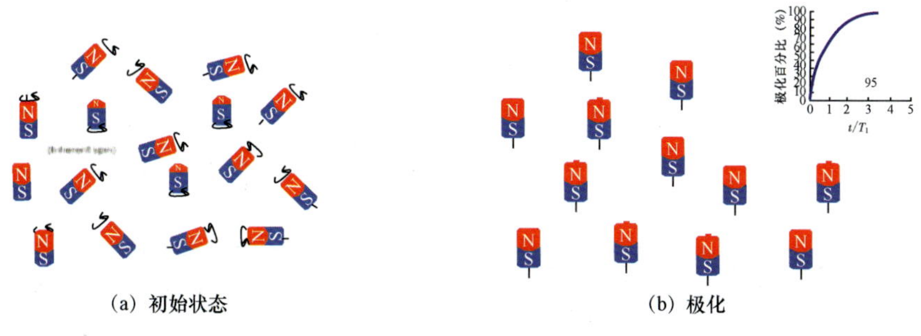

图 3-2-92　核磁共振的氢质子初始状态及极化过程

(3)90°翻转:在永久磁场 B0 方向的正交方向附加拉莫尔频率脉冲磁场 B1,氢质子在 B1 的作用下,开始 90°翻转至 B1 所在平面,并以 B0 方向为中轴开始旋进。

(4)横向弛豫:在脉冲磁场 B1 的作用下,氢质子开始有规律地进行顺时针及逆时针旋进,当氢质子回到转动初始位置时形成的测量峰值称为一次回波,多次回波信号结合起来组成回波串,也称 CPMG 序列。随着旋进过程继续,氢质子逐渐失去同步性,即称横向弛豫过程,导致可被测量的回波信号逐渐降低,呈现指数下降。公式$HI_{Polarized\%}=e^{-t/T_2}$,公式中 T_2 被称为弛豫时间,表征氢质子在弛豫过程中的特征参数,整个横向弛豫过程主要受到表面弛豫、体积弛豫及扩散弛豫三方面的影响。

通过对极化过程曲线及弛豫过程曲线进行反演,能够获得核磁共振测井的关键参数 T_1 和 T_2 及其分布。但由于极化过程特征需采用不同的等待时间对 T_1 进行回归,需要时间更久,速度更慢,因此,随钻测量中较少采用;T_2 测量的 CPMG 序列由于测量时间短,采样率高,是目前随钻核磁的主流测量方式。proVISION Plus 采用的 T_2 测量方式。

由于 T_2 分布主要受以下三方面影响,通过合理的设置 T_2 截止值,分割 T_2 谱不同分量,可以获得自由流体、束缚流体等岩石的孔隙结构信息。然而在不同黏度及不同类型的流体作用下,孔隙结构信息可能会受到流体信息的干扰,这同时也提供了一定程度上判别流体类型的依据。

(1)表面弛豫:位于岩石表面流体中氢质子受到岩石表面顺磁物质影响加速衰减的现象。表面弛豫强度与孔隙表面积与体积的比值成正比,是反映岩石孔隙结构的参数。

(2)体积弛豫:流体中氢质子局部作用互相影响产生衰减的现象,流体黏度及温度为主要影响因素。

(3)扩散弛豫:扩散系数较大的流体(例如气体)中的氢质子在不完全均匀的磁场中运动时,逐渐衰减的过程。主要取决于磁场梯度及流体的扩散系数。

如前所述,proVISION Plus 主要的测量内容为 CPMG 序列。即通过设置一定时长的等待时间对地层流体进行极化,观察并测量横向弛豫的回波串信号并进行反演获得 T_2 分布谱。在实际测量过程中,由于小孔的测量信号衰减迅速,不易被反映在主 CPMG 序列中,proVISON Plus在仪器设置过程中,会将两次主序列与多次重复短等待时间序列相结合,实现对快速衰减 T_2 信号的准确识别。针对不同的地层类型和流体类型,proVISION Plus 会采用不同的仪器设置,达到准确高效测量储层的目的(图 3-2-93)。

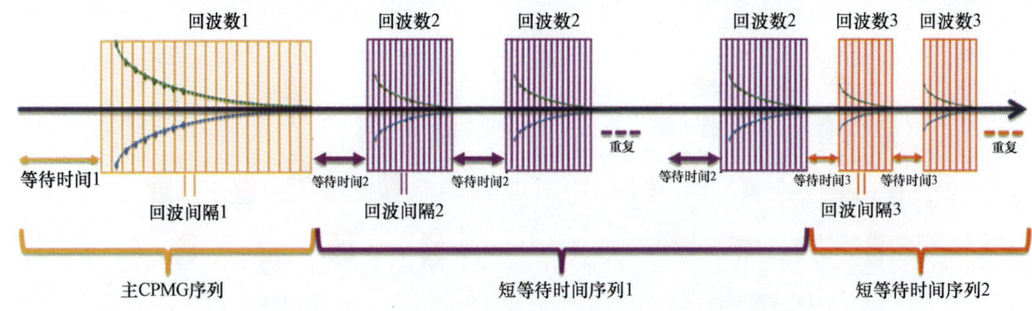

图 3-2-93 随钻核磁 proVISON Plus 仪器设置示意图

proVISON Plus 能够提供的直接测量结果包括：

(1)总孔隙度。

(2)自由流体体积及束缚流体体积。

(3)精细孔隙结构分区。

(4)T_2 核磁渗透率(SDR 及 Timur－Coates)。

(5)T_2 谱。

三、应用及实例

1. 随钻核磁进行孔隙度及渗透率评价

由于核磁测井最本质的测量是地层流体中的氢含量,且不受岩石骨架的影响。在充分极化的前提下,在单位体积下 HI =1 的水层或接近 1 的油层中,核磁孔隙度非常接近地层真实孔隙度。而其 T_2 谱分布情况,又可以反映孔隙结构的变化进而区分自由流体及可动流体。基于自由流体及可动流体的核磁渗透率在孔隙结构较复杂的情况中,较传统方法能够提供更为准确的渗透率结果。因此,近年来核磁测井常用于非均质性强的地层中,结合常规测井,提供基于孔隙结构变化的精确测井解释。同时,由于核磁测井独立于中子密度测量,具有无放射源的优势,在一些作业风险较大,或放射源运输困难的地区也经常作为放射源替代方式提供总孔隙度及渗透率测量。

图 3－2－94(井 1)和图 3－2－95(井 2)是随钻核磁测井在渤海两口生产井的测量情况。两口井均为非均质性较强的砂泥岩地层,储层含有轻质油。井 1 为 8.5in 井眼,采用 proVISION Plus 675 结合随钻多功能无源测井仪 NeoScope,井 2 为 12.25in 井眼,采用 proVISION Plus 825 仪器随钻测量 ,adnVISION 钻后复测。两口井均在主要目的层段进行了取心。

2. 随钻核磁与密度结合评价气层孔隙度(DMRP)

如前所述,核磁测井提供的主要测量是地层流体 HI 分量。而在气层中,由于以下两个因素,气层核磁孔隙度往往存在被低估的现象。

① 极化过程中等待时间不足。

② 气层 HI 小于 1。

如何通过核磁测井来定量评价气层孔隙度,是核磁测井解释的一个关键问题。目前最常用的方法是采用核磁测井与密度测井相结合的方法。这种方法的主要依据在于:核磁测井与密度测井具有接近的探测深度,基本反映地层中同一区域特征。且密度孔隙度在气层作用下,估值偏高,与核磁的效果呈反向特征。具体计算依据以下公式:

$$\rho_b = (1 - \phi \times \rho_{ma}) + \phi(1 - S_{g,xo})\rho_f + \phi \times S_{g,xo} \times \rho_g \tag{3-2-6}$$

$$\text{NMRPorosity} = \phi(1 - S_{g,xo})\,\text{HI}_{water} + \phi \times S_{g,xo} \times P_g \times \text{HI}_g \tag{3-2-7}$$

式中　ρ_b,ρ_{ma},ρ_f——测量体密度,岩石骨架密度及流体密度;

HI_{water}——地层流体 HI(包括钻井液滤液及地层水);

HI_g——孔隙中气体 HI;

P_g——气体极化程度;

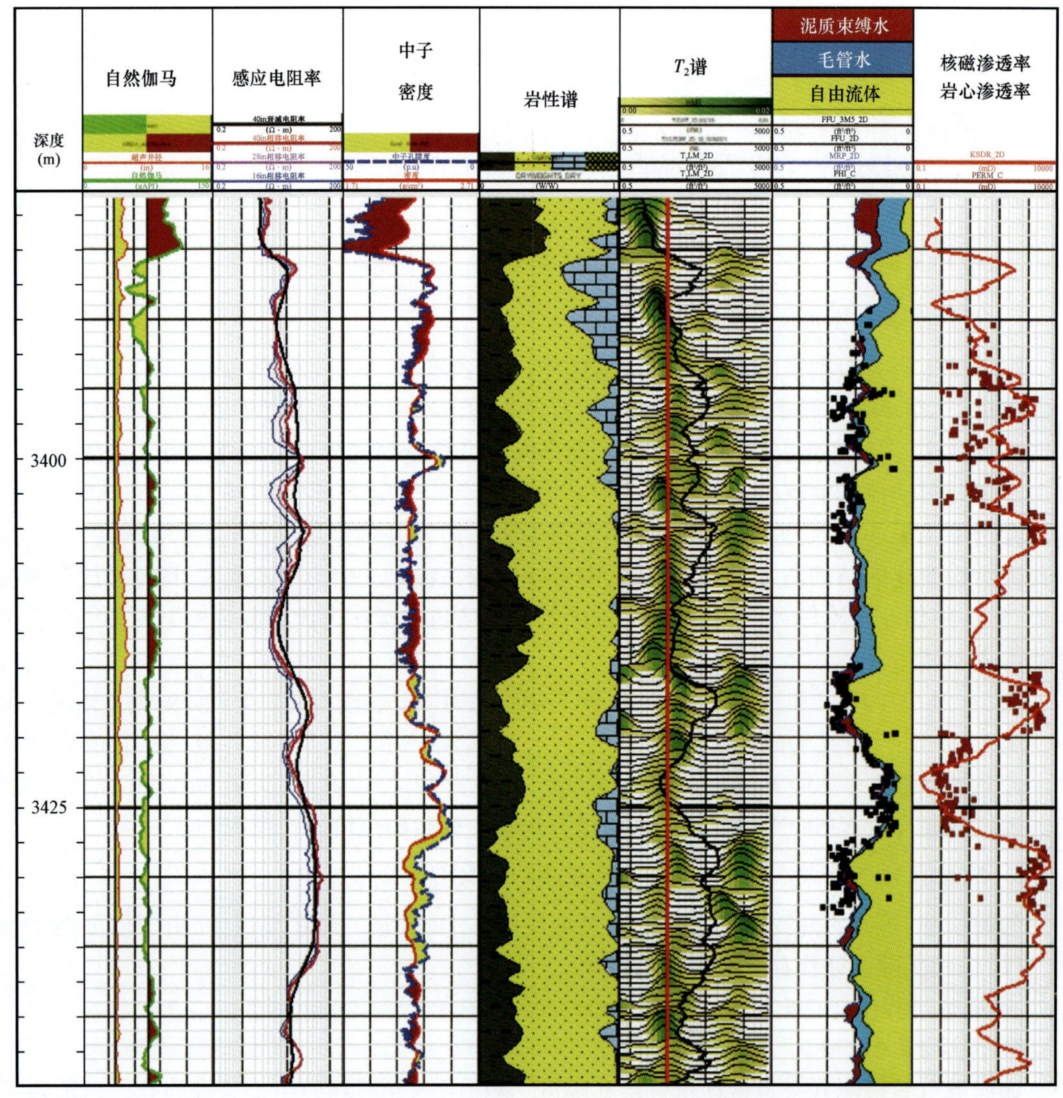

图 3-2-94　井 1 测井综合图及核磁结果与岩心数据对比,其中第一道为核磁孔隙度与岩心孔隙度对比,第八道为核磁渗透率与岩心渗透率对比

ϕ——总孔隙度;

$S_{g,xo}$——探测区气体饱和度。

认为地层流体 HI 约等于 1,将式(3-2-6)和式(3-2-7)进行简化,可以得到简化公式(3-2-8):

$$\phi = \text{Densityporosity} \times w + (1 - w) \times \text{NMRporosity} \qquad (3-2-8)$$

其中 $w = \dfrac{1-(\text{HI}_g \times P_g)}{1-(\text{HI}_g \times P_g)+\lambda}$　　$\lambda = \dfrac{\rho_f - \rho_g}{\rho_{ma} - \rho_f}$

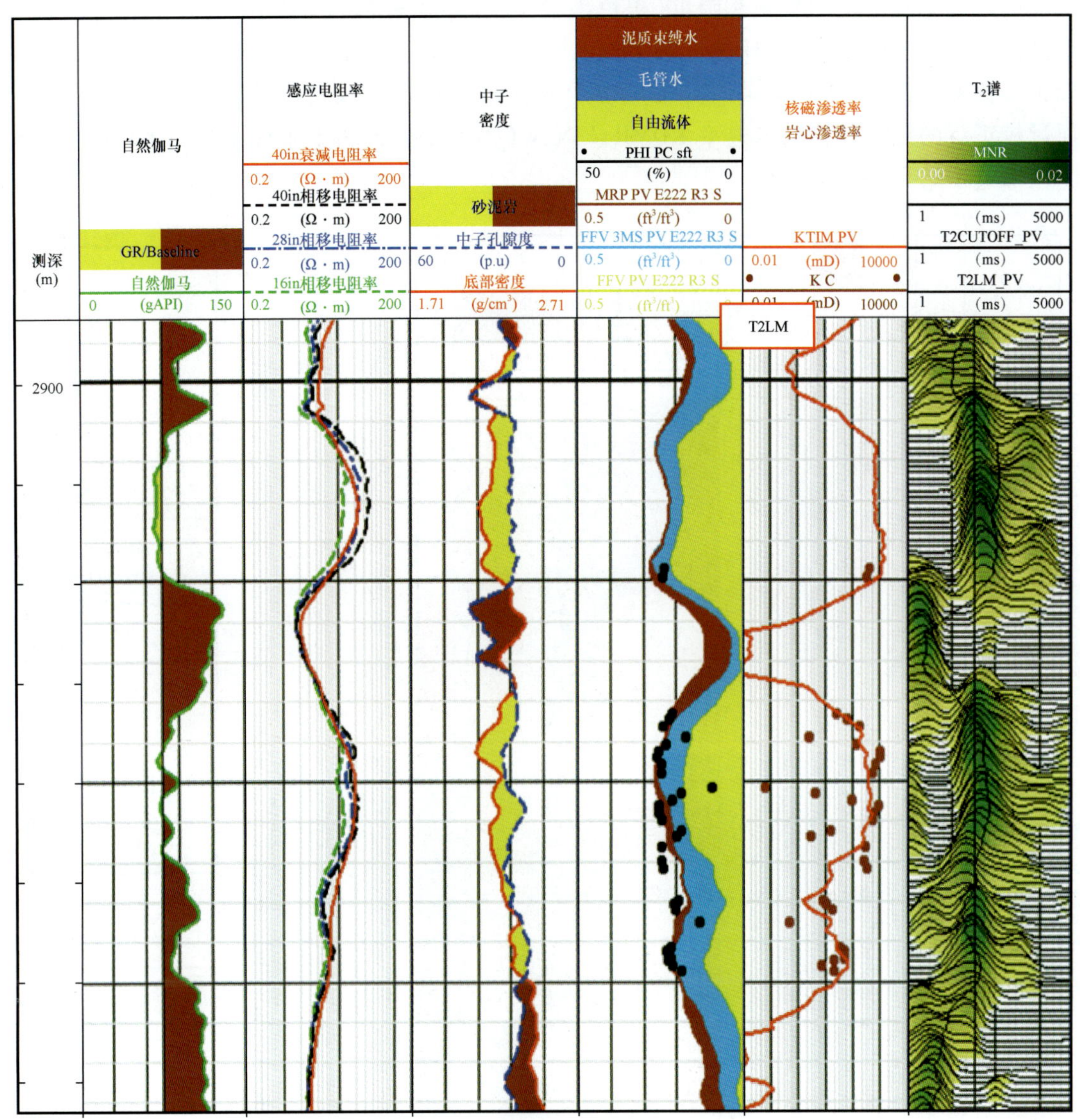

图 3－2－95　井 2 测井综合图及核磁结果与岩心数据对比图

第五道为核磁孔隙度与岩心孔隙度对比，第六道为核磁渗透率与岩心渗透率对比

依据式(3－2－8)，可以得到地层的孔隙度应该介于密度孔隙度与核磁孔隙度之间由权重 w 决定。根据经验，可以进一步设置 $w=0.6$ 作为快速计算公式。

图 3－2－96 为采用 proVISION Plus 675 及随钻多功能测井仪 EcoScope 的一口大斜度井。主要储层为气层，含部分凝析油/轻质油，底部可见底水。通过对核磁谱特征的识别，可以看到在本井中不同流体具有明确特征。底部水层为单峰结构，表征单一孔隙结构。中部轻质油层油峰明显滞后，经模拟分析，主要油峰中值位于 1720ms 左右。而上部干气层区域，气峰中值位置约为 639ms，同时核磁孔隙度明显降低，油气界面明显。通过上述方法进行的核磁孔隙度校正 DMPR 结果如图 3－2－97 所示。第四道为未校正结果，在气层和轻

质油层都有不同程度的核磁孔隙度(黑色虚线)低于密度孔隙度(红色实线)的现象。表明这些层段受到极化不足及 HI 偏低两方面的影响,结果偏低。第五道是经过校正后的结果,校正后核磁孔隙度 DMRP(绿色实线),位于实测核磁孔隙度及密度孔隙度结果之间,同时通过校正后的结果计算的渗透率 KDMR_PV(绿色实线)大大高于未校正结果 KTIM_PV,与测压渗透率结果相吻合。

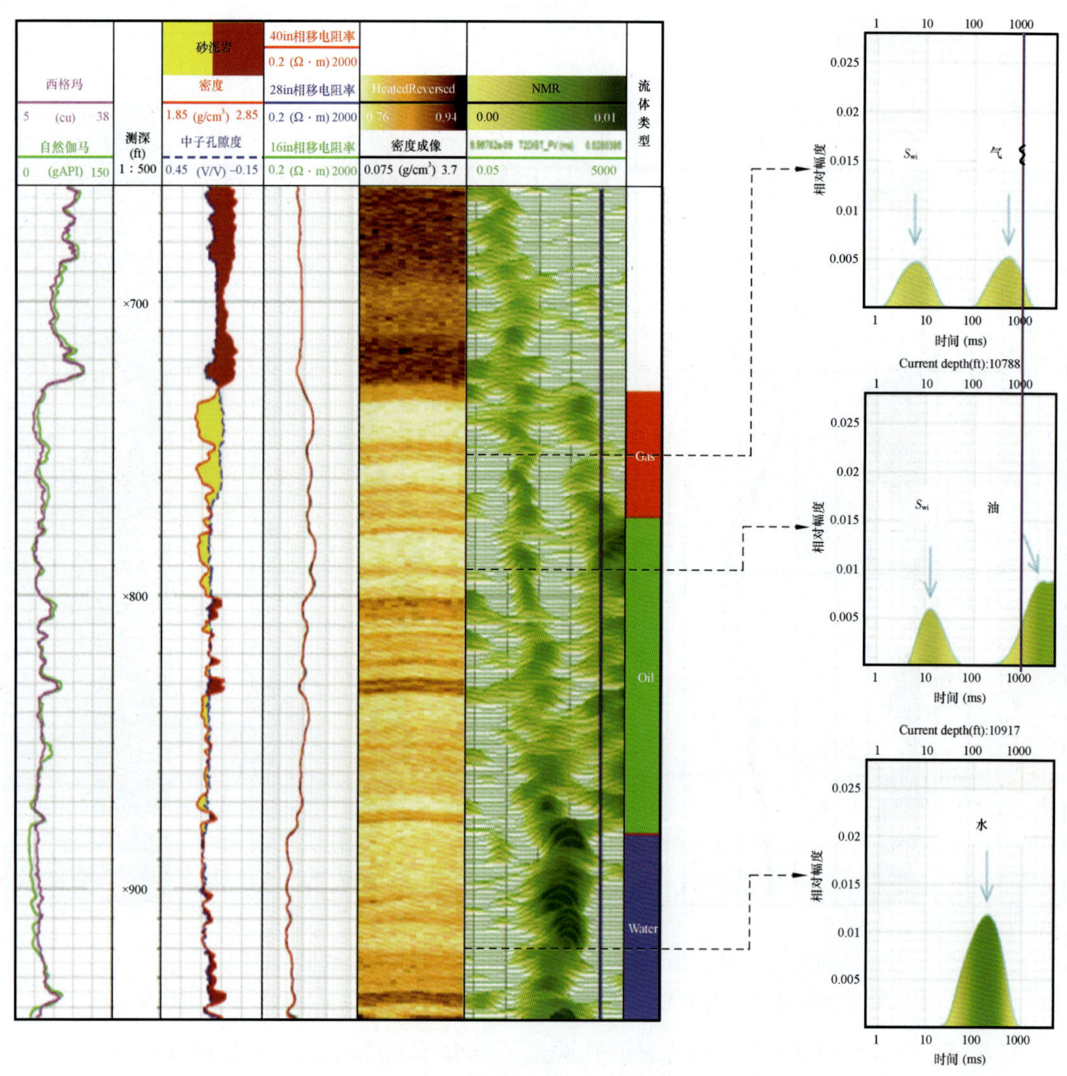

图 3-2-96 随钻核磁结合随钻多功能测井综合图及核磁谱不同流体特征分析

随钻核磁测井在评价储层孔隙度、孔隙结构、渗透率以及一定程度上的流体识别发挥了越来越重要的作用。由于随钻核磁探测深度较早期电缆核磁测井更深,随钻过程侵入时间短等,在饱和度定量评价、储层相单元划分等方面也渐入佳境。随着对核磁认识的进一步加深,作为传统测井项目的有效补充甚至是替代方案,proVISION Plus 的应用都具有广阔的发展前景。

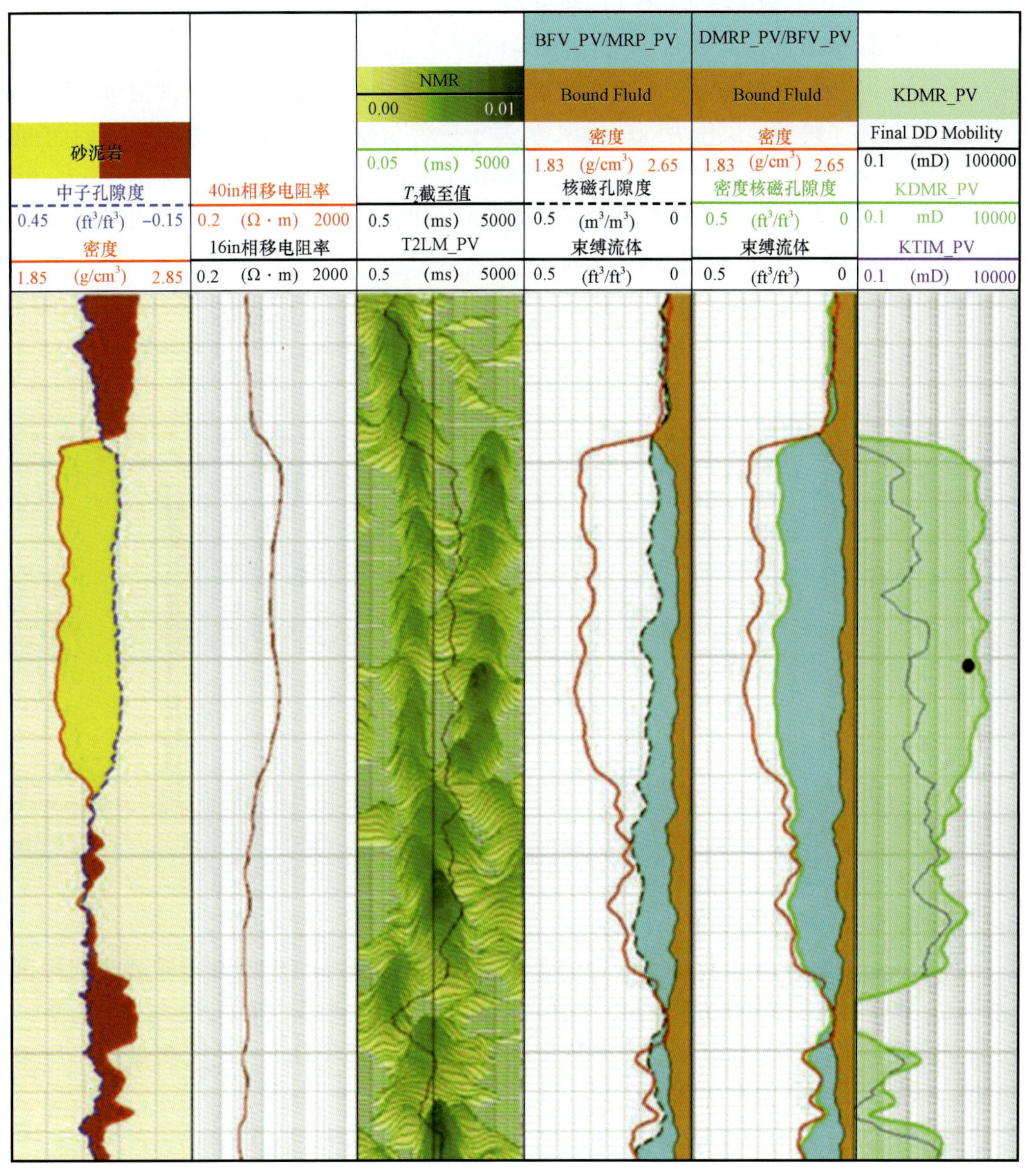

图 3-2-97　未校正及 DMRP 校正后的核磁孔隙度与渗透率对比

第八节　随钻地层测试技术

随钻地层测试技术是在钻井过程中获得地层压力、渗透性和流体性质的一项重要技术，其出现是钻井、油藏数据采集需求不断提高的必然结果。最早的地层压力测试技术可以追溯到 1950 年，Reistle C. E. 提出了钻杆地层测试构想；同年，Chambers L. S. 提出了电缆地层测试技术的构想，同时申请了技术专利。斯伦贝谢公司率先设计了地层压力测试仪器，并于 1955 年推出了第一代地层压力测试技术(RFT),经过50多年的发展,地层压力测试技术已形成了一整套的测试仪器(MDT、QuickSilver)与测试技术(压力预测试技术、泵出技术、流体识别技术)。在此发展过程中,随着地层压力技术应用的不断发展及钻井的新需求,在20世纪90年代中后期,斯伦贝谢提出了随钻地层压力测试的理念,基于硬件与软件的日臻完善,经过近十年的科研工作以及现场实验,斯伦贝谢在2005商业化推出了随钻地层压力测试仪器(图3-2-98),StethoScope。在2004年左右提出随钻井下流体分析和取样的设想,并在2017年正式商业化了随钻井下流体分析和取样仪器SpectraSphere。

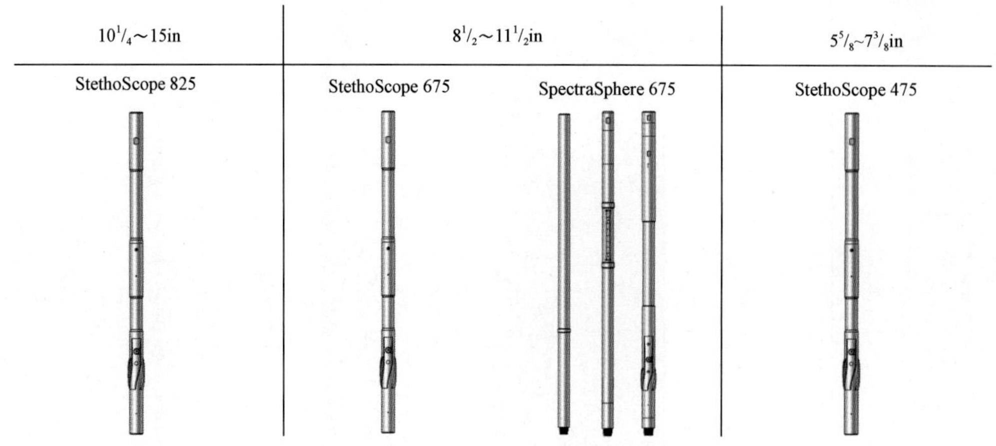

图3-2-98 随钻地层测试技术仪器种类

一、随钻地层压力测试技术

StethoScope于2005年1月正式投入商业化运作,StethoScope于2009年正式进入中国市场,截至2020年8月,国内共进行了40多井次随钻地层压力测试。其中,最大井斜为99.7°,最小测量地层流度为0.01mD/cP,最大测量地层流度为1157mD/cP,最大测量地层压力为40.6MPa;地层最高循环温度达到140℃。

1. 随钻地层压力测试仪器简介

StethoScope主要测量地层压力和地层流度,并通过随钻测量仪器(MWD)把测试数据(信号)实时传输至地面,为现场工程师分析、解释以及下一步作业提供数据支持。StethoScope作为随钻仪器,可以与斯伦贝谢其他类型的随钻仪器进行任意组合。StethoScope为探针类型的地层压力测试仪器,主要通过探针建立仪器与地层的连通,测试过程中探针与井壁紧密相连,探头深入滤饼,通过吸破滤饼的方式建立StethoScope仪器与地层间的连通性。在确定仪器与地层的连通性后,仪器自动进行一系列压力测试作业。作业过程中,StethoScope自动记录压力下降与压力恢复过程,并自动进行压力分析,实时获得地层压力与储层流度,在记录压力数据的过程中,主要的测试结果会通过MWD传输到地面,同时存储为内存数据,为后期精确处理提供可靠数据。为了最大程度的获得准确的地层压力,在测试过程中采用2个不同类型的压力计，石英压力计与应变压力计。此外，为了减小随钻过程中的不确定因素、降低钻井作业风险，尽量减少地面与井下仪器的交互，避免不必要的失误，仪器在接受作业指令后，会自动完成后续的所有压力测试作业。在特殊情况下，现场工程师可以随时取消不必要的测试。StethoScope 的主要参数见表 3－2－8。

表 3－2－8　随钻地层压力测试仪器 StethoScope 主要工作参数

规格	单位	StethoScope475	StethoScope675	StethoScope825
钻铤外径	in	$4\frac{3}{4}$	$6\frac{3}{4}$	$8\frac{1}{4}$
扶正器外径	in	$5\frac{3}{4}$	$8\frac{1}{4}$	12
井眼尺寸	in	$5\frac{7}{8}\sim7\frac{3}{8}$	$8\frac{1}{2}\sim10\frac{1}{2}$	$12\frac{1}{4}\sim15$
长度	ft	39.9	32.11	32.9
重量	lb	2000	3200	4300
最大工作压力	psi	25000	25000	25000
最大压差	psi	8500	8500	8500
最大工作温度	℃	150	150	150
探针作业长度	in	0.56	0.75	0.75
坐封活塞作业长度	in	1.31	2	2.75
探针外径	in	1.75	2.25	2.94
探针内径	in	0.437	0.56	0.56
压降流速	cm^3/s	0.1～2	0.2～2	0.2～2
测试体积	cm^3	25	25	25

随钻地层压力测试仪器 StethoScope 可以应用于不同井眼尺寸，最小 $5\frac{7}{8}$in，最大 15in。为了更好地进行地层压力测试，StethoScope 设计采用坐封活塞。在坐封活塞的辅助下，StethoScope 可以在全井径 0°～360°范围内进行测试，同时，在作业过程中不需要刻意调整工具面，依靠坐封活塞的推靠力就可以获得良好的坐封。在实际作业过程中，尤其在水平井、大斜度井作业过程中，可以节省调整工具面所需要的时间。为了更好地适应钻井环境，StethoScope 采用两种动力来源，MWD 和电池；电池使 StethoScope 可以在停泵的情况下正常测试，同时，在特殊情况下，电池会为仪器的特殊作业提供必要的动力。StethoScope 示意图见图 3－2－99。

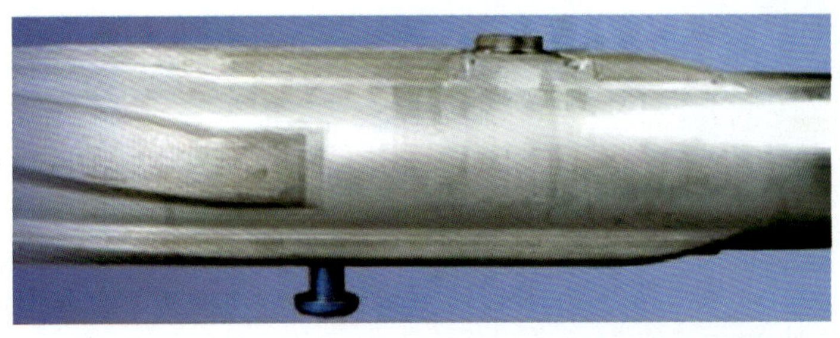

图 3－2－99　随钻地层压力测试仪器 StethoScope 示意图

2. 随钻地层压力测试仪器技术优势

StethoScope 的作业安全性以及较高的测试成功率主要受益于其独特的设计与先进的数据采集系统,其优越性主要表现为以下几个方面。

(1)坐封活塞。

坐封活塞是 StethoScope 区别于其他所有随钻压力测试仪器的最显著特征。由于坐封活塞的存在,StethoScope 可以在井筒 0°~360°范围内,任意角度进行测量;同时,由于坐封活塞的存在,大大减小了仪器与井筒的接触面积,减小了钻井工具串遇卡风险;此外,坐封活塞安装、更换简单方便,可以在井场实现实时安装与更换;考虑到钻井的高风险特点,坐封活塞采用可钻材质,在极端环境下,即使发生坐封活塞落井,也可以利用钻头钻碎掉落的坐封活塞,不会造成井下事故(图 3-2-100)。

图 3-2-100　StethoScope 坐封活塞示意图(蓝色部分)

(2)探针。

在探针设计上,StethoScope 吸取了 MDT 探针的经验与教训,采用 D-型设计,保证探针能够准确安装到位,不会产生位移;探针内部采用 Q-型自锁密封圈,保证探针内部不会产生额外的空隙;采用过滤活塞,保证探针在不工作状态下,整个流线能够完全封闭,不会造成管线堵塞;设计中考虑到仪器表面的清洁问题,采用碎屑槽设计,保证每次作业结束后,通过仪器自身的旋转可以保持工具面的清洁、干净,不会造成管线堵塞(图 3-2-101)。

图 3-2-101　StethoScope 探针示意图

(3)扶正器。

独特的流线型扶正器设计,能够在钻井环境下最大可能地保护探针。由于扶正器的尺寸大于钻杆尺寸,在仪器推靠井壁过程中,大大减小了仪器坐封时间,提高作业效率;其独特的流线型设计,在测试过程中,有效地改变了扶正器表面的钻井液流动剖面,减小了钻井液对探针表面的冲刷(图 3-2-102),保证了密封效果,提高了测试成功率。

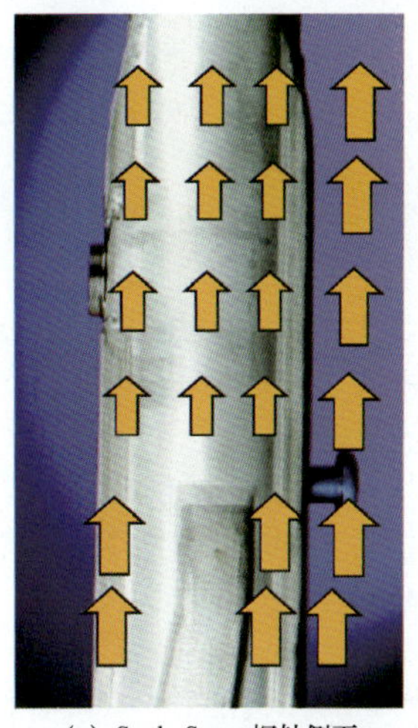

(a) StethoScope探针侧面钻井液流动示意图

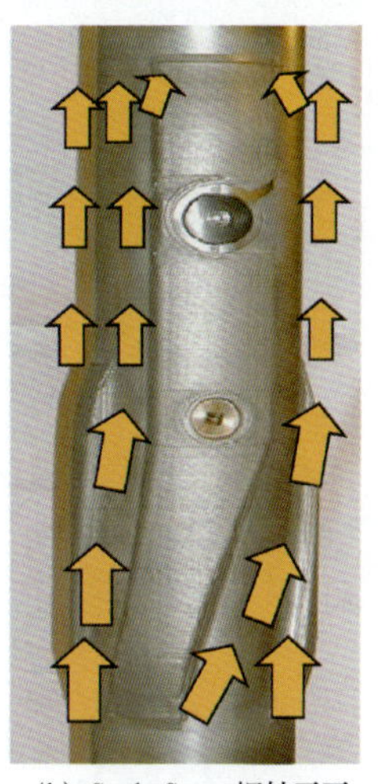

(b) StethoScope探针正面钻井液流动示意图

图 3-2-102 StethoScope 扶正器示意图
(箭头方向表示钻井液流动方向,箭头大小表示钻井液流动速度)

(4)压力测试系统。

为了能够准确地记录测试过程中压力的变化情况,StethoScope 采用 2 个不同测试原理的压力计进行压力测试,应变压力计与石英压力计。一方面,在压力计正常工作的情况下,2 个压力计可以相互补充、校正;另一方面,在特殊情况下,在某个压力计无法正常工作的情况下,另外一个压力计仍然可以正常工作,可以保证较为可靠的压力测试结果。

(5)压力预测试模式。

为了减小随钻压力测试的作业风险,StethoScope 设计使用了时间优化模式的压力预测试(Time Optimized Pretest)。时间优化模式的优势在于,对于任何物性的地层(流度大于 0.1mD/cP),StethoScope 都可以在预定的 5min 之内获得准确的地层压力、地层流度。在测试过程中,通过预测试 StethoScope 确定测试压力是否已经低于地层压力并预估地层流度(K/μ),通过智能的作业优化功能,StethoScope 自动选取合适的后续作业参数保证 5min 之内能够获得准确的地层压力以及地层流度。

3. 随钻地层压力测试仪器测试原理

StethoScope 通过探针建立仪器与地层之间的连通,通过滤饼封隔储层与井筒之间的连通,通过抽取少量储层流体的方式形成压力扰动,在整个过程中,详细记录压力变化情况,通过分析压力下降与压力恢复情况判断地层压力。在此过程中,由于地层流度是抽吸地层流体体积的函数,根据分析函数结构,获得地层压力、压降流度。典型的预测试过程见图 3-2-103。

根据压力预测试的压力与时间关系,可以进行相应的数据处理与分析,获得压降流度。

$$\frac{K}{\mu} = Cpfq/\Delta p_{ss} \tag{3-2-9}$$

式中 $\frac{K}{\mu}$——地层压降流度,mD/cP;

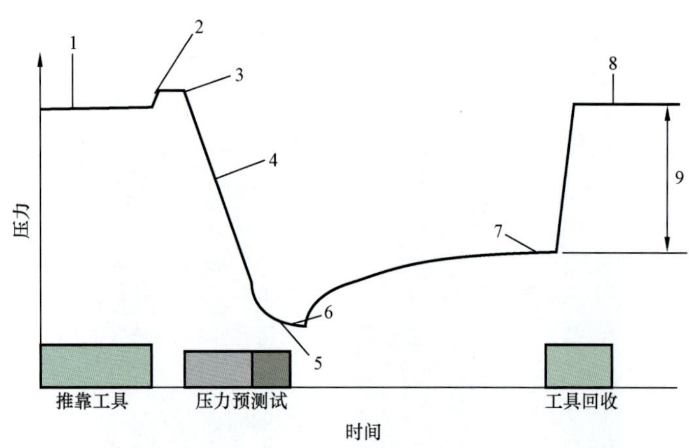

图 3-2-103　压力预测试示意图

1—测试前环空液柱压力;2—探针接触井壁时的压力响应;3—开始压力下降;4—仪器管线内的流体膨胀过程;5—地层流体开始流入仪器;6—开始压力恢复;7—最终恢复压力;8—测试后环空液柱压力;9—井筒与地层压力差

Cpf——仪器形状因子;

q——压降流量,cm^3/s;

Δp_{ss}——稳态情况下,压降形成的压力差,MPa。

同时,为了更好地解释流体流动情况,以及储层其他物性,还可以对压力恢复数据进行流型分析,最常见的流型为球形流和径向流,见图 3-2-104。

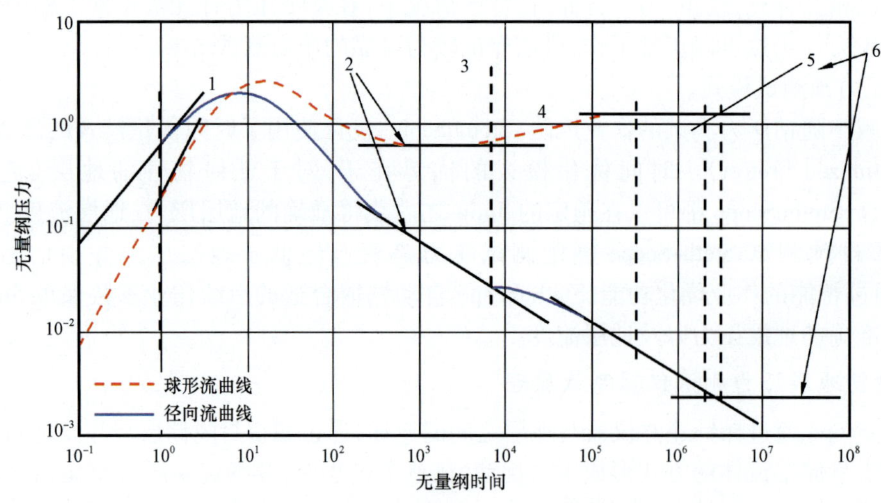

图 3-2-104　压力诊断图版示意图

1—井筒存储效应区域;2—球形流在球形流曲线上表现为斜率 0,在径向流曲线上表现为斜率 -0.5;3—球形流区域;4—半球形流区域;5—径向流区域;6—径向流在球形流曲线上表现为斜率 0.5,在径向流曲线上表现为斜率 0

当确定流型之后,流体的流动性参数就可以通过专门图版进行分析获得。其中图版根据流型不同,分为径向流图版与球型流图版。针对不同流型,获得相应的回归斜率,计算得到对应的球型流流度,径向流流度与厚度的乘积,以及外推地层压力。

二、随钻地层压力测试技术的应用

在钻开目的层之后，为了获得地层以及流体物性，包括渗透率、地层压力以及地层压力系数、流体类型、流体物性，要进行地层测试。由于电缆地层测试需要中断钻进过程，并且电缆测试在大斜度井以及水平井进行作业可能给钻井作业带来额外的作业风险，因此，StethoScope 作为随钻地层压力测试技术，可以在不中断钻井过程的情况下，获得地层参数，其应用效果在水平井及大斜度井中尤为明显。

另外，准确的油藏描述需要在勘探、开发各个阶段获得准确的地层压力，通过建立压力与深度的关系，可以有效地描述地层压力剖面以及地层压力演变过程。在勘探阶段，地层压力剖面可以与测井数据、岩心数据、地震分析相结合，为油藏描述提供静态模型。开发阶段的压力剖面可以很好地反映地层流体的流动情况，此时，压力剖面可以与生产历史、饱和度数据以及静态模型，共同反映地层动态情况，为提高采收率提供可靠依据。

StethoScope 获得的地层压力可以应用于以下几个方面。

在勘探阶段，通过获得压力剖面可以有效地进行随钻过程中的钻井液密度优化、确定地层流体密度、描述地层非均质性、辅助完井以及下套管深度的确定、确定储层流体界面。

在开发阶段，通过获得压力剖面可以有效地进行垂向/水平隔层评价、确定剩余储层、评价井间连通性、明确流体界面的运动情况。

1. 油藏描述应用实例

压力剖面在勘探阶段和生产阶段有不同的应用。在勘探阶段获得的压力剖面可以用来确定原始地层压力、判断流体梯度、分析流体属性；在生产阶段获得的压力剖面可以分析地层的衰竭程度以及生产层之间的连通性。图 3－2－105 描述了勘探井的压力剖面的应用情况。

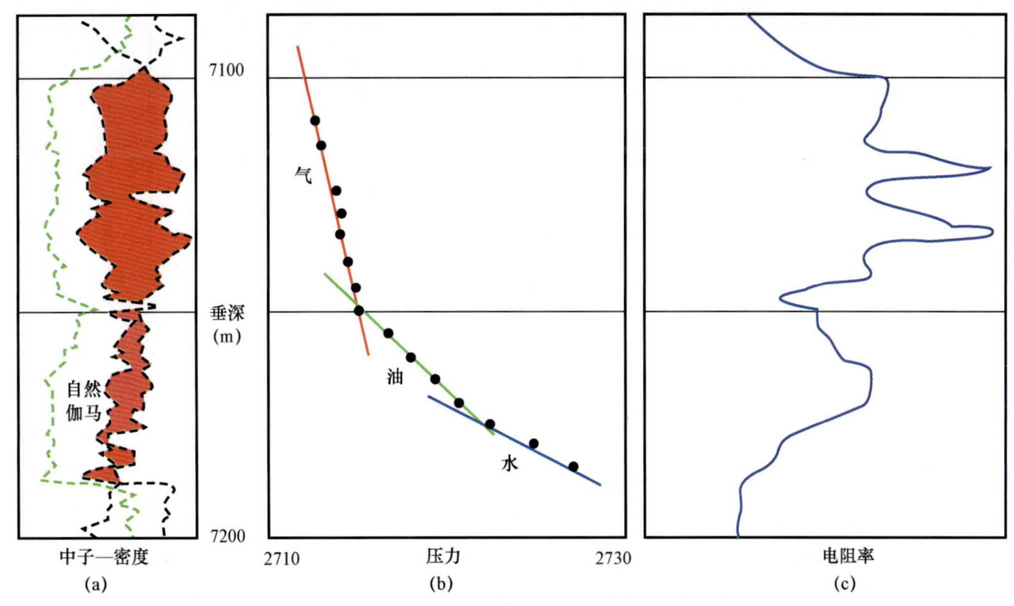

图 3－2－105　压力剖面示意图

(a)中子密度测井交会图以及自然伽马测井曲线；(b)压力剖面图，根据压力回归可以获得不同流体密度，确定地层流体类型，不同梯度的交汇点为不同流体的接触面，气油界面、油水界面；(c)电阻率测井曲线

(1)压力梯度与流体界面分析实例。

为了更好地开发某区块,明确 Ng 砂体分布,确定储层流体性质与地质储量,需要明确地层压力分布及地层流体分布情况,同时考虑到设计井型为大斜度井,电缆地层测试可能带来较大作业风险,设计采用 StethoScope 进行压力测试。由于 Ng 砂体尚未投入开发,因此,在获得压力剖面的基础上可以进行压力梯度分析,确定流体性质以及流体界面,见图 3-2-106。

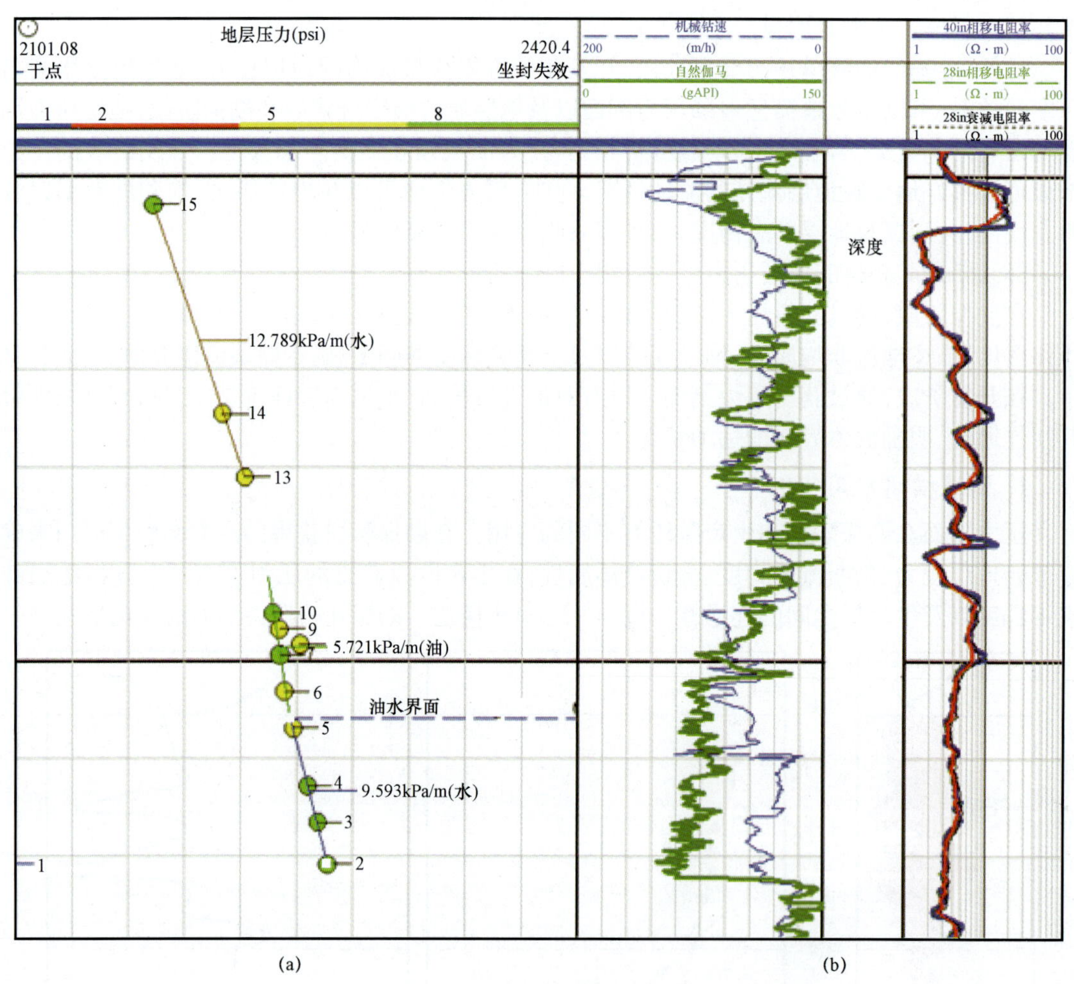

图 3-2-106 Ng 压力剖面以及压力分析结果

(a)压力剖面以及压力梯度分析结果,确定油水界面,绿点表示数据质量可靠,黄点表示数据质量可信;中间为自然伽马测井曲线以及深度;(b)电阻率测井曲线

对 Ng 的压力测试表明,上部分布砂体厚度较大,饱和流体为水(压力梯度分析结果表明流体类型为水),下部分布连续砂体,部分饱和,流体表现为上油下水分布(压力梯度分析表明上部流体密度为 0.58g/cm^3,下部流体密度为 0.978g/cm^3,为典型的上油下水分布情况,同时确定油水界面)。通过本次作业,明确了 Ng 的流体分布情况,为本井的完井设计提供了科学依据,同时为整个区块的开发调整提供了可靠的基础数据。

(2)压力亏空分析实例。

为了准确描述 Nm 砂体的边界情况,确定在砂体边缘打控制井,同时为了明确各个产层间的连通性以及各层位的压力亏空情况,决定进行地层压力测试。由于本井为大斜度井,考虑到电缆地层测试的可能风险,采用随钻地层压力测试。由于 Nm 层位已经投入生产,因此,获得的地层压力需要与原始地层压力进行对比分析,测试结果见图 3-2-107。

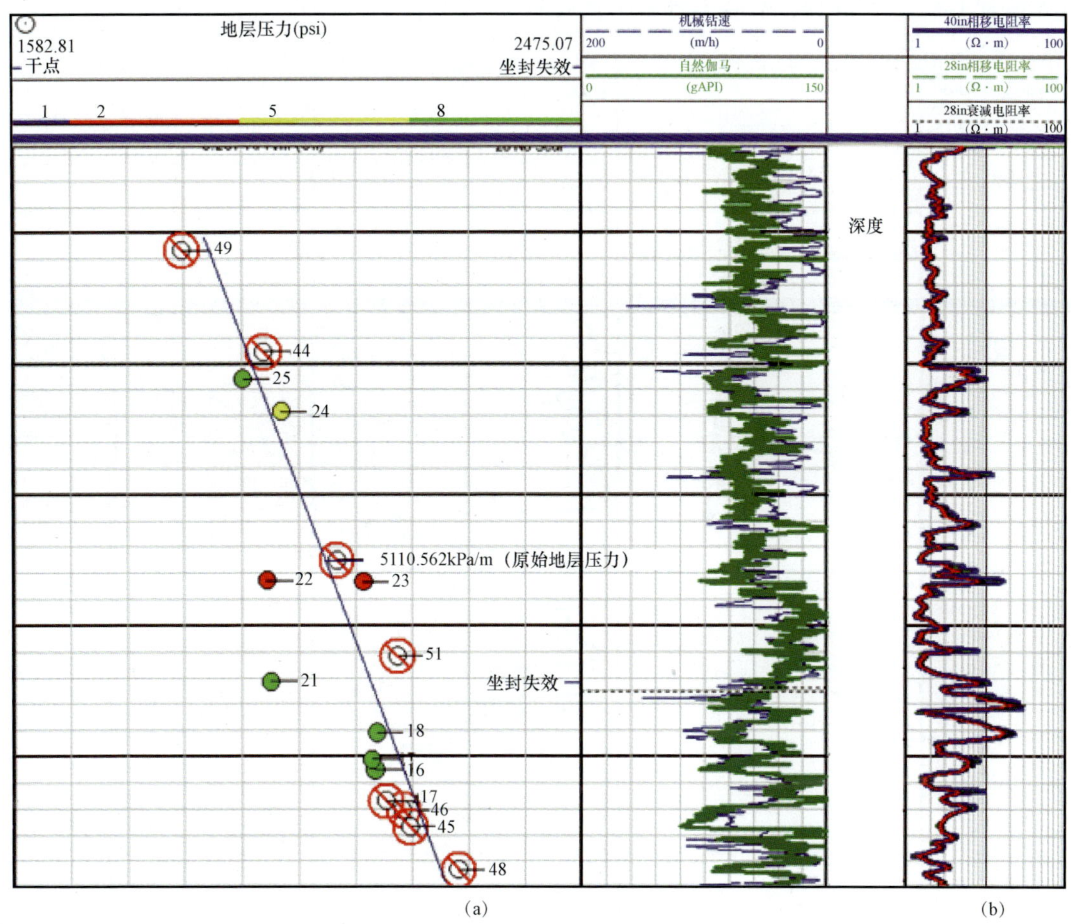

图 3-2-107 Nm 生产层位地层压力与原始地层压力剖面

(a)测试压力剖面,红色空心圆圈表示原始地层压力,绿点表示数据质量可靠,红点表示数据质量不可靠,黄点表示数据质量可信;中间为自然伽马与深度;(b)电阻率曲线

分析 Nm 各个砂体的测试结果可以看出,各个砂体的压力亏空程度不一致,各层之间存在较好的隔层,层间干扰小。基于各层压力分布情况,油藏工程师可以有目的地进行生产调整,以提高 Nm 砂体的最终采收率。

(3)油藏管理应用实例。

随着滚动开发的不断深入,某开发区块已开发多个断块型气藏,正对新断块进行开发设计。基于已有的开发经验,确定 2 个开发方案。方案一:如果断层封隔充分,本断块储量未被动用,设计 2 口井开发;方案二:如果断层开启,本断块储量已被邻井动用,设计 1 口井开发。

因此,确定储层地层压力情况成为本区块开发的关键。为了能够节约钻井时间以及海上决策周期,设计采用 StethoScope 进行随钻地层压力的采集。

从测试结果(图 3-2-108)来看,目的层的地层压力系数为 1.114,与邻井原始地层压力系数一致,确定本断块能量未亏空。此结果及时地指导油藏开发方案的决策,确定采用方案一。同时,从 StethoScope 作业开始到作业结束,并解释获得可靠的结论,总的项目时间为 24h,大大节省了海上决策时间,提高了海上作业效率。

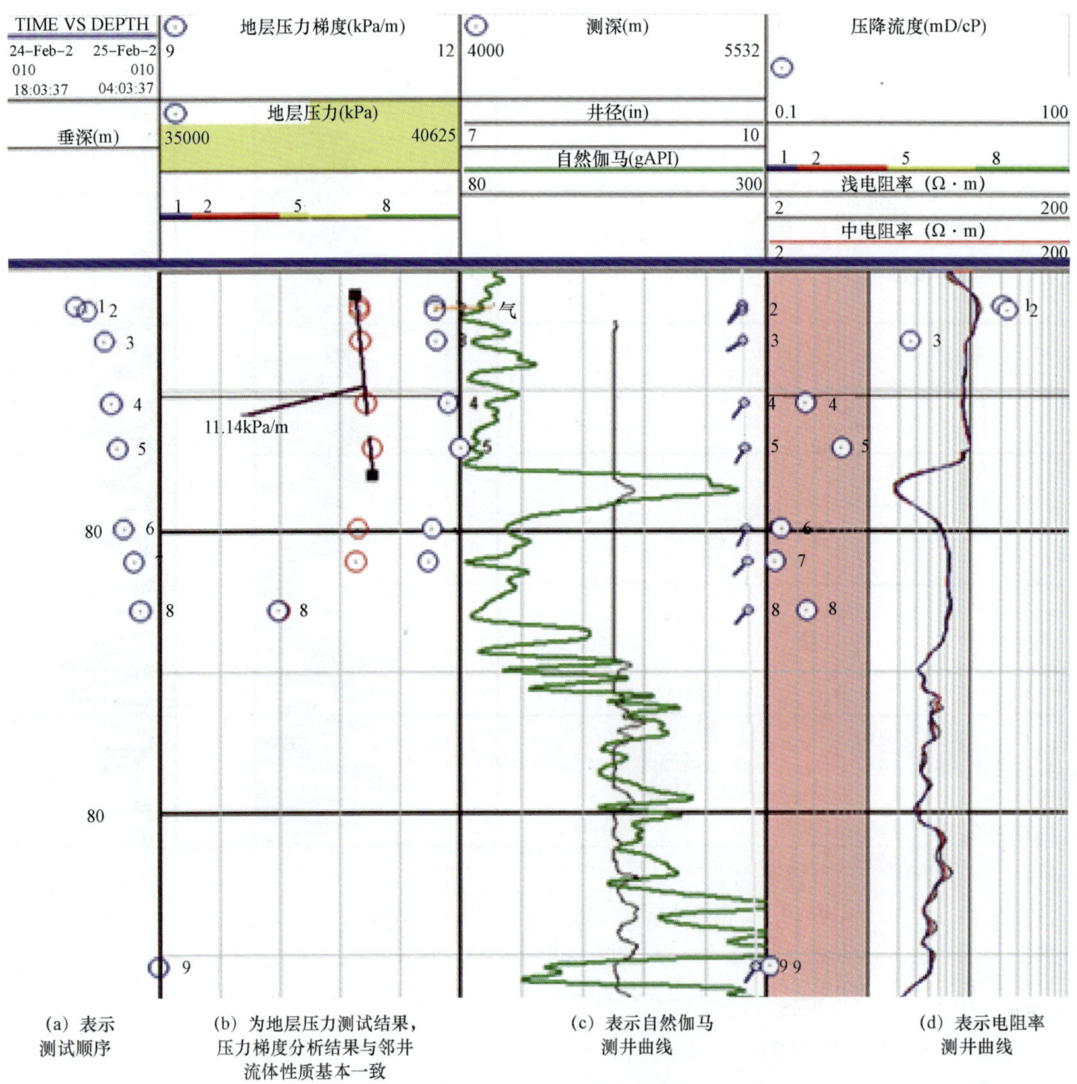

图 3-2-108 地层压力测试结果

2. 钻井应用实例

StethoScope 可以在钻井过程中实时获得地层压力信息,其测试结果可以应用于钻井优化,减小钻井风险、提高钻井效率。

(1)优化下套管深度应用实例。

在钻井过程中,对于高压和低压地层,最直接的处理方式是下套管进行封隔。但是如何才能准确地确定下套管深度是钻井过程中必须要实时解决的问题。一般情况下,下套管深度是根据地震反演获得的,其深度具有很大的不确定性。按照地震反演的深度进行作业,如果下的深度大了,增加了钻井费用,如果下的深度不够,会给后期的钻井带来风险。因此,在钻遇高压和低压地层时,需要准确地确定下套管深度。

在钻井过程中,采用 StethoScope 可以准确地确定地层压力,结合测试压力剖面可以清楚地确定下套管深度,见图 3-2-109。

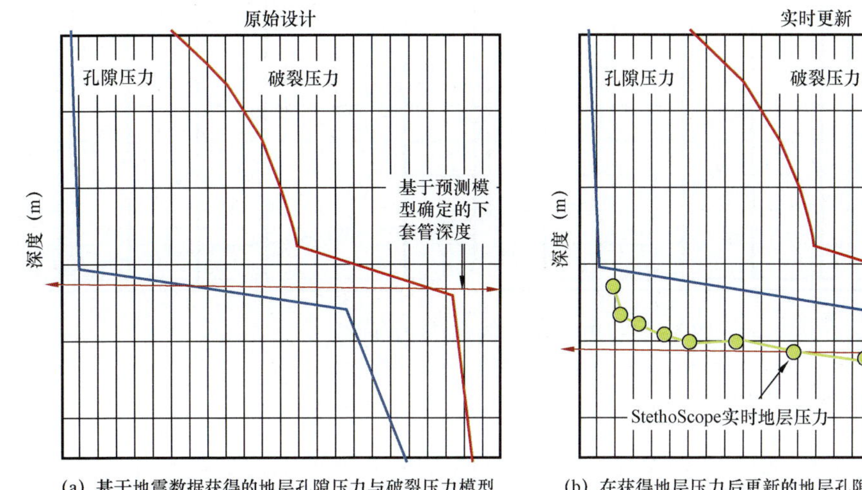

(a) 基于地震数据获得的地层孔隙压力与破裂压力模型　(b) 在获得地层压力后更新的地层孔隙压力与破裂压力模型

图 3-2-109 StethoScope 实时地层压力确定下套管深度

((a)为基于地震数据获得的地层孔隙压力与破裂压力模型,蓝线为孔隙压力曲线,红线为破裂压力曲线,基于此模型确定下套管深度如红色箭头所示;(b)为在获得地层压力后更新的地层孔隙压力与破裂压力模型,黄点表示实时测的地层压力数据,红色箭头表示更新后的下套管深度)

这是在南亚的一次成功应用。基于 StethoScope 获得的实时地层压力数据,成功更新了地层孔隙压力模型;结合破裂压力模型,最终确定了下套管深度。通过前后模型对比,确定下套管深度可以安全下移 150m,从而大大节约了小尺寸套管的费用。

(2)优化钻井液密度应用实例。

在钻井过程中为了能够安全、快速地钻遇目的层,必须实时调整钻井液密度,保证环空压力与地层压力的压差维持在合理的范围内。如果压差过大,有可能压碎地层,造成井漏;如果压差过小,有可能造成井涌。因此,调整钻井液密度是钻井过程中的一项重要任务,而在钻井过程中实时获得地层压力可以及时地指导钻井液密度调整。

根据中东某区块的钻井经验确定,当环空压力与地层压力的压差超过 1000psi 的时候,容易发生工具粘卡现象,因此,在后续所有井的钻井过程中必须保证环空压力与地层压力的压差小于 1000psi。图 3-2-110 是基于钻前设计获得地层与井筒的压差剖面。根据设计储层 1 和储层 2 采用相同的钻井液密度,但是,经过快速计算发现在着陆点位置,压差达到 1300psi,已经存在较大的压差粘卡风险。因此,需要在合适的位置进行钻井液密度调整。

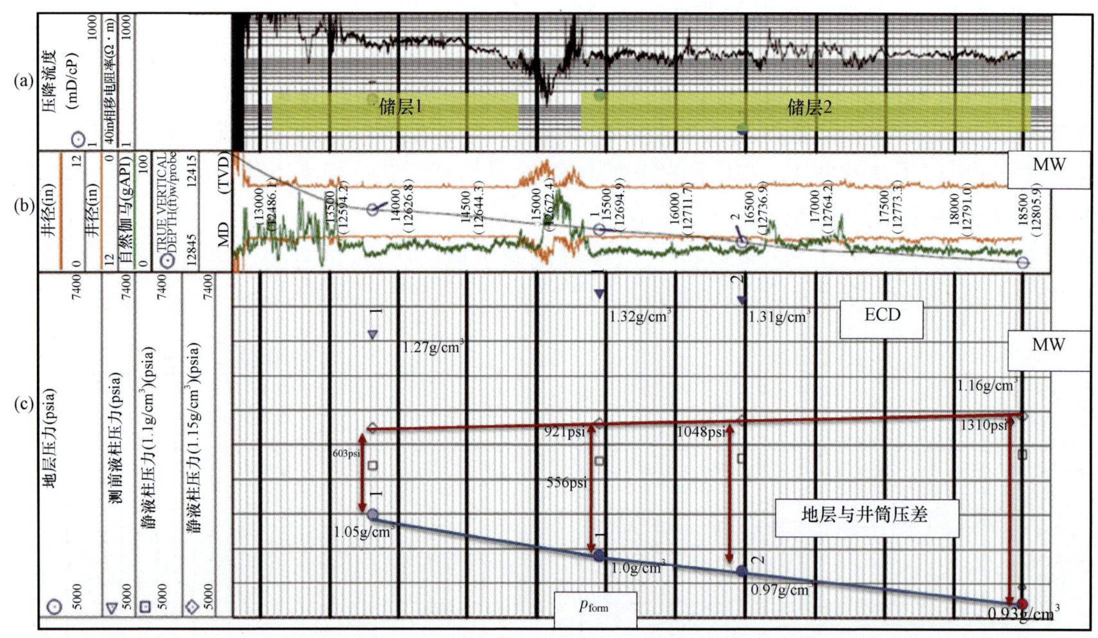

图 3-2-110　地层与井筒压差剖面

(a)测井电阻率曲线;(b)测井 GR 曲线与井径;

(c)压力剖面与钻井液当量密度,红线表示钻井液密度,蓝线表示地层当量压力)

在实际作业过程中,通过 StethoScope 获得实时地层压力,通过快速计算,决定逐步调整钻井液密度,见图 3-2-111,密度从 1.16g/cm³ 逐渐调整到 1.14g/cm³,在着陆点钻井液密度调

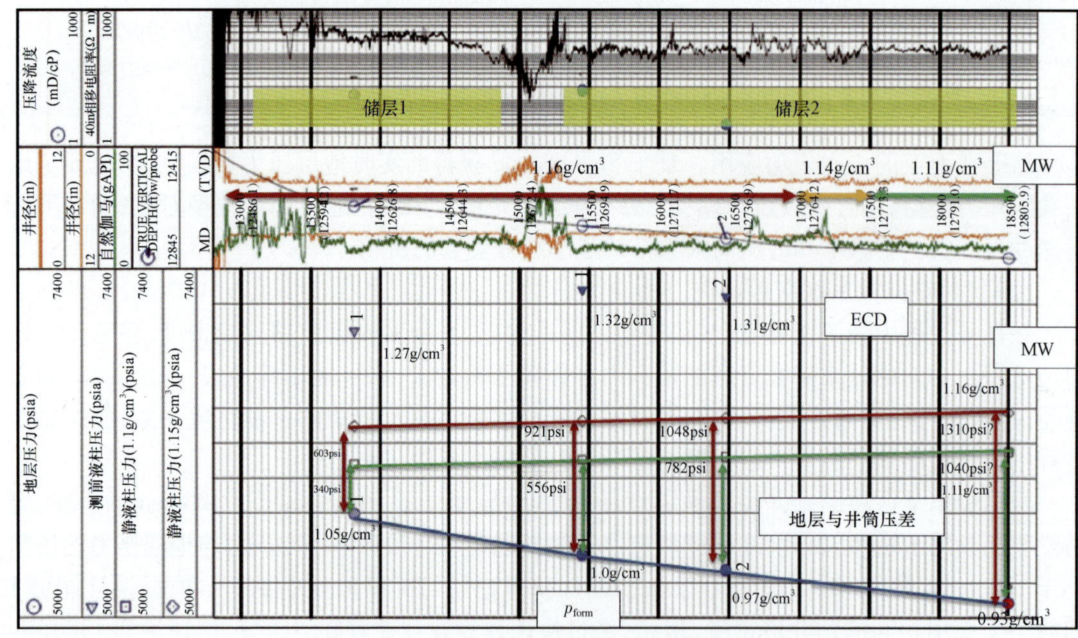

图 3-2-111　实时调整钻井液密度有效地减小了工具粘卡风险

整到 1.11g/cm^3。通过钻井液密度的调整，保证了在整个钻井过程中地层与井筒压差保持在 1000psi，从而减小了工具粘卡的风险。通过 StethoScope 的随钻压力测试，成功调整了钻井液密度、避免了工具粘卡，保证了本井的安全着陆。

三、随钻井下流体分析和取样技术

分析储层内油气流体的性质，有助于识别流体类型、计算油气储量、设计完井方式和后续的开发调整计划。而且准确地获得储层内油气流体的性质需要精确的井下测量仪器或者具有储层代表性的流体样品。随着国内定向探井、大斜度和水平开发调整井的大范围推广实施，在这些复杂井眼井况条件下获取有效的地层流体信息和具有油藏代表性的流体样品就需要新的配套技术。借助于已有的电缆地层测试器的成功经验，斯伦贝谢在 2008 年已经提出了随钻井下流体分析和取样的概念并制作完成了实验型仪器。该实验型仪器在北海、墨西哥湾等地不断实验完善，并改进仪器设计。最终在 2017 年实现仪器设计定型并商业化。

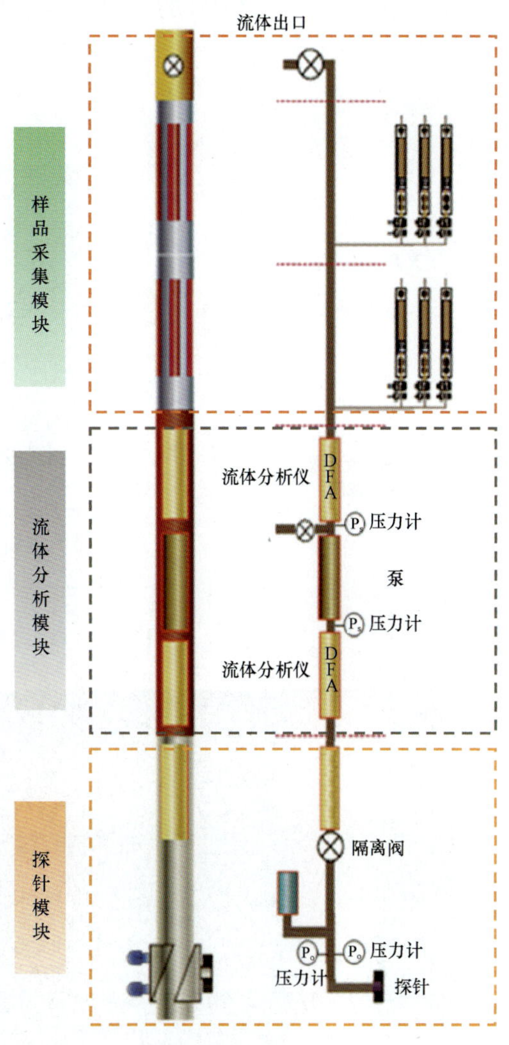

图 3-2-112　SpectraSphere 随钻井下流体分析和取样仪器模块组成

SpectraSphere 随钻井下流体分析和取样仪是斯伦贝谢随钻地层测试仪器家族中新的成员，主要包括 3 个模块：探针模块，流体分析模块，样品采集模块（图 3-2-112）。探针模块装载了最先进的 AXTON 压力计，可以独立完成随钻测压作业，并在井下流体分析和取样的过程中作为地层流体入口。样品采集流体分析模块装载了一个电机泵，并在泵的前后各放置一个高精度的流体分析仪，可实时确定流体的污染率、流体的类型、体积分数、组分（C_1，C_2，C_3，C_4，C_5，C_{6+}，CO_2）等参数，并通过高速实时传输将数据传至地面，为实时决策提供重要依据。样品采集模块可装载多个 MPSR 取样瓶（或 SPMC 单相取样瓶），将地层流体罐装并取至地面，流体分析模块后端的流体分析仪可实时监控流入取样瓶的流体类型和体积分数。

探针模块的作业原理和步骤与上一节随钻测压仪器基本一致，不再赘述。

流体分析模块中，随钻流体光谱分析的基本原理是根据储层流体（气、油、水）对特定波长光谱的吸收，通过比对入射光源光谱和出射光源光谱，计算流体所吸收的光谱，通过对流体所吸收的光谱的分析，并借助于统计学的计算方法，推断流体的类型（气、油、水）和流体组分

(C_1,C_2,C_3,C_4,C_5,C_{6+},CO_2)的含量以及流体的性质参数(气油比、体积系数、沥青质含量等),见图3-2-113。

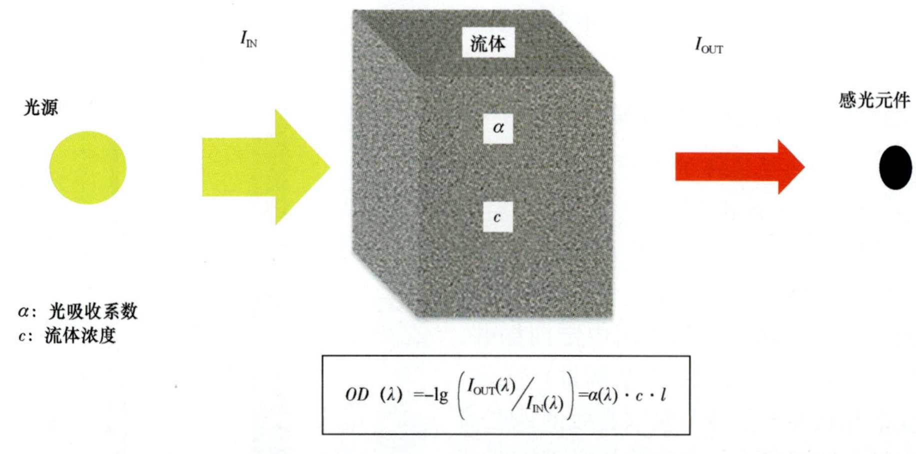

图3-2-113 流体光谱分析原理图

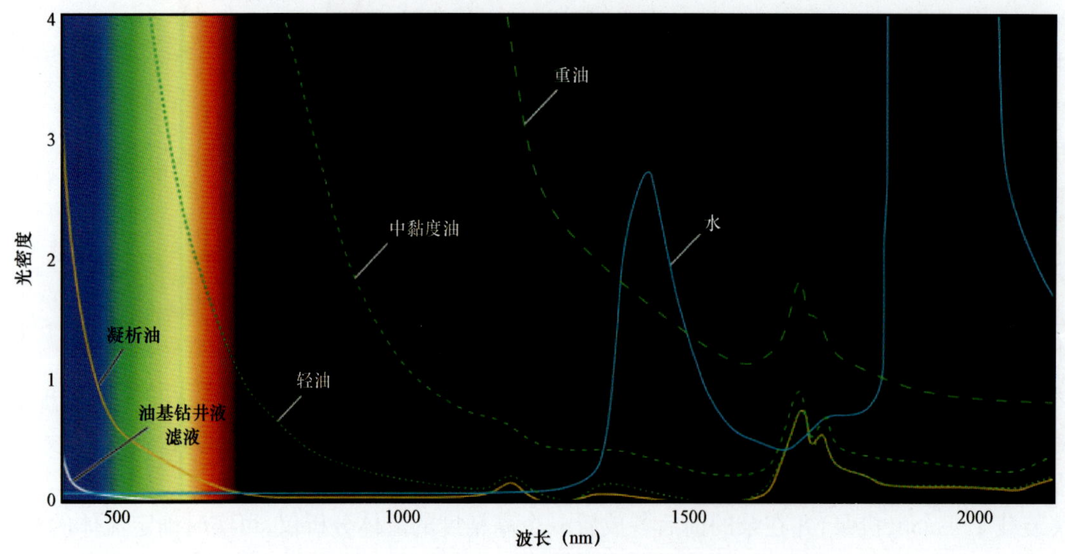

图3-2-114 不同流体的光谱图谱

两个光谱分析仪各有20个光学信道,光谱范围涵盖1600~1800nm的近红外光谱,在这一范围内,储层流体具有能够反映其分子结构特征的特有吸收性。在泵和样品采集模块中间的光谱分析仪可以监测进入取样瓶的流体成分。在近红外光谱范围内,光谱吸收会引发分子振动,不同的碳氢化合物在特定频率上会出现吸收峰值,该频率取决于碳氢化合物的分子结构。甲烷是最简单的碳氢化合物,乙烷由两个CH_3基团(甲基)组成,而多数气态烃取决于其CH_3化学基,液态烃则取决于CH_2化学基(亚甲基),不同的化学组成决定了不同的激发频率和光谱信号。二氧化碳（CO_2）也有其特有的激发频率和光谱信号。通过对特定波长的光谱信号进行监测，可以确定流体当中不同的成分组成。在近红外光谱中，水的光吸收涵盖较广的光谱范围，并与许多烃峰重叠。水的存在会使流体分析仪无法准确检测到其他流体，尤其是二氧化碳。

原油中的沥青质是胶体的一种，一种物质分散在另一种物质内形成的混合物，通常由核心的芳香烃和周围的烷烃基组成，它赋予了重油"重"的含义，并决定其颜色。沥青质分子常常聚集成一些被称为纳米聚集体的小颗粒，这些纳米聚集体通常是沥青质在原油中的主要存在形式。纳米聚集体在较高的浓度下可以进一步组合成分子簇。纳米聚集体和分子簇都以胶状分散体的形式出现在原油中（图3－2－115）。可以通过光谱分析仪测量获得的颜色数据来评价储层流体中的沥青质含量，随后再根据相似的颜色来确定储层中不同区域内是否具有类似组分的流体，用于推断流动连通性和了解储层构造。

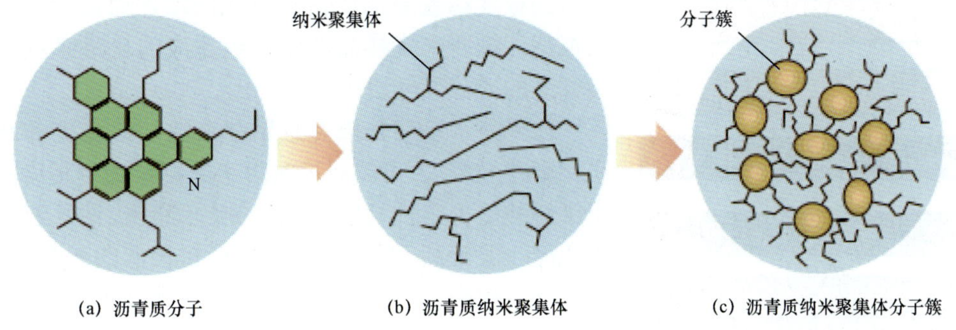

图3－2－115　沥青质在原油中的存在形式

通过对流体吸收光谱的直接测量，基于统计学方法，求解得到流体中各个组分的含量和置信区间（见图3－2－116）。

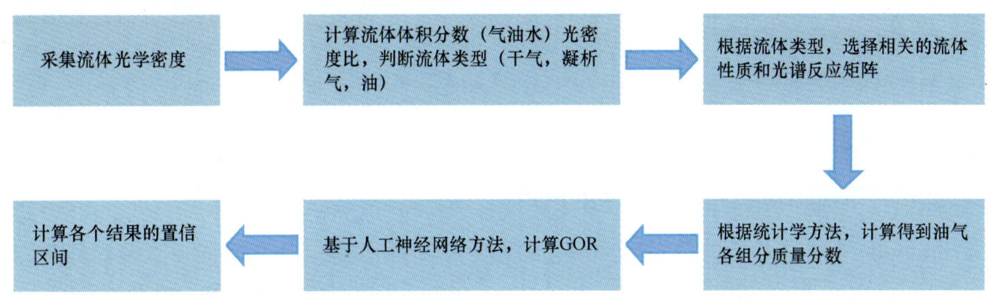

图3－2－116　基于光谱的流体类型判断和组分计算流程

除了对流体性质的井下分析，为了对流体性质在实验室做更进一步的分析，就需要将具有储层代表性的流体样品取到地面。流体取样中的一个重要考虑因素是在油藏条件下进行，并且对取样的过程进行有效的监控。这有助于提高在取样过程中验证样品的质量，减少所取样品中的钻井液滤液污染率。取样之后，样品会送至实验室进行分析，实验室人员会根据需要确定将要进行的试验种类。油气样品的标准分析项目包括 C_1 到 C_{30+} 的化学组分、气油比、密度、黏度以及饱和压力、泡点和沥青质的稳定性等相态特性。

实验室分析需要尽量纯净、无污染的样品。当混相钻井液滤液侵入地层时,会与采集的同相地层流体混合造成样品污染。为了减少取样时的污染,通常需要采用延长泵抽时间或者提高泵速的方法,以增加从储层中泵出的流体体积,减少流体当中钻井液滤液的含量。无论是哪种方法,都需要实时监控混相钻井液滤液的含量。

如果是油基钻井液,有两种方法可以确定钻井液滤液污染率,一种是通过颜色的确定,一种是通过气油比的确定。不同的碳氢化合物有不同的颜色,比如重油是深色,轻质油是浅色。油基钻井液滤液仅含有少量或不含沥青质,因此几乎没有颜色,所以可以通过流体的颜色判断受油基钻井液滤液污染的程度。可以在流体分析模块将流体从储层段泵出的过程中,监测其颜色随时间的加深程度,来确定流体受污染程度。除了几乎没有颜色之外,油基钻井液滤液中的溶解气通常也可以忽略不计,而大多数原油含有大量的溶解气。在泵抽的过程中,流体的气油比从低变高,说明污染的程度随着原油所占百分比的增加而减少。同时可以根据污染所采集样品的钻井液滤液的含量来推算无污染样品的成分或气油比。

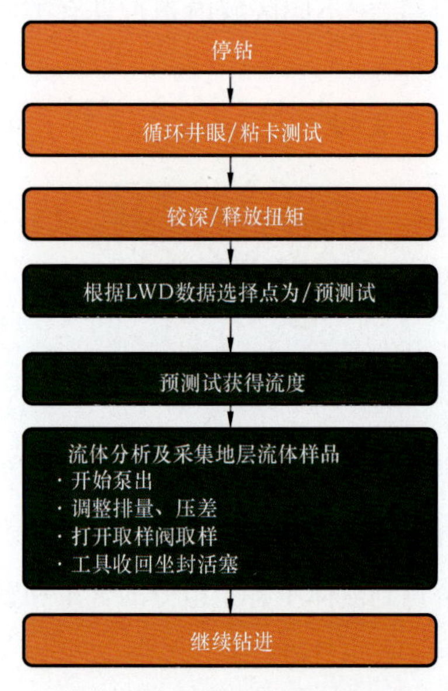

图 3-2-117　随钻井下流体分析和取样作业流程

如果是水基钻井液并且钻井液滤液矿化度和地层水矿化度差异较大,可以通过电阻率的测量确定污染率。为了维持井壁稳定性、减少泥岩的吸水膨胀,钻井液滤液的矿化度一般较高,而地层水可能存在较低的矿化度,所以在泵抽过程中,流体的电阻率会呈现升高的趋势,以此来判断水基钻井液滤液的污染率水平。

随钻井下流体分析和取样仪器一般会和其他钻井工具一块入井,在钻至储层位置之后,先将井眼当中的岩屑循环干净,然后粘卡测试确定粘卡风险,之后通过自然伽马校深确定测试深度,最后在选定的测试深度上坐封并抽取地层流体,期间监控计算流体类型、组分、污染率水平等。一般最后实施取样作业,之后仪器解封并恢复钻井作业。作业流程见图 3-2-117。

四、随钻井下流体分析和取样技术的应用

SpectraSphere 随钻井下流体分析和取样仪器可以提供地层压力、地层流度、流体的类型(气、油、水)和流体组分(C_1,C_2,C_3,C_4,C_5,C_{6+},CO_2)的含量以及流体的性质参数(气油比、体积系数、沥青质含量等)等数据。根据这些数据,可以实现以下应用:

(1)随钻测压优化孔隙压力预测。

(2)根据压力梯度和流体组分评价储层连通性。

(3)随钻获得流体组分、流体界面信息和具有代表性的流体样品。

(4)取样后压力恢复分析评价储层渗流物性。

(5)识别低电阻率储层。

(6)单井水淹层识别和定级,区域水淹模式研究。

(7)优化水平段完井设计,避免底水锥进。

(8)实时计算单井产能,实现产能导向钻井。

在墨西哥湾的一口深水井,水深1828m,井斜15°,目的层是位于一个位于背斜构造中的白垩纪地层。该井的主要目的层是中新世古环境中的浊积岩。该油藏是正常压力系统,孔隙度最高25%,地层流度12~276mD/cP。目标地层的地震属性显示该地层是河道砂和沙坝的叠加沉积。单个沉积带内的平均砂体厚度是18.3m。这些油藏都是被白垩纪和侏罗纪的烃源岩充注的,烃源岩位于油藏的下面,沿着可联通断层周围的运移通道分布。在邻近区块的西部,也有类似的油气沿着断层两侧充注的现象。油气藏被砂岩上部的半深海的泥岩充当隔层封闭。这些泥岩在邻井当中也都是良好的隔层。

目的层段采用8.5in井眼钻进,井下钻具组合携带9.875in扩眼器,采用1.44g/cm^{3}的钻井液密度钻进。

由图3-2-118所示,井下钻具组合共包括以下几个部分:

(1)旋转导向,控制定向井的井身轨迹。

(2)EcoScope一体化多功能测井仪,提供自然伽马、电阻率、中子密度等测量数据,识别可渗透储层,确定随钻测压和取样的深度。

(3)SonicScope多极子随钻声波测井仪,提供纵波时差,识别气层,计算孔隙压力。

(4)TeleScope随钻测量仪器,提供井斜方位数据,传输实时数据,并为其他随钻测井仪器供电。

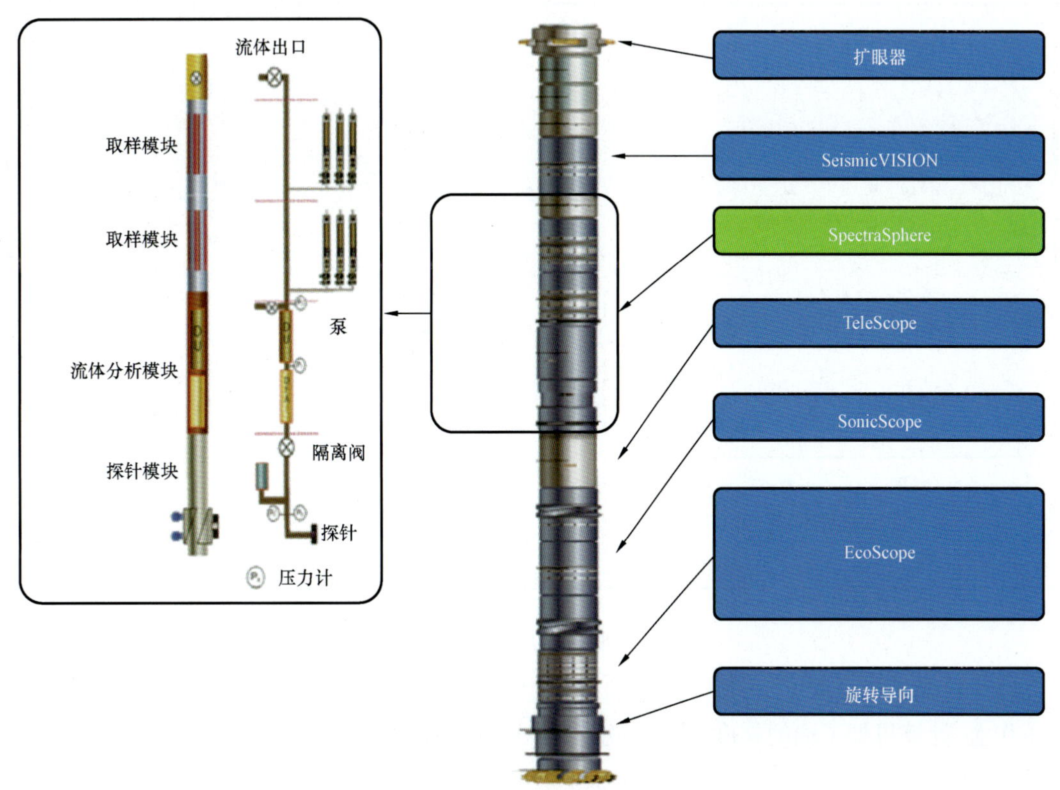

图3-2-118 井下随钻测井仪器组合

(5)SpectraSphere 随钻井下流体分析和取样仪器,提供地层压力、地层流度、储层流体组分和流体样品。探针距离钻头 36m。本口井使用 SpectraSphere 的目的包括识别评价未动用储层;评价钻遇的油气水性质;分析砂体侧向展布和垂向连通性;实时分析流体性质,采集具有代表性的油藏流体。

(6)seismicVISION 随钻地震测井仪,提供校验炮数据。

(7)扩眼器,从 8.5in 井眼扩至 9.875in 井眼。

为了减少坐封失效的风险和钻井液侵入对随钻测压取样的影响,选择在钻穿主目的层之后马上实施随钻测压和取样作业。作业顺序包括用地层评价测井仪器钻穿并评价主目的层,在随钻井下流体分析和取样仪器的探针能够在整个油气层深度段作业之后停钻。出于对探井钻遇层位不确定性的考虑,在随钻作业中将只使用一个取样瓶在主目的层位取样,剩余的取样瓶将会在钻遇其他层位时取样使用。如果整口井钻至完钻井深,取样瓶还是有剩余,剩余的取样瓶将在起钻过程中选取相应层位取样。这样的流程设计可以最优化随钻数据的采集,可以对比实时流体性质分析结果和在扩眼前后分别罐装的流体样品的实验室分析结果,评价地层暴露时间对污染率的影响(图 3-2-119)。

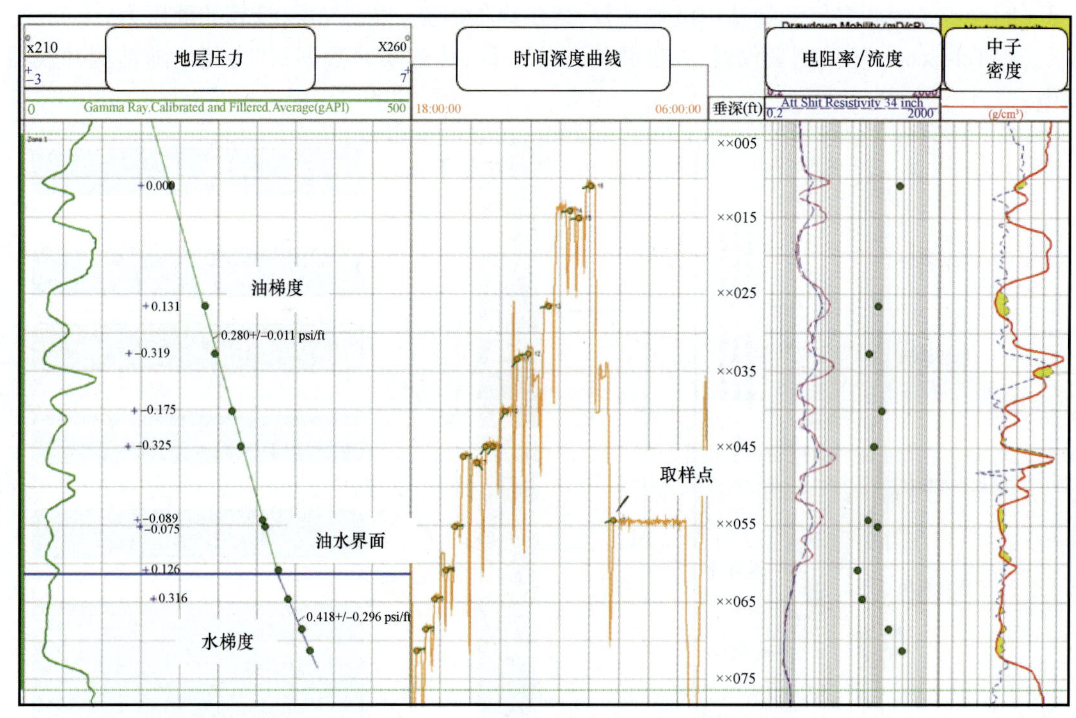

图 3-2-119 地层评价综合分析图

在主目的层被钻穿之后,按照既定的流程实施了随钻测压和取样作业。共实施 17 个点的测压作业,计算得到了油的梯度、水的梯度和油水界面。之后,随钻井下流体分析和取样仪器在××054ft 实施坐封,钻井泵保持以 550gal/min 的排量维持井眼清洁、钻井液脉冲信号、减少卡钻的风险。第一个灌装的流体样品污染率是 5.5%。在起钻的过程中,又实施了 8 个点的测压作业，用来校正孔隙压力模型。之后，随钻井下流体分析和取样仪器上提至主目的层位深度，又在同一个深度××054ft 用剩余的 5 个样品瓶罐装了流体样品。通过在同一深度采集不同污染率的流体样品，可以尝试在实验室分析时基于不同污染率和对应流体性质的关系推算无污染的流体样品性质。5 个流体样品实时计算的污染率分别时 21%，17%，11.5%，8.1%，7.5%体积分数。

表 3－2－9 是随钻井下流体分析和取样仪器实时计算的 6 个样品流体性质和对应的实验室分析流体性质之间的对比。从表 3－2－10 中可以看出，随钻井下流体分析和取样仪器实时计算的组分、气油比等流体性质和实验室分析的结果基本一致，验证了井下仪器实时分析结果的准确性。

表 3－2－9　流体组分与性质的实验室结果和 SpectraSphere 结果对比

取样瓶序号	结果来源	组分质量分数（%）							气油比（ft^3/bbl）	体积系数（bbl/bbl）
		C_1	C_2	C_3	C_4	C_5	C_{6+}	CO_2		
1	实验室	14.2	1.6	2.3	2.5	2.2	76.8	0.2	1620	
	井下工具	14.8	2.6	2.6	2.0	1.8	74.6	1.6	1804	1.75
	误差	0.1	0.6	0.6	0.7	0.8	3.2	1.2	72	0.1
2	实验室	12.3	1.4	1.9	2.0	1.8	80.3	0.2	1292	
	井下工具	10.8	1.6	1.6	1.2	1.7	82.9	0.4	1139	1.43
	误差	0.3	0.6	0.7	0.8	0.9	4.0	1.3	74	0.06
3	实验室	12.9	1.5	2.1	2.2	2.0	79.0	0.2	1408	
	井下工具	13.0	2.2	2.2	1.7	1.8	79.0	0.2	1445	1.61
	误差	0.1	0.6	0.6	0.7	0.8	3.5	1.3	67	0.09
4	实验室	13.9	1.6	2.3	2.4	2.1	77.4	0.2	1561	
	井下工具	14.4	2.5	2.6	2.0	1.8	76.2	0.6	1675	1.73
	误差	0.07	0.6	0.7	0.8	1.0	3.9	1.4	83	0.10
5	实验室	14.3	1.6	2.3	2.5	2.2	76.7	0.2	1638	
	井下工具	14.2	2.6	2.6	2.0	1.7	75.4	1.6	1713	1.72
	误差	0.02	0.5	0.6	0.7	0.8	3.2	1.1	38	0.10
6	实验室	14.2	1.6	2.4	2.5	2.3	76.7	0.2	1631	
	井下工具	14.3	2.6	2.7	2.1	1.7	75.2	1.5	1733	1.73
	误差	0.05	0.6	0.6	0.8	0.9	3.4	1.2	73	0.10

表 3－2－10　不同流体样品污染率及其对气油比测量影响的对比

样品序号	泵抽体积（L）	污染率				气油比（ft^3/bbl）		
		实时数据体积分数（%）	内存数据体积分数（%）	地面含气原油质量分数（%）	地面脱气原油质量分数（%）	实时内存数据	实验室直接测量	实验室无污染估算
1	174	5.2	5.9	7.97	10.5	1804	1620	1826
2	16	21	18.9	25.8	32.3	1139	1292	1955
3	34	17	12.2	16.4	21.6	1445	1408	1811
4	84	11.5	8.8	9.91	12.9	1675	1561	1812
5	152	8.1	6.5	7.20	9.52	1713	1638	1824
6	169	7.5	6.7	6.85	9.0	1733	1631	1805

图 3－2－120 是 2 号流体样品（污染率 25.8%，6 个样品中最高）的组分结果对比，井下仪器分析和实验室分析的结果是一致的。

图 3－2－121 是 6 号流体样品（污染率 6.9%，6 个样品中最低）的组分结果对比，井下仪器分析和实验室分析的结果是一致的。

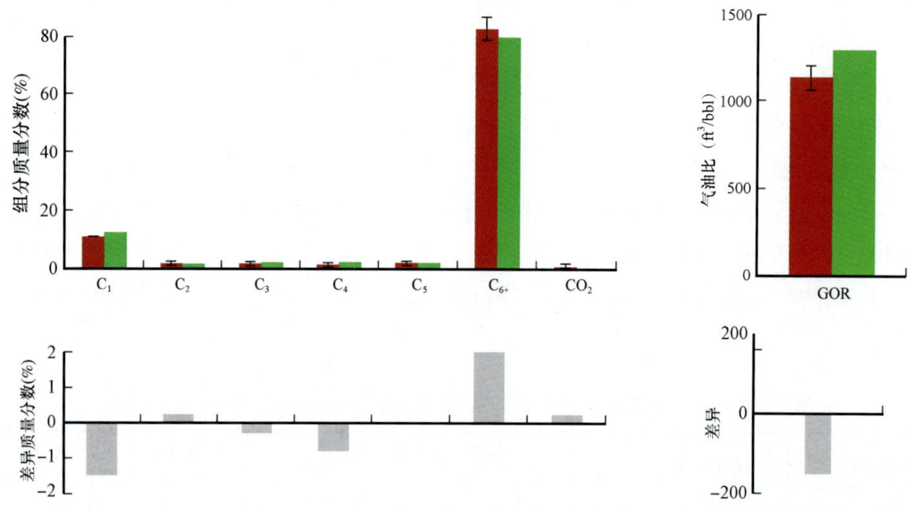

图 3-2-120　2 号流体样品流体组分实验室测量与 SpectraSphere 测量对比

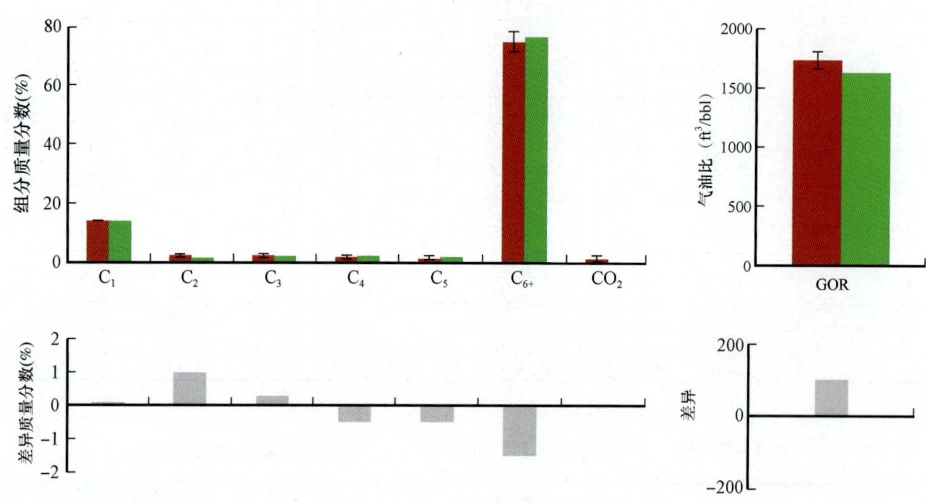

图 3-2-121　6 号流体样品流体组分实验室测量与 SpectraSphere 测量对比

通过上面的墨西哥湾的实例,说明随钻井下流体分析和取样仪器这一技术能够在随钻高震动的环境下保证较高的测量精度,能够为大斜度探井、开发调整井等复杂井况井位完成高精度的地层压力测量、流体性质分析和地层流体样品采集等作业。

第九节　随钻声波测井技术

随钻声波测井技术是在 20 世纪 90 年代中期问世的,初期的仪器都是单极子激发,能够记录快地层纵横波和慢地层的纵波资料,但不能记录慢地层的横波资料。随着技术的发展,斯伦贝谢在 2011 年推出了随钻多极子声波测井仪器,通过四极子激发获取慢地层的横波资料，从而实现随钻声波技术可在所有地层采集纵横波资料。随钻声波技术的发展历程如图 3－2－122所示。

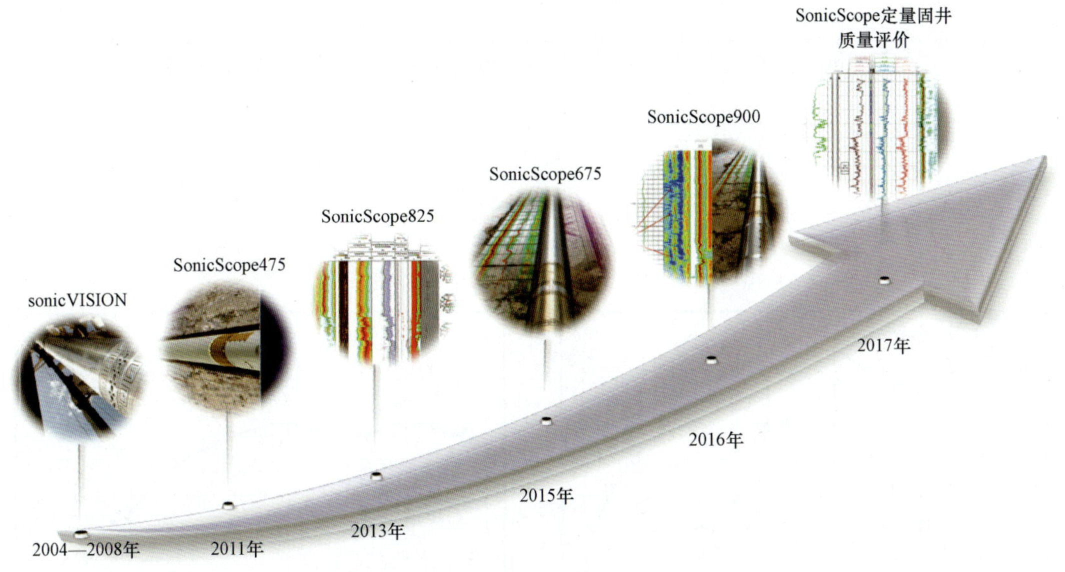

图 3－2－122　随钻声波测井技术的发展历程

一、随钻声波测井技术

在随钻过程中采集声波资料面临很多困难和挑战，一方面钻头在钻压和旋转作用下研磨打穿地层，另一方面仪器不断强烈碰撞井壁，对仪器内的电子和机械元件产生冲击。同时钻井液通过钻杆涌进，从钻头流出，稳定井壁并将钻屑带到地面。这些困难和挑战要求随钻声波仪器在设计上需要保持良好的稳定性和信噪比。经过多年的研究和改进，随钻声波测井仪器经历了多个阶段，从窄频激发发展到宽频激发，从单极子发展到多极子，从强钻杆直达波干扰到弱钻杆直达波干扰，从弱井下计算能力到强井下计算能力，仪器的稳定性和信噪比有了长足的改善。

1. 随钻声波的测井原理

(1)声波测井基础。

声波脉冲从发射器发出，经过钻井液到达地层，在钻井液和地层的交界面以临界角折射形成头波，并在钻井液和地层中同步传播，这些头波信号在接收器阵列被采集，接收器阵列记录随时间变化的声波波形和信号振幅，通过对这些数据的后续处理可以得到声波的传播速度。接收器阵列记录的声波速度是声波通过接收器直接面对的地层的速度。这一记录通常被称为慢度，即速度的倒数，表示为单位长度上的传播时间，即声波通过 1m 或 1in 地层的声波时差，表示为 Δt。

声波通过岩石传播时，产生不同形式的波。最先到达的是纵波(也称为 P 波)，然后是横波(也称为 S 波)。这两种波在油田应用中最为重要，主要用来计算岩石孔隙度和力学参数。随后到达的声波包括瑞雷波、泥浆波和斯通利波等(图 3－2－123 和图 3－2－124)。不同的物质都有各自不同的声波慢度。例如纵波通过钢材的慢度是 187μs/m(57μs/ft)。纵波通过

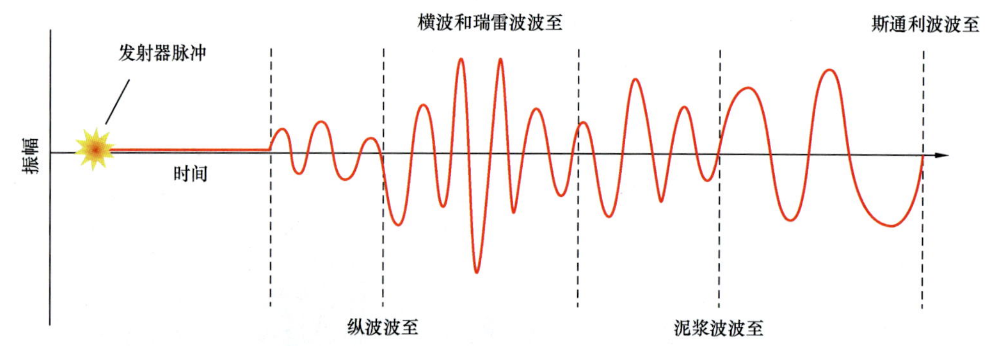

图 3-2-123　典型波形与不同波至示意图

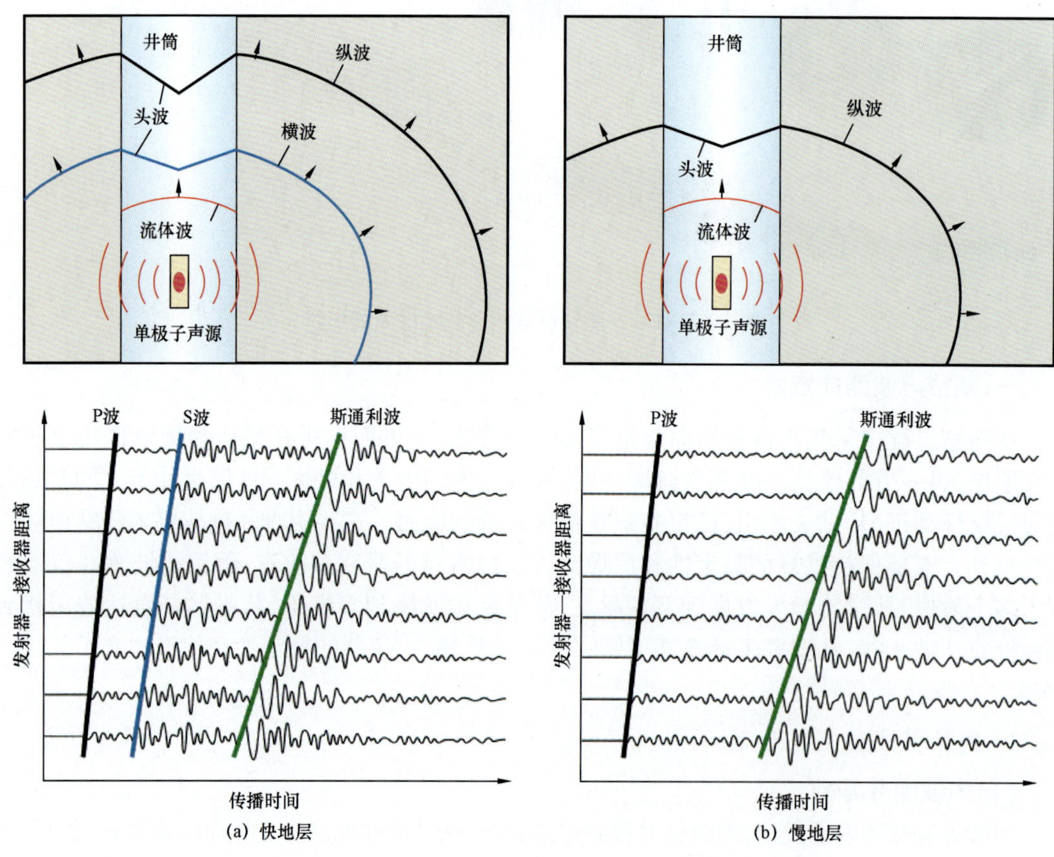

图 3-2-124　单极子声源产生的波形在井眼、地层和接收器中的传播示意图

零孔隙度砂岩的慢度约为 182μs/m(55.5μs/ft),通过石灰岩的慢度是 155μs/m(47.3μs/ft)左右。当岩石孔隙中包含气油水的时候,纵波的传播时间比通过无孔隙度岩石的传播时间要长。而传播时间与岩石孔隙空间中的流体体积有关,流体体积是孔隙度的函数,所以声波的传播速度可以用来计算地层的孔隙度。

(2)声源设计。

声波仪器的声源主要包括三种类型:单极子,偶极子和四极子。

单极子声源产生的是径向压力场,类似于向水池水面投一颗石子后产生的波形,但单极子声波是三维形态的。这种声源主要用于计算地层的纵波慢度。单极子声源在随钻声波仪器周围的井筒流体中产生纵波,这是测量纵波慢度过程的一个组成部分。波形沿径向扩大,以流体纵波慢度的方式传播,直到遇到井壁,部分能量反射回去,部分能量折射到地层。斯涅尔定律定义了折射角和流体/地层声速比之间的关系。临界折射的能量沿井筒向接收器阵列方向传播。折射后的能量以纵波方式通过地层,因为地层比流体质地硬,传播速度比流体波快。临界折射的纵波在井筒中产生的头波以地层纵波速度传播。根据惠更斯原理,井壁上每一点上的纵波都是一个新声源,将纵波传回井筒。纵波的头波最终到达接收器阵列,从而可以计算地层纵波速度。当来自单极子声源的纵波折射进入地层后,一些纵波能量转化成横波射进入地层。而纵波既在充满流体的井筒中传播,也在多孔岩石基质中传播。横波不在流体中传播,只沿充满流体的多孔介质传播,在岩石基质的粒间传播。如果地层中的横波慢度小于井筒流体中的纵波慢度(这种情况被称为快地层),折射波发生临界折射,并在井筒中产生横波头波。该头波以地层横波速度传播,并可能被接收器阵列记录。这种情况下,单极子声波测井仪能提供横波速度,但也仅限于快地层这种情况。如果地层的横波慢度大于井筒流体的纵波慢度(这种情况被称为慢地层),纵波在到达井筒时仍然会发生折射,但折射角度很特殊,永远不会发生临界折射,并且在井筒中不会产生头波。因此接收器不会记录到横波头波,也无法确定横波速度。这是利用单极子声源进行声波测井的局限性。

单极子声源在测量慢地层横波资料方面的局限促使服务公司开发了偶极子测井技术。利用偶极子声源的测井仪器产生一种弯曲波。弯曲波是频散波,波速随频率变化。利用偶极子声源的测井仪器能够记录横波慢度,与钻井液慢度无关。因此可以计算慢地层的横波慢度。

但是当仪器设计人员将偶极子声源引入随钻声波仪器的设计时,他们发现在采集大部分地层横波资料所需的激发频率范围内,钻铤弯曲波信号和地层弯曲波信号之间有干扰。如图3－2－125所示,井筒中的电缆测井仪(左)的特殊设计使得通过测井仪本身的弯曲波信号(蓝色曲线)不会干扰地层弯曲波慢度(红色)。频散交会图上的慢度—频率交会线会趋向于渐近线上的地层横波慢度值(水平虚线)。为了适应钻井环境,随钻声波测井仪(右)是安装在刚性钻铤内的。通过随钻声波仪器传播的弯曲波(绿色)干扰了采集结果(黑色粗虚线),以至于仪器弯曲波最终没有趋向于地层的横波慢度渐近线(红色)。因此,斯伦贝谢在随钻声波仪器的设计中没有采用偶极子声源,而是采用了四极子声源采集地层横波信息。

在非常低的激发频率下,四极子波在地层中传播,速度和横波波速相当。和偶极子横波数据一样,四极子波数据逐渐收敛到横波速度。低频率时,四极子横波波速渐近地层的横波速度。通过处理和反演技术可从四极子波频散记录中提取出横波慢度值。四极子随钻声波测井仪器可提供单极子测井仪无法提供的资料,但还不能完全取代交叉偶极子声源仪器,原因是四极子声源不是定向的。四极子随钻声波测井仪器能实时记录快慢两种地层横波资料的功能大大增加了随钻声波测井仪器的在随钻过程中的实用价值。

2. 随钻声波测井仪器简介

(1)sonicVISION随钻单极子声波测井仪器。

sonicVISION仪器主要设计用于测量地层的纵波、横波声波时差。它由1个发射器和4个接收器组成,如图3－2－126所示。

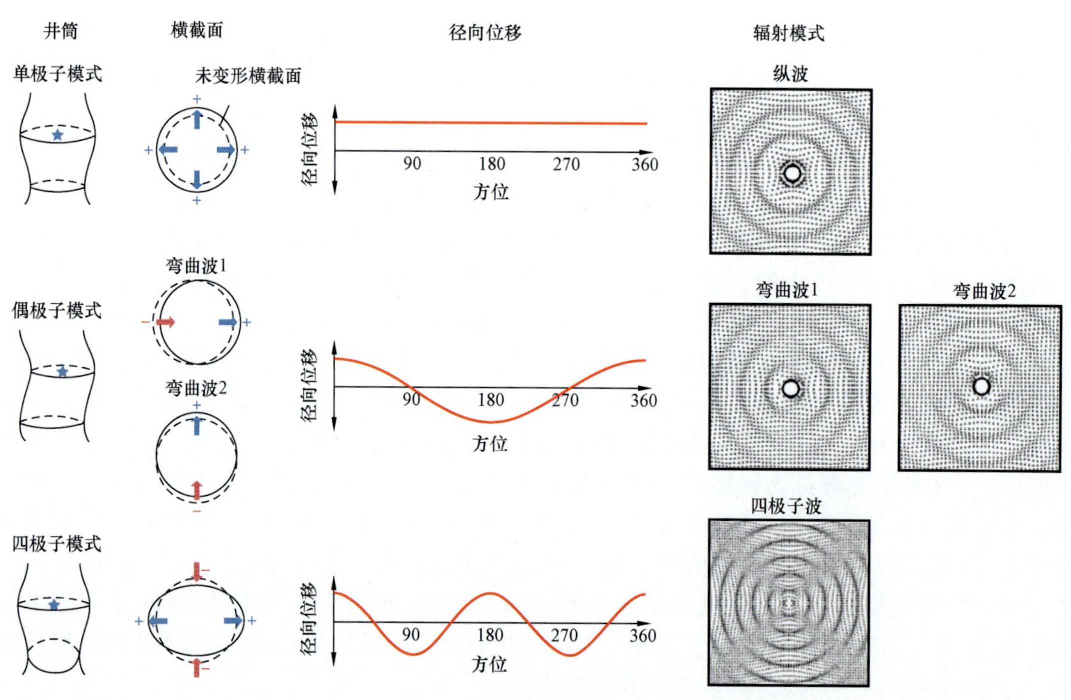

图 3-2-125　单极子、偶极子、四极子震动方式和波形对比

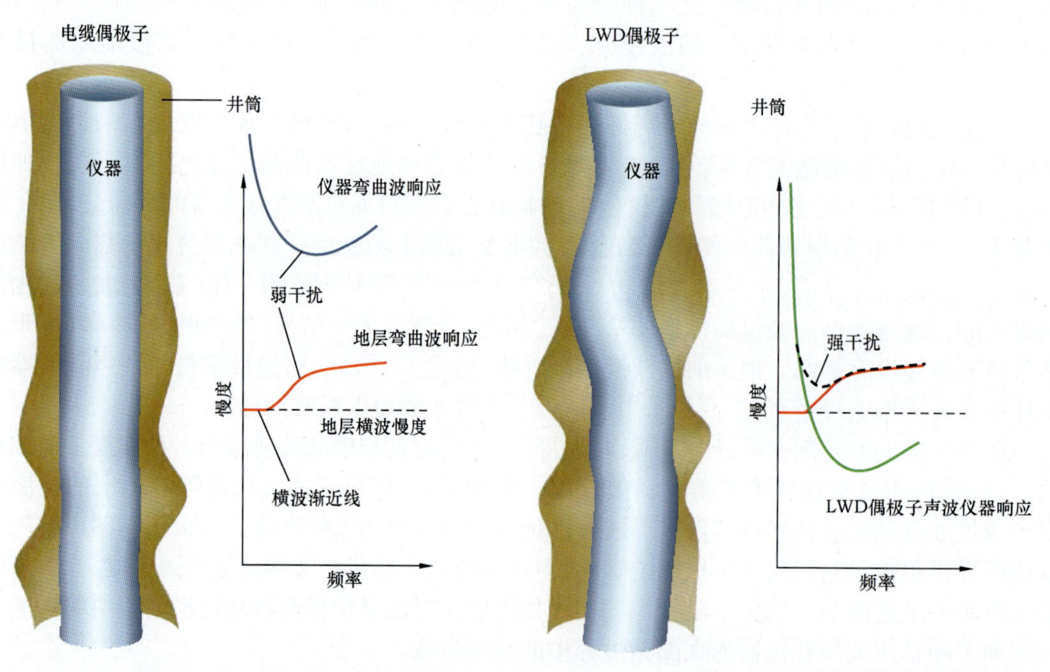

图 3-2-126　电缆偶极子与 LWD 偶极子所产生的仪器弯曲波和地层弯曲波在频散分析中的干扰示意图

其发射器采用的是单极子声源,使用的频率较宽,如图 3-2-127 所示,可以很好保证各种类型地层的声波耦合(图 3-2-128),提高纵波声波时差测井信噪比及数据可靠性。

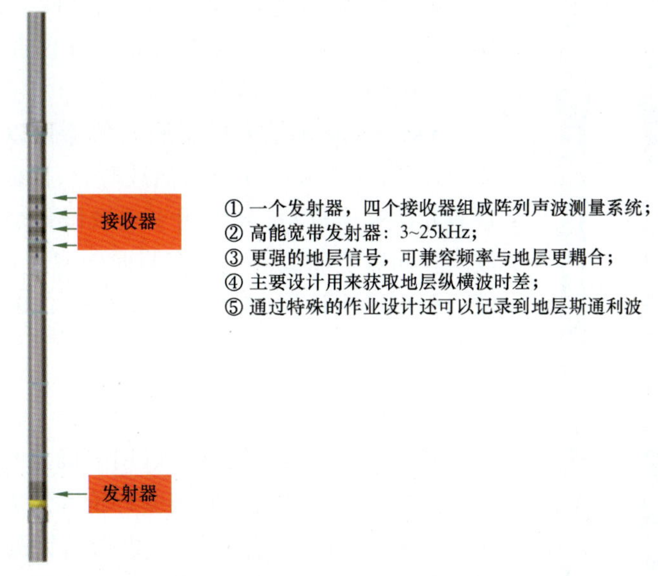

图 3－2－127　sonicVISION 示意图及基本特征

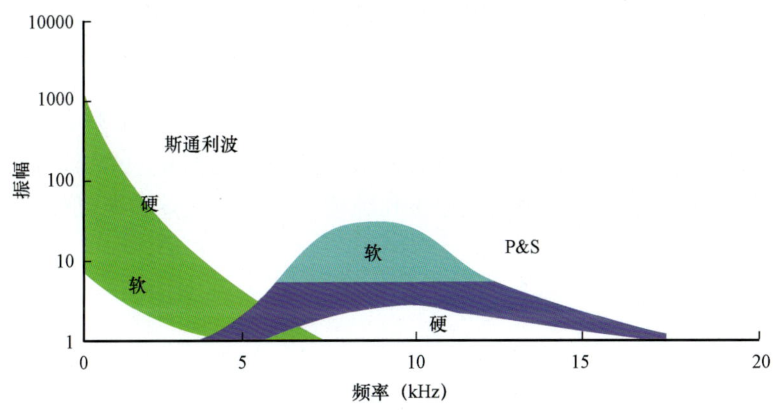

图 3－2－128　sonicVISION 在不同地层中不同类型波的发射频率分布

sonicVISION 可连接在 MWD 仪器的上方或下方，进行实时测井模式作业，也可以连接在钻具组合中的任意位置进行内存测井模式作业。两种模式都需要控制声波仪器与钻头之间保持 20m 或更远的距离，以确保钻头噪音对测井的影响控制在最低限度。在特殊情况下，仪器可以直接连接在钻头后面进行测量，并在很多实际作业中取得了较好应用效果。

（2）SonicScope 随钻多极子测井仪器。

SonicScope 采用功能强大的宽频发射器在井筒内以单极子和四极子两种声源模式下激发，频率范围 1～20kHz，SonicScope 测井仪能够采集单极子和四极子声波测量数据。在仪器外侧的保护槽内有 48 个接收器，彼此间隔 10cm（4in），保护槽之间以 90°角分开。接收器排列成四个阵列，提供 12 个轴向和 4 个方位测量值。每排阵列包含 12 个数字转换器，每个转换器对应一个传感器。通过优化发射器到接收器阵列的距离，使信噪比达到最大。测井仪中配置了

图 3－2－129　SonicScope 仪器种类

2GB 的存储器,即使记录速度达到每秒一次,也能存储所有模式下记录的数据。最新版本的测井仪直径为4¾in,6¾in,8¼in,9in(图 3－2－129)。

SonicScope 随钻多极子测井仪器可以记录高频单极子资料,获得快地层的纵波和横波时差,同时记录低频单极子资料和四极子资料,分别用于求取慢地层的斯通利波和横波。在四极子模式下记录资料时频率最低为 2kHz,通过频散分析和反演计算,工程师能提取到 2000μs/m(600μs/in)的横波慢度值。

二、随钻声波测井技术的应用

随钻声波采集的数据可以用来确定孔隙度、孔隙压力、岩石力学参数、气层识别、裂缝评价和地震资料时深关系校正等用途。在随钻过程当中,根据随钻测量的孔隙压力趋势,可以避免钻入超压层,及时调整钻井液密度和下套管的程序,规避钻井风险,保证钻井作业的顺利实施。

随钻声波测井主要有以下五个方面的应用:

1. 估算孔隙度实例

声波时差值受孔隙中的流体含量影响较大,因为流体时差值要远高于骨架时差,据此可以使用声波时差来计算声波孔隙度。由于声波在岩石中的传播速度最快,声波只可测量连通孔隙度或原生孔隙度。以下为大港油田某探井声波孔隙度估算应用实例。

(1)井型:垂向探井,最大井斜 3.18°;

(2)钻头尺寸:8.5in;

(3)声波仪器尺寸:6.75in;

(4)钻井液类型:水基钻井液;

(5)钻井液密度:1.28g/cm^3;

(6)最大温度:130℃。

如图 3－2－130 所示,声波时差曲线与中子密度曲线匹配很好,说明声波孔隙度测量准确,可以满足储层孔隙度评价要求。

2. 气检测

当钻遇气层时,如果气体进入井筒,所测得的声波波形振幅非常小,而时差记录数据会显得非常嘈杂甚至完全消失,声波信号的突然消失可用于指示气体的存在。结合 arcVISION、EcoScope 和 PeriScope 等其他随钻工具中的 APWD(ECD)环空压力钻井液当量循环密度可进行综合判断,当气体渗入井筒时 ECD 值会急剧下降。STC 道显示声波信号消失,结合 ECD 降低,指示标注位置为气层。钻后根据随钻纵横波交汇图版证实了该气层的存在(图 3－2－131)。

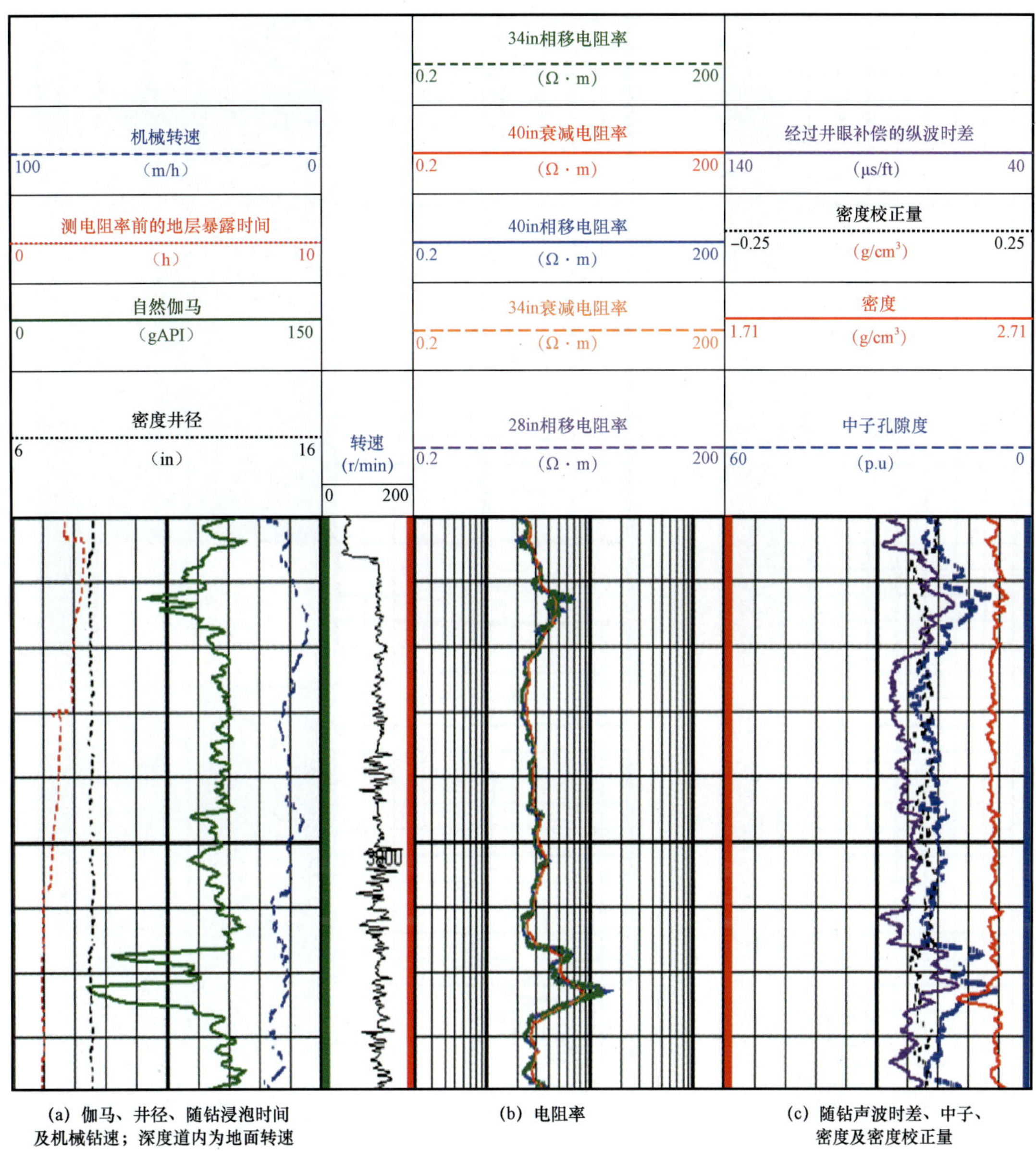

(a) 伽马、井径、随钻浸泡时间及机械钻速；深度道内为地面转速　(b) 电阻率　(c) 随钻声波时差、中子、密度及密度校正量

图 3－2－130　sonicVISION 获得声波时差与密度中子孔隙度对比

3. 实时计算孔隙压力

在岩化过程中，沉积物被上覆岩层压实，流体被挤出。压实作用在声波慢度资料上表现为纵波慢度稳定下降。这种现象在页岩层段最为明显。相反，如果流体没有被挤出，地层中仍然滞留有流体，就会变成超压层。流体含量越高，纵波时差值越大。钻遇超压页岩层段通常没有风险，因为这类层段本身的渗透率较低；但是，如果钻遇超压可渗透层位，井筒内的环空压力不足以压制孔隙压力，会造成储层流体快速流入井筒，造成溢流，严重情况

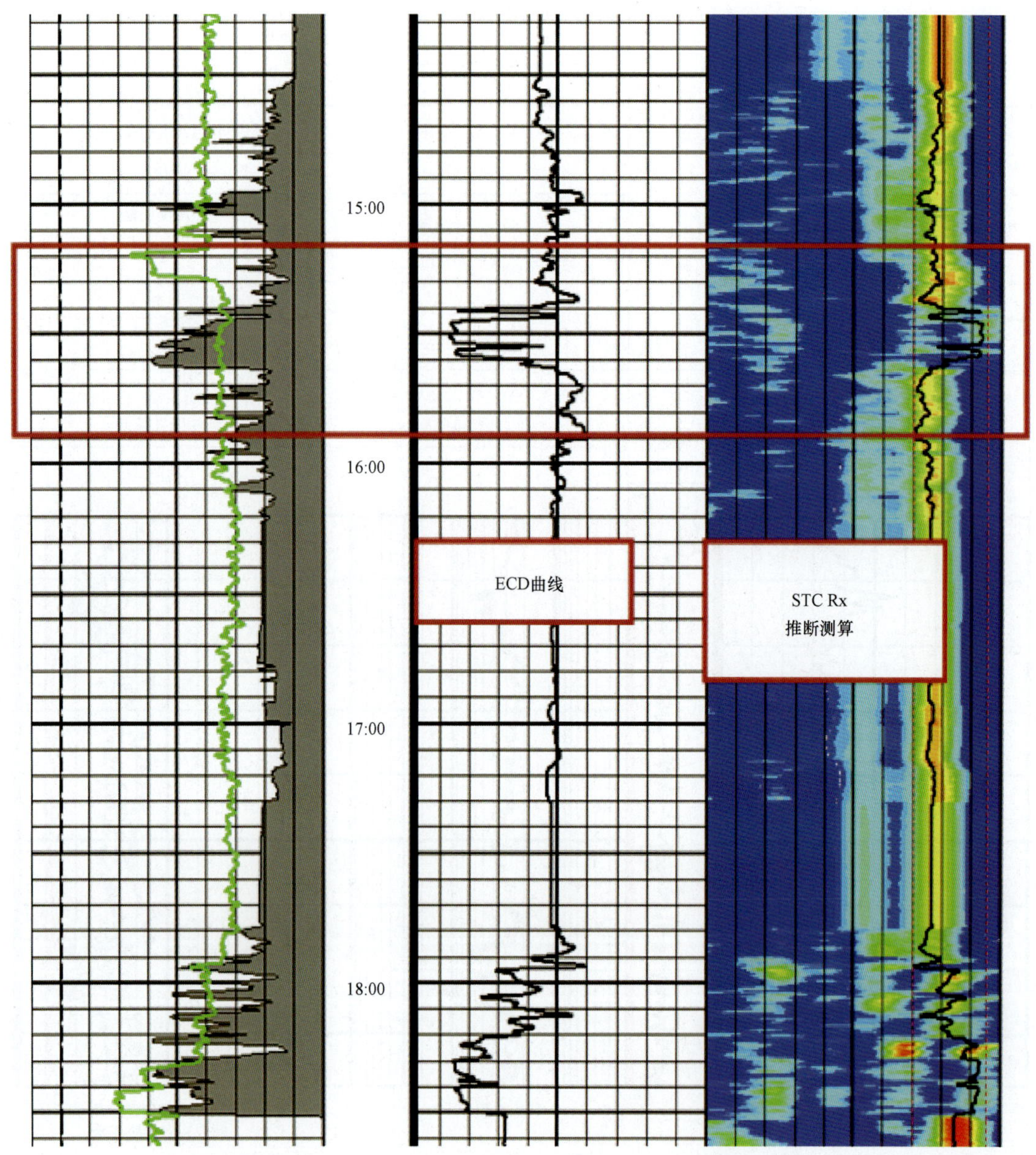

图3-2-131　随钻声波受气影响特征(可指示地层含气)

下,可能会发生井喷,需要及时提高钻井液密度。但是提高钻井液密度有一个临界点,超过了这个点,强度较小的岩石就会破碎。利用孔隙压力预测程序能确定不会造成地层坍塌的最大钻井液密度。一旦到了最大钻井液密度临界点,就下入套管对较弱地层进行隔离。但几米的误差就会大幅增加套管费用,也许还会带来钻井隐患。要确定钻井液密度极限值,就必须知道地层的力学属性。

岩石力学工程师可以利用基于随钻声波资料计算出的岩石力学属性,建立一维岩石力学模型,这种模型在钻井过程中可根据随钻声波记录的实时资料进行调整。基于模型钻井工程师能保持合适的钻井液密度,使钻井液柱压力与预测的储层孔隙压力达到平衡。

声波时差值与地层的压实情况相关,可以用于孔隙压力剖面估算。如图 3－2－132 所示,在分界点之前,声波时差曲线与正常压实趋势线一致,说明该段是正常压力系统;分界点之下,明显出现声波时差与正常压实曲线之间的分离,指示了一个高压异常地层的存在。在随钻过程中,基于随钻声波时差资料可以实时估算孔隙压力。

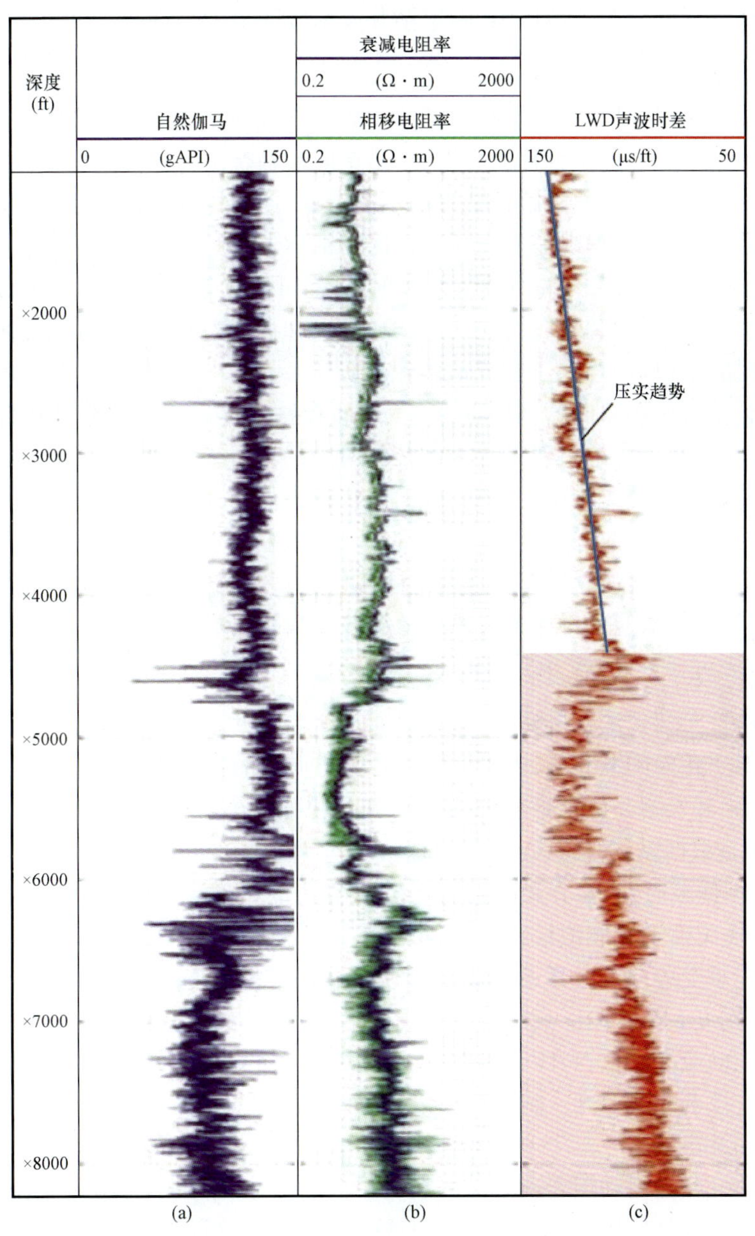

图 3－2－132　基于声波时差的异常孔隙压力趋势图

从实时 LWD 自然伽马数据(a)可以看出该井正穿过该层段上半部的页岩。只要钻头一直保持在页岩段,基本上就不会遇到超压层,也不会发生井涌。但是,如果钻头钻到了高渗层,地层流体就可能流入井筒。通常钻井人员通过增加钻井液密度控制超压,但是如果浅层强度不足,不能通过增加钻井液密度控制超压,就必须下套管隔离。因为岩性或流体的变化可能掩盖压力的变化,从电阻率(b)就无法看出是否存在超压情况。声波时差(c)在 ×5000ft 深度附近增大,说明可能存在超压情况(红色阴影)。基于随钻声波测井仪器提供的实时横波资料,工程师就能计算浅层的地层破裂压力,确定钻井液密度的最大允许值。

4. 标定地面地震

地面地震剖面是时间域的,而实际的钻井及后续作业都需要确切的深度。时深转换是使用地面地震数据进行综合地质解释的关键,但是钻前准确获取时深关系是不可能的,因此时深关系的不确定性大大增加了地震解释结果的不确定性。为对波速估算得出的深度误差进行校正,地球物理学家在钻井过程中需要不断的根据实钻标志层对时间域地面地震数据进行校正。sonicVISION 能够提供随钻实时的声波时差数据,进而可以在随钻过程中将地面地震数据与深度数据紧密联系在一起。在钻进过程中所获取的纵波时差值可从两个方面完成上述目标,即累计声波传播时间法(ITT)与人工合成地震记录法。

地面地震数据可使用双向传播时间来表示,而在钻井等后续作业中使用深度作为参考。累计声波传播时间法(ITT)通过对累计声波传播时间的计算来实现地震剖面的时深转换。

人工合成地震记录合成法是利用基于“声波传入地层再反射回来的传播时间是声波在地层中传播时的声波响应函数”这一原理来实现的。通过密度测井曲线与声波测井曲线来计算地层的声抗阻记录。即可换算成合成地震记录,进而对井眼轨迹追踪所截取的地面地震数据进行关联,地球物理学家便可将深度与地表地震数据联系起来。

5. 计算岩石力学参数,优化压裂和完井设计

岩石力学特性参数无法直接测量,但可以通过地层的纵波和横波时差值,结合岩石体积密度进行计算。对于各向同性介质,由于介质在各个方向上的特征相同,应用胡克弹性定律可得出简化方程式,用基于测井记录推测的结果计算几项弹性模量。纵波模量 M(也称为 P 波或纵向弹性模量)是根据纵波时差(Δt_c)和体积密度 ρ_b 计算出的。同样,衡量材料剪切强度的横波模量 G,是根据横波时差(Δt_s)和体积密度 ρ_b 计算出的。确定了上述两个数值后,就可以计算体积模量 K、杨氏模量 E 和泊松比 ν。体积模量是平均法向应力与体积应变之比,表示一种材料在疲劳前能承受各向同性压载荷的程度。杨氏模量将同一方向上的应变与应力联系起来,表示材料的刚度大小。刚度高的岩石杨氏模量高,比刚度低的岩石更容易压裂。泊松比表示横向应变与轴向应变之比,与闭合应力有关;泊松比高的岩石比泊松比低的岩石更难压裂,而且需要更多支撑剂才能撑开。将杨氏模量高、泊松比低的层段定为水力压裂的目标井段,可提高压裂效果和井产能。

在非常规油气藏如何利用岩石力学资料的一个例子是识别那些有利于实施多级压裂增产措施的目的层。在这种环境下采集的随钻声波资料能够实时提供地层的力学特征资料,有助于改善钻井决策和增产计划。如图 3-2-133 所示,基于随钻声波的数据,可以识别那些提供较佳完井质量(CQ)的低应力岩层,通过岩石物理分析可以识别油藏质量(RQ)较好的层段。

产生的涵盖 CQ 和 RQ 的综合质量评分把井筒进行分级,并推荐不同处理阶段的优先射孔簇位置。应力从低(红色)到高(蓝色)显示在井投影下面。两个例子中使用的射孔簇数量相同(每个阶段的射孔簇用彩色椭圆形表示),但在推荐结果中,它们都集中在质量好的岩层中(蓝色、绿色和黄色),避开了质量差的岩石(红色)。

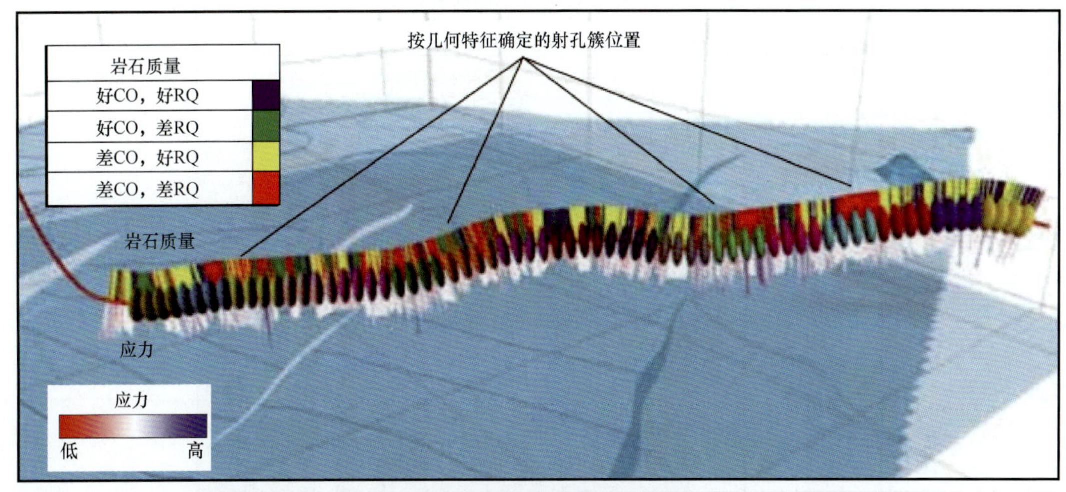

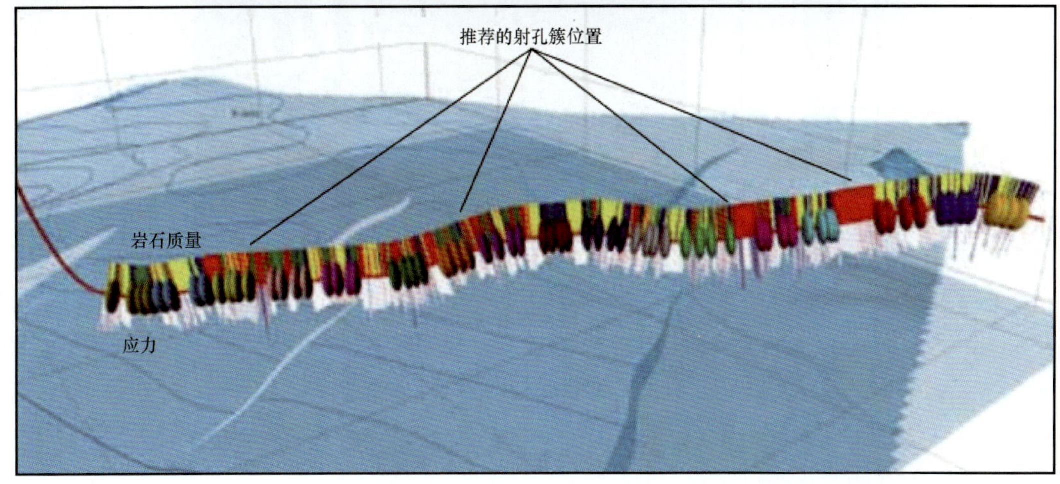

图 3－2－133　非常规油气藏水平井地层综合评价与射孔位置优化

6. 确定水泥浆返高

随钻声波仪器的另一项重要用途是确定水泥返高。根据高频单极子资料,测井分析人员识别出水泥顶,对水泥胶结质量进行了评估。还生成了与电缆水泥胶结测井类似的变密度测井记录。如图 3－2－134 所示,变密度测井显示的是接收器处的波形,以灰度阴影表示振幅强弱。因为胶结在套管外的水泥使信号衰减,因此用变密度测井结果可有效指示套管后的水泥胶结状况。该层段上显示了套管末端的深度(红色线)(黄色虚线到蓝色虚线)缺乏波形波至,表明该段水泥胶结质量较好。套管波至右侧的波形来自地层,说明水泥与地层胶结程度好。

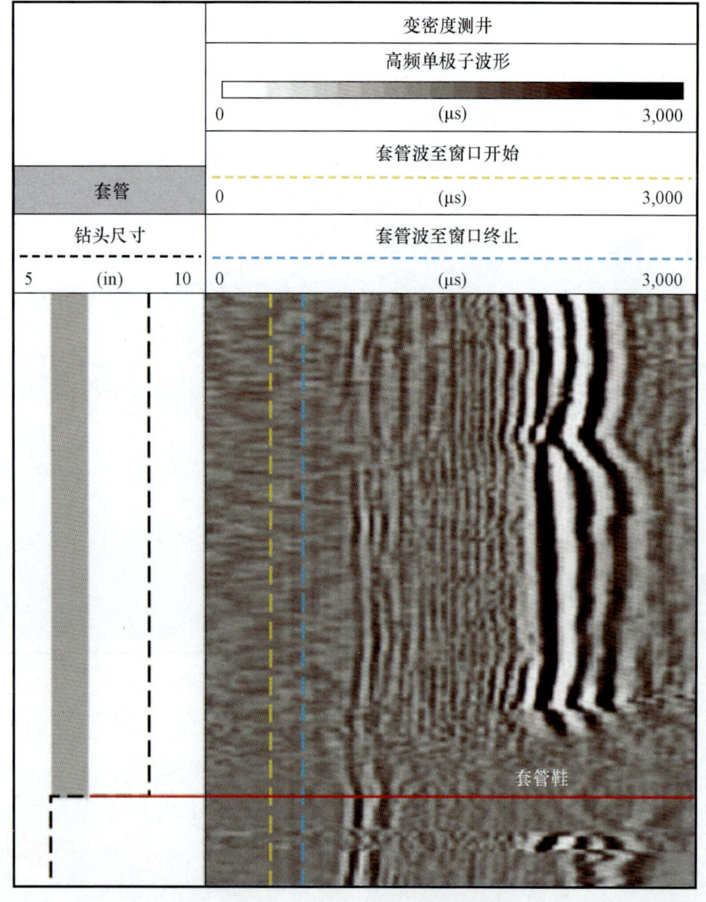

图 3-2-134　随钻声波确定水泥浆返高

第十节　随钻地震测井技术

一、随钻地震测井技术

目前地面地震成像数据已经成为勘探作业的基础。传统的地震成像是时间域数据,时间域数据必须转换成深度域数据,钻井人员才能使用,他们可以根据深度,设计井身轨迹和井身结构,顺利钻到储层位置。如果时深关系比较简单或时深关系模型比较明确,这种转换是准确的。但是在许多情况下,地震成像数据的深度转换存在不确定性。比如在因陡倾和构造复杂等因素使地震波速难以确定的地区,时深关系就会存在较大的不确定性。不准确的时深转换会造成错误的地质特征深度预测,比如地层顶面、断层和高压带。5%的微小时深关系误差,会在预测深度与实际深度之间造成很大的差异,有时达到数百米。大的误差会造成井眼轨迹和井身结构复杂化,并减少纠正错误井眼轨迹的机会。而错误的地质特征深度预测又会产生相关的作业风险,导致不能钻至目的层位,不能完成预定的勘探或开发目标。为了在随钻过程当中解决精确确定时深关系的问题,随钻地震测井技术应运而生。

seismicVISION 随钻地震测井技术是一项在钻井过程中利用随钻地震仪器，如图 3－2－135 和图 3－2－136 所示，测量地震波从地表传播到井下接收器的时间，同时记录 4 分量波形数据提高解释精度的技术。随钻地震测井技术最大的特点即实时和高效，数据采集在接钻杆的间隙进行，不占用额外平台时间。随钻地震测井可获得实时的校验炮数据和层速度等信息，帮助降低钻头前方地层预测的不确定性。

地震能量由气枪产生，三组气枪放置于气枪池中。在陆地井的作业中，气枪池埋在地下，敞口与地面平齐。气枪通过空压机向其输送压缩气体，并由 Ultrabox 来控制三组气枪的同步性，通过 Trisor 的指令，释放出地震波。随钻地震测井仪器 seismicVISION 内有四个传感器、一个井下处理器和一块内存。这四个传感器包括三个正交分量检波器和一个水听器。同时仪器里还装有一个精度很高的时钟与地面的 GPS 时间进行同步，从而获得精确的时深关系。地震波在地层中传播至仪器，仪器可自行识别信号形态并进行存储。随钻地震测量时需要井下处于一种静止状态，任何的流体流动、钻井活动都会对波形采集产生干扰。所以数据采集安排在钻具坐卡且停泵的状态下。震源每隔 15s 的间隔释放一次，重复 5～10 道数据进行叠加，消除噪声，同时叠加地层信号。测量结束后开泵，随钻地震仪器与 MWD 通信，MWD 通过泥浆脉冲将仪器采集的数据传到地面上来进行实时质量监控及垂直地震剖面处理。实时传输的数据只能传输一个传感器的数据，四个传感器的数据可根据选择记录其中的两个分量或者所有四个分量存入仪器内存中，内存数据可在起钻下载数据后进行处理。随钻地震能够提供实时的校验炮和层速度信息，也可以对实时波形数据进行进一步处理和解释，可以实现钻头前方预测。

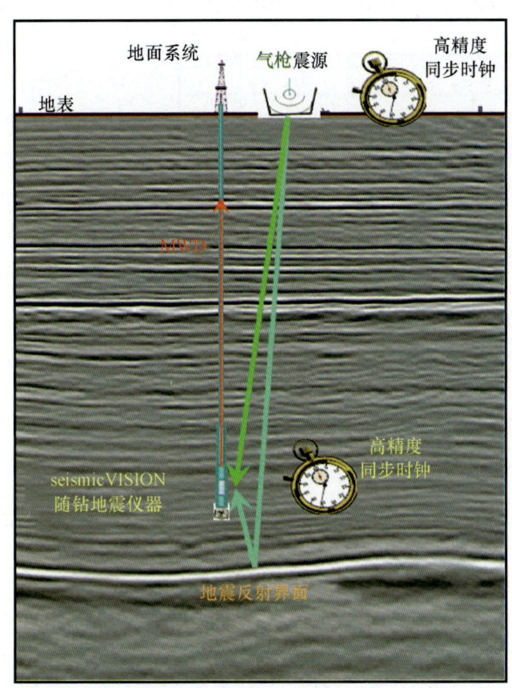

图 3－2－135　seismicVISION 随钻地震测井技术工作原理图

图 3－2－136　seismicVISION 随钻地震测井仪器

与使用机械或磁力方式将检波器推靠在井壁或套管上加强数据质量的井下地震测量方法不同,seismicVISION 仪器中使用的接收器是钻柱的组成部分,所以与地层的耦合取决于井斜程度。在斜井中,由于仪器沿井筒底面放置,所以安装在钻铤上的小型加固式检波器可以保证良好的数据质量,但在直井和套管井中与地层的耦合相当困难了。因此,仪器中还安装了不需要与井筒耦合的水听器,确保测量的顺利进行,同时水听器不会影响耦合地层检波器的质量。

seismicVISION 随钻地震测井仪既可以在裸眼井也可以在套管井中测量,但对固井质量要求较高。作业方式主要有:钻井过程中随钻测井;下钻或起钻过程中测井;划眼复测。为了准备数据采集,seismicVISION 在运行前,要对仪器采集参数进行配置。将对包括数据采集时机、实时接收器的选择、实时波形的传输时长、气枪的压力、放炮的数量等数据采集参数进行设计和优化,以满足作业要求。在钻井泵关闭之后的安静时间内,仪器将按照既定的采集参数记录直接来自震源和地层反射的地震信号,这些信号将储存在仪器的存储器里以备后期处理。数据采集后,仪器将信息在钻井泵重新开始循环、泥浆脉冲系统恢复工作时将传递到井口。

图 3 - 2 - 137 是 seismicVISION 典型的波形叠加数据。波形显示出清晰的初至波,并显示出随着井深的增大波至滞后到达的现象。这些数据是在一口近垂直井中成功采集的,而且还在套管井段使用了水听器。在地面,利用实时波形数据计算时深关系和钻头前方的反射信号,确定钻头在地面地震图像上的位置并更新钻井决策。当仪器起出井眼之后,从仪器内存内下载波形数据,并送到处理中心进行更进一步的波形处理,对实时结果进行校正。

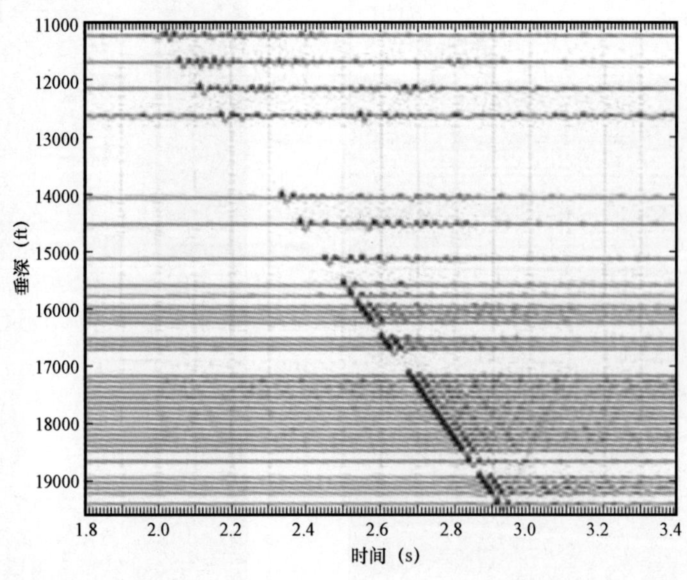

图 3 - 2 - 137　seismicVISION 典型波形图

二、随钻地震测井技术的应用

由地震处理得到的地质构造具有多解性,从而导致地质层位及属性的不确定性,给钻井带来了较大的风险。在井眼轨迹设计和钻探流程中,需要先建立地震速度模型,然后应用该模型对地震数据进行深度偏移成像，之后由地质和地球物理部门人员合作进行地质刻画和井位确定等工作。钻井部门根据目标层位的位置设计钻井方案。但是，在实际钻进的过程中，实钻的地层位置和原有地质模型和数据往往存在较大差异。针对这个问题，可以在随钻过程中采集随钻声波数据反算地层实际的速度数据，并进行一维纵向拉伸来更新深度预测结果。但如果钻前地震模型不够精确，而且目标层位横向位置也有偏差，一维纵向拉伸并不能将其归位到正确空间位置。针对这个问题，地震导向钻井技术得已提出。地震导向钻井技术可以实时更新目标地层空间位置，调整井眼轨迹，降低钻井风险。如图 3－2－138 所示，其包含基准模型校正和实时更新两个阶段。在基准模型校正阶段，需要综合应用钻井、地质和测井等信息来建立更准确的速度模型，从而建立更准确的地质构造成像，帮助地震地质部门和钻井部门人员调整优化布井钻井方案。在实时更新阶段，可以应用实时获取的随钻地震、随钻测井、录井等随钻信息，更新速度模型和地震成像，优化后期的井眼轨迹和设计可能的侧钻方案。地震导向钻井技术最主要的优势是能够利用钻井实时获得的数据信息，结合地震资料，及时更新调整钻头前方地层的三维空间地质模型，对指导钻井工程具有重要意义。

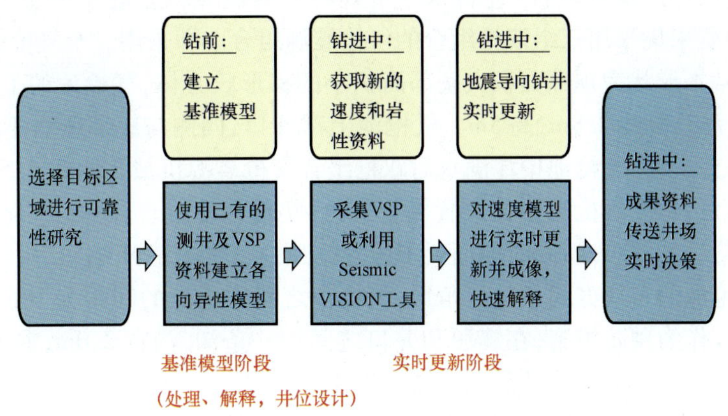

图 3－2－138　地震导向钻井工作流程

塔里木盆地碳酸盐岩油气藏储量丰富，约占盆地油气资源总量的 38%。哈拉哈塘区块奥陶系发育缝洞型碳酸盐岩油藏，埋深超过 6600m，地层温度高于 150℃，原始地层压力达 70～80MPa，由于经历多期岩溶、多期成藏作用，油藏具有多重孔隙特征和典型非均质性。近年来哈拉哈塘区块的碳酸盐岩勘探与开发取得较大突破，在中奥陶统一间房组取得整体突破但由于上覆地层的横向非均质性和复杂性，导致碳酸盐岩缝洞储集层深度偏移归位不准确，在开发过程中会遇到钻井落空或由于没有钻遇设计的缝洞体系而导致产量低的问题，因此，目标体的准确定位对提高钻井成功率至关重要。

导致碳酸盐岩缝洞储集层深度偏移归位不确定性的具体原因有以下几方面：① 主要目的层奥陶系埋藏深度大，上覆地层产状和地质模型的不确定性是造成地震处理中缝洞储集层归位误差较大的主要原因。根据前期研究成果，叠前时间偏移比叠前深度偏移对缝洞储集层的成像位置横向位移向北偏移 20～250m 不等，平均在 80m 左右，给钻井带来了较大的不确定性，即使采用侧钻或酸化压裂，如果缝洞位置误差大也难以达到好的增产结果。另外由于储集层埋深大,导致地震资料高频成分衰减,深层地震波只有 30Hz 左右的高频成分,从而影响了地震资料的分辨率。② 哈拉哈塘区块二叠系火成岩分布广,纵、横向厚度和速度变化大,造成构造扭曲,火成岩分布的复杂性使得奥陶系缝洞体难以准确归位。同时,哈拉哈塘地区二叠系、奥陶系一间房组、鹰山组等容易发生井漏,存在卡钻、井喷等风险,如哈拉哈塘北部潜山志留系以下储集层钻揭多处易井漏点,存在地质卡层风险。这也导致在长井段裸眼井中电缆垂直地震剖面测井卡钻风险很高。

为了解决哈拉哈塘地区碳酸盐岩缝洞储集层深度偏移归位不准确的问题,提出了陆地随钻地震测井和地震导向钻井技术相结合的综合解决方案。地震导向钻井技术利用随钻地震测井获取的地层速度更新速度模型,对所钻目标体的三维空间位置重新归位,可以降低目标体的不确定性。

2014 年该方案首次应用于哈拉哈塘地区 C 井,根据预测结果实时指导和调整钻井轨迹,C 井顺利命中目标。

地面震源系统设计关系到井底随钻地震信噪比,故其对于随钻地震作业成功与否至关重要。考虑到目的层地层深度较深(垂深大于 6500m),对震源以及能量的要求有更进一步提高。该井随钻地震采集采用三组双枪组合的气枪震源组合。即采用三个气枪池作为震源激发容器,本气枪池基本形状为顶部面积大底部面积小的梯形长方体,气枪池的上部尺寸为 4m × 3.2m,底部尺寸为 3.5m × 2.8m,高 5m。气枪池上部开口,四侧与底部密封不漏水,气枪池埋置于地面齐平并夯实;在气枪池中注满水后双枪组合气枪震源沉放在水深 3.5m 处,使用气枪震源进行震源激发;每个气枪池里面放置两个气枪,实现六枪组合;同时用 Trisor 连接各个气枪组,保证激发信号的同步性;同时地面要求配置高压空气瓶或者压缩机,用于给气枪提供高压气体;三个气枪池的布局方式呈正三角形,气枪池之间中心点的间距为 10m。另外,为了在地面衰减地滚波,作为预防措施,在震源和井口之间挖一条沟,沟宽 2.0m,深 1.5m,长度视现场情况而定,要求完全隔离井口及震源区域。为保持激发信号的一致性,在数据采集过程中,除了需要保持激发信号同步外,还需要尽可能保持气枪池稳定性、枪压的稳定性、气枪在水中的深度和气枪容量等的一致(图 3-2-139 至图 3-2-141)。

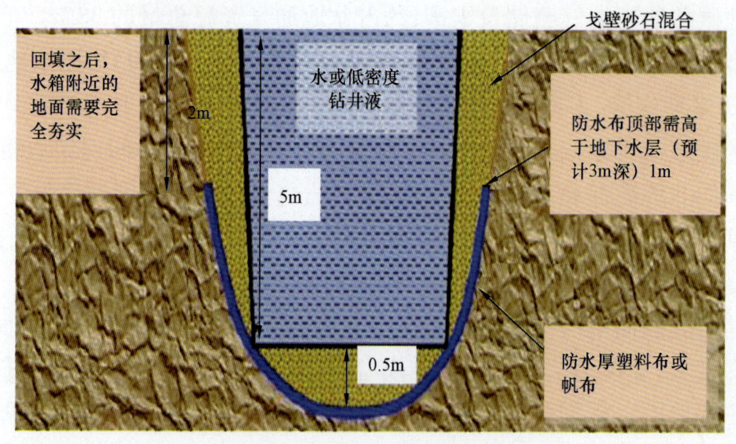

图 3-2-139　气枪池剖面图

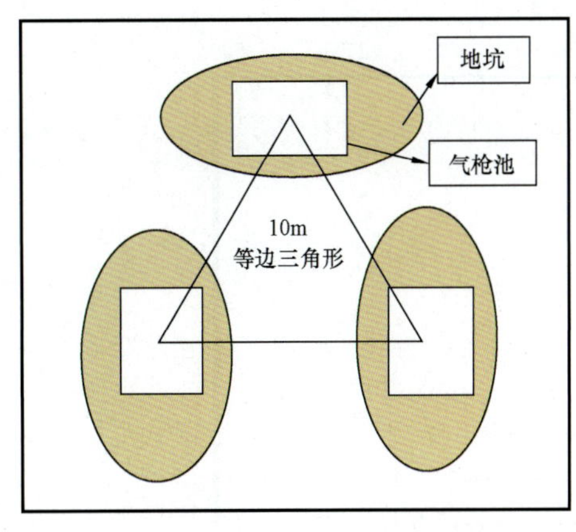

图 3-2-140 气枪池方位图

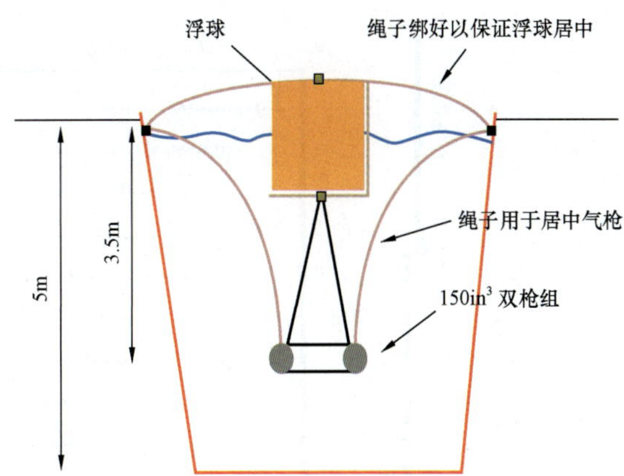

图 3-2-141 气枪在气枪池中布置图

由于陆地随钻地震涉及的仪器和设备相对复杂，需要在钻前详细设计测井施工方案。根据项目的需求，测井程序设计为：① 第 1 趟钻的套管井段下钻测井；② 第 1 趟钻的裸眼井段划眼复测；③ 第 2 趟钻下钻测井（测量 3～5 道重复道，主要目的是确保两趟钻数据的一致性）；④ 钻井过程中的随钻测井直至井底。需要注意的是，在下钻测井和划眼复测过程中为了进行质量控制确保数据质量，每隔一定井段需要循环钻井液以便上传实时数据。在测井过程中，若发现数据质量不能满足要求，可及时根据需要进行复测。

首先，钻井至一定深度后，起钻换随钻测量仪器组合，进行第 1 次地震数据采集。在采集过程中，综合考虑到井眼稳定性需求、随钻地震数据质量监控需求，以及实时数据处理需求，要求每隔 12 柱开泵 1 次，将该深度的实时随钻地震数据通过泥浆脉冲信号传输到地面进行质量监控和处理，相应成果用于第 1 次地震导向钻井更新。第 2 趟钻进行真正意义上的随钻地震数据采集，在接单根的间隙进行震源激发并采集数据。在钻进过程中，将采集的数据通过泥浆脉冲信号实时传输到地面进行质量监控和处理，同时为地震导向钻井提供时深关系和速度资料。为保证数据质量，两趟钻之间采集 5 道重复道数据进行质量监控。

图 3-2-142(a) 是实时采集的随钻地震数据。在高质量的实时波形数据上提取可靠的初至时间，得到准确的时深关系。图 3-2-142(b) 为内存数据。将实时数据和内存数据处理对比发现，两者的结果吻合，这也为充分利用实时数据及时指导钻井提供了依据图 3-2-143。

C 井进行了 3 次数据更新。在下钻复测和钻进过程中，随钻地震数据实时传输到地面进行实时处理，然后提供给地震导向钻井进行模型更新和目标体三维地震偏移处理。

图 3-2-144 至图 3-2-146 分别是 C 井进行地震导向钻井基准模型与 3 次更新前后的模型差异对比图，可以看出，经过随钻地震资料的约束和校正，地震导向钻井更新后的地震速度与随钻地震速度吻合逐步变好，道集拉平效果更好。

图 3-2-147 为 C 井第 1 次地震导向钻井更新后溶洞的剖面位置变化对比图。在基于第 1 趟钻下钻复测的随钻地震处理结果进行第 1 次地震导向钻井更新后，预测洞穴中心向北偏

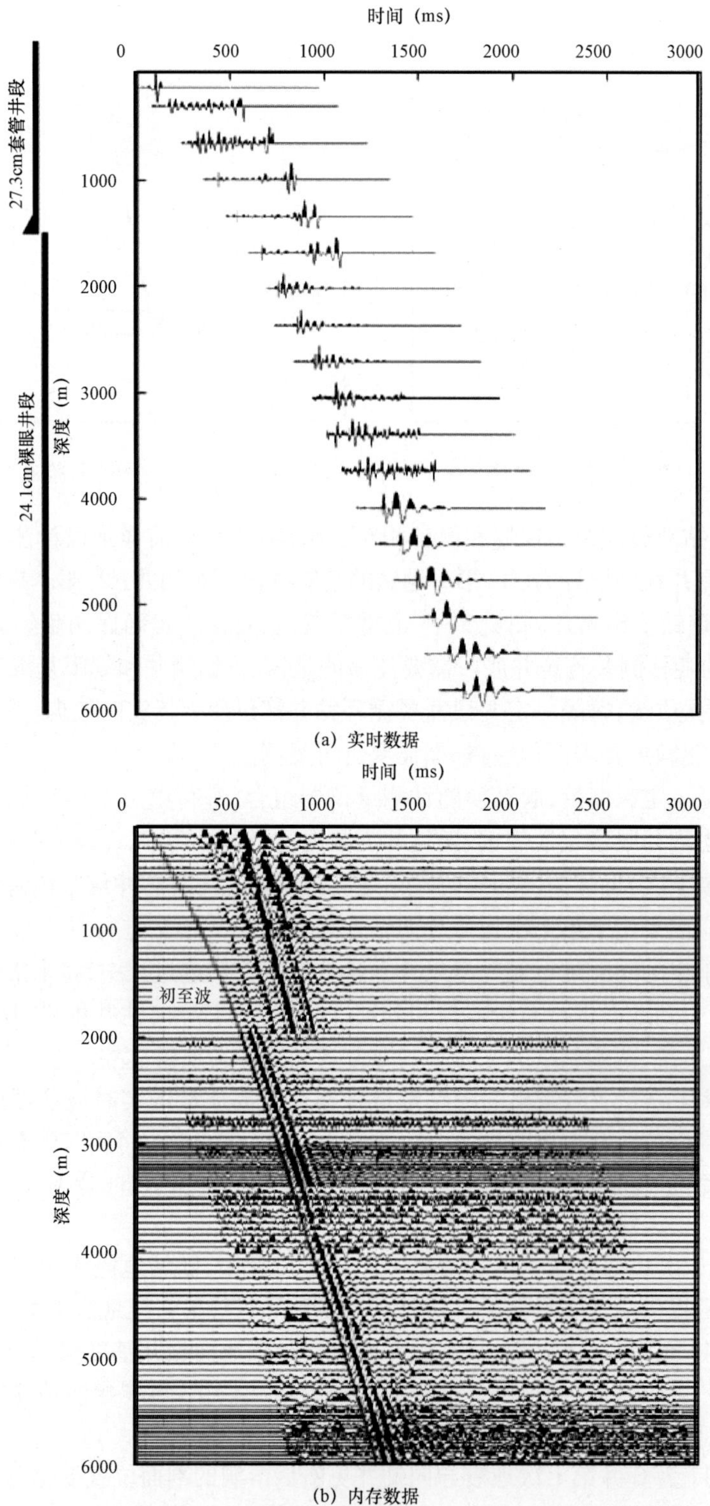

图 3－2－142　随钻地震实时数据(a)和内存数据(b)对比

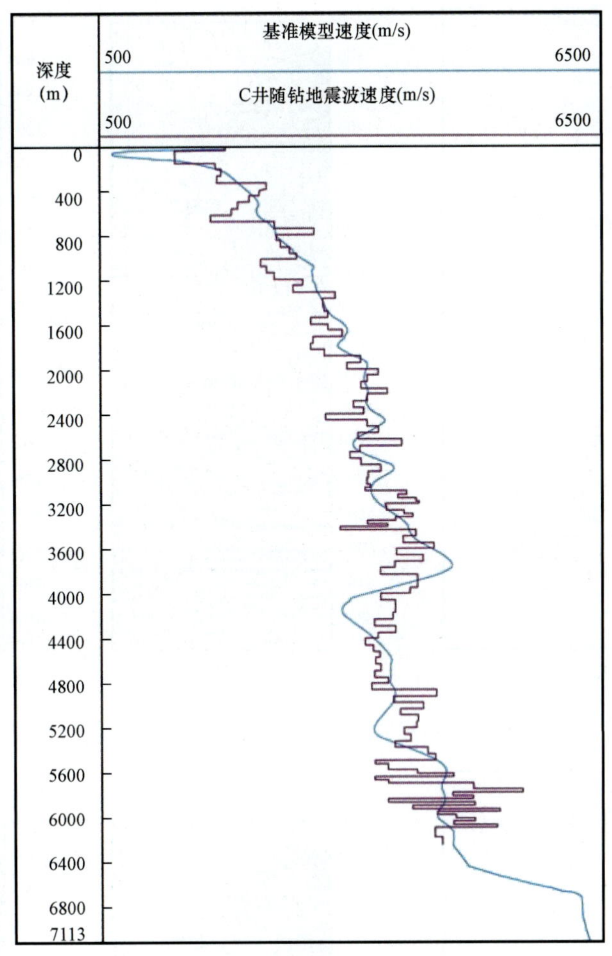

图 3－2－143　随钻地震波速度与基准速度模型对比

移 25m，同时比设计洞顶深度增加了 20m。根据上述地震导向钻井预测结果，及时调整了第 2 趟钻的井身轨迹，同时采集第 2 趟实时和内存随钻地震数据，分别进行第 2 次和第 3 次地震导向钻井更新。第 2 次地震导向钻井更新结果发现：洞穴中心的平面位置基本无变化，只是在深度上进步增加了 5m。在随钻地震仪器出井并下载内存数据后，基于第 2 趟钻内存数据结果进行了第 3 次地震导向钻井更新，更新后结果与第 2 次更新结果在纵横向均无变化。总结前后 3 次更新结果，最终预测洞穴顶部位置比原设计横向向北偏移 25m，纵向深度增加 25m。C 井在 3 开钻进过程中钻井液失返，失返测深为 6632m，对应的垂深为 6624m；C 井经过 3 次地震导向钻井更新后预测的洞顶垂深为 6625m，实钻深度与预测深度误差仅为 1m。

随钻地震测井技术与地震导向钻井技术相结合，成功应用于哈拉哈塘地区碳酸盐岩缝洞型储集层，实时更新钻头前方碳酸盐岩溶洞在三维空间的准确位置，实时调整井身轨迹，提高钻遇目标溶洞体的成功率，大大减少了后期侧钻及酸化压裂措施成本。

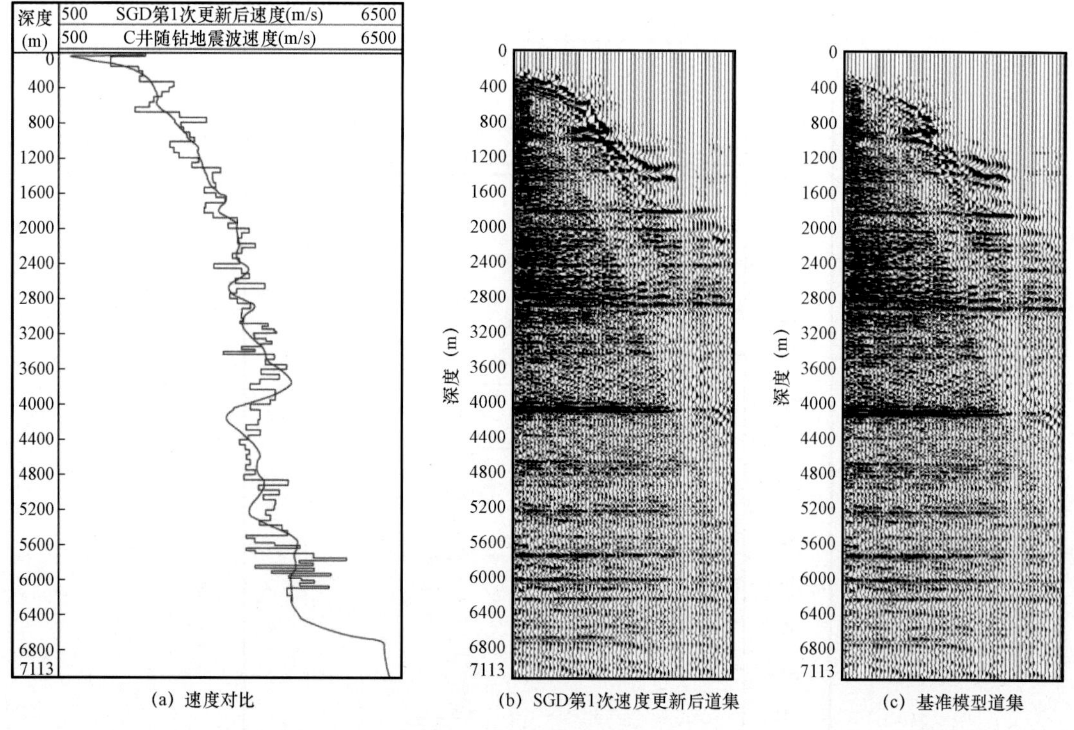

(a) 速度对比　(b) SGD第1次速度更新后道集　(c) 基准模型道集

图 3-2-144　第 1 次更新后地震波速度与随钻地震波速度对比及相应共反射点道集

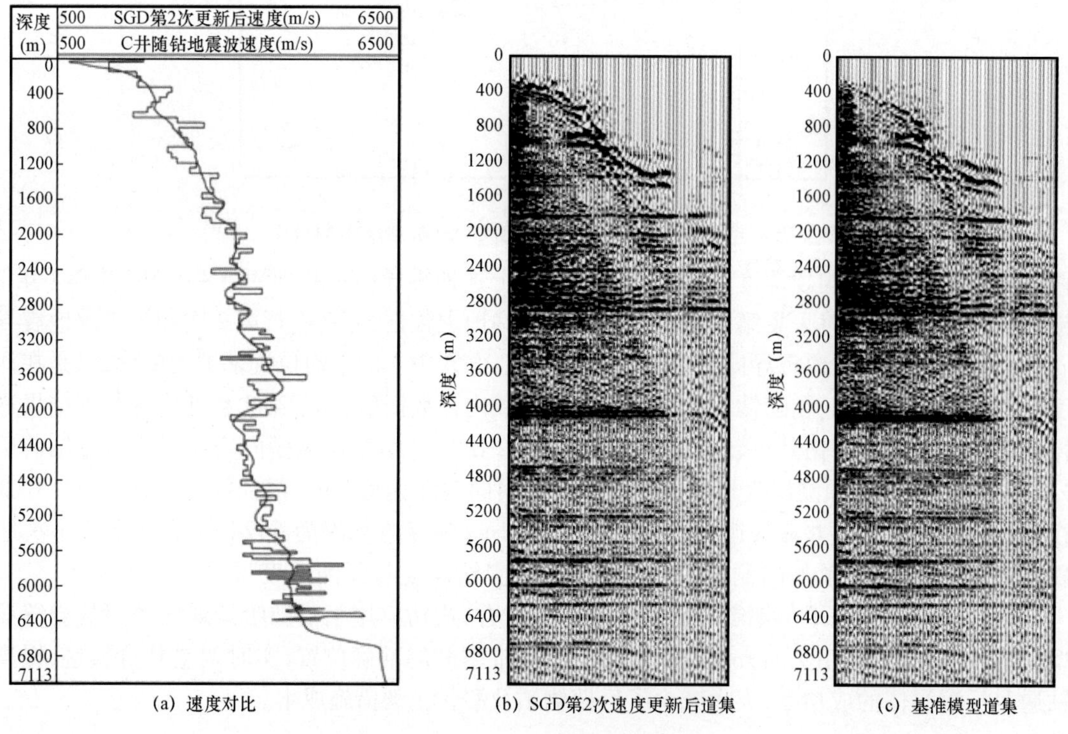

(a) 速度对比　(b) SGD第2次速度更新后道集　(c) 基准模型道集

图 3-2-145　第 2 次更新后地震波速度与随钻地震波速度对比及相应共反射点道集

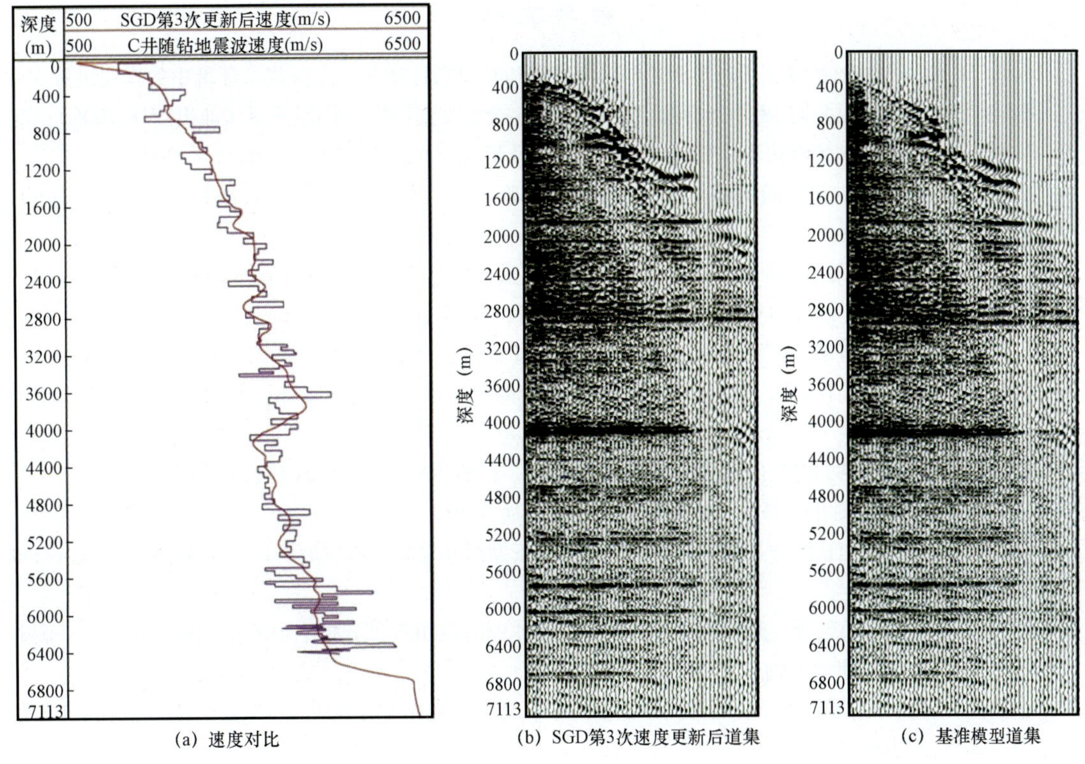

(a) 速度对比　(b) SGD第3次速度更新后道集　(c) 基准模型道集

图 3－2－146　第 3 次更新后地震波速度与随钻地震波速度对比及相应共反射点道集

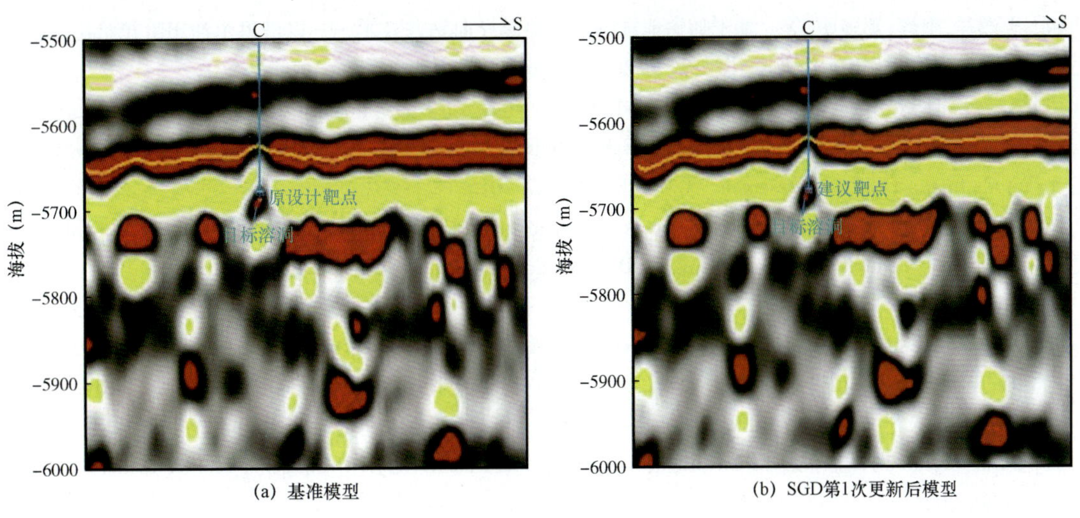

(a) 基准模型　(b) SGD第1次更新后模型

图 3－2－147　基准模型和第 1 次更新后过 C 井溶洞剖面对比

参考文献

[1] Borghi M,等．比较随钻测井与电缆测井电阻率模拟和时间推移测井以支持复杂环境中的作业决策//中国石油集团测井有限公司,测井分析家协会第46届年会论文集[M]．北京:石油工业出版社,2006.

[2] 高楚桥．南海西部海域随钻测井资料应用效果分析及验收标准的建立[D]．长江大学,2003.

[3] 何胜林,林德明,吴洪深．随钻测井技术在南海西部海域应用效果分析[J]．石油钻采工艺,2007(6):113－115.

[4] 马哲,李军,王朝阳,等．随钻感应电阻率测井仪器测量原理与应用[J]．测井技术,2004(2):155－157.

[5] 李舟波,潘葆芝,等．测井解释原理与应用[M]．北京:石油工业出版社,1991.

[6] 长江大学测井教研室编．矿藏地球物理测井技术测井资料解释[M]．北京:石油工业出版社,1981.

[7] 郭书生,高永德,曲长伟,等．南海西部乌石凹陷流沙港组二段储层精细表征[J]．中国海上油气,2019,31(02):39－50.

[8] 苏义脑,窦修荣．随钻测量、随钻测井与录井工具[J]．石油钻采工艺,2005(1):74－78.

[9]《测井学》编写组．测井学[M]．北京:石油工业出版社,1998.

[10] 杨锦舟,肖红兵．随钻测井技术研究//我国近海油气勘探开发高技术发展研讨会文集[M]．北京:石油工业出版社,2005.

[11] 赵杰,林旭东,聂向斌,等．随钻测井技术在大庆探井中的应用效果分析//2010中国油气论坛——测井专题论文集[M]．世界石油工业,2010.

[12] 王显南,王勇,等．螺旋井眼对随钻测井数据的影响及对螺旋井眼的识别、处理、建模和防治．海洋石油[J]. 2018(3):46－74.

[13] 赵国海,刘兴奎,李锋,等. StethoScope系统在钻井工程中的应用[J]．石油工业计算机应用,2012(2):29－31.

[14] 史鸿祥,李辉,郑多明,等．基于随钻地震测井的地震导向钻井技术——以塔里木油田哈拉哈唐区块缝洞型储集体为例[J]．石油勘探与开发,2016(8),662－668.

[15] Al－Ajmi, S. A. , Pattnaik, C. , Al－Dawood, A. E. et al. Geosteering through Challenging Fractured Limestone Reservoir becomes Achievable Utilizing High Definition Multi－Layer Boundary Mapping Service－A Case Study from a Deep Gas Reservoir. [C]. SPE－175412, 2015.

[16] Albardisi, T. , Akhmetov, R. , Sanderson, M. et al. Hybrid High Build Rate RSS Improves Challenging Directional Control in a Soft Abrasive Drilling Environment in Oman Drilling Operation [C]. SPE－170019, 2015.

[17] AI－Mudhhi M A, Ai－Hajari SM A, Berberian G, et al. Geosteering with advanced LWD technologies－placement of maximum－reservoir－contact wells in a thinly layered carbonate reservoir [C]. IPTC 10077, 2005.

[18] Carlos M, Ian T, Hole Shape from Ultrasonic Calipers and Density While Drilling－A Tool for Drillers[C]. SPE 71395, 2001.

[19] Chris L, Sam B, Mark E, et al. 3D Azimuthal LWD Caliper[C]. SPE 77526, 2002.

[20] Chambers L S. Sidewall Formation Fluid Sampler[P]: US, 2674313. 1950－04－07.

[21] C. J. Maeso, E. Legendre, H. Hori, et al. Field Test Results of a New High－resolution, Dual－physics Logging－While－Drilling Imaging Tool in Oil－base mud [C]. SPWLA 1533, UK, June2－6, 2018.

[22] Constable, M, Antonsen, F. , Stalheim, S. et al. 2016. Looking Ahead of the Bit While Drilling: From Vision to

Reality [C]. SPWLA 57th Annual Logging Symposium,2016.

[23] Girling S B, et al. Optimization of well placement and improved well planning within a collaborative 3D environment employing real - time data: a case study from visund field, Norway[C]. SPE Annual Technical Conference and Exhibition,2004.

[24] Hongqing Y,Tran T,Kok J,et al. Horizontal well best practices to reverse production decline in mature fields in South China Sea[C]. SPE 116528,2008.

[25] Jefferson C., Myrt C., Chengli D., et al. Downhole Fluids Laboratory [J]. Oilfield Review. Winter 2009. 38 - 54.

[26] Jeff A., Matt B., Ed T., et al. Sonic Logging While Drilling—Shear Answers [J]. Oilfield Review. Spring 2012. 4 - 15.

[27] ZhangJiafeng, Wang Fei et al. High Challenging Tight Oil Development by Integrating Innovative Reservoir Boundary Detection Technology into High Efficiency Horizontal Drilling Campaign in West China [C] IADC/SPE Asia Pacific Drilling Technology Conference and Exhibition, Bangkok, Thailand, August 2018. SPE - 190998 - MS.

[28] John Edwards. Geosteering examples using modeled 2 - MHz LWD response in the presence of anisotropy [C]. SPWLA 41st Annual Symposium,June 4 - 7,2000.

[29] Julian P., Harald L., Kare O., et al. Operational Aspects of Formation Pressure Measurements While Drilling [C]. SPE 92494 presented at SPE/IADC Drilling Conference, Amsterdam, The Netherlands, 23 - 25 February 2005.

[30] Khalil,H.,Seydoux,J.,Denichou,J. M.,et al. 2018. Successful Implementation of Real - Time Look - Ahead Resistivity Measurements in the North Sea [C] SPE - 191340 - MS,2018.

[31] Kyi K,Lwin M. M,et al. Benchmarking LD Sourceless Netutron Gamma Density Measurements in Southeast Asia [C]. IPTC 18231,2014.

[32] Kentara I.,Julian P.,Kai H.,et al. Evaluating Formation Fluid Properties During Sampling - While - Drilling Operations [C]. SPE 173152 presented at SPE/IADC Drilling Conference and Exhibition, London, United Kingdom,17 - 19 March 2015.

[33] Liu Xiange, Liu Shangqi, Jiang Zhixiang. Horizontal well technology in the oilfield of China [C]. SPE 50424,1998.

[34] Lutfullin, A. A., Bregida, A. A., Tomchik M. V. et al. 2014. Well Placement and Reservoir Characterization Advancement in VTSM Field with New Multiple Boundary Delineation Technique [C]. SPE - 171195,2014.

[35] Mutalib K H, Han M, et al. LWD NMR for Hydrocarbon Typing and Formation Evaluation in a Challenging Offshore Trajectory[C]. SPE 176353,2015.

[36] Netto P.,Cunha A.,Meira A.,Schmitt G.,Seydoux J. et al. Landing a Well Using a New Deep Electromagnetic Directional LWD Tool. Can We Spare a Pilot Well? [C]. SPWLA 53rd Annual Logging Symposium. Cartagena, Colombia. June 16 - 20,2012.

[37] Omeragic D,et al. Deep directional electromagnetic measurements for optimal well placement [C]. SPE Annual Technical Conference and Exhibition,2005.

[38] Oystein B,Jean - Michel D,James D,et al. Reservoir Mapping While Drilling [J]. Oilfield Review,2015,May: 38 - 47.

[39] Pascal B., Stehpan C., Jean - Christian P., et al. Well - Positioned Seismic Measurements [J]. Oilfield Review,Spring 2002,32 - 45.

[40] Li Qiming, Dzevat Omeragic, Lawrence Chou, et al. New directional electromagnetic tool for proactive geosteering and accurate formation evaluation while drilling [C]. SPWLA 46th Annual Logging Symposium Held in New Orleans, Louisiana, United States, June 26 - 29, 2005.

[41] Rangel - German E R, et al. Thermal simulation and economic evaluation of heavy - oil projects [C]. SPE 104046 presented at First International Oil Conference and Exhibition in Mexico, Cancun, Mexico, 31 August - 2 September, 2006.

[42] Reistle C E. Drill Stem Testing Device[P]: US, 2497185. 1950 - 02 - 14.

[43] LiuRuiying, Li Qiang, Li Ting, et al. Fluid characterization with LWD resistivity and capture cross section enhances understanding of horizontal well production - a case study in a siliciclastic brownfield[C]. OTC 26872, 2016.

[44] Seydoux, J., Denichou, J. M., et al. Real - Time EM Look - Ahead: A Maturing Technology to Decrease Drilling Risk in Low Inclination Wells [C]. SPWLA 60th Annual Logging Symposium. TX, Australia, June 17 - 19, 2019.

[45] Seydoux, J., Legendre, E., Mirto, E., et al. 2014. Full 3D Deep Directional Resistivity Measurements Optimize Well Placement and Provide Reservoir - Scale Imaging While Drilling [C]. SPWLA 55th Annual Logging Symposium, Abu Dhabi, United Arab Emirates, 18 - 22 May.

[46] Shenquan G, Ting L, et al. Identifying By - Passed Pay in Complex Water Flooded Reservoirs with Advanced LWD Measurements[C]. SPE 182166, 2016.

[47] Song Yuxin, Mai Xin, Du Honglin, et al. Rejuvenating brown oil field through precise well placement technique application[J]. World Oil Magazine, June, 2010.

[48] Song Yuxin, Mai Xin, Du Honglin, et al. Thin oil columns horizontal wells optimization through advance well placement application in West China [C]. SPE 133660, 2010.

[49] Steve Cuddy, Gill Daniels, Craig Lindsay, et al. The application of novel formation evaluation techniques to a complex tight gas reservoir [C]. SPWLA45 June6 - 9, 2004.

[50] Thiel, M., Omeragic D., Seydoux, J. 2019. Enhancing the Look - Ahead - of - the - Bit Capabilities of Deep - Directional Resistivity Measurements while Drilling. [C]. SPWLA 60th Annual Logging Symposium. TX, Australia, June 17 - 19, 2019.

[51] Upchurch, E. R, Viandante, M. G., Saleem, S., et al. Geo - Stopping with Deep - Directional Resistivity Logging - While - Drilling: A New Method for Wellbore Placement with Below - the - Bit Resistivity Mapping[C]. SPE Drilling & Completion, 31(6): 295 - 306. SPE 173169, 2016.

[52] Van Her Harst A C. Erb West: an oil rim development with horizontal wells [C]. SPE 22994, 1991.

[53] Viandante, M., Pontarelli L., Fernandes F., et al. 3D Reservoir Mapping While Drilling [C]. SPE 176109, 2015.

[54] Wang Wei, Zhao Yuwu, Wang Fei, et al. Integrated Solution to Optimize Drilling Efficiency and Production in Marginal Tight Oil Field Development: A Case from Songliao Basin, North China [C]. IADC/SPE Asia Pacific Drilling Technology Conference and Exhibition, SPE - 191010, 2018.

[55] Wiig M, et al. Geosteering using new directional electromagnetic measurements and a 3D rotary steerable system on the veslefrikk field, North Sea[C]. SPE 95725 presented at 2005 SPE Annual Technical Conference and Exhibition, Dallas Texas, USA, 9 - 12 October, 2005.

[56] Whyte I, Horkowitz J, et al. Extracting Caliper Data from LWD Propagation ResistivityMeasurements: A Unique Methodology to Optimize Real Time Understanding of Borehole Condition[C]. SPWLA 53rd Annual Logging

Symposium, June 16 - 20, 2012.

[57] SunXinge, Chen Xuexing, Ma Hong, et al. Reservoir geology & engineering updated proposal of Qi Gu & Ba Dao Wan formation in block 9 - 6, Karamay oilfield [R]. E&P Research Institute of Xinjiang Oil Field, 2006.

[58] Xin Z, Yunjiang C, et al. Feasibility Study of Deriving Water Saturation from LWD NMR Transverse Relaxation time in two siliciclastic Reservoirs in China[C]. SPWLA 60th Annual Logging Symposium, June 17 - 19, 2019.

[59] Yu Jingfeng, Zhou Diao, Zhang Bo, et al. Horizontal Well Drilling and Geosteering Optimization with Integrated Innovation Technologies: Case Studies from the World Largest Conglomerate Reservoir in West China [C]. International Petroleum Technology Conference, Virtual, March 2021.

[60] Zhang Junjie, Du Honglin, Li Qing, et al. Proactive well placement using new boundary - mapping technology [C]. The 14th Formation Evaluation Symposium of Japan, September 29 - 30, 2008.

附　　表

PowerDrive RSS 主要产品及其关键性能指标汇总表

规格及指标	工具规格					最高工作指标			优势特性	优势应用
	475	675	825	900	1100	温度（℉[℃]）	压力（psi[MPa]）	转速（r/min）		
X6	●	●	●	●	●	302[150]	20000[137.9]	220	覆盖 5.5 ~28in 井眼	全井段（垂直、造斜、水平段）
Orbit	●	●	●	●	●	302[150]	20000[137.9] 35000[241.3]	350	高可靠性 井斜和方位自动导向	全井段
Orbit G2	●	●	●	●	●	302[150] 350[177]	20000[137.9] 35000[241.3]	350	高可靠性 高造斜率	全井段，“造斜—水平”一趟钻
Xceed	○	●	○	●	○	302[150]	20000[137.9]	350	指向式定向 低压耗	造斜、水平井段，软、硬地层
Xcel	○	●	○	●	○	302[150]	20000[137.9]	350	速率陀螺和磁性测量双模式 近钻头自然伽马	全井段，磁环境侧钻
Archer	●	●	○	○	○	302[150]	20000[137.9]	350	复造斜能力最高的旋转导向	造斜井段，最高造斜能力水平段

续表

规格及指标	工具规格					最高工作指标			优势特性	优势应用
	475	675	825	900	1100	温度（℉[℃]）	压力（psi[MPa]）	转速（r/min）		
vorteX	●	●	●	●	●	302[150]	20000[137.9]	220	集成附加功率短节 自动导向	全井段
vorteX Max	●	●	●	●	●	302[150]	20000[137.9]	350	高性能专用马达 井斜和方位自动导向	全井段
ICE	○	●	○	○	○	400[204]	30000[206.8]	350	专用超高温电路系统 与 TeleScope ICE 组成 超高温高压钻具组合	造斜、水平井段，深井， 高温高压井段